国家科学技术学术著作出版基金资助出版
半导体科学与技术丛书

生物光电子学

黄 维 董晓臣 汪联辉 著

科学出版社
北 京

内 容 简 介

生物光电子学的研究内容主要包括三个方面：一是研究生物体系本身的电子学特性、生物体系中的信息存储和信息传递；二是利用光学材料和光学理论解决生物分子识别、信息传递、信息标记问题；三是应用电子信息科学的理论和技术解决生物信息获取、信息分析问题，发展生物医学检测技术及辅助治疗的新方法和新技术，探索开发微型检测仪器。围绕以上研究内容，本书系统、全面而又详细地介绍了生物光电子学的相关基本概念、基本理论及其在生物医学检测等方面的发展状况。基于对生物光电子学理论的理解，书中介绍了生物电子学、生物光子学及各种光电相关的生物传感器，讨论了相应生物传感器在实际电子器件中的应用。例如，场效应晶体管生物传感器、电化学生物传感器、表面等离子激元、微流控等。对于各种传感器件，本书主要强调了它们的基础知识、基本原理、结构和性能的关系等。

本书可供生物、生物电子、光学、光电子学等相关领域的研究人员参考，也可供生物光电子学材料研发领域的科技人员使用。同时，作为一本系统介绍生物光电子学基本知识、基本理论的专业书籍，也可以作为各大院校相关专业师生基础知识读本。

图书在版编目(CIP)数据

生物光电子学/黄维，董晓臣，汪联辉著. —北京：科学出版社，2018.1
（半导体科学与技术丛书）
ISBN 978-7-03-043327-5

Ⅰ. ①生⋯ Ⅱ. ①黄⋯ ②董⋯ ③汪⋯ Ⅲ. ①生物学-光电子学
Ⅳ. ①Q②TN201

中国版本图书馆 CIP 数据核字（2015）第 023741 号

责任编辑：钱　俊 / 责任校对：钟　洋
责任印制：肖　兴 / 封面设计：陈　敬

科学出版社 出版
北京东黄城根北街 16 号
邮政编码：100717
http://www.sciencep.com

北京利丰雅高长城印刷有限公司 印刷
科学出版社发行　各地新华书店经销

*

2018 年 1 月第 一 版　开本：720×1000 1/16
2018 年 1 月第一次印刷　印张：29 3/4
字数：552 000

定价：238.00 元
（如有印装质量问题，我社负责调换）

《半导体科学与技术丛书》编委会

名誉顾问：王守武　汤定元　王守觉
顾　　问：（按姓氏拼音排序）
　　　　　陈良惠　陈星弼　雷啸霖　李志坚　梁骏吾　沈学础
　　　　　王　圩　王启明　王阳元　王占国　吴德馨　郑厚植
　　　　　郑有炓
主　　编：夏建白
副 主 编：陈弘达　褚君浩　罗　毅　张　兴
编　　委：（按姓氏拼音排序）
　　　　　陈弘毅　陈诺夫　陈治明　杜国同　方祖捷　封松林
　　　　　黄庆安　黄永箴　江风益　李国华　李晋闽　李树深
　　　　　刘忠立　鲁华祥　马骁宇　钱　鹤　任晓敏　邵志标
　　　　　申德振　沈光地　石　寅　王国宏　王建农　吴晓光
　　　　　杨　辉　杨富华　余金中　俞育德　曾一平　张　荣
　　　　　张国义　赵元富　祝宁华

《半导体科学与技术丛书》出版说明

半导体科学与技术在 20 世纪科学技术的突破性发展中起着关键的作用,它带动了新材料、新器件、新技术和新的交叉学科的发展创新,并在许多技术领域引起了革命性变革和进步,从而产生了现代的计算机产业、通信产业和 IT 技术。而目前发展迅速的半导体微/纳电子器件、光电子器件和量子信息又将推动 21 世纪的技术发展和产业革命。半导体科学技术已成为与国家经济发展、社会进步以及国防安全密切相关的重要的科学技术。

新中国成立以后,在国际上对中国禁运封锁的条件下,我国的科技工作者在老一辈科学家的带领下,自力更生,艰苦奋斗,从无到有,在我国半导体的发展历史上取得了许多"第一个"的成果,为我国半导体科学技术事业的发展,为国防建设和国民经济的发展做出过有重要历史影响的贡献。目前,在改革开放的大好形势下,我国新一代的半导体科技工作者继承老一辈科学家的优良传统,正在为发展我国的半导体事业、加快提高我国科技自主创新能力、推动我们国家在微电子和光电子产业中自主知识产权的发展而顽强拼搏。出版这套《半导体科学与技术丛书》的目的是总结我们自己的工作成果,发展我国的半导体事业,使我国成为世界上半导体科学技术的强国。

出版《半导体科学与技术丛书》是想请从事探索性和应用性研究的半导体工作者总结和介绍国际和中国科学家在半导体前沿领域,包括半导体物理、材料、器件、电路等方面的进展和所开展的工作,总结自己的研究经验,吸引更多的年轻人投入和献身到半导体研究的事业中来,为他们提供一套有用的参考书或教材,使他们尽快地进入这一领域中进行创新性的学习和研究,为发展我国的半导体事业做出自己的贡献。

《半导体科学与技术丛书》将致力于反映半导体学科各个领域的基本内容和最新进展,力求覆盖较广阔的前沿领域,展望该专题的发展前景。丛书中的每一册将尽可能讲清一个专题,而不求面面俱到。在写作风格上,希望作者们能做到以大学高年级学生的水平为出发点,深入浅出,图文并茂,文献丰富,突出物理内容,避免冗长公式推导。我们欢迎广大从事半导体科学技术研究的工作者加入到丛书的编写中来。

愿这套丛书的出版既能为国内半导体领域的学者提供一个机会,将他们的累累硕果奉献给广大读者,又能对半导体科学和技术的教学和研究起到促进和推动作用。

2005 年 3 月 16 日

序

长久以来，生物光电子学现象已为人们发现并探索和研究。早在 1780 年，伽伐尼用莱顿瓶在青蛙腿肌上进行试验，证明动物肌体组织与电的相互作用，并发现了生物电流。基于此，人们进一步发展了心电图和脑电图等检测分析技术，应用于生物医学领域。人们在研究中逐渐发现并证明：不论是能量转换、神经传导，光合作用、呼吸过程，甚至生命起源、大脑思维、基因遗传、癌症防治等过程，都离不开一个神奇的角色——电子和光子作为信息载体。因此一门独立的前沿学科——生物光电子学就此诞生，它涉及材料科学、信息科学、生命科学与光电子学等学科领域，具有鲜明的多学科交叉融合的特色。

近年来，随着人们对生物光电科学技术的认识不断深入，生物光电子的研究与应用也受到国内外学术界和医学界的广泛关注，但纵观国内外，与生物光电子学相关的著作却屈指可数。人们亟需系统阐述材料科学、生命科学、光电子学和信息科学等四个学科领域交叉研究的生物光电子学专著，由此《生物光电子学》应运而生。

该著作首先介绍了光电子学、分子生物学以及纳米技术之间的关系，并简单介绍了生物光电子学的内容和特点；随后分别对生物电化学、半导体生物电子学以及荧光、拉曼、等离子激元、微流控技术等生物光学检测技术进行了系统分析和讨论，总结了生物光电子技术在生物医学等领域的应用；最后介绍了基于 DNA、蛋白质、细菌等生物分子的生物存储器，常用的生物医学成像与诊断技术及其发展趋势。

该专著由生物光电子学领域的知名院士和杰出中青年专家分章撰写，包括西北工业大学、南京工业大学和南京邮电大学的黄维院士、董晓臣教授、汪联辉教授等。他们在生物光电子学领域有着多年造诣，并长期活跃于生物光电子学研究的最前沿，在生物电化学、生物光子学、生物检测与成像、生物信息存储和显示等方面有着深厚的学术积累与重大的创新突破。因此，相信该书的出版必将引起国内外同行的关注和思考，极大推动生物光电子这一新兴交叉学科的形成和发展，有力促进生物光电子学科在我国的发展及其产业化进程。

该专著可供高等学校、科研院所等机构初涉生物光电子学科的教师、科研人员、研究生及高年级本科生作为入门的基础教材，同时对多年从事生物光电子领域研究的专业人士，在了解研究进展、开阔研究视野、启发研究思路等方面，也有所裨益，可以预见该书将会有较为广泛的读者群。

干福熹

2017 年 10 月 18 日

前　言

　　生物光电子学是材料科学、物理科学、信息科学、生命科学与光电子科学等多个学科交叉融合的新兴学科。该学科将光电子科学与技术应用于分子生物学领域，利用光电技术研究生物成像、生物分子检测、生物信息等，在分子层面上探究细胞的结构和功能，为实现细胞及生物分子的检测、改造和疾病治疗提供技术手段。生物光电子学既要将材料科学与技术的最新研究成果引入到生物医学领域中，利用纳米材料独特的光电性质、局域场增强效应等特性，深入研究生物检测与成像、疾病诊断与治疗，为生物医学应用提供材料保障；也要将生物科学与技术研究成果移植到电子信息领域，特别是把生物信息等过程中的诸多变化规律、重要生物信息引入到信息科学，为生物信息传递与存储提供新的方法。随着科学技术的不断进步，生物光电子学在内涵和外延方面还将持续延展，助推材料科学、信息科学、生命科学与健康科学的快速发展。

　　近年来，随着人们对生物光电科学技术认识的逐步深化，生物光电子的研究与应用也日益受到国内外学术界和产业界的广泛关注，特别是在生命科学应用方面具有独特优势，主要表现在以下几个方面：

　　(1) 光电子技术作为信息载体，可以实现纳米尺度分子标记及检测、探测分子相互作用过程，发挥光电探针无毒、无害、无损伤，甚至是非侵入的优势。

　　(2) 光电子技术应用于生物体系具有极高的分辨率与灵敏度。譬如，在探测生物三维结构时，光波动性在空间探测精度上可达到纳米量级，而在动力学探测过程中，其在时间分辨精度上可达到皮秒量级。

　　(3) 在研究基因表达、蛋白质与蛋白质分子相互作用、生物分子空间时间分布及活细胞和组织中的化学—物理过程等分子过程中，光电子技术可提供有力的分析工具。

　　正是基于以上优势，生物光电子学在材料科学、物理科学、信息科学、生命科学等学科领域高度交叉，其在生物分子检测、生物成像、医学诊断与治疗等方面的研究优势日益凸显，逐步形成了新的生物光电子学研究体系。

　　作为当前备受瞩目的新兴交叉和前沿学科，生物光电子学领域的国内外专著尚属凤毛麟角，包括 Willey-VCH 出版的 *Introduction to Biophotonics* 和 *Bioelectronics*；Springer 出版的 *Biophotonics：Optical Science and Engineering for the 21st Century*；

科学出版社出版的《生物医学光子学》和《纳米生物医学光电子学前沿》等，系统阐述材料科学、生命科学、信息科学和光电子科学等四个学科交叉研究的国内外专著则尚属空白。有鉴于此，本书在构建生物光电子学方面做出了大胆尝试和有益探索。

本书作者均为柔性电子学，特别是生物光电子学领域活跃的杰出专家和青年学者，黄维院士领衔的创新团队从事该领域研究二十余年，有着良好的理论及实验基础，取得了大量原创性、系统性的科研成果，在国内外具有较大的影响力，同时也对本领域国际前沿发展状况有着全面的把握。本书作者之一的黄维院士曾率先出版《有机电子学》专著，通过分子的电子结构理论阐释了有机固体聚集态的光电过程与特性，阐述了有机半导体在光电器件领域的应用，形成了有机电子学学科框架体系。随着科学研究的进一步发展以及人们对生物光电子学认识的不断深化，作者充分认识到，撰写一部阐述生物光电子学理论基础及应用技术的专著具有重要意义。

因此，本书在系统介绍和阐释生物光电子学基本概念、原理、规律及其在生命科学领域应用的基础上，聚焦学科前沿，对学科发展动态和趋势进行了详细梳理，引用了作者团队以及国内外同行的前沿工作，旨在促进生物光电子学学科的形成，提升人才培养质量，加速我国生物光电子学的发展。本书的特色在于：系统总结了生物光电子学中所涉及的电化学技术、半导体技术、光谱学技术、微流控芯片技术等在生物医学检测、成像、诊断与治疗中的应用；每个章节之间有着重要的逻辑关系，体现了光电子学与生物分子学之间的内在必然联系；指出了生物光电子学的发展前景和趋势。希望本书既能够为对生物光电子学感兴趣的初学者提供系统介绍，又可以为专业人士提供借鉴和参考。

鉴于生物光电子学的研究内容、研究方法及检测技术所涉及的领域比较广泛，本书分为9章论述。第1章，系统介绍了光电子学、分子生物学以及纳米技术之间的关系，并简单介绍了生物光电子学的内容和特点；第2~6章，分别从生物电化学、半导体生物电子学以及荧光、拉曼、等离子激元等生物光学检测技术，深入总结了生物光电子技术在生物医学等领域的应用；第7章，介绍了微流控技术及其在生物传感领域的高通量、微型化、高灵敏检测应用；第8章，介绍了基于DNA、蛋白质、细菌等生物分子的生物存储器构筑原理，总结了生物分子信息在光电子学领域的应用；第9章，深入分析了常用的生物成像与诊断技术及其发展趋势，并简单介绍了目前新兴的光学生物检测技术。本书各章节均由该领域著名院士和活跃中青年专家撰写，包括西北工业大学、南京工业大学和南京邮电大学的黄维院士、董晓臣教授、汪联辉教授、石伟博士、沈清明博士、宋春元博士、张磊博士、宇文力辉博士、吴琼博士、苏邵博士、涂真珍博士等。本书最终由黄维院士、董晓臣教授、汪联辉教授整理统稿。

需要指出的是，本书呈现的相当一部分研究工作是在以下科研项目的支持下展开的：国家重点基础研究发展计划(973 计划)项目"基于纳米技术的肺癌早期检测研究"(2012CB933301)、国家自然科学基金杰出青年科学基金项目"半导体生物光电子"(61525402)、国家自然科学基金项目"针尖石墨烯纳米场效应晶体管生物传感器的研究"(21275076)、"近红外光敏剂负载抗癌药物的光声成像介导双模式肿瘤靶向治疗"(61775095)、"化学气相沉积法制备石墨烯薄膜及其器件的生物传感性能"(61076067)、"纳米等离子激元光学探针监测药物载体的智能释放研究"(61205195)、"结合微流控和磁性分离技术的肺癌标志物 SERS 生物芯片研究"（61302027）、"UCNP 标记的 ERβ 基因对结直肠癌的靶向诊断和治疗作用研究"(61605085)、双标志物血检动脉粥样硬化微型电化学传感器的研究（61601218）、"教育部新世纪优秀人才"（NCET-13-0853）、教育部"长江学者和创新团队发展计划"创新团队"有机与生物光电子学"（IRT1148）、江苏省杰出青年基金资助项目"基于石墨烯场效应晶体管的纳米电子生物传感器研究"（BK20130046）及江苏省重点研发计划社会发展—临床前沿技术"多功能 Aza-BODIPY 光敏剂在口腔鳞状细胞癌诊疗中的应用"（BE2017741）和"基于微针技术的病理性瘢痕治疗"（BE2016770）等。同时，本书的出版也得到了国家科学技术学术著作出版基金的支持。

相信本书的出版将促进生物光电子技术在生命科学领域的应用，提高我国在相关领域的国际竞争力和影响力。由于作者本身知识和专业水平的限制，书中难免存在不妥、甚至错误之处，恳请各位专家学者和广大读者不吝批评指正，以便在改版之际使其更加完善。

黄　维　院士

2017 年 9 月 17 日于金陵

目 录

《半导体科学与技术丛书》出版说明

序

前言

第1章 生物光电子学 ··· 1
  1.1 生物光电子学的范畴 ·· 1
    1.1.1 生物光电子学的定义 ··· 1
    1.1.2 生物光电子学涉及的基本理论 ·· 1
    1.1.3 生物光电子学研究的内容 ·· 2
    1.1.4 生物光电子学的发展方向 ·· 3
    1.1.5 光电子技术在分子生物学中的应用 ··································· 3
  1.2 生物材料与生物大分子的相互作用 ·· 4
    1.2.1 DNA 与生物材料的相互作用 ·· 5
    1.2.2 蛋白质与生物材料的相互作用 ·· 7
    1.2.3 细胞膜与生物材料的相互作用 ·· 8
  1.3 相关技术与应用(概论) ·· 9
    1.3.1 流式细胞技术 ··· 9
    1.3.2 生物芯片技术 ·· 10
    1.3.3 诱捕的前体分子光激活技术 ··· 11
    1.3.4 生物传感器 ··· 11
  1.4 纳米尺度的生物光电子 ·· 12
    1.4.1 纳米粒子的"导线"作用 ·· 12
    1.4.2 量子点在分子生物学中的应用 ······································ 12
    1.4.3 生物分子作为纳米材料的模板 ······································ 13
  1.5 展望 ·· 13
  参考文献 ··· 14

第2章 生物光电子学中的电化学过程 ·· 16
  2.1 生物光电子学中的电化学过程概述 ······································ 16
  2.2 生物电化学应用技术 ··· 22
    2.2.1 生物膜与生物界面模拟研究 ··· 22
    2.2.2 电脉冲基因导入研究 ··· 24
    2.2.3 电场加速作物生长 ·· 24

     2.2.4 癌症的电化学疗法 24
     2.2.5 电化学控制药物释放技术 25
     2.2.6 在体研究 25
     2.2.7 生物分子的电化学行为研究 26
  2.3 生物电分析化学 26
     2.3.1 生物电分析化学概述 26
     2.3.2 伏安分析在生命科学中的应用 27
     2.3.3 电化学生物传感器 27
  2.4 电化学酶传感器 29
     2.4.1 电化学酶传感器的组成及工作原理 29
     2.4.2 电化学酶传感器的分类 30
     2.4.3 电化学酶传感器的发展历程 30
  2.5 电化学 DNA 生物传感器 33
     2.5.1 DNA 概述 34
     2.5.2 DNA 电化学生物传感器 36
  2.6 电化学免疫传感器 42
     2.6.1 免疫传感器的原理 42
     2.6.2 免疫传感器的分类 43
  2.7 电化学细胞传感器 48
     2.7.1 化学组成及胞间化学信号分子 49
     2.7.2 细胞生物生理行为 50
     2.7.3 细胞的固定技术 51
     2.7.4 细胞传感器的种类及应用 53
  2.8 生物能源系统 55
     2.8.1 生物燃料电池的应用 58
     2.8.2 目前发展中存在的问题 58
     2.8.3 生物燃料电池的发展前景 59
  2.9 目前研究状况及展望 59
  参考文献 60

第3章 生物光电子学中的半导体材料及其应用 68
  3.1 概述 68
  3.2 半导体材料的基本性质 69
     3.2.1 半导体的晶体结构 70
     3.2.2 半导体的电子状态和能带结构 71
     3.2.3 半导体载流子 73
     3.2.4 半导体杂质与缺陷 74
     3.2.5 有机半导体 77
  3.3 半导体器件 79

		3.3.1 半导体pn结及二极管	79
		3.3.2 半导体三极管	82
		3.3.3 半导体场效应晶体管	83
	3.4	半导体生物传感器	86
		3.4.1 生物传感器的发展简史	86
		3.4.2 生物传感器的分类	87
		3.4.3 生物传感器的结构和原理	88
	3.5	半导体生物传感器	90
		3.5.1 半导体生物传感器工作原理	90
		3.5.2 场效应晶体管生物传感器	91
		3.5.3 光电化学型半导体生物传感器	94
	3.6	半导体生物传感器的应用	95
		3.6.1 在生物分子检测领域的应用	95
		3.6.2 在食品分析中的应用	108
		3.6.3 在环境监测中的应用	109
	3.7	目前研究状况及展望	110
		参考文献	110
第4章	荧光生物传感技术		114
	4.1	概述	114
	4.2	基于荧光共振能量转移的生物传感	115
		4.2.1 FRET用于蛋白质结构与功能研究	117
		4.2.2 FRET在细胞凋亡研究中的应用	119
		4.2.3 细胞内离子的FRET传感	120
	4.3	基于时间分辨的荧光生物传感	121
		4.3.1 时间分辨荧光分析技术	121
		4.3.2 荧光寿命生物传感	123
		4.3.3 时间分辨荧光传感	125
	4.4	基于荧光偏振的生物传感	130
		4.4.1 概述	130
		4.4.2 荧光偏振传感的应用	134
	4.5	基于量子点的纳米荧光传感	136
		4.5.1 量子点的概念	136
		4.5.2 量子点的光学性质	138
		4.5.3 量子点荧光生物探针的构建	140
		4.5.4 量子点的制备	141
		4.5.5 量子点的表面修饰	143
		4.5.6 量子点的生物功能化	145

		4.5.7 量子点的生物传感应用	148
	4.6	小结与展望	166
		参考文献	167

第5章 拉曼光谱生物检测技术 174

- 5.1 概述 174
- 5.2 拉曼散射 175
  - 5.2.1 拉曼散射原理 175
  - 5.2.2 拉曼散射应用 177
- 5.3 表面增强拉曼散射 179
  - 5.3.1 SERS 发展历史 179
  - 5.3.2 SERS 效应增强机理 179
  - 5.3.3 SERS 基底制备 182
  - 5.3.4 SERS 技术在生物学中的应用优势 186
- 5.4 表面增强拉曼散射技术在生物医学领域中的应用 186
  - 5.4.1 生物小分子 SERS 传感 187
  - 5.4.2 SERS 在核酸检测中的应用 188
  - 5.4.3 SERS 在免疫检测中的应用 191
  - 5.4.4 SERS 在细胞检测中的应用 197
- 5.5 针尖增强拉曼光谱技术 203
  - 5.5.1 TERS 技术及其原理 203
  - 5.5.2 TERS 仪器 204
  - 5.5.3 TERS 应用 205
- 5.6 展望 210
- 参考文献 211

第6章 纳米等离子激元生物传感 219

- 6.1 引言 219
- 6.2 等离子共振散射 220
  - 6.2.1 Mie 散射 221
  - 6.2.2 椭球体散射 224
- 6.3 等离子激元材料 228
  - 6.3.1 纳米盘 229
  - 6.3.2 纳米棒 232
  - 6.3.3 纳米三角形 235
  - 6.3.4 纳米壳 239
- 6.4 纳米等离子激元单颗粒/分子光谱检测技术 243
  - 6.4.1 单颗粒 SPR 散射光谱技术 243
  - 6.4.2 金属颗粒的 SPR 光学性质 244

		6.4.3 等离子散射的影响因素	246
		6.4.4 单颗粒直接传感器	250
		6.4.5 等离子共振能量转移传感器	251
		6.4.6 等离子激元共振耦合传感器	253
	6.5	SPR 细胞成像与治疗	255
		6.5.1 生物成像	256
		6.5.2 癌症治疗	258
	6.6	展望	263
	参考文献		263
第 7 章	微流控芯片技术		269
	7.1	微流控芯片技术概述	269
	7.2	微流控芯片的制作技术	269
		7.2.1 微流控芯片的材料	269
		7.2.2 微流控芯片的制作方法	271
		7.2.3 微流控设备分类	278
	7.3	微流控技术与生物光电子学在床旁快速诊断中的应用	282
		7.3.1 微流控芯片在生物光电子学方面的应用	282
		7.3.2 光流体技术在生物学检测中的应用	284
		7.3.3 床旁快速诊断	290
		7.3.4 微流控芯片在 POCT 中的应用	292
		7.3.5 微流控芯片技术展望	302
	参考文献		302
第 8 章	生物信息存储与传递		309
	8.1	生物信息概述	309
		8.1.1 DNA 和 RNA 的组成与结构	310
		8.1.2 蛋白质的组成与结构	311
		8.1.3 遗传信息传递	312
		8.1.4 DNA 的损伤与修复	315
	8.2	生物存储	317
		8.2.1 信息存储	317
		8.2.2 生物存储器	318
		8.2.3 生物存储的未来	325
	8.3	DNA 计算机	325
		8.3.1 DNA 分子计算机的基本原理	326
		8.3.2 DNA 计算机的优势与不足	329
		8.3.3 DNA 计算机的发展简史	330
		8.3.4 DNA 计算机的应用	331
		8.3.5 DNA 计算机的未来	337

8.4 DNA 纳米技术 337
  8.4.1 DNA 纳米技术 337
  8.4.2 DNA 纳米技术的应用 340
  8.4.3 DNA 纳米技术的挑战与展望 351
参考文献 351

第 9 章 生物成像与诊断 353
9.1 生物成像与诊断概述 353
9.2 X 射线成像方法及进展 357
  X 射线成像基本原理 357
9.3 X 射线计算机断层成像方法及进展 365
  9.3.1 成像原理 365
  9.3.2 投影重建图像的原理 369
  9.3.3 投影重建图像的算法 371
  9.3.4 X 射线 CT 的研究热点方向 373
9.4 核磁共振成像技术及进展 376
  9.4.1 磁共振成像概述 376
  9.4.2 磁共振成像物理基础 377
  9.4.3 磁共振成像原理 380
  9.4.4 磁共振成像的研究进展 383
9.5 放射性核素成像方法及进展 385
  9.5.1 放射性核素成像方法概述 385
  9.5.2 放射性核素成像的物理基础 386
  9.5.3 放射性核素成像的设备 387
  9.5.4 主要方法基本原理 389
  9.5.5 PET/CT 成像方法的新进展 394
9.6 超声成像方法和进展 398
  9.6.1 超声波概述 398
  9.6.2 超声成像的物理基础 399
  9.6.3 超声成像的原理 402
  9.6.4 医学超声成像设备 404
  9.6.5 超声成像的新进展 408
9.7 光学生物成像方法及进展 414
  9.7.1 激光扫描共聚焦显微术 414
  9.7.2 非线性显微成像 422
  9.7.3 时间分辨荧光寿命成像 426
  9.7.4 荧光共振能量转移 429
  9.7.5 光学相干层析成像 432
  9.7.6 扩散光学层析成像 435

9.7.7 光声层析成像 437
9.7.8 全内反射荧光显微术 442
9.8 展望 446
参考文献 447

索引 452

《半导体科学与技术丛书》已出版书目 453

第1章 生物光电子学

1.1 生物光电子学的范畴

生物光电子学是光电子学与生物医学的融合，它是关于光电与生物组织的相互作用、所产生效应及应用的一门新兴的交叉学科。它主要是利用光电子学设备和技术解决科研人员、设备研发者、临床医学等在医学、生物及生物技术领域遇到的问题。目前，生物光电子学理论和技术日臻成熟，并显示出巨大的优越性和强大的生命力。

1.1.1 生物分子光电子学的定义

生物光电子学是生物分子学和光电子学相结合而形成的新技术学科。通过微纳米材料独特的光电子学特性与生物体的相互作用来探究生命的奥秘，将为新一代生物技术奠定坚实的基础。生物光电子学在环境监测、生物组织成像、癌症的诊断和治疗方面发挥着巨大的作用[1~3]。

作为交叉学科，生物光电子学的介入是双向的，一方面，将光电子科学与技术应用于生物学领域，使这些领域发生了质的变化。早在20世纪70年代[4,5]，在科研或临床中人们通常利用光电子技术进行检验、测量、诊断、分析和治疗，出现了用于研究和临床的激光手术刀、眼科治疗仪、红外热成像诊断等技术。近几年来随着光电子技术应用于生物测序，大幅度降低了DNA(脱氧核糖核酸)测序成本，同时其测序速度也得到很大提高[6,7]。另一方面，把生物过程中揭示出来的许多规律，特别是经过长期进化而形成的生物信息处理系统的优异特性，引入电子信息领域，使信息科学发生了极大的变化。生物分子作为一种信息载体，不仅具有快速处理信息的功能，而且具有生命物质的特性[8]，如自我组装、自我修复等再生能力，将这些特性与光电子元件整合，便能设计出具有新功能的设备体系。随着生物工程的快速发展，光电子技术进一步发展，产生了许多新的技术和仪器。

1.1.2 生物光电子学涉及的基本理论

1. 生物工程

生物工程的发展依次经历了基础科学了解阶段、检测致病因素阶段和对疾病处理治疗的新兴阶段三个阶段。光电子技术在第二、第三两个阶段中都将发挥重要作用。

生物工程是以分子生物学为基础，对生物活动的了解上升到了原子与分子相互作用的细节层次上。共焦激光扫描显微镜是分子生物学研究过程中的有效手段之一，它是利用激光照明被观察的物体的一个断层，然后将它成像在显微镜的显示屏幕上，再对断层的深度进行调节，便可获得三维(3D)图像[9~11]。光谱学是研究物质分子和原子结构的科学，光谱仪成了物理、化学、生物学和医学实验室必不可少的仪器，当然，也是研究分子生物学的重要工具。激光器的诞生，为光谱仪增添了一种非常强的光源，产生了许多新型光谱仪器，如激光诱导荧光光谱仪和拉曼光谱仪等[12~14]。

2. 生物物理

生物物理是运用近代物理学的理论、技术与方法研究生物体和生命现象中的物质结构、性质和运动规律及各种物理因子对生物体和生命过程影响的学科，研究内容几乎涉及了生物学中所有基本问题。物理学中量子理论的建立促进了生物光电子学的发展。量子理论不但提供了电子、原子、分子以及光本身的基本知识，也奠定了分子生物学和基因学等学科的研究基础。在其基础上分子光谱技术得到了长足的发展，并在分子水平上成为诸如分子间的结合问题、DNA 促使细胞成长以及疾病的发展过程等科研问题研究的技术支持。

生物物理包含了物理学中的力、电、磁、声、光等各个领域，生物力学已经形成了独立的分支，生物体的电、磁、声、光特性及电、磁、声、光等物理因素对生物体、生命过程的影响构成了生物物理的研究内容，包括生物电学、生物磁学、超声医学、生物医学光子学等。例如，生物磁学研究物质磁性、磁场与生命活动间的相互关系和影响。应用超导量子干涉仪测量出人体中由生物电产生的磁信号，绘制出表现人体磁随时间变化关系的曲线，不仅是有关人体生理学的基础，而且可以作为诊断疾病的依据，具有临床应用潜力。

1.1.3 生物光电子学研究的内容

生物光电子学的研究内容包括：①针对生命体系的特异和非特异性光学标记与探针；②单粒子荧光与微区荧光分析；③生物代谢超弱发光；④生物体系中的非线性光学效应和量子光学效应；⑤光镊和单分子操作；⑥激光共焦扫描显微术；⑦多光子荧光成像技术等。

生物光电子学涉及对生物体的成像、探测和操纵，主要针对分子水平上的细胞结构和功能进行研究，包括生物系统的光辐射以及这些光子携带的信息，并通过光电子及其技术对生物系统进行检测，以及加工和改造。

近年来，随着纳米技术的迅猛发展，纳米材料由于具有很多优良的理化性质[3]，在生物组织成像、癌症的诊疗等方面备受关注[15~18]。金纳米粒子(AuNP)是最早出现、研究最多的纳米材料之一，它在生物标记、传感器构建及生物芯片检测等领域都有重要的应用[19~22]。例如，金纳米粒子-核酸形成探针并与目的核苷酸序列杂交，在金粒子聚集过程中，伴有的颜色变化可作为一种具有极高选择性和灵敏度的DNA测序新方法；以及利用纳米载体实现药物的定位供给，通过将药物精确地运输到病变部位进行定位治疗，减少药物对于正常机体的有害作用，大大提高治疗效果。因此，纳米技术的发展给生物光电子学提供了一个崭新的应用前景。

量子点是由半导体制成的纳米晶体，是纳米科技在实际应用方面最好的模型，尤其是在生物成像中表现出了比传统染料更好的荧光性质[23]。量子点独特的光学特性源于电子和空穴的结合，其荧光通常被称为激子荧光。常用的量子点材料有 CdSe、CdTe、InP 等。量子点的优越特性包括以下几点：第一，通过控制同一化学成分量子点的尺寸就可实现单光源激发后产生多种颜色，这对于有机染料是不可能的；第二，与有机分子不同，量子点可以被任何比其限域峰短的波长所激发；第三，同荧光蛋白相比，量子点具有更高的光亮度，甚至多色性也可相媲美，但是量子点的光学稳定性却是荧光蛋白不可比拟的。一般来讲，量子点抗光学漂白的稳定性比普通有机染料或荧光蛋白强几百倍甚至上千倍。在生物学和医学领域[24]，这些特点具有重要意义，因为它可显著区别于生物样品的背景荧光，而且可以长时间对生物分子进行即时检测。单个量子点常用于标记生物分子，而大量的量子点集合可以用于制备光学条码。

1.1.4 生物光电子学的发展方向

生物光电子技术广泛应用在生物医学中，如癌症等重大疾病的检测和治疗，特别是与纳米技术相结合的研究方法是近年来研究的热点，如制造灵敏的纳米探针用于疾病早期的检测，设计智能材料使其准确地识别病变细胞并进行治疗，合成微型传感器进行监察并控制生物过程(如胰岛素分泌)等。此外，仿生计算机也是生物光电子学的发展方向之一，它是利用生物分子代替硅，实现大规模高度集成。传统计算机的芯片是用半导体材料制成的，1mm^2 的硅片上最多不能超过 25 万个。而仿生计算机的元件密度远远高于人的神经密度，传递信息的速度也高于人脑的思维速度。例如，建立在 DNA 杂交过程的荧光检测基础上的 DNA 计算机，基于导电高分子材料的 DNA 检测方法可以显著提高检测灵敏度，从而有可能用于提高 DNA 计算机的计算容量。

1.1.5 光电子技术在分子生物学中的应用

分子生物学是从分子水平研究生物大分子的结构与功能从而阐明生命现象本质的科学。生物大分子，特别是蛋白质和核酸结构功能的研究，是分子生物学的基础。随着人们对生命现象和疾病机理探索研究的不断拓展，从 20 世纪 90 年代开始的基因测序工程，到 21 世纪开始的蛋白质工程和细胞工程等研究活动都不断地对研究手段提出了新的、更高的要求。在分子生物学研究中，为了实现基因和蛋白质等生物大分子活动的瞬时、动态监测，研究基因表达和蛋白质-蛋白质相互作用，要求实现对细胞或蛋白质进行标识和检测。目前分子生物手段尚不能反映这些生物分子作用过程的时间、空间关系。而对于医疗的生活化、日常化、无创伤化等的期待，无疑是 21 世纪对医学技术提出的新要求。光电子技术与分子生物学技术的结合为满足人们在生命科学、医学领域科研的要求提供了现实和可能。

采用分子光学标记的分子成像技术是光电子技术研究的一个范畴，也是对生物大分子结构和功能研究的有效手段之一。随着荧光基因标记技术的发展，光学成像技术可以在体内实时监测肿瘤病理、生理动力学过程，包括基因表达、血管生成、代谢微环境与药物传送等。例如，通过设计报告基因标记技术和微型正电发射断层成像与光学成像技术，对基因表达与蛋白质-蛋白质相互作用进行活体成像监测。

可见，光电子学和生物分子学等相互交叉而形成的生物光电子学是作为相关学科的基础研究或应用研究的辅助而发展起来的，并具有以下特点。

(1) 在活细胞内单分子相互作用的探测中，光子作为信息的载体发挥了光探针无毒、无害、无损伤，甚至是非侵入的优势。

(2) 利用光波动性探测细胞三维结构，在空间上达到了纳米量级的探测精度；对于动力学过程的探测，在时间分辨精度上达到了皮秒量级。基于此我们能够从空间和时间上开展生物分子活动成像的研究。另外，通过对荧光光谱的探测获得分子结构的变化信息以及揭示化学反应的动力学过程。

(3) 通过对光穿透生物样品时发出的散射光的探测，可以收集到生物组织的结构信息。

总之，应用光电子的生物分子学研究方法都是以物理学、生物相关学科的基础知识的相互结合为基础，并对这些学科有极大的促进作用。

1.2 生物材料与生物大分子的相互作用

欧洲生物学会对生物材料的定义是"与生物体相互接触，用于评价、治疗、改善和替代机体的任何组织、器官或功能的材料"。这一定义涵盖了人工和天然来源的以及活性与非活性的材料，在目前得到了比较广泛的认同。生物材料经历了从生物惰性材料(bioinert materials)研究、生物活性材料(bioactive materials)研究，到细胞、蛋白质和基因活化材料(cell-,protein-and gene-activating materials)研究等几个阶段[25~28]。生物材料种类繁多，有不同的分类方法，如按照来源可以分为天然生物材料(natural or biological biomaterial)与人工生物材料(artificial or synthetic biomaterial)；按照化学特性可分为无机生物材料(inorganic biomaterial)、有机或高分子生物材料(polymeric biomaterial)；按照化学组成可分为单一生物材料(homogeneous biomaterial)与复合生物材料(composite biomaterial)等。其中由纳米粒子(NP)与生物分子相互作用形成的复合材料因在光学、化学、电磁学等方面具有独特的性质,从而在生物、环境、医学和医疗等领域拥有良好的应用前景[29]。近年来研究发现,纳米粒子能够与诸多生物大分子,如蛋白质、肽链、核酸等相互作用[30],形成复合的纳米粒子,并在药物示踪[31]、生物分子影响等方面有着广阔的应用前景,受到人们的青睐。

1.2.1 DNA与生物材料的相互作用

1. DNA的结构及其功能性质

DNA是生物的基本遗传物质,是遗传信息的载体,是基因表达的物质基础,同时也是很多药物的重要靶点[32]。DNA是核苷酸的聚合物,由四种主要的脱氧核苷酸(dAMP、dGMP、dCMT和dTMP)通过3′,5′-磷酸二酯键(phosphodiester bond)连接而成(图1.1),并形成双螺旋结构。两个核苷酸之间的磷酸二酯键将一个核苷酸的磷酸基团与另一个核苷酸的脱氧核糖连接。由四种脱氧核苷酸通过磷酸二酯键连接而成的长链高分子多聚体为DNA分子的一级结构。DNA分子中第一个核苷酸的3′-羟基与第二个核苷酸的5′-磷酸基脱水形成3′,5′-磷酸二酯键,第二个核苷酸的3′-羟基又与第三个核苷酸的磷酸基脱水形成3′,5′-磷酸二酯键,依此类推,形成线性多聚体。DNA分子中第一个核苷酸的5′-磷酸与最末一个核苷酸的3′-羟基都未参与形成3′,5′-磷酸二酯键,故分别称为5′-磷酸端(或5′-端)和3′-羟基端(或3′-端)。它们的组成和排列不同,显示不同的生物功能,如编码功能、复制和转录的调控功能等。DNA的二级结构为双螺旋链,分为A、B和Z等多种构型,其中B构型最为常见。双螺旋结构由两个反向平行的脱氧多核苷酸围绕同一个中心轴构成。DNA双螺旋的碱基位于双螺旋内侧,磷酸与糖基在外侧,通过磷酸二酯键相连,形成核酸的骨架。碱基平面与假象的中心轴垂直,糖环平面则与轴平行,两条链皆为右手螺旋。双螺旋的直径为2 nm,碱基堆积距离为0.34 nm,两核苷酸之间的夹角是36°,每对螺旋由10对碱基组成,碱基按A-T、G-C配对互补,彼此以氢键相联系。维持DNA双螺旋结构的稳定因素包括碱基堆积力、分子内部碱基对之间的疏水键和氢键三种分子内力。天然的DNA总共有七种不同的 $\pi \rightarrow \pi^*$ 吸收带,它们的电子跃迁间都存在激发态相互作用。DNA在整个分子链间形成大的共轭 π 键,与导电固体中的 π 键类似。人们由此推测DNA分子内碱基对的紧密堆积可能是一种快速的电子转移通道。然而,由于碱基对的动力学运动、碱基序列的多样性以及碱基之间的耦合,DNA内的电荷转移区别于含 π 键的固体。在DNA分子中,电荷转移可以引发细胞突变以及损伤和修复DNA,因此,在肿瘤治疗和基因治疗等方面有着广泛的应用前景。

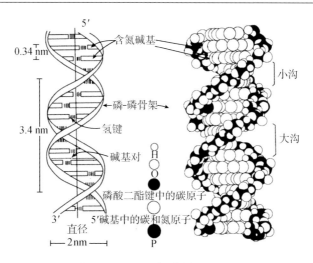

图 1.1 DNA 双螺旋结构示意图

2. DNA 的分子自组装

自组装(self-assembly)为系统之构成元素(components；如分子)在不受人类外力的介入下，自行聚集、组织成规则结构的现象。DNA 链具有碱基互补配对的特性，因而常被用于合成具有自组装特性的纳米材料。Mirkin 等最早研究了 DNA 介导的纳米材料的自组装[33]，结果显示在特征温度 T_d 下，表面连有 DNA 的金纳米粒子能够发生聚集。而 Alivisatos 等的研究成果显示通过 DNA 杂交技术可有效控制金纳米粒子的分散性[34]。之后，人们的研究更多地关注于合成有序结构的纳米材料。Mirkin 等研究者发现控制退火或温度循环，可以获得长程有序的纳米结构[35]。进一步研究表明，连有 DNA-Au 聚集物的结构与单个粒子所负载的 DNA 数、DNA 链长度及 Au 粒子浓度等有一定的关系，这些因素同时也影响到了该类聚集结构作为生物小分子的探测器时的灵敏度。最近美国能源部布鲁克海文国家实验室科学家开发出通过 DNA 把纳米棒规则地连接起来，形成一种"绳梯"式的带状结构[30a]，其组装是依赖于 DNA 间的相互作用实现的，有望进一步开发新型的多功能属性的纳米材料。总之，利用 DNA 生物大分子自组装体系，在保留生物分子本身具有的功能的基础上，也为信息、电子相关科学的技术研究提供了微型化、智能化的材料。

3. 配合物与 DNA 的相互作用机制

配合物与 DNA 相互作用的典型方式有三种：嵌入、沟结合和烷基化/金属化。前两种为非共价结合[7]，后一种为共价结合。目前多采用紫外可见吸收光谱，荧光光谱，黏度和凝胶电泳技术等手段研究配合物与 DNA 相互作用的性质。

20 世纪 80 年代初，生物无机化学家 J.K.Barton 提出某些金属配合物可以作为探针来研究 DNA 构象,并用于判别 B-DNA 和 Z-DNA 构型,研究了金属配合物与 DNA 的作用方式,证实了手性金属配合物与 DNA 作用存在立体选择性,并且其右手 Δ 构型与 B-DNA 的结合较左手型强,但合速度没有左手Δ构型快[36]。经过紫外线作用后,该类配合物能够使 DNA 的双链或单链发生断裂。近年来,由于钌多吡啶类配合物具有独特的光化学、光物理性质,以及与生物分子 DNA 的结合能力而被广泛地研究,多用于制备 DNA 结构探针、DNA 分子光开关、DNA 介导的电子转移、DNA 足迹试剂以及 DNA 断裂试剂等方面。

此外,依据 DNA 碱基互补原理去识别 DNA 序列。基本过程是将配合物与特定序列的 DNA 链共价连接,再依据碱基互补原理,去识别另一条核苷酸链上与之互补的序列,从而可使配合物固定到 DNA 的特定位点。

基于静电力的核酸检测体系,可以利用导电高分子材料,这类材料不但是一个非常好的光采集器(light harvester),而且具有分子导线(molecular wire)的功能,可以通过电子传递过程实现信号倍增效应。例如,聚芴是一种发光的材料,可以与荧光素(fluorescein)发生很好的荧光共振能量转移(fluorescence resonance energy transfer,FRET),常用阳离子聚芴与荧光素标记的肽核酸(PNA)作用完成特异性的基因检测。电荷中性的肽链核酸与阳离子聚芴之间的作用力很弱,聚芴与 PNA 上标记的荧光素之间 FRET 距离较长,不能有效地传递能量。一旦 PNA 探针检测到目的基因,由于核酸和聚芴通过阴离子和阳离子的相互作用形成静电复合物,进而拉近了聚芴到荧光素之间的 FRET 距离,即基因检测过程将伴随着荧光素荧光强度的增强。而没有互补配对的 DNA 存在的条件下,PNA 仍然不能靠近聚芴,因而荧光强度没有明显变化[37]。

1.2.2 蛋白质与生物材料的相互作用

1. 蛋白质的性质及其功能

蛋白质是构成细胞内原生质(protoplasm)的主要成分之一。蛋白质就其化学式结构来说,是由 20 种 L 型 α 氨基酸组成的长链分子。根据是否含有非蛋白成分,将其分为简单蛋白和结合蛋白;按照蛋白质分子外形的对称程度分为球状蛋白和纤维蛋白。

众所周知,蛋白质的顺序异构现象是蛋白质生物功能多样性和种属特异性的基础。蛋白质最重要的生物功能包括作为有机体新陈代谢的催化剂——酶、有机体的结构部分、储藏氨基酸功能以及运输功能、激素功能、调节或控制细胞生长、分化和遗传信息的表达等。重点讲一下蛋白质的运输功能。

某些蛋白质具有运输功能。例如,在呼吸过程中能够运输氧气的血红蛋白(Hb)

和血液中输送脂质的脂蛋白，生物氧化过程中某些色素蛋白如细胞色素 c (Cyt c)等起电子传递体的作用。

红细胞中运载氧气的血红蛋白含有较多的组氨酸残基，使得其在 pH=7 左右的血液中具有显著的缓冲能力，这一点对于红细胞在血流中起运输氧气和二氧化碳的作用是重要的。

从甘氨酸的解离公式或解离曲线可以看到，溶液 pH 密切影响着氨基酸的带电状况，通过调节溶液的 pH 能够使氨基酸带上正电荷或负电荷，也可以使它处于静电荷数为零的兼性离子状态(即等电点或等电 pH)。在等电 pH 时，氨基酸在电场中既不向正极移动也不向负极移动，即处于兼性粒子状态，少数解离成为阳离子和阴离子，但解离成阳离子和阴离子的数目和趋势相同。

2. 蛋白质与生物材料的相互作用

研究比较成熟的是细菌视紫红质，它在结构、热和光化学性能等方面具有很强的稳定性，对光和环境抗退化能力强，并且具有一系列独特的光电化学特性而被众多学者广泛研究。如对强光的微分响应、空间分辨率高、光灵敏度高、高的循环使用次数、快速的光致变色响应特性、分子水平上的光电响应特性，并易于大量制取、廉价、无需特殊的保存条件；此外，还可利用基因工程优化其结构和性能，采用生物技术大量生产等。这就决定了蛋白质在光信息存储和处理、光计算、光电探测、视觉仿真、人工神经网络等方面具有开发潜力。

1.2.3 细胞膜与生物材料的相互作用

1. 生物膜的基本结构

细胞是真核生物的基本组成单元，它们是生命的基础。细胞通过其外的一层薄膜把细胞内容物和细胞周围环境分解开来，使细胞相对环境而存在。细胞要维持正常的生命，就涉及经常由外界得到氧气、营养物质和其他物质，并排出代谢物质和其他物质，而细胞膜是这些物质进出的屏障，这就涉及物质的跨膜转运过程。细胞膜是一个具有特殊结构和功能的半透性膜，它允许某些物质或离子有选择性地通过，但又限制和阻碍其他一些物质的进出，使细胞进行新陈代谢的同时又能保持细胞内物质成分的稳定。此外，细胞膜具有细胞外信号传导作用，能感受环境的变化从而适应性地改变或调整细胞的功能活动。大体上，膜结构中的脂质分子层主要起屏障作用，而膜中特殊蛋白质的存在，则与物质、能量和信息的跨膜转运或转换有关。

细胞内的各种细胞器，如线粒体、内质网等，也存在具有屏障功能的膜结构，并进行着一定形式的细胞内物质、能量和信息的转换。

细胞通过细胞膜上的离子通道可以实现细胞间和细胞内的通信,其中离子和离子通道是兴奋性的基础,即产生生物电信号的基础。通常是使用电学和电子学方法对生物电信号进行测量,揭示细胞的生理过程,并在此基础上诞生了细胞电生理学(electrophysiology)学科。用电生理方法记录下来的电活动,可以在电流钳条件下记录胞外电位,而早期研究多使用双电极电压钳记录胞内的电活动。即细胞膜和离子学说建立以后,细胞电活动的研究才开始拓展。在1976~1981年,两位德国细胞学家 Erwin Neher 和 Bert Sakmann 所开创的膜片钳技术为细胞生理学的研究带来了一场革命性的变化,使我们可以对细胞膜和膜上离子通道、离子泵的活性进行定量分析研究。

在细胞传感器中,细胞和细胞膜的电生理是我们测量的生理基础。细胞作为一级感受器,从直接接触被测物得到响应,再将响应耦合到二级传感器上。

2. 纳米粒子与生物膜的相互作用

纳米粒子与生物膜的相互作用包括纳米材料对生物膜结构的影响以及穿膜过程等。Jing 等研究了置于石英基板上的脂双层膜与半疏水的纳米粒子的相互作用[38]。研究发现,当纳米粒子浓度大于一个临界值时,纳米粒子能够破坏生物膜的结构,使其形成孔状结构。其中纳米粒子的大小及溶液中离子强度等与膜中形成的孔状结构的大小有一定的关系,而该临界值与纳米粒子的尺寸大小无关。具体表现为纳米粒子越大在膜中形成较大的孔洞,而离子强度越大则纳米粒子越易将膜吸附于表面。而 Ladner 等对生物膜与纳米材料的相互作用实验结果显示,当粒子尺寸大于孔的尺寸,则粒子完全被排斥在膜外[39]。当粒子尺寸小于孔的尺寸,若膜与粒子的相互吸引较弱,则粒子能穿过膜孔;若吸引较强,则粒子能吸附于膜孔表面,而将膜孔堵住,从而无法穿过膜孔。当孔尺寸很大时,无论相互吸引强弱,粒子均能穿过膜孔。此外,纳米粒子也可以被细胞膜包裹后吞入细胞。

1.3 相关技术与应用(概论)

1.3.1 流式细胞技术

用流式细胞仪(flow cytometer,FCM)从组织中分选相对纯化细胞的方法称为流式细胞技术(flow cytometry,FCM)。由于该技术需要用荧光染料偶联抗体来标记细胞,然后用流式分选仪来分选出已标记和未标记的细胞,其分选的根据是细胞内发荧光的 DNA 含量不同,或细胞表面荧光强度不同,所以该仪器也称为荧光激活细胞分选仪(fluorescence activated cell sortor，FACS)。目前该技术已经广泛应用于大分子物质的定量、细胞周期分析、细胞表面抗原、受体(acceptor)、染色体、核浆比例、活细胞分类纯化等分子细胞生物学的各个领域。

流式细胞光度计的工作原理是以高压氮气将经荧光染色的单细胞悬液压入流动室内，并在磷酸盐缓冲液(PBS)或生理盐水等壳液(sheath fluid)包裹和推动下形成"小水滴"状单细胞，然后仪器给这种小水滴充电，并以每分钟 5000~10000 个细胞的高速度以细胞束状态自流动室喷射出来。分选关键是不含标记的细胞或不含细胞的小水滴不会被充电而带电荷，这样当细胞束通过高压偏转板时，带电荷的水滴偏转。有时为了同时分选出不同类型的细胞，可给不同的小水滴分别充正电或负电，让它们按不同方向偏转并分别进入各自的收集管，不带电荷的水滴进入正中的收集管，于是可分离得到两种细胞。

由于流式细胞仪配备有光学台、电子控制台、计算机以及打印机，因此光电敏感元件可将测得的光信号转变成电信号，由电子控制台放大和显示。然后经由计算机分析、打印后或以双参考数直方图、或以三维频率分布直方图显示。

1.3.2　生物芯片技术

生物芯片(biochip)是 20 世纪末发展起来的一门高新技术。它是一种与生命活动的研究和利用有着较为直接联系的各种高集成度微缩系统[40]。

将微电子、微加工技术在固相介质表面构建微型生物分析系统，有快速、高效、敏感等特点。目前生物芯片技术分为信息芯片技术和功能芯片技术两大类。信息芯片包括基因芯片(gene chip，也称 DNA 芯片)、蛋白质芯片(protein chip)、细胞芯片(cell chip)、组织芯片(tissue chip)等。功能芯片包括生物样品制备芯片、核酸扩增芯片、毛细管电泳芯片等。

基因芯片是目前生物芯片中最成熟、应用最广的一种。其原理是在固相支持物上原位合成寡核苷酸，或将大量 DNA 探针直接以显微打印的方式固化于支持物表面，然后与标记的样品杂交，并对杂交信号进行解析，从而获得样品的遗传信息。此外，基因芯片还可用于药物的筛选与开发、疾病的诊断、环境保护与监测等。

由于信使 RNA(mRNA)的表达与蛋白质的功能不是直接相关的，尤其是在真核细胞中，经过 mRNA 的降解与保护、定位翻译，蛋白质折叠与加工、修饰降解等步骤后才生成了有功能的蛋白质。尽管中心法则是从 DNA→RNA→蛋白质，但 DNA 的揭示不能反映细胞蛋白的全貌，因此人们建立了功能蛋白质的微阵列分析(protein microarray)，甚至细胞芯片和组织芯片等[41]，从而可以与 DNA 芯片配合获得更多更全的生命信息，同时更有效地研究蛋白质的功能、蛋白质在细胞的概貌、蛋白质的相互作用以及蛋白质改变疾病的关系。

与基因芯片类似,蛋白质芯片将标准蛋白质共价连接到固相支撑物上,然后加上待测样品,检测蛋白质间的结合,蛋白质与小分子的结合,以及酶与底物的结合。检测结果的方法包括质谱检测、荧光标记抗体反应、酶标记抗体反应等。

1.3.3 诱捕的前体分子光激活技术

在单个细胞水平上进行细胞内过程的研究是十分困难的,一个理想的方法就是能够将所研究的分子在准确的部位和时间导入活细胞内,然后观察这种分子的行为以及细胞的反应。显微注射很难控制注入的部位和时间,因此有一定的限制。一种较好的方法是合成一种所需的分子的非活性形式,将它导入细胞内,然后用光线聚焦的方法在所选择的位置即刻将它激活。这种类型的非活性的光敏感前体(photosensitive precursors)"入笼分子"(caged molecules)包括 Ca、cAMP、GTP 和三磷酸肌醇等。迄今可以用多种方法将分子导入活细胞内,然后用强激光脉冲将它们激活,此时用显微镜可聚焦光脉冲于细胞的任何部位。操纵者也可准确控制何时何处将分子导入。例如,用该方法可以研究导入细胞内信号分子至细胞质中的瞬间效应。

1.3.4 生物传感器

按传感信息的工作原理不同,传感器可分三大类:物理型传感器、化学型传感器及生物型传感器。其中,生物型传感器是一类特殊形式的传感器,由生物分子识别元件与各类物理化学换能器组成,用于各种生命物质和化学物质的分析和检测,是能在分子水平上识别近百种物质的传感器。生物传感器结合了生物学、物理学、化学、信息科学及相关技术于一体,已经发展成为一个备受关注和重视的研究领域。在医学和兽医工作领域内,已用该技术对血液、尿等临床标本,污染微生物的标本,甚至食品的化学成分、滋味及新鲜度等方面进行了检测,且显示了它具有广阔的应用前景,因此特别受到检验工作者的重视。回顾历史,各种类型生物传感器的出现,都经历了一段曲折的发展道路,才出现今日欣欣向荣的局面。早在 20 世纪 40 年代,即有人将酶引入化学领域作检测,20 年后(1962 年),电化学分析家克拉克(Clark)嫁接了酶法和离子选择性电极技术,制成的酶电极(enzyme electrode)能准确、快速地作检测,事实上,这已是酶传感器雏形的出现,但由于所用的酶是溶解性的,难以重复使用;5 年后,Updike 在 Clark 氧电极表面固定了葡萄糖氧化酶,这种酶电极能反复使用;随后又报道了一大批类似结构的酶电极,用于糖及氨基酸的检测;1977 年,Rechnitz 用完整的粪链球菌取代酶,与电极组合成检测精氨酸的微生物电极(microbial sensor),几乎同时,Karube 报道了检测抗原的免疫传感器(immunol sensor)，随后，又相继出现了细胞器传感器(organella sensor)和组织传感器(tissue sensor)等。进入 20 世纪 80 年代，由于生物技术、生物电子学和微电子学间的不断渗透融合，生物传感器的研制已不再局限于生物反应的电化学过程，而是根据生物学反应中产生的各种信息，如光效应、热效应及场效应等设计出更精密、更灵敏的传感器，如光学生物传感器、半导体生物传感器、压电生物晶体传感器、介体生物传感器及热敏电阻生物传感器等。进入 21 世纪的今天，在新理论、新技术的指引下，各种新的传感器不断出现，已形成一个独立的新兴的检测技术领域。

1.4 纳米尺度的生物光电子

1.4.1 纳米粒子的"导线"作用

近年来，随着纳米材料的诞生和纳米科技的兴起，纳米材料所具有的独特理化性质为生物电化学的研究开辟了一条崭新的途径。在裸露固体电极上，由于氧化还原蛋白/酶很难实现直接电子传递，从而限制了新型无媒介体生物传感器和生物燃料电池的研制。由于蛋白质大小通常也在纳米尺寸，纳米材料与蛋白质的尺寸匹配性好，而且具有独特的电子、光学和异相催化等优异特性，因而纳米材料与蛋白质的有机结合为其界面电子传递带来极大的好处。通过构筑纳米粒子-蛋白质/酶的组装体系，实现氧化还原蛋白质/酶的直接电化学并在此基础上形成生物传感器成为研究的热点。在其领域研究广泛的蛋白包括细胞色素 c、肌红蛋白、血红蛋白、辣根过氧化物酶和葡萄糖氧化酶等。利用纳米粒子在常规电极表面上构筑纳米微结构，即形成类似的纳米电极阵列，纳米粒子使酶分子连接起来，起到"导线"作用；并且由于纳米粒子的小尺寸特点，可插入蛋白质/酶的结构内部，缩短蛋白质/酶分子活性中心与电极表面的距离，从而可进行直接的、无媒介体的电子转移。构建纳米粒子-蛋白质/酶组装体系，并以此为基础开发新型生物电子器件是一个具有很大发展潜力的研究方向。

1.4.2 量子点在分子生物学中的应用

量子点几乎可以用于任何传统的依靠有机染料的荧光成像和检测方法中，并可以极大地提高灵敏度。单个量子点常用于标记生物分子。在生物医学研究领域，1~10nm 的量子点备受关注，因为这个尺寸与生物大分子相似。例如，在核酸中，每个碱基对的长度大约是 3nm，一般蛋白质的直径在 3~15nm。量子点与生物大分子(包括 DNA、多肽、蛋白质)的结合是生物纳米技术的研究内容之一，这一技术将对疾病的诊断治疗以及分子生物学产生重要的影响。

分子生物学可以通过两种方式与量子点结合：配位吸附和形成共价键。与生物分子吸附在金属颗粒表面不同的是，量子点与大多数原态的生物分子不能形成稳定的结构。这一问题可以通过在生物分子中导入巯基或带正电的氨基来解决。这种方法简单，同时也伴有各种缺陷，如量子点表面的三辛基氧化磷被取代，使其量子效率降低，量子点对生物环境反应敏感。因此，目前常用的方法是形成共价键。例如，量子点表面高分子保护层中的羧酸基可以与生物分子上的氨基形成稳定的肽键，反之亦然。其他常用的化学键包括双硫键等，或利用双功能团分子作为链接。值得注意的是量子点自身表面积非常大，使得同时连接多种生物分子成为可能。对于一个直径为4nm的量子点，它同时可以与5~6个蛋白分子或50个左右的多肽和寡聚核苷酸分子结合。这一特性是传统有机染料不容易做到的。它对形成高亲和力选择性探针和多功能智能材料具有重要影响。

量子点和生物分子的轭合物已经被用于DNA的杂交、免疫检测、细胞内吞和以时间闸为技术的荧光成像。量子点的主要优势在于其稳定性比较高，能对生物分子进行长时间的即时跟踪，而且生物毒性比一般染料要低得多。尤其是量子点和相应肽链片段结合后可以进入活细胞，用于分子生物学研究。

1.4.3 生物分子作为纳米材料的模板

生物分子作为生命最基本的组成部分，通常具有纳米尺度或者纳米孔洞以及独特的分子识别功能，使其在纳米材料的组装过程中具有高度的选择性。这些特性使其成为在分子层面设计与合成复杂结构最好的生长模板。因此，采用生物分子辅助合成法制备无机材料越来越受到关注。近年来，使用大量的生物分子，如DNA、蛋白质、谷胱甘肽等作为模板和结构导向剂合成了结构、形貌和性能良好的无机材料。

目前生物学大量的研究集中在基因组学、蛋白质组学、代谢组学、系统生物学等领域，对生物体的认识越来越微观，但是无论如何到最后还是细胞层面的，将来的医学技术应该是对细胞的操控，那么，信息学是基于基因组、蛋白质组的一门信息科学、数学计算机科学交叉的新兴科学。纳米尺度上的生物光电子学是指包括生物分子、细胞层次上的生物信息。它们既包括生物结构及其中蕴含的信息，也包含外源材料或器件对生物结构的作用。光、电、磁、声等外场的作用或影响也是其中必须予以考虑的因素。因此，可通过纳米尺度有关生物信息的检测与分析等，来研究或展示这个层面上的生物信息，包括可能潜在的生物医学应用前景。

1.5 展望

生命科学的发展越来越依赖技术的进步，尽管随着现代分子生物技术的迅速发展，人们已经能够根据需要建立了各种细胞、动物模型为生物领域的各项研究提供生物学条件，并深入研究了基因表达以及蛋白质间的相互作用，但是还不能实现对基因和蛋白质间的活动进行实时动态在体的无损监测。光电子技术与生物技术的有效结合使研究上述问题成为了可能。光学成像技术正成为实时研究生物细胞分子间以及分子内蛋白质相互作用、基因表达、细胞信号转导和酶转运等的重要研究手段。随着光电子技术的不断发展，生物光电子学将在多层次上对研究生物体的结构功能和其他生命现象产生重要影响，同时也势必在生物医学诊断和治疗领域中显示出较强的优势和临床应用潜力。

参 考 文 献

[1] (a) Tearney G J, Jang I K, Bouma B E. J Biomed Opt, 2006, 11: 021002; (b) Gandjbakhche A, Gannot I. J Biomed Opt, 2005, 10: 051301; (c) Achilefu S, Contag C H, Savitsky A P, et al. J Biomed Opt, 2005,10: 041201.
[2] Yan F Y, Wang M, Cao D L, et al. Dyes and Pigments, 2013, 98 (1): 42-50.
[3] Palchaudhuri R, Hergenrother P J. Curr Opin Biotechnol, 2007, 18 (6): 497-503.
[4] 徐可欣. 生物医学光子学. 北京: 科学出版社, 2011.
[5] Drummond T G, Hill M G, Barton J K. Nat Biotechnol, 2003, 21 (10):1192-1199.
[6] Li H, Ruan J, Durbin R. Genome Res, 2008, 18 (11): 1851-1858.
[7] Ronaghi M, Karamohamed S, Pettersson B, et al. Anal Biochem, 1996, 242 (1): 84-89.
[8] Vial S, Nykypanchuk D, Yager K G, et al. ACS Nano, 2013, 7 (6): 5437-5445.
[9] Hutzler P, Fischbach R, Heller W, et al. J Exp Bot, 1998, 49 (323): 953-965.
[10] König K, Simon U, Halbhuber K. Cell Mol Biol (Noisy-le-Grand, France), 1996, 42 (8): 1181-1194.
[11] Wood S R, Kirkham J, Marsh P D, et al. J Dent Res, 2000, 79 (1): 21-27.
[12] Ferrari A C. Solid State Commun, 2007, 143 (1): 47-57.
[13] Ferrari A C, Meyer J C, Scardaci V. Phys Rev Lett, 2006, 97 (18): 187401.
[14] Fleischmann M, Hendra P J, McQuillan A. Chem Phys Lett, 1974, 26 (2): 163-166.
[15] Hench L L, Polak J M. Science Signaling, 2002, 295: 1014.
[16] Bao Y P, Wei T F, Lefebvre P A, et al. Anal Chem, 2006: 78 (6): 2055-2059.
[17] Grancharov S G, Zeng H, Sun S H, et al. J Phys Chem B, 2005, 109 (26): 13030-13035.
[18] Honary S, Zahir F. Tropical Journal of Pharmaceutical Research, 2013, 12 (2): 265-273.
[19] Cao Y C, Jin R, Mirkin C A. Science, 2002, 297 (5586): 1536-1540.
[20] Lee J S, Mirkin C A. Anal Chem, 208, 80 (17): 6805-6808.
[21] Wang J, Zhou H S. Anal Chem, 2008, 80 (18): 7174-7178.
[22] Zhang C, Zhang Z Y, Yu B B, et al. Anal Chem, 2002, 74 (1): 96-99.
[23] Lovric J, Bazzi H S, Cuie Y, et al. J Mol Med (Berl), 2005, 83 (5): 377-385.
[24] Medintz I L, Uyeda H T, Goldman E R, et al. Nat Mater, 2005, 4 (6): 435-446.
[25] Meyers S R, Khoo X, Huang X, et al. Biomaterials, 2009, 30 (3): 277-286.
[26] Notingher I, Boccaccini A R, Jones J, et al. Mater Charact, 2002, 49 (3): 255-260.
[27] Kokubo T, Kim H M, Kawashita M. Biomaterials, 2003, 24 (13): 2161-2175.

[28] Hench L L, Polak J M. Science, 2002, 295 (5557): 1014-1017.
[29] 翟庆洲，裘式纶，肖丰收，等．化学研究与应用, 1998, 10: 226.
[30] (a) Vial S, Nykypanchuk D, Yager K G, et al. ACS Nano, 2013, 7:5437; (b) Knorowski C, Travesset A. Curr Opin Solid State Mater Sci, 2011, 15: 262.
[31] Martinez R, Chacon-Garcia L. Curr Med Chem, 2005, 12:127.
[32] Strekowski L, Wilson B. Mutat Res-Fund Mol M, 2007, 623: 3-13.
[33] Mirkin C A, Letsinger R L, Mucic R C, et al. Nature, 1996, 382: 607.
[34] Alivisatos A P, Johnsson K P, Peng X, et al, Nature, 1996, 382: 609.
[35] Park S Y, Lytton-Jean A K, Lee B, et al. Nature, 2008, 451(7178): 553-556.
[36] Deshpande M S, Kumbhar A S. J Chem Sci, 2005, 117: 153.
[37] Wang S, Gaylord B S, Bazan G C. J Am Chem Soc, 2004, 126: 5446.
[38] Jing B, Zhu Y. J Am Chem Soc, 2011,133: 10983.
[39] Ladner D, Steele M, Weir A, et al. J Hazard Mater, 2012, 211: 288.
[40] Liu R H, Yang J, Lenigk R, et al. Anal Chem, 2004, 76 (7): 1824-1831.
[41] Espina V, Woodhouse E C, Wulfkuhle J, et.al. J Immunol Methods, 2004, 290 (1/2): 121-133.

第 2 章 生物光电子学中的电化学过程

20 世纪 70 年代,人们在研究中越来越发现和证明:无论是能量转换还是神经传导,无论是光合作用还是呼吸过程,甚至生命的起源、大脑的思维、基因的遗传以及癌症的防治等,都离不开一个神奇的角色——电子转移,因此由电生物学、生物化学、电化学等多门学科交叉形成了一门独立的科学——生物电化学(bioelectrochemistry)[1]。生命现象最基本的过程是电荷迁移,生物电的起因可归结为细胞膜内外的电势差。人和动物的代谢作用以及各种生理现象,处处都存在电流和电势的变化。人以及其他动物的肌肉运动、大脑信息传递以及细胞的结构与功能机制等也都涉及电化学过程。显然,电化学是生命科学的最基础的相关学科。细胞的代谢作用可以用电化学的燃料电池的氧化和还原过程来模拟;生物电池也是利用电化学方法模拟细胞功能;人造器官植入人体导致血栓的产生与血液和植入器官之间的界面电势差这一电化学问题密切相关;心电图、脑电图等更是利用电化学方法模拟生物体内器官的生理规律及其变化过程的实际应用。由以上几个例子可以看出,交叉学科——生物电化学的发展具有重要的基础理论意义和实际应用前景[2]。

2.1 生物光电子学中的电化学过程概述

人类在认识和改造自然的社会实践中创立了多门自然科学。随着人们认识的不断深入,以及深层次解决实际问题的需要,随着科学技术的发展,自然科学各门学科逐渐分化出许多分支,特别是进入 20 世纪,其分化的速度越来越快,各学科发展也十分迅速,各学科之间又相互交叉、相互渗透,在多学科的界面上又生长出一些新型的交叉学科或边缘学科。

电化学是研究电子导体(亦或半导体材料)/离子导体(通常为电解质溶液)和离子导体/离子导体的界面结构、界面现象及其变化过程及机理的科学。然而什么是生物电化学,首先根据其字义来理解:"生物"和"电"这两个词头表明,它是研究涉及生物系统的荷电粒子(也包括部分非荷电粒子)所引起的电化学现象的分支,该科研分支具有学科间的相互作用,即运用电化学的技术、原理和理论来研究生物学事件[2, 3]。

但是,这样的定义或许过于笼统了,我们必须对它加以限定,考虑到生物学事件的复杂性,可将其大致划分为两大部分。第一部分包括那些基本上着眼于形态和生命功能的生物学事件。这方面的例子有细胞分裂和增殖、器官的形态、组织分化等。第二部分包括从物理化学观点看待基本的生命过程，即在分子基础上发展起来的生命的基本物理化学过程。这方面的例子有呼吸链(在生物体中利用来自大气中的 O_2 的适当途径，即通过一系列电化学反应(氧化还原反应(redox reaction))使有机体中的物质氧化)，遗传(即通过基因所含相当小分子片断以适当方式结合和排列的顺序，使机体的特定性状一代一代传递下去)，化学诱导的细胞增殖，膜现象(如带电粒子即离子流入、流出活细胞的调控)，合成代谢过程的积累与分解代谢过程的消耗，生命过程所需的能量(光合作用、磷酸化作用、氨基酸和蛋白质化学等)，信息是靠神经系统电脉冲以及神经递质携带和传递。所有这些现象实质上都具有电化学性质，并且为生物电化学的定义提供了很好的依据。

通过运用包括固体物理学(包括半导体理论)在内的严谨的电化学技术和理论，生物电化学能够研究大量的生物学事件和现象，以及有机体的能力学(energetic)。也就是运用电化学的技术、原理和理论来研究生物学事件，即生物机体内的电化学现象。如人或动物的肌肉运动、细胞氧化机理、细胞电势、神经信息传递、人造器官可用性以及许多生理现象都涉及电化学的原理。显而易见，电化学家、生物学家、生物物理学家以及电生理学家只有通力合作，方能有所建树[4]。

我们知道，人体是由细胞构成的。细胞是机体的基本单位，因此只有机体各个细胞均执行各自的功能，才能使得人体的生命现象延续不断。同样地，如果从电学角度考虑，细胞也是生物电化学的基本单位。一个活细胞，无论是兴奋状态，还是安静状态，它们都在不断地发生着电荷的变化，科学家们将这种现象称为"生物电现象"。细胞在未受刺激时所具有的电势称为"静息电位"；细胞在受到刺激时所产生的电势称为"动作电位"。而电位的形成正是由于细胞膜外侧带正电，而细胞膜内侧带负电。细胞膜内外带电荷的状态为"极化状态"。

由于生命活动过程中，人体中所有的细胞都会受到内外环境的刺激，它们也会对刺激做出反应，这在神经元细胞(又叫神经元)、肌肉细胞体现得更为明显。细胞的这种反应，科学家们称之为"兴奋性"。一旦细胞受到刺激时，细胞膜在原来静息电位的基础上会发生一次迅速而短暂的电位波动，这种电位波动可以向它周围扩散开来，从而形成了"动作电位"。由于细胞中存在着上述电位的变化，医生们便可用极精密的仪器将其测量出来。此外，由于在病理的情况下所产生的电位变化与正常时不同，因此医生们可从中看出人体的器官(由细胞构成)是否存在着某种疾病。

心电描记器是用来检查心脏疾病的一种仪器。这种仪器可从人体的特定部位记录下心肌电位改变所产生的波形图，即心电图。医生们只要对心电图进行分析便可判断受检人的心跳是否规则、有无心脏肥大、心肌梗死等疾病。同样地，大脑也如心脏一样能产生电流，因此只要在患者头皮上安放电极描记器，并通过脑生物电活动的改变所记录下来的波形图，即脑电图，便知道患者脑部是否有疾病。当然，比起心电来，脑电比较微弱，因此需要将脑电放大100万倍才可反映出脑组织的变化，如脑内是否长有肿瘤、是否可能发生癫痫等。科学家们相信，随着电生理科学以及电子学的发展，脑电图记录将更加精准，甚至未来还可以正确地测知人们的思维活动。

生物电化学现象早已为人们熟知，1780年，伽伐尼用验电器及莱顿瓶，在青蛙腿肌和神经试验样品上进行试验。当神经有电流通过时，电流可导致肌肉收缩，证明动物肌体组织与电的相互作用，得出生物学与电化学有着深奥联系的结论。但是这个结论得到真正的公认是半个多世纪以后的事了。几乎同时，物理学家A.Vglta将他的注意力转向有机体的电现象，他认为神经就是电导体。几年以后，J. W. Ritter对电生理学和氧化还原反应领域进行了研究。1848年，德国生物学家杜布瓦·雷蒙(D. B. Reymonol)改进了电流计，精确地测量了神经组织的电流。他证实了伽伐尼的结论，并且发现外围神经活动伴随着一个负的电位变化。他的学生赫曼(L. Hermann)认为所有的电活动都是由于损伤而引起的，于是建立了损伤电位(injury potential)的概念[4, 5]。

近代的内科学医生L.Michaelis与三位化学家D.Keilin、R.B.Wurmser和A.S.Gyorgy在生物电化学方面做出了极为重要的贡献。第一，在研究涉及离子的生物化学事件中，他们首次引入了定量氧化还原反应的概念；第二，他们提出了涉及氧化还原链的呼吸过程的最早模式；第三，Michaelis在生物氧化还原反应的研究中引入了电位计技术；第四，他们还运用固体物理学和半导体的理论概念，研究了蛋白质及其他生物大分子的电传导行为。I. Prigogine对前人的理论进一步综合，并引入了复杂高深的概念(区域平衡、耗散结构等)。借助大量数学推导，他对远离热力学平衡状态发生的事件(主要是生物学过程)，取得了理论预测和实验发现之间惊人的一致。他也因此荣获了1977年的诺贝尔化学奖[4]。下面的几个例子可以说明生物学研究中涉电化学领域的复杂多样性[4~7]。

(1) 有机体中的一些化学反应也属于氧化还原反应。在这些过程中，可氧化的体系被组织中同时存在的另一种体系以特定目的氧化。一个最有代表性的例子是，哺乳动物体内的葡萄糖衍生物被其血红蛋白携带的氧所氧化。这个最后生成CO_2和H_2O的完全反应，实际上是通过许多步骤、借助一系列中间产物来完成的。其他可能含有S、P、N等原子的生物物质，也可以通过类似方式"燃烧"，产生相应的衍生物。正是这种氧化反应提供了维持生命所必需的能量。从整体上研究这种氧化还原反应体系是极其困难的，而将总反应分解为比较简单的单个步骤一部分一部分反应之后，就比较容易采用电化学方法研究了。而且，在生物体中真正发生的过程也很可能就是这样。实质上，所有这些简单的单步骤氧化还原体系，都可以借助于热力学和动力学定律，从电化学角度加以研究，根据氧化还原电压值(电位)，热力学提供了有机体中是否有、或者在什么条件下发生氧化还原反应的判断标准。例如，葡萄糖与氧(血红蛋白携带的)的氧化反应，可以用下面的分部分体系式(2.1)和式(2.2)的反应，从电化学上进行研究：

$$C_6H_{12}O_6 + H_2O \longrightarrow C_6H_{12}O_7 + 2H^+ + 2e^- \tag{2.1}$$

$$2H^+ + 2e^- + \frac{1}{2}O_2 \longrightarrow H_2O \tag{2.2}$$

$$C_6H_{12}O_6 + \frac{1}{2}O_2 \longrightarrow C_6H_{12}O_7 \tag{2.3}$$

反应式总和式(2.3)就是我们想要研究的生物学事件。反应式(2.1)和式(2.2)可以很容易地用恒电位方法进行研究，于是提供了标准焓或反应式(2.3)的实在数据。同样可将其他生物体系分解，测定在特定环境中同时存在的可氧化体系被另一个可还原体系直接氧化的自由焓数据。再比较获得的数据，就可以得到在给定条件下第一个体系能否被第二个体系氧化的具体证明。

(2) 另外，动力学研究提供了与之相关的活化能的信息。而且，考虑到其他因素(如弗兰克–康登原理)的进一步引入，我们能够追踪所研究的氧化还原体系随时间的演变。采用适当的电子导体(Pt、Au、W、C等)和适合的参比电极，每一个分体系式(2.1)和式(2.2)，都可以构成一个伽伐尼电池。利用这个电池，可以测定标准电位值，并测定计算反应的自由焓(热力学量)时所需的过电压。在研究中，通过伽伐尼电池在氧化还原电极的阳极或阴极极化下工作，测得的过电压将提供计算活化能和反应速度(动力学量)所需要的信息。当然，我们并没有在有机体中发现具有金属导线的伽伐尼器件。但是，依据在给定条件下获得的有关分体系自由焓(从电位得到)信息，就能立即确定哪个分体系(它们组成了总的氧化还原体系)被氧化或者被还原。在活化能的基础上，也能大概估计出反应速度的快慢。

这仅是对氧化还原反应的生物意义以及用电化学方法对它们进行研究的可能性的扼要陈述。其他考虑到的有关生物氧化还原的反应(不完全自由态反应物的存在，超特性吸附现象的能量贡献，用活度代替浓度，将生物化学复杂反应归类为几个基本的简单反应等)，也应当加以介绍，以便得到更好的可能结果。

(3) 1941年，S.Gyorgy利用固体物理学和半导体的理论与概念来解决生物学问题的应用。从那时起，人们进行了大量的研究，并在这些概念的基础上得出了生物大分子电导的结论。许多这样的大分子(蛋白质、酞菁、血红蛋白、核酸等)都表现出了固态时的半导体性质，甚至在不完全干燥的条件下，它们也具有半导体性质，例如，许多蛋白质都具有相互靠近的三条能带，其中，两条能带被电子填满，而第三条高出 3eV 的能带是空的，因此可以作为半导体的导带。在此基础上，人们对大量生物学事件的研究取得了辉煌的成就，例如，线粒体的活动和呼吸链，叶绿素的行为和光合作用，经由像神经或肌肉等有组织的结构导电的机制等。

(4) 另一个极为广泛的领域是膜，即用来维持细胞功能和细胞内部条件的重要结构。在有机体中，膜的作用如同分隔两区域的栅栏，并对物质运输起到开关作用。膜进行物质运输的一种机制，是靠选择性通透方式来进行的。在这种情况下，如果运输粒子荷有电荷，就会发生电现象和电化学现象，并反过来影响物质运输的过程。被膜分开的区域通常是等通透的。因此，物质运输在通透之外还需要一个外力。这表明，物质透过膜运输的机制必定是电化学机制。而且，在分隔两个含有选择性运输离子区域的生物膜上，也确实测到了这样的电位差。

一大批理论生物学家从电解质电导的基本理论出发而理论生物学家从电解质电导的基本理论出发，采用不可逆过程的热力学来研究这些事件。考虑到电位、化学电位和电化学电位梯度的非线性，互补相互作用以及相互作用(即同时存在的各种物理量与正在发生的现象的偶联关系)，并使用适当的非线性微分方程，可以证明负传导的存在，即某些荷电物质跨膜向与电位梯度和电化学电位梯度预测的相反方向运输。这赋予了离子泵概念物理学上的实际意义。膜电导领域中的这一出色成果，以及由普里高津及其同事在耗散结构理论获得的成果表明，现代热力理论尽管在表面看来与生物学相去甚远，但却十分有助于生物学事件的解释。跨膜电位的进一步改变也有宏观效应，如在麻醉和电麻醉中出现的情况。这时，使用的药物极有可能改变了细胞膜对荷电物质的电迁移，如对离子或某些可能载荷离子的较大分子(它可以引起药理学作用)的电迁移，于是造成了某些特殊材料的不平衡以及实验所观察到的麻醉现象。最为人知的典型例子，就是一个相当大的分子也有通过膜的能力，这就是复合一个 K^+ 的缬氨霉素，因为它与一个离子束缚或复合 K^+，再由其曲柄结构形成窝内，从而使每个缬氨霉素分子带一个单位的正电荷。

膜的概念同时也澄清了复杂生物结构的电导机制。在动作电位传导性过程中，由于某种兴奋产生的电位差，从边缘神经传感器传递到中枢神经系统，然后再回传经过整理后的信号，最终以动作量级通过或到达复杂结构(神经和肌肉)上。然而，膜的概念并不足以解释通过这些复杂的有组织的结构的电传导。在电脉冲神经冲动传导速度不变的基础上(其数量级为 10m/s)，事实上可以肯定，通过有组织结构的整体电导，很可能涉及与离子电导、电子电导和半导体电导类型不同的机理。美国科学家彼得·阿格雷和罗德里克·麦金农发现了细胞膜的水通道，并在离子通道结构和机理研究方面做出了开创性的贡献。这些研究开启了细菌、植物和哺乳动物等水通道的研究之门，两人也因此获得了 2003 年的诺贝尔化学奖。

(5) 生物电化学的另一个重要研究领域是植物的光合作用，即利用光来合成重

要的生物物质。其反应通式如下:

$$A+H_2D+h\nu \longrightarrow H_2A+D \tag{2.4}$$

其中,A 表示电子受体;D 表示电子供体。当然,这是一个氧化还原反应。这种氧化还原反应的一个典型例子,即在绿色植物叶绿体中的许多叶绿素质体中所进行的合成碳水化合物的光合作用。因此,光合作用实际上代表了所有生物的生命过程所需要的最终来源,既是直接(绿色植物、海藻和若干细菌)来源,又是间接(其他靠生物光合作用的产物滋养的生物种)来源。

(6) 另外一个重要的领域是活细胞与直接施加的或者通过电磁场感应施加的电流之间的相互作用。我们对这方面的知识还是极其有限的。但是,一些事实已经是无可争议的,并且有了重要的临床与医疗上的应用。如对于不能用矫形法治疗的许多种骨折,利用很小的脉冲电流(几个 $\mu A/cm^2$),或者采用适当波形和幅度的交变电磁场(它反过来产生所期望的交变电流),可以取得较高的治愈率(超过80%)。最初科学家设想这种电流的使用可能具有刺激效应和组织效应。通过一定量的体内和体外实验,人们可以认为两种作用存在。进一步,在上述电刺激下,从实验上可以使鸡胚骨骼细胞的自由 Ca^{2+} 产物富集。利用同样的能量和同样的时间,在体内和体外都取得了同样结果。另外,部分实验发现疗效不好,这可能与个体自由 Ca^{2+} 产量不足有关,如有丝分裂、遗传密码的转录、钙化等。从这些观点可以得出结论,损伤骨组织在电刺激下的复原也是部分由于电化学的作用。

(7) 电化学方法,特别是伏安方法,在分析检测中也非常有用,蛋白质和核酸变性就是一个重要例子。蛋白质和核酸的变性,最先是由这些大分子的螺旋形态发生改变所引起的,并可能涉及二硫键或其他键(如氢键)的断裂。这种形态的改变,即构象的变化,可以在这些大分子与荷电表面接触时发生,而反过来它们又可以通过伏安方法来精确地检测。另外,生物电化学方法用于各种疾病的诊断及生物电化学传感等,此外还包括生物燃料电池、环境保护等多方面的应用。

目前,生物电化学还处在发展初期,这主要是由于还难以对复杂的生物系统进行系统化的实验研究。但是,生物电化学必将是一个促进电化学和生物化学共同发展的研究领域。1971 年,第一次国际生物电化学会议在罗马举行。1974 年,第一个生物电化学杂志 *Bioelectrochemistry and Bioenergetics* (现更名为 *Bioelectrochemistry*)创刊。1990 年,*Biosensors and Bioelectronics* 杂志创刊。*Topics in Bioelectrochemistry and Bioenergetics* 系列丛书已经出版了五卷。另外,国际"生物电化学学会"(Bio-Electrochemical Society, BES)已经建立,它为那些对这个新兴科研分支感兴趣的科学家提供了与会和讨论问题的机会和场所[4]。

由于近年来生物电化学学科发展迅速,涉及范围广,想要系统全面地对生物电化学的研究领域进行归纳分类是非常困难的事情。下面作者将就其几个主要热点研究领域进行简单的介绍。

2.2 生物电化学应用技术

由于生命现象与电化学过程密切相关,因此电化学方法在生命科学中得到广泛应用,其内容非常丰富,主要包括生物膜电化学研究、电脉冲基因直接导入、电场加速作物生长、癌症的电化学疗法、电化学可控药物释放、在体研究的电化学方法、生物分子的电化学行为等。本节简单地介绍一下这些应用于生命科学的电化学技术。

2.2.1 生物膜与生物界面模拟研究

1. 生物膜的电化学[3]

由于生物电的起因可归结为细胞膜内外两侧的电势差生物电的起因可归因为细胞膜内外两侧的电势差,因此生物膜或模拟生物膜的电化学研究受到了人们的广泛关注。LB (Langmuir-Blodgett)膜和双层磷脂膜(bilayer lipid membrane,BLM)(图2.1)是人们了解生物膜结构与功能机制的常用经典模型体系。但由于 LB 膜是亚稳态结构,稳定性差,且 LB 膜中分子的取向是基于亲水疏水作用,从而大大限制了对 LB 膜外表面性质的选择性控制,因此其电化学研究也受到限制。BLM 的稳定性也稍弱,难以承受较高的电场强度。因此在 20 世纪 80 年代初,迅速发展起来的自组装单分子层(self assembled monolayer, SAM)技术的出现使其成为膜电化学研究的热点领域之一。SAM 是基于长链有机分子在基底材料表面的化学结合和有机分子链间相互作用自发吸附在固/液或气/固界面,形成的热力学稳定、能量最低的有序膜[3]。组成 SAM 单分子层的分子定向、有序紧密排列,且 SAM 单层的结构和性质可以通过改变分子的头基、尾基以及链的类型和长度来控制调节。因此,SAM 成为研究界面各种复杂现象,如膜的摩擦、磨损、黏结、腐蚀、渗透性、湿润、生物发酵、表面电荷分布以及电子转移理论的理想模型体系。有关 SAM 的电化学主要是用电化学方法研究 SAM 的缺陷分布、厚度、绝对覆盖量、离子通透性、表面电势分布、电子转移等。利用 SAM 可研究溶液中体系氧化还原物种质与电极间的跨膜电子转移,以及电活性 SAM 与电极间的电子转移。在膜电化学中,硫醇类化合物在金电极表面形成的 SAM 是最典型的和研究最多的体系。

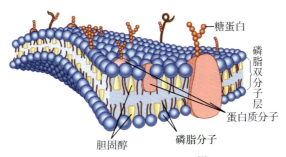

图 2.1 细胞膜的结构[3]

长链硫醇在金电极表面上形成的 SAM 对仿生研究有重要意义，因为它在分子尺寸、组织模型和膜的自然形成三方面非常类似于天然的生物双层膜[8]，同时它又具有分子识别功能和选择性响应，且稳定性高。可用 SAM 表面分子的选择性来研究蛋白质的吸附作用；研究氧化还原蛋白质中电子的长程和界面转移机制。SAM 在酶的固定及其生物电化学研究中也有广泛的应用，Porter 和 Murray 分别报道了卟啉衍生物 SAM 对氧还原过程的电催化作用，Kinnear 等利用 SAM 研究了大肠杆菌延胡索酸还原酶的电化学过程。在硫醇 SAM 上再沉积磷脂可构造双层磷脂膜，通过 SAM 来模拟双层磷脂膜的准生物环境和酶的固定化并进行酶直接电子转移研究得到广泛应用。如以胱氨酸或半胱氨酸为 SAM，再通过缩合反应键合上媒介体(如 TCNQ、二茂铁、醌类等)和酶可构成测谷胱甘肽、胆红素、葡萄糖、谷胱甘肽、胆红素、苹果酸等生物传感器。随着研究的深入，膜模拟电化学将在生命过程的研究中发挥更大的作用。

2. 液/液界面模拟生物膜的电化学研究

所谓液/液(L/L)界面是指在两种互不相溶的溶液之间形成的界面，又称为油/水(O/W)界面。有关 L/L 界面电化学的研究范围很广，包括 L/L 界面双电层、L/L 界面上的电荷转移及其动力学、生物膜模拟等。

L/L 界面可以看成与周围电解质接触的半个生物膜模型。生物膜是一种极性端分别朝细胞内和细胞外水溶液的磷脂自组装结构，磷脂的亲脂链形成像油一样的膜内层。因此，从某种意义上来说，吸附着磷脂单分子层的 L/L 界面非常接近于生物膜/水溶液界面。磷脂是非常理想的实验材料，它能很好地吸附在 L/L 界面上[9]。如在覆盖着蛋黄卵磷脂单分子层的 1,2 - 二氯乙烷/水界面上能够观察到 $(CH_3CH_2)_4N^+$ 转移受抑制的现象；而硝基苯/水界面上的二月桂酰卵磷脂(DLPC)单分子吸附层则对$(CH_3)_4N^+$和 $(CH_3CH_2)_4N^+$转移起到加速作用。二山酰卵磷脂(DBPC)单分子吸附层对阳离子的转移也起着抑制作用。二月桂酰基-磷脂酰乙醇胺单分子吸附层对阴离

子如 ClO_4^-、BF_4^- 转移也起着抑制作用。对于二棕榈酰卵磷脂(DPPC)和二棕榈酰磷脂酰丝氨酸(DPPS)单分子吸附层,不仅能观察到对离子的这种抑制作用,同时还能观察到单分子层由液体膨胀态到浓缩态的相过渡现象等。电荷或电势和磷脂单分子层表面张力之间的偶联作用通常被认为是细胞和细胞中类脂质运动的基本驱动力。有关 L/L 界面离子转移的研究工作非常多,涉及 K^+、Rb^+、Cs^+、Cl^-、I^-、NO_3^-、SCN^-、ReO_4^-、IO_4^-、苦味酸根、辛酸根、十二烷基磺酸根、柠檬酸根以及各种抗菌素和药物等。

2.2.2　电脉冲基因导入研究

电脉冲基因直接导入是指在高压脉冲电场的作用下带负电的质粒 DNA 或基因片断被加速或 DNA 片断被加速"射"向受体细胞,同时由于介电击穿效应,在电场作用下细胞膜的渗透率增加(介电击穿效应),使基因能顺利导入受体细胞。由于细胞膜的电击穿具有可逆性,在除去电场后,细胞膜及其所有的功能都能再次恢复,因此在分子生物学中得到广泛应用。其细胞转化效率高,可达每微克 10^{10} 个 DNA 转化体,是用化学方法制备的感受态细胞的转化率的 10~20 倍[10]。

2.2.3　电场加速作物生长

电场加速作物生长是个比较新颖的研究课题。Matsuzaki 等报道过玉米和大豆苗在培养过程中,同时加上 20Hz、3V 或 4V 的电脉冲,6 天后与对照组相比,施加电脉冲的种苗根须发达、生长明显加速。其原因可能是电场激励了生长代谢的离子泵作用。另外,美国植物学家通过施加人工电场,在作物生长上方安装正极,与土地(负极)之间形成一个高强度电场。在这个电场中种植白菜、黄瓜等作物,作物的生长周期缩短了一半,产量增加了 3~6 倍[11]。

2.2.4　癌症的电化学疗法

癌症的电化学疗法是瑞典放射医学家 Nordenstrom 开创的治疗癌症的新方法。其原理是:通过对癌灶施加直流电场,从而引起癌灶内一系列生化变化,使其组织代谢发生紊乱,蛋白质变性、沉淀坏死,最终消灭癌细胞。一般是将铂电极作为正极置于癌灶中心部位,周围扎上 1~5 根铂电极作为负极,加上 6~10 V 的电压。目前,该疗法已推广用于肝癌、皮肤癌等癌灶的治疗,其对体表肿瘤的治疗尤为简便、有效。另外,还有一种将脉冲电场和化疗相结合进行癌症治疗的技术,这种新的治疗方案是施加电场降低细胞膜的稳定性,调控通向细胞液的通道,促进药物进入细胞内部。采用这种方法成功地使博来霉素进入癌细胞,并获得了显著的抗癌效果。临床上治疗头颈鳞状细胞癌、黑素瘤和基底细胞癌的客观响应率为72%~100%[12]。

2.2.5 电化学控制药物释放技术

电化学控制药物释放技术是指通过电化学在一定时间内控制药物的释放速度、释放地点，以获得最佳药效，同时缓慢释放能够降低药物毒性。电化学控制药物释放是一种全新的释放药物的技术，这种技术是把药物分子或离子结合到聚合物载体上，使聚合物载体固定在电极表面，构成化学修饰电极，再通过控制电极的氧化还原过程使药物分子或离子可控地释放到溶液中。药物在聚合物载体上的负载方式分为共价键合型和离子键合型两类。共价键合负载是通过化学合成将药物分子以共价键方式键合到聚合物骨架上，然后利用涂层法将聚合物固定在固体电极表面形成聚合物膜修饰电极，再通过控制电极在氧化或还原过程中使得药物分子与聚合物之间的共价键断裂，药物分子从膜中释放出来从而释放药物分子。离子键合负载是利用电活性导电聚合物如聚吡咯、聚苯胺等在氧化或还原过程中伴随有作为平衡离子的对离子的嵌入将药物离子负载到聚合物膜中，再通过电化学还原或氧化使药物离子从膜中释放出来。清华大学袁金颖副教授及其研究小课题组设计合成的组装体由两种均聚物利用非共价键正交连接，一段是末端修饰了β-环糊精的聚苯乙烯均聚物(PS-β-CD)，另一段是末端修饰了二茂铁(Fc)的聚环氧乙烷均聚物(PEO-Fc)，二者利用末端功能基团的主-客体相互作用形成非共价键嵌段共聚物，之后再进行分级组装在水溶液中形成超分子囊泡。链末端β-CD与Fc的主-客体包络作用可以通过氧化还原的方式进行可逆的解离与嵌套调节。因此，在溶液中原位施加正电位或负电位时，可以使Fc末端在带电与不带电状态之间切换，从而导致PS-β-CD/PEO-Fc囊泡的可逆解组装与再组装，施以不同强度的电压可控制囊泡的解离速度和解离时间，从而实现药物的可控缓释[13]。

2.2.6 在体研究

在体研究是生理学研究的重要方法，其目的在于从整体水平上研究细胞、组织、器官的功能机制及其生理活动规律。由于一些神经活性物质(神经递质)具有电化学活性，因此电化学方法可以用于脑神经系统的在体研究。在人们首次采用微电极插入动物脑内伏安法进行活体伏安测定获得成功后，在体研究立即引起了人们的极大兴趣。该技术经过不断的改善，被公认是目前在正常生理状态下跟踪监测动物大脑神经活动最有效的方法。通常可检测的神经递质有多巴胺、去甲肾上腺素、5-羟色胺及其代谢产物。微电极伏安法成为进行连续监测细胞间液中原生性神经递质的有力工具。目前，科学家一般采用快速循环伏安法(每秒上千伏)和快速计时安培法进行在体研究，快速循环伏安法还被用于单个神经细胞神经递质释放的研究，发展成为所谓的"细胞电化学"。

脑神经生理和病理的物质基础一直是多学科交叉的前沿研究领域，也是我国中长期科学规划中的重大研究课题之一。脑的基本功能是利用外周神经所获得的信息，构建对外部世界的"表征"，并通过调节机体各个系统的生理功能以感知和适应环境的变化。这种调节的基础是神经元内部和彼此之间的信息传递，其中主要包括电传递和化学传递两大类。化学传递主要是通过神经递质来完成的，这些物质包括胆碱类、儿茶酚胺类、氨基酸类、神经肽类以及最近发现的一氧化氮自由基。除了这些神经递质以外，还有其他一些重要的生理活性物质，如葡萄糖、乳酸、丙酮酸、氧气、谷胱甘肽、抗坏血酸，金属离子、自由基等也都参与大脑功能的过程。因此，建立这些生理活性分子活体、实时、动态的分析方法，将为脑神经生理和病理过程物质基础的研究奠定下良好基础。中国科学院化学研究所毛兰群研究小组近些年来利用微纳材料，并结合活体微透析技术和微电极等技术，建立和发展了一系列小鼠脑内生理活性分子的活体在线和活体原位电化学分析新原理和新方法，并初步探索了活体脑缺血过程某些物质的连续变化规律[14]。

2.2.7 生物分子的电化学行为研究

生物分子的电化学行为研究是生物电化学的一个重要研究领域，其研究目的在于获取生物分子氧化还原反应过程中电子转移的反应机理，以及生物分子电催化的反应机理，为正确理解生物活性分子的生物功能提供基础数据。目前所研究的生物分子包括生物小分子(如氨基酸、生物碱、辅酶、糖类等)和生物大分子(RNA、DNA、氧化还原蛋白、多糖等)[15]。这一部分将在2.3节着重展开讲解。

2.3 生物电分析化学

2.3.1 生物电分析化学概述

在生物科学研究领域中，需要对各种生物分子进行分离、鉴定和表征，这就要用到各式各样的分析方法。目前，多种分离、分析方法，如电泳法[16~19]、色谱法[20~23]、免疫法[24~27]及各种用于分子结构测量的近代仪器分析方法等已经成为生物科学的主要研究手段[28~31]。当然，这几种方法还需要不断地加以改进，才能适应生物化学继续发展的需要。正是这种新的需求，开拓了电分析化学的一个新的方向——生物电分析化学。

生物体系是一个复杂的体系。各种生物组分的分子量相差极大，而许多组分的含量又极微。另外，不少生物组分本身并没有电化学活性；蛋白质等大分子化合物由于吸附作用还易对测定产生干扰。所有这些因素对电分析化学方法都极为不利。尽管如此,电分析化学方法在生物体系的研究中还是取得了可喜的成果。现有的各种电分析化学技术,广泛应用于生物体系的研究中。不过,将生物学中的一些方法(如免疫法、酶技术等)与电化学结合起来,是解决生物电分析化学中的问题更为有效的途径之一。

2.3.2 伏安分析在生命科学中的应用

伏安分析具有灵敏度高、分析对象广、操作简便快速、仪器价格相对低廉等一系列优点。近年来,把现代伏安技术引入生命科学和医学领域已成为研究的热点。特别是在医学临床分析中,直接采用伏安法测定人体内各种微量的无机和有机物质,已经取得了显著的效果并获得了广泛的应用。

(1) 人体微量元素的测定:调查儿童微量元素的含量并对其进行分析[32]。采用微量元素电化学分析法(溶出伏安法)测定手指全血中微量元素钙、铁、铜、锌、镁、铅含量。用茜素红S/多壁碳纳米管修饰碳糊电极,提出了一种灵敏的溶出伏安法测定痕量铜的新方法[33],应用于人发中铜含量的测定,回收率为98%~102%。可以预计,在不久的将来,随着方法和仪器的改进,伏安技术将为人体内元素的形态和价态研究提供更多的重要信息,在生命科学中发挥更大的作用。

(2) 人体体液中药物的测定:测定人体内药物及其代谢产物是当前生物分析领域中最具有挑战性的课题之一。了解药物在体液的分布和浓度,就可以使用最小剂量,获得最佳效果,对医、药学研究,疾病治疗,维护人类健康具有重要意义。采用伏安技术测定体液中药物的研究已有很多报道。Helfrick 等采用微分脉冲伏安法考察了两种核苷类抗病毒药物阿昔洛韦(aciclovir)和喷昔洛韦(penciclovir)在乙二胺修饰的玻碳电极(GCE)上的电化学行为及其在代谢血样中的同时测定[34]。Molina 等用循环伏安法、示差脉冲伏安法和紫外光谱法研究了抗癌药物 6-巯基嘌呤与 DNA 的相互作用[35]。Menshykau 等[36]用直流伏安法(DCV)、微分脉冲伏安法(DPV)和循环伏安法(CV)在玻碳电极上研究了依沙吖啶(EAD)在不同介质中的阳极伏安行为。Beasley 等[37]采用循环伏安法(CV)、线性扫描伏安法(LSV)、常规脉冲伏安法(NPV)、方波伏安法(OS-WV)和计时库仑法(CC)等电化学技术研究了抗癌药物 8-氮鸟嘌呤(8-AG)在玻碳电极上的阳极伏安行为,该方法也可用于模拟尿样中 8-AG 的测定。

2.3.3 电化学生物传感器

生物传感器是一种对生物物质敏感并将其浓度转换为信号进行检测的仪器,由识别元件与适当的理化换能器(如氧电极、光敏管、场效应管、压电晶体等)及信号放大装置构成。其中识别元件一般为固定化的生物敏感材料(包括酶、抗体、抗原、微生物、细胞、组织、核酸等生物活性物质)。由于酶膜、线粒体电子传递系统粒子膜、微生物膜、抗原膜、抗体膜对生物物质的分子结构具有良好的选择性识别功能,只对特定分子或特定反应起催化活化作用,因此生物传感器具有非常高的选择性。生物传感器涉及的是生物物质,主要用于临床诊断检查、治疗实时监控、发酵工业、食品工业、环保和生物医学领域等方面。可以预见,随着生物传感器的不断发展,它必将展现出越来越多方面的应用前景,将应用于越来越多的领域[38]。

生物传感器有以下共同的结构:包括一种或多种相关生物活性材料及能把生物活性表达的信号转换为光电信号的物理或化学传感器,二者组合在一起,用现代微电子和自动化仪表技术进行生物信号的再加工,构成各种可以使用的生物传感器分析装置、仪器和系统。

生物传感器的分类如下。

(1) 根据生物传感器中分子识别元件可分为五类:酶传感器,微生物传感器,细胞传感器,组织传感器和免疫传感器。显而易见,所应用的敏感材料依次为酶、微生物、细胞、动植物组织、抗原和抗体。

(2) 根据生物传感器的信号转换器分类:电化学生物传感器,半导体生物传感器,光生物传感器,热生物传感器,压电晶体生物传感器等。换能器依次为电化学电极、半导体、光电转换器、热敏电阻、压电晶体等。

(3) 以被测目标与分子识别元件的相互作用方式进行分类:生物亲和型生物传感器、代谢型或催化型生物传感器。

其中电化学生物传感器因其具有灵敏度高、易微型化、能在复杂体系样品中进行检测等优势,并且所需的仪器简单、便宜,已被广泛应用于生物医学、医疗保健、食品工业、农业、环境等领域[39~41],电化学生物传感器的基本结构如图2.2所示。

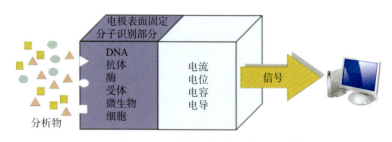

图2.2 电化学生物传感器的基本结构

电化学生物传感器是以生物材料为敏感元件,以电化学电极为信号转换器,以电势或电流为检测信号的生物传感器。由于电化学生物传感器表面的微结构可提供多种能利用的势场,能够使待测物进行有效的分离富集,另外可以凭借控制电极电位进一步提高选择性,而且还能把电化学测定方法的灵敏性和表面物质化学反应的选择性相结合,因而可以认为电化学传感器是把分离、富集和选择性测定三者合而为一的理想体系,并具有高选择性和高灵敏度等优越性[39~41]。

根据检测信号的区别,人们可以把电化学传感器分为pH、电位、电流、电导、电阻式几种,其中电位传感器及电流传感器在分析科学中有着极广泛的应用。电位传感器能够将生物识别反应信号转换为电位信号,该信号与生物识别反应过程中产生或消耗的活性物质浓度成正比,从而与待测物质的浓度成正比。电流传感器通过工作电极给电活性的电子转移反应提供驱动力,研究电流随时间的变化趋势,能够直接测量电子转移反应的速度,反映了生物分子识别的速度,即该电流正比于待测物质的浓度。

根据固定在电极表面的生物敏感分子的不同,电化学生物传感器可分为电化学酶传感器、DNA 传感器、免疫传感器、微生物传感器和细胞传感器等。

2.4 电化学酶传感器

酶传感器是问世最早、成熟程度最高并已商品化的一类生物传感器。1967 年 Updike 等将葡萄糖氧化酶(GOD)膜固定化到电极上,制作了第一只酶电极[42]。随后在近几十年里,酶传感器得到了迅猛的发展。酶是种具有生物催化活性的蛋白质,对相应底物具有催化转化能力。酶不仅具有催化反应、加快反应速度的作用,而且大多具有高度的专一性(选择性),即大多数酶只能作用于一种或一类物质,产生一定的产物。因为酶的这种专一性及其高催化低浓度底物反应的能力,其在电化学传感器上非常有用,除可用于构建测定一些特定物质的酶传感器外,还可利用一些物质对酶活性的特异性抑制作用,制成测定酶抑制剂的生物传感器。酶传感器有两个主要组成部分,即感受器(固定化酶)和信号换能器。作为生物识别部分的感受器(固定化酶)是整个生物传感器的核心部分。感受器包括选择合适的载体材料以及在载体上固定酶。换能器可以感知酶与待测物质特异性结合产生的微小变化,并把这种变化转变成其他可以记录的信号,如电信号、热信号以及密度、质量等性质的变化。

2.4.1 电化学酶传感器的组成及工作原理

电化学酶生物传感器是以酶作为传感元件,以电化学电极(玻碳电极、金电极及其他类型修饰电极)作为信号换能器,输出电位、电容或电流作为信号检测方式的生物传感器。其工作原理是:当目标物通过扩散进入酶膜层,与酶特异性识别,发生酶促反应，产生或消耗一种电活性物质，电化学电极换能器则将这电活性物质的变化量转换成可检测的电信号，进而实现对目标物的检测。

2.4.2 电化学酶传感器的分类

电化学酶传感器是将酶促反应转化为电信号输出的一类生物传感器。根据不同的测量原理，可分为电流型、电位型和电导型。电流型酶传感器是基于酶促反应中电活性物质浓度的变化，通过施加一定电压，电活性物质在工作电极上发生氧化或还原反应，产生电流信号[43~45]。电位型酶传感器是建立在离子选择性电极的基础上发展起来的，酶促反应引起溶液中离子型物质的增加或者减少，从而导致离子电极电位的变化，从而产生电位信号[46]。电导型酶传感器是基于酶促反应引起溶液中离子种类的变化，进而改变了溶液导电性，产生电导信号的变化[47~49]。其中，具有高灵敏度和较宽线性的电流型生物传感器是电化学酶传感器领域中研究和应用最为广泛的一种。

2.4.3 电化学酶传感器的发展历程

1962 年，Clark 和 Lyons[50]首次提出了葡萄糖酶电极的概念和原理。1967年，Updike和Hicks构建了第一个基于酶的葡萄糖传感器[42]。从而推动了基于葡萄糖氧化酶的葡萄糖生物传感器的研究的全面展开。目前，葡萄糖氧化酶仍然作为主要催化元件运用于酶生物传感器中。相较于其他类型的酶，葡萄糖氧化酶具有相对较高的选择性、灵敏度和稳定性。Wilson 和 Turner 在 1992 年的综述中称之为"理想的酶"[51]。在葡萄糖氧化酶分子中，其氧化还原中心即黄素腺嘌呤二核苷酸(FAD)是酶最重要的组成部分。在酶催化过程中，葡萄糖氧化酶中的黄素基团(FAD)将葡萄糖氧化为葡萄糖内酯，如式(2.5)所示：

$$GOD(FAD) + 葡萄糖 \longrightarrow 葡萄糖内酯 + GOD(FADH_2) \qquad (2.5)$$

然而，起着重要作用的氧化还原中心(FAD)却埋在酶内部，被厚厚的绝缘层——蛋白层所包围，酶与电极之间电子直接传递受到极大的阻碍。因此，在酶催化过程中，需要利用电子中介体来传递电子，将还原态的葡萄糖氧化酶 $GOD(FADH_2)$ 氧化，使之再生后循环使用。根据酶与电极之间不同的电子传递机理，电化学酶传感器的发展主要分为三种类型，即基于天然媒介体——氧作为电子媒介体的第一代传感器[52~55]，基于人工合成的电子媒介体的第二代酶生物传感器，以及基于酶的直接电催化的第三代酶生物传感器[56~59]，三代酶电化学生物传感器的工作原理如图 2.3 所示。

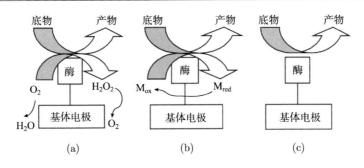

图 2.3　三代酶电化学生物传感器的工作原理[56]
(a)第一代;(b)第二代;(c)第三代

1. 第一代酶生物传感器

第一代酶生物传感器是在氧化还原的基础上发展起来的。以葡萄糖氧化酶催化葡萄糖为例，其原理如下：

$$\text{酶}：GOD_{ox} + 葡萄糖 \longrightarrow 葡萄糖内酯 + GOD_{red} \tag{2.6}$$

$$GOD_{red} + O_2 \longrightarrow GOD_{ox} + H_2O_2 \tag{2.7}$$

$$\text{电极}：H_2O_2 \longrightarrow O_2 + 2H^+ + 2e \tag{2.8}$$

式中，GOD_{ox} 和 GOD_{red} 分别表示葡萄糖氧化酶的氧化态和还原态。在酶催化过程中，GOD_{ox} 将葡萄糖氧化成葡萄糖内酯，自身被还原为 GOD_{red}，接着被溶液中的溶解氧氧化为 GOD_{ox}，恢复原来状态，从而再生，这样便可实现 GOD_{ox} 循环使用，同时氧气被还原为 H_2O_2。这个过程中，氧的还原速度与葡萄糖浓度成正比关系，因此，可以通过测定反应后 O_2 的消耗量或 H_2O_2 浓度的变化来指示底物——葡萄糖的浓度[60, 61]。

通过测定反应后 O_2 的消耗量来指示葡萄糖的浓度，该方法具有很大的缺点，由于响应信号受大气中的氧的分压或溶氧浓度影响很大，这在很大程度上影响到传感器检测的准确性。因此，通常是通过测定反应后 H_2O_2 浓度的变化来测定葡萄糖的浓度，但是 H_2O_2 的氧化电位往往需要在比较高的电位(0.6 V 以上)下才能进行，而这样高的电位也会将一些电活性物质，如抗坏血酸、乙酰氨基酚和尿酸等氧化，产生氧化电流，从而对葡萄糖的测定造成干扰。为了提高传感器的选择性，其中一种较为可行的方法是在电极表面修饰高分子聚合膜或者选择性半透膜。高分子聚合膜主要是基于膜的致密性来阻止干扰物靠近电极界面，从而降低干扰。常用的高分子聚合膜有聚苯酚、聚苯二胺和过氧化的聚吡咯[62~64]。常用的选择性半透膜，如全氟磺酸-聚四氟乙烯共聚物(Nafion)和柯达 AQ 离聚物(Kodak AQ ionomers)[65~67]主要是基于自身带的负电荷对一些阴离子干扰物的电荷排斥作用。文献中也有报道使用多层膜来抗干扰，它结合了不同薄膜的性能，具有更多的优越性。例如，通过交替沉积 Nafion 膜和醋酸纤维素可以消除中性乙酰氨基酚、带负电的抗坏血酸和尿酸对传感器的干扰[68]。另外，通过对电极界面进行修饰以降低 H_2O_2 的检测电位也可以进一步提高传感器的选择性。例如，通过使用金属铁氰化物修饰电极，可以获得很好的选择性[69~74]，其中，普鲁士蓝修饰电极具有最强的电催化活性。Liu 等[75]基于电极表面自组装普鲁士蓝，再通过戊二醛交联将葡萄糖氧化酶固定到电极表面，构建了葡萄糖传感器。普鲁士蓝在较低的工作电位(−0.05 V)下即对 H_2O_2 有很强的电催化还原作用。修饰电极表现出快速的安培响应、较低的检测下限和很高的灵敏度以及良好的重现性和很强的抗干扰能力。

2. 第二代酶生物传感器

为了改进第一代酶生物传感器的缺陷，第二代酶生物传感器利用人工电子媒介体(M)来解决酶氧化还原活性中心与电极之间电子传递的难题。

$$\text{酶层：} \quad \text{GOD}_{ox} + \text{葡萄糖} \longrightarrow \text{葡萄糖内酯} + \text{GOD}_{red} \tag{2.9}$$

$$\text{修饰层：} \quad \text{GOD}_{red} + \text{M}_{ox} \longrightarrow \text{GOD}_{ox} + \text{M}_{red} \tag{2.10}$$

$$\text{电极：} \quad \text{M}_{red} \longrightarrow \text{M}_{ox} + ne \tag{2.11}$$

式中，GOD_{ox} 和 GOD_{red} 分别表示葡萄糖氧化酶的氧化和还原态；M_{ox} 和 M_{red} 分别表示电子媒介体的氧化和还原态。

第二代酶生物传感器中，常用的人工电子媒介体有铁氰化钾、对苯二酚、二茂铁及其衍生物和各种有机染料等[76~80]。这些电子媒介体不仅加快了电极与酶之间的电子传递速度，而且解决了第一代传感器对溶解氧的依赖方面的缺陷，同时，也提高了酶传感器检测的灵敏度，提高了响应速度，增强了传感器的抗干扰能力。方程(2.9)~方程(2.11)为第二代酶生物传感器的反应原理。首先，葡萄糖氧化酶的氧化态(GOD_{ox})将葡萄糖氧化，自身被还原为 GOD_{red}，随后，电子媒介体(M_{ox})将 GOD_{red} 氧化，使之再生以循环使用，同时 M_{ox} 被还原为 M_{red}。M_{red} 在电极上被氧化为 M_{ox}，产生安培电流，其电流大小与葡萄糖的浓度呈线性关系，从而实现对葡萄糖的测定[60, 81, 82]。

但是，这些人工电子媒介体在实际应用中也会出现一些问题，例如，电子媒介体的溶解或部分溶解，容易扩散离开电极界面等。为了解决这些问题，可以将电子媒介体与合适的聚合物或酶键合在一起。Liu 等[83]首先将二茂铁固定在单壁碳纳米管表面，然后利用琼脂糖将葡萄糖氧化酶、二茂铁−单壁碳纳米管杂化物固定到电极表面,构建了葡萄糖传感器。由于二茂铁–单壁碳纳米管杂化物在酶与电极之间起到很好的电子媒介体的作用,所制备的传感器对葡萄糖的测定表现出较快的响应速度和较高的灵敏度。Koide 等[84]将二茂铁共价交联到聚烯丙基胺上合成了一种氧化还原聚合物,然后通过戊二醛交联法将葡萄糖氧化酶和牛血清白蛋白交联到氧化还原聚合物上,再将这种复合物修饰到玻碳电极表面,构建了灵敏的葡萄糖传感器。该传感器具有较高的灵敏度和很好的稳定性。

3. 第三代酶生物传感器

第三代酶生物传感器是利用酶在电极上直接电催化实现的,无需加入任何媒介体,是真正意义上的直接电化学传感器。

$$酶层:GOD_{ox} + 葡萄糖 \longrightarrow 葡萄糖内酯 + GOD_{red} \tag{2.12}$$

$$电极:GOD_{red} \longrightarrow GOD_{ox} + ne \tag{2.13}$$

第三代酶生物传感器通过酶与电极之间的直接电子转移,不需要天然的或人工合成的媒介体。这是一代充满朝气的酶生物传感器,直接实现电极与酶之间的电子转移在很大程度上可以提高传感器的灵敏度和选择性。但是,电极和酶之间的直接电子转移也面临着很大的困难,由于酶活性中心嵌入在厚厚的绝缘蛋白壳中,与电极有一定的距离,它们之间直接的电子转移面临一定的阻碍。最近几年,科研工作者一直在致力于这方面的研究。为了促进生物传感器的直接电子转移,可以将酶掺杂到金属纳米粒子[85, 86]、半导体纳米材料[87, 88]、有机导电聚合膜[89]等其他导电材料中。由于这些材料具有大的比表面积、良好的生物相容性和稳定性,它们在酶固定化中起着重要的作用,既能很稳定地将酶固定,又能很好地保持酶的生物活性。Liu 等[90]基于在氧化铟锡(ITO)电极上形成的 ZnO 纳米棒阵列发展了一种新型的第三代电流型葡萄糖传感器。固定在 ZnO 纳米棒上的葡萄糖氧化酶仍然表现出很高的催化活性,传感器具有较宽的线性范围和很好的选择性。Jia 等[91]先将水解的 3-巯基–三甲氧基硅烷组装到金电极表面,然后通过巯基吸附金纳米颗粒,最后利用金纳米颗粒吸附固定辣根过氧化酶(HRP),这种固定方法很好地实现了 HRP 与电极之间的直接电子传递,该传感器对 H_2O_2 也体现出很好的电催化作用。Qi 等[92]用碳纳米管(CNT)来固定 Hb,也能很好地实现酶与电极间的直接电子转移。

2.5 电化学 DNA 生物传感器

DNA 作为一种十分重要的生物大分子,是遗传信息的携带者,是基因表达的物质基础，能够储存和传递遗传信息，其结构的改变会对生物体产生严重的影响。DNA 的核苷酸碱基特定序列决定了其遗传特性，但是 DNA 序列在特定条件下会产生可遗传的变异。因此，DNA 特定序列的研究对于生命科学研究具有十分重要的意义。

DNA 生物传感器是以核酸分子作为识别元件，将目标 DNA 分子的含量转变为可检测的光、电、声等信号。DNA 生物传感器检测的是核酸的杂交反应，对人体组织、血液、病毒等样品中特定 DNA 序列的定性、定量检测，疾病诊断，基因检测，药物筛选，环境监测等领域有着十分重大的意义。目前，DNA 的研究检测技术很多，主要有凝胶电泳技术、毛细管电泳法、表面分析技术、电化学方法和化学发光方法等[93~97]。传统的凝胶电泳需经放射性标记、聚合酶链式反应、电泳等一系列过程，操作复杂、耗时长。而基于电化学构建的生物传感器易实现集成化、微型化及实时监控、在线检测，且花费低、体积小，因此采用电化学方法检测 DNA 序列便成为研究工作的热点之一。DNA 的电化学研究始于 20 世纪 60 年代初，早期的工作主要集中于 DNA 的基本化学行为的研究[98]。随着极谱学的发展，其他电分析方法也用于 DNA 的研究，其范围扩大到 DNA 的结构和形态、DNA 探针及 DNA 与其他小分子作用的研究[99~101]。DNA 电化学传感器具有快速、灵敏、易操作、低能耗、污染小等优点，并有分子识别、分离基因等功能，在基因序列测定中受到了广泛的关注，已成为目前分子生物学和生物技术的重要研究领域，在流行病、遗传病、肿瘤等疾病的临床检测和基因诊断上有极大的应用前景[102~105]。电化学传感器的基本构造包括一个能固定 DNA 探针的电极和一个能量转换器，通过在电极表面杂交反应选择性识别 DNA 片段。纳米材料由于比表面积大、生物活性中心多、吸附能力强，且无毒、良好的生物相容性等优异性能，为电化学生物传感器的研究提供了新的途径。

2.5.1 DNA 概述

自 1953 年 Watson 和 Crick[106]根据 DNA 的 X 射线图谱的研究结果，提出了 DNA 的双螺旋 (double helix) 模型，特别是 1990 年开始实施人类基因组计划以来，DNA 作为一类重要的生命物质和大多数生物遗传信息的载体，人们对它的研究逐渐成为生命科学研究领域中的重要内容。

DNA 是染色体的主要化学成分，是绝大多数生物体遗传信息的载体，是基因表达的物质基础。DNA 是一种长链聚合物，组成单位为脱氧核糖核苷酸，而糖类分子与磷酸分子由酯键相连，组成其长链骨架。每个糖分子都与四种碱基里的一个相接，这些碱基沿着 DNA 长链索排列而成的序列，可组成遗传密码，是蛋白质氨基酸序列合成的依据。因为戊糖有β-D 核糖或β-D-2′脱氧核糖两类，又因为 RNA 含β-D 核糖，

DNA含β-D-2′脱氧核糖，可将核酸分为脱氧核糖核酸(DNA)和核糖核酸(RNA)。DNA的碱基是腺嘌呤(A)、鸟嘌呤(G)、胞嘧啶(C)和胸腺嘧啶(T)四种；RNA的碱基中，除由尿嘧啶(U)代替了胸腺嘧啶(T)外，其余的三种与DNA相同。DNA分子中两条脱氧核糖核苷酸链依托彼此碱基之间形成的氢键而结合在一起，碱基在链的内侧，两条链以反平行方向盘绕同一条轴形成右旋的双螺旋结构，两条链上的碱基按照严格的碱基互补原则相互配对，即A与T配对，C与G配对。DNA结构如图2.4所示。

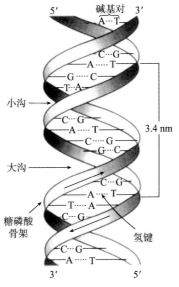

图 2.4 DNA结构示意图[106]

人类的许多遗传疾病均与DNA碱基序列不同程度的变异有关，因此DNA碱基序列在基因筛选、遗传疾病的早期诊断和治疗等方面也具有十分重要的意义，特定DNA序列的检测已逐渐成为生命科学的一个重要课题。DNA的研究通常包括：对生物样品中DNA的含量进行定量测定，确定DNA结构和碱基对序列，研究环境中污染物质对DNA的损伤机理，对酶聚合链的反应(polymcrasc chain reaction, PCR)产物进行检测，以及研究各种小分子和金属配合物与DNA相互作用等方面。DNA电化学传感器是目前较热门的研究方向，由于DNA电化学传感器具有灵敏度高、选择性好、测试费用低及抗干扰等优点，已被广泛应用于研究DNA的结构形态、碱基序列，DAN损伤，基因诊断，病毒检测和蛋白质链的分析等多个领域。生物体内的DNA分子是非常稳定的，其分子结构可在生命活动的过程中基本保持不变。但是，DNA分子结构的稳定性也不是绝对的，生物体内部及外部环境的多种因素都可能造成 DNA 分子结构的异常，也就是 DNA 的损伤。造成 DNA 损伤的原因有很多，例如，DNA 分子自发性损伤：DNA 复制中的错误、DNA 自发性化学变化、碱基的脱氨基作用等；物理因素引起的 DNA 损伤：紫外线引起的 DNA 损伤、电离辐射引起的 DNA 损伤；化学因素引起的损伤：烷基化对 DNA 的损伤，碱基类似物、修饰剂对 DNA 的损伤。其中，化学因素对 DNA 损伤的认识最早来自对化学武器杀伤力的研究，随着化学致癌作用的研究，人们开始逐渐重视突变剂或致癌剂对 DNA 的作用。目前，常见的 DNA 分析方法有色谱法、分光光度法、荧光光度法、光散射技术及电化学法等，其中电化学方法是一个重要领域，有关报道较多。

2.5.2 DNA 电化学生物传感器

1. DNA 电化学生物传感器的基本原理

DNA 电化学生物传感器是电化学、电分析化学与分子生物学相交叉形成的一项新技术，为生命科学，尤其是分子生物学的研究提供了一种新的方法。DNA 电化学生物传感器的工作原理：在适当的条件下，固定在电极表面上的已知序列的单链 DNA (ssDNA) 与溶液中的待测 DNA 发生杂交，利用两条互补的 ssDNA 间的特异性相互作用，形成双链 DNA(dsDNA)(图 2.5)。同时借助于能够识别 ssDNA 和 dsDNA 的杂交指示剂在杂交前后的电化学信号的改变，来检测目标基因。或者先将待测基因片段固定在电极表面，然后与溶液中的已标定有杂交指示剂的 DNA 探针进行杂交，从而检测待测基因序列。指示剂的响应信号在一定范围内与待测 DNA 的物质的量呈线性关系，因此可以通过指示剂的信号变化来检测 DNA 的含量，达到定量检测 DNA 的目的。

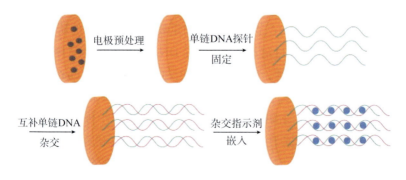

图 2.5 DNA 电化学生物传感器的工作原理图

2. DNA 电化学传感器探针的固定方法

DNA 电化学传感器的灵敏度主要取决于目标 DNA 与分子识别元件之间相互作用。因此识别探针与目标 DNA 序列杂交的特异性和敏感性是特定序列 DNA 检测中的重要指标。为达到快速、高灵敏的检测效果，探针的固定化技术是其中一个非常重要的环节。目前，已经建立的固定化方法包括吸附法、共价键合法、自组装法和生物素-亲和素特异性结合等。

1) 吸附法

吸附法利用 DNA 片段中带负电的磷酸骨架与带正电的固体基质表面的静电相互作用将 DNA 固定在支持物上。可用直接方法[107]或恒电位方法[108]将单链 DNA 吸附于基底电极表面。Pang 等[109]在预处理好的玻碳电极或金电极表面滴涂少量 ssDNA 或 dsDNA，晾干后用蒸馏水冲洗，即为 DNA 修饰的电极。Wang 等[110]将碳糊电极在+1.7 V 活化 1 min，然后将其浸入含有 DNA 的电解质溶液中在+0.5V 恒电位下吸附 2 min，将 DNA 固定在电极表面。另外，电极表面沉积纳米粒子后可提高 DNA 的固定量。

吸附法的优点是方法简单、反应条件温和。其不足之处是 DNA 与固体表面结合力弱，在电极表面处于松散的平躺的状态，故使得杂交效率受到一定的影响，并且易从电极表面脱落，使得稳定性稍差。

2) 共价键合法

共价键合法主要是通过形成共价键 (如酰酯键、酯键、醚键等) 进而使 DNA 固定到支持基底表面。首先，在电极表面修饰一层含有特殊基团的物质，如氨基 (-NH$_2$)、羧基 (-COOH)、羟基 (-OH)，或者对 DNA 进行衍生化，使其带上合适的官能团，再利用双官能团试剂或偶联活化剂进行共价反应固定 DNA[111, 112]。Li 等[113]将 NH$_2$-ssDNA 修饰的探针 DNA 共价键合到电极表面自组装了 4-ATP 单分子层的金电极上，取得了理想效果。该课题组[114]还用对氨基苯甲酸 (ABA) 氧化玻碳电极，在电极表面引入大量的羧基，在碳二亚胺盐酸 (EDC)的存在下，将 NH$_2$ 修饰的氨基 DNA 固定在玻碳电极表面。共价键合法固定的 DNA 相对牢固，DNA 的一端固定在基底上，在电极表面处于接近直立状态，使得 DNA 活动自由度大，有利于 DNA 杂交反应的进行。

3) 自组装法

自组装法就是基于分子的自组装作用，在特定表面自然形成高度有序的单分子层的方法。在 DNA 电化学传感器中，最广泛的共价键合固定 DNA 方法是通过巯基(R-SH)在金电极表面自组装固定 DNA。硫醇与金表面之间的高亲和性有利于 Au–S 键的形成，其反应式为：R-SH + Au $\longrightarrow$ R-S-Au + e$^-$ + H$^+$ [115]。

为了避免 DNA 的非特异性吸附,对已经固定有探针 DNA 的电极表面可以进行巯基封闭,使非特异吸附在金电极上的碱基从金电极表面脱离,在金电极表面形成具有一定自由度的单分子层,促进其与目标 DNA 杂交。Herne 等[116]发现 DNA-SH 与巯基乙酸混合固定可消除金电极表面 DNA 的非特异性吸附,同时发现离子强度对 DNA-SH 在金电极表面的覆盖率起关键作用,高离子强度条件下,金电极表面 DNA-SH 覆盖率高。Dong 等[117]首先在纳米金膜电极表面通过金硫键固定探针 DNA,然后用巯基乙醇封闭活性位点,实现 DNA 的高灵敏检测。自组装膜法得到的 ssDNA 膜表面高度有序,稳定性好,通过控制适当的固定密度,可实现对互补 DNA 有较高的杂交效率。但这种方法对巯基修饰的 DNA 纯度要求较高,分离提纯操作较为繁琐,另外,由于大的亲水性核酸基团较大,也较难产生紧密堆积表面,并且会有一定量的非特异性吸附结合。

4) 生物素–亲和素法

生物素 (biotin)是生物体内分布广泛的一种羧化酶的辅酶,一端的羧基通过单一、温和的生化反应能与蛋白质、酶、DNA 等通过化学键连接,但不影响它的闭合环脲与亲和素(avidin)的结合,也不会影响这类物质的生物活性。亲和素又称抗生物素,是含有四核结合位点的较大蛋白质。生物素与亲和素的结合具有专一、迅速、稳定 ($kD = 10^{15}$)的特点,在生物分子的固定化作用中意义重大。生物素–亲和素法固定 DNA,一般是先将亲和素通过共价键或静电吸附作用连接于电极表面,再利用生物素与亲和素之间极强的专一亲和作用将生物素修饰的 DNA 固定到电极表面。Ki 等[118]先将亲和素修饰到硅片基底上,再将生物素修饰的 DNA 通过生物素–亲和素反应固定到硅片基底上,从而构建一种 DNA 芯片。Fan[119]小组通过偶联试剂将生物素修饰到金电极上,再通过生物素与链霉素亲和作用将发夹式 DNA 结合到电极表面,建立了一种酶标记的 DNA 电化学传感器。

3. DNA 电化学生物传感器的检测技术

DNA 生物传感器所检测的是核酸的杂交反应。基于 DNA 碱基互补的特异性,检测特定核酸序列首先要设计一段寡核苷酸序列作为探针,这段探针能够专一地与目标 DNA 的特定核酸序列杂交。其次,要有合适、灵敏的换能器识别元件,能快速、准确地将杂交反应转换成方便记录的物理信号,如电流大小、光 (荧光、电化学发光等)强度的大小或光吸收的强度。根据杂交前后光电信号的变化,对目标 DNA 进行准确定量测定。根据转化的物理信号的不同,可将生物传感器分为电化学生物传感器、光学生物传感器等。其中 DNA 电化学传感器具有检测技术快速、灵敏、成本低廉、检测装置轻便、操作简单等独特的性质,受到了广泛的关注。

目前 DNA 杂交电化学检测主要分为两大类：DNA 直接电化学检测[120~122]和 DNA 间接检测[107, 123~125]。由于直接氧化所需要的电位较高，会产生很大的背景电流，对检测信号干扰严重，而且 DNA 骨架中的核糖也可以被氧化，从而破坏磷酸骨架，因此这种方法较适合流动相中的分析而不适合在 DNA 修饰电极上使用。

间接电化学检测方法是通过一些电子媒介来实现电子传递，借助于这些与 DNA 选择性结合的具有电化学活性的指示剂来进行杂交检测。例如，将一些具有电活性的阳离子与带负电的 DNA 磷酸骨架通过静电吸附结合在一起，或在 DNA 序列一端标记电活性物质 (如亚甲基蓝、二茂铁或者纳米粒子) 作为信号探针。

对极低含量的目标 DNA 进行检测时，由于发生杂交反应的目标量很少，结合上标记有电活性物质的指示探针量也很少，产生的杂交信号变化与背景信号很难完全区分。为了提高检测灵敏度，还可以利用电活性复合物标记、纳米粒子标记、杂交改变 DNA 分子构象、酶标记等方法对检测信号进一步放大。

4. 电活性复合材料信号放大检测方法

目前，标记复合电活性物质进行信号放大的方法得到越来越多的应用。此方法是在纳米粒子上固定电活性物质，由于一个纳米粒子可以固定多个电活性物质，从而实现电化学信号的放大。Wang 小组[126]用吸附大量二茂铁的金纳米粒子/抗生蛋白链菌素复合物作为标记物，采用伏安法对纳米金上二茂铁的还原氧化电流进行检测，构建了信号放大 DNA 电化学生物传感器。Willner 等[127]将金纳米粒子和电活性小分子亚甲基蓝相结合，Franzen 等[128]将纳米粒子和 $FeCl_2$ 的作用相结合，实现了 DNA 浓度的灵敏检测。Liu 等[114]将吸附大量电化学指示剂分子硫堇/纳米金粒子/ ssDNA 作为探针固定在电极表面，与丙型肝炎病毒(HCV)1b 型目标 cDNA(224 聚体)杂交，然后经限制性内切酶 *Bam*HI 剪切。根据剪切前后硫堇的电化学信号变化来检测 HCV DNA，建立了一种基于限制性内切酶 *Bam*HI 联合金纳米粒子信号放大的 HCV 型电化学检测新方法。

5. 纳米粒子标记信号放大检测方法

纳米材料具有表面效应、小尺寸效应、量子尺寸效应和宏观量子隧道效应，其在电学、磁学、光学以及化学活性等方面均表现出特殊的、新颖的性质。纳米粒子在 DNA 生物传感器中也得到了广泛的应用。制备核酸纳米探针常用的纳米粒子有纳米金、纳米银、硅基纳米粒子(含 Si)、纳米金属硫化物等。

金和银纳米粒子由于制备方法简单、性能优良，且具有良好的生物相容性和电化学性能，在电化学 DNA 生物传感器中受到广泛关注。Mirlin 等[129]将纳米金作为标记物,通过银染技术使得纳米银沉积到纳米金表面,增大了纳米粒子的体积,并使得两电极抗阻大大减小,通过抗阻值的变化,实现杂交信号的灵敏检测,其检测限达到 500 fM。

阳极溶出伏安法对检测金属离子具有很高的灵敏度,将纳米金或纳米银标记在指示探针上,结合溶出伏安检测金属离子的方法可间接检测 DNA,提高检测的灵敏度。Limoges 等[130]用金纳米粒子标记出 406 个碱基对的人细胞巨化病毒的单链 DNA,并进行杂交反应,随后采用阳极溶出法测定氢溴酸溶解得到的金属离子,从而实现间接检测 DNA 的目的。

半导体纳米材料因其独特的带隙可调性能在光化学领域中有了长足的发展。近年来,半导体纳米粒子也被应用到 DNA 电化学生物传感器上,主要有 ZnS、CdS、PbS 和 CuS 纳米粒子等。Travas-Sejdic 等[131]将目标 DNA 通过电聚合吡咯固定到电极表面后,与探针 DNA 杂交后,再在探针上结合 CdS 纳米粒子,最后通过交流阻抗进行杂交的表征,灵敏度大大提高。这些半导体纳米材料的使用,不仅可以测定单一的 DNA,还可以根据 Cd^{2+}、Zn^{2+} 和 Pb^{2+} 溶出电位的差异,实现多种 DNA 目标的同时测定。

为了进一步提高检测的灵敏度,功能复合材料被广泛应用于 DNA 的检测中。由于磁性微球具有特殊的磁导向性,通过其表面可以连接生化活性功能基团,使其与纳米材料相结合,将其应用于 DNA 电化学生物传感器中,能够显著提高检测灵敏度、缩短检测时间、简化操作步骤。Merkoci 等[132]设计了两种测定 DNA 的磁性传感器。一种是先将单链 DNA 固定到顺磁性的纳米磁球表面,再与标记有金纳米粒子的单链 DNA 杂交。另一种是三明治的结构。先将连接有磁性的 ssDNA 与目标 DNA 杂交,目标 DNA 再与标有金纳米粒子的 ssDNA 杂交。然后将这两种杂交后的 DNA 吸附到磁性石墨环氧树脂复合电极表面,对金进行直接电化学检测来测定 DNA,检测限明显降低。

目前 DNA 电化学生物传感器一般采用短直链 DNA 探针,该探针存在灵敏度低、特性差等缺点。DNA 分子信标的探针结构可变,具有特异性强、灵敏度高等优点。电活性物质标记在 DNA 分子信标探针上,通过与目标杂交,影响探针结构,改变电活性物质与电极表面距离,可引起电化学信号的显著变化,从而实现目标的灵敏检测。

2003 年,Fan 等[133]报道了一种利用 DNA 分子信标构型互变原理实现 DNA 检测的 DNA 电化学生物简易传感器。他们将一段修饰巯基另一段连有一个二茂铁分子的捕获探针自组装到金电极表面,构建一个类似于荧光分子信标的茎环结构。在未发生杂交反应时,探针处于茎环结构,末端连接的二茂铁分子处于电极的近端;当目标物存在时,发生杂交反应使得茎环探针结构打开,形成双链 DNA 刚性结构,末端连接的二茂铁指示分子就会从电极的近端移动到远端。这种距离的改变导致电子传递效率降低，通过检测二茂铁分子氧化还原电流在杂交前后的变化来检测目标 DNA。该方法首次将 DAN 分子信标引入到 DNA 电化学生物传感器电极表面，而且不需要任何的后处理和外加指示试剂，因此该传感器具有良好的稳定性和重复性，能方便、直接地检测杂交的进行。2006 年，Xiao 等[134]设计了一种信号增强型传感器，该传感器由一个 DNA 捕获探针和一个 DNA 信号探针组成，捕获探针的 5′ 端被固定到电极表面，而信号探针的 5′ 端修饰了亚甲基蓝电活性分子，捕获探针和信号探针在两端都是互补的；没有目标 DNA 时，捕获探针和信号探针杂交，使亚甲基蓝分子远离电极表面，电流信号小。当目标 DNA 存在时，与探针的远电极杂交区发生链置换杂交。将信号探针的 5′ 端置换下来，形成单链，连接的亚甲基蓝分子会接近电极表面，更易产生更快的电子传递反应，从而使得氧化还原信号增强。但是由于该传感器含有两个杂交作用的探针，稳定性不好，不适宜于复杂的检测条件，而且再生性和重复性也存在缺陷。2007 年，Xiao 等[135]又发展了一种更为简单且可以稳定应用于复杂条件下的 DNA 传感器，虽然解决了上述问题，但是该传感器仍然有些不足，如探针设计较复杂等。

6. DNA 电化学生物传感器的应用

电化学 DNA 传感器是近几年发展起来的一类新型传感器，特别是人类基因组计划的发展、流行性传染病学的研究使这种传感器不仅可以用来识别特定碱基序列的 DNA，还可以用来检测 DNA 损伤，以及一些药物与 DNA 的作用机理，进行药物设计合成，在临床诊断、体外药物筛选、环境监测等方面有广泛应用。

1) 基因分析

DNA 传感器可用于基因遗传病的快速诊断，如癌症、帕金森病等。该传感器可利用杂交反应对特定的寡核苷酸片段进行分子识别检测。利用 DNA 传感器在 ng/mL 水平上直接检测到病原体生物的存在，将 DNA 传感器与 PCR 技术结合，可实现更低浓度水平的病原微生物的诊断，其操作简单、快速准确，可及时尽早预防和诊断疾病。Wang 等[136]用电化学 DNA 传感器研究了与人类免疫缺陷病毒 (HIV) 有关的短 DNA 序列的测定，为临床检测艾滋病提供了一种简便方法。中国科学院武汉病毒研究所用乙型肝炎病毒(HBV)的 DNA 做探针，与牛肠磷酸酶 (CAP) 标记的互补 DNA 杂交，验证传感器进行 HBV 诊断的可行性[137]。Fan 等[138]采用电化学方法对抗菌肽 CM4(Cecropin CM4)进行测定，采用示差脉冲伏安法。当单链 DNA/半胱氨酸/赫克斯特 33258 染色剂(ssDNA/cysteine/Hoechs t33258)修饰电极检测到该基因时，电化学信号相应增加，显示了对该基因的检测。

2) 药物分析

许多小分子物质特别是有些药物分子与核酸之间存在相互作用，它们与 DNA

作用会影响 DNA 的生理、物理、化学性质，甚至改变 DNA 的转录和复制。DNA 电化学传感器除了可用于检测特定 DNA 外，还可以用于一些 DNA 结合药物的检测和新型药物分子的设计。Baker 等[139]设计了一种检测可卡因的电化学方法，利用适配体与可卡因特异性结合使适配体的构型发生改变来检测可卡因。Brett 等[140]也利用 DNA 生物传感器研究了常用的铂类抗癌药物的作用机理，并发现 DNA 传感器还可以测量血液中的铂类抗癌药物的质量浓度。

3) 环境监测

DNA 传感器用于监测环境中的病原微生物与用 DNA 传感器进行疾病诊断的原理相似，即通过固定检测对象的特异性 DNA 探针，再配合 PCR 技术，进行杂交信号检测。很多环境污染物是能够引起基因变异的芳香族有机化合物和离子型自由基等，它们可能诱发癌症。Wang 等[136]报道了环境有机物烃类化合物电化学 DNA 传感器测定，检测 DNA 自身的电极响应在烃类化合物作用前后的变化，实现对烃类化合物检测，无需指示剂，检测能达到纳摩尔数量级。

尽管电化学 DNA 生物传感器在近年来取得了较大的进展，但在实际应用中还是存在着一些问题。另外，实际样品中的 DNA 浓度通常都在 10^{-15}mol/L 甚至更低，传感器一般难以达到这个检测要求，必须先通过 PCR 对样品浓度进行扩增，这样会使检测受到更多时间和设备要求的限制。目前，人们正在研究和开发新型的电化学 DNA 生物传感器，并努力使之商业化。

2.6 电化学免疫传感器

免疫传感器是利用抗原与抗体之间存在特异性互补结构的特性而制得的新型生物传感器[141]。

2.6.1 免疫传感器的原理

人和脊椎动物体内广泛存在具有免疫识别功能的组织结构，即免疫系统，包括淋巴组织、免疫活性细胞和免疫活性介质。而抗原通常是指可侵入动物组织的一种外援性物质，这种分子往往具有较低的分子量，为 10 kDa(1 Da=1.66054×10^{-27}kg) 左右，在自然界中表现为蛋白质或脂多糖，存在于病毒、细菌和微细菌的表面或血液及组织液中。当其进入动物体内后，将激活机体免疫系统，使之针对性地产生能与抗原分子产生特异性结合的蛋白，即抗体分子，称为免疫球蛋白。该反应通常称为免疫反应。所有免疫球蛋白的结构均为一 Y 型亚基结构(图 2.6)。两个相同的轻多肽链和相同的重多肽链分别通过二硫键结合在一起，Y 臂的氨基酸末端由于氨基酸序列的变化而产生特殊性,即为抗原抗体结合点[142]。

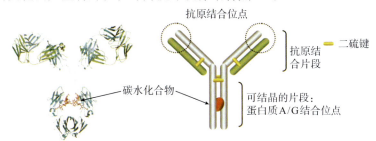

图 2.6 免疫球蛋白的结构图[142]

抗原抗体反应只是抗原决定簇和抗体结合部位的结合,且局限于大分子的表面的特定部位,两者并无共价键形成,只是由氢键、范德瓦尔斯力、静电作用力和疏水作用等相互作用结合在一起。正是分子结构上的互补性决定了免疫反应具有超过酶对底物的高度特异性识别能力,使之成为制备免疫传感器的基础。

2.6.2 免疫传感器的分类

免疫分析是一种常用的生物分析方法,通过抗体与相应的抗原(待分析物)形成免疫复合物,进而对待测物质进行定量检测。根据是否有标记物的引入,免疫分析法可分为传统免疫分析法和标记免疫分析法。传统免疫分析方法又可分为:①根据抗体的多价性和(与抗原结合后)激活补体反应活性所设计的免疫沉淀分析法;②通过抗原与抗体反应所形成悬浊液的特性所设计的浊度分析法;③根据抗原与抗体间反应引起的界面性质的变化所设计的直接免疫传感器等。这些分析方法在分析过程中检测相不需要与过量试剂分离,操作比较简单,但是其灵敏度较低,一般只能用于定性或半定量分析。标记免疫分析法是在传统免疫分析法依靠在分析体系中引入探针标记来实现检测的,由于灵敏的探针分子和新的测定原理的引入,标记分析法在可以达到更加灵敏检测的分析结果的同时,也扩大了待测物的范围。按照检测方法的不同分为基于同位素标记的放射免疫分析(RIA)、酶免疫分析(EIA)、荧光免疫分析(FIA)、时间分辨荧光免疫分析(TR-FIA)、电化学免疫分析(ECIA)、化学发光免疫分析(CLIA)、电化学发光免疫分析(ECLIA)等。目前,现代的免疫分析基本上都采用标记免疫分析法。但是,探针的引入不可避免地带来了检测相与过量标记试剂的分离问题。因而标记免疫分析法又分为均相免疫分析法和非均相免疫分析法。通常来讲,均相免疫分析法虽然不需要分离,但灵敏度较低,非均相免疫分析法虽然需要分离手续,但可以极大地提高分析的灵敏度,适合于检测痕量分析物。免疫分析发展至今,其方法多种多样,各有特色。在这些方法中,非均相免疫分析法依然是免疫分析的主流[143]。图 2.7 总结了非均相免疫分析的三种模式。

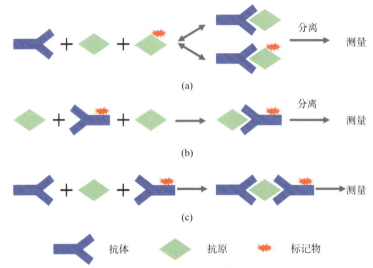

图 2.7　竞争性免疫测定法使用标记的抗原(a)，竞争性免疫测定法使用标记的抗体(b)，
以及非竞争性免疫测定法使用标记的抗体(c)[143]

根据换能器不同可以将免疫传感器分为光学免疫传感器、压电免疫传感器、热传导免疫传感器和电化学免疫传感器等。

1. 光学免疫传感器

光学免疫传感器是检测免疫反应前后光学信号变化量的一类传感器。光学信号包括光吸收、荧光、磷光、反射、折射、散射等，所以具有较大的发展空间。根据发射光信号的来源方式的不同又可分为荧光免疫传感器、化学发光免疫传感器和电化学发光免疫传感器。

2. 压电免疫传感器

压电免疫传感器是测量免疫反应前后压电晶体谐振器振荡频率变化的一类传感器。首先在石英晶振表面涂上一层能与抗体抗原结合的涂层，测量这一涂层与相应被测目标(抗原抗体)反应后引起的石英晶体谐振频率变化。这类分析方法是利用抗体与抗原的特异性识别功能与压电晶体对高灵敏质量响应之间的关系而产生的免疫分析方法，检测较低，可达到 fg 级[144]。

3. 热传导免疫传感器

热传导免疫传感器是基于测量化学和生物反应中热量变化的量热计原理而制成的热电导传感器，具有结构简单、价格低廉等特点，但检测灵敏度低，相关研究工作较少。

4. 电化学免疫传感器

电化学免疫传感器因为仪器设备相对简单，测定不受样品颜色、浊度的影响即样品可以不经处理，不需分离，可以在线检测等优势，具有良好的研究和应用前景。根据测量信号不同，电化学免疫传感器可分为电流型(安培型)、电位型、电容型、电导型和阻抗型。如果将生物学中的一些方法(如免疫法、酶技术等)与电化学结合起来，可以有效地解决生物电分析化学及免疫分析中的问题。

1) 电流型免疫分析法

电流型免疫分析是基于在恒定电压的情况下监测免疫反应前后由于抗原抗体结合或继后反应中电流的变化，进行待测抗原或抗体的定量检测，是进行实时监测抗原抗体结合的常用方法，具有选择性好和灵敏度高以及与浓度线性相关性好等优点。这种免疫分析在溶液中存在相对应抗原时，其特异性结合将增大电极的绝缘性，催化电流降低，降低的程度与底物上的抗原浓度相关。该法相比于酶联免疫法灵敏度更高，但是检测时间太长，通常需要几小时。最近，O′scar 等[145]利用磁性颗粒(magnetic bead)构建了一种新型的 DNA 免疫传感器，大大缩短了检测致命性细菌所需要的时间。如图 2.8 所示，首先将修饰过链霉亲和素(streptavidin)的磁性微球与生物素化了的探针相结合；随后加入生物素化的 DNA 互补链进行杂交；用磁铁进行分离，将非互补链除去；此时再加入 HRP 化了的亲和素。利用 HRP 催化过氧化氢产生的电流变化来检测互补链浓度。

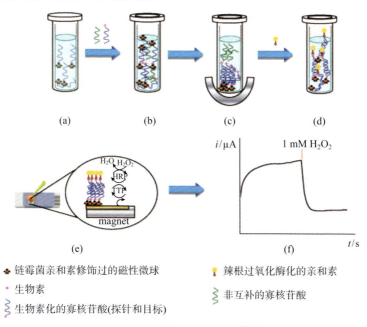

- ✦ 链霉菌亲和素修饰过的磁性微球
- ✤ 生物素
- 〰 生物素化的寡核苷酸(探针和目标)
- ● 辣根过氧化酶化的亲和素
- 〰 非互补的寡核苷酸

图2.8 酶扩增的示意图[145]

2) 电位型免疫分析法

电位型免疫传感器是种基于测量免疫反应前后电位变化进行分析的生物传感器。它结合了酶免疫分析的高灵敏度和离子选择电极、气敏电极等的高选择性，可直接或间接检测各种抗原、抗体，具有可实时监测、响应时间较快等特点。1975年Janata首次报道了这种免疫分析方法[146]，首先利用聚氯乙烯膜把抗体固定在电极上，当待测抗原与固定在电极表面上的抗体特异性结合后，电极上的膜电位会发生相应的变化，膜电位的变化值与待测抗原浓度之间存在对数关系。2004年，袁若等[147]利用吸附在铂电极表面Nafion膜中负电性的磺酸基与乙型肝炎表面抗体(HBsAb)分子中的氨基阳离子之间的静电作用实现抗体的固定，同时通过纳米金增加抗体的固定量，另外利用聚乙烯醇缩丁醛(PVC)薄膜的笼效应把乙型肝炎表面抗体和纳米金固定在铂电极上，从而制得高灵敏、高稳定的电位型免疫传感器。该免疫传感器具有制备简单、选择性好、灵敏度高、线性范围宽、响应时间快、稳定性好、寿命长等特点。同期，他们还研制了纳米金修饰玻碳电极固载抗体的电位型免疫传感器，实现了白喉类毒素的灵敏检测[148]，获得了理想的结果。

3) 电容免疫分析法[149]

电容型免疫传感器是一种高灵敏、无标记型免疫传感技术，其以测定界面电容变化作为分析和研究的手段。电极/溶液界面的行为可以近似为一平板电容器，在给定的电势下其双层电容 $C = A\varepsilon_0\varepsilon/d$，$\varepsilon$ 为平板电容器中介质的介电常数，ε_0 为真空介电常数，A 为平板的面积，d 为平板间距。在免疫分析中，当 ε、ε_0、A 为恒定的前提下，由于免疫反应在传感器界面上形成了抗原抗体复合物，生物敏感膜厚度 d 值增大，导致被测定的膜电容下降，由此建立定量检测目标抗原抗体的方法。

4) 电导免疫分析法

电导型免疫分析法的原理是基于免疫反应引起溶液或薄膜的电导率变化来进行免疫分析。电导测量法可大量用于化学系统中，因为许多化学反应会产生或消耗离子，使溶液的导电能力发生改变，进而改变溶液的总电导率。通常是将一种酶固定在某种贵金属电极上，在电场作用下测量待测物溶液中电导率的变化。1996年，Yagiuda首次用电导法测定了尿中的吗啡含量[150]。2008年，Enrique Valera等利用基于抗体标记的金纳米粒子构建的电导免疫传感器来检测莠去津(atrazine)[151]。他们通过五个步骤来修饰电极(图2.9)：第一步将相互交联的μ-电极用N-乙酰基半胱胺封闭；第二步用KH-560(GPTS)修饰免疫传感器的表面；第三步将抗原固定在电极(IDμE)上；第四步通过竞争法将抗体固定上；第五步结合上二抗标记的金纳米粒子。通过这种方法检测限可达0.1μg/L，远低于欧洲联盟规定的葡萄酒中除草剂残留物的最大残留限量(100μg/L)。然而电导法也有不足,它易受被测样品离子强度和缓冲液容积的影响,并且难以克服非特异性吸附。

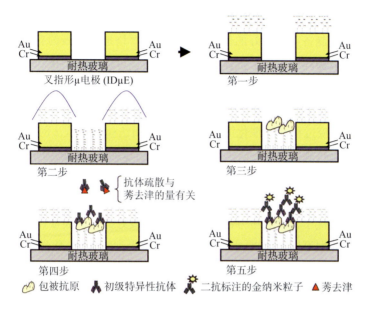

图2.9 在电极(IDμE)上进行完整检测的系统示意图[151]

5) 电化学阻抗免疫分析法

20 世纪 60 年代初,荷兰物理化学家 Sluyters 首次实现了交流阻抗谱(electrochemical impedance spectroscopy, EIS)方法在电化学研究上的应用。自此,随着电化学、物理学、生物科学、材料科学等学科的交叉和发展,其得到迅猛发展并应用于各个领域。电化学阻抗谱分析方法是用来检测电极界面的生物学反应特性的电化学技术,是一种测量电极界面性质的有效工具。阻抗型免疫传感器的分析原理是基于抗原/抗体之间的结合降低了电活性探针分子与电极之间的电子迁移速率,即增加了电子迁移阻抗。通过测量免疫反应前后电子迁移阻抗的差值便可以实现抗原抗体的高灵敏检测[151~153]。

由于电化学阻抗具有良好的界面表征作用,微小振幅正弦电压或电流不会对生物大分子造成干扰,敏感性高,使其有可能成为一种良好的生物传感技术或与其他传感技术互补,具有广阔的应用前景。自组装是阻抗型免疫传感器常用的固定生物分子的方法。Diiksma 等[154]首先将半胱氨酸或乙酰半胱氨酸组装于电化学处理后的金电极表面,电极表面修饰的羧基经活化后可以用于固定抗体,由于电极表面的非特异性吸附可以用 KCl 溶液轻易除去,这种免疫传感器有着很高的灵敏度,可以检测到 2 pg/mL 的 γ-干扰素。Yang 等[155]以 ITO 电极微阵列作为工作电极,通过吸附的方式将抗体分子固定于微阵列表面,免疫反应后,通过测量电子转移阻抗的变化值可以测定大肠杆菌。用电化学方法合成的聚合膜制备的生物传感器方法简单,可以直接固定于电极表面;聚合物膜的厚度和聚合物上修饰抗体抗原的量易于控制和调节,从而可能制备重现性好的传感器;聚合膜严格地在电极的有限表面上形成,有利于在微电极和阵列电极上抗体抗原的固定化,可以降低干扰。Chen 等[156]提出了一种新的基于多孔纳米金膜直接吸附蛋白质的免疫传感器。首先通过模板电化学沉积方法在玻碳电极表面形成一层多孔的纳米结构金膜,然后用其直接吸附蛋白质,经过夹心免疫过程和酶催化沉积过程后,采用法拉第阻抗法间接测定酶沉积物的量而实现免疫传感。这种方法测定人免疫球蛋白 G 的线性范围为 0.011~11ng/mL,检测限为 0.009ng/mL。该课题组也研制了几种电化学阻抗免疫传感器用于检测 C 反应蛋白和低密度脂蛋白[157, 158]。

电化学阻抗优于其他分析方法的方面除了其良好的界面表征作用以外,还在于其本身测定的数据可以通过 Kramers-Kronig 转换得到验证。电化学阻抗可用多种形式表示,如奈奎斯特图、波特相图、波特阻抗等。

但是,目前对电化学阻抗技术的研究仍然存在着一些不足。①电化学阻抗检测时间有时需要数小时,但长时间的测量会产生不利的影响因素,影响测量结果的准确性。②目前大部分实验结果都缺乏 Kramers-Kronig 变换方法的验证,并且大都只采用了奈奎斯特一种形式讨论实验数据。③虽然电化学阻抗传感器已经得到了很多有意义的结果,但大部分都着重于研究相对宏观的特性,如整个体系的电学特性。对于检测体系的局部特征,如电极表面的微小缺陷、局部的氧化还原反应、膜组分之间的电流影响等的研究较少,而这些也是影响传感器质量的重要因素。因此,发展局部阻抗谱,对研究微观过程非常必要。虽然电化学阻抗技术有着种种不足,但是并不妨碍它在传感器研究中发挥独特和显著的作用。可以预料的是,随着科学技术的发展,人们对电化学阻抗的理论认识将会越来越深入,其应用也必将越来越广泛[159]。

2.7　电化学细胞传感器

细胞器传感器是 20 世纪 80 年代末出现的一种以真核生物细胞、细胞器作为识别元件的生物传感器。细胞是有机体结构与生命活动的基本单位。细胞的增殖与分化是高等生物最基本的生命活动。无论多么复杂的生物,一切活动都首先是在细胞中发生。生命的各种活动都是在细胞代谢基础上实现的,因此细胞生物学的研究受到越来越广泛的重视,并且发展迅速[160]。现代细胞生物学已发展到很高的水平,很多生物学手段,如酶试剂盒[161]、免疫试剂盒[162]、流式细胞术[163]及蛋白质融合技术[164]等广泛用于细胞的物理及化学参数(如细胞的活性、大小及数目)的表征和研究;蛋白在亚细胞单位中的定位信息;细胞受到外界环境改变时所产生的复杂变化等。但是,这些技术不仅价格昂贵,而且操作程序复杂,某些还需要配备专门的仪器。由于生物学技术存在着很多应用局限,越来越多的化学分析手段开始逐渐应用于细胞检测领域。

细胞电化学是生物电化学的一个重要领域,慈云祥等曾就其研究原理和意义加以介绍和综述。细胞的呼吸作用、光合作用、新陈代谢、信息传递、物质的跨膜运输等都涉及荷电粒子或电活性粒子定向有序的传递、传导或转移,以及细胞物质有序、专一、特异的氧化和还原。细胞的这些生化反应同电极上发生的电化学反应极为相似,可以认为细胞的基本活动是以电化学反应为基础的[165]。

细胞电化学是利用电化学实验方法与细胞、分子生物学技术相结合,对细胞进行分析和表征,研究或模拟研究细胞荷电粒子或电活性粒子能量传递的规律,揭示细胞结构与其功能关系、外援分子对细胞功能影响的一个崭新的研究领域[166]。基于电化学分析简单、快速、灵敏的特点和细胞诸多生理活动都涉及荷电粒子或电活性粒子的传递与转移的事实,细胞电化学分析逐步发展成为细胞分析的重要手段。以活细胞为敏感元件的电化学传感器,因其能够完成实时、动态、快速和微量的生物检测,已经成为电化学传感器研究的一大热点。近年来,现代科技的飞速发展极大地推动了细胞电化学传感器的发展。随着电极修饰技术的发展,各种细胞固定技术和检测方法的不断问世,酶联免疫以及 PCR 扩增技术的日益成熟,细胞电化学传感器进一步提高了准确度、灵敏度及寿命,更好地实现了细胞生物生理行为的监测和研究以及功能化信息的测定,进而为揭示和阐明若干生命催化过程的规律及本质提供了基础,同时也进一步拓宽了其在药理学、毒理学、神经系统科学以及环境监测等方面的应用。

2.7.1 化学组成及胞间化学信号分子

细胞的组成和结构直接影响或决定细胞的状态和功能,对其组分进行分析与监测有助于我们更全面地了解细胞生物的生理行为及机制。细胞的无机化学组成主要包括一些无机离子,如 NO_3^-、PO_4^{3-}、Cl^-、NH_4^+、Na^+、K^+、H^+、Mg^{2+}、Ca^{2+}等,直接测定细胞内自由离子活度的理想工具是离子敏感微电极(ISME),如 NH_4^+、Cl^-、Ca^{2+}等微电极。目前已实现了组合微电极对细胞内 K^+、H^+的监测[167]。

细胞内电活性物质的研究主要集中在神经细胞的神经递质[168~178],如儿茶酚胺、多巴胺(DA)、5-羟色胺、肾上腺素和去甲肾上腺素以及一些生物小分子如谷胱甘肽[179]、组胺[180]等。Ewing 小组用安培法实现了蜗牛巨大神经细胞中神经递质的检测[181]，除此之外，该小组也实现了淋巴细胞中多巴胺的检测[182]。程介克小组基于毛细管电泳技术实现了鼠神经细胞中肾上腺素和去甲肾上腺素的测定[178]。Jin 等通过碳纤维盘束电极对中性粒细胞中的抗坏血酸含量[183]进行了检测。通过衍生电化学活性基团或催化反应产生电活性产物的方法[184,185]，人们也实现了细胞内一些无电化学活性组分如氨基酸、酶等的检测。例如，通过将掺有萘-2,3-二甲醛(DNA)衍生化试剂的细胞待测液通入毛细管中，已经实现了鼠巨噬细胞中五种非电活性氨基酸的检测[186]。另外，Jorgenson 等[187~190]建立的柱前衍生柱内检测法测定单个细胞中的氨基酸先后予以报道过。

细胞内存在大量的糖类物质，细胞中糖类物质的测定，可以为我们了解细胞内的降解和代谢过程提供可靠的信息。目前毛细管电泳技术[191,192]、液相高效色谱技术[193]以及质谱技术[194]已经被广泛地用于细胞内糖类物质的检测。

微电极电化学分析法具有快速、灵敏、高选择性的特点，基于此可实现细胞动态化学释放的监测。Wightman 等通过碳纤维微电极实现了对牛肾上腺细胞中儿茶酚类递质释放的动态检测[195]，另外通过用 Nafion 和过氧化的聚吡咯修饰微电极，大大提高了儿茶酚胺检测的灵敏度[196]。Kennedy 研究组通过制备一种钌化合物修饰的碳纤维电极，实现了对胰岛素释放的实时监测并进一步研究了其动力学过程[197,198]。

另外，对气体信号分子 NO 的细胞电化学分析也有报道。Pariente 等[199]采用 Nafion 和醋酸纤维修饰电极对 HL-60 前单核细胞中的 NO 进行了分析；Malinski 和 Taha[200]通过用 Nafion 封闭沉积了镍卟啉的碳纤维电极实现了内皮细胞中 NO 释放的研究。

2.7.2 细胞生物生理行为

细胞内部发生的生物化学与生物物理的变化同细胞的繁殖、生长、衰老、变异、配体与细胞受体相互作用以及外界环境刺激对细胞的作用密切相关，并直接反映在细胞物理、化学，甚至电化学等特性的变化上。因此可通过一些电化学手段研究和表征细胞的状态和功能及其变化。

Feng 等首次采用扫描电化学显微镜，并结合荧光显微镜技术对恶化的乳腺癌细胞(MDA-MB-231)和未恶化的人乳腺上皮细胞(MCF-10A)的氧化还原位点分布进行了深入研究，揭示了两种不同细胞的形态学以及氧化还原活性点的分布密度的区别[201]。Liu 等利用扫描电化学显微镜研究结果表明，乳腺癌细胞内部的氧化还原物质的活性可以在无损细胞的情况下通过检测氧化还原传递中间体来实现。而细胞内氧化还原中心的活性物质浓度，以及膜对传递体的渗透速率都会直接影响测量结果。不同细胞的电子传递的速率或不同电子传递中间体在同一细胞中的电子传递速率可以通过扫描电化学测量结果的动力学分析得到，从而对癌症细胞的恶化程度做出初步判断[202]。

当细胞的大小和形状相近时，细胞的电泳淌度主要由与细胞活性和状态相关的细胞表面电荷量决定。肿瘤的细胞膜表面具有较高的负电荷，其电泳速度较快。通常情况下，细胞的恶性程度越高，细胞膜上的负电荷增加越多，电泳速度越快[203]。因此，可用细胞电泳法来鉴别细胞在增殖分化过程中是否发生了癌变，也可以区别正常细胞和肿瘤细胞，甚至可以用来判断正常细胞的活力强弱。

细胞贴壁生长过程中，涉及了黏附、贴壁、增殖、死亡等不同的生理过程。不同的生理过程对应不同的细胞贴壁界面阻抗。另外，细胞贴壁过程中形状的变化不仅与细胞内的生化反应和生理过程以及外界刺激密切相关，通过监测贴壁界面的阻抗变化能够实时、定量、连续地反映细胞的生长和运动状态，以及细胞代谢和细胞健康情况，并能体现药物或外界环境刺激对细胞的作用[204~206]。鞠熀先等通过电化学阻抗法监测了 K562 白血病细胞的生长状态，并发现细胞在凋亡期的界面阻抗值显著高于指数增长期的阻抗值[207]。

电化学细胞传感器就是利用活细胞作为研究对象或敏感元件，使之与电极或其他信号元件组合，定性、定量地检测细胞的基本功能信息或被分析物的性质。与传统的酶传感器相比，将活细胞作为敏感元件，不仅可以减少花费、提高电极的稳定性，而且可以为相关生理活动的鉴定提供完整的亚细胞水平上的信息及一些测量的功能性信息，即监测被分析物对活细胞生理功能的影响[208~211]。目前，细胞电化学传感器已广泛用于药理学、细胞生物学、毒理学、神经系统科学以及环境监测。在细胞生物传感器的研究和开发过程中，研制廉价、灵敏度高、选择性好和寿命长的细胞生物传感器一直是我们不断追求的目标，而发展良好的细胞固定化技术是实现这一目标的前提。

2.7.3 细胞的固定技术

细胞界面固定技术不仅要实现尽可能大的界面细胞固定量，而且要尽可能地保证固定细胞的活性。这就需要考虑固定过程的反应条件、所用化学试剂及固定细胞的载体对活细胞是否有害。在生物传感器的发展过程中，细胞在电极界面的固定由于能够产生电化学信号而被广泛关注。目前，细胞已经实现了在不同修饰电极如玻碳电极[212,213]、铂电极[214]、ITO 电极[215]、金电极[216]、pH 玻璃电极[217]等表面上的固定。细胞常用的固定方法有夹心膜法[218]、吸附法[219]、包埋法[220]和共价交联法[221]。表 2.1 就几种比较常用的方法及其特点进行比较。

表 2.1 常用细胞固定方法及特点

固定方法	特　　点	常用载体
夹心膜法	双层膜对细胞的封闭。操作简单，不需化学处理，固定量大，响应速度快，重现性好[222]	渗析膜、硝化纤维膜、聚碳酸酯膜
吸附法	载体对细胞的物理吸附或静电结合。吸附过程一般不需要化学试剂，对细胞活性影响小。但在连续使用过程中细胞的稳定性差[223]	羟基石灰石、壳聚糖、纤维素、离子交换体
包埋法	高聚物分子网状结构对细胞的固定。一般不需化学修饰，对生物分子活性影响较小，膜的孔径和几何形状可任意控制，被包埋物不易渗漏。但分子量大的底物在凝胶网络内扩散较困难，可通过增加孔径来改善[224]	聚丙烯酰胺凝胶、琼脂、海藻酸钠
共价交联法	细胞通过共价键与载体结合。结合牢固，分子不易脱落，载体不易被生物降解，使用寿命长。缺点是操作步骤较多，细胞活性可能因发生化学修饰而降低[223]	戊二醛、异氰酸盐、氨基硅烷

在这些细胞固定方法中，我们不难发现载体性质对细胞的固定及生理行为起着至关重要的作用。近年来，设计合成新型的材料作为细胞固定及依附生长的载体越来越引起研究者的关注[225]。生物相容性的材料由于能很好地保持固定细胞的生物活性故经常被用作细胞固定及依附生长的载体[226]。载体的表面性质如浸润性[227]、表面电荷[228]、表面化学[229]、表面形貌[230, 231]以及特殊的细胞作用因子[232]等都会影响细胞的活性和黏附能力。在构建新型生物材料作为细胞固定载体的过程中，溶胶-凝胶材料引起了人们极大的兴趣[233, 234]。由于制备方法简单且具有孔径可调的多孔结构，该材料能使生物分子很容易被包埋且不易泻露并保持其生物活性和功能。已有报道使用二氧化硅凝胶固定细胞，制备了细胞传感器[235]。由于能为生物分子提供一种特殊的微环境来保持其生物活性，纳米金胶现已广泛用作细胞的界面固定载体。目前利用金胶纳米颗粒来构筑生物分子的直接电子传递界面并保持其生物活性的研究已被广泛报道[236-241]。Gu 等[242, 243]在深入研究了金胶纳米的生物活性后，实现了肝细胞在纳米金胶修饰电极上的固定与增殖，并构建了可用于乳酸检测的细胞传感器。Du 等[244]通过构建纳米金胶修饰碳糊电极，实现了 AsPCA-1 胰腺癌细胞在电极表面的固定，并基于此研究了细胞的伏安行为及肿瘤药物和外界环境多肿瘤细胞的影响。一些天然多聚物分子如壳聚糖等由于具有良好的生物兼容性、无毒性、吸附蛋白和形成凝胶的能力，已被用于构建新型的载体界面来固定细胞。Hao 等通过电沉积的方法在玻碳电极表面构建了具有良好生物兼容性的碳纳米纤维-壳聚糖纳米复合膜(CNF-CS)，实现了 K562 白血病细胞的固定及活性、浓度的检

测[245]。该小组又通过于壳聚糖溶液中还原氯金酸的方法制备了包被金胶纳米粒子的壳聚糖复合膜,制备了 K562 细胞传感器并探究了细胞在该膜修饰电极上的黏附、增殖和编程式死亡的行为[207]。

研究者常通过一些表面修饰技术如表面化学修饰[245, 246]、表面形貌修饰[247, 248]等对材料加以改性以提高细胞在其上的黏附及增殖能力。鞠熀先等在羟基化玻璃表面构建了 N,N-二甲基-B-羟乙氧乙基丙磺酸铵两性离子膜的生物界面,实现了 K562 白血病细胞在带有磺胺两性离子仿生膜界面的吸附与增殖[249]。Norton 等[250]在气态等离子氛围内通过金属物理掩模喷溅的方法对聚二甲基硅氧烷(PDMS)表面进行了修饰,该修饰界面由于低的疏水性及高的生物活性,极大地增强了 COS-7 细胞的黏附和增殖能力。沈家骢等[251~256]采用光氧化接枝技术在聚氨酯和聚乳酸等多种可降解聚合物表面接枝了甲基丙烯酸羟己酯和甲基丙烯酸等多种单体,并通过对表面羟基和氨基的活化,有效地改善了材料对内皮细胞、软骨细胞的黏附能力;Lakard 等发现通过电聚合方法修饰的带有氨基化聚合物如聚乙烯、聚丙烯、聚吡咯等的界面,能有效地促进细胞吸附与增殖[257]。Ichiki 等通过用氧微等离子体处理 PDMS 芯片,局域化地改善了其表面的亲疏水性,研究了亲水性的功能表面对细胞黏附的影响并实现了细胞不同区域的固定化[258]。

2.7.4 细胞传感器的种类及应用

细胞传感器一般分为两种:一种是将细胞固定,利用细胞自身体系分析分子态底物的传感器,称为细胞生物传感器;另一种是检测细胞和评价细胞生物生理行为的传感器,称为细胞分析传感器。

1. 细胞生物传感器

活性细胞含有典型的氧化还原电对,如 $NAD^+/NADH$,$NADP^+/NADPH$,胱氨酸/半胱氨酸(cystine/cysteine),以及谷胱甘肽和金属酶的还原形式。它们是可有效穿越脂质膜的电子载体,基于此构建的细胞传感器,已经用于葡萄糖和乳糖[241]的检测。把具有某种受体的细胞当成传感器,由受体-配体的结合常数可推导出该传感器对某类刺激剂的敏感度,通过测定该传感器的响应就可以定量测定该刺激剂的浓度[259]。另外,通过将固定的细胞层同离子选择电极(ISE)或气体检测电极(GSE)结合可实现对毒素的筛选,这主要是基于固定的细胞消耗分析物导致电极表面离子的积聚或耗损进而会引起电势的改变而建立的[260]。目前已经提出了通过构建固定了内皮细胞的 K^+ 选择电极来实现对不同化合物的检测[261]。

2. 细胞分析传感器

细胞内部或表面及细胞代谢物存在有电活性物质,因此,可通过循环伏安技术对其进行初步表征。由于细胞的活性和这些电信号之间存在着密切的关系,所以也可利用循环伏安技术检测细胞数目或对细胞的生长状况进行监测。Matsunaga 研究小组运用该技术对酿酒酵母(S.cerevisiae)进行了研究,发现 S. cerevisiae 溶液在 0.74 V 左右存在一个不可逆的氧化峰,该氧化峰电流随扫描圈数增加而逐渐消失,其峰电流大小和细胞浓度呈现一定的线性关系[262]。Feng 等利用循环伏安技术成功地记录了上海叶螨(T. shanghaiensis)的生长曲线,并且评估了一些药物对该微生物生长的抑制作用[263]。随后,Feng 研究小组报道了白血病细胞株 U937 在电极表面的循环伏安行为,并评价了咖啡酸的抑癌作用。结果表明咖啡酸对 U937 具有比较明显的抑制作用[264]。Li 小组发现,白血病患者骨髓红细胞的氧化峰分别出现在(0.73±0.03)V 和(0.83±0.02)V,而骨髓白细胞的氧化峰则出现在(0.32±0.03)V。但是当白血病患者经过治疗后,其红细胞在 0.83 V 处的氧化峰消失,表明红细胞的氧化还原行为与白血病的发展状态有很大的关系,因此,可以根据这个现象,实现快速诊断白血病[265]。

恶性肿瘤细胞的许多生长特性及侵袭转移能力均与质膜的功能有关。肿瘤细胞膜上较重要的组分改变是糖蛋白及糖脂结构和功能的改变,它们的改变与肿瘤的生长、转移和免疫有密切关系[266]。对它们的研究,为我们更好地理解某些肿瘤细胞的隐形原发病症,某些形态学相似的肿瘤的临床鉴别诊断,以及发展更好的治疗方案提供了新途径。为了更准确、重现地获得肿瘤细胞表面的物质信息,常将细胞传感器与免疫技术相结合。电化学细胞免疫分析技术是利用电化学技术简便、易行、价廉的特点,将其与免疫分析相结合的一种复合型的分析技术。利用酶标抗体的信号放大作用,一些肿瘤细胞表面物质的电化学分析方法已被建立。例如,鞠熀先研究组利用金胶纳米粒子在电极表面形成生物相容界面,建立了一种肿瘤细胞表面分化抗原的原位电化学免疫检测新方法。该方法结合免疫分析方法,检测了 K562/ADM 白血病细胞表面抗原的分析检测和细胞浓度定量测定[266]。同时,该小组也通过构建交联四肽的碳纳米管生物界面,建立了 BGC 人类胃癌细胞表面糖类化合物的电化学免疫检测方法[267]。

由于细胞膜具有一定电容和阻抗,细胞附着在电极上将导致电极的交流阻抗发生变化,因此基于阻抗的变化可构建细胞阻抗传感器。目前有两类阻抗技术用于细胞与电极相互作用的研究。

1) 非法拉第电化学阻抗技术

ECIS (electric cell substrate impedance sensing)是最流行的非法拉第电化学阻抗(EIS)技术[268, 269]。它们主要用于细胞间接触、药物对细胞的影响及药物发现等方面的研究。但由于其细胞覆盖不足,细胞分布不均匀,且灵敏度低,致使该技术在高通量药物筛选中很少被应用。很多小组已经致力于 ECIS 技术的发展。实时-细胞基质阻抗检测(RT-CES)技术的发展[270, 271]就是其中一例。该方法增加了细胞的覆盖区域,优化了细胞的分布均匀度,从而提高了定量检测的灵敏度,现在该技术已经被作为高通量药物筛选和毒性预测的基础工具。一些研究表明通过该体系也能获得细胞状态动力学和细胞状态对毒素、药物和其他化学品的浓度依赖关系的相关信息[270~272]。例如,通过该体系已经研究了安替比尔、敌百虫等药物对鼠神经元细胞的影响。

2) 法拉第电化学阻抗技术

在生物识别中法拉第电化学阻抗(EIS)技术是分析修饰电极界面性质的有用工具。细胞膜的电容和阻抗范围为 $0.5\sim1.3\mu F\cdot cm^2$ 和 $100\sim100000\ \Omega\cdot cm^{2\ [273]}$。黏附在电极表面的细胞能阻碍氧化探针从溶液到电极表面的传输,这将导致电子传输阻抗的增加。电子传输阻抗的增加量级与细胞的浓度大小有关。该行为已经被用于大肠杆菌(*Escherichia coli*)浓度的检测[274],在$4.36\times10^5\sim4.36\times10^8$ cfu/mL(每毫升样品中含有的细菌群落总数)范围内,该细胞浓度的对数值同电子传输阻抗的大小成比例关系,该检测范围可比拟于无标记的免疫传感器。基于该检测原理,人们发展了一些用于细胞数目检测的法拉第EIS方法[275~281]。在这些方法中,不可避免地存在一些缺点,例如,通过免疫方法固定细胞的传感器的细胞捕获效率较低[275, 277~279];法拉第EIS技术对于复合物的识别能力较弱,极大影响了该技术的重现性。另外,阻抗的改变不仅与细胞的浓度有关,还同细胞的生长状态有关。该技术也可用来检测悬浮液中细胞的增殖和电极表面活的肿瘤细胞的生长状态。对于可处理电极,电化学阻抗法是在线持续监测细胞繁殖和死亡的有效方法。

2.8 生物能源系统

生物燃料电池是一种特殊的燃料电池,其结构如图2.10所示,是以酶微生物或微生物酶为催化剂,将有机物质(如糖类等)中的化学能直接转化成为电能的一种电化学装置。1910年,英国植物学家把酵母或大肠杆菌放入含有葡萄糖的培养基中进行厌氧培养,发现其产物能在铂电极上显示$0.3\sim0.5$ V的开路电压和0.2 mA的电流,由此展开了生物燃料电池的研究。20世纪50年代起,随着航天研究领域的迅速发展,人们对微生物燃料电池(MFC)研究的兴趣随之升高。主要是考虑将来人类在太空飞行时,如何及时有效地处理飞行中的生活垃圾并产生电能。20世纪80年代以后,随着各种氧化还原媒介体的使用,生物燃料电池的电流密度和功率有了较大提高,得到了越来越多的关注[282~289]。

按燃料电池的原理,根据生物燃料的电子转移不同方式可分为直接型燃料电池和间接型燃料电池两类。

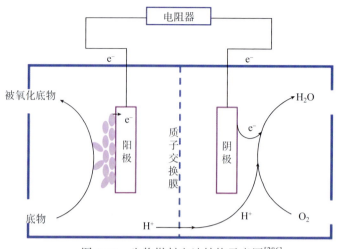

图 2.10　生物燃料电池结构示意图[286]

(1) 直接生物燃料电池是指生物燃料直接在电极上氧化,电子由燃料转移到电极上,其中生物催化剂的作用是催化燃料在电极上的反应。

(2) 间接生物燃料电池的燃料不是直接在电极上氧化,而是在别处氧化后电子通过某种媒介体再传递到电极上来。理想的媒介体应具有下列特性：能够被生物催化剂快速还原或氧化,随后再在电极上被快速氧化或还原,循环往复；媒介体还应在催化剂和电极间能快速扩散。媒介体的氧化还原电势一方面要足以与生物催化剂相偶合,另一方面又要尽量低或高以保证电池两极间的电压最大,媒介体在水溶液系统中还要有一定的可溶解性和稳定性[282~289]。

影响生物燃料电池性能的主要因素有：燃料的氧化速率；电子由催化剂到电极的传递速率；电池回路的电阻；质子通过膜传递到阴极的速率以及阴极上的还原速率。因为微生物的细胞膜或酶蛋白质的非活性部分会对电子传递造成很大的阻力,所以电子由催化剂到电极的传递速率是决定整个过程的关键。目前提高电子传递速率的方法主要有采用氧化还原分子作媒介体、通过导电聚合物膜连接酶催化剂与电极等。另外,为了进一步提高质子传递速率和缩小电池的体积,无隔膜无介体的生物燃料电池也成为目前的研究热点。

根据电池中使用的生物催化剂的种类,也可将生物燃料电池分为酶生物燃料电池和微生物燃料电池两种类型。

1) 酶生物燃料电池

酶生物燃料电池是以酶作为主体,将物质的化学能转化为电能的一种装置。酶生物燃料电池拥有较高的功率密度,但由于酶的自然活性比较差,其只能部分氧化燃料并且电池的寿命比较短。由于酶具有较高的特异性,减少了膜分离器的使用性。

传统的酶生物燃料电池如图 2.11 所示，其中通常使用标准的聚合物电解质膜，如果正负极上都具有选择性酶，就可以不使用聚合物电解质膜。媒介体是把电子从被氧化的燃料运送到电极表面的化合物，这些媒介体一般是经典的有机燃料或有机金属的复合体，它们能够存在于溶液中或固定在电极表面。酶生物燃料电池的应用因为其电池寿命短和电子传递介质的效率所限制。

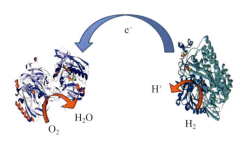

图 2.11 酶生物燃料电池[287]

2) 微生物燃料电池

微生物燃料电池是利用微生物将有机物中的化学能直接转化成电能的装置。如图 2.12 所示，其工作原理是：在阳极室的厌氧环境下，有机物在微生物催化作用下分解并释放出电子和质子，电子依靠合适的电子传递介体在生物组分和阳极之间进行有效传递，并通过外电路传递到阴极形成电流，而质子则通过质子交换膜传递到阴极，氧化剂(一般为氧气)在阴极得到电子被还原与质子结合成水。与现有的其他利用有机物产能的技术相比，微生物燃料电池具有多种优势[282~289]：

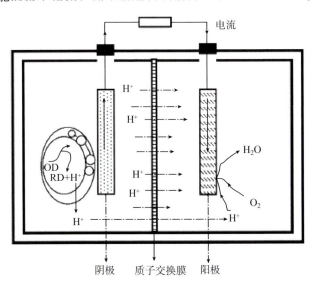

图 2.12 微生物燃料电池工作原理[288]

第一,它将底物直接转化为电能,保证了高的能量转化效率;
第二,在常温环境条件下即能够有效工作;
第三,产生的废气的主要组分是二氧化碳,不需要废气处理;
第四,不需要输入较大能量,因为若是单室微生物燃料电池仅需通风供氧即可;
第五,在缺乏电力基础设施的地区,具有广泛应用的潜力,同时也扩大了燃料的多样性。

2.8.1 生物燃料电池的应用

生物燃料电池的众多优点使之有多方面的应用[285~292]。

(1) 替代能源,生物质能。因为微生物燃料电池将能转化为电能的生物量直接转化,在汽车、机器人、医疗方面应用潜力大。

(2) 微生物传感器的发展使之应用广泛。利用微生物燃料电池构建的生化需氧量传感器优点在于:①电池的电流与污染物浓度呈现良好的线性关系;②电池的电流对物质的响应速度快;③有较好的重复性。

(3) 作为一个新的水处理技术。目前,燃料有机废水、有机物质循环中的化学能的污水一直是微生物燃料电池这项研究的主要研究方向之一:①可以为微生物燃料电池提供一个新的研究方向;②可以为处理污水,将无用资源转变为能源提供新的发展方向。

(4) 酶生物燃料电池可作为逻辑门。酶在电极表面组装,根据电压变化实现出多种逻辑操作。

(5) 生物体内方面应用广泛。2005年日本东北大学西泽松彦教授课题组开发出了一种利用血糖发电的燃料电池,这样的生物燃料电池可为植入糖尿病患者体内的测定血糖值的装置提供充足电量,为心脏起搏器提供能量。

2.8.2 目前发展中存在的问题

生物燃料电池自身潜在的优点使其具有良好的应用前景,但是目前还难以实际应用,主要原因是其输出功率密度远不能满足实际需求。制约生物燃料电池输出功率密度的最大因素是电子传递过程。电子转移速率由电势差、重组能和电子供体与受体之间的传递距离决定。理论和实验均表明,随传递距离的增加,电子转移速率呈指数下降的趋势。在这种情况下,酶分子蛋白质外壳的厚度对电子传递过程产生屏蔽作用,微生物细胞的屏蔽作用更加明显了,因此生物燃料电池的电子转移速率较低。尽管生物燃料电池经过了几十年的发展,但离实际应用还比较遥远[289, 290]。

2.8.3 生物燃料电池的发展前景

目前报道的生物电池因为稳定性较差，效率较低，还不能满足实际应用，这与酶的性质及其他各种相关因素有关。酶是具有催化作用的蛋白质，因此凡使蛋白质变性的因素，如酸、碱、高温等理化条件都能引起酶不同程度的破坏，甚至失去活性。因此需要充分模拟酶在机体内的催化环境和催化方式，来提高生物电池的稳定性和效率。固定化酶通过吸附、交联、共价结合、包埋等方法将酶固定在特定的基质上，并能保持酶的活性发挥作用。固定化酶可以很容易地将酶与反应液分离，可以反复使用。其他的酶或细胞处理方式，包括对酶的化学修饰、基因修饰、基因工程等技术对生物电池性能的提高起着重要作用。由于技术条件的制约，目前生物燃料电池的研究和使用还处于发展阶段：电池的输出功率小，使用寿命短，今后的研究发展方向主要集中在以下几方面：

(1) 选择合适的催化剂介体组合，进一步提高电池的电流密度和功率；
(2) 利用导电聚合物膜技术，缩小电池的体积并提高其生物相容性；
(3) 发展结合太阳能的生物燃料电池；
(4) 拓宽生物燃料电池的应用范围，开发污水处理等新型应用。

虽然目前生物燃料电池由于功率密度低等原因，还无法真正投入实用领域，但在在体电源和生物传感器等方面已显示出良好的前景。另外，近年来生物技术的巨大发展，为生物燃料电池研究提供了巨大的物质、知识和技术储备。所以，生物燃料电池有望在不远的将来取得重要进展，应用也将越来越广泛。

2.9 目前研究状况及展望

生物电化学是在科学与技术综合化发展进程中产生的交叉学科，它的发展得益于多学科、多专业的分工合作，同时又对相关学科的持续发展具有推动作用。越来越多的生物物质（包括无机离子、一氧化氮、葡萄糖、神经递质、蛋白、核酸、细胞等）可被直接或间接检测；研究体系囊括各层次的生命体系，如活细胞、体液、组织、器官和活体等；研究尺度也已从宏观水平向微观水平（如单细胞、亚细胞甚至单分子水平）拓展。今后一段时间里，生物电化学总的发展方向将主要围绕以下几个方面开展：①生物电化学系统的基本原理与电子传递；②生物电化学物质氧化与还原；③生物电化学传感新方法；④新型电极材料与生物产能等。另外，生物电化学还将结合医学、能源、资源回收、污染物降解等方面展开更为深入、系统的研究。生物电化学所涉及的面非常广，内容很丰富，可以相信，随着相关学科的发展，生物电化学将进一步蓬勃发展，从而带动整个科学技术的飞跃。

参 考 文 献

[1] 金文睿, 汪乃兴, 彭图治, 等. 生物电分析化学. 济南: 山东大学出版社, 1994.
[2] 田昭武, 苏文煅. 电化学, 1995, 4: 375.
[3] 卢基林, 庞代文. 生物电化学简介. 大学化学, 1998, 13: 30.
[4] 米拉佐(Milazzo G), 布兰克(Blank M). 生物电化学-生物氧化还原反应. 肖科, 等译. 天津: 天津科学技术出版社, 1990.
[5] 孙家寿, 孙颢. 生物化工, 现代化工, 1994, 1: 13.
[6] 杨琦琴, 方北龙, 童叶翔. 应用电化学. 广州: 中山大学出版社, 2001.
[7] 小泽昭弥. 现代电化学. 吴继勋, 等译. 北京: 化学化工出版社, 1995.
[8] 李景虹, 程广金, 董绍俊. 分析化学, 1996, 24: 1093.
[9] Senda M, Kakiuchi T, Osaka T. Electrochim Acta, 1991, 36: 253-262.
[10] Aihara H, Miyazaki J. Nat Biotechnol, 1998, 16: 867-870.
[11] Murr L. Nature, 1965, 207: 1177.
[12] Nordenström B. Ursus Medical AB, 1983.
[13] Yan Q, Yuan J, Cai Z, et al. J Am Chem Soc, 2010, 132: 9268-9270.
[14] Zhang M, Liu K, Gong K, et al. Anal Chem, 2005, 77: 6234-6242.
[15] 许春向, 马文科, 杜晓燕, 等. 生物传感器及其应用. 北京: 科学出版社, 1993.
[16] Ross D, Romantseva E F. Anal Chem, 2009, 81: 7326-7335.
[17] Schneider G F, Shaw B F, Lee A, et al. J Am Chem Soc, 2008, 130: 17384-17393.
[18] Slater G W, Kenward M, McCormick L C, et al. Curr Opin Biotech, 2003, 14: 58-64.
[19] Soykut E A, Boyacı İ H. Electrophoresis, 2009, 30: 3548-3554.
[20] Nyiredy S J. Chromatogr A, 2003, 1000: 985-999.
[21] Mazzotti M. Ind Eng Chem Res, 2009, 48: 7733-7752.
[22] Reichenbach S E. Anal Chem, 2009, 81: 5099-5101.
[23] Oldi J F, Kannan K. Environ Sci Technol, 2009, 43: 142-147.
[24] Van Emon J, Seiber J, Hammock B. Analytical methods for pesticides and plant growth regulators (USA). 1989, 7: 58-64.
[25] Morozov V N, Morozova T Y. Anal Chem, 2003, 75: 6813-6819.
[26] Seed C R, Margaritis A R, Bolton W V, et al. Transfusion, 2003, 43: 226-234.
[27] Morozov V N, Groves S, Turell J M, et al. J Am Chem Soc, 2007, 129: 12628, 12629.
[28] Mathias P C, Ganesh N, Cunningham B T. Anal Chem, 2008, 80: 9013-9020.
[29] Liu X, Dai Q, Austin L, et al. J Am Chem Soc, 2008, 130: 2780-2782.
[30] Ahn K C, Gee S J, Tsai H J, et al. Environ Sci Technol, 2009, 43: 7784-7790.
[31] Mukundan H, Xie H, Anderson A S, et al. Bioconjugate Chem, 2009, 20: 222-230.
[32] Hattori T, Tanaka S. Electroanalysis, 2003, 15: 1522-1528.
[33] Mikkelsen O, Strasunskiene K, Skogvold S, et al. Electroanalysis, 2007, 19: 2085-2092.
[34] Helfrick J C, Bottomley L A. Anal Chem, 2009, 81: 9041-9047.
[35] Molina A, Serna C, Ortuño J, et al. Anal Chem, 2009, 81: 4220-4225.
[36] Menshykau D, Compton R G J. Phys Chem C, 2009, 113: 15602-15620.
[37] Beasley C A, Murray R W. Langmuir, 2009, 25: 10370-10375.

[38] 汪尔康. 21 世纪的分析化学. 北京: 科学出版社, 1999.
[39] Alaejos M S, Garcia Montelongo F. J Chem Rev, 2004, 104: 3239-3266.
[40] Daudt C, Ough C, Stevens D, et al. Am J Enol Viticult, 1992, 43: 318-322.
[41] Zhao J, O'Daly J P, Henkens R W, et al. Biosens Bioelectron, 1996, 11: 493-502.
[42] Updike S J, Hicks G P. Nature, 1967, 214: 986-988.
[43] Michel C, Ouerd A, Battaglia-Brunet F, et al. Biosens Bioelectron, 2006, 22: 285-290.
[44] Hervás P J, Sánchez-Paniagua L M, López-Cabarcos E, et al. Biosens Bioelectron, 2006, 22 : 429-439.
[45] Tatsumi H, Katano H, Ikeda T. Anal Biochem, 2006, 357: 257-261.
[46] Guilbaul G G, Montalvo J G. J Am Chem Soc, 1970, 92: 2533, 2534.
[47] Nikolelis D P, Krull U. J Anal Chim Acta, 1992, 257: 239-245.
[48] Zhylyak G, Dzyadevich S, Korpan Y, et al. Sensor Actuat B-Chem, 1995, 24: 145-148.
[49] Wanekaya A K, Chen W, Mulchandani A, et al. J Environ Monitor, 2008, 10: 703.
[50] Clark L C, Lyons C. Ann NY Acad Sci, 1962, 102: 29-32.
[51] Wilson R, Turner A. Biosens Bioelectron, 1992, 7: 165-185.
[52] Cui G, Kim S J, Choi S H, et al. Anal Chem, 2000, 72: 1925-1929.
[53] Ricci F, Palleschi G. Biosens Bioelectron, 2005, 21: 389-407.
[54] Zhang Z, Liu H, Deng J. Anal Chem, 1996, 68: 1632-1638.
[55] Sun Y X, Zhang J T, Huang S W, et al. Sensor Actuat B-Chem, 2007, 124: 494-500.
[56] Ganesan N, Gadre A P, Paranjape M, et al. Anal Biochem, 2005, 343: 188-191.
[57] Muguruma H, Kase Y, Uehara H. Anal Chem, 2005, 77: 6557-6562.
[58] Wang J, Park D S, Pamidi P V. J Electronanal Chem, 1997, 434: 185-189.
[59] Kandimalla V B, Tripathi V S, Ju H. Crit Rev Anal Chem, 2006, 36: 73-106.
[60] Wang J. Chem Rev, 2008, 108: 814-825.
[61] Park S, Boo H, Chung T D. Anal Chim Acta, 2006, 556: 46.
[62] Malitesta C, Palmisano F, Torsi L. Anal Chem, 1990, 62: 2735.
[63] Sasso S, Pierce R, Walla R. Anal Chem, 1990, 62:1111.
[64] Palmisano F, Centonze D, Guerrieri A. Biosens Bioelectron, 1993, 8: 393.
[65] Kang T, Wang F, Lu L. Sens Actuators, B, 2010, 145: 104.
[66] Bindra D S, Wilson G S. Anal Chem, 1989, 61: 2566.
[67] Moussy F, Jakeways S, Harrison D J. Anal Chem, 1994, 66: 3882.
[68] Zhang Y, Hu Y, Wilson G S. Anal Chem, 1994, 66: 1183.
[69] Karaykin A, Gitelmacher O, Karaykina E. Anal Chem, 1995, 67: 2419.
[70] Karaykin A. Electroanalysis, 2001, 13: 813.
[71] Karyakin A A, Karyakina E E, Gorton L. J Electroanal Chem, 1998, 456: 97.
[72] Lukachova L V, Kotelnikova E A, Dottavi D. Bioelectrochemistry, 2002, 55(1/2):145-148.
[73] Zhang X, Wang J, Ogorevc B. Electroanalysis, 1999, 11: 945.
[74] Ohalloran M P, Pravda M, Guilbault G G. Talanta, 2001, 55: 605.
[75] Liu Y, Chu Z Y, Zhang Y N. Electrochim Acta, 2009, 54: 7490.
[76] Tsujimura S, Kojima S, Kano K. Biosci Biotechnol Biochem, 2006, 70: 654.
[77] Loughran M G, Hall J M, Turner A F. Electroanalysis, 1996, 8: 870.

[78] Lau K, De-Fortescu S, Murphy L J. Electroanalysis, 2003, 15: 975.
[79] Zhao G, Xu M, Zhang Q. Electrochem Commun, 2008, 10: 1924.
[80] Mulchandani A, Pan S. Anal Biochem, 1999, 267: 141.
[81] Carr P W, Browers L D. Heidelberg: Springer, 1980: 89-129.
[82] Cass A, Davis G, Francis G D. Anal Chemi, 1984, 56: 667.
[83] Liu H H, Huang X J, Gu B S. J Electroanal Chem, 2008, 621: 38.
[84] Koide S S, Yokoyama K J. J Electroanal Chem, 1999, 468: 193.
[85] Liu S, Ju H. Biosens Bioelectron, 2003, 19: 177.
[86] Yi X, Patolsky F, Katz E. Science, 2003, 299: 1877.
[87] Basu S, Kang W P, Davidson J L. Diamond Relat Mater, 2006, 15: 269.
[88] Yang H, Zhu Y. Talanta, 2006, 68: 569.
[89] Kong Y T, Boopathi M N, Shim Y B. Biosens Bioelectron, 2003, 19: 227.
[90] Liu X W, Hu Q, Wu Q. Colloids Surf, B, 2009, 74: 154.
[91] Jia J B, Wang B Q, Wu A G. Anal Chem, 2002, 74: 2217.
[92] Qi H L, Zhang C X, Li X R. Sens Actuators, B, 2006, 114(1): 364-370.
[93] Carter M T, Bard A J. J Am Chem Soc, 1987, 109: 7528.
[94] Carter M T, Rodriguez M, Bard A J. J Am Chem Soc, 1989, 111: 8901.
[95] Jin J, Liu B. Chem Commun, 2009, 17: 2284.
[96] ZhaoY D, Pang D W, Wang Z L. J Electroanal Chem, 1997, 431: 203.
[97] Alan O R, Rik V D, Estelle M. Thin Solid Films, 2008, 516: 5062.
[98] Palecek E. Nature, 1960, 188: 656.
[99] 周家宏, 杨辉, 邢巍, 等. 应用化学, 2001, 18: 575.
[100] 罗国安, 梁琼麟, 王义明. 药物分析杂志, 2004, 24: 100.
[101] 王薇, 王升富. 化学通报, 2003, 5: 317.
[102] Reisberg S, Dang L A, Nguyen Q A. Talanta, 2008, 76: 206.
[103] Millan K M, Saraullo A, Mikkelsen S R. Anal Chem, 1994, 66: 2943.
[104] Hashimoto K, Ito K, Ishimori Y. Anal Chem, 1994, 66: 3830.
[105] Palecek E, Fojta M. Anal Chem, 2001, 73: 74.
[106] Watson J D, Crick F H C. Nature, 1953, 171: 737.
[107] Xu C, Cai H, He P, et al. Anal Chem, 2001, 369: 428.
[108] Dell A D, Tombelli S, Minunni M. Biosens Bioelectron, 2006, 21: 1876.
[109] Pang D, Abruna H D. Anal Chem, 1998, 70: 3162.
[110] Wang J, Cai X H, Rivas G. Anal Chem, 1996, 68: 2629.
[111] Wroble N, Deininger W, Hegemann P. Colloids Surf, B, 2003, 32: 157.
[112] Li F, Chen W, Zhang S S. Biosens Bioelectron, 2009, 24: 2160.
[113] Li F, Wei C, Zhang S S. Biosens Bioelectron, 2008, 24: 781.
[114] Liu S N, Wu P, Li W. Anal Chem, 2011, 83: 4652.
[115] Li G X, Zheng X W, Song L. Electroanalysis, 2009, 21: 845.
[116] Herne T M, Tarlov M J. J Am Chem Soc, 1990, 112: 3239.
[117] Dong X Y, Mi X Y, Wang B. Talanta, 2011, 84: 531.
[118] Ki H A, Kim M J, Pal S. J Pharm Biomed Anal, 2009, 49: 562.

[119] Zhang J, Song R J, Fan C H. Anal Chem, 2008, 80: 9029.
[120] Singhal P, Kuhr W G. Anal Chem, 1997, 69: 3552.
[121] Wang J, Rivas G, Fernandes J R. Anal Chim Acta, 1998, 375(3): 197-203.
[122] Palecek E, Billova S, Havran L. Talanta, 2002, 56(5): 919-930.
[123] Lumely-Woodyear T de, Campbell C N, Heller A. J Am Chem Soc, 1996, 118(12): 5504, 5505.
[124] Zhang J, Song S P, Fan C H, et al. J Am Chem Soc, 2006, 128(26): 8575-8580.
[125] Wang J, Liu G D, Jan M R, et al. Electrochem Commun, 2003, 5(12):1000-1004.
[126] Wang J, Polsky R, Merkoci A. Langmuir, 2003, 19(4): 989-991.
[127] Li D, Yan Y, Wieckowska A. Chem Commun, 2007, 3544-3546.
[128] Moses S, Brewer S H, Kaemer S. Sens Actuators B, 2007, 125(8): 574-580.
[129] Steel G, Herne T M, Tarlov M J. Anal Chem, 1998, 70(22): 4670-4677.
[130] Authier L, Grossiond C, Limoges P B. Anal Chem, 2001, 73(18): 4450-4456.
[131] Peng H, Soeller C, Travas-Sejdic J. Biosens Bioelectron, 2006, 21(9): 1727-1736.
[132] Castaneda M T, Merkoci A, Pumera M. Biosens Bioelectron, 2007, 22(9-10): 1961-1967.
[133] Fan C H, Plaxco K W, Heeger A J. Proc Natl Acad Sci USA, 2003, 100(16): 9134-9137.
[134] Xiao Y, Lubin A A, Bake B R. Pro Natl Acad Sci USA, 2006, 103(45): 16677-16680.
[135] Xiao Y, Qu X G, Plaxco K W. J Am Chem Soc, 2007, 129(39): 11896, 11897.
[136] Wang J, Luo D. Anal Chem, 1996, 68(24): 4365-4369.
[137] Chen X, Zhang X E, Cai Y Q. Biosens Bioelectron, 1998, 13(4): 451-458.
[138] Fan C H, Li G X, Gu Q R. Anal Lett, 2000, 33(8): 479-482.
[139] Baker B R, Lai R Y, Wood M S. J Am Chem Soc, 2006, 128(10): 3138, 3139.
[140] Brett A M, Serrano H P. Electroanalysis, 1996, 8(11): 992-995.
[141] Byfield M P, Abuknesha A. Biosens Bioelectron, 1994, 9: 373.
[142] Jung Y, Jin Y J, Bong H C. Analyst, 2008, 133: 697.
[143] 李宗元, 常文保. 生化分析. 北京: 高等教育出版社, 2003: 71.
[144] Ali Z, Pavey K, Robens E J. Therm Anal Calorim, 2003, 71: 31.
[145] O´scar A L, Susana C, Marı´a P, et al. Anal Chem, 2008, 80: 8239.
[146] Janata J. J Am Chem Soc, 1975, 97: 2914.
[147] 袁若, 唐点平, 柴雅琴. 中国科学 B 辑, 2004, 34: 279.
[148] 唐点平, 袁若, 柴雅琴. 化学学报, 2004, 62: 2062.
[149] Berggren C, Bjarnason B, Johansson G. Electroanal, 2001, 13: 173.
[150] Yagiuda K, Hemmi A, Ito S. Biosens Bioelectrion, 1996, 11: 703.
[151] Yang L, Li Y, Erf G F. Anal Chem, 2004, 76: 1107.
[152] Ouerghi O, Senillou A, Jaffrezic-Renault N J. Electroanal Chem, 2001, 501: 62.
[153] Chen Z P, Jiang J H, Shen G L. Anal Chim Acta, 2004, 553: 190.
[154] Diiksma M, Kamp B, Hoogvliet J C. Anal Chem, 2001, 73: 901.
[155] Yang L, Li Y, Erf G F. Anal Chem, 2004, 76: 1107.
[156] Chen Z P, Jiang J H, Shen G L. Anal Chim Acta, 2004, 553: 190.
[157] Yan W, Chen X J, Li X H, et al. J Phys Chem B, 2008, 112: 1275.
[158] Chen X J, Wang Y Y, Zhou J J, et al. Anal Chem, 2008, 80: 2133.

[159] Mehrvar M, Chris B, Scharer J M, et al. Anal Sci, 2000, 16: 677.
[160] 翟中和. 细胞生物学. 北京：高等教育出版社，1998.
[161] Moalic S, Liagre B, Corbière C. FEBS Lett, 2001, 506: 225.
[162] Moalic S, Liagre B, Le B J C. Int J Oncol, 2001,18: 533.
[163] Chen P H, Lan C C E, Chiou M H. Chem Res Toxicol, 2005, 18: 139.
[164] Zimmer M. Chem Rev, 2002, 102: 759.
[165] 高体玉，冯军，慈云祥.化学进展，1998, 10(3): 305.
[166] 鞠熀先.电分析化学与生物传感技术. 北京：科学出版社，2006.
[167] Baumann W H, Lehmann M, Schwinde A, et al. Sensors and Actuators B, 1999, 55: 77.
[168] Anderson B B, Ewing A G. J Pharm Biomed Anal, 1999, 19: 15.
[169] Meulemans A, Poulain B, Baux G, et al. Brain Res, 1987, 414: 158.
[170] Meulemans A, Poulain B, Baux G, et al. Anal Chem, 1986, 58: 2088.
[171] Lau Y Y, Abe T, Ewing A G. Anal Chem, 1992, 64: 1702.
[172] Ewing A G, Stein T G, Lau Y Y. Acc Chem Res, 1992, 25: 440.
[173] Chen J B, Wallingford R A, Ewing A G. J Neurochem, 1990, 54: 663.
[174] Chen J B, Lau Y Y,Wang D K Y, et al. Anal Chem, 1992, 64: 1264.
[175] Olefirow T M, Ewing A G. Chimica, 1991, 45: 633.
[176] Olefirow T M, Ewing A G. Anal Chem, 1990, 62: 1872.
[177] Chen T B, Wallingford R A, Ewing A G. J Neurochem, 1990, 54: 106.
[178] 胡琛，庞代文，王宗礼，等.高等学校化学学报，1996，17:1207.
[179] Weng Q, Xia F, Jin W J. Chromatogr B, 2002: 285.
[180] Jin W, Li W, Xu Q. Electrophoresis,2000, 21:774.
[181] Wallingford R A, Ewing A G. Anal Chem, 1988, 60: 1972.
[182] Bergquist J, Tarkowski A, Ekman R, et al. Proc Natl Acad Sci, 1994, 91: 12912.
[183] Jin W R, Jiang L. Electrophoresis, 2002, 23: 2471.
[184] Allison L A, Mayer G S, Shoup R E. Anal Chem, 1984, 56: 1089.
[185] Lindroth P, Mopper K. Anal Chem, 1979, 51: 1667.
[186] Weng Q, Jin W. Electrophoresis, 2001, 22: 2797.
[187] Cooper B R, Jankowski J A, Leszczyzyn D J, et al. Anal Chem, 1992, 64: 691.
[188] Oates M D, Cooper B R, Jorgenson J W. Anal Chem, 1990, 62: 1573.
[189] Kennedy R T, Oates M D, Cooper B R, et al. Science, 1989, 246: 57.
[190] Kennedy R T, Clair R L, White J G, et al. Microchem Acta, 1987, 92: 37.
[191] Krylov S N, Arriage E A, Chan N W C, et al. Anal Biochem, 2000, 283: 133.
[192] Krylov S N, Arriage E A, Zhang Z, et al. J Chromatogr B, 2000, 741: 31.
[193] Qiu R Q, Regnier F E. Anal Chem, 2005, 77: 2802.
[194] Kameyama A, Kikuchi N, Nakaya S, et al. Anal Chem, 2005, 77: 4719.
[195] Wightman R M, Jankowski J A, Kennedy R T, et al. Proc Natl Acad Sci, 1991, 88: 10754.
[196] Pihel K, Walker Q D, Wightman R M. Anal Chem, 1996, 68: 2084.
[197] Kennedy R T, Huang L, Atkinson M A, et al. Anal Chem, 1993, 65: 1882.
[198] Quan W J, Aspinwall C A, Battiste M A, et al. Anal Chem, 2000, 72: 711.
[199] Wang D, Hsu K, Hwang C P, et al. Biochem Biophys Res Commun, 1995, 208: 1016.

[200] Malinski T, Taha Z. Nature, 1992, 358: 676.
[201] Feng W J, Rotenberg S A, Mirkin M V. Anal Chem, 2003, 75: 4148.
[202] Liu B, Rotenberg S A, Mirkin M V. Anal Chem, 2002, 74: 6340.
[203] 辛育龄，徐邦宁. 癌症的电化学治疗. 北京：人民卫生出版社，1995.
[204] Giaever I, Keese R C. Chemtech, 1992, 22: 166.
[205] Tiruppathi C, Malik A B, Vecechio del J P, et al. Proc Natl Acad Sci, 1992, 89: 7919.
[206] Lo M C, Keese R C, Giaever I. Exp Cell Res, 1993, 204: 102.
[207] Ding L, Hao C, Xue Y D, et al. Biomacromolecules, 2007, 8: 1341.
[208] Slaughter G E, Bieberich E, Wnek G E, et al. Langmuir, 2004, 20: 7189.
[209] Pancrazio J J, Whelan J P, Borkholder D A, et al. Ann Biomed Eng, 1999, 27: 697.
[210] Wang P, Xu G X, Qin L F, et al. Sensor Actuat B Chem, 2005, 108: 576.
[211] Popovtzer R, Neufeld T, Biran D, et al. Nano Lett, 2005, 5: 1023.
[212] Iswantini D, Kato K, Kano K, et al. Bioelectrochem Bioenerg, 1998, 46: 249.
[213] Ikeda T, Matsubara H, Kato K, et al. J Electroanal Chem, 1998, 449: 219.
[214] Skladal P, Morozova N O, Reshetilov A N. Biosens Bioelectron, 2002, 17: 867.
[215] Choi C K, English A E, Jun S I, et al. Biosens Bioelectron, 2007, 22: 2585.
[216] Gau J J, Lan E H, Dunn B. Biosens Bioelectron, 2001, 16: 745.
[217] Mulchandani P, Kaneva I, Chen W. Anal Chem, 1998, 70: 4140.
[218] Gonchar M V, Maidan M M, Moroz O M. Biosens Bioelectron, 1998, 13: 945.
[219] Mulchandani A, Mulchandani P, Kaneva I, et al. Anal Chem, 1998, 70: 4140.
[220] Naessens M, Tran-Minh C. Sensor Actuat B Chem, 1999, 59: 100.
[221] Erti P, Mikkelsen S R. Anal Chem, 2001, 73: 4241.
[222] Tan T C, Wu C H. Sensor Actuat B Chem, 1999, 54: 252.
[223] D'Souza S F. Biosens Bioelectron, 2001, 16: 337.
[224] Miranda C, D'Souza S F. J Microbiol Biotechnol, 1988, 3: 60.
[225] Sakiyama-Elbert S E, Hubbell J A. Annu Rev Mater Res, 2001, 31: 183.
[226] Luong J H T, Habibi-Rezaei M, Meghrous J, et al. Anal Chem, 2001, 73: 1884.
[227] Van Kooten T G, Schakenraad J M, Van der Mei H C, et al. Biomaterials, 1992, 13: 897.
[228] Shelton R M, Rasmussen A C, Davies J E. Biomaterials, 1988, 9: 24.
[229] Lee J H, Jung H W, Kang I K. Biomaterials, 1994, 15: 705.
[230] Anselme K. Biomaterials, 2000, 21: 667.
[231] Curtis A S G, Wilkinson C, Wojciak-Stotchard B. Cell Eng, 1995, 1: 35.
[232] Steele J G, Johnson G, Underwood P A. J Biomed Mater Res, 1992, 26: 861.
[233] Claase M B, Olde Riekerink M B, De Bruijn J D, et al. Biomacromolecules, 2003, 4: 57.
[234] Braun S, Rappoport S, Zusman R, et al. Mater Lett, 1990, 10: 1.
[235] Ellerby L M, Nishide F, Yamanaka S A. Science, 1992, 225: 1113.
[236] Carturan G, Dal Monte R, Pressi G, et al. J Sol-Gel Sci Technol, 1998, 13: 273.
[237] Horisberger M. Trends Biochem Sci, 1983, 8: 395.
[238] Brown K R, Fox A P, Natan M J. J Am Chem Soc, 1996, 118: 1154.
[239] Shipway A N, Lahav M, Willner I. Adv Meter, 2000, 12: 993.
[240] Ju H X, Liu S Q, Ge B, et al. Electroanal, 2002, 14: 141.

[241] Jia J B, Wang B Q, Wu A G, et al. Anal Chem, 2002, 74: 2217.
[242] Gu H Y, Sa R X, Yuan S S, et al. Chem Lett, 2003, 32: 394.
[243] Gu H Y, Chen Z, Sa R X, et al. Biomaterials, 2004, 25: 3445.
[244] Du D, Liu S L, Chen J, et al. Biomaterials, 2005, 26: 6487.
[245] Hao C, Ding L, Zhang X J, et al. Anal Chem, 2007, 79: 4442.
[246] Kleinfeld D, Kahler K H, Hockberger P E. J Neurosci, 1998, 8: 4098.
[247] Corey J M, Wheeler B C, Brewer G J. IEEE Trans Biomed Eng, 1996, 43: 944.
[248] Clark P, Connolly P, Curtis A S G, et al. Development, 1990, 108: 635.
[249] Du D, Cai J, Ju H X, et al. Langmuir, 2005, 21: 8394.
[250] Patrito N, McCague C, Norton P R, et al. Langmuir, 2007, 23: 715.
[251] Guan J J, Gao C Y, Feng L X, et al. Appl Polym Sci, 2000, 77: 2505.
[252] Guan J J, Gao C Y, Feng L X, et al. Biomater Sci Polym Ed, 2000, 11: 523.
[253] Guan J J, Gao C Y, Feng L X, et al. Eur Polym J, 2000, 36: 2707.
[254] Guan J J, Gao C Y, Feng L X, et al. J Mater Sci Mater Med, 2001, 12: 447.
[255] Zhu Y B, Gao C Y, Shen J C. Biomaterials, 2002, 23: 4889.
[256] Gao C Y, Guan J J, Zhu Y B, et al. Macromol Biosci, 2003, 3: 157.
[257] Lakard S, Herlem G, Propper A, et al. Bioelectrochemistry, 2004, 62: 19.
[258] Tan, Helen M L, Fukuda H, et al. Thin Solid Films, 2007, 515: 5172.
[259] 许改霞, 吴一聪, 李蓉, 等. 科学通报, 2002, 47: 1126.
[260] Simonian A L, Rainina E I, Wild J R, et al. New Jersey: Humana Press, 1998: 237.
[261] May K M L, Wang Y, Bachas L G, et al. Anal Chem, 2004, 76: 4156.
[262] Matsunaga T, Namba Y. Anal Chem, 1984, 56: 798.
[263] Feng J, Ci Y X, Gao C M. Bioelectrochem Bioenerg, 1997, 44: 89.
[264] Feng J, Luo G A, Jian H Y. Electroanalysis, 2000, 12: 513.
[265] Li H N, Ci Y X, Feng J. Bioelectrochem Bioenerg, 1999, 48: 171.
[266] Du D, Ju H X, Zhang X J, et al. Biochemistry, 2005, 44: 11539.
[267] Cheng W, Ding L, Lei J P, et al. Anal Chem, 2008, 80: 3867.
[268] Giaever I, Keese C R. Nature, 1993, 366: 591.
[269] Xiao C D, Lachance B, Sunahara G, et al. Anal Chem, 2002, 74: 5748.
[270] Xing J Z, Zhu L J, Jackson J A, et al. Chem Res Toxicol, 2005, 18: 154.
[271] Yu N C, Atienza J M, Bernard J, et al. Anal Chem, 2006, 78: 35.
[272] Xing J Z, Zhu L, Gabos S, et al. Toxicol in Vitro, 2006, 20: 995.
[273] Pethig R. Chichester and New York: J Wiley & Sons, 1979.
[274] Yang L J, Li Y B, Erf G F. Anal Chem, 2004, 76: 1107.
[275] Maalouf R, Fournier-Wirth C, Coste J, et al. Anal Chem, 2007, 79: 4879.
[276] Radke S M, Alocilja E C. Biosens Bioelectron, 2005, 20: 1662.
[277] Ruan C M, Yang L J, Li Y B. Anal Chem, 2002, 74: 4814.
[278] Yang L, Li Y. Biosens Bioelectron, 2005, 20: 1407.
[279] Chen H, Heng C K, Puiu P D, et al. Anal Chim Acta, 2005, 554: 52.
[280] Varshney M, Li Y. Biosens Bioelectron, 2007, 22: 2408.
[281] Ding L, Du D, Wu J, et al. Electrochem Commun, 2007, 9: 953.

[282] Palmore G T R, Whitesides G M. ACS Symposium Series, 1994, 566：271.
[283] Bond D R, Holmes D R, Tender L M. Science, 2002, 295(5554)：483.
[284] Liu H, Grot S, Logan B E. Environ Sci Technol, 2005, 39(11)：4317.
[285] Chauddhuri S K, Lovley D R. Nature Biotechnology, 2003, 21(10)：1229.
[286] Shukla A K, Suresh P, Berehmans S. Curr Sci, 2004, 87：455.
[287] Kannan A M, Renugopalakrishnan V, Filipek S, et al. J Nanosci Nanotechnol, 2008, 8：1.
[288] 贾鸿飞, 谢阳, 王宇新. 生物燃料电池. 电池, 2000, 4：113.
[289] 孙卫中. 漫谈生物燃料电池. 化学教学, 2007, 9：221.
[290] Scodeller P, Carballo R, Szamocki R, et al. J Am Chem Soc, 2010, 132：11132.
[291] Zhou M, Du Y, Chen C G, et al. J Am Chem Soc, 2010, 132：2172.
[292] He Z, Minteer S D, Angenent L T. Environ Sci Technol, 2005, 39：5262.

第3章 生物光电子学中的半导体材料及其应用

3.1 概 述

随着生物技术和物理技术的快速发展，生物传感器先后经历了以电极、场效应晶体管、光电子器件等为检测单元的发展历程。其中，以场效应晶体管为代表的半导体电子器件是一种通过电场效应控制的电子元器件，也是电子产品中应用最多最广，对电子行业、信息技术发展影响最深远的电子元器件。场效应晶体管的电学性能对外加电场、电子-空穴掺杂非常灵敏的特性使其在传感器领域得到人们的广泛关注，特别是在纳米电子生物传感领域备受青睐。本章首先对半导体材料、半导体器件进行了简单描述，详细介绍了半导体结构与器件性能之间的关系；阐述了半导体场效应晶体管在纳米电子生物传感领域的工作原理、对不同生物分子的检测性能及潜在的应用价值；最后，对半导体场效应晶体管，特别是其在活性生物分子电子识别领域的应用前景做了进一步的展望。

根据导电能力的大小，自然界中的物质大概可以分为三个大类：导体、半导体和绝缘体。半导体材料是导电能力介于导体和绝缘体之间的一类固体材料，电阻率在 $1m\Omega \cdot cm \sim 1G\Omega \cdot cm$ 内，也有书中取其 1/10 或 10 倍[1]，其导电性是由"传导带"中含有的电子数量决定的，通过电子传导或空穴传导的方式传递电流。在通常情况下，半导体材料的电导率会随着环境温度的升高而增加，这种特殊的电学特性恰恰与金属材料相反，而且半导体材料也是制作半导体电子器件和集成电路所不可或缺的关键性材料，利用半导体材料(如砷化镓、硅、锗等)特殊的电学特性可以构建具有特定电学功能的各种电子元器件。随着半导体材料在电子工业和信息技术中的广泛应用，各种新型的半导体元器件层出不穷，特别是伴随着半导体材料性能的提高和微纳加工制备工艺的日益成熟，人类社会已逐渐进入了以通信业、计算机业、网络业、家电业为代表的信息化和网络化时代。

3.2 半导体材料的基本性质

自然界中，根据化学组成的不同，半导体材料大致可以分为四种类型：元素半导体、非晶态与液晶半导体、有机半导体和无机半导体。元素半导体是结构最为简单的半导体材料，通常是由单一元素所形成，硅和锗是自然界中最常见和最常用的的两种元素半导体。化合物半导体是由两种或两种以上元素以每种方式组合而成的化合物，该化合物具有特定的能带结构；化合物半导体材料的种类繁多，其中以二元化合物半导体最多，如Ⅱ族和Ⅵ族的硫化镉和硫化锌，锰、铬、铁、铜等的氧化物，Ⅲ族和Ⅴ族的砷化镓和磷化镓以及由Ⅲ-Ⅴ族化合物和Ⅱ-Ⅵ族化合物组成的镓铝砷、镓砷磷固溶体等。除了二元化合物半导体，自然界中还存在三元、四元及多元化合物半导体材料，如可作为太阳能电池材料的三元化合物半导体 $CuInSe_2$ 和可作为红外侦测器材料的 Hg-Cd-Te；而四元化合物半导体主要是应用于光通信及侦测器方面，其元器件的性能可以通过元素比例的调节来进行有效控制。除了上述常见的晶态半导体之外，自然界中还存在着如聚并五苯、聚乙烯咔唑、四甲基对苯二胺与四氰基醌二甲烷复合物等种类繁多的非晶态玻璃半导体和有机半导体。

在电子工业与科学技术中，导体和半导体材料有着至关重要的地位，而半导体材料的快速发展极大地推动了电子工业与相关产业的迅速崛起，甚至带来了一系列的产业与技术革命。相对于自然界中的其他材料，半导体材料具有其独特的优势，主要表现在以下几个方面：①热敏特性，即半导体的电导率随着温度的升高而迅速增加，而金属材料电导率随温度的变化则非常缓慢；②负电阻率温度特性，半导体材料的电阻率温度系数是负值，而金属材料的电阻率系数则为正值。利用半导体电阻率与温度之间的特殊关系可以制成具有自动控制特性的热敏元器件——热敏电阻器；③光敏特性，即半导体材料在光照的情况下其电阻可以发生相应改变的性质，半导体光敏电阻则是运用该性质所构建的一种常见的元器件，例如，硫化镉薄膜的暗电阻是几十兆欧，而受到光照之后其电阻可以降为几千欧。此外，硫化铅、硒、硫化铅和硫化铋等半导体材料也是制作光敏电阻元器件的理想材料；④掺杂特性，掺杂特性是半导体材料非常重要的一个特性，即通过人为地掺杂(doping)微量特定元素杂质到纯净半导体材料中时，半导体材料的导电能力会发生明显的变化，而且其导电性能具有很好的可控性，例如，纯硅的电阻率是约为 $214000\ \Omega\cdot cm$，但是当在硅中掺杂万分之一的杂质之后，在不大范围改变硅的纯度的基础上，其电阻值却可以下降到 $0.2\ \Omega\cdot cm$。值得一提的是，我国的半导体科学的研究主要是从 1957 年首次制备出高纯度锗开始的，其纯度可以达到 99.999 999%~99.999 999 9%。在硅基半导体大范围推广以后，半导体晶体管的类型和品种快速增加，其性能也得到了很大的提高，从而加速了超大规模集成电路时代的到来。

3.2.1 半导体的晶体结构

以场效应晶体管和集成电路为代表的电子产品制造所需要的材料大多是硅、锗等元素半导体晶体材料。晶态半导体特性差异的本质是因为材料的晶体结构决定了能带结构，而半导体材料的物理性质又深受能带结构的影响，所以要明确了解半导体材料的性质，我们需要深入探讨材料的晶体结构。

晶体是原子、离子或分子按照一定周期排列并具有一定几何外形的固体，它的原子按一定规律在空间中整齐地排列形成点阵，其中格点之间平行的直线连接所形成的网格称为晶格。不同的晶体通常有不同的晶格结构，而原子在晶格中的排列决定着晶体的性质，常见的五种立方晶体结构的示意图[2]如图 3.1 所示。

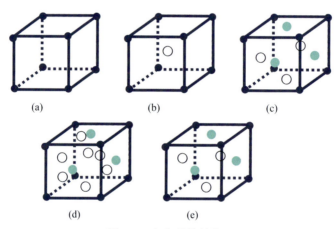

图 3.1 立方晶体结构

(a) 简单立方；(b) 体心立方；(c) 面心立方；(d) 金刚石结构；(e) 闪锌矿结构

(1) 简单立方晶体，如图 3.1(a)所示。立方晶格的每个顶点都被一个原子占据，同时这些原子又被相邻的八个晶胞所共有。常见的具有简单立方晶胞结构的晶体有氧、硫。

(2) 体心立方晶体，如图 3.1(b)所示。体心立方晶格的晶胞中，八个原子处于立方体的顶点上，一个原子处于立方体的中心，顶点上八个原子与中心原子紧靠。具有这样晶体结构的晶体包括钠、钼、钨等。

(3) 面心立方晶体，如图 3.1(c)所示。原子分布在立方体的八个顶点上和六个面的中心，面中心的原子与该面四个顶点上的原子紧靠。常见的金属晶体如铝、铜、金、银等属于这种面心立方晶体。

(4) 金刚石结构,如图 3.1(d)所示。金刚石结构是复式格子,其顶角和面心上的原子和空间对角线上四分之一处的原子分属不同等价的原子,由两个面心立方晶格沿着对角线错开四分之一长度相互套合而成。最常用的半导体材料硅和锗都是这种结构。

(5) 闪锌矿结构,如图 3.1(e)所示。空间点阵也是面心结构,含两种等价原子各组成一个面心立方的简单晶格,整个闪锌矿结构可以看成两个面心立方的简单晶格沿晶胞的空间对角线平移四分之一距离套构而成。属于这种结构的材料有砷化镓、磷化镓、硫化锌、硫化镉等。

3.2.2 半导体的电子状态和能带结构

构成分子的原子是由原子核和电子组成,原子核对电子的静电引力,使得电子按一定的轨道围绕原子核做高速运动,如图 3.2(a)所示[3]。原子内的电子通常具有波动性,服从测不准原理,也就是电子的运动并没有固定的运动轨道,而是按照一定的概率出现在原子核附近的空间。量子学观念中常采用电子云概念来描述原子核外的电子特性,即电子在原子核周围出现概率的空间分布,它反映出电子可能的运动空间,而轨道则视为电子云在空间分布概率最大值的轨迹。电子在轨道中运动过程中,电子运动的空间会受到一定的限制,使得电子在能量状态上呈现不连续分布,从而形成原子能级,简化的原子能级结构示意图如 3.2(b)所示,同时,我们将这些电子能量不连续的特定数值规律称为电子能量的量子化。

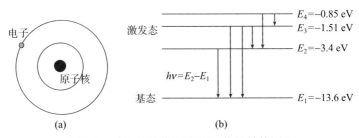

图 3.2 单原子结构(a)和原子能级结构图(b)

当两个原子彼此靠拢时,两个原子的电子轨道也相互靠拢并发生交叠,此时电子不仅受到原有原子核的引力,在合适位置也会受到来自另一方原子核的影响,其结果是该电子既可以在自身原子核周围运动,也可以旋转到另外一个原子核的周围运动,形成两个原子共有一个电子的结构,我们称这种电子运动形式为电子共有化。而且,电子在两个原子核的共同影响下,电子的能量状态也发生变化:从原来的一个能级分裂成两个能级。在晶体中的电子共有化现象更为突出,因为晶体是由大量的原子按照一定规律在空间周期性地重复排列构成的,每立方厘米包含的原子数达

到 10^{22} 数量级,原子间距仅为 Å 的数量级,因此一个原子轨道上的某个电子必定受到其他众多原子核的吸引,而使该电子转移到相邻原子上去,也有可能再继续转移到更远的原子上去,这就是晶体中的电子共有化运动。在晶体中,不但价电子的轨道有交叠,内层电子的轨道也有可能发生交叠,只是内层电子的轨道交叠较少,共有化程度弱些,外层电子轨道交叠较多,共有化程度强些。

正如以上所述的电子共有化概念,当有 N 个原子排列组合起来并结合成晶体时,原来属于 N 个原子、相同价的电子必定会遭受到周围原子势场的作用,使原先在每个原子中具有相同能量的电子能级分裂成 N 个与原来能级很接近的新的能级。如果这些能级分布在一定的能量区域,并且之间相互靠得很近,我们称之为能带,其示意图如图 3.3(b)所示[3]。由图 3.3 可知,由于晶体中内层电子轨道的电子共有化程度比较弱,而外层的电子轨道共有化程度比较强,因此分裂的能级的能带也有所差别:内层电子分裂成的能带比较窄,而外层形成的能带比较宽。两个能带之间的区域,不存在电子的能级,即该区域中不可能有电子存在,此区域称为禁带。而允许电子存在的一系列准连续的能量状态则称为允带。

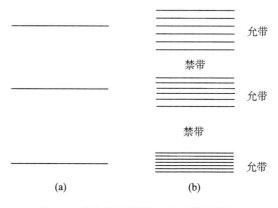

图 3.3 单个原子能级(a)与晶体能带(b)

在半导体能带中,原子最外层、能够与其他原子相互作用的电子称为价电子,而与价电子相对应的低能级能带称为价带,用 E_V 表示其顶能级;价带以上能量最低的为允带,即允许电子能量存在的能量范围,价电子形成的高能级能带通常称为导带,导带底能级用 E_C 表示。带隙,也称禁带宽度($E_g = E_C - E_V$),我们定义为导带和价带之间的能级宽度。带隙越大,电子由价带激发到导带越难,本征载流子浓度就越低,电导率也越低,如绝缘体中 $E_g = 3 \sim 6$ eV,而半导体硅约为 1.12 eV、锗约为 0.67 eV、砷化镓约为 1.42 eV 等。绝缘体、半导体和导体之间的能带分布的简单描绘如图 3.4 所示[3],由此可以明显看出三者之间导电性能的差异。如图 3.4(a)所示,一般来说，绝缘体的价带都被电子填充满(称满带)，禁带比较宽，而激发态能带通常是空的(称空带)；半导体的能带结构和绝缘体的相似(图 3.4(b))，只是因为半导体中禁带比较窄，在一定条件下，一部分满带上的电子能被激发到导带上，因此导电能力较绝缘体强；图 3.4(c)是导体的能带示意图，从图中可以看出与绝缘体和半导体的能带结构不尽相同，导体中电子没有完全填满价带，或是价带与导带相重叠，这样就有足够的电子参与导电，故导体的导电性能是最好的。

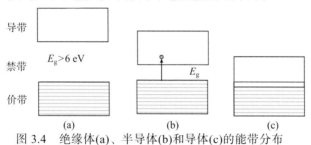

图 3.4 绝缘体(a)、半导体(b)和导体(c)的能带分布

3.2.3 半导体载流子

在物理学中，载流子亦称电流载体，指电子和离子等可以自由移动、带有电荷的物质微粒。在半导体中，通常存在有两种载流子，即带负电的自由电子和带正电的自由空穴。我们知道众多原子按照一定的空间规律整齐排列后可以形成晶体，在晶体中，两个相邻原子的最外层电子不但围绕各自所属的原子核运动，而且还会出现在相邻原子的轨道上，以共用电子的形式形成共价键。在绝对零度时，半导体的价带被电子填满，导带则是空的，然而在一定的温度下，价带中的价电子通过热运动可以得到足够多的运动能量，在该能量的存在下，价电子可以很容易地摆脱共价键对其的束缚，并被激发到导带中成为可以自由运动的自由电子；同时，由于价电子成为了自由电子会导致价带顶部及其附近出现空的量子状态，价带即成了半满带，价带中因失去了电子而留下带正电的空位称为空穴，如图 3.5 所示[4]。这种在热激发下产生自由电子和空穴的现象称为本征激发。

自由电子在外加电场作用下会产生定向移动并形成电子电流；同时，价电子也会按照一定的运动方向依次来填补空穴，产生空穴定向移动的空穴电流，所以半导体区别于金属导体的最主要原因就是半导体中的载流子——电子和空穴均参与导电[4]，最终导致的结果是温度的高低可以在很大程度上影响载流子浓度，进而影响其导电性能。例如，当外界温度固定不变时，半导体中载流子的浓度也是恒定的；当外界的温度升高时，半导体中的电子热运动会随之加剧，从而导致挣脱共价键束缚的自由电子数量增加，载流子（空穴）浓度随之升高，导电性能迅速增加；当外界温度降低时，半导体中载流子的浓度也随之降低，使其导电性能降低。但载流子数并不会随着温度的升高而无限地增加，因为导带中的电子在运动过程中可能会与空穴相遇并释放能量，于是导带中的电子又跳回价带中的空能级，这就是电子与空穴的复合。在一定温度条件下，本征激发所产生的自由电子和空穴对与复合的自由电子与空穴对达到平衡时，半导体材料本身就会具有一定的载流子密度和电阻率。目前，市场上存在的热敏型和光敏型半导体电阻器件就是根据该电阻变化原理制成的。

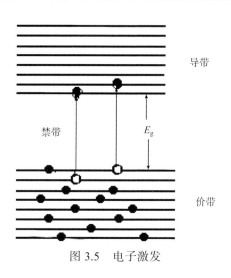

图 3.5　电子激发

3.2.4　半导体杂质与缺陷

完全不含杂质且无晶格缺陷的纯净半导体称为本征半导体，在本征半导体中也存在电子和空穴两种载流子，图 3.6 是本征半导体被激发产生电子和空穴的简单示意过程[4]。在绝对零度的条件下，本征半导体的价带是填满状态，导带上没有任何电子，而在有热或光激发条件下，价带上的电子会挣脱共价键的束缚而跳跃到导带上形成自由电子，同时在价带上会留下空位而产生空穴。在本征半导体中，电子数目和空穴数目一一对应，也就是说电子的浓度和空穴的浓度相等。尽管载流子的浓度会随着温度的升高而升高，但是这并不代表本征半导体能够在实际生产中得到广泛的应用。因为在温度升高的同时，在半导体中也会出现电子和空穴复合的现象。当电子和空穴的产生与复合在一定条件下达到平衡时，载流子的浓度也就相应恒定，结果就造成了载流子浓度低、电阻率大、导电性差、热稳定性差等问题，所以本征半导体能够实现实际应用的并不多，也不能在半导体器件中直接使用。而且，在现实中使用的半导体材料的晶格也并非完全按照晶格的理想结构进行排列，在排列过程中总是存在着各种各样的奇异现象。因为在常温条件下，本征半导体的性能总是容易受到各种内外因素的影响，晶体内的原子也并不是以严格静止的状态存在于晶格格点的位置上，而是在其平衡位置的附近不断振动；而且，在半导体材料的制备过程中，也总会不可避免地引入或多或少的杂质，造成半导体材料本身并不纯净，另一方面，实际应用的半导体晶格结构也存在着包括点缺陷、线缺陷和面缺陷等在内的多种结构缺陷，使得半导体材料的晶格结构并不是完整无缺的。

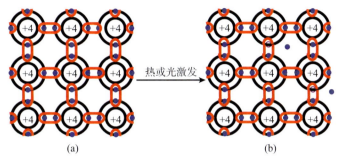

图 3.6 本征半导体电子和空穴的产生

半导体的一个显著特点就是掺杂特性，即如果有杂质和缺陷存在，那么半导体的导电性质就会发生改变。这是因为杂质和晶格结构缺陷的存在，会使按周期排列原子所产生的周期性势场受到严重破坏，并将允许电子具有的能量状态(即能级)引入半导体禁带中，从而对半导体的性质产生决定性的影响。所以，在实际应用中，通过掺入杂质来人为地改变半导体的导电性质，这就引出了杂质半导体的概念。在本征半导体中掺入某些微量元素作为杂质，主要是以三价或五价元素为主，掺入杂质的本征半导体称为杂质半导体。

根据杂质原子在半导体中所处位置的不同可分为间隙式杂质和替位式杂质[5]。间隙式杂质指的是外来的杂质原子位于晶格原子间的间隙，此时杂质原子被称为填隙子或间隙原子，主要是由原子脱离其原来的晶格结构平衡位置并进入原子间隙形成的。晶格原子之间的间隙是很小的，一个原子硬挤进去必然使周围原子偏离平衡位置，造成晶格畸变，因此间隙式杂质是一种发生在一个原子尺度范围内的点缺陷。此类间隙式杂质原子半径一般比较小，如锂离子进入硅、锗、砷化镓后以间隙式杂质的形式存在。间隙原子在离子晶体的导电和扩散中起着重要的作用，因为间隙杂质原子的存在会导致半导体材料中晶格结构的畸变，使得整个晶体发生体积膨胀。而且，间隙杂质原子在晶格间隙迁移所需的激活能通常较小，其扩散速率较快。而替位式杂质是指外来杂质原子以替位的方式取代原来晶格原子并位于晶格格点处，在尺寸和壳层结构上，这类杂质原子的半径与被取代的晶格原子半径和价电子壳层结构相近，而且这种缺陷往往是人们为了改变晶体性质而有目的地引入。如Ⅲ族、Ⅴ族元素在Ⅳ族元素硅、锗晶体中都是替位式杂质。

依据杂质在半导体中的导电类型还可以分为施主杂质和受主杂质。下面我们以硅为例分别讨论硅中掺入五价杂质元素磷(图3.7(a))和三价杂质元素硼(图3.7(b))的导电机制[5]。

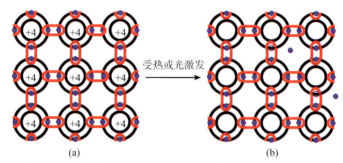

图3.7 (a) 掺入少量元素磷的硅原子分布；(b) 掺入少量元素硼的硅原子分布

V族元素P杂质掺入到半导体硅中是以替位式杂质方式存在的。在结构上，一个具有五个价电子的磷原子占据了硅原子的位置，其中四个价电子可以与周围的四个硅原子形成共价键，多余的价电子也被束缚在正电中心P^+的周围。当价电子挣脱束缚成为可以在晶格中自由运动导电电子时，就会形成一个不可移动的磷离子(P^+)正电中心，这种杂质也被称为施主杂质或n型杂质，电子脱离束缚成为导电电子的过程称为施主杂质电离，使多余价电子挣脱束缚成为导电电子所需要的能量称为施主杂质电离能(ΔE_D)，未电离时的中性施主杂质被称为束缚态或中性态，电离后成为离化态的正电中心。现实中，我们将被施主杂质束缚的电子能量状态称为施主能级(E_D)，当电子得到能量ΔE_D后，就从束缚态跃迁到导带成为导电电子；由于$\Delta E_D \leq E_g$，所以施主能级主要位于离导带底很近的禁带中，如图3.8(a)所示[5]。

而当一个Ⅲ族的硼原子以替位式杂质方式占据硅原子的位置时，三个价电子的硼原子要想与周围的四个硅原子形成共价键还必须从其他硅原子中夺取一个价电子，从而在被夺去电子的硅晶体中形成一个空穴；同时，接受一个电子后，硼原子本身变成了带负电的硼负电中心(B^-)。因此，硼原子以替位式杂质方式替代硅原子后会形成一个硼负电中心B^-和一个空穴。同样，空穴挣脱束缚后也会成为在晶体共价键中自由运动的导电空穴，这种掺杂也被称为受主杂质或p型杂质，导电空穴形成的过程称为受主杂质电离，而空穴挣脱束缚所需要的能量称为受主杂质电离能(ΔE_A)。硼原子成为多一个不可移动电子的负电中心，未电离的中性受主杂质称为束缚态，电离后称为受主负电离化态，受主杂质束缚空穴的能量状态称为受主能级(E_A)，空穴得到能量就会从受主束缚态跃迁到价带成为导电空穴，所以受主能级位于离价带顶很近的禁带中，如图3.8(b)所示[4]。

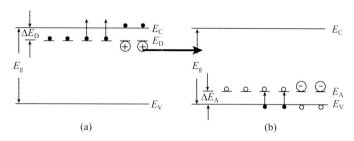

图 3.8 (a) 施主能级和施主电离；(b) 受主能级和受主电离

在纯净的半导体中无论掺入五价元素还是三价元素的原子后，我们都将之称为杂质半导体。根据载流子种类的不同，杂质半导体又可进一步分为两个大类，即 p 型和 n 型半导体。当在半导体中掺入杂质原子后，杂质原子的电离会增加导带中的导电电子，从而使半导体的导电能力大大增加，我们将这种电子导电的半导体称为 n 型半导体；当在半导体中掺入受主杂质后，受主杂质的电离会通过增加价带中导电空穴的方法来增强半导体的导电能力，我们将这种空穴导电的半导体称为 p 型半导体。n 型半导体中电子的浓度要高于空穴的浓度，其导电主要依靠电子，电子也被称为多数载流子，简称多子；而空穴则被称为少数载流子，简称少子。同样，在 p 型半导体中，空穴是多子，而电子是少子。一般来说，多子的浓度决定于杂质的浓度，而少子的浓度则由温度决定。

3.2.5 有机半导体

1954 年，日本科学家赤松、井口等研究发现掺氯原子的芳香化合物薄膜中能产生电流，从而首次提出了有机半导体这一概念。经过半个世纪，特别是近 10 年来的发展，有机半导体研究呈现出蓬勃发展的趋势。由于有机半导体电子器件具有成本低、加工制备工艺简单、发光效率高、功耗低、柔韧性好等特点，其在有机发光、有机显示、场效应晶体管等领域得到人们的广泛关注。

有机半导体是一种塑料材料，其特殊结构使其具有导电性。有机半导体材料可以划分为小分子型和高分子型两个大类。小分子型有机半导体材料的分子中没有呈链状交替存在的结构片段，通常只是由一个比较大的共轭体系构成。常见的小分子型有机半导体材料主要有并五苯(pentacene)、三苯基胺、富勒烯、酞菁、苝衍生物和花菁等；而高分子型的半导体材料则是一些聚乙炔型、聚芳环型和共聚物型等具有单双键交替或大 π 键的共轭高聚物。

有机半导体材料的结构特点决定了其与无机半导体材料物理性能之间的差异。例如，有机材料在可见光区域内具有很好的吸收特性，消光系数大，这样在制备器件的活性层时可以很薄；很多荧光有机染料的发射光谱相对于吸收光谱会发生比较大的红移,这种优势在有机电致发光器件中成功避免了无机发光二极管再吸收和光折射损失这两个主要缺点;有机材料的数量是无限的,通过对有机分子进行无限修饰可改变其结构类型,进而可改变材料的光电性质来实现有机半导体材料的多样化;有机半导体的成膜技术更多、更新,可在室温下进行,且制作工艺简单快捷、成本较低;器件的尺寸能做得更小(分子尺度),集成度更高,可提高运算速度;而有机半导体相对柔软、易溶于有机溶剂的特点使廉价的直接印刷、喷墨打印、丝网印刷、溶液加工等新加工技术成为可能,使人们对廉价、大面积、柔性电子器件充满期待。

有机半导体材料之所以会不同于传统的无机半导体材料是与其电子结构密不可分的。例如,在结构上,除了元素不同之外,最主要的区别是电子结构的差异,无机半导体材料是由原子组成的,彼此之间依靠共价键结合。但有机半导体材料可视为分子材料,由分子组成,分子之间凭借较弱的范德瓦耳斯力相互作用。由于范德瓦耳斯键结合能比共价键结合能要小约一个数量级,这样就造成无机半导体在共价键作用下容易形成长程有序结构,具有较宽的能带和较窄的能隙;而有机半导体材料则表现出能级分立、能带较窄的现象。另外,无机半导体材料中只有电子和空穴两种载流子,自由运动的电子和空穴分别在材料的导带和价带中传输,且具有离域化特点。然而在有机半导体材料中,载流子通常定域在分子内,且其构成比无机半导体载流子要复杂得多[6]。有机半导体材料中的电子受到激发后,材料由基态变为激发态,其中激发态中较高能量的电子和相对应的空穴依靠库仑相互作用结合成一个束缚态系统,称之为激子,激子中电子和空穴之间束缚力较强,激子半径较小。在有机半导体材料中,电子分布在不同的能级轨道上,电子能量的前沿轨道主要包括最高占据分子轨道(HOMO)和最低空置分子轨道(LUMO),分别相当于无机材料中的价带和导带。当电子和空穴在 LUMO/HOMO 能级上产生迁移、扩散及被俘获等行为时就产生了材料的导电的特性。在有机半导体材料中存在大量的缺陷,导致材料的能带比较窄,但能隙却普遍比无机半导体材料大,所以有机半导体材料中的载流子主要是以跃进方式输运,其输运的有效程度与相邻分子之间的重叠程度有关,重叠度越高,传输的速度越快。但是很显然,这种传输机制远不如无机半导体中的带传输有效,导致有机半导体材料中的载流子迁移率通常低于无机半导体。此外,有机半导体材料中的载流子迁移率还与材料的掺杂程度有关,所以要获得高导电性的有机半导体材料可以通过高浓度的掺杂来大幅度提高材料中载流子的浓度,实现半导体导电性能的提高。与无机半导体的掺杂机制不同,导电有机半导体中掺杂物质的浓度通常在 1%~5%,远高于无机半导体中的掺杂浓度(10^{-6}量级)。随着研究的不断深入,有机半导体材料的载流子迁移率也在随着时间推移逐步提高,其中并五苯和一些有机无机杂化体系的载流子迁移率已经超过非晶硅材料。

基于有机半导体材料廉价、性能易于调制、加工工艺简单、可制备于柔性衬底上等优点,将有机半导体材料引入场效应晶体管中有望制备出廉价或柔性的电子元件。有机场效应晶体管(OFET)是一种在沟道内采用有机半导体材料的晶体管元器件,它是靠改变电场来影响半导体电性能的有源器件,是现代微电子技术特别是柔性电子技术中最重要的一类电子器件。它的工作原理与传统的无机场效应晶体管相同,主要是通过栅电极来调控器件的电场,达到控制电荷在晶体管的源极和漏极之间的流动[7]。随着对有机场效应晶体管研究的不断深入,人们将有机场效应晶体管应用到了许多新的领域,例如,对有机半导体材料进行掺杂或者去掺杂会极大地改变其电性质,而许多待检测的气体本身可以作为有机半导体材料的掺杂剂,利用这个特点可以制备高性能的气体传感器;其他应用还包括机械传感、光学检测、柔性器件等。而有机电致发光器件是有机半导体材料的另一个重要应用,其典型代表为有机发光二极管(OLED)。OLED 的结构类似于电极/绝缘体/电极的夹心结构,器件中不存在自由载流子,而正负载流子分别由两端的两个电极注入,在外加电场下发生复合产生激子,进而发生光的辐射。目前 OLED 在显示领域和照明领域发挥着重要作用,可以广泛应用于电视、电脑、手机和全球定位系统(GPS)等方面。

在能源领域,生产工艺简单、可降解和对环境污染小的有机光伏电池(OPV)的发展也得到人们越来越广泛的关注。具有光敏特性的有机半导体材料是构建有机光伏电池的关键,有机半导体材料主要是通过光伏效应产生电压并形成电流。通常,光敏特性的有机半导体材料均具有共轭结构并且有导电性,常见的材料包括卟啉、酞菁化合物、菁等。此外,有机半导体材料还在有机存储和有机激光等领域得到广泛应用。最新研究有望将柔性显示、白光照明、可感应人造皮肤、可擦写和可穿戴的柔性电子设备等变成现实。

3.3 半导体器件

3.3.1 半导体 pn 结及二极管

采用扩散、合金、离子注入或外延生长法等制造工艺,将 p 型掺杂区域与 n 型掺杂区域制作在同一半导体上,在它们的交界面就形成一个具有特殊性质的薄层,我们称之为 pn 结[8]。理解 pn 结的产生过程及其特性是器件理论的基础,这里我们首先来探讨 pn 结的形成机理。

我们知道,扩散运动是物质在自然界中存在的一种主要运动形式,这种运动主要是由物质从浓度高的区域向浓度低的区域扩散所产生的。在不同半导体材料中,由于 n 型半导体内的电子比 p 型半导体内的电子多得多,而 p 型半导体内的空穴要比 n 型半导体内的空穴多得多,所以如图 3.9 所示,当 n 型半导体和 p 型半导体相连接时，物质的扩散运动会致使 n 型半导体中的电子由高浓度的 n 区扩散到低浓度的 p 区内，在两者相结合的 pn 结边界的 n 型区一侧会留下带正电荷的施主离子，成为正电荷区；而 p 型半导体中的高浓度的空穴也会向低浓度的 n 型区内扩散，在 p 型区的一侧留下带负电荷的受主离子，成为负电荷区，这种由于电子或空穴的扩散运动在 pn 结附近出现的正负电荷区域称为空间电荷区。在一定外界条件下，当半导体材料空间电荷区内的载流子浓度比 n 区和 p 区的多数载流子浓度小得多时，好像已经耗尽了，此时称空间区为耗尽层或者势垒区。在半导体材料 pn 结形成过程中，n 型和 p 型半导体材料的能带会发生弯曲，产生势能差，从而也使得电子想从低势能的 n 区运动到高势能的 p 区时，必须克服由能带弯曲所产生的势能差，只有这样电子才能够到达半导体的 p 区；同样，空穴的运动也必须克服这一能带弯曲势能差，才能够从半导体的 p 区到达 n 区，这一势能的差值通常被称为 pn 结的势垒，而空间电荷区也通常被称为半导体的势垒区。

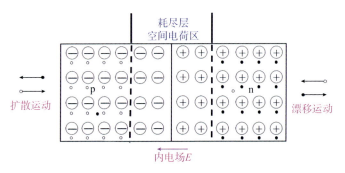

图 3.9 平衡 pn 结空间电荷区

从图 3.9 的平衡 pn 结空间电荷区的示意图可以看出，当半导体中形成空间电荷区之后，在空间电荷区内便有了一个由 n 区指向 p 区的内电场 E，我们称之为 pn 结的自建电场。在这一自建电场的作用下，各自的区域内会出现少子的漂移运动，而且少子的漂移运动方向恰好与多子扩散运动方向相反，随着多子扩散运动的不断进行，半导体中形成的空间电荷区域的厚度也随之逐渐增大，空间电荷区内形成的自建电场的强度也不断增强，促使半导体中少子的漂移运动不断加大，当多子的扩散运动和少子的漂移运动在一定程度上达到动态平衡时，半导体中就没有电流形成，此时 pn 结中的静电流为零，空间电荷区的厚度也达到一个固定值。

当给半导体的 pn 结接上一外加电压时，我们定义 p 区加正电压、n 区加负电压，那么就称外加电压为正向电压，如图 3.10(a)所示；反之，则称外加电压为反向电压，如图 3.10(b)所示[4]。当半导体的 pn 结加上正向电压之后，外电场和内电场的方向相反，外加电压可以削弱内电场的电场场强，从而使得多子的扩散加强，结果就会在半导体中形成较大的扩散电流；而在半导体中加上反向电压后，外电场和内电场的方向一致，就会使得半导体中的内电场被加强，这样一来多子的扩散运动就会受到抑制，而少子的漂移运动得到加强，但由于少子的数量有限，所以只能在半导体中形成一个较小的反向电流，这一结果就导致半导体的 pn 结具有非常好的单向导电性：当半导体外加正向电压时，pn 结发生正偏，形成较大导电电流，pn 结处于正向导通状态；当半导体外加反向电压时，pn 结会发生反偏，此时在半导体中只有非常小的反向饱和电流，pn 结处于反向截止状态。半导体的单向导电性为二极管的构建提供了基础，也是二极管最重要的特性。

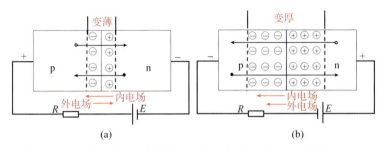

图 3.10 (a)外加正向电压下的 pn 结；(b)外加反向电压下的 pn 结

半导体二极管是一种重要的电子器件，它是在半导体的 pn 结上加上管形外壳和引线所组成。目前，半导体二极管的种类繁多，按照二极管结构的不同我们可以将其分为三种类型，即平面型、点接触型和面接触型二极管[9]。如图 3.11(a)所示，点接触型二极管是将导电金属材料直接放在半导体材料表面，使金属材料一端与半导体连接形成一个"pn 结"，因为金属与半导体之间是通过一个小的连接点来接触，所以点接触型二极管只能允许不超过几十毫安的小电流通过，这类点接触型二极管主要用在收音机检波等的高频小电流电路中。除了点接触型二极管，面接触型二极管是另一种常见的二极管类型，相比于点接触二极管，其"pn 结"具有比较大的接触面积，如图 3.11(b)所示。面接触型二极管可以允许几安~几十安电流的通过，主要用于"整流"电路中，可实现交流电转换成直流电。而平面型二极管是一种可用于高频电路及开关中的特制硅基二极管。二极管的简化电路符号如图 3.11(c)所示。

电流只能从二极管的正极流入，负极流出的单向导电性是半导体二极管最重要的电学特性。在二极管中，当外加正向电压时，其电阻较小，通过的电流比较大；反之，当外加反向电压时，它的电阻比较大，通过的电流很小，甚至可以忽略不计。通过二极管的电流与两端所加电压的函数关系（即电流与电压关系）可以利用二极管的伏安特性来描述。如图 3.12 所示[10]，二极管的伏安特性呈非线性，特性曲线上大致可以分为死区、反向截止区、正向导通区、反向击穿区四个区，为了保证二极管的正常工作特性，在二极管电路工作时，在任何时候其反向电压都必须要小于其反向击穿电压。

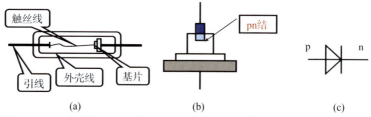

图 3.11 (a)点接触型二极管；(b)面接触型二极管；(c)二极管电路符号

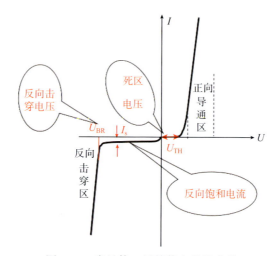

图 3.12 半导体二极管伏安特性曲线

二极管电路的单向导电性使其在电子通信、家用电器和各种电子回路中得到了广泛的应用[11]。例如：①利用二极管正向导通、反向截止的单向导电特性可以制备电源开关元器件；②利用二极管的整流作用，可将方向交流变换的交流电变成单方向脉冲直流电；③利用二极管作为限幅元件，可以将信号的幅值限制在所需要的范围之内。此外，二极管在变容二极管、继流二极管、稳压二极管、检波二极管等方面也有广泛应用。

3.3.2 半导体三极管

半导体三极管又称"晶体三极管"或"晶体管"，它的基本结构是由两个能够相互影响的半导体 pn 结组成的一种 pnp(或 npn)结构的三端元件，其基本结构如图 3.13 所示[12]。

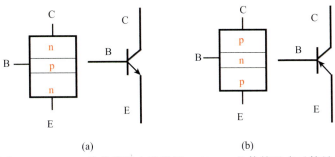

图 3.13 (a) npn 晶体管及表示符号；(b) pnp 晶体管及表示符号

两个互相连接的 pn 结将晶体三极管划分为 p 区(或 n 区)、发射区和集电区三个区域。p 区(或基区)指晶体管中间的区域，发射区和集电区分别指晶体管两边的区域，每一个区域分别有一个电极与之相连，分别是对应于 p 区的基极 B、发射区的发射极 E 和集电区的集电极 C。基区与发射区之间的 pn 结称为发射结，基区与集电区之间的 pn 结则称为集电结。一般来说，三个区域都各有各自的特点，在发射区内，杂质的掺杂浓度较高；基区较薄，掺杂浓度比较低；而集电区的特点是面积较大。npn 和 pnp 两种晶体管的电路符号分别如图3.13(a)和(b)所示。按照半导体制备材料来分类，三极管又可分为锗基三极管和硅基三极管，每一种三极管又都有 npn 和 pnp 两种结构形式。三极管在电子工业中应用广泛，其中使用最多的是锗 pnp 和硅 npn 两种类型的三极管，在电流放大时，npn 结构三极管的工作原理主要分为以下三个过程[12]：① 发射区向基区发射电子，形成发射极电流；② 自由电子在基区与空穴复合，形成可以继续向集电区扩散的基区电流；③ 集电区收集自由电子形成集电极电流。

在应用方面，三极管可以在振荡电路中起到调制、解调或自激振荡的作用；另外，若用于开关电路中，三极管可作为闸流、限流或开关管使用。

3.3.3 半导体场效应晶体管

场效应晶体管(field effect transistor)简称场效应管，是工作电流由多数载流子参与输运的一类电压控制元件，可以利用改变垂直于导电沟道的电场强度来控制沟道的导电能力而实现放大作用，它具有输入电阻高、温度稳定性好、功耗低、抗辐射能力强、噪声系数小、易于集成、没有二次击穿和安全工作区域宽等特点。一般认为，半导体场效应晶体管是1925年由 Julius Edgar Lilienfeld 和1934年由 Oskar Heil 分别发明的，但是其实用的器件一直到1952年才被制备出来，当时被称为结型场效应管[13]。随着对硅半导体材料认识的提高，1960年 Dawan Kahng 等发明了可应用的第一代基于单晶硅的金属−氧化物−半导体场效应晶体管，称为金属−氧化物−半导体场效应晶体管(metal-oxide-semiconductor field effect transistor，MOSFET)，从而大部分代替了结型场效应管[14]。无机半导体场效应晶体管的出现使人类开始步入固体电子时代,而场效应晶体管的噪声低、稳定性好、易于实现微型化的特点为集成电路的发展提供了基础,也为电子器件的小型化提供了可能,可以说无机半导体场效应晶体管的出现对电子行业的快速发展起到了深远的意义,也引发了电子工业的一场巨大革命。

按照电流通道所采用的半导体材料种类,场效应晶体管可分为 n 型通道和 p 型通道两种类型;按照结构和工艺特点,场效应晶体管可以分为绝缘栅型场效应管和结型场效应晶体管两大类[15]。绝缘栅型场效应晶体管结构如图 3.14(a)所示,在基片(如 p 型)上扩散形成两个 n 型区,分别称为源和漏,从上面用金属引出源极和漏极,源和漏之间形成一个沟道区,在它上面生长一层 SiO_2 作为半导体衬底和金属栅极之间的绝缘层,绝缘层上面再蒸镀一层金属电极,称为栅极,这种"金属-氧化物-半导体"(MOS)结构的场效应晶体管(MOSFET)是绝缘栅型场效应管中最重要的一种,在现代记忆元件、集成电路以及计算机微处理器中都有着重要的应用,当将传输电子的 MOSFET 与传输空穴的 MOSFET 结合制作在同一晶片上时,就构成了互补型金属氧化物半导体场效应晶体管(complementary metal-oxide-semiconductor,CMOS),它是各类逻辑电路的基本单元。绝缘栅型场效应晶体管可区分为耗尽型和增强型两种,耗尽型是指在零栅偏压时存在沟道、能够导电的场效应晶体管;而增强型是指在零栅偏压时不存在沟道、不能导电的场效应晶体管。绝缘型场效应晶体管的工作原理是利用栅极和源极之间正向电压来控制感应电荷的多少,达到控制漏极电流的目的。结型场效应晶体管结构如图 3.14(b)所示[16],在两个高掺杂的 p 区之间夹着一薄层低掺杂的 n 区,形成两个 pn 结,在 n 区和 p 区的两端分别各做一个欧姆接触电极,并将两个 p 区连接形成一个场效应晶体管。从 n 区引出的两个电极分别称为漏极 D 和源极 S,从 p 区引出的电极称为栅极 G,而 n 区称为导电沟道。结型场效应晶体管是利用栅极电压来控制漏极电流,具有驱动功率小、工作频率高、热稳定性好、开关速度快、噪声低等特点,但其耐压低、电流容量小,一般被称为静电感应晶体管,被用于功率不超过 10kW 的电子装置上。

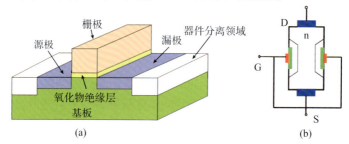

图 3.14 (a)绝缘栅型场效应晶体管结构示意图;(b)结型场效应晶体管示意图

鉴于人们对电子产品小型化、微型化持续增长的需求及微纳米加工技术的快速发展,应用型场效应晶体管的尺寸也在不断缩小。在相当长的一段时间里,制备出更小的 MOSFET 成为了电子逻辑元件制造的关键。尺寸虽然变小了,但电路的复杂性却在增加,处理性能在提高,单个晶体管的价格还要降低[17,18]。因此,其加工制造的复杂性不言而喻。例如,20 世纪 70 年代初应用于计算机微处理器中的场效应晶体管的导电沟道长度为 10μm;而目前 64 位多核计算机处理器中的场效应晶体管的导电沟道长度仅为 35nm[16]。但由于材料本身性能的限制,发展到纳米尺寸的场效应晶体管的进一步微型化已经变得非常困难且代价昂贵。现在,工业化大规模生产的处理器包含二十亿个 MOSFET,栅极长度约为 30nm[19]。由于受到硅材料加工极限的制约,寻找新型的场效应晶体管活性材料是实现场效应晶体管进一步微型化的关键。最近几年被广泛研究的石墨烯的电子迁移率高,并且当石墨烯的横向尺寸减小到纳米尺度(石墨烯纳米带)甚至单个苯环时同样可以保持很好的稳定性和电学性能,使石墨烯打破硅基半导体材料摩尔定律的限制,构建高集成石墨烯单分子器件成为可能[20]。然而石墨烯在常温下能带带隙为零的半金属特性又导致其不利于高性能电子器件的构建,因此限制了它在逻辑电路中的广泛应用。所幸,石墨烯的能带带隙可以通过一些物理或化学的方法加以调控,如制成石墨烯纳米带、纳米筛、纳米环[21,22]或者采用芳香类化合物修饰等。

基于有机半导体聚合物和小分子的有机场效应晶体管(organic field effect transistor,OFET)出现于 20 世纪 80 年代,具有制备工艺简单、材料来源广泛、性能易于调制、成本低以及与柔性衬底兼容性好等特点,深受研究者的重视,得到了快速发展[23]。目前,OFET 的工作电压已从最初的上百伏降低到了 20V 以下,有的甚至可以达到-3.0V 左右。影响 OFET 性能的主要因素包括有机半导体材料自身特性、薄膜制备工艺、器件结构等。目前,有机半导体场效应晶体管中常用的半导体材料主要包括导电高分子聚合物和有机小分子化合物。根据有机半导体场效应晶体管栅极位置的不同,其可以分为底栅式(bottom gate)和顶栅式(top gate)两种类型[16]。底栅式结构是目前广泛采用的一种有机半导体场效应晶体管结构,这种设计也可以克服材料耐高温性能较差的缺陷,扩大应用范围,延长使用寿命。按照电极、有机半导体薄膜层和介电层沉积顺序的不同,底栅结构又可分为顶接触式(top contact)和底接触式(bottom contact)两种。由于有机半导体材料可用于柔性衬底上制备具有良好柔韧性的电子元器件,从而为其在卷曲显示[24]、机械传感[25]、光电流检测[26]等领域的广泛应用奠定了基础。但是,有机场效应晶体管尚存在诸多问题,如器件寿命短、空气中器件稳定性较差、电子迁移率低等。所以,在未来的研究中,一是要着眼于新材料的开发，设计制备出更高迁移率、高薄膜稳定性的新型有机半导体材料；二是要优化器件结构，改善有机薄膜层与介电层、电极等的界面接触性能，以提高器件性能；三是要开发新的器件制备工艺，简化器件加工过程；四是要加强理论研究，深入了解有机半导体场效应晶体管的工作机制。

3.4 半导体生物传感器

3.4.1 生物传感器的发展简史

传感器是一种能够感受要求的被测元素并转换成可以输出和读取信号的电子器件，其结构主要包括敏感元件和转化元件两部分。生物传感器是传感器的一个重要分支，是一门融生物学、化学、物理学、信息科学及相关技术于一体的新兴检测技术，目前已经发展成了一个十分活跃的研究领域。最早的生物传感器是 Clark 与 Lyons 于 1962 年首次报道的酶电极；1967 年，Hicks 和 Updike 在前人研究的基础上把葡萄糖氧化酶固定到电极上，制成了世界上第一例葡萄糖电极生物传感器[27]，此后又出现了激素电极。酶电极和激素电极均在 20 世纪 70 年代进入实际应用阶段；进入 20 世纪 80 年代之后，随着离子敏感场效应晶体管的不断完善，Caras 和 Janafa 率先于 1980 年研制成功可测定青霉素的酶场效应晶体管生物传感器[28]，从而使生物传感研究领域基本形成。

由于生物传感器是在传统电极基础上发展起来的，20 世纪 60 年代初称之为酶电极；进入 20 世纪 70 年代以后，生物化学和电化学技术在生物传感领域的研究和应用日渐深入，则称之为电化学生物传感器；随着生物传感研究的不断深入，物理化学技术逐渐扩展到传感器中，使生物传感器这一名称得到了更加广泛的应用。现阶段，包括微生物、酶免疫和细胞器等在内的第二代生物传感技术已日臻成熟；而科学家们仍在夜以继日地进行更深入系统的研究，试图研制和开发出具有更高性能、更简单、更人性化的第三代生物传感器，即将系统生物技术和微电子技术结合起来的场效应生物传感器。第三代生物传感器将更便于携带，同时兼备自动化性能及实时测定功能，目前虽然应用不多，但其发展潜力巨大。另外，微流控技术的发展也使生物传感技术获利，将生物传感器与微流控技术相结合，研制出微流控生物传感芯片也引起了研究者的广泛关注。总之，在生物传感技术发展的短短几十年中，新技术的不断开发和应用是其快速发展的关键，如图 3.15 所示[29]。

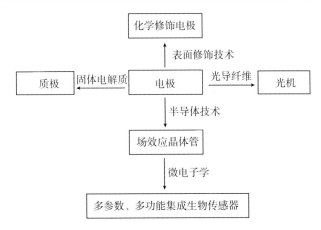

图 3.15 新技术促进生物传感器发展的历程

3.4.2 生物传感器的分类

传感器就像人体的感觉器官一样,其实就是一种可以获取并处理所获取信息的特殊装置。生物传感器是一种对生物物质敏感并能将其物理信号转化为可读取和理解的光、电、磁信号的装置[30],主要由敏感元件和生物转换器两部分所组成,是生物学、电化学、材料学、医学、光学、热学以及电子技术等多学科交叉的产物,在生物医学、工农业生产、食品工业、环境保护等领域均得到了广泛的应用。

生物传感器的种类很多,根据不同的方式主要包括如下几种分类[30]:①根据生物敏感元件的不同可以分为 DNA 传感器(DNA biosensor)、酶传感器(enzumesensor)、细胞传感器(organallsensor)、微生物传感器(crobialsensor)、免疫传感器(immunolsensor)和组织传感器(tis-suesensor);②根据信号转换装置的不同可以分为光生物传感器(optical biosensor)、生物电极传感器(bioelectrode biosensor)、半导体生物传感器(semiconductor biosensor)、压电晶体生物传感器(piezoelectric biosensor)、热敏生物传感器(calorimetric biosensor)、声波生物传感器(acoustic wave biosensor)、光纤生物传感器(fiber-optical biosensor)等;③根据被测目标分子与识别元件作用方式的不同可以分为生物亲和性生物传感器(affinity biosensor)和生物代谢性生物传感器(biological metabolism biosensor)两种类型。虽然根据不同的分类方法可以将生物传感器分为不同的类型,但在实际应用中三种分类方法之间可以互相交叉使用。

除此之外,还有许多其他习惯叫法,例如,按照制备方式可称为丝网印刷生物传感器,根据器件检测原理有表面等离子共振(suface plasma resonance, SPR)生物传感器,还有其他如分子印迹生物传感器等。

3.4.3 生物传感器的结构和原理

生物传感器由分子识别部分(生物敏感材料)和转换部分(换能器)两部分构成，检测过程具体可以分为分子识别、信号转换、信号模拟转换成可读数字信号三个过程，其基本的检测原理如下：当被检测物与传感器的识别元件相互作用后，两者之间会发生相应的生物化学反应并产生相应的信息，该信息通过信号转换装置转换为可处理的光、电、声等信号，经现代微电子和自动化仪表二次放大后输出得到可读的电、声、光等信号，达到分析检测的目的，具体过程如图 3.16 所示。

图 3.16　生物传感器结构与检测原理示意图

生物传感器中，生物敏感材料能够识别被测目标分子并与之发生相互作用释放出物理化学信号，其性能直接影响生物传感器在检测过程中的选择性、灵敏度、分析速度等。所以在设计生物传感器时，选择对被检测对象具有识别功能的物质作为生物敏感材料是极为重要的前提。目前，实际应用和研究中被广泛采用的生物敏感材料主要有酶、抗体、微生物、细胞、组织以及核酸等，而最佳的生物敏感材料则需要根据待测目标检测物的种类和性质来具体确定。例如，待测目标检测物为葡萄糖时，我们多采用葡萄糖氧化酶作为识别分子，根据葡萄糖和葡萄糖氧化酶之间的相互作用对生物传感器信号的影响实现对葡萄糖的检测；若检测 DNA 链时，多采用互补 DNA 链作为敏感元件，根据待测 DNA 与互补 DNA 发生杂化作用时对器件信号的影响来实现对目标 DNA 的检测。此外，换能器的精确选择也是制备高性能生物传感器的一个重要环节。众所周知，不同生物分子的特异性反应所产生的物理化学信号也不尽相同，如产生光、热、电子的转移，生成或消耗某种化学物质等。在生物传感器设计过程中，需要根据相应的信号变化量去选择合适的换能器。

在生物传感器中，合理选择分子识别元件是构建高检测性能器件的基础，而分子识别元件的高效固定化又是使生物传感器的检测性能进一步提高的关键。通常，敏感分子元器件在固定时需要满足以下几个条件[30]：①保持原有生物敏感元件的活性。分子固定化的最基本要求是一定要保持原有生物敏感元件的活性，如果敏感元件的活性降低甚至失去活性，那么所制备的生物传感器的检测性能必定无法达到所需要的理想检测效果。②尽量减小非特异性吸附。在分子识别元件的选择上要求尽量达到一对一的特异性结合，而在实际操作中有可能无法达到真正的理想状态，此时就需要选择合适的固定方法,尽量减少分子识别元件的非特性吸附,实现生物传感器检测的专一选择性。③固定量要大且牢固。在生物物质检测过程中,必须确保有足够量的敏感元件以供靶分子(待检测目标分子)进行相应的特异性结合,只有这样才能够避免因为敏感分子数量不足而出现检测信号弱、检测误差增加的现象。当然,在保证固定足够量的生物敏感分子的同时也要保持其牢固性,防止在器件工作过程中敏感元件材料脱落所导致的物理化学信号无法耦合到换能器上,使得生物传感器无法检测到靶分子。④敏感膜的均匀、致密分布也是提高生物传感器检测性能的一个有利条件。⑤分子敏感元件不能影响换能器的灵敏度和响应时间。目前,实际应用中采用较多的识别功能物质主要包括:具有高选择、高催化性能的酶(包括氧化还原酶(如葡萄糖氧化酶)、水解酶(尿素酶)以及部分裂解酶,其中前两者更具有使用价值);与免疫反应有关的抗体;激素受体、结合蛋白;具有特殊活性的细胞、微生物等[31]。

经过最近几年的研究,已经发展了多种生物传感器分子识别元件的固定方法,主要包括以下几种常用方法:①夹心法。即将生物敏感材料直接封闭在双层滤膜之间形成三明治结构,这种固定方法的主要优点是操作过程简单、不需要任何化学处理,比较适用于微生物和组织膜的制作。②吸附法。该方法主要是通过极性键、氢键或π电子之间的相互作用力来实现生物敏感材料的固定,也是一种较为简单的固定化技术。这种物理吸附法固定技术无需化学试剂、活化过程和清洗,操作步骤少,而且该固定方法对分子活性影响小。但受吸附过程中溶液浓度、温度或酸碱度等的影响,该方法也存在一定的弊端,主要表现在这种方法吸附的生物敏感材料的牢固度不强,极易脱落。③胶/聚合物包埋法。这种固定技术是首先将识别敏感元件包埋在高分子聚合物三维空间网状结构中,其次再将其固定在基底上的一种固定方法,该方法对酶的活性影响较小,也可以用来对高浓度的分子识别元件进行固定,是迄今为止最常用、最可靠的一种固定方法,其中最为常用的包埋聚合物是聚丙烯酰胺。但这种固定技术在某些方面也存在一定的局限,主要表现在聚合物分子量比较大、扩散时遇到的阻力会使响应时间增加等方面。④共价键合法。该方法是通过共价键将生物分子识别元件直接与基底表面结合而固定的方法。⑤交联法。即通过采用双功能团试剂,在分子识别元件与活化的基底之间作为连接分子而使分子识别元件固定化的方法,最常用的交联试剂是戊二醛。

如今生物传感器的发展如火如荼,这主要归因于生物传感器本身所具备的多种突出优点[32]:①可多次重复利用,操作简便、快速、准确、成本低;②因为待检测的靶分子只对特定的底物起反应,而且不受颜色、浊度的影响,所以生物传感器专一性强、选择性高,且一般不需要进行样品的预处理;③可以在一分钟或几分钟内得到检测结果,检测速度快,容易实现检测自动化分析;④准确度高,检测误差可以小于 1%。

生物传感器在当前的主要应用领域包括：医学领域、发酵工业、食品工业和环境监测四大类。生物传感器在医学领域发挥着重要作用，临床上用免疫传感器等生物传感器检测体液中的各种生物成分，为医生的诊断提供依据；能够消除发酵过程中干扰物质的干扰，在发酵工业应用中得到了广泛的应用；生物传感器可以用来检测食品中营养成分和有害成分的含量、农药和抗生素残留、重金属含量与毒性、食品的新鲜程度等；在环境监测领域，目前已经有越来越多的生物传感器应用于大气和水中各种污染物含量的监测中。伴随着生物科学、微电子技术、材料科学的快速发展，可以实现自动采样、进样、最终形成检测结果的自动化检测系统成为未来生物传感器的发展方向。

3.5 半导体生物传感器

目前，传感器的开发与应用已进入一个崭新的阶段，传感器的多功能化、集成化是一个非常重要的研究与发展方向。半导体传感器是利用半导体材料的各种物理、化学和生物学性质容易受外界条件影响这一特性来实现被测物的检测的传感器件，具有类似于人类感觉器官的各种感知功能，能够感知和检测某一形态的信息，并将其转换为另一形态的可读信息，所采用的半导体材料以硅、Ⅲ-Ⅴ族和Ⅱ-Ⅵ族元素化合物为主。半导体传感器的构建不仅给多功能传感器的发展提供了重要的途径，而且可以使传感器实现微型化和多功能化，在实际的应用中具有非常重要的意义。根据检测信息不同，半导体传感器主要可以分为物理敏感传感器、化学敏感传感器和生物敏感传感器三种[33]。这里，我们主要对生物敏感半导体传感器(即半导体生物传感器)的工作原理及其应用进行详实介绍。

3.5.1 半导体生物传感器工作原理

半导体生物传感器由半导体电子器件和生物分子识别元件两个部分组成。根据生物信号多种不同的转换方式来选择合适的半导体器件是构建高性能、多功能化半导体生物传感器的关键。具体的工作原理主要包括以下几种信号转变方式[33]。

(1) 化学变化转换为电信号。目前，大部分半导体生物传感器的工作原理属于此种类型。例如，酶能识别特定分子并发生特异性化学反应，从而使特定物质的量有所增减；H^+、NH_3、CO_2 等离子或分子的产生可以通过对 pH 有响应的场效应晶体管作为转换器将化学信号转换成电位或电流信号输出，达到高灵敏、高选择性检测目的。

(2) 热转换为电信号。当固定化的生物功能化膜与相应的待测物质相互作用时，常伴有热变化，即产热效应。选用半导体热敏元件，如热敏电阻，将反应热转换为可读的电阻等物理量的变化。

(3) 光效应转换为电信号。过氧化氢酶能催化过氧化氢/鲁米诺体系发光，萤火虫能发光等都是因为体内的酶催化反应所产生的化学发光。如果将生物酶薄膜附着在半导体光敏二极管等光敏元件的前端，用光电流检测装置即可实现对待测物含量的高灵敏检测。

(4) 直接诱导式电信号。以上三种信号转换方式都是识别元件与待测物质发生相应的化学反应，并通过信号转换器将相应的化学反应转换为可读电信号进行测量(间接式测量)。但是，如果分子识别得到的信号变化直接是电信号变化，如酶促反应中伴有电子的转移、微生物细胞的氧化，则只需有导出电极即可，而不需要信号转换器即可达到检测的目的；如果在半导体表面固定有抗体分子，当它和溶液中的抗原发生反应时就形成抗原抗体复合体，若用适当的参比电极测量它与半导体间的电位差，就可直接测出反应前后的电位差别，因此这种方式被称为直接测量方式。

随着材料技术、电子技术、生物技术的快速发展，新型半导体生物传感器也不断涌现，充分利用半导体材料的特殊性能将是构建微型化、多功能化、高性能半导体生物传感器的重要途径，而这一领域也极有可能成为新世纪传感器材料与技术发展的另一个重要方向。

3.5.2 场效应晶体管生物传感器

场效应晶体管(FET)是一种利用电场效应来控制输出电流大小的半导体电子器件，主要由场效应晶体管和感受器两部分组成。1930年，Lilienfeid最先提出场效应晶体管理论，20多年后Shocliey研制出首个场效应晶体管，随后Bergveld等发明了一种微电子离子选择性敏感元件——离子敏场效应晶体管[34~36]。1975年，Janata[37]提出了将场效应晶体管与酶结合的构想，并将青霉素酶固定在场效应晶体管表面，成功实现了对青霉素的检测，从而开启了人们对场效应晶体管生物传感器研究的大门，也使得场效应晶体管的研究不断向前发展。

与电化学生物传感器相比，场效应晶体管生物传感器具有如下优点[38]：

(1) 器件构造简单，便于批量制备，制作成本低；

(2) 属于固态生物传感器，机械性能好，耐震动，寿命长，在化工、食品、医药、环境监测及科学研究领域有广阔的应用前景；

(3) 输入阻抗高，输出阻抗低，兼有信号放大作用，与检测器的连接线无需屏蔽，不受外来电场和次级电路干扰，检测灵敏度高，响应速度快；

(4) 体积小，便于携带和微型化；

(5) 可在同一基板上集成多种生物传感器，并可以实现对样品中不同待测成分

同时进行测量和分析,得出综合检测信息;

(6) 可直接整合到电路中进行信号处理,使用方便,易于实现在线控制,是研制生物芯片和生物计算机的基础。

场效应晶体管的制备过程是在 p 型半导体硅片基板上采用扩散工艺形成两个高掺杂的 n 型区,分别作为源极(S)和漏极(D),再在源极和漏极之间覆盖上绝缘层,形成栅极,如图 3.17 所示。从图 3.17(a)中可以看出,当栅极不加外界电压时,pn 结合部存在势垒,就像源和漏的水池中由于有高出水面的堤坝,水不可能形成流动的道理一样,电流也不可能在 p 区和 n 区之间流动;而通过对栅极施加外来电压之后(图 3.17(b)),基板表面出现反型,同源和漏电极保持同型,就像用外力将堤坝高度压下,使得源池与漏池连通,从而有漏电流(源极和漏极之间的电流)流过。因此,场效应晶体管是通过改变栅极电压来控制器件的导电性能。场效应晶体管生物传感器主要是根据上述原理,通过利用生物反应过程来影响栅极电压,达到对器件电性能的影响,从而实现对待测目标分子的高灵敏检测。

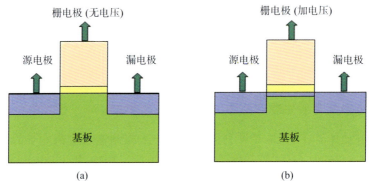

图 3.17　场效应晶体管简单的工作原理图

场效应晶体管生物传感器可以分为分离型和结合型两种结构,如图 3.18 所示。在分离型场效应管生物传感器中,生物反应系统与场效应晶体管的 MOS 器件是分开并各自独立组件,这种生物传感测定系统一般是流动注射式,主要应用于检测产气生物催化反应。以产氢酶促反应为例,氢气通过气透膜抵达场效应晶体管的表面后,如图 3.18(a)所示,氢气分子在金属表面被吸附溶解,部分氢原子进一步向金属区内部扩散,并在电极作用下极化,在金属和绝缘层界面外形成双电层,导致电场电压下降,使输出特性曲线或转移曲线发生漂移,从曲线的漂移程度可以判断器件的传感性能。另一种结合型场效应晶体管生物传感器的结构如图 3.18(b)所示,生物反应系统和传感系统结合在一起,其结构类似于 MOSFET,主要区别在于场效应晶体管生物传感器中是用生物功能膜,也就是前面所提到的分子识别元件固化而成的生物敏感膜,或离子感应膜来代替栅极的金属膜。据报道,Janata 设计的最早的场效应晶体管生物传感器即是固化酶与离子敏感场效应晶体管结合构成的酶场效应晶体管。这种结合型场效应晶体管生物传感器可以在常温下操作,并可以直接插入液体待测样品中进行直接测定,也是应用较多的一种生物传感器。

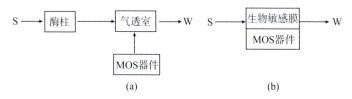

图 3.18 半导体生物传感器
(a)分离型;(b)结合型

常见的结合型场效应晶体管生物传感器主要包括酶场效应晶体管生物传感器和免疫场效应晶体管生物传感器[39]。一般来说,将由酶固化膜与离子敏感场效应晶体管(或 pH 响应的场效应晶体管)组合而成的生物传感器简单地称为酶场效应晶体管生物传感器,如图 3.19(a)所示。在检测过程中,由于酶的催化作用,待测有机分子反应生成能够使场效应晶体管产生响应的离子,当绝缘层表面的离子浓度发生改变时,表面电荷浓度将发生变化,此时场效应晶体管对表面电荷浓度变化非常敏感,由此引起栅极的电位变化,从而导致输出的漏电流发生改变。

另一种免疫场效应晶体管生物传感器是将抗体或抗原固定在有机膜(如醋酸纤维素膜)表面,形成具有识别免疫反应的分子功能膜,再将表面修饰有抗体或抗原的有机膜覆盖在场效应晶体管的栅极上构成免疫场效应晶体管生物传感器,其结构如图 3.19(b)所示。由于抗体蛋白质属于两性电解质(正负电荷随 pH 变化),所以带有抗体的固定膜同时也带有电荷,其电位会随着电荷的变化而变化,而抗原的电荷状态往往和抗体有很大的区别,在抗体和抗原结合时,抗体的电荷必定会发生改变。这样就可以根据抗体膜的电位变化测定抗原的结合量。在实际测量过程中,将基板与源极接地,漏极连接电源,将抗原放入含有待测物质的缓冲液中,参比电极的电位变化会改变漏电流的大小,达到检测目的。

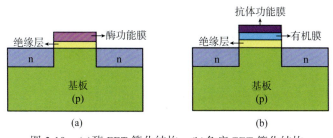

图 3.19 (a)酶 FET 简化结构;(b)免疫 FET 简化结构

同样，如果将组织、细胞、微生物等其他识别元件固定在场效应晶体管的半导体材料表面，经过信号转换达到检测的目的，这样的生物传感器也称为组织场效应晶体管、细胞场效应晶体管、微生物场效应晶体管等。

随着微电子科学和微加工技术的快速发展，场效应晶体管生物传感器的结构和性能也得到了很大的改进[40]，主要表现在以下几个方面：①外延栅极场效应晶体管生物传感器的构建[41,42]。外延栅极场效应晶体管是把栅极通道作适当的延长，甚至与主体分离，然后在延长的栅极上固定生物功能物质，达到易于封装的目的，这样在检测过程中只需将延长的栅极浸入待测液中，避免了场效应晶体管受溶液的干扰和腐蚀，提高了器件的可靠性和使用寿命。②参比电极微型化[43,44]。参比电极可以在场效应晶体管生物传感器使用过程中提供电位基准，为了达到生物传感器的微型化，许多研究者设计了多种方案来实现参比电极的微型化，包括传统参比电极的微型化，利用沉积或刻蚀技术制备金属丝或金属膜参比电极等。③开发复合多功能场效应晶体管生物传感器[45]。即在同一基底上集成多个场效应晶体管，修饰不同的敏感膜，实现对不同离子、生物分子乃至气体的检测。④场效应晶体管与流动注射系统的结合[46]。通过流动注射分析和场效应晶体管的结合使用，可以减少进样量，加快分析速度，且容易实现在线控制和自动化。

基于各种材料，科学家已经开发出很多种类的场效应晶体管，如硅纳米线场效应晶体管、碳纳米管场效应晶体管、氧化锌场效应晶体管等。由于材料的不同特点显示出的不同功能，它们被应用于各个特定的领域。如硅纳米线场效应晶体管被多次报道用于 pH 传感，检测牛血清蛋白[47]。基于碳纳米管的纳米生物电子传感用于检测各种生物分子，如 DNA、蛋白质分子、化学气体 NO_2[48~51]。

3.5.3 光电化学型半导体生物传感器

半导体生物传感器除了常用的场效应晶体管生物传感器之外，还有一种光电化学型半导体生物传感器，其基本原理是：半导体受到光激发后，吸收光能的价带电子进入导带后会在价带中留下空穴，并产生光生自由载流子对——电子空穴对。电子空穴对一经分离便可形成光电压，并在外电路形成光电流，达到光照下对被检测物检测的目的。按照光照输出电流和电压的不同，光电化学型半导体传感器可分为两类，一类是光电位型传感器，另一类是光电流型传感器。

光寻址电位传感器是一种基于传感器绝缘层与电解质溶液界面电位变化非常敏感的特性制备的光电化学型半导体生物传感器[52]，其常用光源有红外发光二极管或 He-Ne 激光器。这种光寻址电位传感器可应用于细胞、图像、金属离子以及气体传感等领域。

另一种是半导体纳米粒子光电流型生物传感器，由于纳米粒子尺寸小于载流子的自由程,光生载流子的复合减少,光能利用效率可以得到大大提高。所以,半导体纳米粒子光电流型生物传感器具有比块状半导体更为优异的光电转换效率和生物检测的灵敏度。

还有一种常见的光电半导体生物传感器是光电二极管传感器。光电二极管传感器由半导体的 pn 结构成,而二极管生物传感器是由催化发光反应的酶固化膜与光电二极管或晶体管等半导体器件组成的,其结构如图 3.20 所示。在硅光电二极管的表面透镜上涂上一层过氧化氢酶薄膜,即构成了检测过氧化氢的酶光电二极管[53]。当二极管表面遇到过氧化氢时,过氧化氢酶会迅速进行催化作用,加速发光效应,反应所产生的光子通过透镜到达光电二极管的 pn 结处,改变二极管的导通状态并引发光电流,这样就完成了光效应转换成电信号的过程,根据光电流的变化就可以检测出过氧化氢的含量。

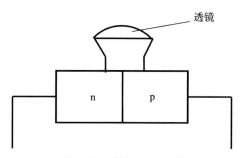

图 3.20 酶光电二极管

氧化酶反应多数伴有过氧化氢的产生。例如,葡萄糖在葡萄糖氧化酶的作用下会产生过氧化氢,倘若将葡萄糖氧化酶与过氧化氢酶共同固定在半导体光电二极管表面,发展共存式的半导体生物传感器将具有非常美好的应用前景。

3.6 半导体生物传感器的应用

生物传感技术是实现物质在分子水平准确分析的基本方法,也是生物技术快速发展所必不可少的检测手段,将生物技术和电子技术结合起来的半导体生物传感器则在未来的生物传感历史中扮演着更加重要的角色。

3.6.1 在生物分子检测领域的应用

在生物分子检测领域,酶电极传感器是最早研制成功并广泛应用于谷氨酸、血糖、尿素、蛋白质等物质快速检测的一种传感器。随着科技的进步,利用半导体电子器件的电学性能对外加电场变化非常灵敏的特性,研究人员构建了不同结构的半导体场效应晶体管，分别实现了对不同生物分子的高灵敏、高选择性和快速响应的电子识别。常见的半导体生物传感器依据构建的材料可分为硅纳米线、碳纳米管、石墨烯以及氧化锌等半导体电子器件，而无论是哪种材料的传感器均能够实现对DNA、蛋白质、葡萄糖及核酸等生物分子的高灵敏检测。根据构建场效应晶体管材料的不同，我们将分别对硅纳米线、碳纳米管、石墨烯和氧化锌纳米线场效应晶体管对生物分子的检测性能及其应用进行简单的描述。

1. 基于硅纳米线的半导体生物传感器

硅纳米线作为一类重要的一维半导体纳米材料，其自身特有的荧光、紫外等光学特性，场发射、电子输运等电学特性，热传导、高表面活性和量子限制效应等特性使其在高性能场效应晶体管、单电子探测器和场发射显示器件等纳米器件方面具有很好的应用前景。近几年，研究者以硅纳米线为主要构造单元，制备出了硅纳米线场效应晶体管，在细胞、葡萄糖、过氧化氢、牛血清蛋白和DNA等生物分子检测领域中表现出非常快的响应速度、高的检测灵敏度和很好的检测选择性，为检测高灵敏度、微型化纳米电子生物传感器的开发提供了基础。例如，Cui等利用硅纳米线制备了如图3.21所示的硅纳米线生物晶体管，并实现了对蛋白质分子的检测[54]。在器件的制备过程中，首先使用生物活性分子对硅纳米线进行功能化修饰，然后通过生物活性分子——链霉亲和素与相应配体-受体之间相互作用的特性将其连接到硅纳米线表面，通过配体和受体相互作用过程中对器件电性能的影响实现对被测分子的检测。检测结果表明：在实验pH下，随着链霉亲和素的加入，表面带有负电荷的链霉亲和素与p型掺杂的硅纳米线结合后形成静电场(electrostatic gating)效应，致使电流呈逐渐增加的趋势；而且，检测结果还表明，生物活性分子修饰的硅纳米线传感器对链霉亲和素的检测灵敏度至少可达到10pM，远超越了纳米级别的检测范围。另外，生物活性分子修饰的硅纳米线生物传感器对单克隆抗生物素的抗原——抗体也表现出非常好的检测特异性。然而，由于单克隆的生物活性分子表面带有负电荷，其电导率随着抗体的加入而呈现逐渐减小的趋势。研究人员采用未经任何修饰的硅纳米线器件对单克隆抗生物素、表面修饰的硅纳米线电子器件对免疫球蛋白G进行检测特异性分析也证明硅纳米线电子器件具有良好的检测特异性。

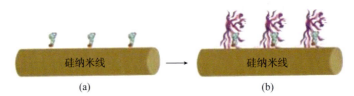

图3.21 (a)生物活性分子修饰的硅纳米线；(b)生物活性分子——链霉亲和素结合后的硅纳米线

在癌症患者的体内，必定会存在某种特殊的抗原和抗体，如果可以在早期诊断出癌变细胞的存在，那么便多一分希望来挽救生命。例如，在乳腺癌患者的体内，血管内皮生长因子的表达与 P53 蛋白的表达存在一定的关系，根据这一原理，Lee 研究组[55]以抗血管内皮生长因子作为识别敏感元件，分别将其固定在 n 型和 p 型硅纳米线场效应晶体管表面，而将血管内皮生长因子作为待检测物质，制备了具有高检测灵敏度的硅纳米线生物传感器，得到了检测灵敏度分别为 1.04 nM (图 3.22(a)) 和 104 pM(图 3.22(b))的硅纳米线实时检测生物传感器。

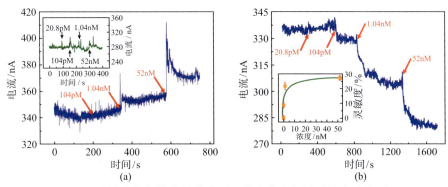

图 3.22　硅纳米线场效应晶体管对血管内皮生长因子的实时检测
(a) n 型；(b) p 型

为了实现硅纳米线场效应晶体管对多种被测物质同时检测、提高检测效率的目的，可以通过对硅纳米线电子器件多个并列排布的检测沟道进行不同的功能化修饰，制备多功能化的硅纳米线场效应晶体管生物传感器。例如，Zheng 等[56]将硅纳米线传感器用不同抗体修饰后实现对不同癌症蛋白标记物的高选择性和高灵敏度(费米浓度级别)电子检测，其器件结构如图 3.23 所示。图 3.23 下图中，黑色的横线代表硅纳米线，浅灰色部分代表金属电极。图 3.24 描述了针对前列腺异性抗原、癌胚抗原以及粘蛋白-1 的检测，分别采用相应的单克隆抗体对器件的硅纳米线进行相应的功能化修饰，从而实现对三种癌症标记蛋白同时检测目的的示意图，检测结果表明，不同的硅纳米线分别能够对相应的被测物产生相应的电导率变化，从而验证了硅纳米线生物传感器阵列能够同时实现多目标检测的优势。为了确定硅纳米线生物传感器件可以作为癌症诊断工具，研究者还成功地实现了对癌细胞中端粒酶活性的检测。

通常，为了尽可能提高生物传感器的检测性能，研究者还将多种检测技术结合起来，以期达到最佳的检测结果。而微流控技术与场效应晶体管结合是实现检测样品的预分离、减少进样量、加快分析速度、提高生物分子检测过程中的在线控制和自动化过程的一种最佳选择。例如，Wang 等[57]将半导体检测技术和微流控技术相结合并用于识别生物体内能够抑制腺苷三磷酸(ATP)与酪氨酸激酶结合的小分子抑制剂。检测过程中,采用酪氨酸激酶功能化修饰的硅纳米线作为微流控沟道,随着 ATP 浓度的升高,器件的电导值会逐渐变大;相反,没有经过功能化修饰的硅纳米线电子器件无论 ATP 的含量多高,其电导率依旧保持一致,说明 ATP 与酪氨酸激酶之间的结合能够显著增加电导。然而,当功能化电子器件中加入小分子抑制剂 Gleevec/STI-571 时,随着小分子抑制剂浓度的增加,器件的电导率降低。这一现象充分说明了抑制剂能够成功地抑制 ATP 与酪氨酸激酶之间的结合,从而达到抑制剂检测识别的目的。

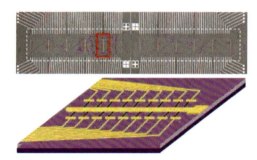

图 3.23 纳米线器件阵列光学图和示意图

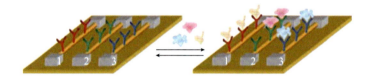

图 3.24 不同修饰物修饰的纳米线阵列的示意图

除蛋白质外,DNA 分子也是生物医学中常用的基因致病检测物质。DNA 传感器是一种能将目标 DNA 的存在转变为可检测电信号的传感装置,它由两部分组成:一部分是识别元件,即 DNA 探针或其他核酸探针;另一部分是换能器,在换能器上固定一条已知序列结构的 DNA 探针,利用 DNA 互补链能够杂化的特点,使探针 DNA 与含有互补序列的被测 DNA 分子进行杂化,杂化后通过电、光、声等的信号转换实现对目标 DNA 的灵敏检测。囊性纤维变性是欧洲地区最致命的遗传疾病之一,而这种疾病主要是由于基因中缺失了三个碱基——CTT,从而导致第 508 个密码子丢失而患病,CTT 碱基的存在或遗失是确定该疾病的一个重要依据。2004 年,Hahm 和 Lieber[58]将肽核酸功能化的 p 型硅纳米线场效应晶体管与微流控技术相结合,期望硅纳米线电子器件能够从囊性纤维跨膜蛋白基因中分辨出突变碱基。当加入 60fM 未突变 DNA 序列时,器件电导值会因 p 型硅纳米线与带有负电荷的 DNA 序列结合时产生的静电效应而迅速增加;而对于突变的 DNA 序列,电导值也表现出增大的趋势，但增加比例远滞后于未突变的 DNA 引起的电导率的变化，从而达到区分突变 DNA 分子链的目的。此外，研究者还利用不同生物分子与硅纳米线表面的基团相互作用，对硅纳米线表面进行功能化修饰后研究了其对 DNA 的电子识别性能。例如，Gao 等[59]用 n 型硅纳米线制备出非标记性的 DNA 生物传感器阵列，通过与硅纳米线表面的羰基结合功能化修饰后，根据 DNA 分子的杂交对硅纳米线表面的电荷密度变化而引起电学性质发生变化实现对 DNA 的检测，其检测极限可以达到 10fM。

硅纳米线场效应晶体管传感器在生物分子检测领域中还有许多其他的应用。例如，肌肉收缩、蛋白质分泌以及细胞生长和死亡等生命活动均与生物体内的金属离子(Ca^{2+}、Na^+等)的浓度有关。因此，以 Cui 等[54]为代表的研究者又成功地利用功能化的硅纳米线传感器实现对生物体内金属离子浓度的检测，从而实现了对细胞等生命活动过程的监测。

虽然硅纳米线场效应晶体管在生物分子检测领域有很高的检测灵敏度和响应速度，但是由于硅纳米线尺寸小、制备过程复杂、表面容易被氧化、器件加工困难且其电子迁移率低，难以实现产业化，且硅纳米线电子器件在生物分子检测过程中需要对硅表面进行功能化修饰，大大增加了检测的复杂程度。所以，开发高性能、制备过程简单的新材料场效应晶体管生物传感器一直是人们的研究目标。

2. 基于氧化锌纳米棒的半导体生物传感器

氧化锌是一种宽禁带Ⅱ-Ⅵ族半导体材料，原子间主要以极性共价键结合，其场效应晶体管的电子迁移率要比传统的硅基半导体高一个数量级，且在室温下可以通过磁控溅射大面积均匀成膜，是构建大尺寸、柔性场效应晶体管的理想材料[60]。利用氧化锌特有的电学性能和生物相容性好的特点，研究者构建了一系列不同结构的一维氧化锌纳米棒场效应晶体管，并根据生物分子对器件电性能的影响研究了其在纳米电子生物传感领域的应用性能。例如，Zhang 等[61]利用化学气相沉积(chemical vapor deposition, CVD)的方法合成的高质量一维氧化锌纳米棒构建了氧化锌场效应晶体管，表面经氨基功能化修饰后，通过尿酸与氧反应释放出的过氧化氢对晶体管电学性能的影响实现了对尿酸的高灵敏检测，其检测极限达到 1pM，检测响应时间为 14.7ns。为了提高氧化锌场效应晶体管的电子识别灵敏度，研究者进行了一系列的探索，除了对氧化锌材料本身进行掺杂改性外，对器件结构进行改进是一种可行路径。例如，Yeh 等[62]设计了一种非对称的肖特基键接(分别采用 Pt 和 Pt-Ga 作为电极)制备了氧化锌纳米棒电子器件，其对生物分子的检测灵敏度和响应速度明显增加，对带负电分子的检测极限可以达到 2fg/mL，为设计更具有实际应用价值的氧化锌生物传感器指明了研究的方向。为了解决氧化锌电子器件本身存在的漏电问题对检测灵敏度所造成的影响,在电子束光刻技术制备氧化锌纳米棒场效应晶体管的基础上,Kim 等[63]对氧化锌纳米棒场效应晶体管的结构进行了改良,将晶体管的源极和漏极包埋在 2.0μm 厚的聚甲基丙烯酸甲酯(polymethylmecrylate,PMMA)中,明显降低了器件的漏电电流,提高了器件的稳定性和检测灵敏度,实验也证明其对链霉抗生物素的检测灵敏度大大提高。

值得注意的是,氧化锌纳米棒也可以用来构建液体栅极的场效应晶体管生物传感器,达到对不同生物分子高灵敏检测的目的。例如,Hahn 等[64]以垂直定向排列的氧化锌纳米棒(图 3.25(b))为活性中间层,磷酸盐缓冲溶液为液体栅极,构建了如图 3.25(a)所示的氧化锌效应晶体管,器件表面经胆固醇氧化酶修饰后成功实现了对胆固醇的高灵敏实时检测。同样,氧化锌场效应晶体管表面经不同功能化修饰后也可以实现对抗体、血清蛋白、pH 等的选择性电子识别[65]。

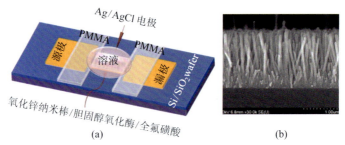

图 3.25 (a)液体栅极氧化锌场效应晶体管结构示意图;(b)垂直定向排列氧化锌纳米棒的扫描电子显微镜图

氧化锌纳米棒场效应晶体管生物传感器的研究还处于起步阶段,还有很多问题需要深入研究和探讨,在未来的发展过程中,其主要研究趋势大致可分为以下三个方面:①场效应晶体管中分子识别元件的固定;②选择合适的衬底材料;③高质量氧化锌基纳米棒的合成与高性能电子器件的制备。

3. 基于碳纳米管的半导体生物传感器

碳纳米管是一种由二维石墨烯卷曲形成的无缝一维管状结构,其管壁上的每个碳原子通过 sp^2 杂化及少量的 sp^3 杂化与周围的碳原子形成六边形同轴碳环结构。按照卷曲形成碳纳米管的石墨烯层数的不同,碳纳米管可以分为单壁碳纳米管和多壁碳纳米管两种类型,其直径一般为 0.6~20nm,构成碳纳米管的层片之间的间距约为 0.34nm。碳纳米管具有高的模量、高的强度和独特的电学性能;特别是单壁碳纳米管,是一种性能优异的半导体材料,凭借其独特的结构和性能,在纳米电子器件领域发挥着越来越重要的作用。

近几年来，科学家们利用碳纳米管生物相容性好、其电子器件的电性能对外界电场变化灵敏的特性研究了其在纳米电子生物传感领域的应用性能。例如，Besteman等[66]首先利用单壁碳纳米管场效应晶体管实现了对葡萄糖的高灵敏检测，开辟了碳纳米管电子器件进行生物分子电子检测的先河。在实验中，首先用线性分子(1-pyrenebutanoic acid succinimidyl ester)作为连接物，将葡萄糖氧化酶连接在碳纳米管表面，尽管他们没有明确解释为什么葡萄糖分子加入后会引起电子器件的电导值增加，但是实验现象和结果证明半导体碳纳米管场效应晶体管能够实现对 0.1M 的葡萄糖溶液对器件电信号变化的检测。另外，研究还发现，固定葡萄糖氧化酶的碳纳米管电子器件能够对不同 pH 溶液发生可逆响应，并认为在 pH 高的被测溶液中，葡萄糖氧化酶中带电基团会降低静电场效应，从而使碳纳米管场效应晶体管的电导率增加。

和硅纳米线场效应晶体管生物传感器相同，碳纳米管场效应晶体管也可以应用于各种生物分子(如蛋白质分子、DNA、核苷酸等)的电子识别。例如，Star 等[67]用化学气相沉积生长的单壁碳纳米管构建的场效应晶体管实现了对蛋白质的高灵敏实时检测。不同的是他们先采用聚乙烯亚胺/聚乙烯醇(PEI/PEG)对碳纳米管表面进行覆盖，然后将生物素通过氨基固定在碳纳米管的表面作为链霉亲和素的受体。实验证明，聚合物覆膜可以隔绝链霉亲和素之间的相互作用，使之仅能通过特异性反应与生物素分子相连接，从而避免了链霉亲和素分子直接与碳纳米管表面接触而改变器件的电学性质，有效地保证纳米电子识别的准确性和选择性。Kojima[68]研究小组也对碳纳米管场效应晶体管检测猪血清白蛋白的研究结果进行了有关的报道。实验中，采用物理吸附的方法直接将猪血清白蛋白抗体组装在碳纳米管的表面实现对猪血清蛋白的检测，器件的检测极限可以达到 2.06μM。

在纳米电子识别过程中，DNA 检测时常用 PNA 作为受体连接在半导体材料表面，导致检测过程复杂、灵敏度低。利用碳纳米管表面易于功能化修饰的特点，So 等[69]采用一种寡聚物替代肽核酸组装在碳纳米管表面，构建了一种用于凝血酶检测的纳米电子生物传感器。寡聚物是一种人工合成的寡核酸，能够与一些金属离子、小分子有机物、蛋白质及细胞等发生选择性结合，表现出和抗体物质相仿甚至更优越的特性。实验中选用的是凝血酶寡核酸 5'-GGTTGGTGTGGTTGG-3'，并在 3'端用—NH_2 进行功能化修饰，以方便其与连接分子 CDI-Tween(carbodiimidazole- activated Tween 20)相结合。实验证明，功能化修饰的碳纳米管场效应晶体管生物传感器对凝血酶的检测浓度最低可达 10nM，而且进一步的研究推测，如果使用更高质量的非金属性碳纳米管构建高性能的场效应晶体管电子器件，其检测极限有望达到纳米级别甚至更低。此外，Kim[70]课题组用 1-pyrenebutanoic acid succinimidyl ester 作为连接分子(linker),在固定抗体时掺入一定浓度的阻隔剂(PB: 1-pyrenbutanol)来改变固定配体之间的距离,通过优化半导体材料表面配体的密度提高碳纳米管传感器的检测灵敏度,从而实现了对 1.0ng/mL 前列腺癌抗原 PSA-ACT 的选择性检测(图 3.26)。而同样针对前列腺癌的探究,Lerner 等[71]则选取了骨桥蛋白(OPN)作为前列腺癌的标记物,通过重氮盐与碳纳米管连接,其最终的检测极限可以高达 30fM。

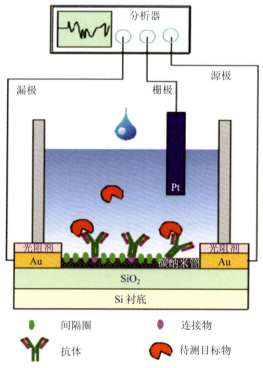

图 3.26 PSA-ACT 抗原碳纳米管生物传感器结构示意图

相对于硅纳米线场效应晶体管,碳纳米管与 DNA 分子尺寸相近且两者之间存在很强相互作用,不需要对碳纳米管表面进行功能化修饰即可实现 DNA 与碳纳米管的紧密结合,生物传感器的制备过程简单。利用该特性,美国的 Star 研究小组[72]首先将探针 DNA 链固定在碳纳米管电子器件表面,根据互补链 DNA 在杂化过程中电子掺杂对器件电性能的影响来实现对 DNA 分子的无标记电子识别,但在检测机理方面,Star 等没有充分考虑电极两侧电极和键接对器件电性能的影响。对此,Tang 等[49]认为,DNA 分子杂化之所以能够引起碳纳米管场效应晶体管电学性质的改变,其主要原因要归结于 DNA 杂交对金电极和纳米管键接之间的肖特基势垒的调制。在这个过程中,单壁碳纳米管主要扮演着相互转换器的作用,对金电极表面的 DNA 杂交进行翻译和信号放大,转换成可检测的电学信号。在此基础上,Dong 等[48]采用双壁碳纳米管构建的场效应晶体管研究了其对 DNA 的电子识别机理，结果表明：在器件的电流开关比较小时，DNA 对碳纳米管与碳纳米管键接电性能的影响是决定器件检测灵敏度的关键。为了进一步提高碳纳米管场效应晶体管对 DNA 的检测灵敏度和检测极限，Dong 等采用化学气相沉积合成的单壁碳纳米管构建了高电流开关比的场效应晶体管，将目标 DNA 通过部分碱基配对固定在连有记录 DNA 的金纳米粒子表面(图 3.27)，利用金纳米粒子的信号放大作用大大提高了碳纳米管场效应晶体管对 DNA 的电子识别灵敏度，其识别物质的量浓度极限可以达到费米级浓度(100fM)，并对其识别机理进行了相应的研究和探讨，认为 DNA 分子对碳纳米管–金属电极键接的电子掺杂效应是实现 DNA 无标记、高灵敏电子识别的关键。该研究进一步证明了碳纳米管场效应晶体管在超高灵敏纳米电子生物传感领域的应用前景。

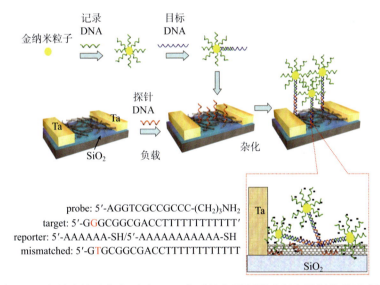

图 3.27　金纳米粒子存在下对 DNA 高灵敏电子识别过程和识别机理示意图

4. 基于石墨烯的半导体生物传感器

石墨烯，是一种由单层碳原子按照 sp^2 杂化轨道紧密堆积而成的蜂窝状二维原子晶体(大 π 共轭体系)，2004 年由英国曼彻斯特大学的 Geim 和 Novoselov 利用机械剥落的方法从天然石墨中剥离出来，证实石墨烯可以在自然环境下稳定存在，两人也因其在二维石墨烯研究领域的开创性实验共同获得了 2010 年的诺贝尔物理学奖[73]。在电子结构上，石墨烯与碳纳米管具有密切的关联——单壁碳纳米管可以看成是由石墨烯卷曲而成的一维同轴圆筒。在石墨中，面内的每个碳原子都是通过 sp^2 杂化与相邻碳原子形成稳定的共价键，而在石墨烯的面外还存在一

个由 p_z 轨道电子形成的离域 π 键，二维石墨烯晶体的原胞结构如图 3.28 所示[74]。图 3.29 为通过紧束缚模型计算得到的石墨烯能带结构，此时费米面(EO)位于布里渊区中的 K 和 K' 点上[64]。

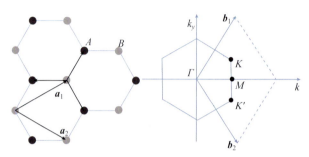

图 3.28　石墨烯的二维晶体结构及其布里渊区

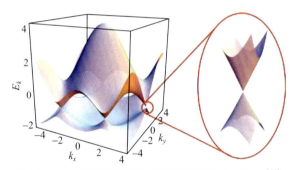

图3.29　紧束缚模型计算得到的石墨烯能带结构[64]

由于石墨烯中的碳原子均为 sp^2 杂化，而多余的一个 p 轨道电子形成一个可以自由移动的大 π 键，其中的 π 电子可以自由移动，所以石墨烯具有非常优异的导电性能，其电子迁移率在常温下可以达到~200000 $cm^2/(V·s)$，是目前商用硅片迁移率的十倍以上，且不受温度的影响，这也是石墨烯可以作为纳米电子器件半导体材料的最突出优势。石墨烯还具有优异的光学性能，其透光率能达 97.7%；同时，石墨烯的强度和硬度也是目前已知材料中最高的。此外，石墨烯是一种能带带隙可调的二维纳米材料，使得石墨烯特别适合制备高性能的纳米场效应晶体管；而石墨烯比表面积大、生物相容性好的特点决定了石墨烯基场效应晶体管在纳米电子生物传感领域的广泛应用前景。

基于石墨烯场效应晶体管的电导率对外界电场环境变化非常敏感的特性，Schedim 等[75]利用微机械剥离石墨烯构建的场效应晶体管首先实现了对单分子气体的超灵敏电子识别，从而激发了人们对石墨烯电子器件在传感领域的研究热情。在石墨烯场效应晶体管对气体分子检测研究的基础上，Mohanty 等[76]构建了第一个真正意义上的石墨烯场效应晶体管生物传感器,并将其应用于 DNA 分子和细菌的检测。他们首先采用还原的氧化石墨烯为半导体材料制备了 p 型石墨烯基场效应晶体管,然后将单链 DNA 分子组装到石墨烯表面,通过单链 DNA 与荧光分子功能化修饰的互补链 DNA 杂化,根据互补链 DNA 杂化过程中所产生的电场效应对场效应晶体管电流的变化实现对互补链 DNA 的电子识别,并用荧光检测技术进行了验证;同时,根据石墨烯电子器件表面吸附细菌后电流的变化还实现了对单个细菌的电子识别。随后,Dong 等[77]利用化学气相沉积合成的大尺寸石墨烯构建了场效应晶体管并研究了其对 DNA 的电子识别性能,根据被检测 DNA 杂化过程中的电子掺杂效应对晶体管狄拉克点位移的影响实现了其对单链互补 DNA 的高灵敏电子识别,其对单链 DNA 检测范围在 0.01~10nM;石墨烯表面经金纳米粒子的功能化修饰之后,检测上限可以达到 500nM。但在检测机理方面,Dong 等提出了一个与 Berry 等不同的机理,他们认为 DNA 电子掺杂是影响石墨烯场效应晶体管电性能的主要原因,而不是 Berry 等提出的静电场效应,并对此进行了相应的实验验证。

同样,利用抗体和抗原的特异性结合所引起的信号变化也可以实现非标记型蛋白质分子检测。例如,Ohno 等[78]采用微机械剥离石墨烯构建的场效应管构建了高灵敏的牛血清蛋白生物传感器;随后,他们又采用免疫球蛋白 E 的适配体作为识别分子,并将其固定在石墨烯表面[79],当抗原和免疫球蛋白结合时,通过器件电流的变化达到生物分子电子识别的目的,最终器件的检测极限可以达到 47nM。为了进一步提高石墨烯场效应晶体管对蛋白质分子的电子检测灵敏度,Mao 等[80]用金纳米粒子对热还原的氧化石墨烯进行功能化修饰后构建了新的石墨烯基场效应晶体管,并将免疫球蛋白的抗体组装在金纳米粒子表面作为分子识别元件,当免疫球蛋白与抗体相互作用吸附在金纳米粒子表面时,免疫球蛋白的负电荷所产生的场效应会使器件的电导率明显增加,从而达到对免疫球蛋白的选择性电子识别,检测极限可达到~13pM。

根据大多数生物分子的检测需要在溶液中进行的特点,Dong 等采用化学气相沉积合成的石墨烯构建了以磷酸盐缓冲溶液(PBS 溶液)为栅极的石墨烯场效应晶体管,利用石墨烯与芳香化合物之间存在很强的 π-π 相互作用的特点,以末端带有芳香基团的功能性化合物为连接体对石墨烯进行功能化修饰后,分别实现了对葡萄糖和谷氨酸[81]的选择性高灵敏电子识别(图 3.30(a)),为未来开发具有实际应用特性的液体栅极场效应晶体管生物传感器奠定了基础。利用柔性石墨烯可弯曲、伸缩的特性,Kwak 等[82]将石墨烯转移到柔性的聚对苯二甲酸乙二醇酯(PET)基板,构建了柔性石墨烯基半导体生物传感器(图 3.30(b)),对其表面用葡萄糖氧化酶修饰后得到检测范围 3.3~10.9mM 的葡萄糖生物传感器,该生物传感器即使在变形的情况下仍然能够给出准确的检测结果。尽管柔性石墨烯基场效应晶体管生物传感器在检测灵敏度方面没有达到高灵敏度要求,但我们相信凭借它柔性可变形、便携、耐磨、可植入的特点,在未来的生物传感器领域将具有非常广阔的应用前景。

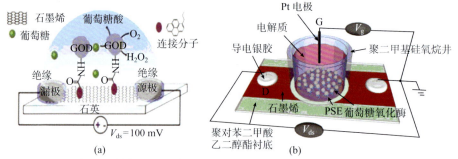

图 3.30 (a)石墨烯基液体栅极葡萄糖生物传感器;(b)柔性石墨烯基葡萄糖生物传感器

石墨烯基场效应晶体管生物传感器除了能够实现对生物分子的实时检测,利用其比表面积大、与生物分子相容性好的特点还可以实现对活性细胞电势变化及细胞分泌物的实时检测。例如,Lieber 等[83]将鸡的胚胎心肌细胞整合到石墨烯场效应晶体管表面研究了细胞的电势变化,结果发现晶体管的电导率信号可以有效地记录细胞受刺激时所产生的细胞外信号,信噪比大于 4,其检测的灵敏度远超过硅纳米线和碳纳米管电子器件(图 3.31)。He 等[84]用化学还原氧化石墨烯搭建了一个活性通道达 20.8μm × 9.8 μm 的石墨烯基场效应晶体管,并用于检测大鼠肾上腺骨髓神经内分泌细胞 P12 在高钾离子刺激下的荷尔蒙儿茶酚的分泌情况,实现了石墨烯场效应晶体管对活性细胞分泌儿茶酚的无标记电子检测。此外,石墨烯基场效应晶体管还可以用来实现对活性细胞变化过程的实时检测,达到对细胞生长过程的监控。例如,被疟原虫感染的红细胞在不同的侵染阶段其结构和生理会发生相应的改变,如滋养体时期,感染的红细胞在外观上主要表现为细胞膜出现带正电荷旋钮状突起,细胞逐渐由软变硬,相应的寄生物蛋白开始表达;到了裂殖体时期,红细胞进

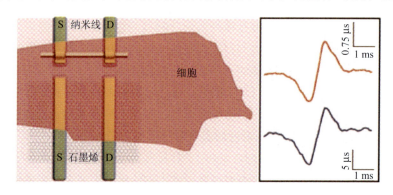

图 3.31 石墨烯场效应晶体管对活性细胞生物电的电子识别

一步变化，突起增大，正电荷增加，细胞硬度增强，寄生蛋白表达增加。根据这些变化，Ang 等[85]制备了阵列式石墨烯场效应晶体管，结合微流控技术成功构建了流式石墨烯生物传感器，将受体蛋白 CD-36 组装到石墨烯表面，用于捕获受到侵染的红细胞。根据不同感染时期的红细胞表面所带正电荷的数量的差异和细胞的软硬程度的不同导致的器件电导率和流过晶体管检测区域时间的不同识别出疟原虫感染红细胞后细胞受到侵染的程度，得到一个准确的疾病状态的微观信息。

但是，石墨烯能带带隙为零的半金属特性限制了其场效应晶体管性能的提高，通过结构改变来增加其能带带隙是一种最为有效的方法。例如，当石墨烯以纳米带结构存在时，其能带带隙可以被显著提高而呈现出半导体的特性，从而提高其场效应晶体管性能，为开发高灵敏纳米电子生物传感器提供了一种新的有效方法。研究表明，当能量不同的生物分子与石墨烯纳米带之间通过 π-π 相互作用而吸附在其表面时，石墨烯纳米带电子器件的电导率会灵敏地对其做出不同的响应。Kim 等[86]通过理论计算证明，当 DNA 序列通过石墨烯纳米带电子器件的纳米通道时，器件电性能的变化可以准确区分 DNA 中四种类型不同的核苷酸，而且这种识别性能远高于碳纳米管电子器件。在实际研究中，Dong 等[87]采用化学剪切多壁碳纳米管得到的高质量的石墨烯纳米带构建的液体栅极石墨烯纳米带网络电子器件实现了对腺苷三磷酸的高灵敏和快速响应的电子识别，其检测极限比碳纳米管电子器件检测灵敏度提高一个数量级。

凭借超高的电子迁移率、超大的比表面积和良好的生物相容性等优点，石墨烯场效应晶体管在纳米电子生物传感领域表现出众多优势，也吸引着大批研究学者加入石墨烯生物传感领域中探讨研究，而随着石墨烯研究的深入，尤其是对其能带调控的精准性越来越高，其广阔的应用前景也将不断地呈现出来。

5. 其他材料半导体生物传感器

除了上述硅纳米线、氧化锌纳米棒、碳纳米管和石墨烯等半导体生物传感器外，金刚石、导电聚合物、无机非金属氧化物、二硫化钼等半导体场效应晶体管也被广泛应用于生物分子电子识别领域。例如，Kawarada 等[88]采用金刚石构建的液体栅极场效应晶体管表面经 RNA 核酸适体功能化修饰后成功实现了对蛋白质 HIV-1 的电子检测。Nener 等[89]利用 AlGaN/GaN 的半导体特性制备了一种高活性的场效应晶体管生物传感器，将活性细胞直接整合在器件裸露的栅极表面，环境条件变化对器件电性能的影响研究表明，该电子器件对离子浓度变化有很高的响应活性。导电聚合物场效应晶体管生物传感器是最近几年发展起来的一类新的传感技术，由于导电聚合物具有结构可调、易于加工、柔性等特点，其器件在生物传感领域得到广泛的关注[90,91]。例如，Jang 等以共轭结构的羧基化聚吡咯纳米管为活性导电层，表面羟基化处理的玻璃为衬底,构建了导电聚合物场效应晶体管,与之前的场效应晶体管对生物分子的检测机理相似,该导电聚合物场效应晶体管的电性能对外界电场变化非常灵敏,可以有效实现对血管内皮细胞生长因子的高灵敏实时检测,检测极限达到400fM,而且该器件具有很好的重复利用性[92]。二硫化钼是一种厚度约为0.65nm的新型二维材料,其构建的场效应晶体管对蛋白质的检测灵敏度可以达到100fM,是未来发展高性能生物传感器的一种可能材料[93]。

综上所述,半导体生物传感器主要是根据半导体场效应晶体管的电性能对外来物种作用所产生的电导率变化来实现对不同生物分子的选择性电子识别。由于半导体场效应晶体管本身所具有的响应速度快、检测精度高、选择性好及无需荧光标记、检测成本低等特点,其在生物传感和临床检测领域得到人们的广泛关注。

3.6.2 在食品分析中的应用

食品安全是一个全球性的问题,随着人们生活质量的提高,对食品质量和安全性的要求也越来越高,长期以来广泛应用的物理、化学等分析方法已经不能满足现代食品检测的需要,特别是20世纪80年代以来,食品安全检测新方法、新技术不断涌现,对分析的灵敏度、特异性和快捷性提出了更加苛刻的要求。生物传感技术就是其中一种日渐成熟的食品安全分析技术,并广泛应用于食品工业中对食品质量的监测。

目前,我国在食品安全方面依然存在多种问题,比如农药残留、重金属超标、化学污染物、病原性微生物以及非法使用食品添加剂等,因此,加强对食品中的病原性微生物及毒素的检测至关重要,生物传感器可以实现对大多数食品基本成分的快速、准确检测。如大肠杆菌,对人和动物有病原性,尤其对婴儿和幼畜,常引起严重腹泻和败血症等,所以对食品大肠杆菌的检测对保障消费者安全显得尤为重要。常规的大肠杆菌检测方法周期长、过程繁琐,利用半导体场效应晶体管的电性能对外界电场变化非常灵敏的特性可以有效解决该问题。例如,Huang 等[94]采用化学气相沉积合成石墨烯制备场效应晶体管,场效应晶体管表面经抗体修饰后实现对大肠杆菌的选择性电子识别,检测浓度大约为10cfu/mL;当大肠杆菌与场效应晶体管有效结合后,利用活性大肠杆菌与葡萄糖接触后能够进行新陈代谢并释放有机酸的特性,石墨烯基场效应晶体管还可以即时检测活性大肠杆菌的新陈代谢活动,这对分析大肠杆菌的传播特性和开展预防措施具有重要意义。

农药残留物的检测是人们日常生活中经常面临的另一个问题,传统农药分析方法设备昂贵、操作繁琐、周期长,而且不能实现现场应用,而场效应晶体管生物传感器在这方面显示出其独特的优点。例如,Starodub 等[95]分别用丁酰胆碱酯酶和乙酰胆碱酯酶为敏感元件,制作了离子敏感型场效应晶体管生物传感器,实现了对有机磷类农药的快速测定。

在食品工业中，鱼和肉类鲜度的检测是评价食品质量的一个重要指标，通常采用的感官检测差异性大、主观性强、检测效果差。为了克服这一问题，VolPe 等[96]以黄嘌呤氧化酶为生物敏感材料，结合过氧化氢电极，通过测定鱼降解过程中产生的一磷酸肌苷(IMP)、肌苷(HXR)和次黄嘌呤(HX)的浓度实现对鱼肉新鲜程度的定量评价。尽管半导体生物传感器的发展还没有完全展开，相信凭借其多功能、高质量、微型化的优点，半导体生物传感器在食品新鲜度检测方面必将会大有作为。

此外，半导体生物传感器在发酵工业中也发挥着重要的作用，尤其是微生物传感器，它可用于测量发酵工业中的糖蜜、乙酸等原材料和头孢霉素、谷氨酸、乳酸等代谢产物，甚至可以检测发酵液中的细胞数是否达到工业生产要求。

3.6.3 在环境监测中的应用

近年来，环境污染问题日益严重，如何实现对环境污染物的实时、快速检测是人们追求的目标，而生物传感技术恰恰是实现这一目标的最理想设备。目前，有相当多类型的生物传感器已经应用在环境监测中。

在水资源环境监测中，常用的污染指标有生化需氧量(BOD)、氨氮、亚硝酸盐、重金属离子、酚类化合物等。而 BOD 是一种广泛采用的表征有机污染程度的综合性指标，常规的 BOD 测定周期长、操作繁琐、重复性差，不适合对水资源的现场实时监测，而利用酵母、假单胞菌和芽孢杆菌等制作一种微生物 BOD 传感器则可以快速稳定地达到检测目的，极大地简化检测程序。硝酸根离子也是一种主要的水源污染物，对人体健康危害极大，如何实现对硝酸根离子的快速、高灵敏检测也是监测水源污染的关键。在这一方面，Zayats 等[97]将硝酸还原酶通过戊二醛连接在联吡啶修饰过的场效应管栅极表面，提出一种利用酶功能化装置检测硝酸根离子的方法，其对硝酸根离子的检测极限可以达到 7×10^{-5}mol，响应时间低于 50s，系统操作时间约为 85s，并且可以在黑暗和光照条件下进行测量。在水溶液中重金属测量方面，Chen 等[98]利用核酶在金属离子的调节下可自催化切割，切割后导致构象变化的特性，用核酶对石墨烯场效应晶体管进行表面修饰，在铅离子存在的条件下，核酶产生活性、对自身进行切割，由双链变成单链并引起晶体管狄拉克点的位移，从而达到对铅离子的选择性电子识别，其检测极限可以达到 nM 浓度，相对于传统的铅离子光学传感器，该检测方法具有省时、省力、费用低廉、易于操作等特点。

生物传感器在大气环境监测中也扮演着非常重要的角色。以二氧化硫的检测为例，Martyr 等[99]将含亚硫酸盐氧化酶的肝微粒体固定在醋酸纤维膜上构建了一种新型生物传感器，微粒体在氧化亚硫酸盐的同时，氧电极周围的氧气也会被逐渐消耗，氧气的消耗导致溶解氧浓度降低并产生电流的变化，从而间接实现对二氧化硫浓度的准确检测。另外，在场效应晶体管栅极表面固定一定类型的微生物，根据微生物的状态变化可以实现对大气中 CO_2、NO_2、NH_3 等不同气体的实时监测。此外，如丙酮、甲醇、乙醇、二硝基苯等化学物质也可根据不同的检测机理制备相应的场效应晶体管生物传感器来进行电子识别。例如，在装修时总是会闻到一些刺鼻的味道，这种气体的主要成分就是甲醛，一种易挥发性的气体，当空气中甲醛浓度达到一定的程度时就会使人身安全受到威胁，所以需要在特殊环境中对甲醛进行监测。Korpan 等[100]采用汉森酵母的醇氧化酶为分子识别元件实现对甲醛的识别，在给定的条件下传感器达到稳定响应只需要 10~60s，对甲醛的检测浓度为 10~300mmol/L。此外，生物传感技术在土壤环境监测、农药残留监测等领域的应用也越来越引起人们的高度重视。

生物传感器具有检测灵敏度高、快速、低成本、操作简单等特点，经过几十年的研究与发展，已经将生物传感技术与多种技术相交叉结合，在环境监测领域中也越来越得到人们的重视。相信在不久的未来，生物传感技术在临床研究、食品分析、环境监测等领域的发展趋势必将由单一功能向多功能发展，加速向微型化、智能化、集成化方向发展，并在相应的研究领域发挥更大的作用。

3.7 目前研究状况及展望

虽然生物光电子学中的生物传感技术的发展迄今仅约 40 年的历史，但目前已经取得了诸多令人瞩目的成绩，特别是半导体生物传感技术在多学科交叉基础上向器件微型化、便携式、高灵敏、操作简单，甚至柔性化方向快速发展，已经出现了多种结构新颖、性能优异的生物传感器。但是，生物传感器在实际应用领域仍然面临着一系列的困难，在今后相当长的时间里，半导体生物传感器的研究将主要围绕以下几个方面开展：①开发高选择、抗干扰生物传感元件；②提高生物分子的检测稳定性；③提高信号检测器和信号转换器对信号的灵敏度；④开发新型半导体材料，提高器件本身性能；⑤将生物检测技术与材料、微电子、微加工等学科交叉，向多功能和智能化方向发展。在未来的发展过程中，除了扩大场效应晶体管生物传感器使用范围的研究外，在传感装置上仍需继续改进，设法解决目前所用大多数生物传感器只能在液相而不能在气相或固相状态下工作的局限。

参 考 文 献

[1] 谢嘉奎，宣月清，冯军. 电子线路. 北京：高等教育出版社，2008.
[2] 黄均鼐，汤庭鳌，胡光喜. 半导体器件原理. 上海：复旦大学出版社，2011.
[3] 谢有畅，邵美成. 结构化学. 北京：人民教育出版社，1983.

[4] 刘思科. 半导体物理学. 北京：电子工业出版社, 2009.
[5] 王中长, 刘天模, 李家模. 混合杂质半导体费米能级公式及数值计算. 重庆大学学报, 2003, 26: 11.
[6] Hosokawa C, Tokailin H, et al. Appl Phys Lett, 1922, 60: 1220.
[7] 黄维, 密保秀, 高志强. 有机电子学. 北京：科学出版社, 2011.
[8] Adrian K. Principles of Solar Cells, LEDs and Diodes: The Role of the PN Junction. New Jersey: Wiley, 2013.
[9] 铃木雅巨. 晶体管电路设计. 北京：科学出版社. 2010.
[10] 刘诺. 半导体物理导论. 北京：科学出版社, 2014.
[11] 二极管的作用. 电气自动化技术网，2009.
[12] 胡斌. 双色图文详解三极管及应用电路. 北京：人民邮电出版社，2009.
[13] 姜岩峰, 谢孟贤. 微纳电子器件. 北京：化工出版社, 2005.
[14] Kahng D, Atalla M M. IRE Solid-state Devices Research Conference, 1960.
[15] 童诗白, 华成英. 模拟电子技术基础. 北京：高等教育出版社，2006.
[16] Montoro C G, Schneider M C. Mosfet Modeling for Circuit Analysis and Design. London/Singapore: World Scientific, 2007: 83.
[17] Moore G E. Tech Dig ISSCC20–23, IEEE, 2003.
[18] Schwierz F, Wong H, Liou J J. Nanometer CMOS. Pan Stanford, 2010.
[19] Schwierz F. Graphene transistors. Nature Nanotech, 2010, 5: 487.
[20] 祝宁华, 何杰, 李运涛, 等. 纳米生物医学光电子学前沿. 北京：科学出版社，2013.
[21] Bai J W, Huang Y. Materials Science and Engineering R, 2010, 70：341.
[22] Bai J W, Zhong X, Jiang S, et al. Nature Nanotech, 2010, 5：190.
[23] 谢吉鹏, 马朝柱, 杨汀, 等. 器件与技术，2012，49: 291.
[24] Someya T, Sekitani T, Iba S, et al. Natl Acad Sci, 2004, 101：9966.
[25] Darlinski G, Bottger U, Waser R, et al. J Appl Phys, 2005, 98：074505.
[26] Breban M, Romero D B, Mezhenny S, et al. Appl Phys Lett, 2005, 87: 203503.
[27] Karube I, Matsunaga T, Mitsuda S, et al. Biotechnology and Bioengineering, 1977, 19: 1535.
[28] Shi G, Ohno H. Electrochemical behavior of hemin and PEO-hemin in ion-conductive polymer matrices. J. Electroanal. Chem. 1991, 314: 59-69.
[29] 任恕. 传感器技术. 1986，1：1.
[30] 司士辉. 生物传感器. 北京：化学工业出版社，2003.
[31] 王雪文, 张志勇. 传感器原理及应用. 北京：北京航空航天大学出版社，2004.
[32] 陈玲. 生物传感器的研究进展综述. 传感器与微系统, 2006, 25: 9.
[33] 李述国. 基于半导体纳米粒子的光致电化学生物传感器的研究. 青岛科技大学, 2011.
[34] Lilienfeld J E. U. S. Patent. 1926, 1745175.
[35] Shockley W. A Unipolar Field-Effect Transistor. Proc I R E, 1952, 40: 1365.
[36] Bergveld P. IEEE Trans Biomed Eng, 1970, BME-17: 70.
[37] Janata I. J Am Chem Soc, 1975, 97: 2917.
[38] 张先恩. 生物传感器. 北京：化学工业出版社，2005.
[39] Kannan B, Klaus K. Label-Free electrical biodetection using carbon nanostructures. Adv Mater 2014, 26: 1154-1175.

[40] 罗细亮，徐静娟，陈洪渊. 分析化学, 2004, 10：1395.
[41] Chi L L, Chou J C, Chung W Y, et al. Mater Chem Phys, 2000, 63: 19.
[42] Yeung C K, Ingebrandt S, Krause M, et al. J Pharmacol Toxicol Methods, 2001, 45: 207.
[43] Bergveld P. Sensors and Actuators B: Chemical, 2003, 88: 1.
[44] Poghossian A S. Sens Actuators B, 1997, 44: 361.
[45] Poghossian A, Lüth H, Schultze J W, et al. Electrochimca Acta, 2001, 47: 243.
[46] Kullick T, Bock U, Schubert J, et al. Anal Chim Acta, 1995, 300: 25.
[47] Shao M W, Yao H, Zhang M L, et al. Appl Phys Lett, 2005, 87:183106.
[48] Dong X C, Fu D L, Xu Y P, et al. J Phys Chem C, 2008, 112: 9891.
[49] Tang X W, Bansaruntip S, Nakayama N, et al. Nano Lett, 2006, 6: 1632.
[50] Allen B L, Kichambare P D, Star A. Adv Mater, 2007, 19:1439.
[51] Zhang J, Anthony B, Alexander T, et al. Appl Phys Lett, 2006, 88:123112.
[52] Jia Y F, Qin M, Zhang H K, et al. Lable-free biosensor: A novel phage-modified light addressable potentiometric sensor system for cancer cell monitory. Biosensor and Bioelectronics, 2007, 22: 3261-3266.
[53] 吕泉. 现代传感器原理及应用. 北京：清华大学出版社，2006.
[54] Cui Y, Wei Q Q, Park H K, et al. Science, 2001, 293: 1289.
[55] Lee H S, Kim K S, Kim C J, et al. Biosens Bioelectron, 2009, 24: 1801.
[56] Zheng G F, Patolsky F, Cui Y, et al. Nature Biotechnol, 2005, 23: 1294.
[57] Wang W U，Chen C，Lin K H，et al. P Natl Acad Sci USA, 2005, 102: 3208.
[58] Hahm J I, Lieber C M. Nano Lett, 2004, 4: 51.
[59] Gao Z Q, Agarwal A, Trigg A D, et al. Anal. Chem, 2007, 79: 3291.
[60] Dong J, Chai Y H, et al. The progress of flexible organic field-effect transistors. Acta Phys Sin, 2013, 62(4): 047301.
[61] Liu X, Lin P, Yan X Q, et al. Sens Actuators B, 2013, 176: 22.
[62] Yeh P H, Li Z, Wang Z L. Adv Mater，2009, 21: 4975.
[63] Kim J S, Park W, Lee C H, et al. J Korean Phys Soc, 2006, 49：1635.
[64] Ahmad R, Tripathy N, Hahn Y B. Biosens Bioelectron, 2013, 45: 281.
[65] Ra H W, Kim J T, Khan R, et al. Nano Lett, 2012, 12:1891.
[66] Besteman K, Lee J O, Wiertz F G M, et al. Nano Lett, 2003, 3:727.
[67] Star A, Gabriel J C P, Bradley K, et al. Nano Lett, 2003, 3: 459.
[68] Kojima A，Hyon C K，Kamimura T, et al. Jpn J Appl Phys, 2005, 44: 1596.
[69] So H M, Won K, Kim Y H, et al. J Am Chem Soc, 2005, 127: 11906.
[70] Kim J P, Lee B Y, Lee J, et al. Biosens Bioelectron, 2009, 24: 3372.
[71] Lerner M B, Souza J, Pazina T, et al. ASC Nano, 2012, 6: 5143.
[72] Star A, Tu E, Niemann J, et al. P Natl Acad Sci USA, 2006,103: 921.
[73] Geim A K, Novoselov K S. Nature Mater, 2007, 6: 183.
[74] 朱宏伟，徐志平，谢丹. 石墨烯：结构、制备方法与性能表征. 北京：清华大学出版社，2011.
[75] Schedim F, Geim A K, Morozov S V, et al. Nature Mater, 2007, 6: 652.
[76] Mohanty N, Berry V. Nano Lett, 2008, 8:4469.
[77] Dong X C, Shi Y M, Huang W, et al. Adv Mater, 2010, 22: 1649.

[78] Ohno Y, Maehashi K, Yamashiro Y, et al. Nano Lett, 2009, 9: 3318.
[79] Ohno Y, Maehashi K, Matsumoto K. Nano Lett, 2010, 132: 18012.
[80] Mao S, Lu G H, Yu K H, et al. Adv Mater, 2010, 22: 3521.
[81] Huang Y X, Dong X C, Shi Y M, et al. Nanoscale, 2010, 2: 1485.
[82] Kwak Y H, Choi D S, Kim Y N, et al. Biosens Bioelectron, 2012, 37: 82.
[83] Karni T C, Qing Q, Li Q, et al. Nano Lett, 2010, 10: 1098.
[84] He Q Y, Sudibya H G, Yin Z Y, et al. ACS Nano, 2010, 4: 3201.
[85] Ang P K, Li A, Jaiswal M, et al. Nano Lett, 2011, 11: 5240.
[86] Min S K, Kim W Y, Cho Y, et al. Nature Nanotechnology, 2011, 6: 162.
[87] Dong X C, Long Q, Wang J, et al. Nanoscale, 2011, 3: 5156.
[88] Ruslinda A R, Tanabe K, Ibori S, et al. Biosens Bioelectron, 2013, 40: 277.
[89] Podolska A, Hool L C, Pfleger K D G, et al. Sens Actuators B, 2013, 177: 577.
[90] Mulchandani A, Myung N V. Curr Opin Biotech, 2011, 22: 502.
[91] Bangar M A, Chen W, Myung N V, et al. Thin Solid Films, 2010, 519: 964.
[92] Kwon O S, Park S J, Jang J, et al. Biomaterials, 2010, 31: 4740.
[93] Sarkar D, Liu W, Xie X J, et al. ACS Nano, 2014, DOI: 10.1021/nn5009148.
[94] Huang Y X, Dong X C, Liu Y X, et al. J Mater Chem, 2011, 21: 12358.
[95] 乌日娜，李建科. 食品与机械，2005, 21(2): 54.
[96] 刘国艳，袁庆，柴春彦. 中国动物检疫，2006，23(1): 28.
[97] Zayats M, Kharitonov A B, Katz E, et al. Analyst, 2001, 126: 652.
[98] Wen Y Q, Li F Y, Dong X C, et al. Advanced Healthcare Materials, 2013, 2: 271.
[99] Hadji E, Picard E, Roux C, et al. 3.3-μm microcavity light emitter for gas detection. Optics Letters, 2000, 25(10): 725-727.
[100] Korpan Y I, Gonchar M V, Sibirny A A, et al. Biosens Bioelectron, 2000, 15: 77.

第4章　荧光生物传感技术

4.1　概　　述

荧光传感是一种基于各种荧光参数进行检测的技术，如荧光强度、荧光发射波长、荧光寿命、荧光偏振等。由于荧光传感具有灵敏度高、响应速度快、选择性好、空间分辨率高、操作简便、响应范围宽等诸多优点，目前已经在生物物理学、基因组学、临床诊断、药物筛选、食品安全、环境监测等领域获得广泛的应用[1]。

荧光传感技术的发展较早，近年来随着高性能光电子器件的出现，以及计算机与信息技术的巨大进步，新型荧光传感技术不断出现。另外，自20世纪末，纳米科学与技术突飞猛进，以量子点、金属纳米团簇、荧光石墨烯、稀土纳米粒子、荧光微球等为代表的新型纳米荧光材料不断涌现，为荧光生物传感注入新的活力。

根据检测的信号传导机制，荧光传感主要分为以下几类：基于荧光强度的传感、基于荧光波长的传感、基于荧光寿命的传感和基于荧光偏振的传感，如图4.1所示。

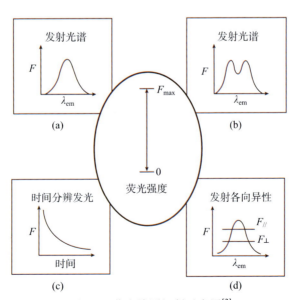

图4.1　荧光检测机制示意图[2]

(a)基于荧光强度的传感；(b)基于荧光波长的传感；(c)基于荧光寿命的传感；(d)基于荧光偏振的传感

由于近年来荧光传感技术发展迅速,新颖的技术大量涌现,因而荧光传感技术种类极多,涉及的应用领域极广,本章将简要介绍几种较为常见的荧光传感技术的原理和应用,其他荧光传感技术可以参考相关的专著[3~5]。纳米科技的迅速发展为荧光生物传感提供了良好的发展机遇,因而基于纳米材料与技术的荧光生物传感成为当前的研究热点[6~9]。由于可用于荧光传感的纳米材料种类繁多,限于篇幅,本章仅就当前具有代表性的纳米荧光材料——量子点的生物传感进行简单归纳与总结。

4.2 基于荧光共振能量转移的生物传感

荧光共振能量转移(fluorescence resonance energy transfer, FRET)是指给体(donor)和受体(acceptor)之间的非辐射共振能量转移。20 世纪 40 年代,Förster 发现了 FRET 现象并给出了理论解释,所以也称之为 Förster resonance energy transfer[10]。如图 4.2 所示,在 FRET 过程中,给体首先吸收光子的能量,受到激发的电子从低能级(基态)跃迁到高能级(激发态);如果给体发射光谱能够与受体的吸收光谱重叠,那么给体的激发态能量可以通过偶极-偶极相互作用传递给受体分子;处于激发态的受体分子,经过辐射弛豫发射出相应的荧光。FRET 过程的结果是给体原有的荧光发射强度减小,荧光寿命缩短,同时受体的荧光发射增强,所以发生 FRET 的体系中存在所谓的"给体-受体对"。尽管 FRET 过程通常被称为荧光共振能量转移,但是该过程并不是通过给体发射光子—受体吸收光子—受体发射光子的过程实现的,也不存在分子碰撞和热能的产生,而是非辐射共振能量转移过程[5,11]。FRET 是给体向受体的共振能量转移,该过程也不涉及给体向受体的电子转移过程,所以与 Dexter 能量转移不同,给体-受体发生有效能量转移的距离更大,可达 1~10 nm[12]。

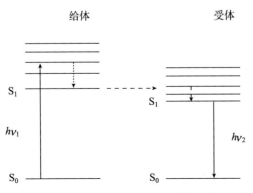

图 4.2 FRET 过程中给体与受体之间的能量转移示意图

FRET 体系中从给体到受体的能量转移速率可以表示为[5]

$$k_T(r) = \frac{Q_D \kappa^2}{\tau_D r^6} \frac{9000(\ln 10)}{128\pi^5 N n^4} J(\lambda) \tag{4.1}$$

其中，r 为给体与受体之间的距离；$k_T(r)$ 为 FRET 能量转移速率；Q_D 为给体单独存在(无受体)时的荧光量子效率；τ_D 为给体单独存在时的荧光寿命；n 为折射率，由于生物体系一般为水溶液环境，n 一般取值为 1.4；$J(\lambda)$ 为给体发射光谱与受体吸收光谱的重叠积分，可以表示为[5]

$$J(\lambda) = \int_0^\infty F_D(\lambda)\varepsilon_A(\lambda)\lambda^4 d\lambda \tag{4.2}$$

式中，$F_D(\lambda)$ 为给体在波长为 $\lambda \sim \Delta\lambda$ 范围内的校正荧光强度；$\varepsilon_A(\lambda)$ 为受体的消光系数。

$$\kappa^2 = (\cos\theta_T - 3\cos\theta_D \cos\theta_A)^2 \tag{4.3}$$

κ^2 为给体与受体跃迁偶极矩在空间中的相对取向因子，如图 4.3 所示，它与给体与受体跃迁偶极矩的夹角 θ_T 以及 θ_A、θ_D 相关，可用式(4.3)表示：当给体与受体的跃迁偶极矩呈头–尾排列时，取向因子 κ^2 最大为 4；当给体与受体偶极矩为肩并肩平行时，取向因子为 1；当给体与受体的跃迁偶极呈互相垂直的角度时，取向因子为 0，即不能发生 FRET。

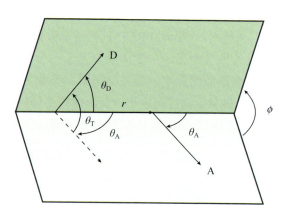

图 4.3　给体和受体的跃迁偶极矩的相对几何关系[5]

定义 R_0 为 FRET 能量转移效率为 50%时给体与受体之间的距离，即 Förster 距离，通常情况下在 2~6 nm 内。R_0 可以表示为

$$R_0^6 = \frac{9000(\ln 10)Q_D \kappa^2}{128\pi^5 N n^4} J(\lambda) \tag{4.4}$$

FRET 能量转移速率还可以表示为

$$k_{\mathrm{T}}(r) = \frac{1}{\tau_{\mathrm{D}}}\left(\frac{R_0}{r}\right)^6 \tag{4.5}$$

FRET 过程中能量转移效率 E 表示处于激发态的给体向受体发生能量转移的比例，可由式(4.6)表示：

$$E = \frac{k_{\mathrm{ET}}}{k_{\mathrm{ET}} + k_{\mathrm{D}}} \tag{4.6}$$

其中，k_{ET} 表示给体与受体之间的能量转移速率；k_{D} 为给体独立存在时的辐射衰减速率。

根据以上的两个式子，FRET 的能量转移效率可以表示为

$$E = \frac{R_0^6}{r_0^6 + R_0^6} \tag{4.7}$$

由上式可知，FRET 过程的能量转移效率受到给体-受体之间的距离影响非常大：当给体与受体之间的距离 $r=R_0$ 时，E 为 50%；当 $r=2R_0$ 时，E 约为 1.5%；当 $r=0.5R_0$ 时，E 约为 98.5%。因而充分利用生物分子内结构与构象变化、分子间相互作用时的距离变化对于 FRET 能量转移效率的影响可以构建基于 FRET 的高灵敏荧光生物传感器。在利用 FRET 效应进行生物检测时，需要注意：①给体与受体需要在较近的距离内，两者之间的距离一般在 1~10 nm，此时给体-受体间的距离与许多蛋白尺寸、生物膜的厚度等重要的生物学研究对象处于相似的几何尺度上；②给体的发射光谱与受体的吸收光谱能够匹配；③给体和受体的跃迁偶极矩取向不能互相垂直。

4.2.1 FRET 用于蛋白质结构与功能研究

作为最重要的生命物质之一，蛋白质分子是由氨基酸缩合形成的多肽链，每一种天然蛋白质都具有特定的、相对稳定的三级结构。蛋白质分子复杂的空间构象是其多样的生物活性的化学基础，所以研究蛋白质的结构与构象具有重要的意义。由于 FRET 过程中能量传递的效率与给体-受体间距离的六次方成反比，所以根据能量转移效率以及给体、受体的光物理参数可以测量蛋白分子中不同位点间的距离，因而 FRET 可以用作"光尺"对生物大分子进行结构分析[13, 14]。与常用的 X 射线衍射、核磁共振波谱、电子显微镜等技术相比，利用 FRET 技术可以在水溶液环境中实时、原位地研究生物大分子的结构与功能，无需复杂的蛋白纯化与结晶步骤，测试过程更简单，灵敏度也较高[5, 15, 16]。

如图 4.4 所示，用于蛋白构象研究的 FRET 传感器的工作机制主要分为两类：分子内 FRET 和分子间 FRET[16]。①分子内 FRET 传感器可用于研究蛋白分子的构

象转变:给体和受体均标记在同一个蛋白分子上,当分子构象改变时,给体与受体之间的距离减小到 FRET 的有效距离内且两者之间跃迁偶极矩取向不垂直时,给体激发态能量将转移到受体上,从而测得受体的荧光信号增强,根据能量转移效率与光物理参数可以计算蛋白分子不同区域之间的距离。②分子间 FRET 传感器可用于研究两种蛋白分子的相互作用:给体与受体荧光体分别标记在两种不同蛋白分子上,当两者能够结合时,由于给体-受体间距离减小,可以发生激发态能量转移,传感器的发射峰位置与强度均发生改变,从而可以根据能量转移效率以及荧光染料的光物理参数分析蛋白分子的结构。

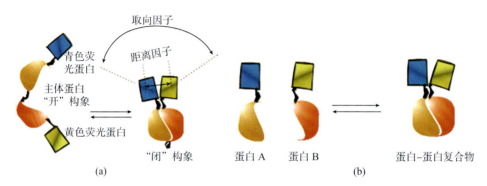

图 4.4 用于蛋白构象研究的 FRET 传感器的工作机制

(a)分子内 FRET:给体与受体分子均位于相同的蛋白分子上,当蛋白分子的结构从"开"状态转变为"关"状态时,分子内将发生 FRET;(b)分子间 FRET:给体与受体分别处于不同分子上,当两种蛋白分子相互结合时,给体-受体距离减小而发生 FRET[16]

如图 4.5 所示,Sutoh 等利用绿色荧光蛋白(GFP)和蓝色荧光蛋白(BFP)标记肌球蛋白的 N 端和 C 端,当与腺苷三磷酸(ATP)结合并水解时,肌球蛋白分子的构象发生转变,引起 GFP 和 BFP 的距离改变,从而确认了肌肉收缩时的"杠杆臂"模型[17]。由于 FRET 能量转移效率与给体-受体距离六次方成反比,所以蛋白构象的变化可以引起荧光探针信号的明显改变:当无 ATP 时,BFP 与 GFP 距离较近,使用 360 nm 光激发时,BFP 与 GFP 之间发生有效的 FRET,可以观察到 GFP 发出的绿色荧光(490~540 nm);当加入 ATP 后,肌球蛋白构象改变,BFP 与 GFP 间距离增大,两者之间 FRET 效率降低,GFP 发出的绿色荧光(490~540 nm)减弱,而 BFP 的蓝色荧光(430~470 nm)增强。利用公式可以计算出,加入 ATP 后 BFP 与 GFP 之间的距离从 3.6 nm 增加到 5.1 nm。

Sorkin 等发展了基于三色 FRET 的多种蛋白相互作用检测技术[18]。他们通过基因工程将青色荧光蛋白(CFP)、黄色荧光蛋白(YFP)、红色荧光蛋白(RFP)分别与 Grb2、Cbl、EGFR 三种不同蛋白融合,利用三者之间可能存在的 FRET 对:

Grb2-CFP/Cbl-YFP、Grb2-CFP/EGFR-RFP 和 Cbl-YFP/EGFR-RFP，通过荧光显微镜发现 EGFR/Grb2 和 Grb2/Cbl 可直接发生相互作用，而 Cbl 则是通过和 Grb2 结合后再与 EGFR 间接相互作用。三色 FRET 技术不仅有助于理解细胞信号传导机制，而且有助于开发抑制蛋白质相互作用的药物。

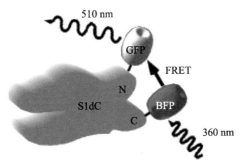

图 4.5　由绿色荧光蛋白(GFP)和蓝色荧光蛋白(BFP)标记肌球蛋白的 N 端和 C 端，用于检测 ATP 结合与水解情况下蛋白分子构象的转变[17]

4.2.2　FRET 在细胞凋亡研究中的应用

细胞凋亡(apoptosis)是一种细胞自主而有序的死亡[19]，在诸多重要的生命活动过程中都起着重要作用[20~22]。当前的研究表明细胞凋亡过程的异常与多种重大疾病，如肿瘤、艾滋病、自身免疫系统疾病以及神经系统疾病均有关系。

Herman 等使用 FRET 技术证明 Bcl-2 与 Bax 的相互作用可以调节细胞凋亡过程[23]。他们将荧光蛋白标记的 Bcl-2 与 Bax(GFP-Bax、BFP-Bcl-2)共同表达到细胞中，利用 GFP 和 BFP 分别作为给体和受体构建了 FRET 体系。当使用 389 nm 的光激发时，可观察到细胞中主要存在 511 nm 的 GFP 荧光发射，从而证明 Bcl-2 与 Bax 在细胞内的结合。

半胱天冬酶(Caspase)是一种与真核细胞凋亡密切相关的含半胱氨酸的天冬氨酸蛋白酶，它可以对靶蛋白的天冬氨酸残基部位进行特异切割，从而参与细胞的生长、分化与凋亡调节[24]。如图 4.6 所示，Uyeda 等构建了基于青色荧光蛋白-凋亡促进剂-绿色荧光蛋白(YFP-Bid-CFP)的 FRET 传感器用于研究细胞凋亡过程[25]。由于 Caspase 8 可在肿瘤坏死因子(TNF)、Fas 等分子存在时被激活，随后解离凋亡促进剂 Bid(BcL-2 家族)，该过程将 YFP-Bid-CFP 结构破坏，从而改变 YFP-CFP 之间的 FRET 过程。Luo 等利用 FRET 发展了一种无需细胞染色的细胞凋亡检测技术[26]。他们利用含有 18 个氨基酸的 Caspase 3 可识别的序列(DEVD)连接 GFP 与 BFP。BFP 的发射峰位于 440 nm，而 GFP 的吸收峰位于 488 nm，两者具有部分的光谱重叠。在细胞中单独表达 BFP-DEVD-GFP 融合蛋白时，使用 351 nm 光激发，可以观察到 GFP 的绿色荧光，表明 FRET 的有效进行；当同时表达蛋白激酶 Rip 时，由于 Rip 可以激活 Caspase 3，后者则能够水解 DEVD，从而仅能观察到 BFP 的蓝色荧光。

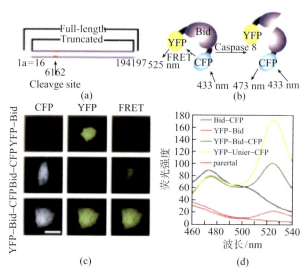

图 4.6 (a) CFP-Bid-YFP 荧光传感器的结构示意图；(b) Caspase 8 解离 Bid 前后的荧光信号的变化：Bid 未解离前，以 433 nm 的光源激发可以观察到 525 nm 的发射光(YFP)，Bid 解离后，YFP 远离 CFP，以 433 nm 的光源激发将会发射出 CFP 的光(473 nm)；(c) 表达指示融合蛋白的 COS7 细胞的荧光照片；(d) 表达过不同融合蛋白的细胞提取物的荧光光谱[25]

4.2.3 细胞内离子的 FRET 传感

Persechini 等通过钙调素(Calmodulin)结合域连接两种荧光蛋白构成 FRET 荧光探针用于细胞内的钙离子检测[27]。如图 4.7 所示，当钙离子存在时，钙调素与探针特异性结合，两种荧光蛋白之间的距离增大，FRET 效率降低，相应的 505 nm 和 440 nm 荧光强度比值明显下降；将该探针注入细胞后，通过荧光显微镜进行成像，可以从荧光蛋白发射峰强度的比例实时监测细胞内钙离子在空间与时间上的改变。该探针对钙离子浓度的监测范围可达 50 nM~1 mM，荧光信号的响应时间小于 1 s。

Tsien 等利用荧光蛋白作为荧光标记物，设计了基于 FRET 的荧光探针用于活细胞内钙离子的检测[28]。如图 4.8 所示，将 CFP 标记的钙调素(CFP-CaM)和 YFP 标记的钙调素结合肽(M13-YFP)在宫颈癌细胞(hela 细胞)中共同表达，当 Ca^{2+} 浓度较低时，CFP 与 YFP 之间不能发生有效的 FRET，细胞呈现 CFP 的蓝色荧光；当提高细胞内的 Ca^{2+} 浓度后，细胞呈现 YFP 的黄色荧光。

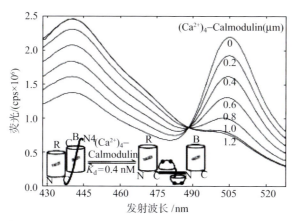

图 4.7　由含有钙调素结合域多肽连接的 RGFP(R) 与 BGFP(B)构成的 FRET 传感器。在荧光蛋白指示剂溶液中增加$(Ca^{2+})_4$-CaM 的浓度，传感器的构象发生改变，荧光发射的强度和位置发生改变[27]

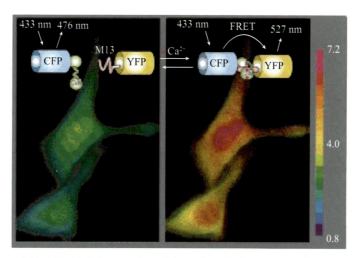

图 4.8　由 CFP 标记的钙调素和 YFP 标记的钙调素结合肽 FRET 荧光探针对 hela 细胞内钙离子的检测[28]

4.3　基于时间分辨的荧光生物传感

4.3.1　时间分辨荧光分析技术

1. 荧光寿命

荧光团在受到光激发的情况下，处于基态的电子将跃迁至更高能级的激发态。

如图 4.9 所示，荧光团从激发态向基态衰减过程中可通过辐射和非辐射等多种途径进行，荧光寿命是指荧光团在发射光子前处于激发态的平均时间。

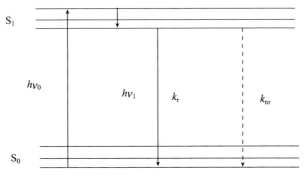

图 4.9　荧光发射过程的 Jablonski 图

荧光寿命可用以下公式表示[5]：

$$\tau = \frac{1}{k_r + k_{nr}} \tag{4.8}$$

其中，τ 为荧光寿命；k_r 为荧光团的荧光发射速率；k_{nr} 为非辐射衰减速率。所以荧光寿命是荧光发射速率和非辐射衰减速率之和的倒数。对于理想状态下的荧光分子，激发态衰减的过程是独立于浓度的，荧光强度是时间的单指数函数：

$$I(t) = I_0 e^{-t/\tau} \tag{4.9}$$

其中，$I(t)$ 是荧光强度的时间函数，t 是时间；I_0 是 $t=0$ 时的荧光强度；τ 是荧光寿命，是荧光强度衰减到初始值 1/e 所需要的时间。有机染料的荧光寿命一般处于亚纳秒至纳秒级别。

2. 时间分辨荧光的测量

时间分辨荧光的测量技术主要分为两类：时域法(time-domain)和频域法(frequence-domain)[29]。如图 4.10 所示，时域法利用脉冲极短的光源激发样品，记录荧光强度随时间的变化，计算 $\log I(t)$ 对 t 的曲线斜率，或者分析荧光强度衰减至初始荧光强度 1/e 的时间来获得样品的荧光寿命。时域法使用的激发光脉冲时间一般远小于待测样品的衰减时间。频域法使用的激发光经过正弦(0~200 MHz)调制，激发样品后产生的荧光强度也是正弦调制，两者的调制频率相同，均为 f。激发态衰减的存在使得激发光和荧光发射存在相位差，根据两者的相角 θ 以及式(4.10)可以计算样品的荧光寿命。

$$\tau = \frac{1}{2\pi f} \tan\theta \tag{4.10}$$

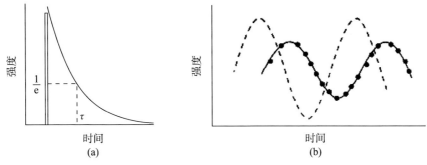

图 4.10 荧光寿命的测量方式[29]

(a) 时域法；(b) 频域法

测量荧光寿命的另一种方法是通过调制发射强度，根据相对调制系数 m 计算样品的荧光寿命。

$$\tau = \frac{1}{2\pi f}\left(\frac{1}{m^2}-1\right)^{\frac{1}{2}} \tag{4.11}$$

4.3.2 荧光寿命生物传感

基于荧光强度的生物传感存在的主要问题是强度测量的可靠性[30]。由于荧光强度的测量不仅与荧光探针分子的摩尔消光系数、发射波长、荧光量子效率、光漂白等性质有关，而且受到使用浓度、激发光强度、探测器灵敏度、光程、样品的散射与吸收等检测条件影响，不受以上情况干扰的参比荧光物质很少。

相对于荧光强度传感，基于时间分辨的荧光检测不受激发光的强度、发射光波长、荧光团浓度、散射光、背景荧光等因素的影响，荧光寿命仅与荧光团本身光物理性质和周围环境有关，所以对于测量条件并不敏感[30]。时间分辨荧光能够比稳态荧光提供更多的分子生物学信息，而且可以在微小尺度，如单个细胞的层次上，对影响细胞信号传导与基因表达的离子、小分子等活性物质进行成像分析，从而大大扩展了荧光分析的应用范围[31~33]。所以，时间分辨荧光传感技术不仅可以获得分子所处微环境中的许多生物物理、生物化学参数，而且具有更高的灵敏度和抗干扰性能。

1. 离子检测

Lakowicz 等以 He-Ne 激光器为光源，使用时间分辨荧光技术测定了细胞内的多种离子的浓度[34]。他们以钙绿素作为指示剂，通过相调制方法获得了相角与 Ca^{2+} 浓度的变化关系，实现了 Ca^{2+} 浓度的检测；以 PBFI 为指示剂，测定了相角与 K^+

浓度的关系，实现了 K⁺ 浓度的测定；而以 SNAFL-2 为指示剂则能够测定溶液的 H⁺ 浓度(pH)。Quin-2 探针的荧光寿命从钙离子存在时的 1 ns 增加到 10 ns，根据这一特性，Lakowicz 等利用时间分辨荧光对细胞内钙离子浓度进行了成像分析[35]。作为一种对 Cl⁻ 敏感的荧光染料，SPQ (6-methoxy-N-(3-sulfopropyl)quinolinium)被用于细胞内的 Cl⁻ 浓度的检测[36]。由于细胞内存在多种干扰离子与分子，通常基于 SPQ 荧光强度的 Cl⁻ 检测灵敏度会较低，而使用荧光寿命作为检测参数可明显提高检测的抗干扰能力。

2. 气体分子检测

体液和组织中的氧气含量是一项重要的生理指标，对于生物化学以及临床分析具有重要意义。三线态氧气分子对荧光的淬灭能力常被用于氧气传感，但是这种基于荧光强度的分析容易受到荧光指示剂以及检测条件的影响，抗干扰能力较差。Lippitsch 等设计了以荧光寿命作为检测参数的氧气传感器，使得传感器的稳定性明显提高，对氧气的检测限可达 2 torr (1 torr=133.322 Pa)[37]。Berndt 等利用固态电致发光灯作为光源，大大提高了激发光的输出能量，同时将调制频率提高到 1 MHz，使得时间分辨荧光技术对氧气的检测具有更好的稳定性[38]。

3. 生物分子相互作用分析

Szmacinski 等利用荧光寿命成像技术成功地区分了游离状态和结合蛋白的 NADH 的荧光寿命[39]。Bastiaens 等将荧光寿命成像(FLIM)与荧光共振能量转移(FRET)结合，发展了具有较高时间-空间分辨率的 FLIM-FRET 技术，研究了活细胞中蛋白激酶 C(PKC)的激活[40]。如图 4.11 所示，他们在 Cos7 细胞表达 GFP 标记的 PKC(GFP-PKC)，加入肿瘤生长促进物质佛波酯(PMA)，发现注入 Cy3.5 标记的 PKC 磷酸抗原决定簇特异抗体(Cy3.5-IgG)的细胞荧光寿命减小，表明 PMA 与 PKC 结合后，PKC 的酪氨酸残基发生磷酸化，使得 Cy3.5-IgG 结合到 PKC 上，引起 GFP 与 Cy3.5 的距离减小并发生 FRET，导致 GFP 的荧光寿命减小。

4. 细胞生理活动研究

Oida 等发展了基于荧光寿命的成像分析技术，在单细胞层面研究了内体的融合[32]。他们以钙黄绿素为荧光给体，以 SRh 为荧光受体，利用包含以上物质的内体融合时的染料荧光寿命改变，实现短时间(小于 30 s)、高分辨(衍射极限分辨率)的荧光寿命成像分析。通过计算单个像素的荧光寿命可以得出空间上整个细胞的荧光寿命分布图像。由于荧光寿命对于分子动力学非常敏感，所以荧光寿命成像技术是一种可将单细胞分子信息可视化的有效手段。

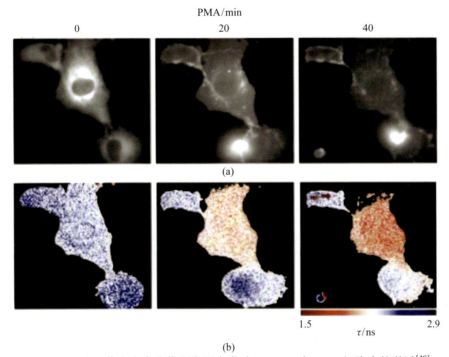

图 4.11 基于荧光寿命成像研究蛋白激酶 C (PKC)在 Cos7 细胞中的激活[40]

(a)荧光强度照片；(b)荧光寿命照片。中间的 Cos7 细胞中注入了 Cy3.5 标记的 PKC 磷酸抗原决定簇抗体

4.3.3 时间分辨荧光传感

1. 时间分辨荧光分析

如图 4.12 所示，时间分辨荧光分析(time-resolved fluorescent assay, TR-FA)的原理是利用短脉冲光源作为激发光，激发长寿命的荧光分子标记的样品。由于散射光和背景荧光的激发态寿命均较短，经过一定的时间延迟后，干扰光基本完全衰减，检测器仅记录标记物的长寿命荧光，因而可以消除干扰，大幅提高荧光分析的灵敏度[41, 42]。

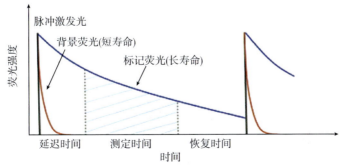

图 4.12 时间分辨荧光测量的原理示意图

普通有机荧光染料的荧光寿命一般较短(ns 级)，与生物样品的自发荧光的荧光寿命相近，在时间分辨测量中不易区分，因而不适宜作为时间分辨荧光传感的荧光标记物。稀土(Eu、Tb、Sm、Dy 等)配合物是一类具有很长荧光寿命的荧光物质，一般在微秒甚至毫秒级别，比普通荧光标记物大 3 个数量级以上，很容易与背景干扰荧光区分。同时，稀土配合物的激发波长范围宽，发射峰非常窄，斯托克斯位移(Stokes shift)较大(可达 200 nm)，可以减少激发光对分析的干扰。由于具有以上独特的光物理性质，稀土配合物可作为良好的 TR-FA 标记物，能够最大程度上减小背景光与杂散光的干扰，明显提高检测的灵敏度[43~45]。TR-FA 的分析速度很快，对多次测试取平均值可进一步降低随机误差，提高分析的准确性。

2. 时间分辨荧光免疫分析

荧光免疫分析(fluoroimmunoassay, FIA)是一种结合免疫学的荧光分析技术，它不仅利用了抗体与抗原之间的高特异性和高稳定性结合能力，而且可以发挥荧光分析简便而灵敏的优点，因而 FIA 兼具高灵敏度和高特异性的特点，解决了放射免疫分析(RIA)的污染以及稳定性问题。从 20 世纪 40 年代以来，荧光免疫分析在临床检验、药物筛选、食品安全、环境监测等领域得到广泛应用[46~48]。

尽管荧光免疫分析的灵敏度较高，测定方法较简单，但常用的有机荧光标记物的斯托克斯位移较小，存在激发光的干扰问题，同时生物样品的自发荧光也影响分析灵敏度的进一步提高。为解决以上问题，Soini 等发展了基于镧系配合物长寿命荧光标记物的时间分辨荧光免疫分析技术(time-resolved fluoro-immunoassay，TR-FIA)[49, 50]。将免疫荧光与时间分辨技术相结合，不仅具有免疫荧光的高特异性和高稳定性，而且利用延迟时间测量有效降低干扰荧光信号，从而获得超高的检测灵敏度，无放射性污染，因而成为最有效的免疫分析方法之一。在此基础上经过多年发展，目前时间分辨荧光免疫分析衍生出多种检测技术。

1) 解离增强镧系化合物荧光免疫分析

解离增强镧系化合物荧光免疫分析(dissociation-enhanced lanthanide fluoroimmunoassay，DELFIA)是一种利用非荧光或者弱荧光的镧系配合物作为标记，通过解离原配合物的镧系离子并与新配体结合，形成新的强荧光配合物的荧光增强检测技术[51]。DELFIA 是 Perkin-Elmer 公司的一种商业化的检测技术，最早由芬兰的 Wallac 发展[49, 50, 52, 53]。

如图 4.13 所示，DELFIA 的工作原理如下：首先在固相衬底表面固定待测物的抗体，加入样品，待测生物分子通过免疫反应被固定；随后加入镧系配合物标记的二抗，洗涤除去未反应的标记物；加入酸性增强液可将衬底表面的镧系配合物解离，游离的镧系金属离子与增强液中的强配体结合形成强荧光的配合物，随后被溶液表面活性剂胶束捕获并进入胶束疏水区，可避免水分子淬灭稀土配合物的荧光，通过时间分辨荧光光谱仪可以获得待测物浓度与荧光信号的关系[41,45]。

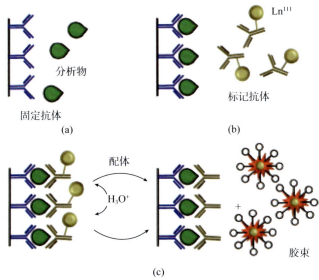

图 4.13　DELFIA 的工作原理示意图[44]

(a)固相表面固定抗体后加入分析物；(b)分析物与抗体结合后加入镧系配合物标记的二抗；(c)去除游离标记物后加入酸性的增强液，标记物上的镧系离子解离并与增强液中的配体络合，进入疏水的胶束后荧光性能增强

DELFIA 具有非常高的检测灵敏度，在优化条件下可以检测到低至 10^{-14} mol/L 的铕离子，而对待测物的检测限可以低至飞克级别，检测的动态范围可达 4~5 个数量级，是传统的 ELISA 的 2 倍以上。由于 DELFIA 使用稀土配合物作为标记物，因而比使用酶的 ELISA 具有更好的稳定性[44]。

2) 直接标记时间分辨荧光分析

DELFIA 检测的灵敏度虽然较高，但是采用的异相检测体系不仅需要多次洗涤，而且需要加入增强液处理，操作不当容易导致新的误差。相对于 DELFIA，镧系荧光配合物直接标记可简化操作过程，提高检测效率。但是一般的镧系配合物要么稳定性较好，而荧光性能不足；要么荧光性能较好，但稳定性不足[41]。Frank 等使用聚合物乳胶粒子稳定镧系配合物作为荧光标记物，减少了水分子对配合物荧光的淬灭，从而提高了检测的灵敏度[54]。Diamandis 等使用邻菲罗啉配体(BCPDA)提高 Eu 配合物的稳定性，同时该配合物也具有良好的荧光性能，但是检测限仍然较低[55]。为进一步提高检测的灵敏度，他们借助 Biotin-Avidin 体系的放大能力[56]，实现了血清中甲胎蛋白(AFP)的高灵敏检测，检测限可达 0.1 μg/L。

3) 均相时间分辨荧光免疫分析

由于均相检测无需分离，相对于异相检测的过程更为简单，所以发展均相时间分辨荧光分析具有重要的应用价值。均相分析需要将生物特异性的相互作用通过不同的形式转化为可检测的光物理信号,如荧光发射波长、荧光强度、荧光寿命等。

Mathis 发展了基于荧光共振能量转移(FRET)的均相时间分辨荧光免疫分析技术(homogeneous time-resolved fluorescence immunoassay, HTR-FIA)[57]。如图 4.14 所示,该方法以镧系配合物为给体,以别藻蓝蛋白为受体,构建了 FRET 体系;在光激发作用下可产生两类发射:一类是短寿命荧光,包括样品的自发荧光、未与镧系配合物结合的别藻蓝蛋白荧光;另一类是长寿命荧光,包括未发生 FRET 的游离镧系配合物荧光和发生 FRET 的别藻蓝蛋白的荧光。在光谱上,别藻蓝蛋白的荧光发射峰可与配合物荧光峰区分;在时间上,即荧光寿命上,可与游离的别藻蓝蛋白以及背景荧光区分,所以 HTR-FIA 可以有效排除干扰信号,同时无需分离样品,不仅具有较高的检测灵敏度,而且操作过程也更为简便。利用 HTR-FIA 技术,Mathis 等研究了生物分子的相互作用,如表皮生长因子 EGF 及其受体 EGFR 之间动态的结合/解离过程、蛋白激酶的活性等。Lakowicz 等利用长荧光寿命的钌配合物 $[Ru(bpy)_2(phen-ITC)]^{2+}$ 作为给体,用于标记人血清蛋白 (human serum albumin, HSA),以有机染料活性蓝为受体,标记到抗人血清蛋白 IgG 上,利用 FRET 和时间分辨技术,发展了 HSA 的均相 TR-FIA 检测技术[58]。Li 等以 Ru 配合物标记的磷脂作为给体,以 Texas-Red 标记的磷脂作为受体,通过时间分辨技术研究了细胞磷脂膜的横向扩散系数[59]。

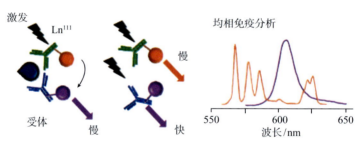

图 4.14 HTR-FIA 的检测机制示意图[44]

Karvinen 等使用淬灭剂作为荧光受体,发展了基于荧光淬灭机制的均相时间分辨技术(TR-FQA)[60]。他们在多肽两端分别标记 Eu 配合物和淬灭剂分子,当不存在 Caspase 3 时,多肽不能被水解,Eu 配合物的荧光被淬灭;当 Caspase 3 存在时,多肽被选择性水解,Eu 配合物的荧光将被检测到。该分析技术可以检测 1 pg/μL 的 Caspase 3 和 200 pM 的底物。Ylikoski 等还利用时间分辨淬灭荧光进行了核酸杂交检测[61]。

Christopoulos 等发展了基于酶放大的时间分辨荧光分析(EATR-FA),该方法借鉴了酶联免疫吸附测定法(ELISA)中的酶标记信号放大策略,将碱性磷酸酶(ALP)作为标记,利用 ALP 催化水杨酸磷酸酯脱磷酸,产生的水杨酸可以与 Tb^{3+} 形成具有荧光性能的配合物,结合时间分辨技术可进一步消除背景干扰。他们以 5-fluorosalicylic acid (FSA)作为 ALP 底物,以 ALP 水解 FSA 形成具有荧光性能的 FSA-Tb^{3+}-EDTA 配合物,通过时间分辨荧光分析实现了 AFP 的高灵敏检测[62]。Papanastasiou-Diamandi 等利用类似方法实现了促甲状腺素(thyrotropin)的高灵敏检测[63]。除 ALP 外,Meyer 等还利用过氧化酶作为标记,通过催化对羟基苯丙酸(pHPPA)二聚化,与铽离子和 EDTA 形荧光配合物,对 IgG 的检测限可达 3 μg/L[64]。

目前许多均相时间分辨荧光传感技术已经商业化,如 HTRF (homogeneous time-resolved fluorescence,CisBio)、LANCE (lanthanide chelate energy transfer, PerkinElmer)、Lanthascreen(Invitrogen)、TruPoint (PerkinElmer)等。

3. 时间分辨荧光传感的应用

由于时间分辨荧光传感技术具有很高的灵敏度、特异性以及较大的动态范围,所以它在免疫分析、核酸杂交、药物开发、临床诊断、生物芯片等领域获得了广泛的应用,并发展出了相应的时间分辨荧光免疫测定法、时间分辨荧光 DNA 杂交测定法、时间分辨荧光成像测定法等检测技术。

1) 免疫分析

Christopoulos 等通过 TR-FIA 系统对甲胎蛋白(AFP)进行了高灵敏检测,在血清中的检测限可达 4.6 ng/L[65]。Pettersson 等基于 DELIFA 增强原理,利用 Eu 和 Sm 配合物作为荧光标记,同时检测了甲胎蛋白与人体绒毛膜促性腺激素(HCG)两种分析物,检测限可达 0.02 kIU/L 和 0.2 IU/L[66]。

检测血清中的促甲状腺激素(TSH)的含量对于甲状腺功能疾病的诊断具有重要意义,Kaihoda 等使用时间分辨荧光技术实现了血清中 TSH 的高灵敏度检测,检测限可达 25 μIU/mL,检测的线性范围可达 4 个数量级[67]。Torresani 等评估了 DELIFIA 在新生儿甲状腺功能低下筛查中的应用潜力[68]。通过与放射免疫分析(RIA)结果对比表明,DELIFA 与 RIA 结果的相关性在 0.96 左右,表明 DELIFA 具有良好的准确度和灵敏度。Papanastasiou-Diamandi 等使用了基于 Tb 配合物的酶放大时间分辨荧光 (EA-TR-FA)将 TSH 的检测限降低到 13 μIU/mL,并将检测时间减小到 30 min 以内[63]。Yuan 等以强荧光的新型 Eu 配合物为标记物,将 TSH 的检测限进一步降低到 nIU/mL 的数量级[69]。

2) 酶活性分析与药物筛选

蛋白激酶(protein kinase)是一类可将磷酸基团引入蛋白质的酶。蛋白质的磷酸化能够改变蛋白质活性,影响细胞内信号转导,调控多种细胞过程,对于疾病诊断具有重要意义[70]。Park 等发展了一种酪氨酸激酶底物的时间分辨荧光分析方法:以生物素化的多肽作为酪氨酸激酶底物,以 Eu 配合物标记的抗磷酸络氨酸抗体作为给体,以链霉亲和素修饰的别藻蓝蛋白为受体,构建了 FRET 体系。当存在酪氨酸激酶时,底物多肽被修饰上磷酸,别藻蓝蛋白生物素-亲和素相互作用与底物结合,而 Eu 配合物通过抗原-抗体免疫反应与磷酸化底物结合，使得 Eu 配合物(给体)与别藻蓝蛋白(受体)相互接近并发生 FRET，从而可以检测到别藻蓝蛋白的荧光信号；当不存在激酶时，底物不能被修饰磷酸基团，Eu 配合物不能与多肽底物结合，因而不能检测到别藻蓝蛋白的 FRET 信号，基于以上原理可以对络氨酸激酶的活性进行定性和定量分析[71]。Qureshi 等利用生物素化的多肽作为底物，以 Eu 配合物标记的抗磷酸酪氨酸抗体作为给体，以 XL665 标记的链霉亲和素作为受体，利用均相时间分辨荧光分析对胰岛素激酶受体的活性实现了检测[72]。

周期蛋白依赖性激酶(CDK)是一类调控细胞周期的蛋白激酶，CDK 和周期蛋白(cyclin)协同作用，是细胞周期调控中的重要因子，CDK 的调节异常与肿瘤、高血压、中枢神经系统疾病等多种重大疾病有关[73, 74]。Lo 等利用 TR-FIA 技术发展了细胞周期依赖激酶(CDK4)的分析，筛选了 ATP 的非竞争性抑制剂[75]。

端粒酶(telomerase)是一种核蛋白逆转录酶，在保持端粒稳定、基因组完整、细胞长期的活性等方面有重要作用[76]。Alpha-Bazin 等发展了端粒酶活性的时间分辨荧光分析方法：以生物素标记的寡核苷酸为底物，通过端粒酶的重复扩增，将 Eu 配合物标记的脱氧尿苷三磷酸引入核苷酸链，利用链霉亲和素标记的别藻蓝蛋白与 Eu 配合物构成 FRET 体系，实现了端粒酶活性的检测[77]。

3) 核酸杂交

Syvänen 等利用 TR-FIA 检测了腺病毒 DNA[78]。他们设计了斑点杂交体系，以铕离子配合物标记抗体，以半抗原标记 DNA 探针，经过杂交以及抗体孵育后，滤膜被转移至增强液中，Eu 配合物被解离并产生可检测的强荧光，该方法对 DNA 的检测限为 20 pg。

为了增强 DNA 杂交检测的信号强度，提高检测的灵敏度，Templeton 等使用了酶放大镧系配合物荧光(EALL)的技术用于核酸杂交检测[79]。他们利用碱性磷酸酶作为标记物，催化磷酸化水杨酸衍生物的水解，进而形成高荧光性能的 Tb 配合物。该方法对 DNA 目标序列的检测限可达 4 pg。

4.4 基于荧光偏振的生物传感

4.4.1 概述

荧光偏振分析(FPA)是一种应用广泛的荧光传感技术，它基于偏振激发光对于荧光染料(荧光团)的选择性光激发。当受到偏振光激发时，吸收跃迁偶极矩沿着激发光电场矢量取向的荧光染料分子受到激发，在激发态寿命内如果分子通过辐射弛豫返回基态，那么发出的荧光将是偏振光。由于分子的转动扩散可以改变分子跃迁偶极矩的取向，发射荧光产生荧光各向异性，所以通过测量荧光各向异性可以分析影响分子转动扩散速率的因素，如分子大小与形状、体系的黏度等。由于生物大分子通常具有较大尺寸，而且其转动相关时间也与通常的荧光染料可比，所以荧光偏振或各向异性适宜生物传感应用，如研究蛋白质的动力学、生物膜流动性、临床免疫检测等[5]。

荧光偏振传感不通过荧光强度测量进行，而是将特异的生物相互作用转化为荧光各向异性的检测，从而具有良好的特异性和较高的灵敏度。通过与免疫反应结合发展的荧光偏振免疫分析(FPIA)适宜均相溶液检测，操作过程简单，目前已在诸多领域获得应用[80]。

1. 荧光偏振与荧光各向异性

作为一种横波，光的振动方向相对于光传播方向的不对称现象称为光的偏振。如图4.15所示，在三维坐标系中，样品处于原点位置，当光源发出的光经过激发偏振器后成为垂直偏振光(与z轴平行)，随后激发光被样品吸收并产生偏振荧光，经检偏器可测出水平或垂直方向的偏振光强度。当激发偏振器与发射偏振器平行时，测得的偏振荧光表示为$I_{//}$；当激发偏振器与发射偏振器垂直时，测得的偏振荧光表示为$I_\perp$，那么荧光偏振度(P)可以表示为

$$P = \frac{I_{//} - I_\perp}{I_{//} + I_\perp} \tag{4.12}$$

其中，当发射光全部为平行偏振光或者垂直偏振光时，P分别为1和–1，此时称为完全偏振。分子在激发态寿命期间因布朗运动而发生转动，使得分子取向改变，导致发射偏振光与激发偏振光方向不一致，这一现象即消偏振。如果发射光的平行偏振光与垂直偏振光强度相同，即P为0，此时称为完全消偏振。

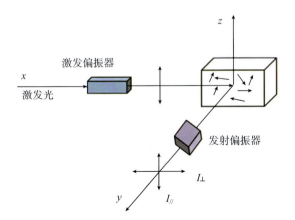

图4.15 激发光与发射光的电场矢量与激发偏振器、发射偏振器的相对取向[80]

荧光各向异性(r)定义为

$$r = \frac{I_{\parallel} - I_{\perp}}{I_{\parallel} + 2I_{\perp}} \tag{4.13}$$

荧光偏振与荧光各向异性含义相近，只是形式略有不同，在本节中将两者通用。荧光偏振与荧光各向异性可以通过以下关系进行转换：

$$P = \frac{3r}{2+r} \tag{4.14}$$

2. 荧光偏振传感原理与技术

荧光偏振的相关理论是 Perrin 在 20 世纪 20 年代提出的，他根据溶液中受偏振光激发的荧光分子运动状态与发射光偏振性质的关系，总结出荧光偏振与荧光分子转动和荧光寿命的关系[81~83]。

1) 内在各向异性

由于荧光分子的激发跃迁偶极矩和发射跃迁偶极矩的方向在实际中往往并不完全重合，在各向同性、均匀的玻璃化稀溶液中，荧光分子的荧光各向异性可表示为[3]

$$r_0 = \frac{2}{5}\left(\frac{3\cos^2\alpha - 1}{2}\right) \tag{4.15}$$

其中，r_0 为内在各向异性，表示理想状态下荧光分子的荧光各向异性，即不存在旋转扩散、能量转移等消偏振过程时荧光各向异性的大小；α 为激发偶极矩与发射偶极矩的夹角。

根据荧光偏振与荧光各向异性的关系，可得内在偏振 P_0 的表达式[80]

$$\frac{1}{P_0} - \frac{1}{3} = \frac{5}{3}\left(\frac{2}{3\cos^2\alpha - 1}\right) \tag{4.16}$$

2) 荧光偏振与分子尺寸

荧光分子处于溶液状态时布朗运动使分子取向不断变化。当分子吸收光子处于激发态时，分子发射偶极矩将随着分子的转动而改变，从而导致荧光各向异性降低。如图 4.16 所示，溶液中分子量和尺寸较小的荧光分子具有较快的转动速度，在相同时间内发射偶极矩与激发偶极矩之间角位移较大，荧光偏振较小；反之，如果荧光分子的分子量和尺寸较大，在相同的条件下其转动的速度较慢，经过相同时间后，其转动的角度更小，因而荧光偏振较大。

Soleillet 指出实际测得的荧光偏振(P)、内在荧光偏振(P_0)、发射偶极矩-激发偶极矩夹角(α)之间存在如下关系[84]：

$$\frac{1}{P} - \frac{1}{3} = \left(\frac{1}{P_0} - \frac{1}{3}\right)\left(\frac{2}{3\cos^2\alpha - 1}\right) \tag{4.17}$$

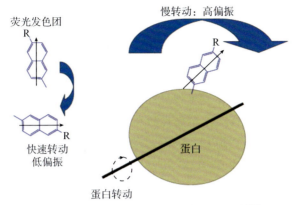

图 4.16 分子大小对于荧光偏振的影响[80]

Perrin 认为荧光偏振与分子的荧光寿命和转动速度相关,关系如下[81~83]:

$$\frac{1}{P}-\frac{1}{3}=\left(\frac{1}{P_0}-\frac{1}{3}\right)\left(\frac{RT}{1+\eta V}\tau\right) \tag{4.18}$$

其中,P 为实际检测的荧光偏振;P_0 为内在荧光偏振;R 为普适气体常量;T 为热力学温度;η 为溶液黏度;V 为转动部分的有效摩尔体积;τ 为分子的荧光寿命。

如式(4.19)所示,ρ 为德拜转动弛豫时间,溶液中分子的荧光偏振可用式(4.20)表示。

$$\rho=\frac{3\eta V}{RT} \tag{4.19}$$

$$\frac{1}{P}-\frac{1}{3}=\left(\frac{1}{P_0}-\frac{1}{3}\right)\left(1+\frac{3\tau}{\rho}\right) \tag{4.20}$$

根据荧光各向异性与荧光偏振的关系,可得

$$r=\frac{r_0}{1+\tau/\rho} \tag{4.21}$$

从上式可知,分子的荧光偏振受到多个内在因素与外在因素的影响,尤其是与分子的体积和荧光寿命紧密相关。由于生物分子的特异性结合或者解离,都可以使分子的几何尺寸改变,从而使得荧光偏振发生改变,因而荧光偏振可作为生物传感的检测机制。

Weber 在 Perrin 的基础上进一步完善了荧光偏振理论与实验技术,首次将荧光偏振作为生物检测的工具用于研究蛋白分子的相互作用,在此基础上发展出应用广泛的荧光偏振分析(FPA)技术[85~88]。

3) 荧光偏振免疫传感

20 世纪 60 年代,Dandliker 等将荧光偏振分析用于抗原-抗体的结合研究。他们根据抗体与抗原结合引起荧光偏振的改变,研究了 FITC 标记的卵清蛋白与抗体的结合，从而发展出了荧光偏振免疫分析(FPIA)[89~91]。

FPIA 的检测原理如图 4.17 所示：荧光分子标记的抗原尺寸较小，在溶液状态下的转动速度较快，当受到偏振光激发时，抗原分子在荧光标记物激发态寿命的时间内将发生转动，使得分子取向明显改变，导致发射光消偏振，荧光各向异性减小；当荧光标记的抗原分子与抗体发生特异性结合时形成的复合物体积大大增加，荧光标记物的转动速度降低，在受到偏振光激发时，分子取向变化较小，因而荧光各向异性较大。利用以上原理，FPIA 不仅可以用于免疫分析，还可以用于药物筛选、离子检测等方面。

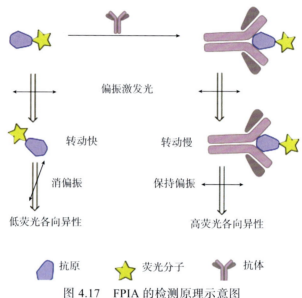

图 4.17　FPIA 的检测原理示意图

雅培公司(Abbott Laboratories)在 20 世纪 80 年代发展了 TDx 荧光偏振自动检测系统，用于常见治疗药物，如氨基糖类抗生素、苯妥英、茶碱、苯巴比妥等的血清检测[92~95]。TDx 系统的出现，不仅标志着偏振光检测设备的商业化，也降低了 FPIA 的检测成本和技术难度，大大促进了荧光偏振技术的应用[94]。

4.4.2　荧光偏振传感的应用

由于在 FPA 中，样品无需预处理，加入示踪剂后无需分离，检测速度快，灵敏度较高，试剂盒以及示踪剂种类丰富，因而 FPA 在免疫分析、药物筛选、环境安全等方面获得了广泛的应用[96~103]。

1. 药物检测

Landon 等将 FPIA 用于血清中的庆大霉素和苯妥英的检测，该方法不仅使用样品量少(微升),而且试剂稳定,灵敏度高,适用于临床血清样品分析[104, 105]。Bennett 等利用 FPIA 检测了抗体与胰岛素、核糖核酸酶与牛血清蛋白的相互作用[106]。Jayle 等使用 FPIA 对人体绒毛促性腺激素进行了检测,检测灵敏度虽然不高,但是检测速度很快,适用于大批量样品的快速筛查[107]。Miyai 等利用 FPIA 对血清中的糖皮质激素-氢化可的松进行了检测,检测限可达 1.5 ng (每样品),检测范围为 1.5~100 μg/L[108]。

2. 酶分析与药物筛选

荧光偏振分析不依赖于荧光强度测量,而仅与分子的转动速率和弛豫时间相关,检测速度快,无需样品分离,因而被用于酶检测与高通量药物筛选[99, 101, 109]。

蛋白酶对肽键的水解与许多生命活动紧密相关,不仅包括食物中蛋白质的消化,而且包括调控补体系统、蛋白翻译后修饰、细胞凋亡通路、血凝级联过程等,所以发展快速灵敏的蛋白酶检测具有重要意义。Levine 等通过荧光偏振技术,利用生物素和荧光素标记的多肽对巨细胞病毒蛋白酶进行了分析[110]。Simeonov 等在聚精氨酸存在下实时测定荧光偏振信号,对组织蛋白酶 G 进行了准确的分析[111]。此外,FPA 还被用于木瓜蛋白酶、胰蛋白酶、链霉蛋白酶等蛋白酶的分析[112,113]。

蛋白激酶(protein kinase)可通过磷酸化改变蛋白的结构和活性,在细胞信号转导、细胞周期调控等系统中发挥着重要作用[70, 114]。蛋白激酶功能正常与否,对于人体疾病的发生有着重要影响,尤其是调控多种肿瘤的发生,因而蛋白激酶及其抑制剂是当前药物开发的研究热点[115~117]。荧光偏振检测已经被用于多种激酶的分析,Dale 等利用荧光偏振实现了 JNK-1 和蛋白激酶 C 两种激酶抑制剂的高通量筛选[118]。Josiah 等对比了基于荧光的多种蛋白酪氨酸激酶的分析,结果表明 FPA 与 HTR-FIA 具有相似的检测能力,两者均优于 DELFIA[119]。Drees 等通过竞争荧光偏振分析检测了磷酸肽激酶和磷酸酶的活性[120]。

G 蛋白偶联受体(G-protein-coupled receptor,GPCR)是一类具有 G 蛋白结合位点的膜蛋白受体。GPCR 具有许多配体分子,包括激素、神经递质、趋化因子等,通过与配体的结合,GPCR 构象发生变化,从而参与多种细胞信号转导过程,影响众多生理活动,包括免疫系统调节、神经系统调节、视觉、嗅觉等[121]。GPCR 是非常重要的药物靶标分子,目前以 GPCR 为靶点的药物占市场上现代小分子药物总数的 40%以上,其中包括奥氮平、氯雷他定、雷尼替丁等[122, 123]。最初 GPCR 的高通量药物筛选主要使用放射分析,随着 FPA 分析技术的发展,尤其是自动化分析仪器的商业化,基于 FPA 的药物筛选被广泛应用。Banks 等在 384 孔板上实现了 GPCR 的高通量荧光偏振筛选,相对于 FRET 技术,FPA 只需要单荧光分子标记,无需构建给体-受体对,因而操作更为简单[124]。Allen 等发展了 FPA 技术用于 GPCR 药物筛选，相对于 RIA，该方法安全、简单、快速、成本低，具有高的灵敏度与可靠性，可用于多肽和非多肽分子的筛选[125]。Lee 等使用荧光标记的非肽配体进行了均相的活细胞 GPCR 结合分析[126]。该方法无需传统筛选方法昂贵而复杂的细胞和膜准备过程，而且分析配体与受体的结合与分离均在活细胞进行，测量时受体能够保持完整。Jacobson 等合成了新型的 Alexa Fluor-488 标记的荧光拮抗剂，实现了 A_{2A} 腺苷受体 (MRS5346)的荧光偏振分析，测定了 MRS5346 的结合与解离动力学参数[127]。

4.5 基于量子点的纳米荧光传感

1998 年，Alivisatos 和 Nie 等同时在 *Science* 杂志上报道了利用量子点作为荧光探针，标记 hela 细胞和 3T3 成纤维细胞，应用于生物成像与检测[128, 129]。这一开创性的工作展示了量子点非同寻常的高亮度与抗光漂白能力，极大鼓舞了科研人员将量子点作为新型荧光标记物在生物医学检测领域应用的信心。由于量子点吸收峰较宽，可以通过单一波长同时激发多种不同发光颜色的量子点；同时量子点的发射峰对称，半峰宽较小，可以较容易地对发射峰进行分析，因而量子点在多元分析领域具有重要的应用价值。

4.5.1 量子点的概念

量子点(QDs)是一类由于几何尺寸极小（1~10 nm），从而表现出量子限域效应的半导体纳米粒子[130]。对于量子点的研究始于 20 世纪 80 年代，Efros 进行了一系列的理论研究，提出了使用玻尔激子半径判断量子限域效应[131]。1983 年，Brus 等在制备 CdS 纳米晶体时发现，其紫外吸收峰随着生长时间的延长而发生红移[132]。在随后的一系列研究工作中，Brus 等制备了一系列不同尺寸的 CdS 量子点，建立了描述量子点物理性质的量子力学理论模型，进一步促进了量子点研究的发展[133~135]，并因此获得了 2008 年度 Kavli 纳米科学奖[136]。1986 年，Reed 等使用"量子点"的概念描述该类尺寸极小而且具有量子限域效应的半导体纳米粒子[137]。

如图 4.18 所示，由于量子点的尺寸极小，其载流子受到量子限域效应的影响，其光学性质表现出独特的尺寸依赖效应，即量子点尺寸减小时，其吸收光谱和发射光谱会发生显著的蓝移[138,139]。

如表 4.1 所示，常见的量子点一般由 Ⅱ-Ⅵ族半导体(CdS、CdSe、CdTe、ZnS、ZnSe、ZnTe 等)、Ⅲ-Ⅴ族半导体(InAs, GaSb 等)、Ⅳ族半导体(C、Si、Ge 等)等组成[130, 138, 141]。

第 4 章 荧光生物传感技术

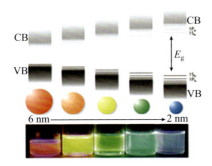

图 4.18 不同尺寸 CdSe 量子点的能级结构和荧光照片[140]

表 4.1 常见半导体的能带隙、激子结合能等数据[141]

族	名称	能带隙/eV		激子结合能/meV	相对介电常数	晶体结构	晶格常数/Å
		4K	300K				
IIB-VIB	ZnO	3.44	3.37	59	8.1	纤锌矿	a:3.250
							b:5.207
	ZnS	3.91	3.8	40	8.3	纤锌矿	a:3.811
							c:6.234
		3.84	3.68	36	8.9	闪锌矿	5.406
	ZnSe	2.82	2.67	17	8.8	闪锌矿	5.667
	ZnTe	2.38	2.25	11	8.7	闪锌矿	6.104
	CdS	2.58	2.42	27	8.6	闪锌矿	5.832
		2.58	2.53	28		纤锌矿	a:4.135
							c:6.749
	CdSe	1.84	1.714	15	9.4	纤锌矿	a:4.299
							c:7.010
	CdTe	1.60	1.45	10	10.3	闪锌矿	6.4818
IIIB-VB	GaN	3.28	3.2	25.2	9.3	闪锌矿	
	GaP	2.35	2.25	20.5	11	闪锌矿	5.4505
	GaAs	1.52	1.43	4.2	13.2	闪锌矿	5.653
	InN	2.11	1.97	15.2	9.3	纤锌矿	a:3.533
					15.3		c:5.693
	InP	1.42	1.35	6.0	12.6	闪锌矿	5.867
	InAs		0.354		15.2	闪锌矿	6.0583
	InSb	0.24 (0K)	0.17	0.6	16.8	闪锌矿	6.479
IVB-VIB	PbS	0.41	0.29		17.3		
IVB	Si	1.12	1.12	14.4	11.4	金刚石	5.431
	Ge	0.75	0.67	4.15	15.5	金刚石	5.658

4.5.2 量子点的光学性质

相对于传统的荧光染料分子,量子点具有一系列独特的性质,可作为新型的荧光标记物,在分子检测、疾病诊断、活体成像等生物医学领域具有广阔的应用前景。

1) 发射波长连续可调

受到量子限域效应的影响,量子点的尺寸增大(或减小)时,能级之间的能隙将减小(或增大),对应的吸收和发射光谱表现为红移(或蓝移)。如图 4.19 所示,通过选择能带隙不同的半导体材料制备量子点,或者控制量子点的大小,可以使量子点的发射波长覆盖紫外到近红外的区域。相比之下,生物检测中经常用到的有机荧光染料标记物的发射波长很难调节。因而使用量子点作为荧光标记物,发射波长的选择非常方便。

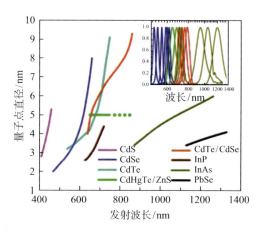

图 4.19　不同成分量子点(CdS,CdSe,CdTe,InP,InAs,PbSe 等)的发射波长与尺寸的对应关系[142]

插图为代表性量子点的荧光发射光谱

2) 光稳定性好

相对于有机荧光染料,无机材料构成的量子点光稳定性较高。Wu 等使用有机染料 Alexa 488 与量子点进行对比实验,结果发现量子点具有非常优异的抗光漂白能力[143]。如图 4.20 所示,有机荧光染料经过一定时间的激光照射后发生显著的光漂白现象,而利用量子点作为荧光标记物即使经过更长时间的激光照射,其荧光信号强度仍然能够得到很好的保持。

3) 宽吸收,窄发射

有机染料的激发谱较为狭窄,使用多种荧光染料标记时,就必须使用多种波长的光源进行激发,这使得分析的过程变得复杂。量子点吸收峰宽而且连续,使得激发波长的选择更容易，从而有利于实现多元荧光检测。

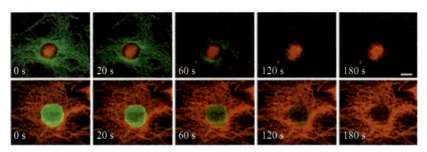

图 4.20　量子点和 Alexa 488 的光稳定性比较[143]

量子点标记 3T3 细胞核，Alexa 488 标记细胞微管(上图)；量子点标记 3T3 细胞的微管，Alexa 488 标记细胞核(下图)

　　量子点荧光发射波谱半峰宽窄，峰形对称，而且发射峰与吸收峰相互重叠小，而有机荧光染料发射峰较宽，峰形不对称，相互重叠和拖尾现象严重，彼此之间很容易产生干扰，给检测带来了困难。图 4.21 比较了有机荧光染料罗丹明、得克萨斯红和不同发射波长的 CdSe 量子点的吸收和发射光谱。

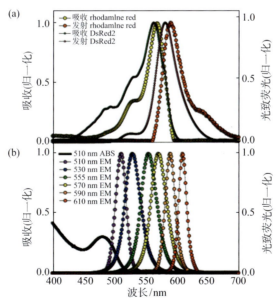

图 4.21　有机荧光染料(a)和 CdSe 量子点(b)的吸收和发射图谱[144]

4) 斯托克斯位移大

如图 4.22 所示，量子点的吸收峰与发射峰的间隔通常要比有机染料更大[145]，从而在荧光检测时便于消除激发光或杂散光的干扰，有利于提高检测的信噪比[3]。

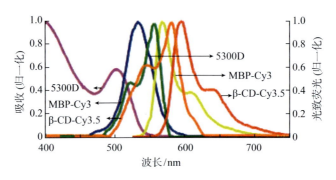

图 4.22　量子点与有机染料的斯托克斯位移比较[145]

基于以上独特的光学性质，量子点有望成为新一代高性能荧光标记物，应用于细胞标记、生物成像、基因分析等领域。

4.5.3　量子点荧光生物探针的构建

通过胶体化学方法制备得到的量子点并无生物功能，如果利用量子点独特的光学性能进行成像、检测、诊断等生物医学应用，首先要构建具有优异光学信号以及生物特异性的量子点生物探针。该过程一般需要经过量子点制备、表面修饰、生物功能化等几个步骤，如图 4.23 所示。

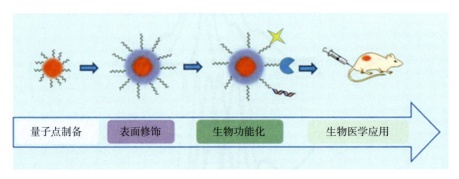

图 4.23　量子点生物探针的构建步骤

由于不同的生物应用对于量子点生物探针功能的具体要求不一样，需要利用的连接技术也各不相同，但是能够满足实际需要的高性能量子点生物探针需要满足以下要求[146, 147]：

(1) 保持量子点原有的优异光学性质，如具有较高的荧光量子效率、较强的光信号强度、良好的抗光氧化能力；

(2) 赋予量子点良好的胶体化学性质，包括在各种常用缓冲液中的稳定性，pH 稳定性，流体力学直径相对较小，同时具有良好的生物相容性，不与生物分子、组织等发生非特异性吸附；

(3) 保持生物分子的活性，能够高特异性、高灵敏度地与其他生物分子作用。

构建高性能量子点生物探针需要涉及固体物理、胶体化学、有机化学、超分子化学、生物化学等多学科，当前还难以通过一种简单方法来实现，所以至今仍是量子点生物医学应用中的一个重要问题。经过近十年来的广泛研究，科研工作者针对以上问题进行了大量探索，并在各个方面取得不同程度的进展。

4.5.4 量子点的制备

量子点的制备技术主要分为有机相合成和水相合成两大类。

1) 有机相合成

在 20 世纪 90 年代初，美国麻省理工大学的 Murray 等发展了量子点的有机相制备技术，合成了一系列的镉系量子点，包括 CdS、CdSe、CdTe 等[148]。该方法使用的镉源为高反应活性的甲基镉($Cd(CH_3)_2$)，硫族元素通过三辛基膦(TOP)溶解，在 300℃以上的高温下反应，也称为"热注射法"(hot-injection)[148,149]。这一方法具有通用性，可以制备各种化学成分的镉系量子点，而且得到的量子点具有单分散性，结晶度高，因而成为量子点合成的通用技术。Peng 等使用稳定的油酸镉等有机镉化合物，无需使用高毒而且危险的甲基镉，从而发展出相对安全的有机相合成方法，而且能够大幅降低反应的成本和难度，从而极大地促进了量子点的材料制备与应用研究[150~156]。随后的几年里，许多研究人员制备了 CdSe/CdS、CdSe/ZnS 等多种核壳量子点，显著提高了量子点的荧光性能和稳定性[157~159]。

当前以 CdSe 为代表的Ⅱ-Ⅵ族量子点的制备方法发展较为成熟，荧光量子效率较高，光稳定性也较好，已经获得广泛应用并且已经商业化(Invitrogen、Evident、Ocean Nanotech 等)，为生物领域的研究人员提供了很大便利。

2) 水相合成法

20 世纪 80 年代，德国的 Henglein 与 Weller 等开展了量子点的水相制备技术的研究。如图 4.24 所示，量子点的水相合成主要利用高氯酸镉、氯化镉等作为镉源，使用巯基醇、巯基羧酸、巯基胺等巯基化合物作为配体，以 H_2Te 作为碲源，可以实现 CdTe 量子点的制备[160]。水相合成量子点的技术难度较低，合成的条件也较容易实现，具有很高的通用性，可以用于制备不同成分和结构的量子点[160~162]。

由于传统水相制备技术中量子点成核与结晶的温度较低(100℃)，量子点纳米晶体的表面缺陷较多，影响了其荧光性能。为此，Zhang 等利用水热条件下的较高温度和压力，改善了量子点的生长与结晶条件，从而显著提高了量子点的荧光性能[163,164]。在此基础上，Zhu 与 Ren 等发展了微波加热技术，为量子点的生长提供了独特的加热方式，使得量子点的制备更为迅速和有效[165~167]。如图 4.25 所示，He 等通过程序精确控制微波反应的温度、压力、时间等，将量子点的成核与生长有效分离，不仅提高了量子点纳米晶的单分散性，而且提高了晶体的结晶性和生长速度，得到的量子点荧光性能优异[168]。以水溶性 CdTe 量子点作为核，利用微波辐射方法克服了晶格失配度较大带来的问题，制备得到 CdTe/CdS 核/壳型量子点，在未经后处理的情况下其荧光量子效率提高至 75%[169]。通过优化微波辐射制备量子点的反应条件，CdTe 量子点的荧光量子效率可进一步提高至 82%，荧光发射半峰宽只有 27~35 nm，结合光辐射的后处理方法可使荧光量子效率提高至 98%[170]。如图 4.26 所示，He 等首次利用微波水相合成技术制备了高质量的 CdTe/CdS/ZnS 核/壳/壳型量子点，不仅进一步提高了荧光量子效率，而且有效降低了镉离子的释放，显著改善了量子点的生物相容性[171]。

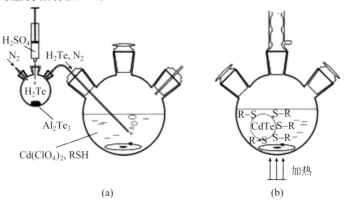

图 4.24 CdTe 量子点的水相制备[160]

(a)通入 H_2Te 气体形成 CdTe 前体；(b)加热回流实现 CdTe 量子点的生长

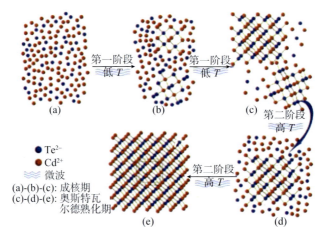

图 4.25 程序控制微波辐射方法制备量子点的示意图[168]

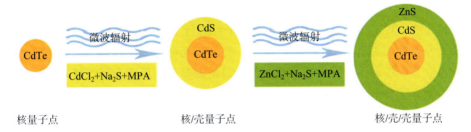

图 4.26　微波法合成 CdTe/CdS/ZnS 核/壳/壳量子点过程示意图[171]

4.5.5 量子点的表面修饰

当前以 CdSe 为代表的 Ⅱ-Ⅵ 族量子点较多采用有机相制备技术,量子点表面覆盖有疏水的三辛基膦、三辛基氧膦、长链烷基胺、烷基磷酸等配体分子,无法直接分散在水溶液中,同时也缺乏可用于生物分子连接所需的官能团。水相方法制备的量子点能够直接用于生物分子的连接,但是单巯基配体的稳定性与生物相容性仍有待改善。所以无论是水相方法或者有机相方法制备的量子点均需要进行表面修饰与功能化,以获得良好的水分散性、胶体稳定性、生物相容性等性能[142, 144]。如图 4.27 所示,常见的量子点表面修饰方法包括 SiO_2 包覆、配体交换、聚合物包覆等。

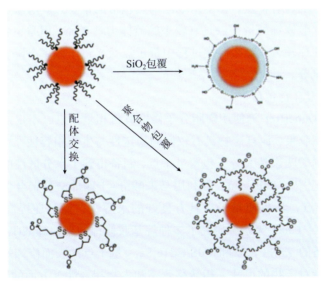

图 4.27　量子点的表面修饰方法

1) 二氧化硅包覆

Alivisatos 等利用 SiO_2 包覆有机相 CdSe/ZnS 量子点,随后进行表面氨基功能化,最后连接生物素分子[128]。该方法不仅可以将量子点与周围环境隔离,提高抗光氧化性，而且 SiO_2 具有良好的生物相容性，可降低量子点的生物毒性。Gao 等在反相微乳液中对水相制备得到的 CdTe 量子点进行了 SiO_2 包覆，通过控制反应时间可以大大改善 CdTe@SiO_2 的荧光性能，使其荧光量子效率达到 47%[172,173]。SiO_2 包覆的量子点稳定性和生物相容性较好，但是需要多个反应步骤，制备得到的量子点的荧光量子效率会降低，同时制备的可控性较差，SiO_2 中包覆的量子点的数量不易控制，修饰后的量子点的尺寸较大，限制了一些生物应用[173,174]。

2) 配体交换

Nie 等使用巯基分子配体交换量子点原有的疏水配体，使得量子点获得水分散性[129]。Nie 等最初使用的配体为单巯基的巯基羧酸配体，尽管操作相对简单，但是制备的量子点胶体稳定性较差，容易发生光氧化[175]。Mattoussi 等改进了这一策略，他们使用双巯基的二氢硫辛酸(DHLA)分子及其衍生物作为配体，通过交换量子点原有的疏水配体，制备得到了兼具良好光学性能、胶体稳定性和较小流体力学半径等特性的水分散性量子点[176,177]。尽管该方法效果较好，但是所需配体分子需要多步有机合成，使用难度较大。许多课题组采用相似的配体交换策略，通过制备具有与金属离子配位能力的新型配体分子进行改进。当前寡聚烷基膦、树枝状大分子、聚乙烯胺、巯基修饰的聚丙烯酸、多肽等大分子已经用于量子点的表面修饰[178~183]。这些表面修饰方法各有特点，如使用聚乙烯胺包覆的量子点具有细胞穿透能力，使用巯基化聚丙烯酸修饰的量子点具有较小的流体力学半径；但是也各有不足，要么分子合成难度往往较大，要么交换过程中量子点荧光量子效率下降，或者在水溶液中的稳定性不足等。

3) 两亲性聚合物包覆

2002 年，Dubertret 等使用磷脂分子修饰有机相量子点，不仅能够得到包覆单一量子点的磷脂胶束，而且产物具有较好的稳定性与生物相容性[184]。Wu 等使用辛胺修饰的聚丙烯酸两亲性大分子包覆量子点，制备得到了水分散性的量子点并应用于免疫荧光标记[143]。Pellegrino 等利用马来酸酐–十四烯交替聚合物包覆有机相的 CdSe/ZnS 量子点，不仅使量子点具有良好的水溶性，而且还提高了它们的稳定性[185]。2008 年，Chan 等系统研究了多种烷基胺修饰的聚丙烯酸(PAA)两亲性聚合物对有机相制备的 ZnS/CdSe 和 CdS/CdTe$_x$Se$_{1-x}$ 量子点的表面修饰效果，探讨了聚合物结构与用量对产物的尺寸、相转移效率和生物相容性等方面的影响[186]。Wang 等利用十八胺修饰的聚丙烯酸(PAA-ODA)对表面包覆有巯基丙酸(MPA)的 CdTe/CdS 量子点进行原位修饰，量子点的荧光量子效率比修饰前提高了 50%，而且光稳定性也明显增强[187]。两亲性聚合物包覆的方法不需要复杂的有机合成步骤，修饰过程对于量子点的荧光性质无明显影响，产物的稳定性较好[185,186]。

总之，当前的量子点表面修饰问题已经得到初步解决，但是能够同时满足荧光性能、胶体稳定性、生物活性、生物相容性等各方面要求的高性能量子点生物探针的修饰技术仍待进一步发展。

4.5.6 量子点的生物功能化

为赋予量子点特殊的生物功能，首先需要将特定生物分子连接到纳米材料表面。常见的量子点生物分子连接策略主要有以下几类。

1) 基于静电相互作用的组装

蛋白等大分子与水分散性量子点的表面大多带有电荷，如图 4.28 所示，借助相反电荷的吸引作用，将蛋白分子非特异性地吸附在量子点表面可以形成量子点-生物分子连接物[188,189]。该方法操作简单，但是吸附的蛋白分子取向随机，不能保证活性位点处于可接触位置，同时吸附的分子数量不可控。

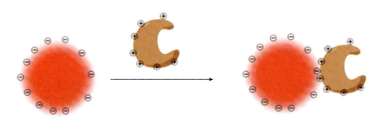

图 4.28　基于静电作用的量子点-生物分子连接

Bawendi 等将表面包覆有二氢硫辛酸，带有负电荷的 CdSe/ZnS 量子点与带有正电荷的亮氨酸拉链端基的二组分重组蛋白，即麦芽糖键合蛋白-碱性亮氨酸拉链融合蛋白(MBP-zb)通过静电作用相连接，得到的量子点-蛋白质结合物不仅具有比较高的荧光量子产率，而且粒子之间几乎不会发生聚合现象，生物活性也很好[190]。亲和素(avidin)是一种带正电的蛋白质，可以紧密地吸附在表面修饰有带有负电荷的量子点上，Goldman 课题组利用亲和素作为桥梁连接 CdSe/ZnS 量子点和生物素化的抗体，成功地对金黄色葡萄球菌肠毒素 B 和霍乱毒素进行了标记和检测[188]。Wang 课题组将表面带负电的量子点与带正电的亲和素组装，得到 QD-avidin 复合荧光探针，使用夹心法结合微流控芯片，开发了基于量子点探针的蛋白质芯片(量子点蛋白芯片)，实现对癌胚抗原(CEA)快速、高灵敏的检测[191]。基于静电作用的连接操作简便，但因量子点表面有众多的功能位点，容易发生交联形成沉淀，对之后的应用产生不利影响[192]。

2) 基于化学键的共价连接

如图 4.29 所示，水分散的量子点表面一般都具有羧基或氨基，而常见的生物大分子(如蛋白、核酸等)具有或者可以修饰氨基、巯基等官能团，所以可以通过经典的生物偶联技术连接量子点和生物分子,其中最常用的是采用碳二亚胺(EDC 等)类试剂将羧基与氨基偶联形成酰胺键。该反应所需条件温和,反应产物较容易从体系除去,因而广泛地应用于生物素、亲和素、抗体、DNA 等分子的连接[128, 129, 142, 144, 184, 193~195]。Nie 等通过 EDC 缩合将表面带有羧基的水溶性 CdSe/ZnS 量子点与转铁蛋白连接,通过细胞内吞作用进入 hela 细胞中,对其进行了标记[129]。尽管基于碳二亚胺偶联的反应操作较为简单,但是该反应也存在一些问题,如反应条件优化困难、连接物生物活性的损失、反应物交联与沉淀等,影响量子点与生物分子的连接效率和质量[144, 196]。

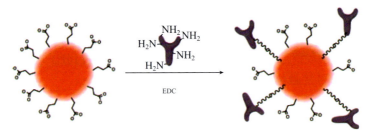

图 4.29 量子点与生物分子的共价偶联

由于蛋白等生物分子往往具有半胱氨酸残基,所以其巯基可以用于连接量子点。首先利用表面带有氨基的量子点与 4-(N-马来酰亚胺基甲基)环己烷-1-羧酸琥珀酰亚胺酯(SMCC)反应,将马来酰亚胺基团修饰到量子点表面,进而利用生物分子中自由的巯基(—SH)与马来酰亚胺反应即可将生物分子连接到量子点表面。尽管巯基连接反应活性较高,一定程度上也具有化学选择性,但是由于蛋白分子中的巯基数量较少,所以应用范围有限[146]。

此外,研究人员还利用特殊的"点击"化学(click chemistry)连接生物分子与量子点。Texier 等使用无铜叠氮–炔环加成反应将环辛炔修饰的量子点与叠氮修饰的甘露糖胺进行了高效连接,克服了传统 Cu(I)催化环加成反应对量子点荧光淬灭的问题[197]。Bawendi 等使用降冰片烯修饰的量子点与四唑修饰的染料分子和生物分子进行了高效偶联[198]。尽管点击化学的连接方法快速、高效,但是反应物的制备较困难,产物在水中的溶解性也较差。

3) 基于配位作用的连接

如图 4.30 所示,蛋白质常含有组氨酸等具有配位能力的基团,所以可以利用该类基团与量子点表面的锌离子等金属离子进行配位连接[145]。尽管组氨酸中的咪唑基团与锌离子配位作用较弱,但是含有多个组氨酸的多肽链具有螯合作用,解离常数较低[199]。Medintz 等发展了聚组氨酸标记的重组蛋白与量子点连接的方法[200]。Dahan 等利用镍(Ⅱ)-氨基三乙酸与聚组氨酸的较强结合能力,实现了双色量子点在细胞内示踪单个干扰素受体分子[201]。Gupta 等将六聚组氨酸和谷胱甘肽 S-转移酶

(His6-GST)连接，然后与连接有 Ni-NTA 的 CdSe/ZnS 量子点混合，量子点与 GST 定点连接后具有很强的荧光性质，可作为荧光探针应用于生物检测[202]。Mattoussi 等通过 Ni-NTA 与 CdSe/ZnS 量子点连接，与五聚组氨酸连接的得克萨斯红标记的麦芽糖结合蛋白(His5-MBP-Texas red)发生配位作用，得到 QD-MBP，通过显微注射进入活细胞的细胞质内，可以观察到它们能够稳定存在，并能够发生 FRET[203]。

基于配位作用的连接操作较为简单，可以较好地调控连接的价态与取向，但是需要借助重组蛋白等技术在待连接的分子中引入具有配位能力的多肽，限制了其适用范围。

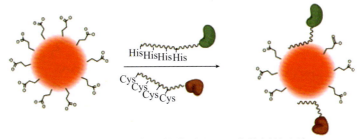

图 4.30　量子点与生物分子基于配位作用的连接

4) 基于生物大分子介导的组装

如图 4.31 所示，生物大分子具有独特的结构和特异的生物分子结合能力，如亲和素(avidin)与生物素(biotin)的相互作用是已知最强的非共价相互作用，通过它们的连接可以使产物具有非常高的稳定性。利用生物素-亲和素系统稳定的结合能力，可以在修饰链霉亲和素(streptavidin)的量子点表面组装多种生物素化的蛋白、抗体、多肽、DNA 等生物分子[142, 144]。Goldman 等使用链霉亲和素作为桥连分子，将生物素化的抗体 IgG 连接到 CdSe/ZnS 量子点表面[188]。Ting 等利用大肠杆菌生物素连接酶(BirA)在温和的条件下将 hela 细胞受体的重组蛋白进行生物素化，通过链霉亲和素修饰的量子点对 hela 细胞进行特异性的荧光标记[204]。Pinaud 等将修饰有生物素的植物螯合肽通过配位键连接到 CdSe/ZnS 量子点上，通过生物素与链霉亲和素特异作用标记了 hela 细胞膜[205]。Wang 课题组在 DNA 介导的量子点–生物分子连接方面进行了初步尝试。如图 4.32 所示，他们使用两端分别带有巯基和生物素的单链 DNA 修饰量子点，通过链霉亲和素与生物素的相互作用构建了 QD-streptavidin 探针，并对肿瘤标志物 CEA 进行了高灵敏检测[206]。

尽管量子点与生物分子偶联方法种类较多，但各有不足：基于静电相互作用和常规共价偶联技术的操作简单，但是对生物分子连接的取向与价态缺乏控制能力；而基于配位作用的连接方法能够较好地控制取向与价态，但是该方法需要借助重组蛋白技术，步骤复杂，实现难度较大。相对而言，生物分子介导的组装方式较为简单,尽管不能控制连接价态,但是可以较好控制连接产物分子的取向。

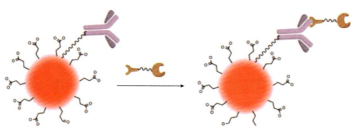

图 4.31 基于生物分子介导的量子点生物功能化

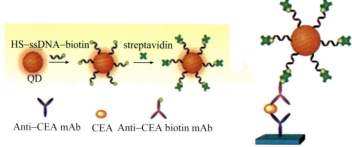

图 4.32 通过 DNA 桥联构建 QD-streptavidin 生物探针[206]

4.5.7 量子点的生物传感应用

1) 量子点 FRET 生物传感

荧光共振能量转移(FRET)是指吸收光子后的激发态给体荧光团通过偶极相互作用,将能量转移给邻近(1~10 nm)的受体荧光团的现象。相对于普通有机染料分子,量子点具有以下特点:荧光量子效率高;发射波长连续可调,易于选择并调控给体-受体之间的光谱重叠;量子点比表面积大,可以连接多个受体荧光发色团,因而量子点非常适于作为给体构建高效的 FRET 体系。

Medintz 等设计了两类典型的基于量子点的 FRET 荧光传感器[145]。①淬灭型 QD-FRET 传感器。如图 4.33(a)所示,他们在麦芽糖结合蛋白(MBP)中引入寡聚组氨酸,通过配位作用将其组装到量子点表面。MBP 表面连接 β-环糊精-QSY9 淬灭剂,从而形成量子点-MBP-淬灭剂体系。当体系中无麦芽糖时,量子点的荧光被 QSY9 淬灭;而加入麦芽糖后,标记有淬灭剂分子的环糊精将被取代并远离量子点,此时量子点的荧光将被检测到。②荧光型 QD-FRET 传感器。如图 4.33(b)所示,该传感器结构与前者基本相同,只是将荧光淬灭剂分子改为有机荧光染料 Cy3。基于类似的机制,当体系无麦芽糖时,量子点的激发态能量将通过 FRET 转移至 Cy3,从而发出 Cy3 的荧光;当体系中存在麦芽糖时,标记 Cy3 的环糊精被替代,从而仅能检测到量子点的荧光信号。

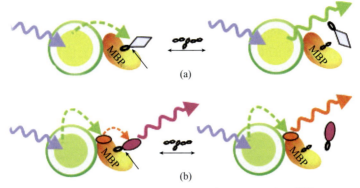

图 4.33 基于量子点的 FRET 传感器的示意图[145]

纳米金、石墨烯等纳米材料具有优异的荧光淬灭能力,将它们作为高效的纳米淬灭剂引入量子点 FRET 检测体系有助于进一步提高检测灵敏度。Kim 等以生物素修饰的金纳米粒子(biotin-AuNP)作为荧光淬灭剂,以链霉亲和素修饰的量子点(SA-QD)作为荧光给体,构建了基于 FRET 淬灭机制的抑制分析传感器[207]。如图 4.34 所示,通过生物素–链霉亲和素的强相互作用,量子点与金纳米粒子可构成稳定的 QD-SA-biotin-AuNP 结构,量子点的荧光可被金纳米粒子有效淬灭。当体系中加入亲和素之后,亲和素将与金纳米粒子表面的生物素竞争结合,从而使 AuNP 脱离量子点,量子点的荧光将得到恢复,通过分析量子点荧光强度变化与加入分析物的浓度,可对亲和素进行高灵敏检测,检测限可达 10 nM。

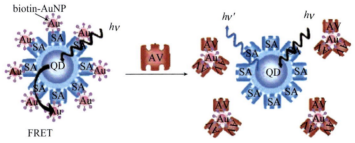

图 4.34 由链霉亲和素修饰的量子点与生物素化的 AuNP 构成的荧光传感器示意图[207]

2) 核酸分析

核酸作为构成生命的基本物质,不仅携带着生命体的遗传信息,而且在生命体的生长、遗传、变异等重大生命活动中起决定性的作用。由于许多重大疾病的发生均与核酸的异常紧密相关,所以利用量子点的优异光学性能发展高灵敏、高通量的新型生物传感器具有重要意义。

Zhang 等发展了基于单量子点的 DNA 荧光传感器[208]。如图 4.35 所示,他们利用链霉亲和素修饰的量子点作为给体，通过生物素–链霉亲和素相互作用将捕获探针单链 DNA 修饰到量子点表面，加入 Cy5 修饰的报告探针和目标 DNA 后形成 QD-DNA-Cy5 结构。在 488 nm 的光源激发下，量子点(605 nm)的激发态能量被 Cy5 吸收，最终发射出 Cy5 的 670 nm 的红光。通过 Cy5 的光信号变化可以分析 DNA 的杂交情况。该体系结构简单，灵敏度高，无需靶分子的预放大过程，比基于有机荧光染料的 DNA 检测限降低两个数量级。

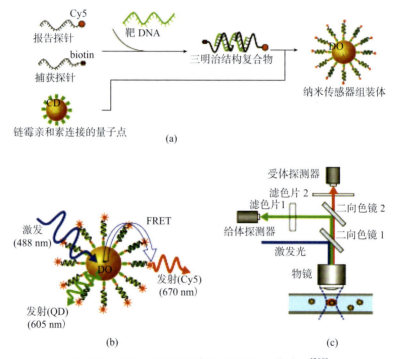

图 4.35　基于 FRET 的单量子点 DNA 传感器[208]

Willner 等发展了基于酶的量子点 DNA 荧光传感器[209]。他们在 CdSe/ZnS 量子点表面连接了硫醇修饰的核酸，通过与连接得克萨斯红染料标记的互补核酸链杂交，利用 DNA 酶 I 解离杂交后的双链 DNA，使得荧光染料远离量子点，FRET 将无法有效进行，染料的荧光信号减弱，同时量子点的荧光发射增强。通过该方法可以检测到 DNA 单链的互补配对和双链的解离。

Peng 等利用量子点和 Cy3 标记的单链 DNA 构建了高效的 DNA 传感器[210]。如图 4.36 所示，他们以发射波长在 497 nm 的蓝色荧光 CdTe/CdS 量子点作为给体，以 Cy3 作为荧光受体。与常见的连接方式不同，他们将量子点表面修饰阳离子聚合物 PDADMAC，通过带负电的 DNA 与表面带正电的量子点之间的静电作用形成 FRET 体系。该体系可以在一定程度上减少荧光染料与量子点之间的距离，从而提高能量转移效率。当加入目标 DNA 后,由于互补单链 DNA 之间选择性结合,染料分子与量子点之间的距离增加,FRET 效率下降,通过量子点与 Cy3 荧光信号的变化可分析靶 DNA 的浓度。

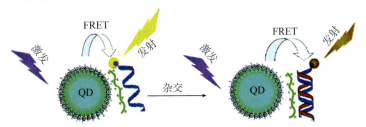

图 4.36 基于量子点和 Cy3 构建的 DNA 荧光传感器[210]

由于 FRET 效率与给体-受体距离的六次方成反比,所以减小量子点给体与荧光标记物受体之间的距离是提高量子点 FRET 传感器效率和检测灵敏度的关键。Zhou 等发展了基于量子点的非标记 DNA 荧光传感器[211]。如图 4.37 所示,他们通过共价连接将 DNA 捕获探针修饰到量子点表面,加入靶 DNA 杂交后,再加入溴化乙锭(EB),由于 EB 分子能够插入互补的 DNA 双螺旋形成荧光性能良好的复合物,因而可作为 FRET 传感器的荧光受体。选择与 EB 吸收光谱匹配的量子点作为荧光给体,构建的 QD-EB FRET 体系中给体-受体之间的距离更小,能量转移效率更高。与普通的"三明治"结构的 DNA 检测相比,QD-EB 结构 FRET 传感器操作简单,检测的灵敏度较高,检测限可达 1nM。

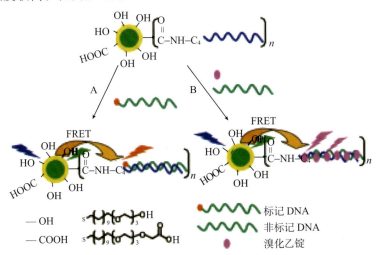

图 4.37 量子点 DNA 传感器的检测策略:荧光标记和非荧光标记[211]

如图 4.38 所示,Dyadyusha 等利用 AuNP 与量子点构建了 DNA 荧光传感器[212]。由于 AuNP 对荧光团,包括量子点,具有很强的荧光淬灭能力,所以通过双链互补配对可将分别修饰有量子点和 AuNP 的单链 DNA 杂交,构成 QD-AuNP 结构的 DNA 传感器。在未加入靶 DNA 前,量子点的荧光将被 AuNP 淬灭,即处于荧光"关" (off) 的状态;当加入靶 DNA(与 AuNP 表面修饰的 DNA 相同序列)时,靶 DNA 将通过竞争反应取代 AuNP,与量子点表面的单链 DNA 互补结合,使量子点的荧光恢复,体系处于荧光"开"(on) 的状态。基于量子点荧光强度的改变,可以分析靶 DNA 的浓度。

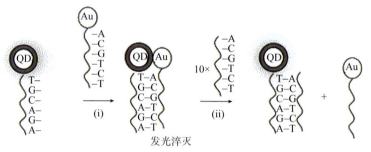

图 4.38 基于 QD-AuNP 的 DNA 荧光检测[212]

作为新型的二维纳米材料,氧化石墨烯(GO)具有极大的比表面积和强烈的荧光淬灭能力。Ju 等将 GO 作为荧光淬灭剂与荧光量子点构建了 DNA 荧光传感器[213]。如图 4.39 所示,在未加入靶 DNA 前,分子信标修饰的量子点(MB-QD)通过非共价键相互作用(碱基与 GO 平面的相互作用)靠近,荧光被淬灭;当加入靶 DNA 后,量子点荧光恢复。该方法不仅可以用于 DNA 分析,还可以通过选择合适的核酸适体进行蛋白的检测。

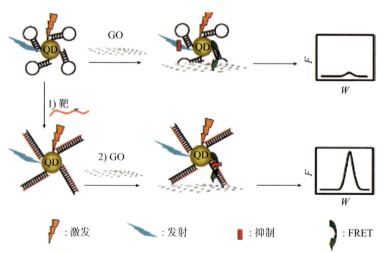

图 4.39 氧化石墨烯(GO)对分子信标修饰的量子点(MB-QD)的荧光淬灭及生物传感机理

3) 免疫分析与疾病标志物检测

Mattoussi 等通过静电及配位作用将 MBP 蛋白分子修饰到量子点表面,在此基础上发展了基于量子点的荧光免疫分析[145, 190, 214]。他们在微量滴定板上固定待测蛋白质毒素捕获抗体，加入待测毒素以及毒素抗体修饰的 CdSe/ZnS 量子点，通过分析量子点荧光强度即可对蛋白毒素进行定性和定量分析。通常利用有机荧光染料难以实现多种毒素的同时多元分析，而量子点发射峰窄，吸收峰宽，可单波长激发多波长发射，因而在多元分析中具有潜在的优势。如图 4.40 所示，他们利用四种不同发射波长的量子点(510nm、555nm、590nm、610nm)分别与不同毒素的抗体连接，利用量子点的优异荧光信号结合发射光谱的分峰处理，实现了霍乱毒素(CT)、蓖麻毒素(WA)、志贺样毒素(SLT)、金黄色葡萄球菌肠毒素 B(SEB)四种蛋白质毒素的多元荧光检测[215]。

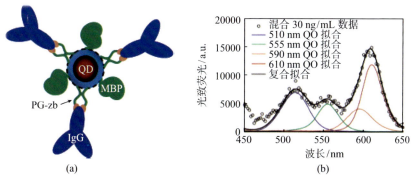

图 4.40　量子点免疫荧光传感器的结构示意图(a)和四种毒素多元检测的荧光信号(b)[215]

Kotov 等发展了蛋白分子与量子点的共价连接方法[216,217]，他们使用绿光(555 nm)和红光(611 nm)CdTe 量子点分别与抗牛血清蛋白抗体(IgG)和牛血清蛋白(BSA)进行连接。两种量子点通过抗原–抗体相互作用而靠近时发生 FRET，实验中可发现量子点的红色荧光增强并伴随着绿色荧光的减弱。对比量子点不同波长处的荧光强度变化可以检测靶蛋白的浓度[217]。Wei 等利用量子点标记的雌激素受体 B 单克隆抗体和 Alex Fluor 标记的雌激素受体 B 多克隆抗体构建了基于 FRET 的荧光传感器[218]。利用该传感器可以对雌激素受体进行均相、快速分析，检测限可达 0.05 nM (2.65 ng/mL)。Strano 等利用 aptamer 修饰量子点，实现了无标记的蛋白检测[219]。如图 4.41 所示，他们利用 15 个碱基长度的凝血酶结合适体(TBA)作为配体，在水溶液中直接生长了 PbS 近红外发射量子点。当凝血酶被 TBA 特异识别并结合后，PbS 量子点的荧光将被凝血酶淬灭，通过量子点荧光强度的降低程度可对凝血酶进行无标记的定量分析。

肿瘤等重大疾病发生早期，患者体内往往会产生特异性的蛋白标志物，检测此类标志物对于疾病早期诊断与治疗具有重要意义[220, 221]。基于有机染料的传统荧光检测技术往往受到染料亮度低、易于光漂白等问题困扰，检测灵敏度受到限制，不易实现多元检测，量子点由于具有一系列优异的光学性能，所以获得了广泛关注[222]。

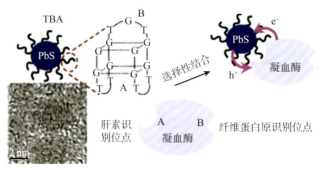

图 4.41 蛋白适体修饰的 PbS 量子点凝血酶荧光传感器[219]

Li 等发展了基于双色量子点的肺癌标志物荧光传感器[223]。如图 4.42 所示，他们使用典型的三明治结构进行检测：利用生物素化的癌胚抗原(CEA)和神经特异性烯醇酶(NSE)抗体作为捕获探针，加入抗原与检测抗体后，通过链霉亲和素修饰的微球将待测物分离，加入抗体修饰的量子点，经过分离纯化，测定荧光信号强度。该检测可在 96 孔板上进行，荧光信号可利用荧光酶标仪检测，检测限达 1.0 ng/mL。

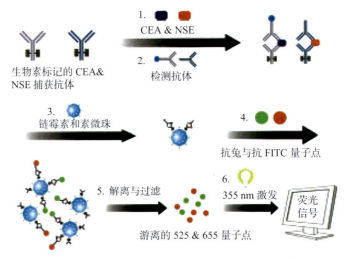

图 4.42 基于双色量子点的肺癌蛋白标志物检测[223]

Cheng 等利用 DNA 修饰的量子点作为荧光给体，以荧光淬灭剂修饰适体，构建了上皮腺癌标志物黏蛋白 1(MUC1)的 FRET 传感器[224]。当检测体系中无 MUC1 时，适体折叠形成二级结构，阻碍量子点表面 DNA 与其杂交；当存在 MUC1 时，适体解链并与 MUC1 结合，DNA 与适体杂交，量子点与荧光淬灭剂发生 FRET，量子点荧光被淬灭。该体系对于 MUC1 的检测限可达 nM 级。Li 等利用 Thomsen- Friedenreich (TF) 抗原与 4-氨基苯-β-D-半乳糖皮蒽(4-APG)对花生凝集素(PNA)的竞争性结合，设计了基于量子点的 TF 荧光传感器[225]。通过结合磁性微珠的富集分离作用,传感器对于 TF 的检测限可达 10^{-7} M,而且可以在血清中对 TF 进行高灵敏检测。

Morales-Narváez 等发展了基于量子点的蛋白微阵列检测技术。他们使用量子点作为荧光标记物对阿尔茨海默病标志物脂蛋白(ApoE)进行了高灵敏度检测,检测限可达 62 pg/mL,不仅远高于有机荧光染料 Alexa 647 的检测限(307 pg/mL),而且比商业化的 ELISA 检测限更低(470 pg/mL)[226]。如图 4.43 所示,Wang 等通过生物分子介导的自组装,实现量子点与亲和素、链霉亲和素、IgG、DNA 等多种生物分子的有序组装,利用这类具有高亮信号和高特异性的量子点探针(如 QD-avidin、QD-streptavidin、QD-IgG、QD-DNA 等)结合微流控芯片实现血清样本中 CEA 和 AFP 的高灵敏检测,其检测限达到 250 fM,比染料探针 FITC-IgG 提高 10000 倍,表明基于量子点的微流控芯片不仅具有超灵敏分析能力,而且对血清样本也具有良好的特异性[191, 206, 227]。这种量子点生物芯片分析技术具有快速、灵敏、多元检测等优点,在蛋白分析、临床疾病诊断等方面具有广泛的应用前景。

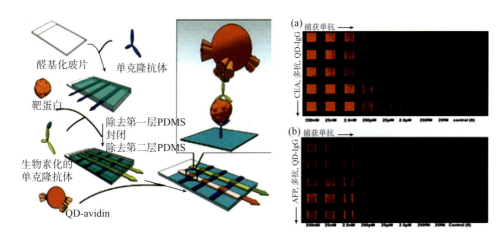

图 4.43 基于量子点探针的蛋白质(CEA 和 AFP)微流控芯片[191, 227]

经过多年的发展,基于量子点的荧光免疫分析已经取得了很大进展,但是当前的技术大多为异相分析,尽管检测灵敏度较高,但在检测过程中需要对样品进行多次的分离与洗涤,操作步骤较为复杂,而均相量子点荧光免疫分析虽然较为简单,但是在灵敏度等方面仍然有待提高。

Sukhanova 等发展了基于量子点荧光编码微球的流式细胞技术用于自身免疫疾病的蛋白组学研究[228]。通过与 ELISA 对比,基于量子点编码微球的流式细胞检测技术可以准确区分患者与健康人的血清样品,并可利用单微球的 FRET 检测近 30 种 topoI 特异性抗体。量子点荧光编码微球流式细胞检测技术不仅具有高灵敏、高速度的优点,而且检测体系为均相溶液,无需样品纯化与分离过程,能够用于蛋白组学的大规模筛查与疾病早期诊断。

如图 4.44 所示,Hildebrandt 等以长荧光寿命镧系配合物为给体,以量子点为受体,构建了时间门限的 FRET(time-gated FRET)传感技术,对微量血清样品中的前列腺特异性抗原(PSA)进行了高灵敏检测[229]。由于当前的商业化量子点表面大多修饰有较厚的聚合物(10 nm 以上),用于免疫分析的抗体与抗原均为大分子,由此构建的三明治结构 FRET 体系中量子点与荧光标记物的距离一般在 15 nm 以上,大于通常的 FRET 有效距离(10 nm 以下)。由于 Tb 配合物作为荧光给体时的 FRET 有效距离可达 20 nm,同时利用体积较小的抗体片段代替完整抗体,结合时间门限技术构建的 Tb-QD FRET 传感器可在 50 μL 血清样品中检测到浓度低至 1.6 ng/mL 的 PSA。

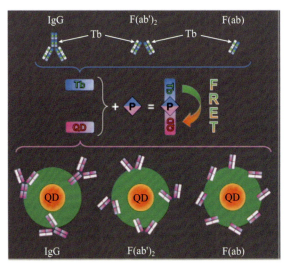

图 4.44 基于量子点-Tb 配合物的时间门限免疫分析的示意图[229]

4) 葡萄糖检测中的应用

葡萄糖的检测在生命科学、临床诊断、食品工业等领域有着重要的意义。Singaram 等利用硼酸修饰的紫精(o-BBV^{2+})对量子点的荧光淬灭能力,通过静电相互作用将量子点和 o-BBV^{2+} 连接,构建了量子点葡萄糖传感器。当加入葡萄糖之后,葡萄糖和 o-BBV^{2+} 结合,破坏了量子点和 o-BBV^{2+} 之间的相互作用,量子点的荧光恢复,借此来实现葡萄糖的检测[230]。Hu 等利用 CdTe/CdS 量子点和葡萄糖氧化酶(GOx)组成混合检测体系,通过 GOx 催化葡萄糖产生的 H_2O_2 淬灭量子点的荧光,无需将量子点和酶进行连接即可对葡萄糖进行检测,其操作简捷且具有较高的灵敏度[231]。

5) 酶分析中的应用

蛋白酶是一种可降解肽键的生物酶,在细胞生理活动中扮演着重要角色,肿瘤等多种重大疾病的发生也与蛋白酶活性密切相关，发展蛋白酶检测对于疾病诊断和新型药物的筛选具有重要意义。

Medintz 等利用量子点构建了基于 FRET 机制的荧光传感器用于蛋白水解活性检测[200]。如图 4.45 所示，他们设计了模块化的多肽底物：多肽一端的 His_6 基团可与量子点表面金属原子通过配位连接，中间是可被蛋白酶降解的多肽链段，末端标记荧光分子作为报告探针。当体系中无底物时，量子点(给体)的激发态能量可共振转移至荧光染料分子(受体)；当体系中存在蛋白酶时，多肽将在中间位置水解，荧光分子远离量子点，此时仅能检测到量子点的光信号。量子点作为荧光给体，不仅具有更好的光化学与 pH 稳定性，而且斯托克斯位移大，可以避免有机染料受体对激发光的吸收，提高检测效率。该传感器可用于半胱天冬酶、凝血酶、胰凝乳蛋白酶、胶原酶等多种酶活性的实时监测，还可以用于酶速度分析、Michaelis-Menten 动力学常数测定、酶抑制机理研究、酶抑制剂筛选等。

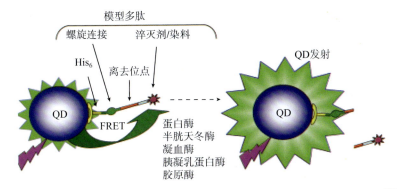

图 4.45 用于蛋白酶水解活性分析的量子点-多肽荧光传感器结构示意图[200]

如图 4.46 所示，Boeneman 等将表达有离去位点和六聚组氨酸的红色荧光蛋白 mCherry 作为受体，将 CdSe/ZnS 量子点作为给体，通过寡聚组氨酸与量子点的配位作用将两者连接，构建了 FRET 传感器，定量地监测了 Caspase 3 对蛋白的降解过程[232]。

基质金属蛋白酶(matrix metalloproteinase, MMP)是一种能够将细胞外基质降解的蛋白质，被认为在癌症转移中发挥重要作用。Rosenzweig 等设计了基于量子点的 MMP 荧光传感器：545 nm 发射的 CdSe/ZnS 量子点作为荧光给体，590 nm 发射的罗丹明作为荧光受体，量子点和罗丹明分子通过 MMP 的 RGDC 四肽底物连接[233]。如图 4.47 所示，他们将量子点 MMP 传感器分别与正常的乳腺细胞(HTB 125)和乳腺癌细胞(HTB 126)孵育：当与 HTB 125 孵育时，从荧光显微镜照片可见红色的罗丹明染料荧光，证明量子点-罗丹明存在有效的 FRET；当与 HTB 126 孵育时，其分泌的 MMP 可以水解 RGDC 多肽，解离量子点-罗丹明 FRET 体系，从而可以观察到量子点的黄绿色荧光，表明传感器对 MMP 具有特异性响应。

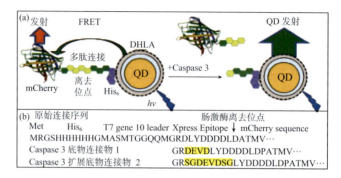

图 4.46 由量子点和荧光蛋白构建的 Caspase3 荧光传感器示意图[232]

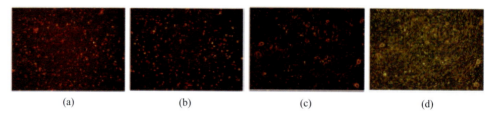

图 4.47 与罗丹明-RGDC-量子点孵育不同时间的乳腺细胞荧光显微镜照片[233]
HTB 125 细胞：(a)孵育 0 min, (b)15 min；HTB 126 细胞：(c)孵育 0 min, (d)15 min

如图 4.48 所示，Rao 等利用荧光素酶作为生物光源，以基质金属蛋白酶底物多肽链连接量子点与荧光素酶，构建了生物荧光共振能量转移(BRET)传感器[234]。通过酶催化降解过程中 BRET 效率的改变，即荧光发射波长与荧光强度的改变可以分析多种 MMP 的活性。QD-BRET 可在小鼠血清中检测浓度低至 5 ng/mL 的 MMP-7，而且可以对 MMP-2 和尿激酶纤维蛋白溶酶原激活剂 uPA 进行检测。

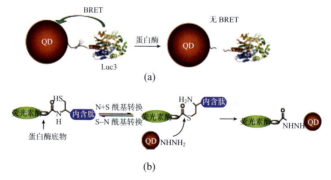

图 4.48 (a)基于量子点-荧光素酶的生物荧光能量共振转移(BRET)蛋白酶传感器的示意图；
(b)内含肽介导的荧光素酶-量子点连接物[234]

Chang 等利用金纳米粒子作为荧光淬灭剂,通过底物多肽连接量子点构建了蛋白水解酶荧光检测体系,由于纳米金具有强的荧光淬灭能力,蛋白酶的存在可使得传感器的荧光信号呈现"开–关"的转变,从而实现对酶活性的监测[235]。

6) 细胞内的传感应用

a) 离子传感

离子通道是细胞膜磷脂双分子层中控制离子(如 Na^+、K^+、Ca^{2+}、Cl^-等)跨膜运输的通路。离子通道在细胞的神经信号传导、心肌细胞收缩、离子内平衡、流体传输等细胞生理功能中发挥着重要作用[236,237]。多种离子特异性的染料已被用于离子荧光传感,如 6-methoxy-N-(3-sulfopropyl) quinolinium (SPQ)、6-methoxy-N-ethylquinolinium (MEQ)可用于 Cl^-检测,而 SBFI、Na-green 可用于 Na^+检测,但是都存在易光漂白、灵敏度低等问题。

Wang 等将含有硫脲基团的化合物修饰到量子点表面,待测的 Cl^-与硫脲基团结合后,可以通过光致电荷转移淬灭量子点荧光,从而使得量子点荧光强度与 Cl^-浓度存在定量关系[238]。他们利用量子点荧光传感器检测了两类上皮细胞 T84 和 CF-PAC 对细胞中 Cl^-浓度的动态响应。随后 Wang 等又构建了冠醚修饰量子点 Na^+传感器[239]。由于 Na^+可以通过配位作用与冠醚(12-冠-4)结合,因而 Na^+存在时发生 FRET 过程使得量子点荧光淬灭。由于 Na^+与冠醚的结合具有特异性,因而该传感器可在 K^+与 Ca^{2+}干扰下准确分析人胚肾细胞和大鼠心肌细胞中的 Na^+浓度,并用于监测细胞对 Na^+的动态生理响应。

Tang 等设计了量子点氟离子荧光传感器[240]。如图 4.49 所示,他们通过硼酸–二醇结构连接量子点和金纳米粒子,由于两者之间存在 FRET,量子点的荧光被淬灭;由于 F^-和硼酸分别属于硬碱与硬酸,两者的结合能力强于硼酸与醇,因而加入 F^-可将硼酸酯解离,使得金纳米粒子远离量子点,从而恢复量子点的荧光。他们将量子点–硼酸酯–金纳米粒子探针与巨噬细胞 RAW264.7 孵育,细胞无明显荧光;当加入含有 F^-的溶液培养巨噬细胞后,细胞发出量子点的绿色荧光,表明该传感器可用于细胞的氟离子检测。

Li 等设计了"turn-on"的量子点荧光传感器用于细胞内的 Cd^{2+}检测[241]。该检测使用二氧化硅包覆的 CdSe 量子点($CdSe@SiO_2$)作为报告探针,利用亚硫酸盐淬灭 CdSe 的荧光,加入 Cd^{2+}可与探针表面的三唑基团形成配合物,从而恢复量子点荧光。探针对 Cd^{2+}的检测限为 5 nM,线性范围可达 0.01~500 μM。该探针可以对 hela 细胞内的 Cd^{2+}做出明显的荧光响应,能够用于 Cd^{2+}的细胞毒性研究。Xiong 等通过微波辅助水相合成方法制备了高荧光亮度的 $AgInS_2/ZnS$ 量子点。通过多种离子筛选实验发现,Cu^{2+}对于 $AgInS_2/ZnS$ 量子点的荧光具有选择性淬灭作用。通过共同培养,hela 细胞可将该量子点内吞,在含有 Cu^{2+}的水溶液中培养后,量子点的荧光逐渐减弱,表明 $AgInS_2/ZnS$ 量子点可以作为细胞内 Cu^{2+}荧光探针。

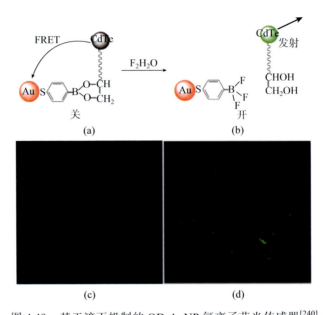

图 4.49 基于淬灭机制的 QD-AuNP 氟离子荧光传感器[240]

(a)F⁻不存在时，CdTe 量子点的荧光被 AuNP 淬灭；(b)F⁻存在时，CdTe 量子点与 AuNP 不再发生 FRET，荧光恢复；(c)和(d)分别为 F⁻存在和不存在时 RAW264.7 细胞的荧光照片

b) pH 传感

细胞内的 pH(pH_i)不仅在细胞增殖、细胞凋亡、多重抗药性、离子传输、细胞内吞等活动中发挥重要作用，而且直接影响着内吞、吞噬、配体内化等过程，影响神经系统活动[242]。由于细胞的生理功能与 pH 的关系密切，准确测定细胞内的 pH 可以提供生理与病理过程的关键信息。与微电极、核磁共振、吸收光谱等方法相比，pH 的荧光传感更为简单，灵敏度高。作为新一代的荧光标记物，量子点的荧光信号比单个有机分子要强几十倍，光稳定性更高，因而有望取代常用的有机染料 pH 指示剂。

在最初的研究中，Rogach 等发现，表面包覆有亲水巯基配体的 CdTe 量子点的荧光强度在 pH 4~6 范围内随 pH 减小而迅速下降直至沉淀[243]；Bawendi 等利用 pH 改变时 squaraine 染料光吸收峰的改变特性，构建了 pH 敏感的 CdSe/ZnS 量子点-squaraine 染料 FRET 体系，发展了 pH 比色检测技术[244]。Raymo 等则利用 pH 增大时恶嗪染料吸收改变并对量子点荧光淬灭的特性，构建了荧光"turn-off"的 pH 传感器[245]。与 Rogach 等的结果类似，Liu 等发现当 pH 增高时，巯基乙酸修饰的 CdSe/ZnSe/ZnS 量子点的荧光强度随之增强；当 pH 降低时，巯基乙酸配体将逐渐从量子点表面解离，导致量子点聚集，引起荧光下降[246]。他们将量子点与 SKOV-3 人卵巢癌细胞共同孵育，利用内吞将量子点输运至细胞内部。随后通过对比实验发现，使用氯喹处理后，细胞内的量子点荧光更强。由于氯喹是弱碱性物质，它们可以提高细胞内部的 pH,因而量子点随 pH 增强的规律与细胞外的情况相同,证明巯基乙酸修饰的 CdSe/ZnSe/ZnS 可以用于细胞内的 pH 传感。

由于通过荧光强度检测 pH 容易受到局部探针浓度、温度、光程、激发光源、检测器等因素影响,而比色法则同时检测两个吸收或者发射波长,因而更为准确[247]。如图 4.50 所示,Medintz 等发展了基于光致电荷转移机制的量子点-多巴胺复合物 pH 传感器[248]。多巴胺是一种具有氧化还原能力的生物活性分子,在氧气存在下可被氧化为醌,而醌分子是良好的电子受体,当量子点吸收光子形成激发态时,处于导带的电子可以转移至醌分子上,从而发生光诱导电子转移(PET),量子点的荧光将被淬灭。由于多巴胺的氧化具有 pH 依赖性,当 pH 从 6 提高至 12 时,多巴胺的氧化速度可以加快 1000 倍以上,因而量子点-多巴胺复合物可以构成 pH 敏感的光致电荷转移体系:当 pH 升高时,多巴胺氧化生成的醌分子浓度提高,基于 PET 的荧光淬灭效应增强,量子点的荧光强度下降;当 pH 降低时,体系中氢氧根浓度降低,多巴胺的氧化产物-醌分子的浓度降低,量子点的荧光淬灭减弱。随后,量子点-多巴胺探针被成功地用于 COS-1 细胞内的 pH 监测。

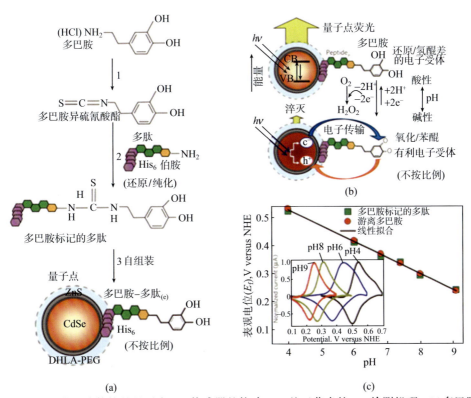

图 4.50　(a)多巴胺修饰的量子点 pH 传感器的构建;(b)基于荧光的 pH 检测机理;(c)多巴胺氧化还原能力的 pH 依赖性[248]

由于可以通过基因工程引入具有纯化、信号转导、组装连接、输运与定位等功能的多肽序列，荧光蛋白(FP)已经成为细胞生物学研究中的重要工具[249,250]。Dennis 等构建了基于量子点-荧光蛋白(QD-FP)的 FRET 体系用于 pH 的比色传感[251]。QD-FP pH 传感器以量子点作为给体，以 mOrange 和 mOrange 163K 作为荧光受体，这两种 FP 的吸收与发射峰均随 pH 变化而改变，因而 FRET 体系的能量转移效率也相应随 pH 改变。两种荧光蛋白的等电点分别为 6.9 和 7.9，传感器的灵敏度在两种蛋白的 pKa 值附近最大，即传感器对生理环境的 pH 响应最敏感。从图 4.51 可见，当 pH 从 6 逐渐增加至 8 时，QD 的荧光信号逐渐减弱，而 FP 的荧光信号逐渐增强，给体与受体荧光强度的比值从 0.6 减小到 0.1 左右，并且与 pH 具有较好的线性相关，表明该体系对生理范围内的 pH 具有良好的响应能力。随后 Dennis 等利用 QD-FP 作为荧光探针，研究了细胞对于探针的内吞与输运过程中 pH 的动态变化。从图 4.52 可见，当探针通过细胞膜进入内吞囊泡后，环境的 pH 降低至 6.5，FRET 效率降低，FP 的荧光信号明显减弱，随后在早期内体和晚期内体中 pH 降低至 5.5 和 4.5，FRET 无法有效进行，从荧光显微镜中仅能观察到明显的量子点荧光。

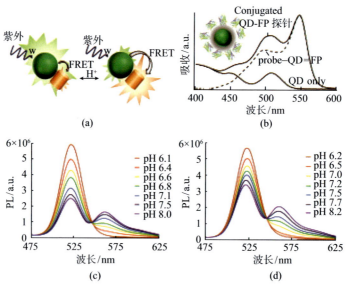

图 4.51 基于量子点-荧光蛋白(QD-FP)体系的 pH 传感[251]

尽管基于量子点的细胞内 pH 传感发展出多种方法，但是当前的检测手段仍主要依赖于荧光强度，在细胞内的复杂环境中检测时，难免受到浓度波动、介质不均一等不确定性的影响。Orte 等发展了基于荧光寿命成像(FLIM)的量子点 pH 传感器，可以克服荧光淬灭或者 FRET 方法的不足[252]。此前的研究发现量子点的荧光寿命具有 pH 敏感性，巯基羧酸修饰的量子点荧光寿命与生理范围内的 pH 呈线性相关[253]。

如图 4.53 所示，基于以上机制，他们利用 FLIM 技术在多种细胞内对 pH 变化进行了高灵敏检测。

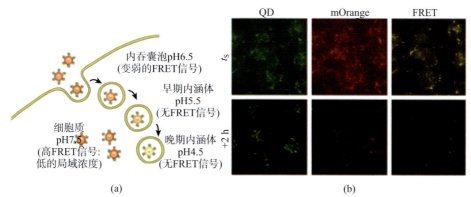

图 4.52　QD-FP 进入细胞的过程(a)以及相应的荧光显微镜照片(b)[251]

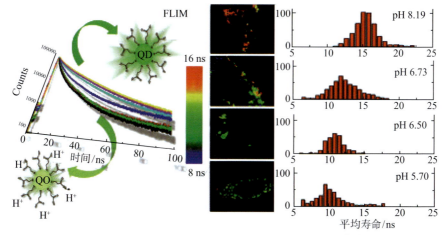

图 4.53　基于 FLIM 技术的量子点细胞内 pH 传感[253]

c) 温度传感

温度是细胞正常生理活动水平的表现，驱动细胞活动的多余能量将以热能的形式释放；同时，细胞以及线粒体也会主动产生热量，用于调节细胞的能量代谢与细胞凋亡过程。提高细胞的温度可以加快细胞内许多活动的速度，也会改变蛋白、DNA 等生物分子的生物活性。维持正常的细胞温度对于基因表达、肿瘤新陈代谢等具有重要意义。当前，许多方法可用于细胞温度的测定，如利用有机染料的荧光强度和荧光寿命对温度的响应。当前使用的主要是有机染料以及金属配合物，其荧光强度、荧光寿命、光稳定性等仍然存在不足，而量子点独特的光物理性质使其在细胞的温度传感方面具有一定应用潜力。

Maestro 等发展了基于双光子的量子点细胞温度传感技术[254]。此前的研究发现,量子点受到双光子激发时在不同温度下的发射峰强度与峰位置均不相同。如图 4.54 所示,量子点发射峰移动量以及发射峰强度的变化与温度变化具有近似线性比例关系,其中发射峰波长与温度的关系为 0.16nm/°C,根据以上关系可定量分析细胞内的温度。

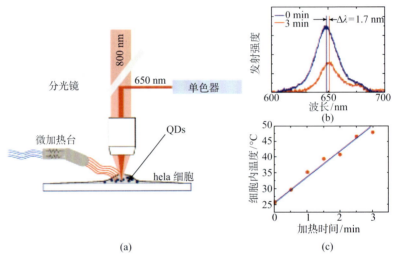

图 4.54 量子点荧光温度计的示意图(a),hela 细胞内的 CdSe 量子点在不同温度下的双光子荧光谱图(b),以及细胞内温度随加热时间的改变(c)[254]

Yang 等基于量子点光谱随温度变化的规律发展了细胞内的温度传感技术[255]。当温度升高时,量子点的晶格发生膨胀,电子-晶格相互作用发生改变,量子点的光谱红移。他们将 655 nm 发射的量子点输运至小鼠成纤维细胞(NIH/3T3)内,通过 Ca^{2+} 冲击增加细胞内热量的生成。根据温度校正参数 $\Delta\lambda/\Delta T=0.105$ nm/°C,可计算出细胞的温度变化。研究发现细胞内的温度对于 Ca^{2+} 冲击并非呈均一的变化。随后,他们还通过该方法研究了亚细胞水平上非生物压力(冷冲击)带来的温度响应。

d) 反应活性氧传感

细胞内的需氧器官可产生自由基,其中超氧化物阴离子($O_2^{\cdot-}$)是一类重要的反应活性氧物种。Li 等在量子点表面组装了细胞色素 c(Cyt c),利用 Cyt c 的氧化还原性质来检测超氧化物阴离子[256]。Cyt c 的氧化态可以淬灭量子点的荧光,其还原态可以使量子点荧光恢复,而超氧化物阴离子可将氧化态的 Cyt c 还原,因而可以通过 QD-Cyt c 体系检测细胞中的超氧化物阴离子。通过佛波酸酯的刺激,hela 细胞中可以产生超氧化物阴离子,可将 Cyt c 还原,量子点的荧光恢复,而正常细胞在佛波酸酯的刺激下并不能产生超氧化物阴离子，无法使量子点荧光增强。

7) 量子点荧光编码与多元检测

2001 年，Nie 等开发了多色荧光编码技术，他们将量子点掺入交联的聚苯乙烯微球中，得到高亮度的荧光微球。如图 4.55 所示，通过选用不同颜色和数量的量子点，可以对量子点聚合物微球进行荧光编码[257]。简单计算可知，如果微球掺入量子点的数量，即微球的荧光强度具有 10 种水平，掺杂使用 3 种不同发光波长(颜色)的量子点，那么可以得到荧光波长和强度不同的近 10^3 种荧光编码微球；如果使用 6 种发光波长不同的量子点，则能够得到近百万种荧光编码微球，从而可以实现多种生物分子的多重分析，尤其是在基因表达、高通量筛选和医学诊断中具有良好的应用前景。

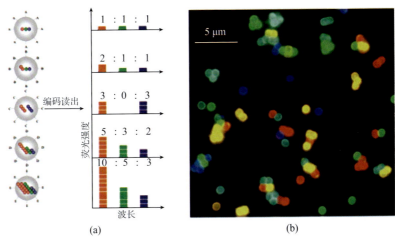

图 4.55　基于发射波长和荧光强度的量子点荧光编码示意图(a)以及 CdSe/ZnS 量子点编码微球的荧光图片(b)[257]

Gao 等改进了量子点荧光微球的制备方式，利用具有大量微孔(2~50nm)的聚苯乙烯微球负载量子点，比通过非介孔微球溶胀方法得到的荧光编码微球的亮度提高 1000 倍，荧光均一度提高 5 倍[258]。他们还使用聚合物与量子点溶液自组装的方法制备小尺寸(100 nm 左右)的"纳米条形码"，通过利用量子点"纳米条形码"作为荧光标记物，对人前列腺特异抗原(PSA)进行了高灵敏检测[259]。

Quantum Dots 公司(已被 Invitrogen 公司收购)的 Sha 等利用量子点微珠(Qbead^{TM})系统实现了单核苷酸多态性(SNP)的分析。对 10 种模型 SNP 的分析表明，利用量子点微珠可以对 SNP 基因分型进行精确而灵敏的检测，从而能够提供一种高通量、高性价比的自动化基因检测平台[260]。Eastman 等将量子点纳米条形码技术用于基因表达的多重分析[261]。如图 4.56 所示，他们选择四种发光波长(525 nm，545 nm，565 nm，585 nm)的量子点和 12 种荧光强度水平对磁性微珠进行编码，随后连接寡核苷酸探针并与生物素修饰的 cRNA 杂交，链霉亲和素修饰的近红外量子点 (655 nm)与 cRNA 结合，通过其荧光信号可进行定量分析。基于量子点编码微球的基因表达分析技术可对 10^4 个靶分子进行分析，与定量 PCR 检测限接近，检测的动态范围可达 3 个数量级以上。

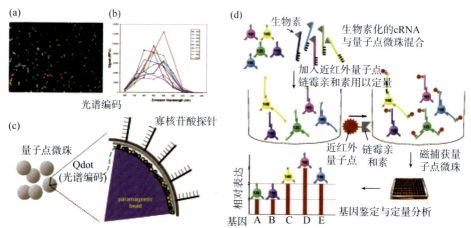

图 4.56　量子点编码微球系统用于高通量基因分析的示意图[261]

Chan 等利用量子点荧光编码技术实现了多种传染病基因标志物的快速筛查[262]。他们通过量子点荧光编码微球对艾滋病、疟疾、乙型肝炎、丙型肝炎、梅毒等多种病原体的血液样品进行了快速检测，所需时间小于 10 min，样品需要量为 200 μL，检测限在 fM 范围，为量子点荧光编码技术的临床应用进一步奠定了基础。

Dou 等发展了基于量子点荧光编码微球的乙型肝炎病毒蛋白标志物的流式细胞多元检测技术[263]。他们使用多孔膜乳化量子点溶液得到均匀液滴，将溶剂蒸发后得到尺寸均一、荧光编码准确的量子点编码微球，利用量子点荧光编码微球的尺寸、发射波长以及荧光强度三种信号，结合流式细胞术实现了乙型肝炎病毒的五种免疫指标(HBsAg、HBsAb、HBeAg、HBeAb、HBcAb)的同时定量检测。

4.6　小结与展望

由于荧光传感技术具有灵敏度高、响应速度快、检测线性范围宽、空间分辨率高、通用性广等诸多优点，其近年来一直备受学术界与工业界的重视，因而在检测原理、检测技术、传感器件、荧光材料、应用领域等方面均取得长足进展。作为多学科高度交叉的领域，荧光传感通过吸收融合激光、光电子、信息、生物等领域的新技术，促使自身获得长足发展，不仅显著提高了检测的灵敏度、可靠性、特异性，而且使得检测能够自动化、高通量、紧凑化、多功能化。尤其值得一提的是，自 20

世纪末以来，纳米科学技术进展迅猛，大量具有独特荧光性能的新型纳米材料不断涌现，包括量子点、荧光金属团簇、稀土上转换纳米粒子、共轭聚合物纳米粒子等。其中，以量子点为代表的荧光纳米材料不仅为传统的荧光传感提供了新一代的标记物，而且其独特的光物理性能在新型荧光传感技术方面具有巨大的应用潜力，从而使得纳米荧光生物传感技术成为荧光生物传感的重要发展方向。目前基于量子点的荧光生物传感已经吸引了人们广泛的关注，在生物物理学、基因和蛋白质的多元分析、药物筛选、医学诊断等方面展示出了广阔的应用前景。随着量子点在生物医学领域研究的不断深入，各种复杂与特殊的生物环境将对量子点生物探针的性能提出更高的要求，兼具低毒性、高稳定性、高亮度、良好生物相容性、较小流体力学直径等特性的高性能量子点生物探针的构建仍然面临着挑战。量子点的制备工艺、表面修饰技术、生物连接策略等各方面均有待进一步提高。相信随着越来越多的科研工作者关注并进入纳米荧光传感领域，这些问题必将得到圆满的解决。

参 考 文 献

[1] Borisov S M, Wolfbeis O S. Chem Rev, 2008, 108: 423.
[2] Demčenko A P. Introduction to Fluorescence Sensing. Berlin: Springer, 2009.
[3] 许金钩, 王尊本. 荧光分析法. 北京: 科学出版社, 2006.
[4] Valeur B. Molecular Fluorescence: Principles and Applications. New York: John Wiley & Sons, 2013.
[5] Lakowicz J R. Principles of Fluorescence Spectroscopy. Berlin: Springer, 2009.
[6] Song S, Qin Y, He Y, et al. Chem Soc Rev, 2010, 39.
[7] Lei J, Ju H. Chem Soc Rev, 2012, 41: 2122.
[8] Alivisatos P. Nat Biotechnol, 2004, 22: 47.
[9] Rosi N L, Mirkin C A. Chem Rev, 2005, 105: 1547.
[10] Förster T. Ann Phys, 1948, 437: 55.
[11] David L A, David S B. Eur J Phys, 2004, 25: 845.
[12] Dexter D L. J Chem Phys, 1953, 21: 836.
[13] Stryer L, Haugland R P. Proc Natl Acad Sci USA, 1967, 58: 719.
[14] Stryer L. Annu Rev Biochem, 1978, 47: 819.
[15] Heyduk T. Curr Opin Biotechnol, 2002, 13: 292.
[16] Truong K, Ikura M. Curr Opin Struct Biol, 2001, 11: 573.
[17] Suzuki Y, Yasunaga T, Ohkura R, et al. Nature, 1998, 396: 380.
[18] Galperin E, Verkhusha V V, Sorkin A. Nat Meth, 2004, 1: 209.
[19] Kerr J F, Wyllie A H, Currie A R. Br J Cancer, 1972, 26: 239.
[20] Hanahan D, Folkman J. Cell, 1996, 86: 353.
[21] Ashkenazi A, Dixit V M. Science, 1998, 281: 1305.
[22] Thompson C B. Science, 1995, 267: 1456.
[23] Mahajan N P, Linder K, Berry G, et al. Nat Biotech, 1998, 16: 547.
[24] Alnemri E S, Livingston D J, Nicholson D W, et al. Cell, 1996, 87: 171.

[25] Onuki R, Nagasaki A, Kawasaki H, et al. Proc Natl Acad Sci USA, 2002, 99: 14716.
[26] Xu X, Gerard A L V, Huang B C B, et al. Nucleic Acids Res, 1998, 26: 2034.
[27] Romoser V A, Hinkle P M, Persechini A. J Biol Chem, 1997, 272: 13270.
[28] Tsien R Y, Miyawak A. Science, 1998, 280: 1954.
[29] Lakowicz J R, Johnson M, Lederer W, et al. LFW, 1992, 28: 60.
[30] Szmacinski H, Lakowicz J. Lifetime-based sensing//Lakowicz J. Topics in Fluorescence Spectroscopy. Volume 4: Probe Design and Chemical Sensing. Berlin: Springer, 2002.
[31] Lakowicz J R, Szmacinski H, Nowaczyk K, et al. Anal Biochem, 1992, 202: 316.
[32] Oida T, Sako Y, Kusumi A. Biophys J, 1993, 64: 676.
[33] Gadella Jr T W J, Jovin T M, Clegg R M. Biophys Chem, 1993, 48: 221.
[34] Lakowicz J R, Szmacinski H. Sens Actuators, B, 1993, 11: 133.
[35] Lakowicz J R, Szmacinski H, Nowaczyk K, et al. Cell Calcium, 1992, 13: 131.
[36] Chao A C, Dix J A, Sellers M C, et al. Biophys J, 1989, 56: 1071.
[37] Lippitsch M E, Pusterhofer J, Leiner M J, et al. Anal Chim Acta, 1988, 205: 1.
[38] Berndt K W, Lakowicz J R. Anal Biochem, 1992, 201: 319.
[39] Lakowicz J R, Szmacinski H, Nowaczyk K, et al. Proc Natl Acad Sci USA, 1992, 89: 1271.
[40] Bastiaens P I H, Squire A. Trends Cell Biol, 1999, 9: 48.
[41] Soini E, Lövgren T, Reimer C B. Crit Rev Anal Chem, 1987, 18: 105.
[42] Hemmila I, Mukkala V M. Crit Rev Cl Lab Sci, 2001, 38: 441.
[43] Bunzli J C G, Piguet C. Chem Soc Rev, 2005, 34: 1048.
[44] Bünzli J C G. Chem Rev, 2010, 110: 2729.
[45] Hemmilä I, Dakubu S, Mukkala V M, et al. Anal Biochem, 1984, 137: 335.
[46] Coons A H, Creech H J, Jones R N. Exp Biol Med, 1941, 47: 200.
[47] Coons A H, Creech H J, Jones R N, et al. J Immunol, 1942, 45: 159.
[48] Coons A H. J Immunol, 1961, 87: 499.
[49] Soini E, Hemmilä I. Clin Chem, 1979, 25: 353.
[50] Soini E, Kojola H. Clin Chem, 1983, 29: 65.
[51] Hemmilä I. Applications of Fluorescence in Immunoassays. New York: Wiley Interscience, 1991.
[52] Pettersson K, Siitari H, Hemmilä I, et al. Clin Chem, 1983, 29: 60.
[53] Lovgren T H I, Pettersson K, Halonen P. Alternative immunoassays//Collins W P. Time-resolved Fluorometry in Immunoassay. New York: John Wiley & Sons, 1985.
[54] Frank D S, Sundberg M W. Patents, 1981, 4283382.
[55] Chan M A, Bellem A C, Diamandis E P. Clin Chem, 1987, 33: 2000.
[56] Diamandis E P, Christopoulos T K. Clin Chem, 1991, 37: 625.
[57] Mathis G. Clin Chem, 1995, 41: 1391.
[58] Ju Y H, Terpetschnig E, Szmacinski H, et al. Anal Biochem, 1995, 232: 24.
[59] Li L, Gryczynski I, Lakowicz J R. Chem Phys Lipids, 1999, 101: 243.
[60] Karvinen J, Hurskainen P, Gopalakrishnan S, et al. J Biomol Screening, 2002, 7: 223.
[61] Ylikoski A, Elomaa A, Ollikka P, et al. Clin Chem, 2004, 50: 1943.
[62] Christopoulos T K, Diamandis E P. Anal Chem, 1992, 64: 342.

[63] Papanastasiou-Diamandi A, Christopoulos T K, Diamandis E P. Clin Chem, 1992, 38: 545.
[64] Meyer J, Karst U. Analyst, 2001, 126: 175.
[65] Christopoulos T K, Lianidou E S, Diamandis E P. Clin Chem, 1990, 36: 1497.
[66] Pettersson K, Alfthan H, Stenman U, et al. Clin Chem, 1993, 39: 2084.
[67] Kaihola H L, Irjala K, Viikari J, et al. Clin Chem, 1985, 31: 1706.
[68] Torresani T E, Scherz R. Clin Chem, 1986, 32: 1013.
[69] Yuan J, Wang G, Kimura H, et al. Anal Sci, 1998, 14: 421.
[70] Manning G, Whyte D B, Martinez R, et al. Science, 2002, 298: 1912.
[71] Park Y W, Cummings R T, Wu L, et al. Anal Biochem, 1999, 269: 94.
[72] Biazzo-Ashnault D E, Park Y W, Cummings R T, et al. Anal Biochem, 2001, 291: 155.
[73] Morgan D O. Nature, 1995, 374: 131.
[74] Morgan D O. Annu Rev Cell Dev Biol, 1997, 13: 261.
[75] Lo M C, Ngo R, Dai K, et al. Anal Biochem, 2012, 421: 368.
[76] Blasco M A. Nat Rev Genet, 2005, 6: 611.
[77] Gabourdes M, Bourgine V, Mathis G, et al. Anal Biochem, 2004, 333: 105.
[78] Syvänen A C, Tchen P, Ranki M, et al. Nucleic Acids Res, 1986, 14: 1017.
[79] Templeton E F, Wong H E, Evangelista R A, et al. Clin Chem, 1991, 37: 1506.
[80] Jameson D M, Ross J A. Chem Rev, 2010, 110: 2685.
[81] Perrin F. Comptes Rendues, 1925, 181: 514.
[82] Perrin F. Comptes Rendues, 1925, 180: 581.
[83] Perrin F. J Phys Radium, 1926, 7: 390.
[84] Soleillet P. Ann Phys, 1929, 12: 23.
[85] Weber G. J Opt Soc Am, 1956, 46: 962.
[86] Weber G. Adv Protein Chem, 1953, 8: 415.
[87] Weber G. Biochem J, 1952, 51: 155.
[88] Weber G. Biochem J, 1952, 51: 145.
[89] Dandliker W B, Feigen G A. Biochem Biophys Res Commun, 1961, 5: 299.
[90] Dandliker W B, Schapiro H, Meduski J, et al. Immunochemistry, 1964, 1: 165.
[91] Dandliker W B, Halbert S P, Florin M C, et al. J Exp Med, 1965, 122: 1029.
[92] Jolley M, Stroupe S, Schwenzer K, et al. Clin Chem, 1981, 27: 1575.
[93] Jolley M E, Stroupe S D, Wang C, et al. Clin Chem, 1981, 27: 1190.
[94] Popelka S R, Miller D M, Holen J T, et al. Clin Chem, 1981, 27: 1198.
[95] Lu-Steffes M, Pittluck G, Jolley M, et al. Clin Chem, 1982, 28: 2278.
[96] Checovich W J, Bolger R E, Burke T. Nature, 1995, 375: 254.
[97] Jameson D M, Sawyer W H. Methods Enzymol, 1995, 246: 283.
[98] Chen X, Levine L, Kwok P Y. Genome Res, 1999, 9: 492.
[99] Nasir M S, Jolley M E. Comb Chem High T Scr, 1999, 2: 177.
[100] Nasir M S, Jolley M E. J Agric Food Chem, 2002, 50: 3116.
[101] Expert Opin Drug Discovery, 2011, 6: 17.
[102] Wang L, Clifford B, Graybeal L, et al. J Fluoresc, 2013, 23: 881.
[103] James N G, Jameson D M. Steady-State Fluorescence Polarization/Anisotropy for the Study of Protein Interactions. Berline: Springer, 2014.

[104] Watson R A A, Landon J, Shaw E J, et al. Clin Chim Acta, 1976, 73: 51.
[105] McGregor A R, Crookall-Greening J O, Landon J, et al. Clin Chim Acta, 1978, 83: 161.
[106] Haber E, Bennett J C. Proc Natl Acad Sci USA, 1962, 48: 1935.
[107] Urios P, Cittanova N, Jayle M F. FEBS Lett, 1978, 94: 54.
[108] Kobayashi Y, Amitani K, Watanabe F, et al. Clin Chim Acta, 1979, 92: 241.
[109] Owicki J C. J Biomol Screening, 2000, 5: 297.
[110] Levine L M, Michener M L, Toth M V, et al. Anal Biochem, 1997, 247: 83.
[111] Simeonov A, Bi X, Nikiforov T T. Anal Biochem, 2002, 304: 193.
[112] Spencer R D, Toledo F B, Williams B T, et al. Clin Chem, 1973, 19: 838.
[113] Maeda H. Anal Biochem, 1979, 92: 222.
[114] Nishizuka Y. Nature, 1984, 308: 693.
[115] Lapenna S, Giordano A. Nat Rev Drug Discov, 2009, 8: 547.
[116] Cohen P. Nat Rev Drug Discovery, 2002, 1: 309.
[117] Noble M E, Endicott J A, Johnson L N. Science, 2004, 303: 1800.
[118] Fowler A, Swift D, Longman E, et al. Anal Biochem, 2002, 308: 223.
[119] Newman M, Josiah S. J Biomol Screening, 2004, 9: 525.
[120] Drees B E, Weipert A, Hudson H, et al. Comb Chem High T Scr, 2003, 6: 321.
[121] Rosenbaum D M, Rasmussen S G, Kobilka B K. Nature, 2009, 459: 356.
[122] Overington J P, Al-Lazikani B, Hopkins A L. Nat Rev Drug Discov, 2006, 5: 993.
[123] Filmore D. Mod Drug Discovery, 2004, 7: 24.
[124] Banks P, Gosselin M, Prystay L. J Biomol Screening, 2000, 5: 159.
[125] Allen M, Reeves J, Mellor G. J Biomol Screening, 2000, 5: 63.
[126] Lee P H, Miller S C, van Staden C, et al. J Biomol Screening, 2008, 13: 748.
[127] Kecskés M, Kumar T S, Yoo L, et al. Biochem Pharmacol, 2010, 80: 506.
[128] Bruchez M, Jr Moronne M, Gin P, et al. Science, 1998, 281: 2013.
[129] Chan W C W, Nie S M. Science, 1998, 281: 2016.
[130] Alivisatos A P. Science, 1996, 271: 933.
[131] Efros A L E. Sov Phys Semicond, 1982, 16: 772.
[132] Rossetti R, Nakahara S, Brus L E. J Chem Phys, 1983, 79: 1086.
[133] Brus L E. J Chem Phys, 1984, 80: 4403.
[134] Rossetti R, Ellison J L, Gibson J M, et al. J Chem Phys, 1984, 80: 4464.
[135] Brus L. J Phys Chem, 1986, 90: 2555.
[136] Weiss P S. ACS Nano, 2008, 2: 1321.
[137] Reed M A, Bate R T, Bradshaw K, et al. J Vac Sci Technol B, 1986, 4: 358.
[138] Alivisatos A P. J Phys Chem, 1996, 100: 13226.
[139] Wang Y, Herron N. J Phys Chem, 1991, 95: 525.
[140] Donega C D. Chem Soc Rev, 2011, 40: 1512.
[141] Kitai A. Luminescent Materials and Applications. New York: Wiley, 2008.
[142] Michalet X, Pinaud F F, Bentolila L A, et al. Science, 2005, 307: 538.
[143] Wu X, Liu H, Liu J, et al. Nat Biotechnol, 2003, 21: 41.
[144] Medintz I L, Uyeda H T, Goldman E R, et al. Nat Mater, 2005, 4: 435.
[145] Medintz I L, Clapp A R, Mattoussi H, et al. Nat Mater, 2003, 2: 630.

[146] Zrazhevskiy P, Sena M, Gao X H. Chem Soc Rev, 2010, 39: 4326.
[147] Stark W J. Angew Chem Int Ed, 2011, 50: 1242.
[148] Murray C B, Norris D J, Bawendi M G. J Am Chem Soc, 1993, 115: 8706.
[149] Murray C B, Kagan C R, Bawendi M G. Annu Rev Mater Sci, 2000, 30: 545.
[150] Peng Z A, Peng X G. J Am Chem Soc, 2001, 123: 183.
[151] Qu L H, Peng Z A, Peng X G. Nano Lett, 2001, 1: 333.
[152] Peng Z A, Peng X G. J Am Chem Soc, 2002, 124: 3343.
[153] Qu L H, Peng X G. J Am Chem Soc, 2002, 124: 2049.
[154] Yu W W, Peng X G. Angew Chem Int Ed, 2002, 41: 2368.
[155] Park J, Joo J, Kwon S G, et al. Angew Chem Int Ed, 2007, 46: 4630.
[156] Peng X. Nano Res, 2009, 2: 425.
[157] Hines M A, Guyot-Sionnest P. J Phys Chem, 1996, 100: 468.
[158] Dabbousi B O, Rodriguez-Viejo J, Mikulec F V, et al. J Phys Chem, 1997, 101: 9463.
[159] Li J J, Wang Y A, Guo W Z, et al. J Am Chem Soc, 2003, 125: 12567.
[160] Gaponik N, Talapin D V, Rogach A L, et al. J Phys Chem B, 2002, 106: 7177.
[161] Rogach A L, Franzl T, Klar T A, et al. J Phys Chem C, 2007, 111: 14628.
[162] Gaponik N, Hickey S G, Dorfs D, et al. Small, 2010, 6: 1364.
[163] Zhang H, Wang L, Xiong H, et al. Adv Mater, 2003, 15: 1712.
[164] Guo J, Yang W L, Wang C C. J Phys Chem B, 2005, 109: 17467.
[165] de la Hoz A, Diaz-Ortiz A, Moreno A. Chem Soc Rev, 2005, 34: 164.
[166] Zhu J, Palchik O, Chen S, et al. J Phys Chem, 2000, 104: 7344.
[167] Li L, Qian H F, Ren J C. Chem Commun, 2005, 4: 528.
[168] He Y, Lu H T, Sai L M, et al. J Phys Chem B, 2006, 110: 13352.
[169] He Y, Lu H T, Sai L M, et al. J Phys Chem B, 2006, 110: 13370.
[170] He Y, Sai L M, Lu H T, et al. Chem Mater, 2007, 19: 359.
[171] He Y, Lu H T, Sai L M, et al. Adv Mater, 2008, 20: 3416.
[172] Yang Y H, Gao M Y. Adv Mater, 2005, 17: 2354.
[173] Jing L, Yang C, Qiao R, et al. Chem Mater, 2009, 22: 420.
[174] Zhelev Z, Ohba H, Bakalova R. J Am Chem Soc, 2006, 128: 6324.
[175] Aldana J, Wang Y A, Peng X G. J Am Chem Soc, 2001, 123: 8844.
[176] Uyeda H T, Medintz I L, Jaiswal J K, et al. J Am Chem Soc, 2005, 127: 3870.
[177] Stewart M H, Susumu K, Mei B C, et al. J Am Chem Soc, 2010, 132: 9804.
[178] Kim S, Bawendi M G. J Am Chem Soc, 2003, 125: 14652.
[179] Kim S W, Kim S, Tracy J B, et al. J Am Chem Soc, 2005, 127: 4556.
[180] Wang Y A, Li J J, Chen H Y, et al. J Am Chem Soc, 2002, 124: 2293.
[181] Guo W H, Li J J, Wang Y A, et al. J Am Chem Soc, 2003, 125: 3901.
[182] Duan H W, Nie S M. J Am Chem Soc, 2007, 129: 3333.
[183] Smith A M, Nie S. J Am Chem Soc, 2008, 130: 11278.
[184] Dubertret B, Skourides P, Norris D J, et al. Science, 2002, 298: 1759.
[185] Pellegrino T, Manna L, Kudera S, et al. Nano Lett, 2004, 4: 703.
[186] Anderson R E, Chan W C W. ACS Nano, 2008, 2: 1341.
[187] Yuwen L H, Bao B Q, Liu G, et al. Small, 2011, 7: 1456.

[188] Goldman E R, Balighian E D, Mattoussi H, et al. J Am Chem Soc, 2002, 124: 6378.
[189] Jaiswal J K, Mattoussi H, Mauro J M, et al. Nat Biotechnol, 2003, 21: 47.
[190] Mattoussi H, Mauro J M, Goldman E R, et al. J Am Chem Soc, 2000, 122: 12142.
[191] Yan J, Hu M, Li D, et al. Nano Res, 2008, 1: 490.
[192] Goldman E R, Medintz I L, Whitley J L, et al. J Am Chem Soc, 2005, 127: 6744.
[193] Gao X H, Cui Y Y, Levenson R M, et al. Nat Biotechnol, 2004, 22: 969.
[194] Liu H Y, Gao X. Bioconjugate Chem, 2011, 22: 510.
[195] Xing Y, Chaudry Q, Shen C, et al. Nat Protocols, 2007, 2: 1152.
[196] Pathak S, Davidson M C, Silva G A. Nano Lett, 2007, 7: 1839.
[197] Bernardin A, Cazet A, Guyon L, et al. Bioconjugate Chem, 2010, 21: 583.
[198] Han H S, Devaraj N K, Lee J, et al. J Am Chem Soc, 2010, 132: 7838.
[199] Sapsford K E, Pons T, Medintz I L, et al. J Phys Chem C, 2007, 111: 11528.
[200] Medintz I L, Clapp A R, Brunel F M, et al. Nat Mater, 2006, 5: 581.
[201] Roullier V, Clarke S, You C, et al. Nano Lett, 2009, 9: 1228.
[202] Gupta S, Uhlmann P, Agrawal M, et al. J Mater Chem, 2008, 18: 214.
[203] Susumu K, Medintz I L, Delehanty J B, et al. J Phys Chem C, 2010, 114: 13526.
[204] Howarth M, Takao K, Hayashi Y, et al. Proc Natl Acad Sci USA, 2005, 102: 7583.
[205] Medintz I L, Konnert J H, Clapp A R, et al. Proc Natl Acad Sci USA, 2004, 101: 9612.
[206] Hu M, He Y, Song S, et al. Chem Commun, 2010, 46: 6126.
[207] Oh E, Hong M Y, Lee D, et al. J Am Chem Soc, 2005, 127: 3270.
[208] Zhang C Y, Yeh H C, Kuroki M T, et al. Nat Mater, 2005, 4: 826.
[209] Gill R, Willner I, Shweky I, et al. J Phys Chem, 2005, 109: 23715.
[210] Peng H, Zhang L, Kjällman T H M, et al. J Am Chem Soc, 2007, 129: 3048.
[211] Zhou D, Ying L, Hong X, et al. Langmuir, 2008, 24: 1659.
[212] Dyadyusha L, Yin H, Jaiswal S, et al. Chem Commun, 2005: 3201.
[213] Dong H, Gao W, Yan F, et al. Anal Chem, 2010, 82: 5511.
[214] Clapp A R, Medintz I L, Mauro J M, et al. J Am Chem Soc, 2003, 126: 301.
[215] Goldman E R, Clapp A R, Anderson G P, et al. Anal Chem, 2004, 76: 684.
[216] Mamedova N N, Kotov N A, Rogach A L, et al. Nano Lett, 2001, 1: 281.
[217] Wang S, Mamedova N, Kotov N A, et al. Nano Lett, 2002, 2: 817.
[218] Wei Q, Lee M, Yu X, et al. Anal Biochem, 2006, 358: 31.
[219] Choi J H, Chen K H, Strano M S. J Am Chem Soc, 2006, 128: 15584.
[220] Akinfieva O, Nabiev I, Sukhanova A. Crit Rev Oncol Hema, 2013, 86: 1.
[221] Zhang Y, Yang D, Weng L, et al. Int J Mol Sci, 2013, 14: 15479.
[222] Wagner M, Li F, Li J, et al. Anal BioanalChem, 2010, 397: 3213.
[223] Li H, Cao Z, Zhang Y, et al. Analyst, 2011, 136: 1399.
[224] Cheng A K H, Su H, Wang Y A, et al. Anal Chem, 2009, 81: 6130.
[225] Li N, Chow A M, Ganesh H V S, et al. Anal Chem, 2013, 85: 9699.
[226] Morales-Narváez E, Montón H, Fomicheva A, et al. Anal Chem, 2012, 84: 6821.
[227] Hu M, Yan J, He Y, et al. ACS Nano, 2010, 4: 488.
[228] Sukhanova A, Susha A S, Bek A, et al. Nano Lett, 2007, 7: 2322.
[229] Wegner K D, Jin Z, Lindén S, et al. ACS Nano, 2013, 7: 7411.

[230] Cordes D B, Gamsey S, Singaram B. Angew Chem Int Ed, 2006, 45: 3829.
[231] Hu M, Tian J, Lu H T, et al. Talanta, 2010, 82: 997.
[232] Boeneman K, Mei B C, Dennis A M, et al. J Am Chem Soc, 2009, 131: 3828.
[233] Shi L, De Paoli V, Rosenzweig N, et al. J Am Chem Soc, 2006, 128: 10378.
[234] Xia Z, Xing Y, So M K, et al. Anal Chem, 2008, 80: 8649.
[235] Chang E, Miller J S, Sun J, et al. Biochem Biophys Res Commun, 2005, 334: 1317.
[236] Camerino D, Tricarico D, Desaphy J F. Neurotherapeutics, 2007, 4: 184.
[237] Verkman A S, Galietta L J V. Nat Rev Drug Discov, 2009, 8: 153.
[238] Wang Y C, Mao H, Wong L B. Nanotechnology, 2010, 21: 055101.
[239] Wang Y C, Mao H, Wong L B. Talanta, 2011, 85: 694.
[240] Xue M, Wang X, Duan L L, et al. Biosens Bioelectron, 2012, 36: 168.
[241] Li Y L, Zhou J, Liu C L, et al. J Mater Chem, 2012, 22: 2507.
[242] Han J, Burgess K. Chem Rev, 2009, 110: 2709.
[243] Susha A S, Javier A M, Parak W J, et al. Colloid Surfaces A, 2006, 281: 40.
[244] Snee P T, Somers R C, Nair G, et al. J Am Chem Soc, 2006, 128: 13320.
[245] Tomasulo M, Yildiz I, Raymo F M. J Phys Chem, 2006, 110: 3853.
[246] Liu Y S, Sun Y, Vernier P T, et al. J Phys Chem C, 2007, 111: 2872.
[247] Schäferling M, Duerkop A. Intrinsically referenced fluorimetric sensing and detection schemes: methods, advantages and applications//Resch-Genger U. Standardization and Quality Assurance in Fluorescence Measurements I. Berlin: Springer, 2008.
[248] Medintz I L, Stewart M H, Trammell S A, et al. Nat Mater, 2010, 9: 676.
[249] Tsien R Y. Annu Rev Biochem, 1998, 67: 509.
[250] Frommer W B, Davidson M W, Campbell R E. Chem Soc Rev, 2009, 38: 2833.
[251] Dennis A M, Rhee W J, Sotto D, et al. ACS Nano, 2012, 6: 2917.
[252] Orte A, Alvarez-Pez J M, Ruedas-Rama M J. ACS Nano, 2013, 7: 6387.
[253] Ruedas-Rama M J, Orte A, Hall E A H, et al. Chem Commun, 2011, 47: 2898.
[254] Maestro L M, Rodríguez E M N, Rodríguez F S, et al. Nano Lett, 2010, 10: 5109.
[255] Yang J M, Yang H, Lin L. ACS Nano, 2011, 5: 5067.
[256] Li D W, Qin L X, Li Y, et al. Chem Commun, 2011, 47: 8539.
[257] Han M Y, Gao X H, Su J Z, et al. Nat Biotechnol, 2001, 19: 631.
[258] Gao X H, Nie S M. Anal Chem, 2004, 76: 2406.
[259] Yang J, Dave S R, Gao X H. J Am Chem Soc, 2008, 130: 5286.
[260] Xu H, Sha M Y, Wong E Y, et al. Nucleic Acids Res, 2003, 31: e43.
[261] Eastman P S, Ruan W, Doctolero M, et al. Nano Lett, 2006, 6: 1059.
[262] Giri S, Sykes E A, Jennings T L, et al. Acs Nano, 2011, 5: 1580.
[263] Wang G, Leng Y, Dou H, et al. ACS Nano, 2013, 7: 471.

第5章 拉曼光谱生物检测技术

5.1 概　　述

激光光谱技术在生物物理/生物化学领域起到了越来越重要的作用，光谱的应用已从生物物理/生物化学的基础研究领域延伸到对疾病的诊断和治疗。本章主要介绍其中一种能提供分子结构信息的振动光谱技术——拉曼光谱。拉曼光谱技术可追溯到 1928 年，印度物理学家拉曼在用汞灯单色光来照射某些液体时，在液体的散射光中观测到了频率低于入射光频率的新谱线，后来这一特殊的光学现象被称为拉曼散射。为表彰拉曼先生研究了光的散射和发现了以他的名字命名的效应，1930 年诺贝尔物理学奖授予当时正在印度加尔各答大学工作的拉曼。拉曼散射是指一定频率的入射光照射到样品时，物质分子吸收了部分能量后发生不同方式和程度的振动，然后散射出与入射光频率不同的光子。对散射光中频率变化的光子进行光谱采集可以获得物质的拉曼光谱，进而能够分析得到分子振动、转动方面的结构信息。每种物质的拉曼散射即拉曼光谱都只与其自身的分子结构有关，与入射光的频率无关，因此拉曼光谱亦称为分子的指纹谱，是物质成分与分子结构研究的一种重要分析方法。至今近 90 年的发展历程中，拉曼光谱技术在光谱仪研制及光谱技术开发及应用等诸多方面均取得了快速的发展。如 1940 年代发明了拉曼光栅光谱仪，1953 年出现了第一台商业拉曼光谱仪，到了 1960 年代出现了激光拉曼光谱仪，在 1970 和 1980 年代陆续开发了显微拉曼光谱仪和光纤拉曼光谱仪。现今广泛使用的既有大型的激光共聚焦显微拉曼光谱仪，又有手持式的便携拉曼光谱仪，为拉曼光谱技术提供了强大的硬件设备。同时，拉曼光谱技术也从初期的普通拉曼光谱和共振拉曼光谱（Resonance Raman Spectra, RRS）技术，发展形成了受激拉曼光谱（Stimulated Raman Scattering, SRS）、相干反斯托克斯拉曼光谱（Coherent anti-Stokes Raman Scattering, CARS）、表面增强拉曼光谱（Surface-enhanced Raman Scattering, SERS）、针尖增强拉曼光谱（Tip-enhanced Raman Scattering, TERS）、空间位移拉曼光谱（Spatially Offset Raman Spectroscopy, SORS）等多类型拉曼光谱分析技术，极大地推动了拉曼光谱及其分析技术在物理、化学、材料、生物和医学等诸多领域的广泛应用。拉曼光谱技术的主要发展历程如图 5.1 所示[1]。本章将在介绍拉曼光谱原理及应用的基础上，重点介绍近年来快速发展起来的表面增强拉曼散射技术及其在生物学领域的研究与应用现状及发展前景。

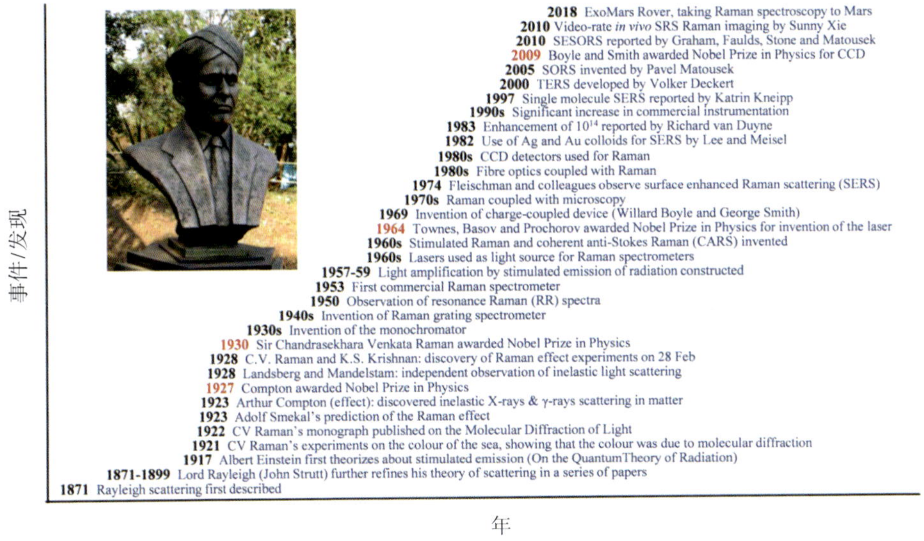

第 5 章　拉曼光谱生物检测技术

图 5.1 拉曼光谱学发展历程

年份	事件/发现
2018	ExoMars Rover, taking Raman spectroscopy to Mars
2010	Video-rate *in vivo* SRS Raman imaging by Sunny Xie
2010	SESORS reported by Graham, Faulds, Stone and Matousek
2009	Boyle and Smith awarded Nobel Prize in Physics for CCD
2005	SORS invented by Pavel Matousek
2000	TERS developed by Volker Deckert
1997	Single molecule SERS reported by Katrin Kneipp
1990s	Significant increase in commercial instrumentation
1983	Enhancement of 10^{14} reported by Richard van Duyne
1982	Use of Ag and Au colloids for SERS by Lee and Meisel
1980s	CCD detectors used for Raman
1980s	Fibre optics coupled with Raman
1974	Fleischman and colleagues observe surface enhanced Raman scattering (SERS)
1970s	Raman coupled with microscopy
1969	Invention of charge-coupled device (Willard Boyle and George Smith)
1964	Townes, Basov and Prochorov awarded Nobel Prize in Physics for invention of the laser
1960s	Stimulated Raman and coherent anti-Stokes Raman (CARS) invented
1960s	Lasers used as light source for Raman spectrometers
1957-59	Light amplification by stimulated emission of radiation constructed
1953	First commercial Raman spectrometer
1950	Observation of resonance Raman (RR) spectra
1940s	Invention of Raman grating spectrometer
1930s	Invention of the monochromator
1930	Sir Chandrasekhara Venkata Raman awarded Nobel Prize in Physics
1928	C.V. Raman and K.S. Krishnan: discovery of Raman effect experiments on 28 Feb
1928	Landsberg and Mandelstam: independent observation of inelastic light scattering
1927	Compton awarded Nobel Prize in Physics
1923	Arthur Compton (effect): discovered inelastic X-rays & γ-rays scattering in matter
1923	Adolf Smekal's prediction of the Raman effect
1922	CV Raman's monograph published on the Molecular Diffraction of Light
1921	CV Raman's experiments on the colour of the sea, showing that the colour was due to molecular diffraction
1917	Albert Einstein first theorizes about stimulated emission (On the QuantumTheory of Radiation)
1871-1899	Lord Rayleigh (John Strutt) further refines his theory of scattering in a series of papers
1871	Rayleigh scattering first described

5.2　拉 曼 散 射

5.2.1　拉曼散射原理

单色入射光光子与分子相互作用时会发生弹性碰撞和非弹性碰撞。在弹性碰撞过程中，入射光子只改变运动方向而不改变频率，即光子与分子间没有能量交换，因而这类光子与入射光子具有相同的能量(频率)和波长，这种弹性散射过程称为瑞利散射(Rayleigh scattering)。在非弹性碰撞过程中，入射光子与分子之间发生能量交换，光子不仅改变运动方向而且将一部分能量传递给分子，或者分子的振动和转动能量传递给入射光子，从而改变了散射光子的频率，这种非弹性散射过程称为拉曼散射[2]。1928年，印度物理学家C.V. Raman在研究光穿过透明液体介质时首次发现被分子散射的光发生频率变化，有不同于入射光颜色的光出现，这一现象后来以他名字命名为拉曼散射(Raman scattering)或拉曼效应(Raman effect)[3]。同年稍后Landsberg和Mandelstam在晶体中也发现这一现象[4]。因发现并系统研究拉曼散射现象，Raman先生于1930年获得了诺贝尔物理学奖。拉曼散射产生的机理可用经典理论和量子理论进行解释。

1. 拉曼散射经典解释

拉曼效应可以用光与分子的电偶极子相互作用的经典理论来描述[5]。在经典理论中，这种相互作用可以看成分子电场的一种扰动。在入射光照射时，受入射光电磁场的作用，晶体中的分子被极化，产生感应电偶极矩。单位体积的感应电偶极矩(即极化强度 P)与入射光波的电场强度 E 成正比：

$$P = \alpha E \tag{5.1}$$

其中，α 为极化率张量。感应偶极矩将向空间辐射电磁波，并形成散射光。在光频范围内极化过程主要来自电子的贡献。而电子极化率会被晶格振动调制，从而产生频率改变的非弹性光散射。假设晶体中原子处于平衡位置时的电子极化率为 α_0，晶格振动引起电子极化率的改变为 $\Delta\alpha$，则 $\alpha = \alpha_0 + \Delta\alpha$。若晶格振动的光学模是频率为 ω、波矢为 q 的平面波，则由它引起的电子极化率的改变可表达为

$$\Delta\alpha = \Delta\alpha_0 \cos(\omega t - \boldsymbol{q} \cdot \boldsymbol{r}) \tag{5.2}$$

设入射光波是频率为 ω_1、波矢为 $\boldsymbol{k}_1$ 的平面电磁波：

$$\boldsymbol{E} = \boldsymbol{E}_0 \cos(\omega_1 t - \boldsymbol{k}_1 \cdot \boldsymbol{r}) \tag{5.3}$$

则极化强度可表达为

$$\begin{aligned}
\boldsymbol{P} &= (\alpha_0 + \Delta\alpha)\boldsymbol{E} \\
&= [\alpha_0 + \Delta\alpha_0 \cos(\omega t - \boldsymbol{q} \cdot \boldsymbol{r})]\boldsymbol{E}_0 \cos(\omega_1 t - \boldsymbol{k}_1 \cdot \boldsymbol{r}) \\
&= \alpha_0 \boldsymbol{E}_0 \cos(\omega_1 t - \boldsymbol{k}_1 \cdot \boldsymbol{r}) \\
&\quad + \frac{1}{2}\Delta\alpha_0 \boldsymbol{E}_0 \cos[(\omega_1 + \omega)t - (\boldsymbol{q} + \boldsymbol{k}_1) \cdot \boldsymbol{r}] \\
&\quad + \frac{1}{2}\Delta\alpha_0 \boldsymbol{E}_0 \cos[(\omega_1 - \omega)t - (\boldsymbol{q} - \boldsymbol{k}_1) \cdot \boldsymbol{r}]
\end{aligned} \tag{5.4}$$

由式(5.4)可知：第一项为频率不变的弹性散射光，即瑞利散射；第二项和第三项为频率改变的非弹性散射光，即拉曼散射。其中频率增加的部分(第二项)称为反斯托克斯散射(anti-Stokes scattering)，频率为 $\omega_2 = \omega_1 + \omega$，波矢为 $\boldsymbol{k}_2 = \boldsymbol{q} + \boldsymbol{k}_1$；频率减小的部分(第三项)称为斯托克斯散射(Stokes scattering)，频率为 $\omega_2 = \omega_1 - \omega$，波矢为 $\boldsymbol{k}_2 = \boldsymbol{q} - \boldsymbol{k}_1$。

2. 拉曼散射量子理论

量子理论认为光的散射效应可以用光量子(光子)与分子的碰撞来解释[6]。频率为 v_0 的单色光(光子能量为 hv_0，h 为普朗克常量)与分子相互作用时，可能发生弹性和非弹性碰撞。图 5.2 为拉曼散射和瑞利散射过程量子跃迁示意图。处于基态 E_0 的分子受入射光子的激发而获得能量并跃迁到一个受激虚态(virtual state)，随后分子通过释放光子并跃迁回到基态 E_0。这一过程过程中放出光子的能量仍为 hv_0，即发生弹性碰撞，对应于瑞利散射(图 5.2(b))。如果处于虚态的分子跃迁到 E_1，则入射光子把部分能量传递给分子而发生非弹性碰撞，散射光子能量等于 $h(v_0 - v)$，对应于拉曼散射斯托克斯线(图 5.2(a))；类似地，如果处于 E_1 的分子受入射光子 hv_0 的

激发而跃迁到受激虚态,然后又释放光子跃迁至基态 E_0,则光子从分子得到部分能量而变为 $h(v_0+v)$,该非弹性散射对应于反斯托克斯线(图 5.2(c))。考虑到拉曼散射光子的频率都是相对于入射光子的频率而言,所以拉曼光谱中得到的振动谱峰的频率为拉曼位移 (Raman shift)。需要说明的是,我们通常所说的拉曼光谱采集的是斯托克斯频移,这是因为拉曼散射过程中斯托克斯频移发生的概率要远大于反斯托克斯频移,因此信号相对更强。

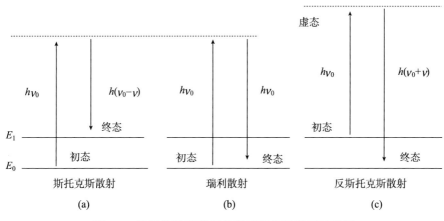

图 5.2 拉曼散射和瑞利散射过程量子跃迁示意图

由上述分析可见,每种物质的拉曼散射即拉曼光谱都只与其自身的分子结构有关,与入射光的频率无关。

拉曼光谱类似于红外光谱,在分子结构分析中,拉曼光谱与红外光谱是相互补充的[7]。红外光谱反映的是分子偶极矩的变化,拉曼光谱则是由于分子的极化率变化而诱导产生。拉曼谱线强度取决于相应的简正振动过程中极化率的变化大小。对于具有对称中心的分子或基团,如果有红外活性,则不具有拉曼活性;反之,如果没有红外活性,则拉曼活性比较显著。一般分子或基团多数是没有对称中心的,因而很多基团常同时具有红外和拉曼活性。

共振拉曼散射是指当入射光频率处于分子的电子吸收谱带以内时,由于电子跃迁和分子振动的耦合,某些拉曼谱线的强度显著增加的现象,是拉曼光谱技术中较活跃的一个领域。共振拉曼散射使得拉曼谱线强度显著增加,提高了检测的灵敏度;能够选择性地增强产生电子吸收的基团的拉曼谱线,可用于选择性地研究生物大分子中的某一部分;利用共振拉曼的退偏振度的测量,可以分析分子对称性信息。

5.2.2 拉曼散射应用

拉曼光谱作为常用的分子结构分析手段现已被广泛应用于物质的鉴定和分析。

这是因为化学键以及对称分子都有其特殊振动谱信息,这些信息可作为分子鉴别的重要特征。拉曼光谱检测技术有很多优点[8~10]:①拉曼光谱提供的是物质的分子振动信息,即拉曼光谱技术能够在分子水平上研究物质的结构和成分变化;②拉曼光谱检测需要的样品量非常少,可以实现微量检测;③拉曼检测是一种非破坏性技术,不需要对样品进行特殊制备;④相对于红外吸收谱,水的拉曼光谱信号极其微弱,这对于大多数水溶液的样品,可极大减弱水的拉曼散射对待测样品的干扰,是研究水溶液中的生物样品和化学物质的理想工具;⑤拉曼光谱表征的是分子的振动信息,谱峰清晰尖锐,是荧光谱带的$10^{-2} \sim 10^{-1}$。因此,相比于常用的荧光检测方法,拉曼光谱技术可以实现一次取样,同时获得不同物质的拉曼光谱。由于各种物质之间的拉曼光谱互不重叠和干扰,这对于分析和研究混合物质的成分和结构有非常重要的意义。

拉曼光谱技术具有诸多优点,但在20世纪60年代前因为光源能量密度小、单色性差等条件限制,拉曼光谱的检测灵敏度极低,尚不能成为有效的检测工具。直到20世纪60年代,激光器的问世为拉曼检测提供了优质的高强度单色光,有力地推动了拉曼散射的应用研究。随着激光器的出现和发展,拉曼光谱技术开始成为研究分子结构和物质微观结构的重要工具。现今,拉曼光谱技术的应用已遍及物理学、材料学、化学、生物医学等各个领域,用于定性分析、高灵敏度定量分析和测定物质结构和组分等。目前,拉曼光谱检测技术已广泛应用于气体、液体和固体物质的检测和分析[11~18]。拉曼光谱在生物学领域已被证实具有广泛而多样的应用,如用于研究蛋白、核酸和脂类的结构和功能,细菌的鉴定,化学毒素和违禁物质的检测,食品和产品认证,以及疾病诊断和生物医药应用等方面。

拉曼光谱技术尽管具有很多优势,但是当入射光照射被分析物时,在散射光中,瑞利散射光的强度大约是入射光的10^{-3},而拉曼散射的强度只有瑞利散射光强度的$10^{-6} \sim 10^{-3}$ [19]。常规拉曼信号强度一般低于1光子计数/秒[20],微弱的拉曼信号严重限制了拉曼光谱技术的灵敏性及实际应用。这一致命缺陷主要源于拉曼过程中很小的散射截面,一般在$10^{-31} \sim 10^{-29}$ cm/分子,在共振时这个值会更大一些,但相比荧光的散射截面少10~12个数量级。荧光的截面由分子的吸收截面和荧光量子产率决定,一般可以达到10^{-16} cm/分子。因此,如何提高拉曼的散射截面,获得高灵敏的拉曼信号,是拉曼光谱技术广泛应用所必须解决的关键问题。此外,生物样品自身的荧光背景也对拉曼信号的检测产生干扰。这些因素共同影响了拉曼光谱技术的灵敏性,严重限制其更广泛的实际应用,尤其是在生物学领域。

由于拉曼技术在生物医学领域有显著的优势和应用潜力,为此科研工作者们付出了巨大的努力,这些所谓的限制正在被全球的科学家和工程师们攻克。一系列基于拉曼光谱的新兴技术陆续出现,如空间偏移拉曼光谱(spatially offset Raman scattering，SORS)、相干反斯托克斯-拉曼散射(coherent anti-Stokes Raman scattering，CARS)、受激拉曼散射(stimulated Raman scattering，SRS)等，其中表面增强拉曼散射(surface-enhanced Raman scattering，SERS)被认为是一种超灵敏检测技术而受到广泛关注。本章后续将着重介绍表面增强拉曼散射技术的原理及其在生物医学领域的研究和应用现状及前景。

5.3 表面增强拉曼散射

5.3.1 SERS 发展历史

1974 年，英国南安普敦大学 Fleischman 等在对平滑的银电极表面加以粗糙化处理后，意外检测得到吸附在银电极表面的吡啶分子的高强度拉曼信号[21]。随后美国西北大学的 Van Duyne 和 Creighton 等在系统的实验和计算基础上指出吸附在粗糙电极表面上的每个吡啶分子的拉曼散射信号比溶液中吡啶的拉曼散射信号增强约 10^6 倍。这一发现吸引了人们的注意，特别是不同的实验室都给出了证据来证明这种信号来自于拉曼散射的增强，而不是散射分子的增多。在接下来的几年里，类似现象在很多粗糙金属电极表面的吸附分子上得到了验证，相比常规拉曼散射增强因子达到 $10^4 \sim 10^8$。据此他们指出这是一种与粗糙表面相关的表面增强效应，并称之为 SERS 效应[22]，即吸附在粗糙的金属纳米结构表面的被分析物，在光照射下其拉曼光谱获得显著增强的异常表面光学现象[21~30]。长远来看，这个发现有望解决传统拉曼光谱的应用缺陷。

基于上述显著优势，SERS 效应的发现立即在物理、化学、表面界面等研究领域中引起轰动，SERS 增强机理、产生条件及在表面探测、催化、电化学、生物检测等领域的应用很快成为了研究的热点[31~44]。科学家们陆续在其他粗糙金属表面，如超高真空蒸镀形成的金属膜表面[45~47]、湿化学方法制备的金属溶胶中[48~51]也观察到 SERS 现象。经过 40 多年的研究，除银外，很多金属材料被证实具有 SERS 增强能力(又称 SERS 活性)。现在，科研工作者已经制备出了各式各样具有较好 SERS 增强特性的粗糙表面结构作为 SERS 增强的活性基底(SERS-active substrate)。这些工作不仅为研究 SERS 机制提供了更多的信息，也为 SERS 应用提供了更多的可能。

5.3.2 SERS 效应增强机理

Fleischman 等[21]最早把这一增强效应归因于粗糙银电极表面比光滑表面可以吸附更多的吡啶分子。但 Van Duyne 及其合作者[22]发现如此强的表面拉曼信号不可能简单地来源于粗糙电极的表面积增大。他们指出，增强的有效拉曼散射截面远超过增加的分子数量，并将此现象归结为与粗糙表面相关的巨大增强效应。尽管 30

多年来关于 SERS 增强机理的研究一直是该领域的一个最基本的问题，但直到现在增强机制还没有完全明确。虽然近年来研究者们提出了多种理论模式，但迄今为止还没有一种完整的理论可以完全解释实验上所观测到的种种复杂现象，关于 SERS 增强的本质仍未达成共识[52]，图 5.3 为 SERS 产生过程示意图。尽管学术界对于增强机理还存在很多争论，现有较普遍认同的增强理论本质的出发点都是金属表面对入射光电场和分子的极化率的影响。拉曼散射强度正比于分子感应偶极矩 P 的平方，其中 $P=\alpha E$。根据这个关系，可知拉曼散射的增强来源于两部分因素，即作用于分子上的电场的增强或者分子极化率的变化。基于此，已有的理论大致可以分为两类：针对电场 E 的变化的物理增强(physical enhancement)和针对分子极化率张量 α 的变化而提出的化学增强(chemical enhancement)[33,53~59]。

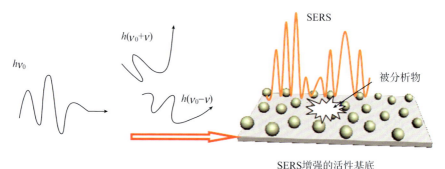

图 5.3　SERS 产生过程示意图

1. 物理增强

物理增强是指入射光照射到具有一定表面粗糙度的类自由电子金属基底时，金属表面会产生增强的电磁场，因此又称为电磁场增强(electromagnetic enhancement, EM)。由于拉曼散射强度与分子所处光电场强度的平方成正比，因此金属表面产生的增强电磁场将会显著地增加金属表面吸附分子的拉曼散射截面，从而可以检测到增强的拉曼散射信号。引起电磁场增强的因素有很多种，目前为大多数人所接受的电磁场增强模式主要有局域表面等离子共振(LSPR)、避雷针效应 (lightning rod effect)和 SERS"热点"(SERS hot-spot)。

1) 局域表面等离子共振

LSPR 模型认为表面等离子激发是导致拉曼散射截面显著增加的原因，目前 LSPR 模型已被大多数 SERS 研究者所接受。该模型认为，入射光照射合适粗糙度的金属表面时，金属中的自由电子会在光电场作用下产生集体的振荡而形成表面等离子体并局限在表面区域，如果入射光子频率与表面等离子体振荡频率相匹配，即产生局域表面等离子共振(localized surface plasma resonance, LSPR)效应，如图 5.4 所示。局域表面等离子共振使金属表面的电磁场显著增强，因此极大地增加了吸附在金属表面的分子的拉曼散射强度[60]。

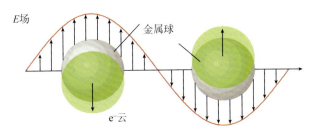

图 5.4　球形金属颗粒周围局域表面等离子共振示意图[61]

Kneipp 等研究发现[57]，SERS 增强因子(enhancement factor, EF)和拉曼分子与表面距离的 12 次方成反比，即

$$\mathrm{EF} = |A(v_\mathrm{L})|^2 |A(v_\mathrm{S})|^2 \sim \left(\frac{r}{r+d}\right)^{12} \tag{5.5}$$

其中，$|A(v_\mathrm{L})|^2$、$|A(v_\mathrm{S})|^2$ 分别为拉曼分子处的激发场、散射场增强因子；r 为曲率半径；d 为分子与表面的距离。局域表面等离子共振所产生的电场强度随离开金属表面距离的增加而呈指数衰减，其作用范围通常在 10~100 nm，因此该机理属于长程效应[62]。

2) 避雷针效应

粗糙的金属表面会存在一些曲率半径非常大的纳米级针状突起，在这些尖端处具有很强的局域表面电磁场，通常尖端越小，尖端处表面场强越大[63]。对于孤立的胶体银和金球形纳米颗粒，表面的电磁场增强的最大值在 10^6~10^7。理论上预测[64]，颗粒尖锐处和曲率大的区域电磁场会有更大的增强，当球体退化成一面变得尖锐时，尖端电磁场 SERS 增强因子可以达到 10^{11}。因此，采用特殊的表面处理工艺或者制备具有丰富尖端的金属纳米结构将能得到很强的表面尖端增强。

3) SERS "热点"

当孤立的金属纳米颗粒相互接近时，在激发光激励下颗粒表面的等离子共振会相互耦合，在相邻颗粒间隙处可以提供额外的场增强，随着距离的减小，耦合效应越显著。上述颗粒的间隙处称为 SERS "热点"，当光学激发被定位在这些纳米级热点上时，理论上可获得极端的电磁场增强，若颗粒间间隔为 1 nm，则间隙处电磁场增强可高达 10^{11}。

2. 化学增强[19,59,65~67]

化学增强模型认为吸附在粗糙金属表面的物质的分子在局域增强的电磁场作用

下，分子的极化率发生改变而引起拉曼信号的增强。目前，最广泛认可的理论模型是电荷转移(charge transfer，CT)模型。

电荷转移模型认为，吸附分子与金属表面的原子或原子簇间形成特殊的表面化合物，在入射光的激发下电子将在金属–分子的填充能级和未占能级间发生跃迁，跃迁方向决定于双方能级的高低。当入射光子的能量与电子转移的能量差相等时将产生共振，进而增加分子的有效极化率，致使分子拉曼信号增强[68]。Otto 提出此模型通常包括四个步骤[69]：

(1) 金属费米能级附近的电子吸收光子能量后跃迁到高能级轨道，在金属上形成电子空穴对；

(2) 处于高能态的电子弛豫到吸附分子的最低未占据分子轨道；

(3) 电子返回到金属；

(4) 电子与金属上的空穴复合后辐射出拉曼光子。

电荷转移增强是一种短程效应，分子与金属必须形成化学键而发生化学吸附，若分析物离开金属表面则该效应消失。

SERS 效应通常是物理和化学增强机制共同作用的结果，其中物理增强起主要作用，研究表明电磁场增强的增强因子可高达 10^{11} 左右[64]，化学增强因子在 $10^2 \sim 10^3$[70]。对于某一具体的增强体系，增强过程涉及分子、表面及其相互作用等复杂因素，很难同时严格定量地区分两种增强的贡献[71]。

基于物理和化学增强机理，Kneipp 等[72]总结得到 SERS 的强度关系式：

$$I_{\text{SERS}}(v_{\text{SC}}) = N' \times I(v_{\text{L}}) \times A(v_{\text{L}})^2 \times A(v_{\text{SC}})^2 \times \sigma_{\text{mol}} \tag{5.6}$$

其中，$I_{\text{SERS}}(v_{\text{SC}})$ 为入射光的强度；N' 为吸附在增强基底上的拉曼分子数目；入射光的场增强 $A(v_{\text{L}})$ 和散射光的场增强 $A(v_{\text{SC}})$ 主要归于电磁场增强，而散射截面(σ_{mol})主要表现为化学增强。

SERS 基底的增强能力通常用增强因子(EF)来表示，其计算公式如下：

$$\text{EF} = \frac{I_{\text{SERS}} / N_{\text{surf}}}{I_{\text{RS}} / N_{\text{vol}}} \tag{5.7}$$

其中，I_{SERS} 为 SERS 信号强度；N_{surf} 为增强基底表面 SERS 扫描区域拉曼分子数量；I_{RS} 为相同测试条件下无增强基底时测得的拉曼信号强度；N_{vol} 为拉曼检测(非 SERS)时检测区域的平均拉曼分子数。

5.3.3 SERS 基底制备

SERS 效应一般认为来源于粗糙金属表面的局域电磁场增强和金属与吸附分子间由于电荷转移引起的化学增强，因此 SERS 的产生需要借助于具有表面增强拉曼散射活性(SERS-active)的基底。为满足实际应用，SERS 基底应易于制备，大面积均一且可重复性好，具有优异的表面增强性能且便于使用。此外，对于特殊的应用，如生物检测，基底还需具有较好的稳定性和生物相容性。因此，制备出符合要求的 SERS 基底仍是一个挑战，制约着 SERS 技术的广泛应用。

目前基底的制作已经成为了一个非常活跃的研究领域。根据 SERS 增强机理，制备增强效果好的基底必须考虑两个问题：① SERS 基底金属纳米结构的表面等离子振动频率与入射激励光频率应尽可能匹配形成共振增强；② SERS 基底表面能与被检测物质更紧密地结合。其中等离子振动频率由金属的种类和颗粒的形状及大小等决定；而后者不仅与 SERS 基底材料和待检测物质化学性质有关，还与基底表面形貌等有关。

SERS 现象发现至今已有 40 多年，随着研究的深入，SERS 活性材料已由起初的几种贵金属[73](Ag、Au、Cu)，碱金属[74](Li、Na 等)，发展到Ⅷ族过渡金属[40,74~86](Pt、Pd、Ru、Rh、Fe、Co、Ni)以及半导体材料[87~94](CdTe、ZnO、CuO、CdS、TiO_2)等。就金属材料而言，在可见光激发下，增强能力最强的是银和碱金属，其次是金和铜，然后是铝、铟和铂等良导体，最后是过渡金属和一些导电性差的金属[57]。目前普遍用于生化检查的 SERS 基底材料是银和金。此外，对于同一种金属，其纳米结构(如形貌、尺寸等)的多样性将决定基底表面等离子共振特性。因此，SERS 基底的种类和制备方法也呈现出多样性。

常用的基底制备方法有电化学法、金属溶胶法、物理或化学沉积或刻蚀法、平版印刷法和模板法及纳米颗粒有序组装法等。目前，经这些方法制备的 SERS 基底类型很多，可简单归纳为如下三大类[95]。

1. 金属电极型 SERS 基底

金属电极是最早使用的 SERS 基底之一。金属电极型 SERS 基底通常经氧化还原处理、化学刻蚀等方法对电极表面进行适当粗糙化处理，形成具有 SERS 活性的金属表面。因各种金属的物理、化学性质不同，对不同金属表面，采用不同方式的适当粗糙化处理，金属表面的 SERS 活性也会表现出很大差异。类似地，对同一种金属电极，采用不同表面处理方法也会得到不同的粗糙表面，表现出不同的 SERS 活性。该方法的不足在于表面粗糙化处理后电极表面粗糙度存在较大差异，基底上各点处 SERS 效应起伏也大，直接影响 SERS 基底的均一性和可重复性。

2. 金属溶胶型 SERS 基底

贵金属胶体颗粒是目前最常用的 SERS 活性基底，在化学物质检测，尤其是生物样品的研究中被广泛采用[96]。该类胶体颗粒通常采用湿化学方法经氧化还原反应[97,98]、激光刻蚀[99~101]或光致还原[102]等方法制备得到。氧化还原反应是制备 SERS

活性胶体状纳米颗粒最常用的方法。该方法一般是以相应的金属盐为原料,选用合适的还原剂和稳定剂,通过控制反应条件,化学合成各种尺寸和形貌的金属纳米胶体颗粒。通常,用作 SERS 实验的胶体颗粒大小一般为 10~100 nm。颗粒的大小、形貌和金属材料的介电常数会决定胶体颗粒表面等离子共振特性。目前,很多金属溶胶被证实具有 SERS 活性,如 Ag、Au、Cu、AuPt、AgRh、Pd 和 AuPd 等。其中,IB 族金属银、金胶体颗粒因具有很强的 SERS 增强能力使用最为广泛。制备银、金胶体常用的金属盐有硝酸银($AgNO_3$)、硫酸银(Ag_2SO_4)和四氯化金($HAuCl_4$)、氯化金钾($KAuCl_4$)等[96,103~106],所用的还原剂有柠檬酸、硼氢化钠及抗坏血酸等[96~98,107~109]。此外,通过加入特殊的配体及改变反应条件可以制备出各式各样的纳米结构,如棒状、三角形、立方体形、树枝状、花状、盘状、多面体等[110~119]。基于这些纳米胶体颗粒,科研人员进一步陆续制备出许多具有特殊性能的纳米核壳结构,如金-银或银-金核壳结构[120~129],二氧化硅包金或银结构[130~136],磁性纳米颗粒核-二氧化硅、金或银壳结构等[137~140],并成功用作 SERS 基底开展了基于 SERS 技术的生化分析与检测。金属溶胶的显著优点是制备方法简单、对设备的要求低而易于开展且能大量制备;同时可通过改变反应条件和合成方法对胶体颗粒的形貌、尺寸等进行可控制备,易于得到表面等离子共振特性可调的 SERS 基底。此外,在生物应用领域,胶体型 SERS 基底也表现出其相对于固体基底的独特优势,如胶体颗粒易于进入细胞、血液、组织等内部,获得更多的生物信息。但是金属溶胶 SERS 基底的稳定性受外界环境变化影响较大,同时加入的待检测物也会引起胶体内部带电性的变化而致使颗粒失稳,易导致检测结构的均一性和可重复性差,实际使用中可以根据需要,进行一定的表面处理从而改善其稳定性。

3. 金属膜型 SERS 基底

SERS 可重复性基底的制备是目前 SERS 领域最主要的挑战之一,这主要是由于 SERS"热点"可以提供极强的增强效应,但是其尺寸很小,在基片表面的空间分布密度相对较低,待检测分子吸附在这些点位的可能性较小。因此,亟待发展超灵敏、可重复且均一的、表面"热点"分布较为理想且常规光学显微镜容易捕获的 SERS 基底。为提高基底的可重复性和可靠性,金属膜型基底被认为是具有很大开发潜力和应用价值的 SERS 基底。

目前常见的金属膜型 SERS 基底,一种是基于上述金属溶胶制备,另一种是通过物理镀膜的方法制备。

金属溶胶不仅可以直接用作 SERS 活性基底,而且还可以通过物理或化学的方法将胶体态 SERS 基底转移成固态基底,如通过旋涂(spin-coating)工艺或自组装技术(self-assembly)等将胶体纳米颗粒覆盖到固体衬底(如载玻片、硅片等)表面,将胶体态 SERS 基底转移成固态基底[141~144]。在自组装过程中，纳米颗粒通过化学键、静电、生物等相互作用，自发地在固体衬底表面组织或聚集形成一个具有一定规则几何外观的稳定纳米结构[145]。按自组装成膜类型又可分为自组装单层膜(self-assembled monolayer, SAM)和逐层自组装多层膜(layer-by-layer self-assembled membrane)SERS 基底。基于自组装技术的金属膜制备可以充分利用化学合成方法制备得到的结构和特性丰富的金属纳米颗粒，并在组装过程中通过条件的控制形成丰富的 SERS "热点"，为基于 SERS 的生化检测提供具有高 SERS 增强性能、相对于胶体颗粒型基底更均一稳定的 SERS 基底[146]。

另一类金属膜基底是在玻璃、硅片等表面通过真空物理沉积(如真空蒸发镀膜或溅射镀膜)等方法制备一层纳米级粗糙的金属膜层或阵列结构[147]。常见的结构有诸如通过晶体生长彼此连接成厚度为 5~15 nm 的金属层岛膜[47]，以及 Zhao 小组根据斜角镀膜(oblique angle deposition, OAD)技术，利用真空电子束蒸发沉积法在玻片或硅片表面生长了一层长度约 1000 nm，直径约 100 nm，间距约 170 nm 的银纳米棒阵列，如图 5.5 所示[148]。该银纳米棒阵列基底增强因子高达 10^9，SERS 增强性能均一，基底制备重复性高，目前已成功用于化学物质、细菌和病毒等的检测[149~163]。上述方法可以制备大面积周期性的阵列结构，不仅有效地改善了基片表面的均一性，同时金属纳米阵列型结构有利于纳米结构间表面等离子振荡发生耦合，获得更好的增强性能。

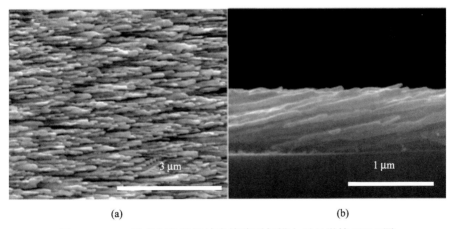

图 5.5　OAD 技术制得的银纳米棒阵列扫描电子显微镜(SEM)图
(a) 俯视；(b) 截面

真空沉积技术可以和模板印刷法结合，从而更好地控制基底表面的粗糙度。模板法通常利用形状规则的球形纳米或微米级颗粒(如聚苯乙烯、二氧化硅、氧化铝等)平铺在基片表面作为模板，随后在其表面沉积 SERS 活性金属，通过选择合适尺寸的小球来控制 SERS 基底金属表面粗糙度，进而调控增强性能。如 Li 等利用纳米球平版印刷术制备的金三角纳米阵列，具体方法是先在玻片表面自组装一层直径~200 nm 的聚苯乙烯微球作为模板，然后蒸镀一层金膜，通过超声将聚苯乙烯小球从基片表面剥离，形成金三角纳米阵列结构。他们将上述三维纳米结构用作 SERS 基底成功开展了血浆中癌症标志物的高灵敏免疫检测[164]。镀膜和模板印刷等技术在解决 SERS 基底大面积、表面均一、高重复性制备等方面具有积极意义，但是上述方法在可控制备颗粒间隙小于 10 nm 的纳米结构上还面临挑战，目前还不能形成高表面分布密度的高增强性能的 SERS "热点"。

除上述方法外，激光刻蚀也是制备该类金属膜常用的方法[165]。

总的来说，已有的基于物理或化学方法制备 SERS 活性基底的技术有很多并仍在快速发展，实际应用中为获得 SERS 活性强、增强性能均一、重复性好的 SERS 基底，通常也会结合两种或几种制备技术。

5.3.4 SERS 技术在生物学中的应用优势

SERS 技术被认为是很有潜力的生化分析和检测技术，它继承了拉曼光谱的优点，同时结合表面增强技术又具备以下三方面显著优势[166]。

(1) 超灵敏性。SERS 的增强因子高达 10^{13}~10^{15}，已实现单分子检测[28,29]，是生化物质痕量检测的理想分析工具。

(2) 高选择性。表面选择定则和共振增强的选择性使得 SERS 可以在极其复杂的体系中仅增强目标分子或基团，得到目标分析物的光谱信息。

(3) 检测条件温和。SERS 检测技术可以广泛用于各种界面(固/固、固/液、固/气、固/真空等)，同时可以方便地应用于水溶液体系的物质检测。SERS 对检测分子和界面具有可观的普适性。

目前，SERS 技术是研究表面吸附分子种类、结构及取向，探测界面的特性，以及表征吸附分子的表面反应过程等非常有效的工具[167~169]，是目前灵敏度最高的表面检测技术之一，已经成功应用到痕量分析甚至实现单分子检测[28,29,170,171]。该技术已经在多个领域展开研究和应用，如生物化学、生物医学、环境科学、食品安全等，并发挥着越来越重要的作用。

5.4 表面增强拉曼散射技术在生物医学领域中的应用

SERS 技术因其超灵敏的检测能力及非破坏性，在生命科学领域已经显示出巨大的应用潜力。Koglin 等早在 1984 年就开展了基于 SERS 的核酸研究[172]，目前该技术的应用已经扩展至对基因、RNA 及 DNA、细胞、病毒、细菌以及组织等的研究[153,173~180]。如 Wang 等[43,181~186]成功地基于 SERS 对癌细胞进行了有效探测并研究了抗癌药物与细胞的相互作用；Patel 等众多科研人员利用 SERS 技术对多种细菌进行高效的识别[151,187~194]；Driskell 等开展了致命病毒的高灵敏检测[153~155,162,195]。本节将介绍 SERS 技术在生物领域的应用研究现状及前景。

基于 SERS 的生物检测按照检测信号的来源(即是否使用标记物)可分为两类：内源检测和外源检测。前者也常称为非标记，与之对应的标记检测也称为外源检测。非标记 SERS 检测技术是直接利用生物体自身的拉曼信号作为检测信号，而标记技术是在检测时人为加入特定的 SERS 探针用于示踪待检测物，利用探针信号来对目标分析物进行间接检测。非标记技术采用的是直接检测待分析物质自身的拉曼信号，生物样品无需进行额外的标记处理，因而该方法相对简便且可以避免对生物体的破坏。但是实际中大部分生物分子的拉曼散射截面较小，生物分子自身的拉曼信号很弱而很难检测得到或灵敏度很低；另一方面，生物样品一般成分复杂、拉曼信号重复性差且杂乱，很难准确定量。因此，利用各种标记物的可测量性发展用于生物检测的标记技术可以更为敏感地检测生物样品复杂、微量的生物活性物质。

本节内容将主要介绍 SERS 技术在生物小分子传感、核酸检测、免疫检测、细胞和细菌检测等方面的应用。

5.4.1 生物小分子 SERS 传感

SERS 传感技术在生物小分子检测中已经有广泛应用，如 Kneipp 等[196]制备了银溶胶 SERS 活性材料，将神经传递素多巴胺和去甲肾上腺素分子与银溶胶充分混合，利用银纳米颗粒的表面增强效应获得了两种生物小分子各自的 SERS 信号，测定并区分了混合溶液中的这两种生物小分子。图 5.6 为多巴胺和去甲肾上腺素以银溶胶为基底的 SERS 谱。

SERS 效应要求被检测物能够吸附在 SERS 活性材料表面，但是不是所有的生物小分子都能直接吸附到基底表面，因此需要采用合适的方法改善生物分子在 SERS 活性材料表面的吸附性。例如，Shafer-Peltier 等[197~199]在 SERS 活性基底上修饰了一层自组装膜作为吸附相，由于膜的作用加快了待检测的葡萄糖小分子在膜中的渗透速率，其能够在银电极表面富集，通过检测分子的 SERS 信号，实现实时快速地检测葡萄糖。

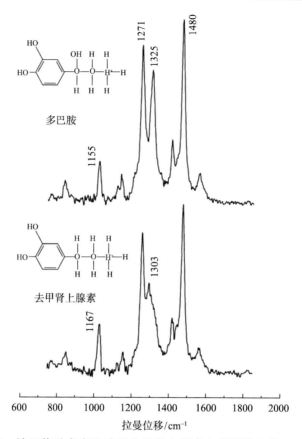

图 5.6 神经传递素多巴胺和去甲肾上腺素在银溶胶中的 SERS 谱

5.4.2 SERS 在核酸检测中的应用

近年来，发展快速、可靠的核酸(DNA/RNA)检测方法在诸如疾病诊疗、法律取证、食品安全控制以及农业等领域均有迫切需要和实际应用价值。常规的检测技术对于痕量的核酸检测表现出一定的局限性，具备超高灵敏性的 SERS 技术为丰度极低的核酸检测提供了一种强有力的手段，有望在 DNA/RNA 检测领域实现快速、可靠检测。根据是否使用标记分子，SERS 在核酸检测也可分为标记型和非标记型两种检测方案。

SERS 非标记核酸检测通常是将待检测目标 DNA/RNA 样品与 SERS 增强基底如胶体金属颗粒或固态金属膜等结合，利用金属纳米结构的表面增强效应和 DNA/RNA 内源的拉曼散射信号，实现对待检测 DNA/RNA 的定性和定量检测。如 El-Sayed 等[200]在不使用任何聚集剂的情况下，将高浓度的球形银纳米粒子分别与健康细胞的 DNA 和癌细胞 DNA 混合。混合后 DNA 与银纳米颗粒的相互作用使高浓度的银胶产生稳定而适度的聚集,从而在聚集结构中形成 SERS "热点",进而检测得到脱水前后健康细胞和癌细胞 DNA 各自的 SERS 谱。由于癌细胞 DNA 构象诱导而形成一系列不同于正常细胞 DNA 的拉曼标志谱峰,利用这些特征峰对癌症细胞 DNA 和健康细胞 DNA 实现了高重现性的分辨(图 5.7)。又如,Halas 小组[201]首先基于二氧化硅核制备了表面等离子共振峰位于 785 nm 的金壳,然后将金壳绑定到玻璃片表面制备得到 SERS 基底,随后在 SERS 基底上直接检测得到了单链和双链巯基化 DNA 低聚物的高重复性表面增强拉曼光谱,研究并指出 DNA 的 SERS 信号主要来源于腺嘌呤的拉曼散射。

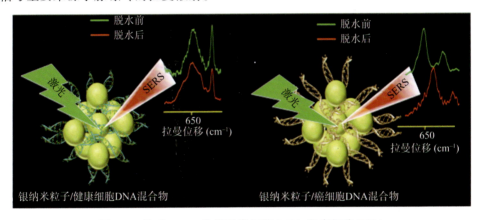

图 5.7 基于 SERS 分辨健康细胞 DNA 和癌细胞 DNA

基于 SERS 的标记型核酸检测一般利用在 DNA/RNA 上修饰拉曼染料分子或 SERS 活性标记物,通过检测和分析拉曼分子或 SERS 活性标记物的 SERS 信号,完成对目标 DNA 的检测和分析。1994 年,Vo-Dinh 小组[202]首次报道了一种标记有拉曼染料分子的基因探针。他们首先把拉曼染料分子标记到 DNA 探针链上,然后将结合有染料分子的 DNA 探针链固定到镀银的氧化铝 SERS 基底表面,利用银表面的增强效应获得染料分子的 SERS 信号。随后,他们利用上述探针开展了多项核酸检测与分析工作,例如,将其作为引物在聚合酶链反应中实现目标 DNA 序列的测定,以及开展了乳腺癌基因 BRCA1 片段的检测等[203,204]。

Mirkin 小组[205]在 SERS DNA 检测方面也取得了突出成果,2002 年他们在 *Science* 上首次报道基于金纳米颗粒的 DNA SERS 探针。他们将拉曼染料标记到 DNA 探针链上,然后将探针链修饰到金纳米颗粒表面,制备得到 DNA SERS 探针。随后利用三明治检测结构,通过与目标链的杂交,将 DNA SERS 探针捕获到基底表面,最后借助银染进一步增强了输出的 SERS 信号的强度,定量测定了 DNA 的浓度,其检测限达到了 20 fM。Wabuyele 等[206]则设计了发夹型结构的探针链用于标记型核酸检测(图 5.8)。该探针链一端修饰有巯基,另一端标记有拉曼分子,探针链中部分碱基序列互补可形成发卡型结构，部分碱基序列与待检测核酸可互补配对。互补配对后，探针链的发夹型茎环打开。探针链通过金属—S 键固定在纳米银基底表面，此时拉曼分子与银纳米粒子距离较近而检测得到较强的 SERS 信号。当加入目标 DNA 后，目标 DNA 与其中的环状部分杂交而使探针链构象发生变化，使得拉曼分子远离基底表面，导致 SERS 信号减弱，根据信号强度的变化值实现对目标 DNA 的检测。

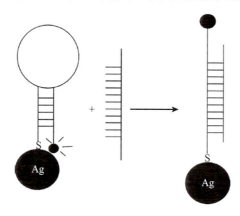

图 5.8　发夹型结构核酸检测示意图

Fan[207]小组在 CVD 法制备的石墨烯表面沉积上 AuNP，构建了石墨烯-AuNP 复合型 SERS 基底，然后在 AuNP 上固定捕获 DNA 用于特异性捕获目标 DNA，最后将标记有拉曼分子的探针 DNA 与目标 DNA 特异性杂交，利用拉曼分子的 SERS 信号实现了双组分 DNA 的同时检测(图 5.9)，检测限达到 10 pM。

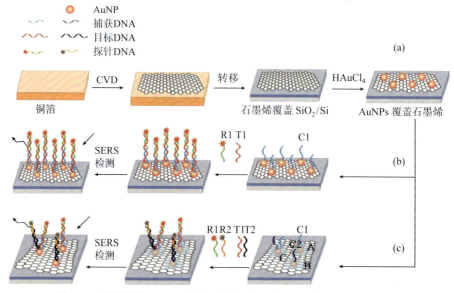

图 5.9　石墨烯与 AuNP 复合型基底表面的双组分 DNA SERS 检测

Johnson 等进一步将磁性分离技术与 SERS 技术相结合[208,209]，利用 30 nm AuNP 依次固定拉曼分子 5,5′-dithiobis(succinimidy-2-nitrobenzoate) (DSNB) 和与靶向 DNA 互补的 DNA 片段制作 DNA 探针，通过在磁性核二氧化硅壳型纳米粒子上绑定另一与靶向 DNA 互补的片段作为目标 DNA 的捕获器，分别与目标 DNA 进行三明治结构杂交(图 5.10(a))，基于磁性捕获与分离和拉曼分子的信号实现了对西尼罗河病毒(WNV)基因 10 pM 级高灵敏 SERS 检测。此后他们进一步开发了基于金壳磁性颗粒核 SERS 活性纳米粒子的 DNA 传感器，如图 5.10(b)所示，首先基于磁性 SERS 核构建目标 DNA 的捕获器，特异性杂交目标 DNA 后与标记有拉曼分子的互补 DNA 片段杂交，磁性分离富集后实现 SERS 测定。

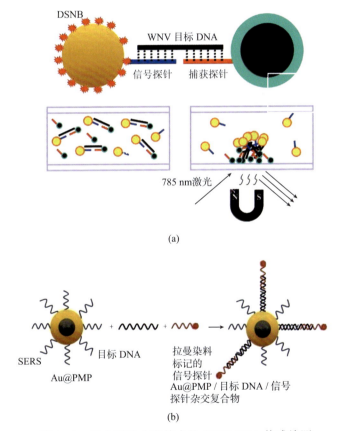

图 5.10 结合磁性分离技术的 SERS DNA 传感检测

5.4.3 SERS 在免疫检测中的应用

免疫检测主要是利用抗体(抗原)作为特异性识别试剂，开展各种抗原(抗体)及半抗原，以及能发生免疫反应的激素、蛋白质、药物、毒物等生物活性物质的检测和分析。免疫反应作为最为重要的生物分析方法之一，免疫反应试剂间高度的免疫特异性是其最大的特点，专一性可超过酶对底物的识别能力。抗体对相应抗原具有高度的特异性和亲和力，因此被认为是生物分析和传感最佳的识别分子。这是主要是由于抗原的抗原决定簇与抗体的抗原结合位点间在化学结构和空间构型上存在特异性互补关系，抗原与抗体通过这些特殊位点发生免疫识别，因而反应具有高度特异性。即便是在混合体系中，待测抗原浓度相比其他共存物浓度低 2~3 个数量级，也能准确识别微量的抗原[210]。免疫检测因其高灵敏的检测能力一直吸引着科研人员极大的兴趣，一系列可靠、快速、灵敏、特殊的检测方法和平台被陆续开发出来并将应用延伸至蛋白质组学、药物输运、国土安全、食品安全、环境监测和卫生保健等领域。

基于 SERS 的免疫检测技术是将高灵敏的 SERS 分析技术与抗体/抗原的特异性识别作用相结合，发展起来的一种具有高特异性和超高灵敏度的免疫分析技术。与常规荧光分析技术相比，该技术具有独特的优越性，如 SERS 标记物不会自淬灭和光漂白，而且多种 SERS 标记物可在同一激发波长下激发，且由于拉曼光谱峰宽度通常比荧光要窄很多，可以很大程度避免峰之间的相互干扰。因此，SERS 在免疫检测领域有很好的应用前景。SERS 免疫检测技术根据 SERS 信号的来源可以分为内源型(又称非标记，label-free)[45,162,185,211]和外源型(extrinsic Raman label, ERL；又称拉曼探针标记，Raman reporter-labeled)[8]。内源型免疫检测是借助发生免疫特异性反应的物质自身的拉曼信号作为读出信号，输出检测结果。因为大多数抗体/抗原的拉曼散射信号较弱，直接检测抗体/抗原存在局限性，同时输出光谱的可重复性方面也都存在很大局限。为获得更好的检测效果，SERS 免疫检测技术大多结合标记免疫分析方法即外源型免疫检测。外源型免疫检测是将具有较高拉曼散射截面的分子标记到免疫反应物(如抗体或抗原)上(该过程亦被称为免疫标记)，免疫反应后借助标记分子的拉曼信号输出检测结果。

Rohr 等[212]于 1989 年首次将 SERS 与标记免疫检测技术结合，成功地将 SERS 应用于检测甲状腺促进激素(TSH)抗原。他们以表面覆有 TSH 抗体的银膜作为 SERS 活性免疫基底，捕获溶液中待测的 TSH，随后加入拉曼分子(甲基偶氮苯胺)修饰的 TSH 抗体与 TSH 免疫结合而固定到基底表面，从而形成了"三明治"夹心复合物，最后通过检测拉曼标记物的 SERS 信号强度测定了 TSH 的含量。类似地，Han[213]等利用异硫氰根荧光素(FITC)标记的抗体对滴定板表面上的人抗原 IgG 进行免疫识别，然后沉积银溶胶作为 SERS 活性基底，最后通过检测 FITC 的 SERS 信号来测定待检测蛋白。这些 SERS 增强能力简单来源于固定有抗体的银膜或最后沉积的金属纳米胶体粒子。随着纳米技术的飞速发展，以纳米粒子为基础的 SERS 标记物，即 SERS 免疫探针(又称 SERS 免疫传感器)，被陆续制备出来并用于免疫检测中，利用 SERS 免疫探针自身纳米粒子的表面增强能力实现 SERS 检测。Porter 小组[8]

首次提出了基于金纳米粒子的 SERS 免疫探针制备方法并应用到免疫检测中,取得了引人注目的成果。他们首先将抗体固定在镀金基底表面(即制作免疫基底),然后用该免疫基底捕获溶液中特异性的待检测抗原,再将此免疫基底浸入到同时标记有抗体和拉曼探针的金纳米粒子溶胶(即 SERS 免疫探针)中,通过特异性免疫形成夹心结构。这样通过 SERS 免疫探针中金纳米粒子的 SERS 增强特性获得拉曼探针分子的 SERS 信号,对溶液中待测物进行间接的测定和分析。随后他们又利用散射截面较高的双巯基硝基苯甲酸琥珀酰亚胺酯作为拉曼探针,这种分子可以通过分子两端的巯基和羧基同时连接金纳米粒子和抗体,避免分别标记所带来的种种不便。采用改进后的 SERS 探针,他们先后检测了超低浓度的前列腺抗原(prostatespecific antigen)[214]和猫环状病毒 (feline calicivirus)的病原体[215],检测限分别达到约 1 pg/mL 和 10^6 病毒/mL。这种双官能团分子标记方法增加了金纳米粒子表面标记染料分子的量,有效地提高了检测的灵敏度。图 5.11 为基于 SERS 的免疫检测所采用的典型的"三明治"夹心结构[216]:首先制备 SERS 免疫传感器(STEP 1);其次通过在基片上固定抗体蛋白制备免疫基底(STEP 2);然后利用免疫基底上的抗体特异性捕获溶液中的待检测抗原并用 SERS 免疫传感器与之免疫识别形成"三明治"夹心结构(STEP 3);最后利用激光照射收集并读取拉曼标记物的 SERS 信号对被分析物进行检测。基于类似的方法,Wang 等[217]将特异性抗体 8G7 和拉曼探针分子分别标记在直径 60 nm 的金纳米粒子表面,利用固定有相同抗体的金基底作为免疫基底,首次基于 SERS 对胰腺癌的标志

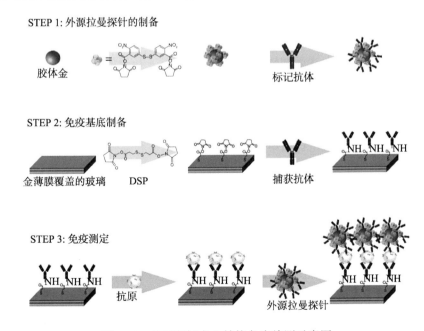

图 5.11 "三明治"夹心结构免疫检测示意图

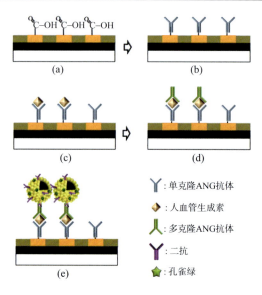

图 5.12 免疫检测示意图

性蛋白黏液素 MUC4 进行了检测。实验发现该方法能够在胰腺癌患者的血清中灵敏地检测出 MUC4，为早期诊断胰腺癌提供了一种更有效的方法。Lee 等[218]利用拉曼分子标记的中空的金纳米粒子制备免疫传感器，基于 SERS 成像实现了对癌症标志性蛋白的高灵敏检测(图 5.12)，检测限达到 0.1 pg/mL。

金纳米粒子具有合成方法简单、粒子形状尺寸分布均一、生物相容性好等优点[219~221]，因而在制作基于纳米粒子的 SERS 免疫探针时被广泛采用。但是在可见光波段，金纳米粒子的表面增强性能是同尺寸银纳米粒子的 10^{-2} 左右[222]。为获得更好的增强效果，在免疫反应后有时需要通过进一步银染免疫体系以输出高信噪比 SERS 信号或者利用具有更高表面增强能力的其他金属纳米粒子(如银)制备纳米探针实现更加灵敏的免疫检测。如 Xu 等在使用免疫金标记探针实现免疫反应的基础上，进一步对免疫系统进行银染，基于 SERS 对乙型肝炎病毒表面抗原完成了高灵敏检测[223]。Manimaran 等利用更为稳定的 2~5 nm 小尺寸金纳米粒子制备免疫探针，然后利用银染的方法获得增强的信号[224]。除银染外，Kim 等[225]直接利用 2 μm 的银纳米粒子取代金纳米粒子制作免疫标记探针，利用银相对更强的表面增强能力来提高检测能力。Ji 等[226]制备了金核银壳的核壳型纳米粒子，并在粒子表面标记拉曼探针和乙型肝炎表面抗原对应的抗体，对乙型肝炎表面抗原进行了免疫检测。由于金具有更佳的生物相容性，而银具有更强的表面增强能力，因而相比金核银壳的核壳结构，银核金壳型纳米粒子既结合了银的高表面增强能力，同时外层的金又能更好地固定抗体蛋白，被认为是一种更佳的 SERS 免疫探针制备材料。基于此，Cui 等[227]制备了银核金壳型纳米材料，并研究了 SERS 效应随核壳材料中金银元素含量的变化情况,然后基于这样一种银核金壳型纳米粒子对乙型肝炎表面抗原实施了免疫检测,免疫方案如图 5.13 所示。此外,Liang 等[228]制备了 Ag-SiO$_2$ 核壳纳米粒子探针,他们先将拉曼分子和银纳米粒子包裹在 SiO$_2$ 层内,再对 SiO$_2$ 表面进行功能化修饰以高效地结合抗体蛋白,借助壳内银纳米粒子显著增强探针的拉曼散射信号。

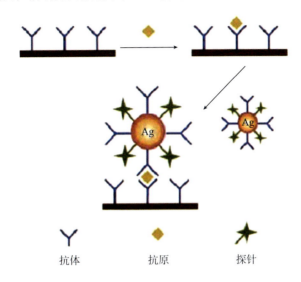

图 5.13　银核金壳型 SERS 免疫探针及其免疫检测示意图

此外,2012 年 Cui 小组在《美国化学学会会志》(*Journal of the American Chemical Society, JACS*)上报道了一种新型的光学编码方法(图 5.14),即基于有机–金属–量子点杂交制备得到复合结构(OMQ NP),实现 SERS-fluorescence 联合光谱编码(SFJSE)。该方法具有两个突出的特点:一个优点是相比单独荧光和 SERS 编码策略,联合编码技术可以方便地获得实际使用中所需的大量编码;另一个优点是通过将 SERS 探针和荧光物质分层制备 OMQ NP,可为编码载体大量携带试剂提供一种便捷的方法。他们利用上述编码探针成功地进行了基于三明治结构的多组分蛋白高灵敏免疫检测[229]。

基于 SERS 的免疫检测研究除了在 SERS 免疫探针制备上取得一系列成果外,在免疫基底的设计上同样获得了进展。免疫基底从早期只是简单地实现蛋白固定功能的光滑金属膜[8,214]、硅片或石英片[223,226]、微孔板[230]等逐渐演变成具有更多物理化学特性、能更好实现基于 SERS 免疫检测的基底。例如,2009 年 Song 等[51]将银纳米粒子组装制备的 SERS 活性基底引入到三明治结构中,经固定特定与待检测抗原特异性免疫的抗体后用作免疫基底,提出并制备了聚集体型 SERS 免疫探针,基于上述两种特殊结构,实现了对人免疫球蛋白 G(IgG)100 fg/mL 高灵敏检测(图 5.15)。此外,磁性纳米粒子经包壳及表面生物功能化修饰后将相应的抗体蛋白固定在其表面制作免疫基底，在免疫过程不同阶段，利用粒子的超顺磁特性并结合外加磁场作用，对免疫系统进行磁性分离和提纯[228,231~235]。又如Lee等[218]用微加工工艺经金属溅射、金蒸发沉积、掩模、光刻等工艺制备的SERS"热点"分布均一的金阵列用于制备免疫基底。

目前，基于SERS不仅成功实现了高灵敏免疫检测，同时该技术支持多组分同时检测[236~238]，在免疫检测、蛋白质组学等领域表现出很好的应用前景。

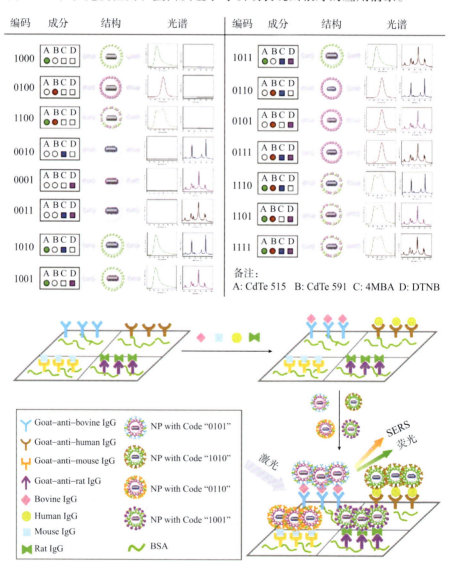

图5.14　基于有机-金属-量子点杂交制备得到复合结构(OMQ NP)实现SERS-fluorescence联合光谱编码(SFJSE)检测

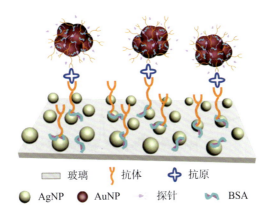

图 5.15 基于 SERS 活性基底和聚集体型 SERS 免疫探针的三明治结构免疫检测示意图

5.4.4 SERS 在细胞检测中的应用

细胞是完成生命活动的基本单位，从单个细胞层面甚至单个分子层面开展研究是生物医学发展的趋势。近年来，SERS 技术在细胞领域的研究方面发展迅速，并表现出显著的优势，这主要得益于 SERS 信号不易光漂白，谱线宽度很窄适合多元检测，可以用红外线激发，受生物样品自身荧光以及水的干扰很小，适合生物应用。SERS 细胞内检测根据信号的来源同样可分为两大类[239]：①拉曼标记(Raman label)SERS 细胞检测；②非标记(label-free)SERS 细胞检测。

非标记的 SERS 检测，即直接利用金属纳米粒子增强细胞表面或内部靶分子的拉曼光谱。非标记方法主要用于鉴别细胞成分，研究外来物质如药物与细胞的相互作用等。金银纳米粒子是应用最广泛的细胞内 SERS 探针，能够通过内吞作用(endotytosis)进入细胞，并将细胞内分子吸附在纳米粒子表面获得增强的拉曼信号。SERS 信号表达丰富的光谱信息，不仅能反映细胞内生物分子的结构信息，而且还能反映诸如环境中的 pH 等信息。通过分析细胞内 SERS 光谱的信息可以获得细胞内信号传导，鉴别肿瘤组织和正常组织等。

Kneipp 等[240]最早用金纳米粒子研究了上皮细胞和巨噬细胞成分的 SERS 光谱，检测方案如图 5.16 所示，金纳米粒子通过内吞作用进入细胞并结合细胞内分子，纳米粒子与分子的相互作用致使金纳米粒子聚集获得显著的增强效应，在入射光激发下获得细胞成分灵敏的拉曼信号。虽然不同种类的细胞的 SERS 光谱随时间变化均产生变化，但是呈现一定规律，即在上皮细胞内检测得到的 SERS 光谱主要包含蛋白质和核酸的 SERS 信号，而巨噬细胞中则除了有蛋白质和核酸的信号之外还有腺苷三/一磷酸(ATP/AMP)的 SERS 信号。在细胞内物质 SERS 光谱分析的基础上得到了金纳米粒子在细胞内的动力学过程，即金纳米粒子在细胞中会改变形态形成多聚体并最终到达细胞内的溶酶体。

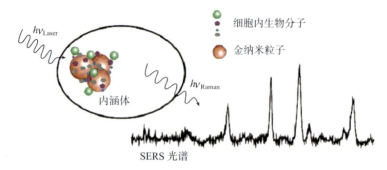

图 5.16　金纳米粒子在细胞内涵体中的 SERS 测量示意图

与上述胞吞作用不同的是,Shamsaie 小组[241]利用细胞自身的还原作用将从外部添加的金离子还原成金纳米粒子,使金纳米粒子存在于细胞内部。一般通过胞吞进入细胞内涵体的金属纳米粒子最终通常停留在细胞的溶酶体内,而利用该方法得到的尺寸为 1 nm 的金纳米粒子在细胞内的分布更加广泛,会出现在整个细胞质甚至是细胞核内。该方法能够有效地检测细胞内物质如蛋白质特别是核酸的 SERS 信号。特别是对于细菌细胞,由于细菌细胞的尺寸仅为 1 μm 左右,较大的金属纳米粒子很难进入细菌细胞中,上述报道为细菌细胞内 SERS 研究提供了一种潜在的方法。Jarvis 等[242]即利用细菌自身具有的还原金属的能力,分别在细菌中还原出金和银纳米粒子作为 SERS 检测探针检测细菌内的成分,如图 5.17 所示。

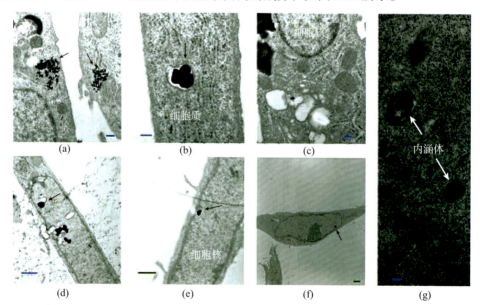

图 5.17　各种形貌和尺寸的细胞内还原生长的金纳米粒子在细胞质(a)~(c)以及细胞核(d)~(f)内的 TEM 成像,(g)为通过胞吞作用进入细胞的尺寸为 20 nm 的金纳米粒子在细胞内的 TEM 成像

对于 SERS 标记细胞检测，首先要完成的是 SERS 探针的制备。细胞检测 SERS 探针与蛋白检测 SERS 探针类似，典型的 SERS 生物探针一般包括四部分[243]：金属纳米基底(金属核)、拉曼探针分子、保护壳层和与待检测物有靶向识别能力的生物分子，如图 5.18 所示。金属纳米粒子提供拉曼增强基底，在激发光激励时表面会形成局域等离子增强场；通过静电吸附或者共价键的方式在金属纳米粒子表面修饰拉曼标记物作为示踪物，在光照射下可以获得显著增强的拉曼光谱信号；保护壳层则提高拉曼探针的稳定性，提高 SERS 信号的可重复性，并为进一步进行功能化修饰提供合适表面；表面进一步绑定特定的生物分子或基团则实现生物功能化，可对细胞或内部分子实现靶向识别。常见的拉曼标记物分子有 4-巯基苯甲酸(4MBA)、2-巯

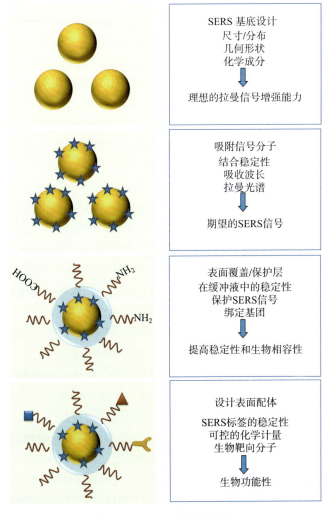

图 5.18　SERS 探针的制备

基苯并噻唑(2MBT)、结晶紫(CV)、罗丹明 6G(R6G)、5,5′-二硫双(2-硝基苯甲酸)(DTNB)等。SERS 探针在细胞内的传感有诸多应用,如细胞内的 pH 传感[244~247]、肿瘤细胞和组织的靶向识别[248~254]、细胞凋亡检测[255]等。

基于上述典型的 SERS 标记探针结构,Nie 等[256]报道了一种基于荧光和 SERS 技术的便携式"光谱笔",用来实现活体老鼠的肿瘤检测。采用近红外的吲哚菁绿(ICG)和白蛋白组成的复合物作为荧光对比剂,用聚乙二醇(polyethylene glycol,PEG)包裹的拉曼分子 DTTC 标记的金纳米粒子作为 SERS 对比剂。这两种纳米粒子的对比剂通过增强通透和滞留效应被动靶向到裸鼠的乳腺肿瘤部位。通过检测肿瘤以及肿瘤周围的荧光和 SERS 信号可以检测到肿瘤的位置,并确定肿瘤的边界(图 5.19)。

Sha 等[250]则是在二氧化硅包裹的金纳米粒子表面修饰上 HER2 抗体,制备得到 SERS 探针用于检测血液中的循环肿瘤细胞。还有如 Noh 等在磁性纳米粒子以及银纳米粒子表面包裹二氧化硅并修饰上特异性抗体来识别老鼠的肺肿瘤细胞[249]。此外,Wang 等[257]利用一端带巯基另一端带羧基的 PEG 包裹已修饰拉曼标记物的金纳米粒子,并在 PEG 的另一端偶联表皮生长因子(EGFR)多肽用来靶向识别血液中的循环肿瘤细胞。2007 年,Nie 小组首先用孔雀绿(malachite green)标记 60nm 金纳米粒子,然后在其表面包裹 SH-PEG-COOH 和 SH-PEG 两种聚合物,其中 SH-PEG-COOH 能够进一步与 EGFR 抗体(EGFR-antibody)偶联而生物功能化。该 SERS 探针具有很好的稳定性,耐强酸强碱,在近红外窗口(785 nm),该 SERS 探针的输出信号甚至比荧光量子点还要亮。他们将裸鼠进行人类头颈鳞状细胞癌(Tu686 细胞)异种移植,得到直径 3 mm 的肿瘤,然后从裸鼠尾巴静脉注射 SERS 探针,SERS 探针主动靶向到裸鼠 EGFR 过表达的肿瘤部位,肿瘤处来自 SERS 探针的光谱信号明显强于非肿瘤处的信号,成功地实现了对活老鼠肿瘤的靶向识别[252](图 5.20)。Yang 等[184]在 SERS 细胞探针结构设计及应用方面也取得了一些成果,如设计和制备了一种目前结构简单的非核壳结构的 SERS 靶向肿瘤探针,以转铁蛋白为靶向生物分子,并使用拉曼标记物分子 4MBA 作为偶联银纳米粒子和转铁蛋白的偶联剂,在转铁蛋白受体过表达的 hela 细胞中,进行了该探针靶向识别 hela 细胞的研究。此外,为研究该探针的普适性,他们将这种 SERS 探针结构中的转铁蛋白分子用 anti-HER2 抗体替代并应用于 HER2 受体过表达的乳腺癌细胞的 SKBR3 细胞靶向识别[258]。在细胞内抗肿瘤药物的作用行为研究方面,他们通过 SERS 光谱研究了抗肿瘤药物 9AA 与银纳米粒子复合体系在 hela 细胞中的吸附和释放的过程[259]。

当前肿瘤细胞的 SERS 检测已经从单一细胞发展到多元检测。如 Maiti 等[260]分别设计了拉曼分子 B2LA 与抗体 anti-EGFR 标记、Cy3LA 与 anti-HER2 标记的两种靶向 SERS 探针,即 B2LA-anti-EGF2 探针和 Cy3LA-anti-HER2 探针(图 5.21(a)),同时靶向口腔鳞癌 OSCC 细胞和乳腺癌 SKBR3 细胞(其中 OSCC 细胞为 EGFR 阳性,HER2 阴性,而 SKBR3 细胞为 EGFR 阴性,HER2 阳性),对这两种肿瘤细胞进行多光谱成像，结果表明 B2LA-anti-EGF2 探针和 Cy3LA-anti-HER2 探针分别成功地靶向并区分了 OSCC 细胞和 SKBR3 细胞，如图 5.21(b)和(c)所示。

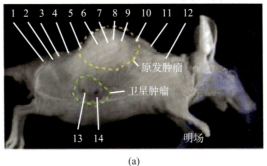

(a)

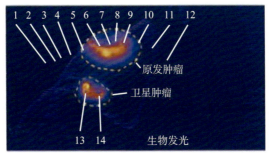

(b)

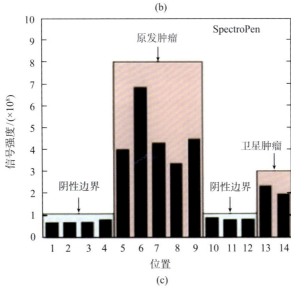

(c)

图 5.19　便携式拉曼光谱仪检测老鼠肿瘤

(a) 明场显示老鼠的一个主 4T1 乳腺肿瘤位置和两个卫星瘤的解剖位置(虚线所示)，标号 1~12 为用光谱笔检测的主肿瘤的位置，标号 13 和 14 为卫星瘤的位置；(b) 老鼠的生物荧光成像显示了主肿瘤和卫星瘤的位置(红色信号标记)；(c) 在(a)和(b)中标示出的肿瘤处的 ICG 的荧光强度

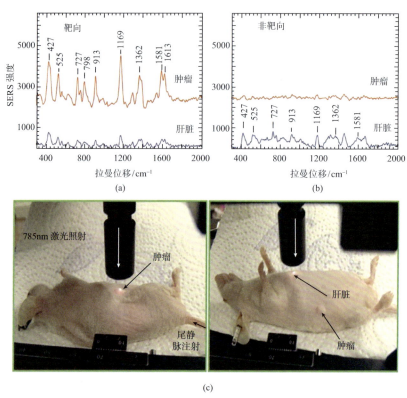

图 5.20 SERS 检测活裸鼠的肿瘤

(a) 使用靶向 SERS 探针分别在肿瘤和肝脏处得到的 SERS 光谱；(b) 使用非靶向 SERS 分别在肿瘤和肝脏处得到的 SERS 光谱；(c) 光谱采集图：将两只裸鼠进行人类头颈鳞状细胞癌(Tu686 细胞)异种移植得到直径 3 mm 的肿瘤，然后将 SERS 探针从裸鼠尾巴静脉注射 5 h 后采集光谱

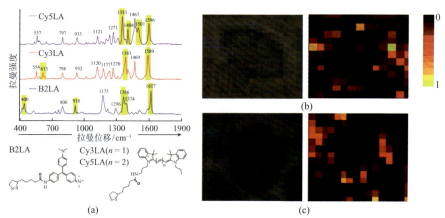

图 5.21 (a) 归一化的三种拉曼标记物 B2LA、Cy3LA 和 Cy5LA 的 SERS 光谱以及结构式；透射光以及 SERS 阵列成像；(b) B2LA-anti-EGFR 标记的 OSCC 细胞；(c) Cy3LA-anti- HER2 标记的 SKBR3 细胞

5.5 针尖增强拉曼光谱技术

由上述生物应用可见SERS是一种强有力的高灵敏分析工具,但是SERS在实际应用中仍面临巨大挑战,其中之一就是高重复性地制备增强活性高、均一性好的SERS基底。尽管目前SERS基底的研制已经取得巨大进展,获得了一系列高增强性能的基底,但是胶体颗粒易聚集致使稳定性不佳,信号重复性差,固态基底尽管在结构均一性方面有了大幅提升,但是基片表面局部区域的差异依旧明显,以致在不同区域形成的表面增强场不均一。

5.5.1 TERS 技术及其原理

1985年,美国科学家Wessel[261]提出一个想法,可以只使用一个孤立的金属纳米粒子,确保形成恒定的场增强效应用于研究表面现象。在这个设计中,粗糙的金属膜被单独的一个具有增强活性点位的锋利的金属尖端所替代,然后尖端作为探头基于扫描探针显微镜(scanning probe microscopy, SPM)技术在样品表面进行扫描。2000年,美国、日本、德国和瑞士的几个研究组利用不同的扫描探针显微技术和拉曼光谱联用分别实现了这一设想,并提出了针尖增强拉曼光谱技术(TERS)[262~264]。研究证实,TERS除了具有稳定的场增强效应外,由于使用小尺寸的尖端探头,对于光谱的横向分辨率也有所改善,达到10 nm[265]。此外,TERS还可以得到用扫描近场光学显微技术难以得到的高检测灵敏度。可见,作为一种扫描探针技术,TERS既具有高光谱灵敏性,同时又具备优异的空间分辨率。

TERS技术利用的是单金属粒子电磁场增强效应,其中作为探头的单个金属纳米粒子的巨大拉曼增强效应,其产生机理与SERS效应相同,即物理(电磁场)增强和化学(电荷转移)增强。TERS技术中电磁场增强主要来源于金属尖端的避雷针效应所形成的高度局域的增强电磁场,以及由于激励光的波长和实际的尖端几何形状引起的表面等离激元共振。当用合适波长的激光以特定的偏振方向照射到针尖的最尖端处时,针尖和样品之间的间隙处就可能受激形成局域化的等离子体共振,引起间隙处电磁场显著增强。增强因子主要取决于针尖的尖锐程度(曲率半径)、针尖与样品材料以及间距,理论计算预测该增强因子可达 10^3~10^9,实际获得的增强因子达到 10^3~10^6。

由于TERS中增强的电磁场高度局域化在针尖处,因而只有那些处于针尖正下方的被分析物的拉曼信号得到增强,因而TERS的空间分辨率很高,可获得与针尖曲率半径相近的空间分辨尺度。TERS高分辨率的能力的基本解释是基于近场光学,特别是在靠近小物体时产生的隐失波。TERS尖端的增强效应随粒子表面具体位置的不同而变化，同时材料的电学特性，金属尖端的尺寸和形状，以及受辐照的几何形状对于电磁场的增强因子和在尖端的分布至关重要。

5.5.2 TERS 仪器

TERS 仪器通常将一根非常尖的银或金材质的针(曲率半径为几十纳米，根据使用的 SPM 技术的不同可以是原子力显微镜(AFM)、扫描近场光学显微镜(SNOM)或扫描隧道效应电子显微镜(STM)针尖)，通过 SPM 控制系统将针尖与样品间距控制在非常近的距离(如 1 nm)，并可在样品表面进行扫描。常规的 TERS 装置一般包括 SPM、显微光路和拉曼光谱仪等系统，并通过计算机实现控制和数据采集与分析。在计算机操控性下，SPM 系统能够控制针尖与样品表面的间距并实现针尖在样品表面的扫描；显微系统可以将入射激光光束聚焦到针尖部位，并收集针尖下方局域增强场中样品的 SERS 信号；经物镜收集的信号引入拉曼光谱仪进行光谱分析并在计算机上呈现出光谱。

已有的 TERS 系统在光路照明和信号采集方式上有不同的实现方式，可分为透射式和反射式系统，分别如图 5.22 (a)和(b)所示[266]。考虑到空间限制因素和系统结构等原因，通常入射光的聚焦和拉曼散射信号的采集由同一物镜来完成。透射式系统通常在倒置显微镜的基础上搭建，激光引入到显微镜后经高数值孔径的物镜从下向上照射样品并聚焦于 TERS 探针尖端。根据透射式系统的结构特点，该类型装置只能研究透明薄膜或分散稀疏的纳米材料，对于不透的物质则无法将光聚焦于针尖。不同于透射式系统，反射式 TERS 系统从样品的上方照射并采集信号，理论上适用于任何样品分析。由于探针占用了样品正上方空间，因此反射式系统通常用侧向照明系统将线偏振激光聚焦到针尖位置，如图 5.23(c)所示[266]。这一结构特点要求侧向照明反射式系统使用长工作距即较低数值孔径(NA<0.6)物镜，其不足是远场背景较大，拉曼信号采集效率较低。

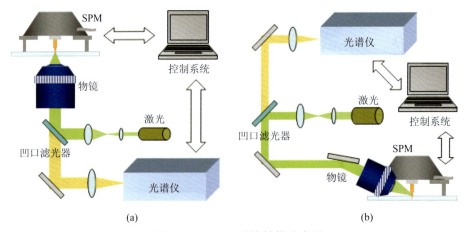

图 5.22　TERS 系统结构示意图
(a)透射模式；(b)反射模式

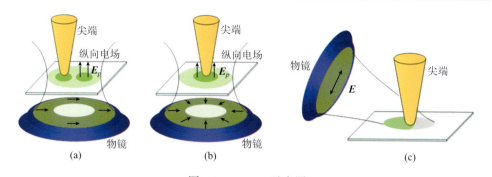

图 5.23 TERS 示意图

(a) 线性偏振光环状照射；(b) 反射状偏振光环状照射；(c) 线性偏振光侧面照射

5.5.3 TERS 应用

TERS 结合了高灵敏性和纳米尺度的空间分辨率，被认为是一种研究较弱散射样品如生物样品的可靠方法。研究人员已经利用 TERS 技术开展了核酸、蛋白、细菌、病毒和人类细胞等研究工作。早期的 TERS 生物应用主要基于贵金属表面，近来发展到在各式各样的应用环境，如氧化物表面、玻璃表面或水溶液中。SERS 信号是高度依赖于金属纳米结构的，以细胞检测为例，由于细胞环境的复杂性，如何保持细胞内进入的纳米粒子的稳定性仍然是研究的难点。TERS 技术可以克服细胞内金属纳米粒子形态不可控的问题。如 Neugebauer 等将 TERS 与 AFM 联用，研究了表皮葡萄球菌的拉曼光谱，并对光谱的拉曼特征峰进行了指认，结果发现这些 TERS 能提供与 SERS 光谱一样的细菌细胞的光谱信息[267]。

TERS 技术因其高空间分辨率和高灵敏度成为一种非标记的 DNA 测序工具，如 Watanabe 和 Rasmussen 等分别开展了核酸碱基单分子层的 TERS 检测[268,269]。Bailo 和 Deckert[270]提出采用 TERS 技术进行核酸单链测序方法，即针尖沿单链逐个碱基移动，得到不同的 TERS 图谱，一条谱线是邻近的几个碱基共同作用，碱基从针尖增强区域的"进"和"出"导致了光谱的差异，可以通过 TERS 成像开展 DNA 或 RNA 测序，如图 5.24 所示。

TERS 技术是获得纳米级分子信息的强有力工具，但只停留在细胞表面、病毒或孤立分子层面，Volker Deckert 小组[271]将 TERS 和 AFM 技术联用获得片段单细胞中纳米级分子信息。他们先通过 AFM 成像对血细胞放大而准确定位色素位置，TERS 技术可以准确探测到色素晶胞(hemozoin crystal)，发现在 1373cm^{-1} 处高自旋亚铁血红素复合体的标志峰，还有在 1636cm^{-1}、1557cm^{-1}、1412cm^{-1}、1314cm^{-1}、1123cm^{-1} 和 1066cm^{-1} 处的卟啉骨架等的振动峰，如图 5.25 所示。此方法可应用于药物结合到色素表面过程中的药物筛选。

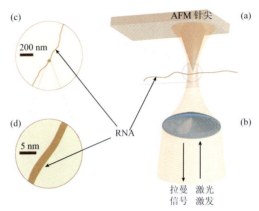

图 5.24 碱基测序示意图(a)和 TERS 针尖扫描过程(b) TERS 针尖以碱基间隙距离移动，逐个扫描获得序列信息；黄色区域表示针尖在第一个位置时的增强区域；放大部分大约等于激光光斑聚焦区域(c)；针尖增强区域放大部分(d)

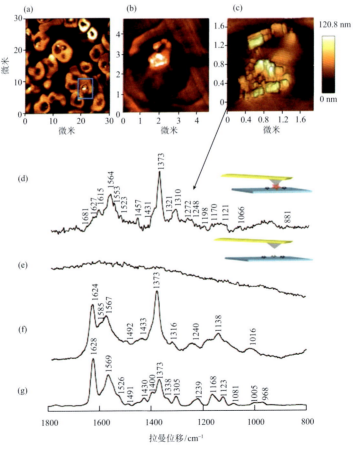

图 5.25 AFM 图像和 TERS 谱线

具有极高的空间分辨率的 TERS 技术可以选择性地增强血红蛋白表面的亚铁血红素、蛋白质和氨基酸信号,这是表面增强拉曼散射(SERS)和共振拉曼散射(RRS)技术无法观察到的。Wood 等[272]利用 TERS 技术检测了血红蛋白晶胞(hemoglobin crystal)表面的纳米级氧化位置(图 5.26)。他们将银修饰的非接触 AFM 尖端探测血红蛋白晶胞的沉积,AFM 光学响应图像定位信号最强的位置,然后对纯化的血红蛋白进行 TERS 谱线测试,得到了四种常见类型的谱线,包括亚铁血红素、蛋白质、氨基酸以及收起尖端的谱线(图 5.27)。在谱线 1378 cm^{-1} 和 1355 cm^{-1} 处分别是三价铁和亚铁氧化态的标志峰,表明在血红蛋白表面正发生纳米级氧化变化,晶胞表面存在氧气交换。TERS 光谱可以提供蛋白质和特殊氨基酸的信息,用于在纳米级别上监控亚铁血红素和蛋白质动力学过程。

2013 年,ACS Nano 报道了 Zenobi 小组[273]得到的互补的形貌图和缩氨酸纳米带的针尖增强拉曼(TER)图像,可在每个像素位点得到已知的缩氨酸拉曼强度,进而编辑 TER 图像实现在形貌图上进行化学识别图谱特征。而在 STM 图像上无法观察到形貌对应的化学图谱特征。如图 5.28 所示为同时获得 STM 和 TER 图像;图(b)中颜色编码的 TER 图像能很清晰地显示芳环的信号强度(信号越强像素点越亮)。

Van Duyne 等[274]采用频域法(frequency domain approach)得到罗丹明 6G 的两种同位素的单分子针尖增强拉曼光谱(single-molecule tip-enhanced Raman spectroscopy),如图 5.29 所示。他们通过理论与实验研究相结合获得了同位素 R6G-d_0 和 R6G-d_4 在 600~800cm^{-1} 的详细分子信息,可以从多元 TERS 图谱上观察到单独一个同位素的振动信息,R6G-d_0 的特征峰在 610cm^{-1} 附近,误差小于正负 4cm^{-1}。他们发现单个分子测量时 TERS 总的增强因子达到 10^{13},其中电磁增强 10^6,局部分子共振拉曼增强为 10^7。

国内,厦门大学田中群院士、任斌教授领导的课题组在 TERS 仪器研发及技术应用方面取得了重大成果。他们于 2005 年研制出国内首台 TERS 仪器,并致力于将该技术与其他表征方法相结合,提高 TERS 仪器的灵敏度、稳定性以及

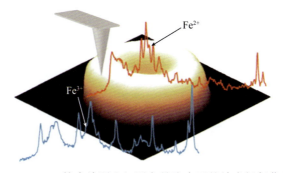

图 5.26　TERS 技术检测血红蛋白晶胞表面的纳米级氧化位置

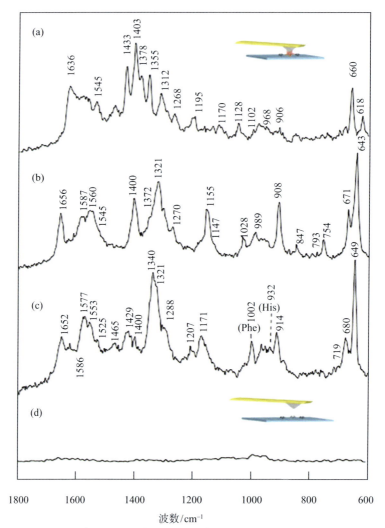

图 5.27 血红蛋白三种常见类型：血红素、蛋白质和氨基酸的 TERS 光谱

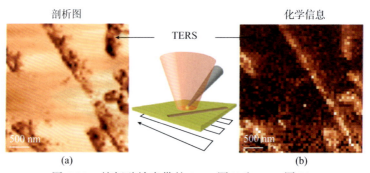

图 5.28 缩氨酸纳米带的 STM 图(a)和 TER 图(b)

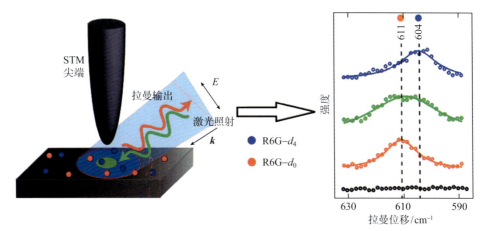

图 5.29 单分子针尖增强拉曼光谱

多功能性，目前该课题组正在利用 TERS 开展纳米光学、单分子、电化学等不同领域的研究。2011 年，他们报道了一项称之为钓鱼式的针尖增强拉曼光谱技术 (fishing-mode tip-enhanced Raman spectroscopy，FM-TERS) 的单分子分析方法，建立了一套可于大气环境下同时获得单分子结的电学信息和拉曼光谱信息的检测技术[275]，如图 5.30 所示。基于 FM-TERS 技术，他们首先构建了金属-分子-金属结，并对分子结的电学性质进行了测量，同时发挥 TERS 技术灵敏度和高空间分辨率的优势，

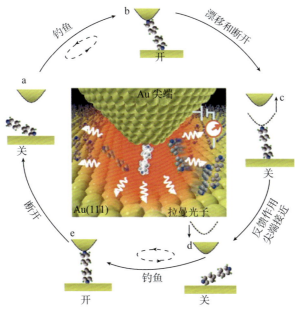

图 5.30 FM-TERS 结构示意图

研究了单个分子结通断状态下的信号变化,获得了这一过程中单个分子结的结构变化信息。由于 FM-TERS 可以简单高效地在单分子水平上同时获得分子结的电学和谱学信息,这将有助于深入理解电子在分子内部的传递过程[275]。

实际 TERS 应用中有许多因素可以影响被分析物的振动光谱,一方面,由于针尖处强烈的电磁近场会干扰检测系统,并可能导致适用不同的选择规则;另一方面,TERS 检测中被分析物量非常小,TERS 光谱的变化可能是由于局域环境的差异,因此 TERS 探针的物理作用力也能引起振动光谱变化,TERS 峰值位置也可能因探头和分子之间的距离的变化而漂移。这就要求在实际应用中,分析来自生物样品自身的复杂拉曼信号时,需要更精细的光谱分析方法和手段。此外,应用中必须评估样品表面光谱的贡献度和测试表面任何污染物信号的占比。同样,TERS 也有局限性,针尖的制备及特性对该技术的广泛应用至关重要,目前针尖仍然普遍比较脆弱,容易在测量的过程中折断,针尖的使用寿命通常为几天[265]。

5.6 展　　望

自 1928 年物理学家拉曼在《一种新的辐射》首次报道拉曼效应后,这一发现很快就得到了公认并逐渐发展成为一门新的光谱分析技术。1974 年 SERS 现象的发现以及之后的深入研究,使拉曼光谱这一激光光谱技术具备了更为强大的分析和检测能力,极大地拓宽了这一技术的应用领域,特别是在生物医学研究和应用方面表现出特有的优势。当然,SERS 技术需要 SERS 活性纳米结构(即 SERS 基底)的存在,SERS 光谱技术的限制归因于 SERS 基底的制备及目标分子需要成功连接到 SERS 活性基底。

当前 SERS 基底制备面临的重大科学问题是如何高产率获得均一性和可重复性好,LSPR 可根据需要任意调节,具有高表面增强性能和较好的生物相容性的金属纳米结构。制备符合要求的 SERS 基底在实验上是一个挑战,直接决定 SERS 生物检测的灵敏性和可靠性。在 SERS 应用方面同样面临许多实际问题,需要回答如何将 SERS 技术与生物研究高效融合。其中包括设计合理的检测方案;解决生物样品在纳米材料表面相容性及定向偶联与有序组装问题;以及如何与其他技术如微流控、微阵列等的高质量集成。

未来 SERS 在生物检测方面的实际应用亟需在金属纳米材料及结构制备上进一步取得突破,开发具有高增强性能、SERS 重复性好、物化性能稳定的 SERS 基底。重点发展两类 SERS 基底:①表面等离子共振特性可控的金或银及其合金或核壳等纳米胶体,主要面向基于胶体纳米粒子的 SERS 标记生物检测应用;②基于自组装工艺、物理镀膜技术、纳米模板印刷技术、纳米压印光刻技术等手段,大面积制备表面均一且呈周期排列的阵列型纳米结构 SERS 活性金属膜。

　　SERS 生物检测通常因为生物样品一般成分复杂、散射截面小且所需样品微量，导致拉曼信号强度弱且谱峰杂乱。因此，一方面需要通过改善基底 SERS 增强性能提高信号强度，另一方面也需要重点发展复杂信号的处理技术，实现如何从杂乱的信号中提取有效的检测信息。此外，面向未来的临床实际需要，需要着力发展高通量 SERS 纳米生物检测技术。

　　SERS 技术在生物医学领域已经表现出巨大的优势和应用潜力，尽管该技术仍然面临一些所谓的限制，但在全球众多科研工作者和工程师们的共同努力下，相信在不久的将来这些制约问题会被逐一解决，正如其他成熟的应用技术一样，从实验室走向广泛的实际应用。

参 考 文 献

[1] Ellis D I, Cowcher D P, Ashton L, et al. Analyst, 2013, 138: 3871.
[2] Harris D C, Bertolucci M D. Symmetry and Spectroscopy: An Introduction to Vibrational and Electronic Spectroscopy. Courier Dover Publications, 1978.
[3] Singh R. Physics in Perspective (PIP), 2002, 4: 399.
[4] Landsberg G, Mandelstam L. Naturwissenschaften, 1928, 16: 557.
[5] 张光寅, 蓝国祥, 王玉芳. 晶格振动光谱学. 北京：高等教育出版社, 2001.
[6] 郑顺旋. 激光拉曼光谱学. 上海：上海科学技术出版社, 1985.
[7] Bantz K C, Meyer A F, Wittenberg N J, et al. Phys Chem Chem Phys, 2011, 13: 11551.
[8] Ni J, Lipert R J, Dawson G B, et al. Anal Chem, 1999, 71: 4903.
[9] Smith E, Dent G, Wiley J. Modern Raman Spectroscopy: A Practical Approach. New York: John Wiley & Sons Ltd, 2005.
[10] 程光煦. 拉曼, 布里渊散射：原理及应用. 北京：科学出版社, 2001.
[11] Abbott L C, Feilden C J, Anderton C L, et al. Appl Spectrosc, 2003, 57: 960.
[12] Abramczyk H, Waliszewska G, Brozek B. J Phys Chem A, 1999, 103: 7580.
[13] Afseth N K, Segtnan V H, Wold J P. Appl Spectrosc, 2006, 60: 1358.
[14] Aki M, Ogura T, Shinzawa-Itoh K, et al. J Phys Chem B, 2000, 104: 10765.
[15] Calizo I, Balandin A A, Bao W, et al. Nano Lett, 2007, 7: 2645.
[16] Carmona P, Molina M, Rodriguez-Casado A. J Raman Spectrosc, 2009, 40: 893.
[17] Gadomski W, Ratajska-Gadomska B, Boniecki M. J Mol Struct, 1999, 512: 181.
[18] Maeda Y, Udono H, Terai Y. Thin Solid Films, 2004, 461: 165.
[19] 杨序钢, 吴琪琳. 拉曼光谱的分析与应用. 北京：国防工业出版社, 2008.
[20] 田中群. 中国基础科学, 2001, 3: 4.
[21] Fleischman M, Hendra P J, Mcquilla A. Chem Phys Lett, 1974, 26: 163.
[22] Jeanmaire D L, Van Duyne R P. J Electroanal Chem, 1977, 84: 1.
[23] Fang Y, Seong N H, Dlott D D. Science, 2008, 321: 388.
[24] Freeman R G, Grabar K C, Allison K J, et al. Science, 1995, 267: 1629.
[25] Li J F, Huang Y F, Ding Y, et al. Nature, 2010, 464: 392.

[26] Andrew P, Barnes W L. Science, 2004, 306: 1002.
[27] Cao Y W C, Jin R C, Mirkin C A. Science, 2002, 297: 1536.
[28] Nie S M, Emery S R. Science, 1997, 275: 1102.
[29] Kneipp K, Wang Y, Kneipp H, et al. Phys Rev Lett, 1997, 78: 1667.
[30] Campion A, Kambhampati P. Chem Soc Rev, 1998, 27: 241.
[31] Dornhaus R, Benner R E, Chang R K, et al. Surf Sci, 1980, 101: 367.
[32] Kerker M, Wang D S, Chew H. Appl Optics, 1980, 19: 4159.
[33] Laor U, Schatz G C. Chem Phys Lett, 1981, 82: 566.
[34] Sandroff C J, Herschbach D R. Langmuir, 1985, 1: 131.
[35] Fu S Y, Zhang P X. J Raman Spectrosc, 1992, 23: 93.
[36] Deng Z Y, Irish D E. J Phys Chem-Us, 1994, 98: 11169.
[37] Zoval J V, Biernacki P R, Penner R M. Anal Chem, 1996, 68: 1585.
[38] Kneipp K, Kneipp H, Manoharan R, et al. Bioimaging, 1998, 6: 104.
[39] Dick L A, McFarland A D, Haynes C L, et al. J Phys Chem B, 2002, 106: 853.
[40] Ren B, Lin X F, Yang Z L, et al. J Am Chem Soc, 2003, 125: 9598.
[41] McLellan J M, Li Z Y, Siekkinen A R, et al. Nano Lett, 2007, 7: 1013.
[42] Vitol E A, Orynbayeva Z, Bouchard M J, et al. ACS Nano, 2009: 3: 3529.
[43] Wang Z Y, Zong S F, Yang J, et al. Biosens Bioelectron, 2010, 26: 241.
[44] Hwang H, Kim S H, Yang S M. Lab Chip, 2011, 11: 87.
[45] Drachev V P, Nashine V C, Thoreson M D, et al. Langmuir, 2005, 21: 8368.
[46] Drachev V P, Thoreson M D, Nashine V, et al. J Raman Spectrosc, 2005, 36: 648.
[47] Lacy W B, Williams J M, Wenzler L A, et al. Anal Chem, 1996, 68: 1003.
[48] Baia M, Toderas F, Baia L, et al. Chemphyschem, 2009, 10: 1106.
[49] Bechelany M, Brodard P, Elias J, et al. Langmuir, 2010, 26: 14364.
[50] Zhou J, Xu S P, Xu W Q, et al. J Raman Spectrosc, 2009, 40: 31.
[51] Song C Y, Wang Z Y, Zhang R H, et al. Biosens Bioelectron, 2009, 25: 826.
[52] Dvoynenko M M, Wang J K. Opt Lett, 2007, 32: 3552.
[53] Gersten J, Nitzan A. J Chem Phys, 1980, 73: 3023.
[54] Wood T H, Klein M V. Solid State Commun, 1980, 35: 263.
[55] Moskovits M. Solid State Commun, 1979, 32: 59.
[56] Schatz G C. Accounts Chem Res, 1984, 17: 370.
[57] Kneipp K, Moskovits M, Kneipp H. Surface-enhanced Raman Scattering: Physics and Applications. Berlin: Springer Verlag, 2006.
[58] Reipa V, Gaigalas A K, Edwards J J, et al. J Electroanal Chem, 1995, 395: 299.
[59] Arenas J F, Tocon I L, Otero J C, et al. Vib Spectrosc, 1999, 19: 213.
[60] Kirtley J R, Jha S S, Tsang J C. Solid State Commun, 1980, 35: 509.
[61] Kelly K L, Coronado E, Zhao L L, et al. J Phys Chem B, 2003, 107: 668.
[62] Tsang J C, Kirtley J R, Theis T N. J Chem Phys, 1982, 77: 641.
[63] Liao P F, Wokaun A. J Chem Phys, 1982, 76: 751.
[64] Xu H, Aizpurua J, Käll M, et al. Phys Rev E, 2000, 62: 4318.
[65] Park W H, Kim Z H. Nano Lett, 2010, 10: 4040.

[66]　Stranahan S M, Willets K A. Nano Lett, 2010, 10: 3777.
[67]　Lopez-Tocon I, Centeno S P, Otero J C, et al. J Mol Struct, 2001, 565: 369.
[68]　Park T H, Galperin M. Phys Rev B, 2011, 84: 075447.
[69]　Otto A. J Raman Spectrosc, 2005, 36: 497.
[70]　Doering W E, Nie S. J Phys Chem B, 2002, 106: 311.
[71]　Futamata M, Maruyama Y. Anal Bioanal Chem, 2007, 388: 89.
[72]　Kneipp K, Kneipp H, Itzkan I, et al. Chem Rev, 1999, 99: 2957.
[73]　Pettinger B, Wetzel H. Ber Bunsen Phys Chem, 1981, 85: 473.
[74]　Zeman E J, Schatz G C. J Phys Chem-Us, 1987, 91: 634.
[75]　Cui L, Liu Z, Duan S, et al. J Phys Chem B, 2005, 109: 17597.
[76]　Gao J S, Tian Z Q. Spectrochim Acta, Part A, 1997, 53: 1595.
[77]　Lin X F, Ren B, Tian Z Q. J Phys Chem B, 2004, 108: 981.
[78]　Ren B, Lin X, Yan J, et al. J Phys Chem B, 2003, 107: 899.
[79]　Wilke T, Gao X, Takoudis C G, et al. J Catal, 1991, 130: 62.
[80]　Cao P G, Yao J L, Ren B, et al. Chem Phys Lett, 2000, 316: 1.
[81]　Aramaki K, Yamada M, Uehara J, et al. J Electrochem Soc, 1991, 138: 3389.
[82]　Cao P, Gu R, Ren B, et al. Chem Phys Lett, 2002, 366: 440.
[83]　Sauer G, Brehm G, Schneider S, et al. Appl Phys Lett, 2006, 88: 023106.
[84]　Yang Z, Wu D, Yao J, et al. Chin Sci Bull, 2002, 47: 1983.
[85]　Huang Q J, Yao J L, Mao B W, et al. Chem Phys Lett, 1997, 271: 101.
[86]　Long N V, Chien N D, Hirata H, et al. J Cryst Growth, 2011, 320: 78.
[87]　Wang Y, Zhang J, Jia H, et al. J Phys Chem C, 2008, 112: 996.
[88]　Wang Y, Ruan W, Zhang J, et al. J Raman Spectrosc, 2009, 40: 1072.
[89]　Wang Y, Hu H, Jing S, et al. Anal Sci, 2007, 23: 787.
[90]　Xue G, Zhang J. Appl Spectrosc, 1991, 45: 760.
[91]　Musumeci A, Gosztola D, Schiller T, et al. J Am Chem Soc, 2009, 131: 6040.
[92]　Yang L, Jiang X, Ruan W, et al. J Phys Chem C, 2008, 112: 20095.
[93]　Yamada H, Yamamoto Y. Surf Sci, 1983, 134: 71.
[94]　Tarakeshwar P, Finkelstein-Shapiro D, Hurst S J, et al. J Phys Chem C, 2011, 115: 8994.
[95]　Fan M, Andrade G F S, Brolo A G. Anal. Chim. Acta, 2011, 693: 7.
[96]　Aroca R, Alvarez-Puebla R, Pieczonka N, et al. Adv Colloid Interface Sci, 2005, 116: 45.
[97]　Frens G. Nat Phys Sci, 1973, 241: 20.
[98]　Lee P, Meisel D. J Phys Chem, 1982, 86: 3391.
[99]　Prochazka M, Stepanek J, Vlckova B, et al. J Mol Struct, 1997, 410: 213.
[100]　Nakamura T, Magara H, Herbani Y, et al. Appl Phys A-Mater, 2011, 104: 1021.
[101]　Han H F, Fang Y, Li Z P, et al. Appl Phys Lett, 2008, 92: 023116.
[102]　Tan Y W, Zang X N, Gu J J, et al. Langmuir, 2011, 27: 11742.
[103]　Tan Y, Li Y, Zhu D. J Colloid Interface Sci, 2003, 258: 244.
[104]　Zhang L, Shen Y, Xie A, et al. J Phys Chem B, 2006, 110: 6615.
[105]　Filali M, Meier M A R, Schubert U S, et al. Langmuir, 2005, 21: 7995.
[106]　Bancroft G M, Jean G. Nature, 1982, 298: 730.

[107] Leopold N, Lendl B. J Phys Chem B, 2003, 107: 5723.
[108] Jana N R, Gearheart L, Murphy C J. Chem Commun, 2001, 7: 617.
[109] Fukuyo T, Imai H. J Cryst Growth, 2002, 241: 193.
[110] Zhao J, Pinchuk A O, Mcmahon J M, et al. Accounts Chem Res, 2008, 41: 1710.
[111] Camargo P H C, Cobley C M, Rycenga M, et al. Nanotechnology, 2009, 20: 434020.
[112] Cobley C M, Rycenga M, Zhou F, et al. Angew Chem Int Edit, 2009, 48: 4824.
[113] Lim B, Camargo P H C, Xia Y N. Langmuir, 2008, 24: 10437.
[114] Skrabalak S E, Chen J Y, Sun Y G, et al. Accounts Chem Res, 2008, 41: 1587.
[115] Wang Y L, Camargo P H C, Skrabalak S E, et al. Langmuir, 2008, 24: 12042.
[116] Zeng J, Zheng Y Q, Rycenga M, et al. J Am Chem Soc, 2010, 132: 8552.
[117] Shankar S S, Rai A, Ankamwar B, et al. Nat Mater, 2004, 3: 482.
[118] Grzelczak M, Pérez-Juste J, Mulvaney P, et al. Chem Soc Rev, 2008, 37: 1783.
[119] Zhang G X, Sun S H, Banis M N, et al. Cryst Growth Des, 2011, 11: 2493.
[120] Cui Y, Ren B, Yao J L, et al. J Phys Chem B, 2006, 110: 4002.
[121] Daniel M C, Astruc D. Chem Rev, 2004, 104: 293.
[122] Kumar G. J Raman Spectrosc, 2009, 40: 2069.
[123] Kumar G V P, Shruthi S, Vibha B, et al. J Phys Chem C, 2007, 111: 4388.
[124] Rai A, Chaudhary M, Ahmad A, et al. Mater Res Bull, 2007, 42: 1212.
[125] Yong K T, Sahoo Y, Swihart M T, et al. Colloids Surf A, 2006, 290: 89.
[126] Selvakannan P, Swami A, Srisathiyanarayanan D, et al. Langmuir, 2004, 20: 7825.
[127] Liu M, Guyot-Sionnest P. J Phys Chem B, 2004, 108: 5882.
[128] Tsuji M, Miyamae N, Lim S, et al. Cryst Growth Des, 2006, 6: 1801.
[129] Zhou X, Xu W L, Wang Y, et al. J Phys Chem C, 2010, 114: 19607.
[130] Gong J L, Liang Y, Huang Y, et al. Biosens Bioelectron, 2007, 22: 1501.
[131] Wang W, Li Z, Gu B, et al. ACS Nano, 2009, 3: 3493.
[132] Ow H, Larson D R, Srivastava M, et al. Nano Lett, 2005, 5: 113.
[133] Niitsoo O, Couzis A. J Colloid Interface Sci, 2011, 354: 887.
[134] Aslan K, Wu M, Lakowicz J R, et al. J Am Chem Soc, 2007, 129: 1524.
[135] Yin Y, Lu Y, Sun Y, et al. Nano Lett, 2002, 2: 427.
[136] Lu Y, Yin Y, Li Z Y, et al. Nano Lett, 2002, 2: 785.
[137] Aliev F G, Correa-Duarte M A, Mamedov A, et al. Adv Mater, 1999, 11: 1006.
[138] Lai C W, Wang Y H, Lai C H, et al. Small, 2008, 4: 218.
[139] Lapresta-Fernandez A, Doussineau T, Dutz S, et al. Nanotechnology, 2011, 22: 415501.
[140] Xu Z C, Hou Y L, Sun S H. J Am Chem Soc, 2007, 129: 8698.
[141] Mirkin C A, Letsinger R L, Mucic R C, et al. Nature, 1996, 382: 607.
[142] Jia J, Wang B, Wu A, et al. Anal Chem, 2002, 74: 2217.
[143] Kim B, Tripp S L, Wei A. J Am Chem Soc, 2001, 123: 7955.
[144] Santhanam V, Liu J, Agarwal R, et al. Langmuir, 2003, 19: 7881.
[145] Prime K L, Whitesides G M. Science, 1991, 252: 1164.
[146] Cui F T, Zhen L, Jie H J, et al. Nanotechnology, 2012, 23: 165604.
[147] Davies J P, Pachuta S J, Cooks R G, et al. Anal Chem, 1986, 58: 1290.

[148] Song C Y, Abell J L, He Y P, et al. J Mater Chem, 2012, 22: 1150.
[149] Abell J L, Driskell J D, Dluhy R A, et al. Biosens Bioelectron, 2009, 24: 3663.
[150] Chaney S B, Shanmukh S, Dluhy R A, et al. Appl Phys Lett, 2005, 87: 031908
[151] Chu H Y, Huang Y W, Zhao Y P. Appl Spectrosc, 2008, 62: 922.
[152] Chu H Y, Liu Y J, Huang Y W, et al. Opt Express, 2007, 15: 12230.
[153] Driskell J D, Seto A G, Jones L P, et al. Biosens Bioelectron, 2008, 24: 917.
[154] Driskell J D, Shanmukh S, Liu Y J, et al. IEEE Sens J, 2008, 8: 863.
[155] Driskell J D, Zhu Y, Kirkwood C D, et al. Plos One, 2010, 5: e10222.
[156] Fu J X, Collins A, Zhao Y P. J Phys Chem C, 2008, 112: 16784.
[157] Leverette C L, Jacobs S A, Shanmukh S, et al. Appl Spectrosc, 2006, 60: 906.
[158] Liu Y J, Chu H Y, Zhao Y P. J Phys Chem C, 2010, 114: 8176.
[159] Cho S J, Shahin A M, Long G J, et al. Chem Mater, 2006, 18: 960.
[160] Liu Y J, Zhang Z Y, Zhao Q, et al. J Phys Chem C, 2009, 113: 9664.
[161] Liu Y J, Zhao Y P. Phys Rev B, 2008, 78: 075436.
[162] Shanmukh S, Jones L, Driskell J, et al. Nano Lett, 2006, 6: 2630.
[163] Tripp R A, Dluhy R A, Zhao Y P. Nano Today, 2008, 3: 31.
[164] Li M, Cushing S K, Zhang J, et al. ACS Nano, 2013, 7: 4967.
[165] Ossi P M, Neri F, Santo N, et al. Appl Phys A-Mater, 2011, 104: 829.
[166] Song C, Yang Y, Wang L. Prog Chem, 2014, 26:1516.
[167] Zheng Y B, Payton J L, Chung C H, et al. Nano Lett, 2011, 11: 3447.
[168] Dasary S S R, Singh A K, Senapati D, et al. J Am Chem Soc, 2009, 131: 13806.
[169] Bao L L, Mahurin S M, Haire R G, et al. Anal Chem, 2003, 75: 6614.
[170] Olavarria-Fullerton J, Wells S, Ortiz-Rivera W, et al. Appl Spectrosc, 2011, 65: 423.
[171] Lopez-Tocon I, Otero J C, Arenas J F, et al. Langmuir, 2010, 26: 6977.
[172] Koglin E, Sequaris J M, Fritz J C, et al. J Mol Struct, 1984, 114: 219.
[173] Peng H I, Strohsahl C M, Leach K E, et al. ACS Nano, 2009, 3: 2265.
[174] Culha M, Stokes D, Allain L R, et al. Anal Chem, 2003, 75: 6196.
[175] Faulds K, Smith W E, Graham D. Anal Chem, 2004, 76: 412.
[176] Hu J A, Zhang C Y. Anal Chem, 2010, 82: 8991.
[177] van Lierop D, Faulds K, Graham D. Anal Chem, 2011, 83: 5817.
[178] Liu B, Blaszczyk A, Mayor M, et al. ACS Nano, 2011, 5: 5662.
[179] Graham D, Faulds K. Chem Soc Rev, 2008, 37: 1042.
[180] Kang T, Yoo S M, Yoon I, et al. Nano Lett, 2010, 10: 1189.
[181] Tan X B, Wang Z Y, Yang J, et al. Nanotechnology, 2009, 20: 445102.
[182] Yang J, Wang H, Wang Z Y, et al. Chin Opt Lett, 2009, 7: 894.
[183] Tan X B, Wang Z Y, Wang H, et al. Chin Opt Lett, 2010, 8: 357.
[184] Yang J, Wang Z Y, Tan X B, et al. Nanotechnology, 2010, 21: 345101.
[185] Yang J, Wang Z Y, Zhang R H, et al. Acta Chim Sinica, 2011, 69: 1890.
[186] Wang Z Y, Zong S F, Yang J, et al. Biosens Bioelectron, 2011, 26: 2883.
[187] Patel I S, Premasiri W R, Moir D T, et al. J Raman Spectrosc, 2008, 39: 1660.
[188] Ravindranath S P, Henne K L, Thompson D K, et al. ACS Nano, 2011, 5: 4729.

[189] Sengupta A, Mujacic M, Davis E J. Anal Bioanal Chem, 2006, 386: 1379.
[190] Temur E, Boyaci I H, Tamer U, et al. Anal Bioanal Chem, 2010, 397: 1595.
[191] Jarvis R M, Goodacre R. Anal Chem, 2004, 76: 40.
[192] Jarvis R M, Brooker A, Goodacre R. Faraday Discuss, 2006, 132: 281.
[193] Premasiri W R, Moir D T, Klempner M S, et al. J Phys Chem B, 2005, 109: 312.
[194] Guicheteau J, Christesen S, Emge D, et al. J Raman Spectrosc, 2010, 41: 1632.
[195] Shanmukh S, Jones L, Zhao Y P, et al. Anal Bioanal Chem, 2008, 390: 1551.
[196] Kneipp K, Kneipp H, Itzkan I, et al. J Phys Condens Matter, 2002, 14: R597.
[197] Shafer-Peltier K E, Haynes C L, Glucksberg M R, et al. J Am Chem Soc, 2003, 125: 588.
[198] Lyandres O, Shah N C, Yonzon C R, et al. Anal Chem, 2005, 77: 6134.
[199] Stuart D A, Yuen J M, Shah N, et al. Anal Chem, 2006, 78: 7211.
[200] Panikkanvalappil S R, Mackey M A, El-Sayed M A. J Am Chem Soc, 2013, 135: 4815.
[201] Barhoumi A, Zhang D, Tam F, et al. J Am Chem Soc, 2008, 130: 5523.
[202] Vo-Dinh T, Houck K, Stokes D. Anal Chem, 1994, 66: 3379.
[203] Isola N R, Stokes D L, Vo-Dinh T. Anal Chem, 1998, 70: 1352.
[204] Allain L R, Vo-Dinh T. Anal Chim Acta, 2002, 469: 149.
[205] Cao Y C, Jin R, Mirkin C A. Science, 2002, 297: 1536.
[206] Wabuyele M B, Vo-Dinh T. Anal Chem, 2005, 77: 7810.
[207] He S, Liu K K, Su S, et al. Anal Chem, 2012, 84: 4622.
[208] Zhang H, Harpster M H, Park H J, et al. Anal Chem, 2010, 83: 254.
[209] Zhang H, Harpster M H, Wilson W C, et al. Langmuir, 2012, 28: 4030.
[210] Song C, Chen J, Zhao Y, et al. J Mater Chem B, 2014, 2: 7488.
[211] He L L, Rodda T, Haynes C L, et al. Anal Chem, 2011, 83: 1510.
[212] Rohr T E, Cotton T, Fan N, et al. Anal Chem, 1989, 182: 388.
[213] Han X X, Cai L J, Guo J, et al. Anal Chem, 2008, 80: 3020.
[214] Grubisha D S, Lipert R J, Park H Y, et al. Anal Chem, 2003, 75: 5936.
[215] Driskell J D, Kwarta K M, Lipert R J, et al. Anal Chem, 2005, 77: 6147.
[216] Porter M D, Granger M C, Siperko L M, et al. Micro- and Nanotechnology Sensors, Systems, and Applications Ⅲ, 2011, Proc. SPIE, 80311T.
[217] Wang G F, Lipert R J, Jain M, et al. Anal Chem, 2011, 83: 2554.
[218] Lee M, Lee S, Lee J H, et al. Biosens Bioelectron, 2011, 26: 2135.
[219] Wilson R. Chem Soc Rev, 2008, 37: 2028.
[220] Radwan S H, Azzazy H M E. Expert Rev Mol Diagn, 2009, 9: 511.
[221] Wang Z X, Ma L N. Coordin Chem Rev, 2009, 253: 1607.
[222] Lee S, Kim S, Choo J, et al. Anal Chem, 2007, 79: 916.
[223] Xu S P, Ji X H, Xu W Q, et al. Analyst, 2004, 129: 63.
[224] Manimaran M, Jana N R. J Raman Spectrosc, 2007, 38: 1326.
[225] Kim K, Kim N H, Park H K. Biosens Bioelectron, 2007, 22: 1000.
[226] Ji X H, Xu S P, Wang L Y, et al. Colloids Surf A, 2005, 257/258: 171.
[227] Cui Y, Ren B, Yao J L, et al. J Phys Chem B, 2006, 110: 4002.
[228] Liang Y, Gong J L, Huang Y, et al. Talanta, 2007, 72: 443.

[229] Wang Z, Zong S, Li W, et al. J Am Chem Soc, 2012, 134: 2993.
[230] Dou X, Takama T, Yamaguchi Y, et al. Anal Chem, 1997, 69: 1492.
[231] Song C, Chen J, Abell J L, et al. Langmuir, 2011, 28: 1488.
[232] Guven B, Basaran-Akgul N, Temur E, et al. Analyst, 2011, 136: 740.
[233] Tamer U, Boyaci I H, Temur E, et al. J Nanopart Res, 2011, 13: 3167.
[234] Wang Y L, Ravindranath S, Irudayaraj J. Anal Bioanal Chem, 2011, 399: 1271.
[235] Zhang H, Harpster M H, Park H J, et al. Anal Chem, 2011, 83: 254.
[236] Cui Y, Ren B, Yao J L, et al. J Raman Spectrosc, 2007, 38: 896.
[237] Jun B H, Kim J H, Park H, et al. J Comb Chem, 2007, 9: 237.
[238] Ming G, Jian-Lin Y, Yan C, et al. Chem J Chinese U, 2007, 28: 1464.
[239] Chourpa I, Lei F H, Dubois P, et al. Chem Soc Rev, 2008, 37: 993.
[240] Kneipp J, Kneipp H, McLaughlin M, et al. Nano Lett, 2006, 6: 2225.
[241] Shamsaie A, Jonczyk M, Sturgis J, et al. J Biomed Opt, 2007, 12: 020502.
[242] Jarvis R M, Law N, Shadi I T, et al. Anal Chem, 2008, 80: 6741.
[243] Wang Y, Yan B, Chen L. Chem Rev, 2012, 113: 1391.
[244] Kneipp J, Kneipp H, Wittig B, et al. Nano Letters, 2007, 7: 2819.
[245] Talley C E, Jusinski L, Hollars C W, et al. Anal Chem, 2004, 76: 7064.
[246] Wang Z Y, Bonoiu A, Samoc M, et al. Biosens Bioelectron, 2008, 23: 886.
[247] Zong S, Wang Z, Yang J, et al. Anal Chem, 2011, 83: 4178.
[248] Maiti K K, Dinish U S, Fu C Y, et al. Biosens Bioelectron, 2010, 26: 398.
[249] Noh M S, Jun B H, Kim S, et al. Biomaterials, 2009, 30: 3915.
[250] Sha M Y, Xu H X, Natan M J, et al. J Am Chem Soc, 2008, 130: 17214.
[251] Lee S, Chon H, Lee M, et al. Biosens Bioelectron, 2009, 24: 2260.
[252] Qian X, Peng X H, Ansari D O, et al. Nat Biotechnol, 2007, 26: 83.
[253] Lee S, Kim S, Choo J, et al. Anal Chem, 2007, 79: 916.
[254] Wang Z, Zong S, Yang J, et al. Biosens Bioelectron, 2010, 26: 2883.
[255] Yu K N, Lee S M, Han J Y, et al. Bioconjugate Chem, 2007, 18: 1155.
[256] Mohs A M, Mancini M C, Singhal S, et al. Anal Chem, 2010, 82: 9058.
[257] Wang X, Qian X M, Beitler J J, et al. Cancer Res, 2011, 71: 1526.
[258] Yang J, Wang Z Y, Zong S F, et al. Anal Bioanal Chem, 2012, 402: 1093.
[259] Yang J, Cui Y, Zong S, et al. Mol Pharmaceutics, 2012, 9: 842.
[260] Maiti K K, Samanta A, Vendrell M, et al. Chem Commun, 2011, 47: 3514.
[261] Wessel J. JOSA B, 1985, 2: 1538.
[262] Stöckle R M, Suh Y D, Deckert V, et al. Chem Phys Lett, 2000, 318: 131.
[263] Hayazawa N, Inouye Y, Sekkat Z, et al. Opt Commun, 2000, 183: 333.
[264] Anderson M S. Appl Phys Lett, 2000, 76: 3130.
[265] Bailo E, Deckert V. Chem Soc Rev, 2008, 37: 921.
[266] Wang J, Wu X, Wang R, et al. Detection of Carbon Nanotubes Using Tip-Enhanced Raman Spectroscopy. InTech, 2011.
[267] Neugebauer U, Schmid U, Baumann K, et al. Chem Phys Chem, 2007, 8: 124.
[268] Watanabe H, Ishida Y, Hayazawa N, et al. Phys Rev B, 2004, 69: 155418.

[269] Rasmussen A, Deckert V. J Raman Spectrosc, 2006, 37: 311.
[270] Bailo E, Deckert V. Angew Chem Int Edit, 2008, 47: 1658.
[271] Wood B R, Bailo E, Khiavi M A, et al. Nano Lett, 2011, 11: 1868.
[272] Wood B R, Khiavi M A, Bailo E, et al. Nano Lett, 2012, 12: 1555.
[273] Paulite M, Blum C, Schmid T, et al. ACS Nano, 2013, 7: 911.
[274] Sonntag M D, Klingsporn J M, Garibay L K, et al. J Phys Chem C, 2011, 116: 478.
[275] Liu Z, Ding S Y, Chen Z B, et al. Nat Commun, 2011, 2: 305.

第 6 章 纳米等离子激元生物传感

6.1 引　　言

金属介质具有等离子共振效应,对这一现象的研究已经有 60 余年的历史。1957年,Ritchie 发现高能电子束在穿透金属介质的过程中,能够激发出金属表面自由电子(d 电子),使其在正离子背景中产生量子化振荡运动,这一现象称为等离子共振效应[1]。

一般情况下,金属和半导体内都存在大量自由电子,当介质尺寸达到纳米范围,纳米材料所特有的限域效应将对自由电子的运动产生重要的影响,尤其是对于贵金属(金、银等),其 d 电子的平均自由程约为 50 nm,当颗粒直径大于或近似于该值时,颗粒受激后将产生明显的散射现象。反之,入射光穿越颗粒产生的散射光强度将大幅消减。由于该现象主要发生在表面,所以被称为表面等离子共振(SPR)散射。如图 6.1 所示,表面电子云中自由电子将与入射光产生共振效应,并在纳米颗粒表面发生极化现象,而其产生共振条件取决于其自身的尺寸、形貌和所处的环境介电常数等重要参数,同时可以由吸收和散射光谱来验证这一结论。

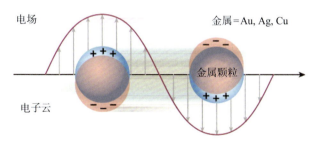

图 6.1　等离子共振示意图[2]

纳米颗粒的散射光谱主要依赖于纳米颗粒的形状、尺寸以及颗粒本身和其周围环境的介电常数等相关因素。纳米颗粒的形貌和尺寸的变化,会引起表面 d 电子密度变化,从而影响到 d 电子的振荡频率,造成包括纳米颗粒的吸收与散射光学性质的改变。一个世纪前,Mie[3,4]提出用于研究任意折射率的球形或者椭圆形颗粒产生的平面波散射的半独立式分析理论,他在麦克斯韦方程的基础上阐述了与电磁场相互作用的球形金纳米颗粒的等离子共振现象,首次将等离子共振现象进行了理论解释,为等离子光学的发展奠定基础。Mie 理论是纳米颗粒等离子光学的理论模型基础,其数学表达式如下:

$$E(\lambda) = \frac{24\pi N_A a^3 \varepsilon_m^{3/2}}{\lambda \ln(10)} \left[\frac{\varepsilon_i}{(\varepsilon_r + 2\varepsilon_m)^2 + \varepsilon_i^2} \right] \tag{6.1}$$

其中,$E(\lambda)$ 为消光量,即吸收和散射光强度值的总和;N_A 是纳米颗粒的局部电子密度;a 是金属纳米球体颗粒的半径;ε_m 是金属纳米球体颗粒所处环境介质的介电常数(假设其值为正实数,且与波长不相关);λ 为入射光的波长;ε_i 是金属纳米球体颗粒介电常数的虚部部分;ε_r 为金属纳米球体介电常数的实部部分。当分母中的共振项 $(\varepsilon_r + 2\varepsilon_m)^2$ 接近零时,即达到了 SPR 的共振条件。Mie 理论仅适用于球形颗粒,具有一定的局限性。从这个简单的模型中,我们可以明显地看出,存在于外层介电环境中的金属纳米球体颗粒的 SPR 光谱特性取决于以下几个方面:纳米颗粒的半径 a、纳米颗粒(ε_r 和 ε_i)以及纳米颗粒所处环境的介电常数 ε_m。只要上述变量中有一个发生改变,纳米颗粒的 SPR 消光光谱就会随之发生变化。对于大部分金属(如汞、铟、铅、锡等),其等离子共振散射光谱波峰主要位于紫外光谱区域,且这些金属纳米颗粒极易被氧化,因此较少用于表面等离子共振特性研究。然而,贵金属(金、银)纳米颗粒相对可以在空气中稳定存在,而且其表面等离激元共振频率通常位于可见区域,适宜在物理、光学、生物分析以及传感等研究领域进行深入的研究。目前,已经发展出多种理论与技术用于研究小颗粒与光的相互作用。

Mie 理论仅适用于球形和椭球形颗粒,虽然 Gans 等[5,6]在 Mie 的研究基础上进行拓展,将这一理论的应用范围扩大到椭球体,但是对于真实的特殊形状的颗粒还不能提供很好的解释手段。目前,已经有多种理论被提出并可用于仿真任意形状颗粒的 SPR 现象,包括有限元,时域和频域有限差分,离散偶极子,多重多极方法和 T 矩阵等理论方法。另外,还有些方法同样可以应用在基底影响的研究中,例如,关于纳米颗粒的等离子激元性质或者多系列反应的纳米颗粒的作用。另外,采用有限差分时域(FDTD)算法已可以仿真任意几何形状和尺寸的表面等离子激元共振吸收光谱[7]。

6.2 等离子共振散射

当一个平面波入射在纳米颗粒上时,大部分光的传播途径不会变化,部分发生散射和吸收。散射截面是基于入射平面波单位面积功率归一化后的总功率,所以散射截面面积有大小区别。散射系数 Q_{sct},是散射截面与颗粒横截面积的比值,是一个无量纲的量。同样，吸收截面是颗粒吸收的总能量与单位面积上入射平面波能量的比值；吸收系数 Q_{abs}，是吸收截面与颗粒横截面积的比值；消光系数 Q_{ext}，是散射系数和吸收系数的和，它是入射波的一部分，因为这一过程不是散射就是吸收。

反向散射系数 Q_{bck}，是测量入射光直接向后的散射，可以定义为反向散射(θ = 180°)立体角内单位面积，散射功率的四倍单位面积功率的平面波入射。因此，等于颗粒本身散射截面的各向同性散射体与各向同性的反向散射光强度和。因为微小颗粒的反向散射振幅大于散射平均振幅，并超过所有球面散射角，因此定义的反向散射截面大于总散射截面是可能的，反向散射系数为反向散射截面与颗粒截面积的比值。

此外，还有另一个量可以用于关联近场和远场散射光，远场散射系数表示为 Q_{sct}，近场散射系数表示为 Q_{NF}。

$$Q_{sct} = \lim_{R \gg a} \frac{R^2}{\pi a^2} \int_0^{2\pi} \int_0^{\pi} E_s E_s^* \sin\theta \mathrm{d}\theta \mathrm{d}\phi \tag{6.2}$$

Q_{NF} 是一个与纳米球表面平均电场强度 $|E^2|$ 成正比的量，定义为

$$Q_{NF} = \left[\frac{R^2}{\pi a^2} \int_0^{2\pi} \int_0^{\pi} E_s E_s^* \sin\theta \mathrm{d}\theta \mathrm{d}\phi \right]_{R=a} \tag{6.3}$$

式中，R 为一个包含颗粒球体的半径；a 为颗粒的半径；E_s 为散射电场。在球体的表面，近场散射系数是平均电场强度的四倍。利用 Mie 理论可以根据散射场多极系数，采用简单的方程来表示金属球体的这四个系数[8,9]。

6.2.1 Mie 散射

在开始关于纳米颗粒的局域等离子共振(LSPR)的研究之前，我们首先以 60 nm 等离子金属球体为例，利用 Mie 理论计算其在空气中被一束平面波照射时的远场消光系数。金、银、铜和铝球体颗粒在可见光区的吸收光谱如图 6.2 所示。银颗粒在 370 nm 处有一个大的吸收峰，金颗粒在大约 500 nm 处有个吸收峰，铜的吸收峰位于 560 nm 左右。而对于铝，在可见光或近红外区几乎没有吸收峰。这些峰所在位置对应的波长产生最大的等离子共振效应，这些颗粒的共振效应主要为振荡偶极子模式。

另外，60nm 银球体周围的电场强度可以基于 Mie 理论采用表面等离子激光(SP)偶极共振计算，其峰位置大约在 367 nm，图 6.3 给出了其 x,y,z 三个平面的正交切片。入射的平面波沿着 z 方向传输，在 x 轴向会产生极化，从而可以观察到在球体表面形成热点，即 $y = z = 0$，与 x 轴球面相交处，这一特性可以描述为球体表面极化共振模式，且球表面的 $|E^2|$ 峰强度要比入射场的共振波增强约两个数量级。

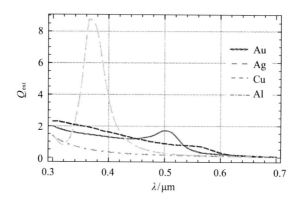

图 6.2 直径 60 nm 的 Au(实线)、Ag(长破折号)、Cu(短破折号)和 Al(点划线)纳米颗粒在空气中的吸收光谱，其吸收主要受偶极共振影响(Mathematica 仿真结果)

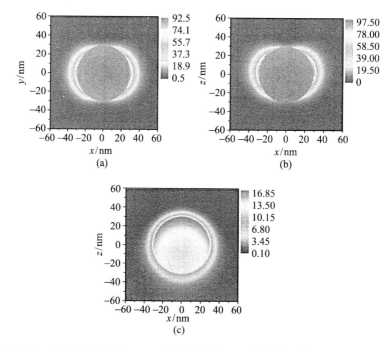

图 6.3 场强 E_2，空气中的处于 367 nm 共振波长的 Ag 球的周围被一个沿着 z 方向传播、x 方向偏振的单位振幅平面波激发

在此 Mie 运算中，Ag 的折射率取 0.189+1.622i

沿 x 方向且 y = 0 时共振模型的场振幅如图 6.4 所示，此方向上球体表面的电场比入射场强度高一个数量级。此外，沿表面切线方向还有一个场分量，其影响相对比较小。由于其在 E_x 中并不连续，将场分量归一化至球表面，可以表现为由入射

平面波诱导的表面电荷振荡,这一现象即为 LSPR。

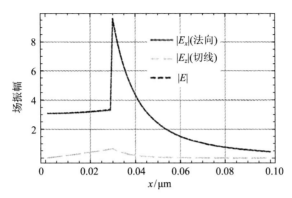

图 6.4 沿着 x 轴的电场成分(对应于图 6.3(b)) (Stastistica 软件仿真)
E(短破折线)和 E_x(实线)重叠附近,而 E_z(长破折线)较小

由式(6.2)可以计算出 60 nm 的银和金球的近场系数,如图 6.5 所示,其峰值与电场振幅具有相似的光谱依赖性。

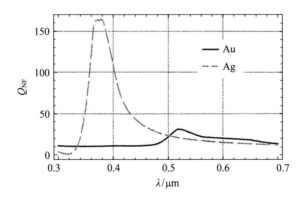

图 6.5 空气中直径 60 nm 的 Au 球和 Ag 球的近场系数为波长的函数(Stastistica 拟合)

对于更大的球,整个颗粒入射电场的平面波在任何时候都不能近似为常数。整个球体的平面波的弛豫影响能够激发高阶多极波。这些也要适当考虑 LSPR 模式对应的表面电荷的振荡。不同直径银颗粒的消光系数如图 6.6 所示,直径 120 nm 的银颗粒在 440 nm 处有偶极共振,同时在 360 nm 处有四级共振。当球的直径增加,四级共振的振荡强度相对于偶极共振有所增加。所以,一个直径 240 nm 的球在 440 nm 的四级共振消光系数比 680 nm 较宽的偶极振动消光系数大。同时对于这个直径的球在 360 nm 处还有八极共振。直径 300 nm 银球的消光系数在 400 nm 处有一个八级 SP 共振,并且在 360 nm 处有一个很小的 16 极共振。

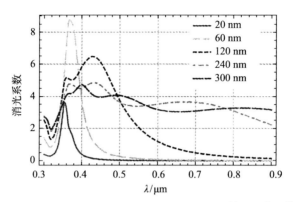

图 6.6 作为直径 20 nm，60 nm，120 nm，240 nm，300 nm 的 Ag 球函数波长的消光系数
(Stastistica 软件仿真)

直径 120 nm 球在 430 nm 显示一个宽的耦合共振和在 355 nm 显示一个狭窄的四极共振

6.2.2 椭球体散射

Mie 理论同样适用于椭球体颗粒，在本节中我们仅考虑椭球体颗粒在准静态的近似值。椭球形颗粒的极化率取决于颗粒入射场的方向，并且实际上是一个张量。如果入射场方向为椭球形的某一轴向，那么椭球极化率就会简化为一个标量，如图 6.7 所示的椭球，沿 x 轴方向的入射光线产生的 x 轴向极化率为

$$\alpha_x = \frac{(4\pi\varepsilon_0\varepsilon_d)abc(\varepsilon_m - \varepsilon_d)}{3[\varepsilon_d + A_x(\varepsilon_m - \varepsilon_d)]} \tag{6.4}$$

式中，

$$A_x = \frac{abc}{2}\int_0^\infty \frac{ds}{(s+a^2)^{\frac{3}{2}}(s+b^2)^{\frac{1}{2}}(s+c^2)^{\frac{1}{2}}} \tag{6.5}$$

A_x 是形状因数(也被称为去偏极因子)。沿 x 轴方向的入射光线产生的 y 轴向极化率为

$$\alpha_y = \frac{(4\pi\varepsilon_0\varepsilon_d)abc(\varepsilon_m - \varepsilon_d)}{3[\delta_d + A_y(\varepsilon_m - \varepsilon_d)]} \tag{6.6}$$

其中，A_y 为

$$A_y = \frac{abc}{2}\int_0^\infty \frac{ds}{(s+a^2)^{\frac{1}{2}}(s+b^2)^{\frac{3}{2}}(s+c^2)^{\frac{1}{2}}} \tag{6.7}$$

最终沿 x 轴方向的入射光线产生的 z 轴向极化率为

$$a_z = \frac{(4\pi\varepsilon_0\varepsilon_d)abc(\varepsilon_m - \varepsilon_d)}{3[\varepsilon_d + A_z(\varepsilon_m - \varepsilon_d)]} \tag{6.8}$$

其中，A_z 为

$$A_z = \frac{abc}{2}\int_0^\infty \frac{ds}{(s+a^2)^{\frac{1}{2}}(s+b^2)^{\frac{3}{2}}(s+c^2)^{\frac{1}{2}}} \tag{6.9}$$

形状因子满足条件

$$A_x + A_y + A_z = 1 \tag{6.10}$$

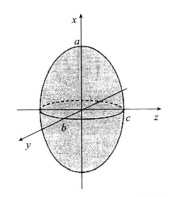

图 6.7　轴尺寸 $2a$，$2b$，$2c$ 的椭圆球体

在有两条轴长度相同的特殊椭球中，形状因子可被解析表达。如果 y 轴和 z 轴相等，即 $c=b$，那么

$$A_x = \frac{1}{1-r^2} - \frac{r}{(1-r^2)^{3/2}}\arcsin\sqrt{1-r^2} = \frac{1-e^2}{e^2}\left[\frac{1}{2e}\ln\left(\frac{1+e}{1-e}\right)-1\right] \tag{6.11}$$

其中，$r=a/b$ 是纵横比；$e^2=1-1/r^2$ 是离心率。由于 $A_x=A_y$，那么它们都可以通过式(6.11)由 A_x 得出。雪茄状的扁长回转椭球体具有两条长度相等的轴，第三条轴长于前两条轴。飞碟状扁圆球体的第三条轴较两个长度相等的轴要短。

LSPR 响应发生在式(6.4)的分母最小时，它给出了金属的实部的电介质常数与周围电介质之间的关系

$$\varepsilon_m' \approx \varepsilon_d\left(1 - \frac{1}{A_i}\right) \tag{6.12}$$

扁长回转椭球体和碟状扁圆球体的形状系数已经在图 6.8(a)和(b)中有所描述，图中的入射光是沿着 x 轴方向的。

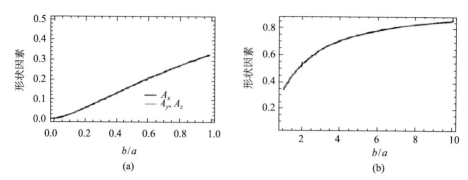

图 6.8　y 和 z 轴长度相等的扁长球(a)及长轴 y 和 z 长度相等的扁球(b)颗粒的形状因素

当所有三条轴的长度一致时，形状系数变为 1/3，这时一个球体的共振状态可以由式(6.13)代替式(6.12)来进行描述。随着形状系数增大，球体外形越倾向于扁长球体，沿着长轴方向的光偏振越小。扁长球体的表面电荷更加游离会导致共振能量的减弱。局部 SP 共振对于长波长的响应也会减弱。相反，入射波与轴向垂直时，引起的共振为高频短波长。

扁长球模型能够很好地研究光路作用[10]。在准静态条件下，当光路与 x 轴平行时，扁长球体尖端的电场为

$$E_{\text{tip}} = \xi E_{\text{inc}} \tag{6.13}$$

其中，

$$\xi = \frac{\varepsilon_{\text{m}}}{\varepsilon_{\text{d}} + (\varepsilon_{\text{m}} - \varepsilon_{\text{d}})A_x} \tag{6.14}$$

放大系数是球体尖端处电场与入射场的比值。在准静态时，它仅依赖于介电常数。

和圆角椭球体相比，针样长椭球体的纵横比更长。$A_x \to 0$ 时，增强因子达到了一个极值。而饼状扁椭球体的纵横比，$A_x \to 1$ 时，增强因子降为 1。纵横比在介于这两个极值之间中心有一个值能够使尖端电场取得最大值。图 6.9 显示的是假定在真空电子背景下，b=c 的三种不同金属球体在同一纵横比、同一激发波长情况下的增强因子情况。通常情况下，银呈现出的波峰要强于其他两种金属，只完全依赖几何形状和介电常数无关的增强因子也被用来表征光路效果。在旋转椭球的尖端处，该电场可以被视为由避雷针效应引起的偶极子场增强的产物。尖端处的偶极子电场为

$$E_{\text{dip}} = 2\frac{p}{R^3} \tag{6.15}$$

其中，p 是诱导偶极子。偶极矩是由颗粒偏振决定的。

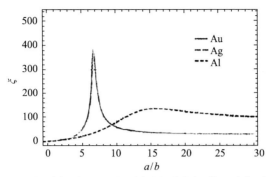

图 6.9 对 Au(实线), Ag(长破折号), Al(短破折号)球的场增强因素(在 800 nm 波长按照纵横比函数来计算)

$$P = \left(\frac{4\pi abc}{3}\right)\frac{1}{4\pi}\left[\frac{\varepsilon_m - \varepsilon_d}{\varepsilon_d + (\varepsilon_m - \varepsilon_d)}\right]E_{inc} \qquad (6.16)$$

尖端场是内部场和偶极子电场的总和。

$$E_{tip} = \frac{(1-A_x)(\varepsilon_m - \varepsilon_d)}{\varepsilon_d + (\varepsilon_m - \varepsilon_d)A_x}E_{inc} + E_{inc} \equiv \chi E_{dip} + E_{inc} \qquad (6.17)$$

由式(6.16)和式(6.17)新定义了几何增强因子

$$\chi \equiv \frac{3}{2}\left(\frac{a}{b}\right)^2(1-A_x) \qquad (6.18)$$

在图 6.10 中我们描绘了几何增强因子, $A_x \to 0$, 增强因子随着纵横比平方的增加而增加。同时，感应偶极子电场随着纵横比平方的增加而减小，因为沿 x 方向上的圆角椭球体的前端相对远离椭球中心。这就是为什么上面的前端的圆角椭球体

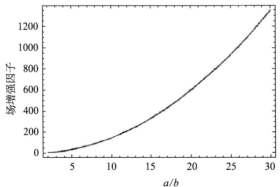

图 6.10 几何场增强因子用纵横比函数描述，椭圆形球体的避雷针效应(Mathematica 仿真结果)

的实际场强由于其纵横比的增加不会继续无限增加，而是达到一个最大值，然后开始逐渐降低，如图 6.9 所示。

6.3 等离子激元材料

表面等离子激元可以与入射电磁波产生共振效应，可以在提供传播性 SPR 模式的二维平面和提供传播性和非传播性 SPR 模式的类似纳米圈或者纳米槽的准一维平面实现超长距离的传输。而对于准零维表面，如纳米颗粒或纳米孔，很明显这些表面只能发生 LSPR 模式。通常 SPR 现象发生在导电介质或者其介电常数拥有负实部的材料界面，但满足这些条件并不是导致等离子共振的充分条件。通过对一系列具有等离子共振效应的金属材料测量结果进行研究发现，SPR 材料的介电常数虚部必须小到一定程度，才能产生 SPR 效应，尽管如此，在这些结构里产生的 SPR 现象的丰富性已经引起了人们极大的兴趣并且正在多个领域里发展应用。这一结果与简单的 Drude 金属模型拟合结果相吻合。图 6.11 展示了一个漂亮的银纳米颗粒的显微图像，不同尺寸和形状的颗粒决定了 SP 模式的共振频率，引起色彩宽带的出现[11]。

图 6.11 平均直径约 35 nm 的 Ag 纳米颗粒的(130 μm×170 μm)暗场图像[11]

近场和远场的性质可以通过多种方法计算得到，如时域有限差分法(FDTD)。椭圆形的颗粒和避雷针效应在准静态中进行研究。纳米孔状的纳米颗粒也显示出 LSPR 模式。加和效应源于连接一个颗粒的共振频率和它的互补空隙。根据文献，人们已合成得到诸如纳米壳(nanoshell, NS)、纳米盘(nanodisk, ND)、纳米棒(nanorod, NR)和纳米三角形(nanotriangle, NT)等形状的纳米颗粒,并进行了相应的研究,本节将讨论它们的性质。人们通常采取光刻和其他化学合成方法合成所需要的纳米颗粒形状,如棒、星、盘、环、新月、立方体、三角形、杯形以及其他形状。但是,复杂的形状不能用相对简单的分析模型来分析。通常主要运用 FDTD 仿真技术来获得一些形状如棒、盘和三角形的近场和远场的等离子共振结果。最后,我们会探讨一下当两个 NP 近距离接触引起的耦合效应。

在中世纪时,金和银纳米颗粒的沉淀物用于彩色玻璃的制造。这些颗粒的 LSPR 吸收可见光的某些波段导致了包裹的金纳米颗粒的特殊红色玻璃和包裹银纳米颗粒引起的黄色彩色玻璃。最近 LSPR 效应(有时被称为纳米颗粒等离子激元或者 NPP 效应)已经被用于表面增强拉曼散射(SERS)化学和生物传感器,生物医药的诊断和治疗,太阳能光电板,进场平版印刷和成像,纳米波导管,非线性光学设备,热辅助磁记录技术(HAMR)和光镊技术[12~18]。

SPR 共振可能存在于任何电解质和一个介电常数具有负实部的材料的交界面。但这种条件并不足以保证真实 SP 模型的传播,真实的 SP 模型可以在一个相当远的距离内传播或者与入射电磁波发生共振传播。为了实现这一目标,等离子激元材料介电常数的虚部必须相对小。在本章中,我们希望通过分析金属各种可被测量的等离子体性质来量化"相对小"的意义。我们也考虑到 Drude 金属,并不是因为它是一种很好的真实金属模型,而是因为它是一种能够使我们对性质深入了解的简单模型。

6.3.1 纳米盘

纳米颗粒的表面等离子效应会通过非辐射和辐射两种方式消逝,这两种方式可以通过比较吸收和散射光谱的研究观察到。不同直径金纳米盘(GND)的消光、吸收和散射截面都已经测量过[19~21]。金盘可以采用胶体平版印刷技术在覆盖了微孔模板的载玻片上印制获得,具体为:在玻璃表面被覆盖一层 60 nm 厚的聚甲基丙烯酸甲酯(PMMA)光刻胶,然后在其表面随机吸附一层单分散的聚苯乙烯(PS)颗粒。利用 PS 球表面电荷的相互排斥作用,颗粒间距会形成大于两倍的纳米盘直径的间隙。然后在其表面蒸镀一层约 10 nm 厚的金属膜,最后将 PS 球通过胶带剥离除去。再通过臭氧等离子蚀刻去除暴露的 PMMA,从而形成相应尺寸的圆孔,可以作为沉积金的模板。沉积金层后,玻璃表面的 PMMA 和金属膜可以在溶剂中通过剥离工艺除去,最后在玻璃表面仅剩下金纳米盘。用于仿真的盘形状如图 6.12 所示。

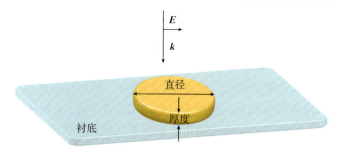

图 6.12 GND 的形状以及在 FDTD 仿真中入射平面施加电场 E 和波矢 k

不同直径的 GND 的光谱性质已经被报道,主要是分别测定 38 nm,51 nm,56 nm,110 nm,140 nm,190 nm,300 nm 和 530 nm[21]GND 的吸收和散射系数。对于最小直径的 GND,其吸收系数大于散射系数,表明非辐射方式主要包含电子空穴的产生和电子-光子散射。当盘直径在 140~190 nm 时,随着辐射作用变得越来越重要,其散射系数开始大于吸收系数。

不同直径 GND 的实验数据如图 6.13(a)和(c)所示,FDTD 理论仿真结果如图 6.13(b)和(d)所示。数值结果几乎一模一样地重现理论共振波长,甚至 530 nm

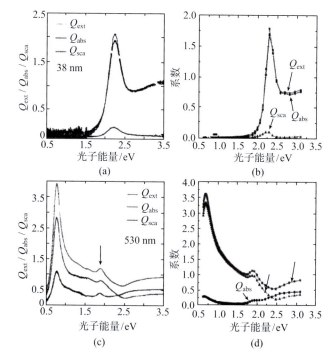

图 6.13 20 nm 厚 GND 在玻璃基质上置于空气直径为 38 nm 和 530 nm 的消光、吸收和散射光谱

直径盘的小共振在 1.9 eV 也重现出来。共振的线宽与吸收和散射系数的相对贡献对于小直径纳米盘有很好的一致性。有趣的是，在 0.75 eV，理论线宽比实验测量的大，但绝对幅度与理论也都有良好的一致性。

认为远场测量提供近场的直接信息是一个常见的误解。由于远场测量不捕获任何消逝波的 LSPR，它就能用一个大的消光系数表示近场光强，反之亦然。但是，如果材料的形状和光学性质已知，那么通过仿真就知道远场和近场的关系。如果远场的测量通过模型重现，那么就可以在一定程度上同样得到近场的计算结果。在图 6.12 中，GND 消光系数的峰值在两种情况都是偶极共振，然而对于处于高频的大盘，高光度是于迟缓效应。对于大直径纳米盘，理论仿真偶极共振和 1.9 eV 共振下盘周围的场强如图 6.14 所示，偶极共振下大盘边缘的场强比小盘的要大，尽管远场消光系数没有太大不同。

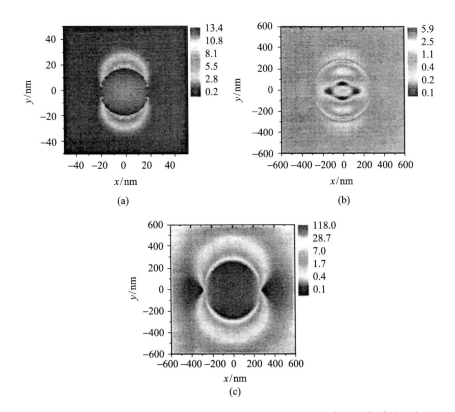

图 6.14　厚度为 20 nm 的金纳米盘的近场强度，基底为玻璃，介质为空气

(a)直径为 38 nm，频率为 2.25 eV；(b)直径为 530 nm，频率为 1.9 eV；(c)直径为 530 nm，频率为 0.67 eV。较小的 FDTD 电池尺寸为(2 nm)^3，较大的为 5.0 nm×2.5 nm×4.0 nm

6.3.2 纳米棒

如果圆盘的厚度拉长，便成为纳米棒。其用于 FDTD 仿真的基本几何模型如图 6.15 所示。

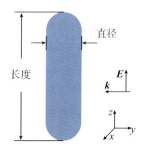

图 6.15 纳米棒的 FDTD 仿真几何模型

金纳米棒可以采用化学合成法得到[22,23]。LSPR 的波长是纳米棒形貌比例的一个重要参数。通过改变棒的长度，共振的变化可以从低于能带间电子跃迁到高于能带间电子跃迁[24]。此外，当颗粒尺寸较小时其辐射阻尼可保持最小，因此该体系可有效用于研究导带和能带跃迁阻尼的影响。

直径 20 nm，长度不同，周围介质折射率为 1.5 的金纳米棒散射协同作用 FDTD 仿真结果如图 6.16 所示。当长径比增加时，共振峰移动至较低频率或者较大波长处。然而，事实上共振峰的线宽是降低的，这与直径相同的纳米球现象相反，如图 6.17 所示。金纳米棒和金纳米球线宽的实验测量值可作为共振频率参数，在图 6.18 中清楚地显示了该不同点。

这两种纳米颗粒的不同点主要与辐射阻尼的影响有关。一方面，当球形颗粒的直径增加时，散射系数成为消光系数的主要成分。对于直径为 100 nm 的球形颗粒，其散射系数占总消光系数的 80%。另一方面，吸光系数则是纳米棒消光系数的主要组成部分。对于长度为 100 nm 的纳米棒，其散射系数仅为总消光系数的 46%。因此，由带间和带内消光引起的非辐射阻尼对纳米棒的影响远大于对球形颗粒的影响。这使得我们可以通过调整纳米棒的长度改变 LSPR 在带间激发能量上下波动，直接观察带间跃迁的影响，对于金材料，其能量在 1.8 eV。在较低能量时，LSPR 有一个标志性的衰减和一个对应的散射光线宽衰减。

退相时间 T_2 可以通过谱线宽度来计算：

$$T_2 = \frac{2\hbar}{\Gamma} \tag{6.19}$$

实验计算时金纳米球使用 1.4~5 fs，金纳米棒使用 6~18 fs。

图 6.16 (c)中峰值强度的频率相关性与图 6.16 (a)中的消光系数密切相关。真空

第 6 章 纳米等离子激元生物传感

中直径为 20 nm、长度为 80 nm 的纳米棒，其在消光系数峰值能量为 1.07 eV 时的场强如图 6.19 所示。在纳米棒顶端的峰值场强度达到极大值，主要是由于天线效应引起的。

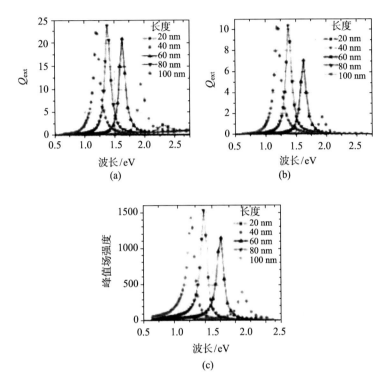

图 6.16 直径 20 nm，长度不同的金纳米棒的消光系数(a)和散射系数(b)以及峰值场强度与波长的关系(c)(FDTD 仿真)

体系中介质折射率为 1.5。峰值散射系数产生在频率为 2.3 eV 处，仅有 0.042，故无法显示在图中

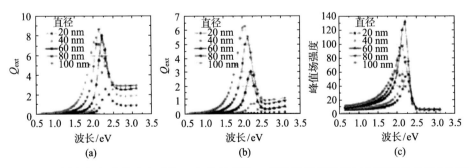

图 6.17 不同直径金球的消光系数(a)和散射系数(b)以及峰值场强度(c)与波长的关系(FDTD 仿真)

体系中介质折射率为 1.5

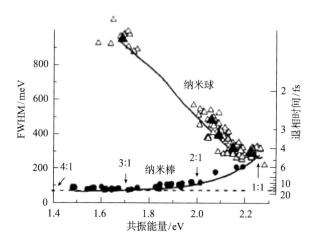

图 6.18　不同长径比的金纳米棒和不同直径的纳米球的 LSPR 半峰宽实验测量结果
该结果由 Sonnichsen 等再版[25]

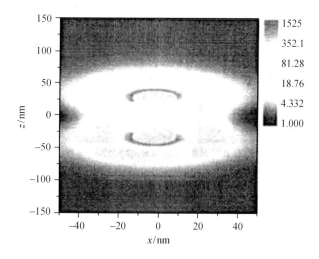

图 6.19　直径 20 nm，长度 80 nm，在真空中的金纳米棒$|E|^2$场强度(FDTD 仿真)
周围介质折射率为 1.5，频率为 1.38 eV(λ=900 nm)

当球形纳米颗粒在准静态时，对于金银纳米颗粒，其纵横比在~7 时，球体表面的场强达到最大化。不同长径比但体积相同的金纳米棒的消光系数和峰值场强作为波长的函数表示在图 6.20 中。虽然这些纳米棒太大而超过了准静态限制，但还是可以看出峰值场强仍然在随着长径比的增加而增强。

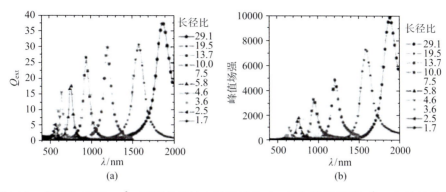

图 6.20 体积为 7900 nm³，不同长径比金纳米棒的 Q_{ext}(a)和峰值场强$|E|^2$(b)与波长的关系
(FDTD 仿真)

棒长从 100 nm 到 30 nm 不等，直径则从 10 nm 到 18 nm。周围介质是空气

6.3.3 纳米三角形

三角形银纳米颗粒同样受到了广泛的关注。等边三角形纳米颗粒具有简单的外形，同时又由于尖端避雷针效应，其具有大的局域场。三角形银纳米颗粒可以通过湿法合成，虽然三角形的尖端常被截断[25]。在 FDTD 分析中棱镜被设置成平放于 xz 平面，如图 6.21 所示。平面波发生在 y 轴方向上，伴随着 z 轴方向的电场极化。

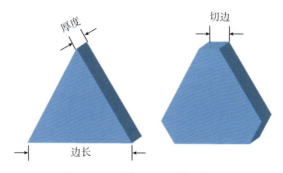

图 6.21 三角形纳米颗粒模型

针对三种不同类型的三角形银纳米颗粒，由 FDTD 计算得到的消逝光谱如图 6.22(a)所示。最长波长共振与边角完好的三角形相符合。当三角形尖端被折断时，共振峰移动到较短波长处。水溶液中三角形银纳米颗粒的峰值场强计算值显示在图 6.22(b)中。毫不奇怪的是，最大场出现在尖端处且在本质上与峰值波长消光系数相同。在波长为峰值场强即 780 nm 处穿过未截断边角的三角银纳米颗粒中心平面的场强外形图如图 6.22(c)所示。

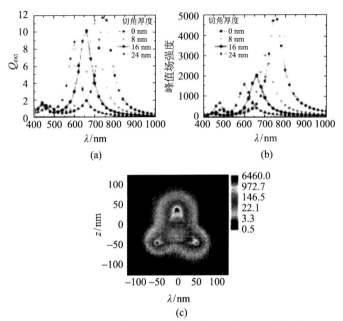

图 6.22 (a)厚度为 16 nm，边长为 100 nm 的相同等边银三角形在真空中的消光谱，图中包含三种不同边角截断情况的比较；(b)在水中的峰值场强度；(c)未截断边角的三角形在波长 780 nm 下的场强分布图(FDTD 仿真)

平面波沿 z 轴方向上偏振极化

将边缘长度为 100 nm 的等边银三角形的消光系数和场强度与具有相似截面积(直径 75 nm)、相等厚度的银盘作比较。如图 6.23 所示，这两种纳米颗粒的消光系数具有一定的可比性，但银三角形纳米颗粒的峰值场强明显大于银盘，这是由于尖端的避雷针效应引起的。此外，三角银的共振波长实际也比银盘更长。三角银和银盘的振荡表面电荷密度也展现在图 6.24 中。很明显，相较于横截面积相等的银盘，三角银中的相反电荷分开得更远。当三角形的尺寸减小或者边缘被截断时，尖端表面的电荷会更集中，该模式中的能量增加同时共振波长也向短波长移动，如图 6.22 和图 6.25 所示。

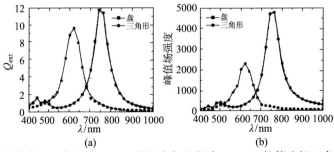

图 6.23 (a)消逝效率；(b)直径为 75 nm 的银盘与边长为 100 nm 的等边银三角形的峰值场强度比较，样品厚度均为 16 nm 且周围介质为水(FDTD 仿真)

第6章 纳米等离子激元生物传感

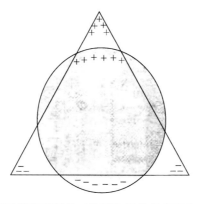

图 6.24 相同横截面积的三角形和圆盘的表面电荷密度比较

表面电荷在三角形纳米颗粒上更分散,导致共振波长更长

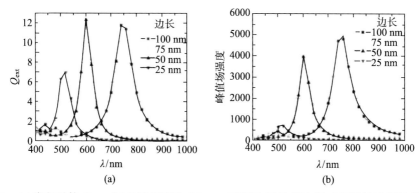

图 6.25 (a)消逝系数 Q_{ext};(b)几种厚度为 16 nm、不同边长的等边银三角形纳米颗粒峰值场强度与波长关系图,体系为水(FDTD 仿真)

若纳米颗粒被平铺印刷通常会黏附到某一基底上。衬底和周围介质由于其折射率不同可直接改变近场剖面。一些用于计算光谱和消光系数的数学公式,如离散偶极近似法(DDA),并没有被用于处理这些复杂的问题,同样也没有在假定有效折射率为颗粒周围的特定介质方面使用有效折射率。不幸的是,这种方法并不能准确地计算出近场。FDTD 和有限元(FE)等方法能够较容易地将基底考虑到计算过程中。图 6.26(a)展现的是吸收系数作为厚度为 20 nm、不同边长等边三角金的波长参数,纳米颗粒放置在空气中,基底为玻璃。当三角形变小时,吸收系数增大,同时共振峰更尖锐并向短波长移动。最小三角形的共振发生在低于带间电子跃迁的波长处,且可以明显看到随着线宽的增加共振消失。图 6.26 (b)中的散射系数随着三角形尺寸的增大而增大。当边长为 120 nm 时,占主导地位的阻尼机制从非辐射电子声子散射转变到辐射阻尼。

由 FDTD 得到的峰值近场强度显示在图 6.26(c)中。边长为~160 nm 的金三角在尖端产生一个理论计算值为平面波 3000 倍的场强。这个强度计算值取决于模型中尖端(5 nm)的曲率半径和 FDTD 计算空间(2.5 nm)中用到的离散率。但近场中的强度峰共振波长和远场的消逝及散射共振有着很好的吻合度。图 6.27 展示了仿真场强度离散性。

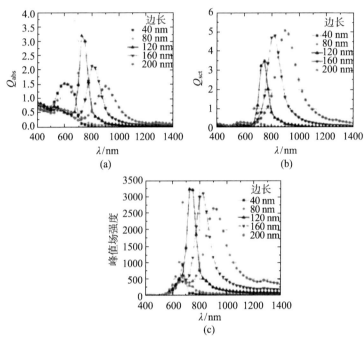

图 6.26 (a)吸收系数 Q_{abs}；(b)散射系数 Q_{sca}；(c)空气中置于玻璃基底，20 nm 厚金三角形的峰值电场强度与波长关系图(FDTD 仿真)

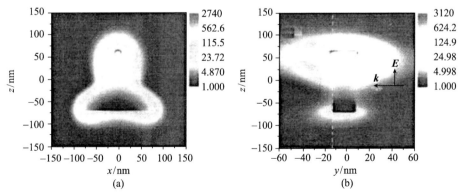

图 6.27 (a)波长为 825 nm 的光穿过空气-玻璃界面处边长为 160 nm 的金三角平面时的近场强度图；(b)$x=0$ 位置穿过三角形中心的近场强度图(FDTD 仿真)
虚线表示的是空气与玻璃的界面处，该平面波在水平方向偏振

近年来，人们已经证实电子能量损失能谱法(EELS)可用于映射高分辨(<20 nm)表面等离子场分布[26]。用电子束扫描厚度为 10 nm、边长为 78 nm 的银三角，在图 6.28 中显示了 1.75 eV 的能量损失(与 709 nm 波长相一致)对应的能量强度示意图。当电子束打到银三角边角上时，引起了 LSPR 效应并造成了一定的能量损失。其他共振模式可以通过其他能量形式检测到。

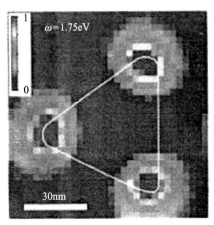

图 6.28　用电子束扫描边长为~78 nm、固定在云母基底上的三角形银纳米颗粒，造成 1.75 eV 能量损失的强度分布图[26]

6.3.4　纳米壳

纳米壳可以看成纳米颗粒和纳米孔的有机结合，即零维的平面金属膜。这种形式的薄金属膜在介质内部和外部形成壳，可以使其在两面都产生表面等离子体，如果壳层足够薄，它们之间可以产生相互作用。通过调节核的大小和壳层厚度，它可以拥有比球形纳米颗粒更宽的表面等离子共振波长范围，几乎覆盖了紫外区到近红外全部区域。纳米壳在许多领域具有潜在的重要应用，如化学和生物传感器，导电聚合物中的光氧化抑制剂，表面增强拉曼散射，非线性光学效应和光开关[27~31]。

纳米壳可以采用多种方法进行合成制备[32~36]。例如，采用一端为硅烷一端为氨基的硅烷化试剂对硅纳米颗粒进行功能化，然后在其表面吸附直径为 1~2 nm 的金纳米颗粒，其表面覆盖率约为 25%。最后将这些颗粒浸入生长液中会逐渐形成完全的纳米金壳，厚度至少为 5 nm。重复该方法可以得到多层硅-金壳层结构，当然，银或铜等金属也可以用于制备等离子共振纳米壳。

Neeves 和 Birnboim 曾研究过纳米壳的准静态极限，随着金属壳层越来越薄，内部与外部等离子相互作用越来越强烈，导致共振频率大幅移动。正是壳厚度可调节特性，让纳米壳层结构相对于球形纳米颗粒具有更大的优势，因为它能够在一个很大的波长范围内调节其共振波长。如图 6.29 所示，对一个金球，占主导地位的等离子波长普遍在一个很窄的波长范围，为 500~700 nm，然而对于金壳，共振波长可以扩展到 3 μm 甚至更长。

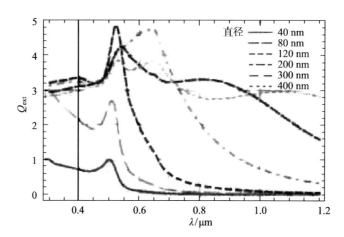

图 6.29 空气中金纳米颗粒消光系数与波长的关系(Mathematica 仿真结果)

其中颗粒直径为 40 nm(实线)，80 nm(长破折号)，120 nm(短破折号)，200 nm(点划线)，300 nm(中破折号)，400 nm(点)

准静态近似也用于预测各种多极模型的共振波长，但除了式(6.20)和式(6.21)所给出的内外电场公式外，需增加一个金属壳内的电磁场公式。

$$E_{\text{shell}} = -\nabla \Phi_{\text{shell}}(r,\theta,\phi) = -\sum_{l,m} C_{l,m} r^{l-1} \left[l Y_{l,m}(\theta,\phi)\hat{r} + \frac{\partial Y_{l,m}(\theta,\phi)}{\partial \theta}\hat{\theta} \right]$$
$$+ \sum_{l,m} D_{l,m} r^{-(l+2)} \left[(l+1) Y_{l,m}(\theta,\phi)\hat{r} - \frac{\partial Y_{l,m}(\theta,\phi)}{\partial \theta}\hat{\theta} \right] \quad (6.20)$$

其中，$C_{l,m}$ 和 $D_{l,m}$ 是壳内场多极模型的未知振幅系数，与内径 r_1 和外径 r_2 的径向和切向边界条件相匹配，可以得到这三个区域之间的相对介电常数的关系，并提供每个多极模型纳米壳的共振条件

$$l(l+1)(\varepsilon_{\text{in}} - \varepsilon_{\text{m}})(\varepsilon_{\text{out}} - \varepsilon_{\text{m}}) = \upsilon[l\varepsilon_{\text{in}} + (l+1)\varepsilon_{\text{m}}][l\varepsilon_{\text{m}} + (l+1)\varepsilon_{\text{out}}] \quad (6.21)$$

其中，$\upsilon = \left(\dfrac{r_2}{r_1}\right)^{2l+1}$。

如前所述，我们可以采用上式的实部来计算其共振条件。

$$\frac{1}{\upsilon} = 1 + \frac{\dfrac{3}{2}\dfrac{2l+1}{l+1}\varepsilon_{\text{in}} + \dfrac{2l+1}{l}\varepsilon_{\text{out}}\varepsilon'_{\text{m}}}{(\varepsilon'_{\text{m}})^2 - (\varepsilon_{\text{in}} + \varepsilon_{\text{out}})\varepsilon'_{\text{m}} + [\varepsilon_{\text{in}}\varepsilon_{\text{out}} - (\varepsilon''_{\text{m}})^2]} \quad (6.22)$$

对于球形颗粒,采用准静态近似法计算多极共振主要依赖于其颗粒半径,而纳米壳则主要依赖于其壳半径比,这是为其共振增强的可调节性提供了依据。式(6.22)是一个 ε_m 的二次方程,因此对于每一个多极模型将有两个 ε_m 值能够满足共振条件。这是由于纳米壳结构结合了微球和纳米空洞的共振自由度。当然,准静态近似同样也可以进一步运用到其极化率、散射和消光系数的研究。

另一种计算纳米壳共振的方法是通过等离子杂化模型。对于一个较厚的壳层结构,壳外部的表面等离子模式本质上更接近于纳米球模型,然而球内部的表面等离子模式在本质上是纳米空洞模型。如图 6.30 所示,随着壳层厚度的减少,内部和外部表面等离子模式开始相互作用,导致模式发生杂化引起能量转移。

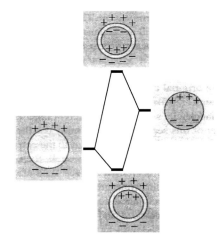

图 6.30　纳米球和纳米空洞的表面等离子杂化模式,它们在较高或较低能量下可在纳米壳中相互作用产生两种模式

这种方法得到的共振能量与 Mie 理论得到的相同,但这种模型的一个优点是它能够很容易地应用于多个同心壳中,使我们能够了解每种模式下的能量和电荷振荡。在图 6.30 中,当内部和外部壳具有同样的局部电荷时,此共振模式下能量最低,被称为对称模式。对于最高能量模式——反对称模式,内部和外部壳电荷不同。但是,随着纳米壳尺寸的增加,高能量的反对称模式与对称模式相比,发生红移,甚至可以移到比纳米空洞共振能量更低的共振能量。

Mie 理论也可以用来确定纳米壳的表面等离子共振和线型。纳米壳的表面等离子线型的控制因素与影响纳米颗粒线型的因素一样,包括延迟效应,可以更高地多极激发,以及在壳表面电子散射。在 300 K,贵金属中的传导电子的平均自由程约为 300 nm。如果壳的厚度比平均自由程少,那么除了其他散射过程外,传导电子将散射出壳层表面。原则上,介电常数与壳层厚度呈一定函数关系:

$$\varepsilon_{\text{shell}} = \varepsilon_{\text{expt}} + \frac{\omega_p^2}{\omega^2 + i\omega\gamma_{\text{bulk}}} - \frac{\omega_p^2}{\omega^2 + i\omega\Gamma} \qquad (6.23)$$

其中，$\Gamma = \gamma_{\text{bulk}} + A\left(\dfrac{v_F}{d}\right)$，$v_F$ 是费米速度，d 是壳层厚度，A 是几何形状函数的参数，在实际制备过程中可以进行调节，从而与理论值相吻合，式(6.23)认为实验测量的大块金属介电函数的值包含传导电子和间带跃迁，在贵金属中尤其是来自最高被填的 d 带。在这个公式中，Drude 引发的传导电子的振子强度需要从实验中测得大容量的介电常数值中减去，然后加上一个新的阻尼常数 Γ，用于表示大块碰撞频率 γ_{bulk} 和来自表面电子散射频率的函数。

与大块介质介电常数计算相比，金纳米壳消光系数导致共振宽度过宽，而这种共振峰的过度变宽归因于表面散射以及来自晶界及壳内缺陷的散射。但是，对单个纳米壳的光谱测量中，为了使数据有一个较好的拟合，把表面散射效应包含进去并不必要。因此，在纳米壳的胶体悬浮液中，我们所看到的原始消光测量可能是由于具有轻微不同的内径和外径的非均匀加宽所引起的纳米壳的频谱变化。我们需要记住一点，在一定程度上纳米壳表面存在着过多的电子散射，同大体积金属的性质相比会产生增加的共振线宽和增强的表面场。

被水包围的 120 nm 直径的硅核包覆各种厚度的金壳的计算消光系数如图 6.31 所示。5 nm 厚的金壳在 980 nm 左右有一个尖锐的共振波长。在图 6.31 中，偶极共振同最低能级相对应。随着壳层厚度的增加，共振移向短波长并且线宽增加，趋近于纳米颗粒的共振状态，如图 6.32 所示，其四级共振的光谱在短波长处比偶极共振更为明显。

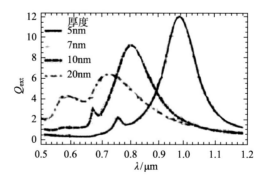

图 6.31 壳层厚度分别为 5 nm、7 nm、10 nm、20 nm 的纳米壳的消光系数

共振位置随着核的直径而变化，当壳厚度固定时，大的核会引起共振移向长波长并极大扩展，如图 6.32 所示。

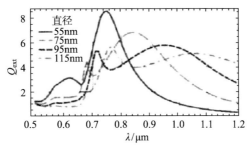

图 6.32 不同核直径对固定壳层的金颗粒消光系数的影响

6.4 纳米等离子激元单颗粒/分子光谱检测技术

6.4.1 单颗粒 SPR 散射光谱技术

早期局域表面等离子共振(LSPR)的测量方法主要依赖于等离子激元与高灵敏光纤光谱仪的有机结合,常见的方法类似于测定薄膜的紫外可见光谱,主要分为透射法和反射法(图 6.33 (a)和(b))。需要将纳米颗粒通过化学或物理的方法组装在玻璃介质表面,通过靶分子在其界面上作用前后造成的透射或反射吸收光谱的改变来分析靶分子浓度,从而实现传感功能。商业化的 SPR 光谱仪则主要采用反射的方法,通过测量靶分子在金膜界面吸附或是特异性结合后,引起界面的反射角或折射率的改变,从而造成反射界面的入射光发生相位偏转,可用于研究固、液、气相环境中软、硬分子层的形成和性质以及这些分子层之间的界面特性。通过设定的 SPR 角度扫描模式和多波长激光的光学构造,该技术能够分析如层层组装(厚度从 0.5~100 nm 的超薄纳米层到 350 nm~1 μm 的分子层系统)的分子层厚度和密度(折射率)等生物、物理和化学事件。Gu 等已经成功将该技术应用于单颗粒电化学催化性能的直接 SPR 图像分析,表明在不同的电位条件下,由铂纳米颗粒组成的图案表现出不同的 SPR 光学性质,同时证明了该方法在电催化反应和循环伏安电流图像研究领域的应用价值[37]。

目前单颗粒 LSPR 光谱测量主要依赖于暗场光谱显微镜的高分辨率,其检测范围相比于基于光纤光谱仪的 LSPR 设备更小,但同样受制于光学显微镜的分辨率,理论上可达到 200 nm。如图 6.33(c)所示,当一束白光通过高数值孔径值的暗场聚光镜后,会聚在 SPR 芯片基底界面上,达到界面单颗粒 SPR 的激发条件,其散射光信号进入物镜后,经过不同光路可以由彩色 CCD(电荷耦合器件)或光谱仪分别记录下其颜色和光谱的变化结果。通过对收集的样品散射光谱及图像进行对比分析,即可实现痕量样品的 SPR 高灵敏检测。此外,如果将激发光源更换为激发光为 980 nm 或 1064 nm 的脉冲激光器,也可用于研究在单个纳米颗粒上表现出的双光子 SPR 性质[38,39]。

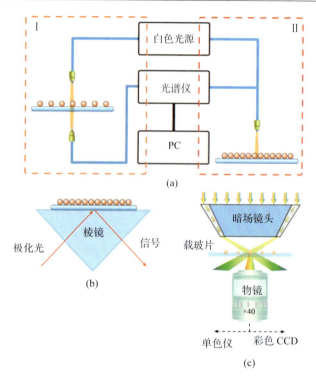

图 6.33 (a) 透射法和反射法测量纳米颗粒薄膜的 LSPR 消光光谱；(b) 基于 Kretschmann 模型的 SPR 光谱检测光路；(c) 基于暗场光学显微镜的单颗粒 SPR 散射光谱测量原理

6.4.2 金属颗粒的 SPR 光学性质

纳米颗粒的紫外-可见吸收峰位置与其自身的形状和尺寸有很大的关系，而 SPR 散射光谱也有着类似的性质。例如，如图 6.34 所示，在玻璃与水界面中，球形金纳米颗粒的尺寸从 40 nm 增大到 100 nm 时，SPR 散射光谱峰位置同样红移了约 90 nm(563 nm 到 652 nm)[2]。这一现象主要由于其表面的 d 电子共振行程增大，导致发生共振时的散射波长增加，这一结果与 Mie 理论相互吻合。此外，如图 6.35 所示，球形银纳米颗粒的 SPR 散射光谱峰主要位于 426~497 nm，三角形银纳米片的 SPR 散射光谱峰位于 565~782 nm，且相同结构的银纳米颗粒随着其粒径的增加，SPR 散射峰位置将发生明显的红移[40]。此外，为了方便地判断纳米颗粒的直径，Long Yi-Tao 等通过 MATLAB 设计了相应的程序，可以将 SPR 散射的 RGB 图像快速转换为散射峰波长数据，该方法计算的结果与真实值的误差在 5 nm 以内，为快速统计纳米颗粒尺寸及其光谱信息提供了有力的支撑[41]。

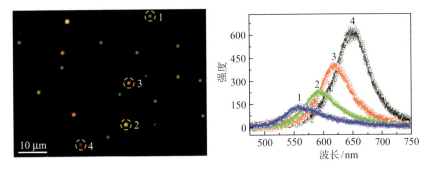

图 6.34 不同金纳米颗粒的 SPR 散射光谱[2]

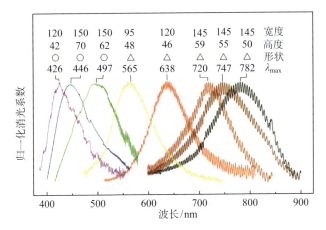

图 6.35 不同形状的银纳米颗粒其等离子吸收光谱与粒径之间的关系[40]

此外，金纳米棒(GNR)结构的长径比的可控性很好，已经可以通过种子生长法调控，可以表现出不同 SPR 光学性质。GNR 受到激发以后，可以从其吸收光谱中观察到有两个 SPR 共振带，短波 SPR 共振带主要由于 d 电子的径向振荡而产生，位于 520 nm 附近。而纵向 SPR 共振带的位置主要由 GNR 的长径比决定，可以在较宽的范围内进行自由调节[42,43]。也正是由于 GNR 的各向异性，当以偏振光进行激发时，可观察到纵轴方向的散射光表现为红色，而横轴方向的散射光表现为绿色[44]。除此之外，还有一些其他结构的贵金属纳米颗粒，如纳米金星[45,46]、纳米金立方体[47]、纳米金三角双锥[48]、金纳米笼[49,50]和多边形金纳米片[51]等都具有类似的性质。He 等的研究中通过调整显微镜的焦平面，在观察单个 GNR 的 SPR 散射图像时发现，可以利用颗粒散射图像的散焦现象来判断纳米金棒的三维空间取向，这一结果为利用光学性质快速鉴别纳米颗粒提供了新的思路与方法[52]。

6.4.3 等离子散射的影响因素

1. 环境折射率

依据 Mie 理论，颗粒周围微环境介电常数的改变将会在局域的范围内对颗粒的散射光谱产生影响，因此环境介质折射率(物质的折射率与其介电常数 ε_m 相关，呈二次方关系)的改变是导致等离子共振散射变化的重要因素之一。化学键的方式结合在颗粒表面时，颗粒界面微环境的介电常数会受到影响，散射光切面和散射强度也随着界面介质微环境的折射率增大而显著增加，导致其 C_{sca}-λ_0 曲线向波长更长的方向移动，也就是说等离子共振散射光谱发生红移现象。不仅球形贵金属纳米颗粒如此，非球形纳米颗粒，如金纳米十面体[53,54]、银纳米立方体[55]、切角的银四面体[56]等都遵循此规律(图 6.36)。基于单颗粒等离子共振散射光谱对环境介质变化的灵敏响应，可用于监测环境折射率的变化，进而构建高灵敏度的生物传感器[57]。

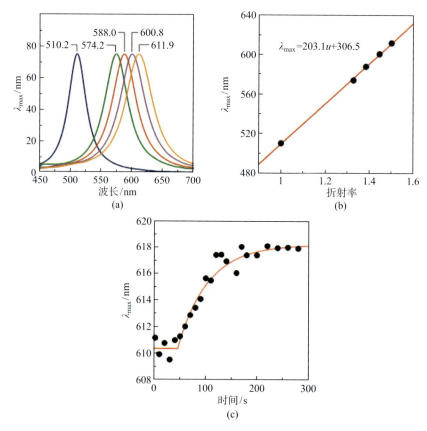

图 6.36　界面吸附小分子对等离子共振散射光谱的影响[60]

由于大部分金属(如铟、铅、镉、锡等)的等离子共振散射光谱波峰位于紫外区，纳米颗粒的暗场图像中不能表现出明显的颜色，需要高端的光学设备，并且这些金属纳米颗粒极易发生氧化反应，因此难以直接用于表面等离子激元光学特性研究。然而，贵金属纳米颗粒(金、银)相对来说可以在空气中稳定长时间存在，其表面等离子共振散射频谱通常位于可见光区域，适宜用于物理光学、生物分析以及光学传感等领域进行深入的研究和开发。

2. 形貌

SPR 光谱与颗粒的形状有很大关系，且已有一系列实验证明，当颗粒所带尖端越多时，其检测灵敏度越高[59,60]。这一观点被 Mock 等[61]通过对球形、三角形、立方体 AgNP 的分析得到肯定。

等离子激元的研究除了金/银的球形颗粒、金/银纳米棒之外，还有纳米金星[45,46]、纳米金/银立方体[47]、金三角双锥[48]、金纳米笼[49,50]，以及一些其他形状的纳米颗粒。其中，金纳米棒(GNR)由于其长径比的制备可控性很好[63~66]，且表现出不同等离子光学性质(图 6.37)，已经成为科学家最关注的纳米材料之一。不同长径比的 GNR 合成方法已经相对成熟，由于纳米棒制备方法简便，通常为化学合成法[50,63~66]和光刻法[67~70]，产物具有较高的单分散性，利于用于 SPR 的理论计算与应用研究。Millstone 等通过研究纳米金片的消光光谱，首次观察到了其面内四级共振，其结果与理论仿真结果非常吻合[51]。Schatz 通过理论仿真发现三角形的银纳米片等离子激元共振特性不仅与纳米片的大小(边长)、厚度有很大关系，而且与纳米片的切角程度密切相关，边角越尖锐，其面内偶极共振散射峰红移越显著(图 6.38)[71,72]。

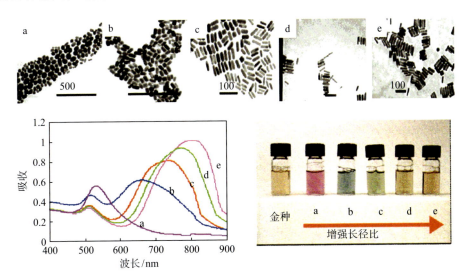

图 6.37 不同长径比的 GNR 的 TEM 图像及相应的紫外可见吸收光谱[43,62]

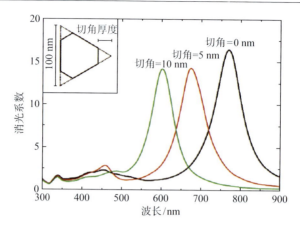

图 6.38 采用离散偶极近似法(DDA)仿真片状三角银切角对等离子激元光学光谱[71,72]

3. 颗粒尺寸

研究人员同时发现，SPR 散射峰与纳米颗粒的尺寸也有巨大的关系。以球形金纳米颗粒为例，当其尺寸从 10 nm 增大到 100 nm 时，SPR 峰位置随之从约 520 nm 红移了约 60 nm[73]。如图 6.35 所示，银纳米片和纳米球的等离子吸收光谱峰基本位于 426~782 nm，相同形状的纳米银颗粒粒径增加，其等离子共振特征峰将发生显著的红移[74]。这一现象主要由于其尺寸的改变导致界面的 d 电子共振行程的增加，从而导致其发生共振时的散射波长增加，这一结果同样可以用 Mie 理论很好地解释。

4. 共振耦合

对于纳米颗粒，其表面 d 电子被限制在其自身形状内振动。当两个等离子激元间距足够小时，其界面电荷会受到相互影响而发生重排现象，导致颗粒间电磁场极大地增强，并且共振能量将主要集中于两个颗粒之间的间隙位置[75]，此时将表现出颗粒间强烈的耦合效应。因此，纳米颗粒 SPR 散射光谱同样会由于电磁耦合作用的存在而发生显著变化，其变化程度取决于颗粒本身的形貌、尺寸及其相对空间排布。当作用电场与颗粒的径向平行时，其耦合效应将引起等离子共振带发生红移[7,76,80]。而电场垂直于颗粒时，等离子激元共振带仅发生微弱的蓝移[78,80]。对于球形的贵金属纳米颗粒，在一定距离范围内，电磁耦合增强作用与颗粒间距符合简单的指数关系，利用这一原理可构建生物分子的"等离子标尺"，并且利用监测等离子激元共振耦合作用导致其吸收或散射光谱的变化量，可以计算出颗粒之间的距离[76,81]。

"等离子标尺"的研究为在单分子水平研究生物大分子的组装或者构象变化提供了一种有效手段。如图 6.39 所示，通过连接了一端为生物素的单链 DNA 为识别分子，可以拉近修饰了链霉亲和素的 AuNP 与核颗粒之间的距离，使颗粒之间发生显著的等离子激元共振耦合作用，借助暗场显微成像技术可以观察到纳米颗粒颜色

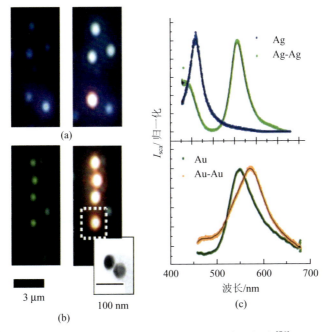

图 6.39　金、银纳米颗粒间等离子激元耦合[76]

与散射光谱的变化[76]。由于纳米颗粒间的等离子激元共振耦合与颗粒间距、颗粒尺寸等密切相关，所以散射共振带的变化趋势将取决于 DNA 的碱基数目(颗粒间距)和纳米颗粒的尺寸。此外，"等离子标尺"也可以用于监测生物体系中距离的动态变化[82]。如图 6.40 所示，双链 DNA 连接两个金纳米颗粒，距离的缩小导致纳米颗粒发生等离子激元共振耦合效应，通过监测等离子激元光学特性的改变可以研究限制性内切酶的酶切反应动力学过程。Liu 等在金纳米颗粒通过金—硫键固定化了特定的 dsDNA 结构，通过 DNA 剪切酶的作用逐步缩短 DNA 的链长，可以在暗场 SPR 光谱显微镜下实时监测酶切作用的动力学过程，并对比得出 dsDNA 链长对单颗粒等离子激元 SPR 散射光谱的影响，实现了高灵敏的 DNA 等离子激元 "分子尺" [83]。

金属材料具有不同的介电常数，等离子激元界面复合不同材料对其 SPR 共振带同样有影响，如通常金纳米颗粒的共振吸收峰位于 520 nm 左右，银纳米颗粒的共振吸收峰位于 400 nm 左右。Zhang 等已经成功利用生物小分子 NADH 在金纳米颗粒表面将铜离子还原，形成 Au@Cu 核壳结构，这一复合过程会导致颗粒 SPR 共振带发生显著红移，这一结果可用于生命小分子 NADH 的检测。如界面介质中存在乙醇脱氢酶，进而可将这一原理扩展到乙醇分子的定量检测领域[84]。

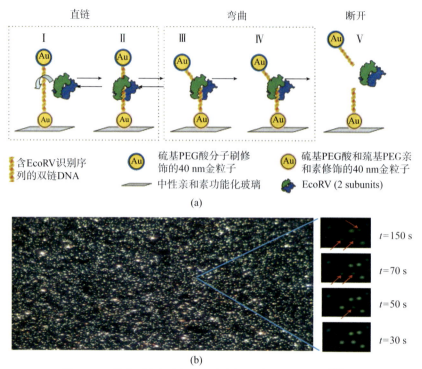

图 6.40 等离子标尺用于监测酶切反应的动态过程[82]

5. 电荷密度

此外,因为 SPR 效应的产生主要依赖于颗粒界面电荷的定向振动,如果人为改变其界面电荷密度同样可以引起等离子激元光谱的变化。Mulvaney 等将等离子激元纳米材料固定在 ITO 玻璃表面,首次成功地通过电化学方法调控其界面电势,观察到不同形貌的纳米颗粒的 SPR 散射光谱峰位置的移动,直接从实验数据验证了等离子激元产生的机理[85]。基于上述研究,他们借助暗场显微镜进一步观察到抗坏血酸(AA)在金纳米棒界面发生氧化还原的过程,首次利用化学方法实现了对纳米等离子激元进行充放电,同时对这一过程进行了实时监测[86]。

6.4.4 单颗粒直接传感器

调控纳米颗粒界面环境的介电常数能够在局域范围内影响颗粒表面的 d 电子分布情况,造成 SPR 散射光谱发生红移现象(图 6.41)。所有的等离子激元都遵循此规律,且其红移量与折射率变化值呈一定的线性关系。因而利用等离子共振散射光谱的移动,可灵敏监测环境折射率的变化,进而建立高灵敏度的生物分子传感器[57]。通过这种直接监测其界面介电常数的改变而实现的传感探针,可以称为 SPR 直接传感器。

基于这一原理,Raschke 制备了 Au_2S/Au 纳米壳层结构,与金颗粒相比,这种结构具有更窄的 SPR 共振带,且可以调节以与生物光学窗口相匹配,适合用于生物活体检测。另外,该结构在界面折射率改变量相同的情况下,其共振散射峰位移更加明显,可以有效地提高其界面响应灵敏度。他们利用金—硫共价键的强结合力,将硫基十六烷基酸吸附在 Au_2S/Au 纳米壳层结构表面后,可引起界面折射率的显著改变,并且采用 SPR 散射光谱可实时动态记录硫基小分子在纳米金壳表面的吸附动力学过程,在吸附 800 s 后峰位置移动了 19 meV[88]。

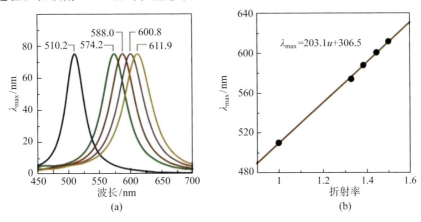

图 6.41　环境折射率对等离子共振散射光谱的影响[87]

将 SPR 直接传感研究扩展到生物大分子检测领域,对于现代生物医学和疾病诊疗等方向的发展具有重要的科学意义与研究价值。Sönnichsen 等利用 SPR 散射光谱在 ms 时间尺度上实时监测了蛋白质分子在 GNR 界面的吸附动力学过程,这一研究结果进一步拓展用于开发新型的单分子水平的蛋白质折叠或者吸附动力学探针[89]。Long 等在 ITO 表面修饰了一层磷脂双分子层,并在其中嵌入了环状稳定蛋白 1(SP1),从而形成了多个直径 2~3 nm 的纳米离子通道。通过 DMF 可实时观察 Au、Ag 和 Cu 在纳米孔道中电化学沉积形成纳米颗粒的过程,并在单颗粒水平观察了 HS-poly(dT)$_{50}$ 吸附后对其 SPR 散射光谱的影响[90]。

6.4.5　等离子共振能量转移传感器

等离子共振能量转移(PRET)效应是指等离子激元在吸收激发光后,以瑞利散射形式发射出的光能量,可以传递给周围一定距离内的与之共振能级相匹配的小分子或其他物质,从而造成自身 SPR 散射光能量的下降。Long 等[91]首次观察到将细胞色素 c 吸附在金纳米颗粒表面时,会发生 PRET 现象,并通过细胞色素 c 氧化还原态的转变对金颗粒 SPR 散射光谱的影响证实了这一观点(图 6.42)。他们进而将该理论成功应用于细胞色素 c 在细胞内分布情况的实时监测[92]。另外,Wang 等[93]在金纳米棒表面包覆了一层介孔二氧化硅结构,在孔道中吸附了一定量的染料分子后,由于界面染料分子与金纳米颗粒的共振耦合效应,通过调整颗粒表层介孔二氧化硅厚度与染料的吸附量,可以观察到明显的等离子体共振能量转移与共振能量裂分现象。

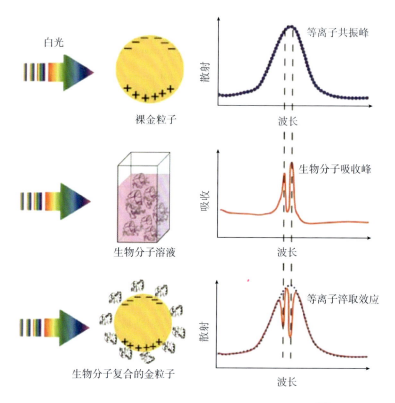

图 6.42　生物分子在纳米金表面的 PRET 原理[91]

Kang 和 Lee 等报道了另一种基于表面等离子能量转移(PRET)原理的高灵敏单颗粒纳米等离子激元探针,在金纳米颗粒表面共价修饰了一种金属离子配合物,可以与溶液中的二价金属铜离子选择性配位,形成的配合物具有与颗粒相互重叠的吸收带,从而使纳米金的等离子散射光强度产生一定程度的淬灭,其检测限与现有的有机分子探针比较提高了 100~1000 倍[92]。

除了金属离子,PRET 现象也可以用来检测有机小分子,Xu 等报道了一种基于 PRET 的分析检测方法。由于三硝基甲苯(TNT)的吸收光谱(位于 530 nm)与金纳米颗粒的散射光谱(峰位于 540 nm)相互重叠,TNT 可以和金纳米颗粒表面固定的半胱氨酸特异性结合,由于 TNT 和半胱氨酸的协同作用可以有效地吸收金纳米颗粒的共振能量,且吸收的能量(峰强度降低值)与 TNT 的浓度有一定的线性关系,从而实现 TNT 的高灵敏检测[94]。

6.4.6 等离子激元共振耦合传感器

对于等离子激元，其表面自由电子被限制在纳米尺度的区域内振荡。当两个金属颗粒相互接近时，其界面电荷分布间产生强烈的相互作用，导致界面电荷发生重排，因此颗粒间电磁场被显著增强，这一现象称为电磁耦合效应。当作用电场与颗粒的径向平行时，其耦合效应将导致等离子散射光谱发生红移[7,78~82]。电磁耦合作用程度取决于颗粒的形貌、尺寸及颗粒间的距离，这些因素造成的颗粒间强烈的耦合效应对于颗粒 SPR 散射光谱有显著的影响。Chen 小组分别制备了金纳米颗粒及其线性二聚体、三聚体和四聚体等，发现组装的纳米颗粒数量越多，其 SPR 光谱表现出明显的金纳米棒的性质[95]。不仅如此，这种电磁增强效应产生的"热点"[78]也能显著提高表面增强拉曼光谱。研究表明，当金纳米颗粒以线性二聚体和三聚体形态存在时，其拉曼增强效应可以分别提高 16 倍和 87 倍[96]。

而对于球形的金属纳米颗粒，在一定距离内，电磁耦合作用与距离符合简单的指数关系，利用这一关系能够构建"等离子标尺"生物探针，这为单分子水平研究生物大分子的组装及构象变化提供了一种有效手段，通过监测等离子激元共振耦合作用后其吸收或散射光谱的变化，可以计算出颗粒之间的距离[77,83]。

如图 6.43 所示，在 ssDNA 一端连接巯基，通过金-硫键的强作用力将 ssDNA 固定在纳米颗粒表面。另一端连接生物素，通过链霉亲和素与生物素的特异性结合作用，将两个纳米颗粒连接在一起。这一过程可以引起两颗粒间强烈的等离子耦合效应，采用暗场显微成像技术可以观察到纳米颗粒颜色和 SPR 散射光谱的显著变化[77]。由于纳米颗粒间的等离子激元共振耦合与颗粒间距、颗粒尺寸等密切相关，所以散射光谱变化趋势取决于 DNA 的碱基数目和纳米颗粒的尺寸。此外，等离子标尺可用来监测生物体系中距离的动态变化[84]。双链 DNA 连接两个金纳米颗粒，距离的减小导致纳米颗粒发生等离子激元共振耦合，通过监测等离子激元特性的改变可以研究限制性内切酶破坏这种耦合的动力学过程。如通过"点击"化学的方法来连接两个纳米颗粒，也可以通过 DMF 实时地监测这一化学反应过程，并且颗粒 SPR 散射光谱的红移量与溶液中 Cu^{2+} 的含量存在一定的线性关系[97]。He 等[98]制备了单分散的光谱峰稳定的 AuNP 和 Au/Ag/Au 复合纳米颗粒用于生物传感应用研究，利用互补 ssDNA 间特异性结合力将两个分别修饰了识别探针的纳米颗粒距离拉近，造成颗粒的 SPR 散射光谱的显著红移(536 nm 到 572 nm)，构建的 DNA 探针检测限可达 10^{-14} mol/L，并且 Au/Ag/Au 纳米颗粒表现出更佳的稳定性。

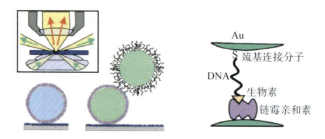

图 6.43　金、银纳米颗粒间等离子激元耦合分子尺[77]

另外,"卫星"结构的等离子激元耦合体在生物分析或生物动力学检测中也显示出巨大的潜力,因为在核颗粒表面存在大量的小"卫星"颗粒,通过调控其核颗粒的尺寸、"卫星"颗粒与核颗粒的耦合距离,能使核颗粒的散射光谱产生更加显著的移动(图 6.44),并直接影响到基于此结构的生物传感器的灵敏度与选择性[99]。

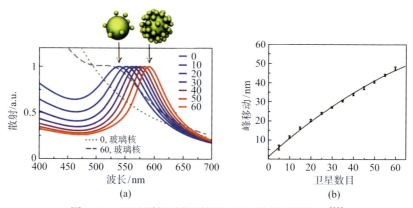

图 6.44　卫星颗粒对核颗粒的 SPR 散射光谱影响[99]

通过改变等离子激元的组成成分也可以达到影响其 SPR 散射光谱的目的,Long 等[100]通过电化学沉积制备了铜的纳米颗粒,并且实时观测到 Cu 纳米颗粒的形成与其表面氧化形成 CuO 的过程可以引起 Cu 纳米颗粒 SPR 散射光谱的显著移动。作者的课题组通过生物小分子 NADH 的催化还原作用在等离子共振激元界面上原位生长一层铜壳结构,由于铜壳与金核间的电磁耦合作用,可以观察到金核的 SPR 散射光谱显著的变化。并且散射光谱峰的移动量与小分子含量存在一定的线性关系,从而间接地实现了 NADH 和乙醇的痕量检测,并将之应用于抗癌药物抑制细胞代谢过程的实时监测。这种纳米生物探针有望为药物筛选、细胞代谢过程监测和生物传感等领域提供新的超灵敏分析技术和方法[2]。另外,由于 AuNP 具有类似于葡萄糖氧化酶的性质,可以催化氧化葡萄糖生成 H_2O_2,进而与 $HAuCl_4$ 反应,在 AuNP 表面形成一层新的金膜,导致 AuNP 尺寸变大,从而影响到其 SPR 散射光谱。Fan 等[101]基于 DMF 分别考察了 AuNP、ssDNA-AuNP 和 dsDNA-AuNP 在生长液中的生长过程的 SPR 散射光谱。结果表明，DNA 链的存在可以有效地抑制此过程的发生，从而用于检测 DNA 的杂交过程。如果在 AuNP 表面修饰抗 ATP 适配体，也观察到同样的现象，并且 ATP 存在条件下纳米颗粒的 SPR 散射峰移动量与 ATP 浓度存在一定的线性关系，可用来构建高灵敏的 ATP 生物传感器[102]。He 等[103]在金纳米棒表面包裹了一层约 2.1 nm 的银壳结构，由于表面的银并不稳定，可以与溶液中的 S^{2-} 反应，而 Ag_2S 壳层结构的生成对金纳米棒的 SPR 散射光谱产生显著的影响发生红移，而通过 DMF 可以实时监测这一过程。最终他们将该复合纳米材料置于细胞中，实现了细胞中 H_2S 气体分子分布情况的实时观察。

Kang 等报道了基于 Cu^{2+} 的配位作用的金核-银壳"卫星"结构的重金属离子单颗粒 SPR 生物传感器，其检测灵敏度相对于单个 AuNP 提高了 1000 倍[104]。Lee 等设计了新型的生物分子检测芯片，利用蛋白酶的分解作用，选择性地剥离"卫星"结构纳米颗粒的外层金壳，同样实现了高灵敏的生物分子检测[105]。Alivisatos 等[106,107]利用肽将几个 AuNP 联结在一个核颗粒周围，从而制备由"分子尺"构成的卫星结构生物探针。利用生物分子(凋亡蛋白酶 3)的降解作用，将卫星颗粒从核颗粒上剥离下来，使等离子激元分子尺发生明显的蓝移现象(图 6.45)。并且由于等离子激元没有漂白和闪烁现象，具有很好的光稳定性，可以用于长时间实时成像观察，他们在长达 2 h 的时间内，跟踪细胞内的单分子水平的凋亡蛋白酶 3 的作用过程，这是常规分析方法所不能实现的。

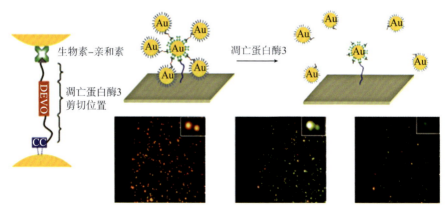

图 6.45　凋亡蛋白剥离"卫星"AuNP 过程[106]

6.5　SPR 细胞成像与治疗

因为生物组织、血液等在可见光区存在较大的背景干扰，所以生物成像需要在近红外区(650~900 nm)进行，而传统染料难以满足此要求。单颗粒等离子激元的散射信号强度相对于荧光染料更强,如 50 nm 的金纳米颗粒散射光强度是常见染料或量子点的 10^6 倍[107]。并且等离子激元共振带可以通过调节颗粒尺寸、形貌、成分和表面微环境等条件在可见到近红外区域内进行调控,加上贵金属颗粒本身具有很好的稳定性、低毒性和生物适应性,等离子激元也越来越多地被应用于生物成像与肿瘤治疗方面的研究[108~110]。

在 SPR 频率范围内,电场强度和散射、吸收切面都显著增强[111]。由于其 SPR 特性而表现出独特的可协调的光学性质[112~118]。金属纳米颗粒的 SPR 以两种方式衰减,即以散射光的形式辐射能量,以非辐射的形式将吸收的光转化为热量[119]。近年来,贵金属,尤其是金和银纳米颗粒,在生物成像及光热法治疗癌症中的应用引起了极大的关注[120~124]。在形貌各异的 AuNP 和 AgNP 中,具有近红外等离子共振吸收带的纳米棒广泛应用于细胞和组织成像,SPR 吸收作用可以在短时间内吸收能量,使自身温度有较大的提高,广泛应用于光热法治疗癌症[125]。

6.5.1 生物成像

纳米等离子激元具有很好的稳定性和生物相容性,并且可以简便地与多种生物分子结合,如抗体、多肽、糖类、叶酸等,可用于细胞表面受体、细胞组织和细胞核的无损标记(无同位素、无毒性),因此可广泛地应用于细胞成像研究(图 6.46)[126~135]。

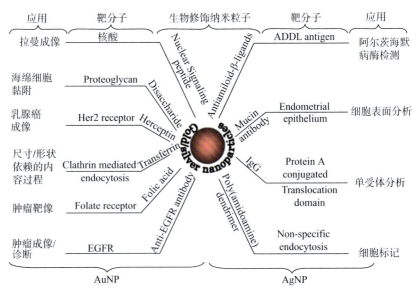

图 6.46　生物耦合的 AuNP 和 AgNP 在细胞中的目标以及它们在 AgNP 细胞生物学中的应用[126]

Xu 等[136]发现 GNR 和 GNR/肽复合物与 HaCaT 细胞的特异性结合能力显著优于 GNR(图 6.47(a)和(b));他们进一步采用 AgNP 与靶向蛋白 IgG 结合,特异性识别蛋白 A(标记易位域)后可成功应用于纤维细胞的成像,并证明了 Ag-IgG 复合物与肿瘤细胞之间具有很高的灵敏度和选择性(图 6.47(c))[137]。

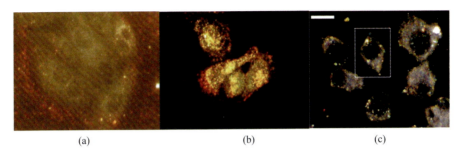

图 6.47 (a)HaCaT 细胞与 GNR 的结合；(b) HaCaT 细胞与肽修饰 GNR 的结合；(c)Ag-IgG 复合物在纤维细胞中的近场扫描光学显微图像[126]

最近 El-Sayed 等[138]报道了一种癌症快速诊断的方法,首先在 GNR 表面修饰抗表皮生长因子(anti-EGFR),由于肿瘤细胞过表达 EGFR,所以 anti-EGFR 标记的 GNR 能特异结合在细胞表面。而对正常细胞,只能观察到 AuNP 的非特异性吸附,在 514 nm 氩离子激光器照射下,两者在暗场显微镜下的成像差异显著(图 6.48),据此可实现癌症的诊断[139]。

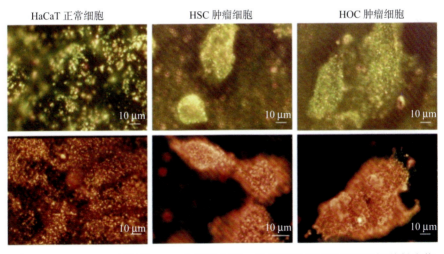

图 6.48 anti-EGFR 标记的 GNR 与正常细胞、肿瘤细胞相互作用的暗场散射成像

碳纳米管(CNT)同样具有良好的生物相容性,常被用作 DNA、蛋白质及药物运输的桥梁。Huang 等[140]制备的 AgNS/CNT 复合物将 AgNS 和 CNT 的优点集于一身,在近红外区增强吸收,在可见光区强化散射,从而提高暗场光散射的强度。可以有效地应用于细胞成像、癌症治疗以及药物运输(图 6.49)。

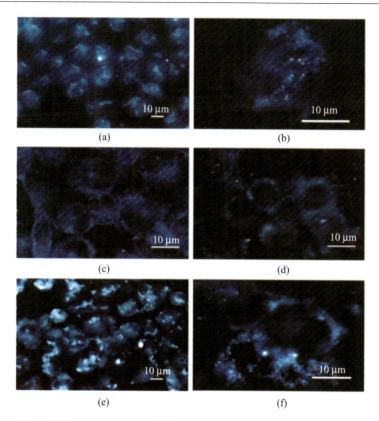

图 6.49 由聚醛葡聚糖(PAD)(a)、(b)和柠檬酸(e)、(f)包裹的 AgNS/CNT 复合物与肺癌细胞的相互作用的暗场光散射图像；单纯 CNT(c)和 AgNS(d)与肺癌细胞的相互作用的暗场光散射图像

6.5.2 癌症治疗

尺寸适宜的等离子激元纳米颗粒可以提供高吸收低散射截面，通过电子-电子、电子-声子作用可以在皮秒时间尺度上有效地将吸收的光转化为热量，这种快速的光热转换使局部加热成为可能[141~144]。金属纳米颗粒的等离子共振效应在光热治疗癌症[14,145~150]及其他疾病(如细菌感染)[145]上拥有巨大的潜力。例如，40 nm 的金纳米颗粒的 SPR 吸收摩尔系数为 $8\times10^9 M^{-1}\cdot cm^{-1}$，比激光光热治疗肿瘤常用的染料吲哚青绿的摩尔消光系数 $10^4 M^{-1}\cdot cm^{-1}$ 大近 6 个数量级[151]。此外，金纳米颗粒易于进行表面修饰，抗体或蛋白质对病变细胞中目标分子的特异性识别，可以将金纳米颗粒固定在细胞表面，从而更有针对性地杀灭肿瘤细胞[119]。

另外，金纳米壳(GNS)，尤其是 Si@Au 核-壳结构的纳米颗粒，在生物成像和癌症治疗这两个方向的研究引起了人们极大的关注[152~156]。GNS 同样具有强烈的光吸收和散射特性,已经成功应用于光热法治疗癌症[157~159]。如核直径 120 nm、壳层厚度 10 nm 的 GNS,可以吸收和散射波长 800 nm 的光(图 6.50),而用于成像的光强度远低于诱导光热效应,从而提高光学层析术(OCT)的灵敏度(图 6.51),同时其光热效应可以诱导细胞的凋亡,因此可以用作成像造影剂和光热转换器[160]。另外,GNS 被巯基 PEG 包裹后,可以减少纳米颗粒的聚集,降低体内的非特异性吸附现象,显著延长在体内血液循环的时间,提高 OCT 系统成像灵敏度[161]。在小鼠体内注射 GNS 后,可以显著地增强光疗的效果,结果表明注射 GNS 可以使小鼠的平均存活时间大大延长,并且成活率达到了 83%[161]。

GNR 同样具有较强的吸收切面,且改变长径比可调制 SPR 吸收峰至近红外区,SPR 效应使入射激光能量大部分被 GNR 吸收,转化为热量,进而杀灭肿瘤细胞。最近李志远等实现了笼状结构纳米颗粒的可控制备,通过控制纳米壳的厚度及尺寸,金纳米笼(GNC)的吸收截面要比传统染料如吲哚菁绿(ICG)的吸收截面约大 5 个数量级,而其尺寸要比 GNS 小得多[162]。通过界面修饰,可实现 GNR 选择性地与肿瘤细胞结合,使光热疗法更有针对性,并成功应用于 OCT 成像和光热法治疗的研究(图 6.52)[139]。

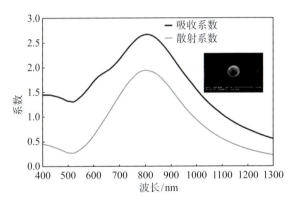

图 6.50 纳米壳近红外散射/吸收光谱特性和 SEM 图像[160]

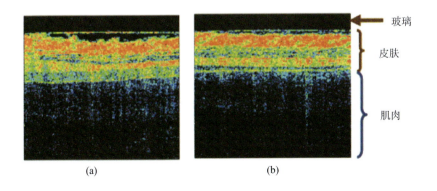

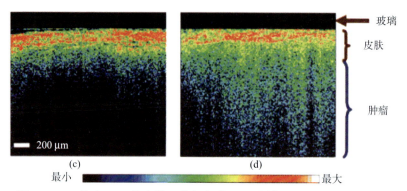

图 6.51 (a)注入 PBS 的小鼠正常组织的 OCT 图像;(b)注入 GNS 的小鼠正常组织的 OCT 图像; (c) 注入 PBS 的小鼠肿瘤组织的 OCT 图像; (d)注入 GNS 的小鼠肿瘤组织的 OCT 图像[161]

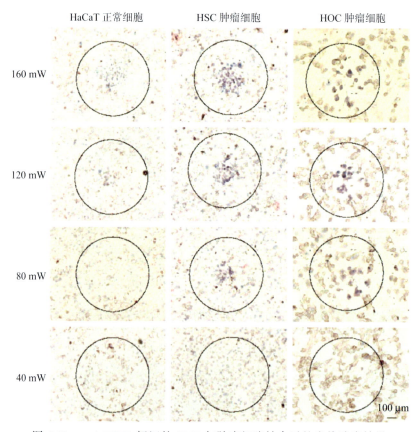

图 6.52 anti-EGFR 标记的 GNR 与肿瘤细胞结合后的光热治疗结果

等离子激元界面以巯基-金属共价键联结了功能分子(如抗体、肽、蛋白等)后,已经可以成功应用于研究各种生物过程(如膜转移、细胞信号转导或代谢机理等)。Sokolov 和 El-Sayed 等在金纳米颗粒表面修饰了表皮生长因子(EGFR)后,利用肿瘤细胞表现出 EGFR 的过表达现象,有效提高金颗粒与肿瘤细胞的结合率,可达到正常细胞的 6 倍。同时利用贵金属纳米颗粒的 SPR 光学特性,可以实现癌症的暗场成像并进行快速诊断[55]。如果在细胞表面联结高密度的等离子激元,颗粒间会发生强烈的共振耦合效应,同样可以为光热治疗癌症领域提供一种新的思路。不仅如此,暗场等离子激元成像技术也可被广泛地应用于 EGFR 激活过程、受体内吞过程以及下游受体运输过程的实时动态成像[163~165]。

另外,在 30 nm 的金纳米颗粒表面共价结合巯基聚乙二醇后,表层为用于生物特异性偶联的精氨酸-甘氨酸-天门冬酸肽(RGD)分子和用于细胞核定位的信号(NLS)肽分子。这一多靶向颗粒能够通过 RGD 靶向作用识别肿瘤细胞,并进一步指向细胞核。研究表明这种纳米颗粒在肿瘤细胞中可以有效阻止细胞分裂,导致细胞分裂不完整或者诱导细胞凋亡。不仅如此,等离子激元暗场成像技术也可以用来追踪细胞的周期分裂[166]。尽管这些现象中等离子激元材料对肿瘤细胞的影响机制还不能被完全解释,但其依然揭示了纳米材料和真实系统之间复杂的相互作用关系,为未来将等离子激元应用于生物纳米医药领域提供了依据[167]。

通过调控 GNR 的尺寸和长径比,其 SPR 共振散射的谱带可以被调谐到近红外区域,如对其径向和轴向共振光谱分别进行检测分析,可以实现用于复杂信号的纳米 SPR 传感器研究。如图 6.53 所示,Irudayaraj 等在多色(不同长径比)GNRs 界面连结不同的抗体作为等离子激元探针(GNrMP),可以实现探针与肿瘤细胞过表达的肿瘤标志物(如 CD24, CD44, CD49f 等)分别特异性结合,从而实现了 GNR 的靶向定位多重成像。同时这些标志物的表达水平与 GNrMP 的信号强度成一定正比关系,这一原理可用于肿瘤细胞表面蛋白标志物表达过程的半定量分析与评价[168,169]。

此外,核-壳结构纳米颗粒也表现出独特的在近红外区的光学可调性能,这与其核直径与壳层厚度有直接联系。由于近红外区域的光可以最大限度地穿透生物组织,核-壳结构的等离子激元材料对于在动物活体内的进一步应用非常有利[170]。通常纳米颗粒基于 EPR 效应可以靶向地聚集在肿瘤组织附近,SPR 共振带位于近红外区域的核-壳结构纳米颗粒可以最大限度地吸收近红外光并转换成热量,从而利用高温杀灭恶性肿瘤细胞。表面联结 EGFR 抗体的 GNR 已被证实可用于精确靶向肿瘤并用于分子成像以及光热癌症治疗研究。在入射光强度为 10 W/cm^2 的波长为 800 nm 近红外光的连续照射下,靶向结合于肿瘤细胞周围的纳米材料吸收大量热量,使肿瘤组织温度迅速升高,从而选择性地实现肿瘤高效治疗[14]。

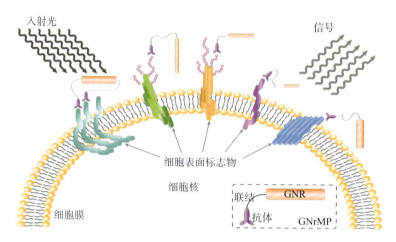

图 6.53　GNR 多靶向胞内分析原理[168]

如图 6.54 所示，金纳米颗粒联结功能分子后可以自组装形成纳米囊泡，可表现出良好的等离子共振耦合效应，并可调整纳米囊泡的等离子共振带位于 650~800 nm，这种囊泡结构还可以同时负载光敏剂 Ce6。在近红外光的照射下，SPR 效应吸收的热量会破坏囊泡结构，导致释放的光敏剂 Ce6 进一步与细胞中的 O_2 发生光催化反

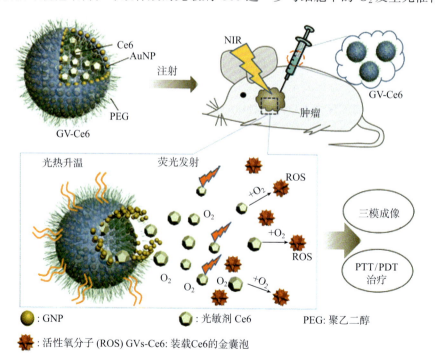

图 6.54　活体中实现光控释放光敏剂 Ce6 用于肿瘤治疗原理图[171]

应，产生自由基，从而有效地杀灭肿瘤细胞，实现肿瘤的成像与光动力治疗[171]。Liu 等在 GNR 表面自组装了一层 PEG-PCA-LA，该界面胶束层可以有效负载药物DOX，在 0.2 W/cm^2 近红外光照射的条件下，温度升高可极大地促进药物的释放过程，从而实现了药物的可控释放与肿瘤的靶向治疗[172]。这些特殊的结构都是利用贵金属纳米颗粒 SPR 效应可吸收热量，造成肿瘤细胞自身的温度升高或促进药物释放而实现肿瘤的治疗，为等离子激元在生物医学领域的应用提供了很好的应用思路和研究依据。

6.6 展　　望

SPR 散射是金属纳米颗粒所具有的非常独特的光学特性，对基于 SPR 散射的纳米结构体系的研究已成为国际上迅猛发展的热点研究领域之一，即表面等离子体光子学。表面等离子体光子学包含非常广泛的研究内容，如表面电场增强光谱、表面增强拉曼光谱、表面等离子体纳米波导、表面等离子体光催化、表面增强的能量转移及选择性光吸收等，尤其是表面等离子共振生物传感已经成为重要的分支之一。目前基于纳米等离子体界面微环境的折射率变化、生物分子分布以及纳米颗粒间或复合物颗粒核-壳间强烈的耦合作用，并结合暗场显微镜与光谱仪的优势，可以在纳米尺度开发出具有极高灵敏度的单分子水平的生物传感器、新型的生物成像试剂或治疗试剂。随着纳米科学与技术的进一步发展，以表面等离子共振为基础的研究将日益活跃。通过构建不同尺寸、形貌的纳米等离子激元，将会发现更多新的光学现象，通过设计新型的检测路线，有望为纳米表征技术和基于 SPR 散射的生物传感器技术提供新理论和新方法支持，进而发展为具有超高检测灵敏度的新型表面等离子散射和表面增强光谱传感器，同时等离子激元用于生物传感检测领域也展示出了巨大的应用前景。

参 考 文 献

[1] Ritchie R H. Phys Rev, 1957, 106: 874.
[2] Zhang L, Li Y, Li D W, et al. Angew Chem Int Ed, 2011, 50: 6789.
[3] Maxwell J C. Philos Trans R Soc London, 1865, 155: 459.
[4] Mie G. Ann Phys, 1908, 330: 377.
[5] Mayer K M, Hafner J H. Chem Rev, 2011, 111: 3828.
[6] Gans R. Ann Phys, 1912, 342: 881.
[7] Su K H, Wei Q H, Zhang X, et al. Nano Lett, 2003, 3: 1087.
[8] Bohren C F, Huffman D R. Absorption and Scattering of Light by Small Particles. New York: Wiley Press, 2008.

[9] Messinger B J, Von Raben K U, Chang R K, et al. Phys Rev B, 1981, 24: 649.
[10] Liao P, Wokaun A. J Chem Phys, 1982, 76: 751.
[11] McFarland A D, Van Duyne R P. Nano Lett, 2003, 3: 1057.
[12] Moskovits M. Rev Mod Phys, 1985, 57: 783.
[13] Elghanian R, Storhoff J J, Mucic R C, et al. Science, 1997, 277: 1078.
[14] Huang X H, El-Sayed I H, Qian W, et al. J Am Chem Soc, 2006, 128: 2115.
[15] Brongersma M L, Hartman J W, Atwater H A. Phys Rev B, 2000, 62: 16356.
[16] Ricard D, Roussignol P, Flytzanis C. Opt Lett, 1985, 10: 511.
[17] Novotny L, Bian R X, Xie X S. Phys Rev Lett, 1997, 79: 645.
[18] Aizpurua J, Hanarp P, Sutherland D S, et al. Phys Rev Lett, 2003, 90: 057401.
[19] Langhammer C, Kasemo B, Zoric I. J Chem Phys, 2007, 126.
[20] Hanarp P, Kall M, Sutherland D S. J Phys Chem B, 2003, 107: 5768.
[21] Langhammer C, Yuan Z, Zoric I, et al. Nano Lett, 2006, 6: 833.
[22] Chang S S, Shih C W, Chen C D, et al. Langmuir, 1999, 15: 701.
[23] Pelton M, Liu M, Toussaint Jr K C, et al. NanoScience+ Engineering; International Society for Optics and Photonics. 2007.
[24] Sönnichsen C, Franzl T, Wilk T, et al. Phys Rev Lett, 2002, 88: 077402.
[25] Jin R, Cao Y, Mirkin C A, et al. Science, 2001, 294: 1901.
[26] Nelayah J, Kociak M, Stéphan O, et al. Nat Phys, 2007, 3: 348.
[27] Hale G D, Jackson J B, Shmakova O E, et al. Appl Phys Lett, 2001, 78: 1502.
[28] Oldenburg S J, Westcott S L, Averitt R D, et al. J Chem Phys, 1999, 111: 4729.
[29] Jackson J B, Westcott S L, Hirsch L R, et al. Appl Phys Lett, 2003, 82: 257.
[30] Sershen S R, Westcott S L, Halas N J, et al. J Biomed Mater Res, 2000, 51: 293.
[31] Hirsch L R, Stafford R J, Bankson J A, et al. P Natl Acad Sci USA, 2003, 100: 13549.
[32] Averitt R D, Sarkar D, Halas N J. Phys Rev Lett, 1997, 78: 4217.
[33] Oldenburg S J, Averitt R D, Westcott S L, et al. Chem Phys Lett, 1998, 288: 243.
[34] Mohapatra S, Mishra Y K, Avasthi D K, et al. Appl Phys Lett, 2008, 92: 103105.
[35] Mayer A B R, Grebner W, Wannemacher R. J Phys Chem B, 2000, 104: 7278.
[36] Jackson J B, Halas N J. J Phys Chem B, 2001, 105: 2743.
[37] Shan X N, Diez-Perez I, Wang L J, et al. Nat Nanotechnol, 2012, 7: 668.
[38] Guan Z, Gao N, Jiang X F, et al. J Am Chem Soc, 2013, 135: 7272.
[39] Ni W H, Ba H J, Lutich A A, et al. Nano Lett, 2012, 12: 4647.
[40] Haynes C L, Van Duyne R P. J Phys Chem B, 2001, 105: 5599.
[41] Jing C, Gu Z, Ying Y L, et al. Anal Chem, 2012, 84: 4284.
[42] Asangani I A, Rasheed S A K, Nikolova D A, et al. Oncogene, 2008, 27: 2128.
[43] Murphy C J, San T K, Gole A M, et al. J Phys Chem B, 2005, 109: 13857.
[44] Sonnichsen C, Alivisatos A P. Nano Lett, 2005, 5: 301.
[45] Barbosa S, Agrawal A, Rodriguez-Lorenzo L, et al. Langmuir, 2010, 26: 14943.
[46] Kereselidze Z, Romero V H, Peralta X G, et al. JoVE, 2012: 3570.
[47] Zhang J A, Langille M R, Personick M L, et al. J Am Chem Soc, 2010, 132: 14012.

[48] Personick M L, Langille M R, Zhang J, et al. J Am Chem Soc, 2011, 133: 6170.
[49] Wang Y, Xu J, Xia X, et al. Nanoscale, 2012, 4: 421.
[50] Xia Y. Accounts Chem Res, 2008, 41: 9.
[51] Millstone J E, Park S, Shuford K L, et al. J Am Chem Soc, 2005, 127: 5312.
[52] Xiao L H, Qiao Y X, He Y, et al. Anal Chem, 2010, 82: 5268.
[53] Novo C, Funston A M, Gooding A K, et al. J Am Chem Soc, 2009, 131: 14664.
[54] Pastoriza-Santos I, Sanchez-Iglesias A, de Abajo F J G, et al. Adv Funct Mater, 2007, 17:1443.
[55] Sherry L J, Chang S H, Schatz G C, et al. Nano Lett, 2005, 5: 2034.
[56] Malinsky M D, Kelly K L, Schatz G C, et al. J Phys Chem B, 2001, 105: 2343.
[57] Nusz G J, Marinakos S M, Curry A C, et al. Anal Chem, 2008, 80: 984.
[58] Anker J N, Hall W P, Lyandres O, et al. Nat Mater, 2008, 7: 442.
[59] Nehl C L, Liao H, Hafner J H. Plasmonics: Metallic Nanostructures and Their Optical Properties Ⅳ. Bellingham: Spie-Int Soc Optical Engineering, 2006.
[60] Dondapati S K, Sau T K, Hrelescu C, et al. Acs Nano, 2010, 4: 6318.
[61] Mock J J, Smith D R, Schultz D A, et al. J Chem Phys, 2002, 116: 6755.
[62] Ni W, Kou X, Yang Z, et al. Acs Nano, 2008, 2: 677.
[63] Chen J Y, McLellan J M, Siekkinen A, et al. J Am Chem Soc, 2006, 128: 14776.
[64] Nikoobakht B, El-Sayed M A. Chem Mater, 2003, 15: 1957.
[65] Jana N R, Gearheart L, Murphy C J. Adv Mater, 2001, 13: 1389.
[66] Brust M, Walker M, Bethell D, et al. J Chem Soc-Chem Commun, 1994: 801.
[67] Henzie J, Kwak E S, Odom T W. Nano Lett, 2005, 5: 1199.
[68] Zhang H, Mirkin C A. Chem Mater, 2004, 16: 1480.
[69] Dreaden E C, Near R D, Abdallah T, et al. Appl Phys Lett, 2011, 98: 183115.
[70] Fromm D P, Sundaramurthy A, Schuck P J, et al. Nano Lett, 2004, 4: 957.
[71] Kelly K L, Coronado E, Zhao L L, et al. J Phys Chem B, 2003, 107: 668.
[72] Jin R C, Cao Y W, Mirkin C A, et al. Science, 2001, 294: 1901.
[73] Link S, El-Sayed M A. J Phys Chem B, 1999, 103: 4212.
[74] Haynes C L, Van Duyne R P. J Phys Chem B, 2001, 105: 5599.
[75] Aravind P K, Nitzan A, Metiu H. Surf Sci, 1981, 110: 189.
[76] Sonnichsen C, Reinhard B M, Liphardt J, et al. Nat Biotechnol, 2005, 23: 741.
[77] Atay T, Song J H, Nurmikko A V. Nano Lett, 2004, 4: 1627.
[78] Gunnarsson L, Rindzevicius T, Prikulis J, et al. J Phys Chem B, 2005, 109: 1079.
[79] Reinhard B M, Siu M, Agarwal H, et al. Nano Lett, 2005, 5: 2246.
[80] Jain P K, Huang W Y, El-Sayed M A. Nano Lett, 2007, 7: 2080.
[81] Reinhard B M, Siu M, Agarwal H, et al. Nano Lett, 2005, 5: 2246.
[82] Reinhard B M, Sheikholeslami S, Mastroianni A, et al. P Natl Acad Sci USA, 2007, 104:2667.
[83] Liu G L, Yin Y D, Kunchakarra S, et al. Nat Nanotechnol, 2006, 1: 47.
[84] Zhang L, Li Y, Li D W, et al. Angew Chem Int Ed, 2011, 50: 6789.
[85] Novo C, Funston A M, Gooding A K, et al. J Am Chem Soc, 2009, 131: 14664.
[86] Novo C, Funston A M, Mulvaney P. Nat Nanotechnol, 2008, 3: 598.

[87] Anker J N, Hall W P, Lyandres O, et al. Nat Mater, 2008, 7: 442.
[88] Raschke G, Brogl S, Susha A S, et al. Nano Lett, 2004, 4: 1853.
[89] Ament I, Prasad J, Henkel A, et al. Nano Lett, 2012, 12: 1092.
[90] Qin L X, Li Y, Li D W, et al. Angew Chem Int Ed, 2012, 51: 140.
[91] Liu G L, Long Y T, Choi Y, et al. Nat Methods, 2007, 4: 1015.
[92] Choi Y, Park Y, Kang T, et al. Nat Nanotechnol, 2009, 4: 742.
[93] Chen H J, Shao L, Woo K C, et al. J Phys Chem C, 2012, 116: 14088.
[94] Qu W G, Deng B, Zhong S L, et al. Chem Commun, 2011, 47: 1237.
[95] Xing S X, Tan L H, Yang M X, et al. J Mater Chem, 2009, 19: 3286.
[96] Chen G, Wang Y, Yang M X, et al. J Am Chem Soc, 2010, 132: 3644.
[97] Shi L, Jing C, Ma W, et al. Angew Chem Int Ed, 2013, DOI: 10.1002/anie.201301930.
[98] Xiao L H, Wei L, He Y, et al. Anal Chem, 2010, 82: 6308.
[99] Ross B M, Waldeisen J R, Wang T, et al. Appl Phys Lett, 2009, 95: 193112.
[100] Qin L X, Jing C, Li Y, et al. Chem Commun, 2012, 48: 1511.
[101] Zheng X X, Liu Q, Jing C, et al. Angew Chem Int Ed, 2011, 50: 11994.
[102] Liu Q, Jing C, Zheng X X, et al. Chem Commun, 2012, 48: 9574.
[103] Xiong B, Zhou R, Hao J, et al. Nat Commun, 2013, 4: 1708.
[104] Choi I, Song H D, Lee S, et al. J Am Chem Soc, 2012, 134: 12083.
[105] Waldeisen J R, Wang T, Ross B M, et al. Acs Nano, 2011, 5: 5383.
[106] Jun Y W, Sheikholeslami S, Hostetter D R, et al. P Natl Acad Sci USA, 2009, 106: 17735.
[107] Alivisatos P. Nat Biotechnol, 2004, 22: 47.
[108] Erathodiyil N, Ying J Y. Accounts Chem Res, 2011, 44: 925.
[109] Li Y, Jing C, Zhang L, et al. Chem Soc Rev, 2012, 41: 632.
[110] Yang Z, Zhang J, Kintner-Meyer M C W, et al. Chem Rev, 2011, 111: 3577.
[111] Eustis S, El-Sayed M A. Chem Soc Rev, 2006, 35: 209-217.
[112] He J Y, Lu J X, Dai N, et al. J Mater Sci, 2011, 47: 668.
[113] Yao H, Mo D, Duan J, et al. Appl Surf Sci, 2011, 258: 147.
[114] Wang R, Pan L Y, Xia X D, et al. Chem J Chin Univ-Chin, 2012, 33: 149.
[115] Tsutsui Y, Hayakawa T, Kawamura G, et al. Nanotechnology, 2011, 22: 275203.
[116] Mott D, Lee J, Nguyen T B T, et al. Jpn J Appl Phys, 2011, 50: 65004-1.
[117] Zhu S L, Zhou W. J Nanomater, 2010, 30: 562035.
[118] Som T, Karmakar B. Plasmonics, 2010, 5: 149.
[119] Jain P K, Huang X, El-Sayed I H, et al. Plasmonics, 2007, 2: 107.
[120] Kumar A, Boruah B M, Liang X J. J Nanomater, 2011, 22: 202187.
[121] Golden M S, Bjonnes A C, Georgiadis R M. J Phys Chem C, 2010, 114: 8837.
[122] Homan K, Shah J, Gomez S, et al. J Biomed Opt, 2010, 15: 021316.
[123] Zhang J, Noguez C. Plasmonics, 2008, 3: 127.
[124] Kojima C, Watanabe Y, Hattori H, et al. J Phys Chem C, 2011, 115: 19091.
[125] Wheeler D A, Newhouse R J, Wang H N, et al. J Phys Chem C, 2010, 114: 18126.
[126] Yu W W. Expert Opin Biol Th, 2008, 8: 1571.

[127] Penn S G, He L, Natan M J. Curr Opin Chem Biol, 2003, 7: 609.
[128] Matthias S. Biosens Bioelectron, 2005, 20: 2454.
[129] Sharma P, Brown S, Walter G, et al. Adv Colloid Interface Sci, 2006, 123-126: 471.
[130] Cao Y C, Jin R, Mirkin C A. Science, 2002, 297: 1536.
[131] Lyon L A, Musick M D, Natan M J. Anal Chem, 1998, 70: 5177.
[132] Huang L, Reekmans G, Saerens D, et al. Biosens Bioelectron, 2005, 21: 483.
[133] Lee J S, Lytton-Jean A K R, Hurst S J, et al. Nano Lett, 2007, 7: 2112.
[134] Huang T, Nallathamby P D, Gillet D, et al. Anal Chem, 2007, 79: 7708.
[135] Lesniak W, Bielinska A U, Sun K, et al. Nano Lett, 2005, 5: 2123.
[136] Oyelere A K, Chen P C, Huang X H, et al. Bioconjugate Chem, 2007, 18: 1490.
[137] Huang T, Nallathamby P D, Gillet D, et al. Anal Chem, 2007, 79: 7708.
[138] El-Sayed I H, Huang X H, El-Sayed M A. Cancer Lett, 2006, 239: 129.
[139] Huang X H, Jain P K, El-Sayed I H, et al. Nanomedicine-Uk, 2007, 2: 681.
[140] Zhang L, Zhen S J, Sang Y, et al. Chem Commun, 2010, 46: 4303.
[141] Link S, El-Sayed M A. Int Rev Phys Chem, 2000, 19: 409.
[142] El-Sayed M A. Accounts Chem Res, 2001, 34: 257.
[143] Link S, El-Sayed M A. The Journal of Physical Chemistry B, 1999, 103: 8410.
[144] Link S, Ei-Sayed M A. Annu Rev Phys Chem, 2003, 54: 331.
[145] Zharov V P, Galitovskaya E N, Johnson C, et al. Laser Surg Med, 2005, 37: 219.
[146] Zharov V P, Mercer K E, Galitovskaya E N, et al. Biophys J, 2006, 90: 619.
[147] El-Sayed I H, Huang X, El-Sayed M A. Cancer Lett, 2006, 239: 129.
[148] Katz E, Willner I. Angew Chem Int Ed, 2004, 43: 6042.
[149] Llevot A, Astruc D. Chem Soc Rev, 2012, 41: 242.
[150] Stone J, Jackson S, Wright D. Wires Nanomed Nanobi, 2011, 3: 100.
[151] Bardhan R, Lal S, Joshi A, et al. Accounts Chem Res, 2011, 44: 936.
[152] Nolsøe C P, Torp-Pedersen S, Burcharth F, et al. Radiology, 1993, 187: 333.
[153] Gao L, Vadakkan T J, Nammalvar V. Nanotechnology, 2011, 22: 365102.
[154] Grobner T, Prischl F C. Kidney Int, 2007, 72: 260.
[155] Wang J, Short D, Sebire N J, et al. Ann Oncol, 2008, 19: 1578.
[156] Davis M E, Chen Z, Shin D M. Nat Rev Drug Discov, 2008, 7: 771.
[157] Xu B B, Ma X Y, Rao Y Y, et al. Chinese Sci Bull, 2011, 56: 3234.
[158] Hirsch L R, Stafford R J, Bankson J A, et al. Proc Natl Acad Sci, 2003, 100: 13549.
[159] Choi M R, Stanton-Maxey K J, Stanley J K, et al. Nano Lett, 2007, 7: 3759.
[160] Gobin A M, Lee M H, Halas N J, et al. Nano Lett, 2007, 7: 1929.
[161] Loo C, Lowery A, Halas N J, et al. Nano Lett, 2005, 5: 709.
[162] Chen J Y, Wang D L, Xi J F, et al. Nano Lett, 2007, 7: 1318.
[163] Sokolov K, Follen M, Aaron J, et al. Cancer Res, 2003, 63: 1999.
[164] El-Sayed I H, Huang X H, El-Sayed M A. Nano Lett, 2005, 5: 829.
[165] Aaron J, Travis K, Harrison N, et al. Nano Lett, 2009, 9: 3612.
[166] Huang X H, Kang B, Qian W, et al. J Biomed Opt, 2010, 15: 058002.

[167] Kang B, Mackey M A, El-Sayed M A. J Am Chem Soc, 2010, 132: 1517.
[168] Yu C X, Nakshatri H, Irudayaraj J. Nano Lett, 2007, 7: 2300.
[169] Yu C X, Irudayaraj J. Anal Chem, 2007, 79: 572.
[170] Loo C, Lin A, Hirsch L, et al. Technol Cancer Res T, 2004, 3: 33.
[171] Lin J, Wang S, Huang P, et al. ACS Nano, 2013: 5320.
[172] Zhong Y, Wang C, Cheng L, et al. Biomacromolecules, 2013: 2411.

第7章 微流控芯片技术

7.1 微流控芯片技术概述

当前许多发达国家已把现代科学仪器当成信息社会的源头和基础纳入了未来发展的战略重点，而分析仪器又是其中最重要的组成部分之一。最近，人类基因组计划的提前完成[1]充分说明了先进的分析仪器与技术在现代高科技发展中的关键作用。面临着 21 世纪科技发展中提出的众多挑战，分析仪器和分析科学也正经历着深刻的变革，其中一个日益明显的发展趋势就是化学分析设备的微型化、集成化、自动化与便携化。

当前，分析仪器的发展正处在一个以微型化为主要特征的、带有革命性的重要转折时期，其中微流控芯片技术是分析仪器微型化的一个主要手段。1990年，由瑞士的科学家Manz教授和Widmer教授首先提出微全分析系统(micro total analysis systems, μTAS)的概念[2,3]。微全分析系统也被称为芯片上的实验室(lab-on-a-chip)或微流控芯片技术(microfluidics)，是把生物、化学、医学分析过程中样品的制备、反应、分离、检测等基本操作单元集成到一块微米甚至纳米尺寸的芯片上，自动完成实验全过程的一项技术。μTAS的微米级结构不仅增大了流体环境的面积/体积比例，而且优化了分析性能。该技术具有以下特点：①被分析物质的用量大大减少，检测试剂消耗少，能耗低；②与高通量检测技术结合，分析效率显著提高；③分析设备精密化、自动化、集成化程度进一步提高。

在分析化学基础上发展而成的微流体芯片，目前发展的重点是以生物医药研发、环境监测与保护、卫生检疫、司法鉴定、生物试剂的检测等为主要应用对象。它在生物、化学、医学等领域具有巨大潜力，已经发展成为一个生物、化学、医学、流体、电子、材料、机械等学科交叉的崭新研究领域[4]。当前正处于发展的成熟期，具有非常广阔的市场前景。生物芯片(biochip)也包括微阵列芯片(microarray)，本章主要讨论微流控芯片技术。

7.2 微流控芯片的制作技术

7.2.1 微流控芯片的材料

制作微流控芯片首要问题是选取芯片的材料，在选取材料方面首先考虑的因素是良好的工艺性，其次是与工作介质之间有良好的化学相容性、表面带电性、光学性质、绝缘性、分子吸附、导热性及稳定性等。在实际操作中很难找到完全满足这些要求的材料，所以一般根据使用要求有所取舍，特别是应有良好的工艺性以便于将来进行产品开发。常用的材料有硅质材料如硅、玻璃、石英等，高分子聚合物材料如聚二甲基硅氧烷(PDMS)、聚甲基丙烯酸甲酯(PMMA)等。除了上述材料，陶瓷、绝缘体上的硅(silicon on insula-tor，SOI)和印制电路板(printed circuit board，PCB)也常作为基底用于微流控芯片领域。

1. 硅质材料

在微流控芯片中，硅材料的应用十分广泛，其具有散热好、强度大、纯度高和耐腐蚀等优点。随着微电子的发展，硅材料的加工技术越来越成熟，硅材料首次被用于微流控芯片的制作。最早在20世纪70年代，Terry[5]设计的微型气体色谱分析系统就是将整个结构集成在硅材料芯片上，形成了一套比较完整的微型全分析系统。但是硅材料本身也有缺点，如绝缘性和透光性较差、深度刻蚀困难、硅基片的粘合成功率低等，这些影响了硅的应用。

最近10年，研究者更多地使用玻璃[6~9]和石英[10,11]作为硅材料的替代物在微流控芯片中大量应用。玻璃和石英具有良好的电渗性和优良的光学性质，且表面性质如润湿能力、表面吸附等都有利于使用不同的化学方法对其进行表面改性。玻璃的微细加工工艺较为成熟，基本能够满足一般应用需要；其表面性质与毛细管电泳中的毛细管材料性质基本相同，很多积累的经验和技术可以方便地移植到芯片上来。在发展初期，这一技术极大地促进了微流控芯片的发展。然而，玻璃和石英微流控芯片制作工艺复杂，加工成本过高，而且使用玻璃和石英作为基体材料时，通常使用各向同性腐蚀技术，很难获得高深宽比的微结构，深度刻蚀困难，键合温度高和键合成品率低，使芯片性能难以改善，且需要相应的洁净条件和制作设备，工艺过程复杂。这些都限制了玻璃微芯片的普及化和深度产业化。

2. 高分子聚合物材料

目前，高分子聚合物材料由于成本低、易于加工成型和批量生产等优点，受到了越来越多的关注。用于加工微流控分析芯片的高分子聚合物材料主要有三大类：热塑性聚合物、固化型聚合物和溶剂挥发型聚合物。热塑性聚合物包括聚酰胺(PI)、聚甲基丙烯酸甲酯(PMMA)、聚碳酸酯(PC)、聚对苯二甲酸乙二醇酯(PET)等；固化型聚合物有聚二甲基硅氧烷(也称硅酮弹性体或硅橡胶，PDMS)、环氧树脂和聚氨酯等；溶剂挥发型聚合物有丙烯酸、橡胶和氟塑料等。PMMA材料具有良好的电绝缘性，可施加高电场进行快速分离，透光性好，成本低，成型容易[12]，可选择多种加工方法，如模压法[13]、注塑法[14]、准分子激光微刻蚀加工[15]等，现已得到极为广泛的应用。弹性高分子材料聚二甲基硅氧烷(PDMS)，又称硅橡胶，具有价格便宜、绝缘性好、无毒；透光性好，能透过 250 nm 以上的紫外线与可见光[16]，易于检测；成型容易，批量生产成本低等优点。但 PDMS 材料制成的微结构的稳定性较差，疏水性较强，常需要进行特别处理来进行改进。

3.其他材料

除了上述材料，陶瓷、绝缘体上的硅和印制电路板也常作为基底用于微流控芯片领域。陶瓷材料易碎、透光性不好，但耐高温，有较高的抗压强度，采用软刻蚀或激光加工可制出微通道[17]，适用于极限恶劣条件，如航空、太空试验和极地考察等。在 PCB 细胞电融合芯片中，通过刻蚀 Cu 来加工微电极，由于现代 PCB 加工精度的提高，可以刻蚀出 100 μm 甚至 75 μm 线宽的微结构，而且加工成本极低，便于推广使用。

微流控芯片的材料具有多样性且各有利弊，在实际应用中，应考虑设计所需，选择合适的材料，或者结合多种不同材料的优点。

7.2.2 微流控芯片的制作方法

MEMS(microelectromechanical system) 技术是 μTAS 发展的基础，也是最广泛采用的微流控芯片加工方法。MEMS 加工技术包括了常规平面工艺中的光刻、扩散、氧化、化学气相沉积(CVD)生长、镀膜、压焊等，又增加了三维体加工工艺，如各向异性和各向同性化学腐蚀、双面光刻、深刻电铸模型(lithographie, galvanoformung, abformung, LIGA)技术、离子或离子束深刻蚀、硅-硅键合、硅-玻璃键合等。目前，国际上应用较为广泛的 MEMS 制造技术有牺牲层硅工艺、体微切削加工技术和 LIGA 工艺等，新的微型机械加工方法还在不断涌现，这些方法包括多晶硅熔炼和声激光刻蚀等。结合微流控芯片的具体功能要求与芯片选用的材料特性，微流控芯片的加工工艺在 MEMS 加工工艺基础上有所发展，主要包括光刻和蚀刻等常规工艺，以及模塑法、软光刻[18]、激光切蚀法[19]、LIGA 技术[20, 21]等特殊工艺。

1. 硅质材料微流控芯片制作方法

芯片的加工方法与加工材料有着密切的关系，最初采用的是硅平面加工工艺中的光刻蚀法(lithography)和湿法刻蚀(wet etching)。光刻蚀法主要分为涂胶、光刻、刻蚀三个基本工序。首先在基片上覆盖一层薄膜，在薄膜表面用甩胶机均匀地附上一层光胶。然后将掩模上的图像转移到光胶层上，此步骤为光刻。再将光刻上的图像转移到薄膜，并在基片上加工一定深度的微结构，完成蚀刻。在石英和玻璃的加工中，常利用不同化学方法对其表面改性，然后使用光刻和蚀刻技术将微通道等微结构加工在其上面。玻璃材料的加工步骤是：①在玻璃基片表面镀一层 Cr，再用甩胶机均匀地覆盖一层光胶；②利用光刻掩模遮挡，用紫外线照射，光胶发生化学反应；

③用显影法去掉已曝光的光胶，用化学腐蚀的方法在铬层上腐蚀出与掩模上平面二维图形一致的图案；④用适当的刻蚀剂在基片上刻蚀通道；⑤刻蚀结束后，除去光胶和牺牲层，打孔后和玻璃盖片键合，如图 7.1 所示。以硅和玻璃为加工材料的优点是：①加工方法比较成熟，基本能够满足一般应用需要；②由于玻璃的表面性质与毛细管电泳中的毛细管材料性质相近，很多积累的经验和技术可以方便地移植到芯片上来。在发展初期，这一技术极大地促进了微流控芯片的发展。随着研究的不断深入和商品化的需求，光刻蚀法高昂的成本、繁琐的加工步骤、超净的工作环境、无法实现快速批量生产等越来越让人难以接受。

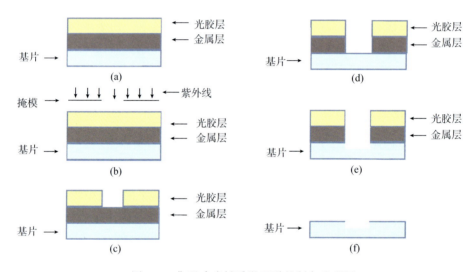

图 7.1　典型玻璃材质微通道的制备流程图

2. 高分子聚合物材料微流控芯片制作方法

以高分子聚合物材料为基片加工微流控芯片的方法主要有：模塑法、热压法、LIGA 技术、激光刻蚀法和软光刻等。与硅和玻璃相比，高分子聚合物材料有其独特的特性和优势，例如，可以一次性使用，加工的结构可更加复杂，可供选择的余地大，加工方法灵活多样，加工步骤简单、快速而且成本低廉，非常适合于大批量制作一次性微流控芯片。

1) 模塑法

模塑法是制作微流控芯片，特别是 PDMS 芯片时最常用的方法。首先需要用光刻和化学腐蚀的方法制出检测通道部分突起的阳模，然后在阳模上浇注液体的高分子聚合物材料。固化后的高分子聚合物与阳模剥离即可获得微通道的基片。基片与盖片键合后，完整的芯片制作完成。模塑法要求所用的聚合物黏度低、固化温度低，因此高分子材料在重力作用下可充满磨具上的微通道和凹槽等处，且与 PDMS 之间的黏附力小，易于脱模。

分辨率高，相邻通道距离为 0.3μm 的微结构也可复制。该法重复性好，制备成本低，适用于大批量的复制。

Chen 等用模塑法制备了 PDMS 芯片，利用化学发光法检测水体中的 Co(Ⅱ)。微通道经由 AutoCAD 软件设计并通过紫外光刻法制备模板。模板采用硅片，高分子聚合物经过紫外照射被固定在硅片上，形成微通道的阳模。浇注 PDMS 在阳模上，即可得到含有微通道的基片。将另一片 PDMS 盖片与基片键合，得到可以用于化学发光法实验的微流控芯片[22](图 7.2)。

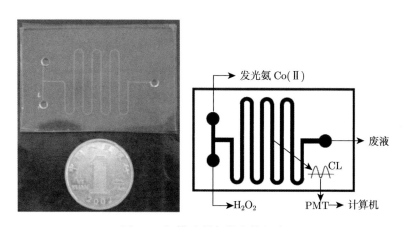

图 7.2 塑模法制备微流控芯片

2) 热压法

热压法是指将热塑性聚合物的板材放置在阳模上加热至其玻璃点转化温度(the glass transition temperature)，加压并保持一定的温度，即可在板材上制作出微通道。将带有微通道的基片同加工有孔洞的盖片加热键合封接就得到微流控芯。热压法的设备及操作相对简单，便于实现大批量的较高程度的自动化生产。工艺流程如下[23]。

(1) 玻璃母模的制作：以匀胶铬板玻璃作基片为例，光刻后将基片置于玻璃腐蚀液中，40℃水浴腐蚀 15min，在丙酮中浸泡振荡去除光刻胶，用硝酸铈铵/高氯酸洗液除 Cr 层，再用大量去离子水清洗，氮气吹干，烘干后即可获得具有微凹槽的玻璃基片。

(2) PMMA 模具的制作：将有微凹槽的玻璃基片与 PMMA 基片紧密贴合，移至电脑层压机中，施加一定压力，130℃，恒温恒压 10min，缓慢冷却至室温，脱模后即获得 PMMA 模具。

(3) PDMS 微流控芯片的制作：PDMS 预聚体和引发剂按 10:1 的体积比调匀，浇注于 PMMA 模具表面，真空系统中除气泡，在温度为 60℃下聚合 2h，冷却至室温后剥离，即可获得具有微凹槽的 PDMS 基片；用相同方法聚合平整 PDMS 作为盖片，采用自制打孔器加工直径为 2mm 的圆孔。将 PDMS 基片与盖片在中真空下经氧等离子体轰击活化后进行对准贴合，即可获得 PDMS 芯片(图 7.3)。

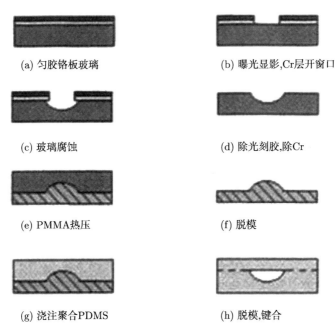

图 7.3 热压法制备微流控芯片过程示意图[23]

Pemg 等采用微热模压成型法复制了硅模镶块的微观结构。研究采用 SU-8 光刻胶涂覆硅晶片(图 7.4)。紫外线灯曝光 SU-8 光刻胶表面的图案。实验评价了聚合物 COP 的各种加工工艺参数，包括压印温度、压印压力、压印时间、成型温度等，并发现压印温度是影响微流体芯片成型的最重要参数之一[24]。

(3) LIGA 技术

LIGA 是德文 Lithographie，Galvanoformung 和 Abformung 三个词，即光刻、电铸和注塑的缩写，意指由 X 射线深层光刻、微电铸和微塑铸三者相结合的新技术，20 世纪 80 年代初由德国卡尔斯鲁尔核研究中心研究而成[25]。

LIGA 技术适用于高深宽比的聚合物芯片的制作，其加工流程由 X 射线深层光刻、微电铸和微复制三个环节构成[26] (图 7.5)。X 射线深层光刻可以在光胶中得到高深宽比的微通道；微电铸是在显影后的光胶图像间隙(微通道)中沉积金属，去掉光胶后得到所需微通道的阳模；微复制是在阳模上通过复制模塑方法在高聚物材料上形成所需的微通道结构。

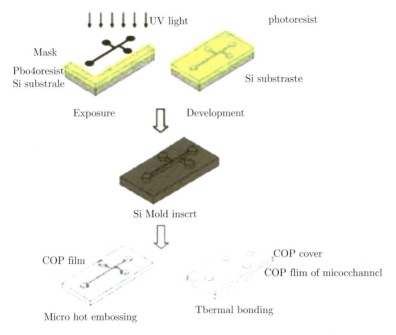

图 7.4 热压法制备聚合物 COP 微流控芯片流程图[24]

除了可制作较大高宽比的结构，与其他微细加工方法相比，LIGA 技术还具有应用材料广泛的优势，可应用的材料包括金属、陶瓷、聚合物、玻璃等；可制作任意截面形状图形结构，加工精度高，可重复复制，符合工业上大批量生产要求，制造成本相对较低。

4) 软光刻法

软光刻法则是采用弹性模代替传统光刻中所使用的硬模，能够制造复杂的三维结构[16]。软光刻是相对于光刻的微图形和微制造的新方法，它是哈佛大学 Whitesides 教授研究组以自组装单分子层[18]、弹性印章和高聚合物模塑技术为基础发展的一种低成本的加工新技术。其中，高聚物 PDMS 在软光刻中作为主要的弹性印章材料和芯片加工材料。软光刻加工步骤为[27](图 7.6)：先在硬质材料上甩一层 SU-8 负胶，然后前烘使光刻胶固化，之后进行切胶，再通过紫外曝光，在显影液中显影，之后用异丙醇溶液溶掉硅片表面残留的显影液，得到软光刻的模板。然后利用该模板，让 PDMS 前体聚合物在上面成型，就得到需要的微流控芯片。相对于传统的光刻技术，软光刻更加灵活，它没有光散射带来的精度限制，目前几种常用的软光刻技术都能达到 30 nm～1 μm 级的微小尺寸；它能制造复杂的三维结构并且能在曲面上应用；能够在不同化学性质表面上使用，并且可以根据需要改变材料表面的化学性质；它可以应用的材料范围很广，如生物聚合材料、胶体材料、玻璃、陶瓷等[18]。

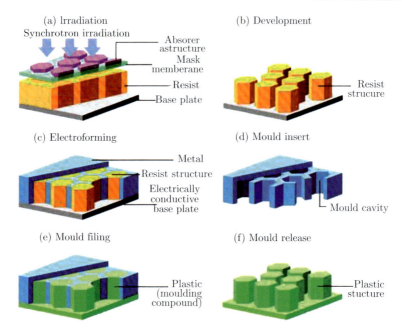

图 7.5 LIGA 技术制备微流控芯片流程图[26]

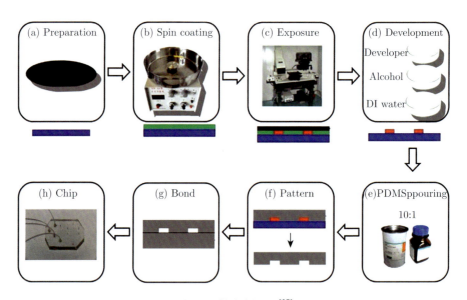

图 7.6 软光刻过程[27]

(a) 硅片预处理，保持清洁干燥的表面；(b) 40μM 厚的 SU-8 负胶通过旋涂法涂在晶片上；(c) 紫外曝光；(d) 未曝光部分溶解在显影液中，并清洗残留显影液；(e) 制备 PDMS 预聚物；(f) 剥离 PDMS；(g) 键合盖片形成集成装置；(h) 连接微流控芯片的进出样口用软光刻法，能够将广泛应用于光电材料领域的纳米结构的 ZnO 分层生长在微通道内。光伏电池运用该结构的 ZnO 可以减少光损耗，提高能量转换效率[28]。Li 等用软光刻法制备出基于磁性的细胞图案化方法，用于观测不同类型细胞的细胞图案和生物力学。这种新型细胞生物传感器所产生的高梯度磁场，有利于观测微区内高吞吐量下的细胞簇尺寸[29](图 7.7)。

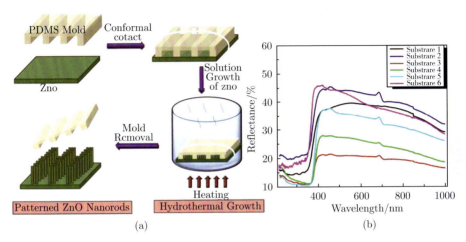

图 7.7　纳米结构的 ZnO 通过软光刻法在微通道内生长的示意图(a)，及反射率性能比较(b)

表 7.1 为不同材料的基底制作方法的对比。

表 7.1　微流控芯片加工方法对比

基片材料	制作方法		特点	局限性
硅、玻璃和石英	光刻、蚀刻法		方法比较成熟	加工步骤多，成品率低，加工高深宽比微通道困难，成本太高
高分子聚合物	直接法	激光/X 射线刻蚀法	操作灵活，芯片受热破坏小，通道壁垂直，深宽比大	需激光器，微通道壁粗糙度大，对设备要求较高
		软光刻	能制造三维结构，可适用不规则曲面	难以加工大深宽比微通道，精度不高
		吹蚀法	操作灵活，快速，成本低	微通道壁粗糙度较大
高分子聚合物	间接法	热压法	加工成本低，复制精度高，芯片内应力小，操作简捷，生产率高	对模板精度要求较高
		注塑法	大批量生产成本低，操作简单	模具制作复杂，技术要求高，周期长，适于已成型的芯片生产
		浇铸法	操作方便，脱模容易，成本低，复制精度高	黏度高的高分子材料浇注困难，脱气耗时长，生产率较低
		LIGA 技术	适合于制作高深宽比微通道	设备昂贵，成本高

3. 微流控芯片的键合

键合是微流控芯片制作过程中一个关键的工艺环节，用前面介绍的各种方法加工出的芯片基片的微通道是不封闭的，只有在具有微通道的基片上再加盖一层材料以形成封闭的微通道才能进行各种分析操作，封闭微通道的方法一般称为键合。目前已提出了多种键合工艺方法，按照键合原理的不同可分为物理键合和化学键合。通常物理键合是在材料的接触面上，由于加热而发生一定程度的熔融，将两种材料封接起来。化学键合则是在接触面间生成共价键，通过化学键将基片和盖片粘接在一起。但在实际键合操作中，这两种作用往往同时发生，很难明显区分。按接触界面是否采用中间介质材料分类，则可分为有接触介质及无接触介质两类方法。有介质键合方法有共晶键合和有机介质/溶剂粘合。无介质键合方式包括阳极键合(又称静电键合)、融合键合与直接热压键合，如图 7.8 所示。根据基片与盖片材料的类型，通常采取不同的键合方法。对于硅和玻璃等材料，目前一般采用高温热键合或静电键合的方式。在热键合时，如在两玻璃间加一层介质(如硅酸钠等)，或者对玻璃表面进行化学处理或超洁净处理，可以显著降低键合温度。热键合的缺点在于芯片内不能包含温度敏感材料如电极及波导管等，也不能用于封接具有不同热膨胀系数的材料[30]。采用静电键合时，经常在玻璃表面沉积一层多晶硅、氮化硅及其组合等，在电压的作用下，键合所需温度得以大幅降低。进行静电键合[31]时要注意选择合适的电压和温度。聚合物材料微流控芯片的键合方法较多，如热压法[32~34]、直接封接法[35, 36]、溶剂粘合法[37~41]、表面改性封接法[42,43]和真空吸附法[44]等。

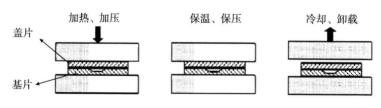

图 7.8　热键合工艺示意图

随着系统的规模缩小到了微米级别，器件的面积体积比也随之增加，表面力(不是指器件自身力量，而是指类似在日常"宏观"规模中的引力)成为了微器件操作最具影响力的因素[45,46]。例如，在微观尺寸中，发挥主导作用的是毛细管力和静电力，且作为关键的运输模式，它们的作用是将流体混合于储液库，并控制液体在微流控通道内的对流扩散。以下将介绍按不同驱动方式分类的微流控设备。

7.2.3　微流控设备分类

微流控诊断技术是使用微流控技术来完成一个预先设定的操作(即将样品和试剂融合、增加缓冲液、实现清洗、读出数据等)，这需要生物化学测试和检测技术。

我们根据驱动液体的力量的不同对微流控技术进行了分类(如压力驱动流体、电磁驱动流体等)。注意，在同一个平台中除了用于推进流体的主要力量外，还存在其他的力量对特殊的流体操作起作用(闸、分离等)。例如，当离心微流控平台依靠离心力来推动流体运动时，其他的力量也同样会发挥作用，如毛细血管力可以用来作为阀门，电磁力可以在同一平台中用于细胞溶菌。另外，主要基于流体推动力的典型微流体设备，也可以按照在平台上的流动方式来分类，即无论是否是连续的流动或所谓的分段式流动(流体分散地前进或以液滴形式存在)。我们将会看到分段式的流动(也称为液滴微流控)作为极端重要的新兴技术，可以在各种各样的平台上实现，如离心力控制系统、压力驱动系统、电磁驱动系统等。因此，我们将"液滴微流控设备"作为微流控设备中一个独特的分支来考虑。

1. 毛细管流动设备

随着微流体通道尺寸不断缩小至几百微米或更小，表面力(并非本身的力量而是类似引力的力量)开始作为流体系统行为的主导力量。例如，将水溶液靠近一面亲水性的阻碍物(如一片羊毛)时，液体会在没有任何外力的情况下前进并通过毛细作用流过阻碍物(或是沿着阻碍物边缘流动)。这个技术有一个非常吸引人的地方是它不需要添加额外的泵。如横向免疫测定和血糖测试条这类毛细流动设备，目前已经非常成功地应用于商业化的微流控诊断平台。毛细流动诊断设备便宜且可以很广泛地应用于各种床旁快速诊断(point of care test, POCT)系统，但是对于要求复杂的测试，如需要混合、稀释、冲洗等则不太适合使用它们。不过，通过一些尝试在毛细管流动平台使用多路复用的方法能够推动毛细管流动设备在 POCT 诊断平台上的应用产生强大的动力。

2. 横向压力在系统中的应用

在压力驱动微流体设备这类装置中，我们使用外接的泵(各种巧妙的内置微型泵)[47,48]驱使流体(样本、溶剂)通过系统。这种系统经过多年的开发可以很灵活地操控微流体，如混合、阀调、计量、分离等[49]。在微通道中流动的流体是一个低雷诺数过程，流体层流流动，并在液/液界面扩散作用下发生两种液态流体混合的情况。这一过程相对缓慢，并且可通过研究许多类型的搅拌方式(主动和被动)来提高混合效率[50,51]。通过改进搅拌机的设计来促进混沌对流从而在流体中创造出折叠的效果，从而减少有效扩散距离[52~54]。其他的微流控操作是在微通道中利用层流面来分离、分类细胞[55,56]。这一平台的优点是可以进行各种多样化的微流控操作技术而且在学术研究中得到了广泛的应用；缺点是需要外接泵，需要将微流体与泵相连接，并且需要相对较大的体积。

3. 横断面压力在系统中的应用

在这一系统中，我们使用横向压力来控制流体的推进和停止。微通道和储液器使用软塑料制作而成,可以施加外力或者其他横向力量来挤压与流体微通道相邻的通道(图 7.9)。这个设备在材料选择方面需要使用柔软且有弹性的材料[26],而且可以实现大规模的流体网络[57],因此该设备在药物筛选和其他高通量的应用方面具有吸引力。

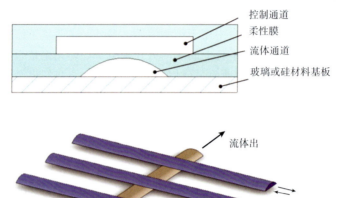

图 7.9 双层式 PDMS 按压微流控通道阀
弹性膜制作的流体通道在下,控制通道在上,呈正交方式叠层

4. 离心微流系统

离心微流系统(通常在类似光盘形状的物体上制作,又称为 CD 上的实验室)[58]是通过离心力的作用,使得处于光盘中央的储液区流动到处于光盘边缘的储液区中。这个装置需要一个电机使得光盘旋转,不需要连接与流体相连的外部的泵。CD 平台的阀门控制方式是通过所谓的被动阀调方式完成的,它依靠离心力(取决于光盘转速)和毛细流动力(取决于通道材料和几何形状)来实现;也可以通过主动阀调的方式来实现,即用外部驱动来实现(如使用红外灯融化用蜡做的插塞)[59]。这一装置可以实现各种微流体功能(包括阀调、混合、标本抽样、血液分离、细胞溶解),在诊断应用方面,CD 离心设备在样本分析方面具有很大的吸引力[60,61]。

5. 电磁驱动流体系统

电磁力驱动流体系统是通过电泳、电渗、双向电泳、电润湿和铁磁性流体学来操控实现的。电渗流体装置的制作是通过将电子固定在微流体通道的表面,然后通过分离靠近通道壁的样本液体中的电荷从而形成双电层(EDL),由于沿着微通道表面的电场作用,在双电层中的自由电子移动到相反的带正电荷的电极上去,并且带动微流体一起移动。电渗流体装置的通道通常只有几百微米甚至更小,而 EDL 层占据了通道横截面的大部分面积[62]。电泳法是指,运动中的带电荷的分子和粒子在不规则的空间电场作用下被分离、净化，如蛋白质和核酸[63]。通常电泳分离是伴随着电渗作用的，这两部分作用解释了什么是流体电动力学[64]。流体电动力的优点是它的活塞式(非抛物线型)的运动速率有助于避免在流体中的分析物或试剂分散。双向电泳的方式可以通过基于其非均匀的极化电场来传输、阻碍、分解以及分类不同类型的粒子和细胞[65]。电润湿法是通过修改电介质表面的润湿性(接触角)从而引起电场的变化的应用，即一个疏水性表面可以变成亲水性表面，反之亦然。这样的影响通过外加的电压是可逆的。通过调整几个相邻的疏水性面板可以使得液滴从一个面板移动到另一个面板，这就可以通过应用独立的面板来完成复杂的流体运动(通过改变接触角)[66]。铁磁流体作为最新的微流体设备，是通过开关不同区域的电磁铁从而控制悬浮的磁粒子移动的微流体控制系统。通过磁粒子很容易带动流体和液滴移动、合并、分散，类似于电润湿的应用[67]。

6. 声控驱动微流体设备

当表面声波(SAW)从基板表面通过时，推动一个液滴朝着声波前进方向移动。通过这样一个方法来完成微流体在生成、推动、分离方面的应用[68]。这一方法在未来最吸引人的地方是，当声波达到兆赫兹频率时，可以使固定在压电式表面的液滴移动速度高达 1~10 cm/s。这可以提高混合效率，也可以通过微离心分离技术实现单个液滴的分离或者是在不同微尺寸阶段进行混合[69]。然而，开放式构架的表面声波在分子诊断方面可能并不能有比较好的表现。因为对于POCT诊断中的应用，聚合酶链反应(PCR)需要在反应期间加热，而这一步骤将会引起蒸发效果。因此需要进一步完善设备来避免蒸发问题。

7. 分段流(液滴微流控)设备

在化学和生物化学实验中，如果能够得到分散的流体，或者在微通道内形成单个的液滴；或是在平板的表面控制液滴的流动；(之前介绍的电润湿的方法)或液滴在某一阶段分离并被另一个液滴带动。这些都可以通过离心或者压力控制系统来实现，对于实验过程是有极大帮助的。这些液滴可以携带样本并且与其他带有缓冲液、洗涤液、试剂的液滴结合。这样可以在一个紧凑的平台上完成一些复杂的化学或生物化学实验(分子诊断)。该方法也是一种很有效的使用多路复用分析每一个液滴(实际上是数百万的液滴)的方法。它可以携带不同种类的试剂，因此是一个非常灵活的系统，可以用于药物的筛选和流程的优化。如果样品的移动可以在液滴中完成，就可以最小化样品分散所使用的通道。液滴也可以作为保护运输装置来运送药物[70]。由于扩散距离短，微反应的速度就会变得非常快[71]。一个可以生成液滴、运输液滴、与液滴结合、分裂、将细胞放入液滴中以及将液滴放入液滴中的集成工具箱已经被研究开发出来，并广泛应用于各种微流控系统(包括压力驱动、离心力驱动、点动力驱动等)[72~74]。

微流控技术已经被运用于商业，例如，具有代表性的 Molecular Vision 公司就是一家以满足分析科学中要求试剂和生物检测仪器小型化、高灵敏度和低成本、多功能等要求的公司。该公司将以有机半导体为基础的光学检测器件与微流控器件整合来进行生物检测，将芯片上的实验室广泛地应用于商业和科学研究中。

7.3 微流控技术与生物光电子学在床旁快速诊断中的应用

将光电子学与微流控技术相结合形成新型交叉前沿学科，即光流体技术(optonuldic)，在 2003 年由美国国防高级研究项目机构(Defense Advaneed Researeh Projects Agency, DARPA) 创立的大学研究中心首次提出。光流体技术旨在通过光学和流体技术的结合，开发适应性光路器件。其优点包括：①对于不能互溶的液体而言，非常平滑的液–液光学界面易通过控制流体得以实现；②对于能够互溶的液体而言，控制浓度扩散的分布对液体中光学折射率的分布将产生影响，实现对光线的弯曲效应；③将不同光学特性的液体混合，可实现对光的控制和物质的传输；④芯片中流体的浮力是介质或粒子的良好载体，有利于实现化学，尤其是生物粒子的检测。此外，由于光流体技术不仅具备光学方面的优点，而且兼具微流控芯片特色，适合完成高灵敏度的微量生物样品的检测。

微流控系统在生物技术、化学合成和分析化学等领域中都有重要应用[75]。尽管微流控技术已经实现整合进样、检测等功能于一个芯片上的任务，但多数的光学部件却无法集成到芯片中。将光电子学检测系统集成于微流控芯片中，可提高微流控分析系统的功能性和便携性，达到快速检测的目的。

7.3.1 微流控芯片在生物光电子学方面的应用

从微流控芯片的分析性能看，其未来的应用领域将十分广泛，但目前的重点在生物医药方面。此外，环境监测、食品卫生、法医科学及国防等方面也会成为重要的应用领域。

1) 毛细管电泳

毛细管电泳(CE)目前已广泛用于 DNA 片段分级及测序中。毛细管电泳在人类基因组计划中发挥了极其重要的作用[76]。然而传统 CE 中的电动进样不仅效率较低，还对试样中盐的浓度比较敏感，并对较长的 DNA 片段分析效率不够高[77]。当阵列毛细管数量增大时，制作合格阵列的难度也随之增大。这些困难在微流控阵列毛细管芯片上都得到了很好解决，且由于进样体积小，毛细管长度较短，分离时间也明显缩短。1999 年，Agilent 公司推出的商品化仪器 Bioanalyzer2100 测定 DNA 的 CE 芯片，其中通道为分离通道，仅长约 15 mm。片上 4 个较大的孔为缓冲液及标准梯形条带试样池,12个较小的孔为试样池,分别通向分离通道并与之交叉。当每个液池同时插入电极,并按一定次序通以高电压或切断时,12个试样按十字通道进样的相似原理,相继注入分离通道,仅用20多秒,DNA片断即达到分离,并立即在通道终端用激光诱导荧光法进行检测。全部12个试样的测定约需30 min。芯片价格数美元,为一次性使用, 测定12个试样后即弃去。加利福尼亚大学伯克利分校Mathies的研究组曾在1999年提出了集96个分离通道于1个如CD光盘大小的微流控阵列毛细管芯片上,此芯片仅用2 min便可平行测定96个DNA试样的片段。

2) 基因分析

基因分析是微流控芯片分析在生命科学领域的主要应用之一。与平板凝胶电泳相比,微流控芯片在样品注入时用量少、能耗低、分子扩散程度低,能够实现对基因的快速高准确率检测。

(1) PCR技术

微流控芯片的另一个效果突出的应用为Manz的研究组提出的聚合酶链反应(PCR)微流控芯片扩增反应器。PCR是微量DNA试样中必需的前处理操作,扩增的基本步骤是控制装有试样及扩增试剂的反应器。温度在变性(约95 ℃)、退火(约60 ℃)及延伸(约77 ℃) 三个阶段中循环。经过20个循环的DNA可扩增达106倍。操作虽然简单,但很繁琐;自动化、商品化的仪器虽然可缩短操作时间,但仪器体积却较大且昂贵。Manz等提出的微流控系统是一种微型化的流水线反应器,芯片上的通道每个循环经过由三个加热铜块提供的变性、退火及延伸温区,总共循环20次。用此装置最快时可在90 s后得到扩增的DNA试样,不仅缩小了仪器体积,减少了试样和试剂消耗,还提高了扩增速度。PCR芯片还同时提供了与DNA测序芯片联用或集成化的可能性。

(2) DNA 序列分析

微流体的驱动和控制是微流控芯片研究中的一种关键技术。通过在微流控芯片内设计微泵和微闸,控制各流体的流量,可以实现对稀有细胞的筛选、信息核糖核酸的提取和纯化、基因测序、单细胞分析、蛋白质结晶、药物检测等。1995年,Mathies研究组在微流体芯片上实现了DNA等速测序,标志着芯片的应用开发进入了新阶段。利用3.5cm的分离通道,实验在7min内测定了长度为150~200bp的序列。通过不断完善,研究组结合荧光检测器,延长分离通道至7.5cm,完成了20min内对500bp的序列分析,准确率达99.4 %[78]。

(3) 免疫检测

在均相免疫分析中,抗体/抗原混合后发生亲和反应,生成的抗原-抗体复合物使标记物的活性降低,最终导致信号值降低,实现检测。Wang等报道了电化学的免疫分析方法,在十字通道的玻璃芯片中进行免疫反应,利用电泳将游离抗体与抗原-抗体复合物分离，并加入底物和酶放大信号[79]。

非均相免疫分析采用不同材料和手段固定抗原(或抗体)，通过特异性反应结合所需测定的抗体(或抗原)，以达到分离的目的。非均相免疫反应主要包括两种方法，一种是将抗原或抗体直接固定在芯片的微通道壁内，另一种是把抗原或抗体固定在微球上，以微球作为载体并填充到微通道中。由于微球的比表面积大，能够有效地缩短抗原/抗体与微球的连接时间，提高检测效率，所以被广泛使用。

Abad-villar 等在玻璃和聚甲基丙烯酸甲酯(PMMA)芯片上进行人免疫球蛋白 IgG 测定，该方法无需试剂标记，且检测时间缩短[80]。Han 等在微通道中加入两种不同颜色的量子点微球，利用双抗夹心法实现了对前列腺特异性抗原的检测[81]。

7.3.2 光流体技术在生物学检测中的应用

1) 物质性质的测定

荧光染料广泛应用于生物医学领域，通过对发光分子在光照条件下能量变化的分析，研究细胞内蛋白质的转运和相互作用，核酸的复制和表达，以及细胞的发育和凋亡等。

荧光分子检测是常规的高灵敏度检测方法，主要包括荧光显微镜、激光共聚焦荧光显微镜、流式细胞仪等。尽管荧光显微镜和流式细胞仪能够满足少量和静态的分子及细胞的检测，但是对于单分子/细胞而言，仍需要构建微型区的光学结构，实现检测。

荧光相关光谱(fluorescence correlation spectroscopy，FCS)技术是一种在溶液中微区内(通常$<10^{-15}$ L)监测荧光强度随时间的涨落，从而获得单分子水平的分子扩散行为信息的统计分析方法。工作原理是：在极低浓度的理想溶液中，物质的荧光强度与其浓度成正比。因此，在微区内系统达到平衡时测量的荧光信号强度也与其中的荧光分子数成正比。分子的布朗运动或化学反应，使得进入或离开微区的分子总数在其平衡值处发生改变，因而产生了荧光的涨落现象。如式(7.1)，它是时间的函数，$F(t)$。

微区内荧光分子数在任一时间 t 的变化导致荧光强度的涨落值为

$$\delta F(t) = F(t) - \overline{F(t)} \tag{7.1}$$

一般用归一化自相关函数(normalized autocorrelation function)$G(\tau)$将荧光涨落与迟延时间 τ 相关

$$G(\tau) = \frac{\langle \delta F(t)\delta F(t+\tau) \rangle}{\langle \delta F(t) \rangle^2} \tag{7.2}$$

其中，符号 $\langle \ \rangle$ 代表时间平均值，即 $|F(t)| = \frac{1}{T}\int_0^T F(t)\mathrm{d}t$；$\delta F(t)$ 表示在任一时间 t 的荧

光涨落；$\delta F(t+\tau)$ 代表经迟延时间 τ 后的荧光涨落。$G(\tau)$ 反映了经过迟延时间 τ 后焦点区粒子运动状态的改变程度，它与粒子的扩散以及化学反应进程直接相关。当迟延时间为 0 时可得代表荧光强度的相对涨落程度。由于 $\delta F(t)$ 与 $\delta N(t)$ 成正比($N(t)$代表 t 时间时微区内的分子数目)，因此，$G(0)$ 是照射微区内分子数目的倒数，即

$$G(0)=\frac{\langle \delta F(t)^2 \rangle}{\langle F(t) \rangle^2}=\frac{\langle \delta N(t)^2 \rangle}{\langle N(t) \rangle^2}=\frac{1}{\langle N \rangle} \tag{7.3}$$

照射微区的有效体积为

$$V_{\text{eff}}=\frac{\langle N \rangle}{\langle C \rangle}=\frac{1}{[G(0)\cdot \langle C \rangle]} \tag{7.4}$$

利用 FCS 技术能够得到粒子浓度、扩散系数、化学动力学参数等有关信息，Weiss 等通过 FCS 研究了高尔基体膜蛋白在内质网和高尔基体表面的扩散系数[82]。Wachsmuth 等将 FCS 与高通量(HT)技术结合，通过对 53 个核蛋白细胞的动力学研究，证实了该技术的实用性。在此基础上，研究组在 10000 个活的人体细胞内做了 60000 次检测，并希望将数据按染色质特性分类[83]。此外，FCS 技术可用于评估肺毛细血管间的白蛋白扩散和浓度分布情况。研究表明，白蛋白在距离肺毛细血管 1~2μm 的细胞膜上，这种结构能够有效地降低白蛋白的扩散(减少 30%)，并提高白蛋白的浓度(升高 5 倍)[84]。

2）物质间相互性质的检测

相互作用是 FCS 研究最多的一个领域。通过研究相互作用，可以准确测得其反应动力学参数，可以从单分子水平上对反应进行研究，以二元反应为例：

$$F+B \underset{k-}{\overset{k+}{\rightleftarrows}} FB$$

其中，F 为荧光标记分子，B 不带荧光，FB 为相互作用产物。假定 F 结合比为 y，如果忽略背景噪声和三线态的影响，则自相关函数为

$$G(0)=\frac{1}{\langle N \rangle}\cdot\left[\begin{array}{l}(1-y)\dfrac{1}{\left(1+\dfrac{\tau}{\tau D,F}\right)\sqrt{1+\left(\dfrac{\omega_0}{z_0}\right)^2\dfrac{\tau}{\tau D,FB}}} \\ +y\dfrac{1}{\left(1+\dfrac{\tau}{\tau D,FB}\right)\sqrt{1+\left(\dfrac{\omega_0}{z_0}\right)^2\dfrac{\tau}{\tau D,FB}}}\end{array}\right] \tag{7.5}$$

其中，$y=\dfrac{FB}{F+FB}$

Pernuš 等利用荧光相关光谱，在活细胞核中监测到 c-Fos-eGFP 和 c-Jun-mRFP1

两种转录因子的活动,并成功收集了扩散系数、蛋白质-蛋白质之间反应、转录因子与 DNA 的反应等数据[85]。Tuson 等使用单分子荧光显微镜在活的单个枯草芽孢杆菌中观察细胞对 DNA 损伤的反应,发现了与其他蛋白质参与 DNA 修复的不同之处[86]。

3) 微流体环境的测定

在微小区域内,布朗运动或化学反应导致了荧光分子的扩散和荧光强度的涨落。扩散效果和荧光量子产率都受到微流体环境的影响,如温度、样品浓度、流动速度等。

德国的 Neuweiler 等将能够淬灭恶嗪荧光团 MR121 的色氨酸(TRP)与 FCS 联用,探索末端相连的多肽链的折叠规律。结果表明,末端相连的多肽链的折叠与链长有关,符合高斯链理论。链内的扩散是一种纯粹的扩散效应,熵控制过程,与溶剂黏度和温度无关[87]。零模波导可以大大降低 FCS 观察体积,可用于观察高浓度的荧光基团。例如,λ 噬菌体的阻遏蛋白在微摩尔浓度的低聚[88]。对比表面等离子体共振(SPR)和 FCS 技术,反应熵的差异造成了 ssDNA 与复制蛋白 A(RPA)在不同温度下测得的吉布斯自由能的差异。对固定在传感器表面的 DNA 分子而言,SPR 仅关注待测样品的浓度和反应面积,而 FCS 能够关注更多的因素,满足更复杂的反应[89](图 7.10)。

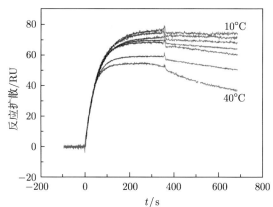

方法	K_D/M	ΔG/(kJ/mol)	ΔH/(kJ/mol)	$T\Delta S$/(kJ/mol)
SPR	$(1.05\pm0.08)\times10^{-11}$	-62.6 ± 0.19	-64.4 ± 5.5	-1.8
FCS	$(2.61\pm0.80)\times10^{-10}$	-54.7 ± 0.75	-66.5 ± 8.9	-11.88

图 7.10 在 1.7nM 反应液中,用 RPA 检测 ssDNA-RPA 在 10℃、15℃、20℃、25℃、30℃、35℃和 40℃时的连接效率;及 SPR 和 FCS 检测方法下的平衡常数、热力学参数[89]

4) 活细胞研究

近年来,活细胞分析成为 FCS 的研究热点之一。对活细胞而言,细胞膜的研究极其重要,其自荧光很小,脂质双分子层薄(约 4nm),比 FCS 观察区轴向半径小三个数量级,因此,FCS 特别适合于细胞膜的研究。探究细胞膜的组成和划分机制是揭示纳米尺度下的细胞膜分子动力学的基础。Manzo 等将 FCS 与近场扫描光学显微镜(NSOM)相结合,通过纳米尺度的照明,探测束缚在细胞膜表面的非辐射场,观察类脂类荧光物在微区内的变化。实验采用瞬逝的轴向照明和不同颜色的荧光激发,研究各种发生在细胞膜上的纳米尺度的动态过程[90](图 7.11)。

细胞内的 FCS 研究极具挑战性,因为细胞内自荧光、光漂白以及荧光闪烁等对测定结果影响很大,其中自荧光主要来源于细胞线粒体中的 NADH 和黄素蛋白。采用双光子激发可以有效消除这些影响因素。Guan 等用具备更长斯托克斯位移(Stokes shift)的红色荧光蛋白 mKeima 增加细胞内的亮度。改进的 mKeima 荧光蛋白能更好地与 mTFP1 荧光蛋白形成多光子、多色应用。以单一的多光子激发波(MPE,850nm)激发双光子,发射峰的分离效果很好。MPE-FCS 可用于观测活细胞内的同聚体和异聚体间的反应。串联的蛋白质二聚体和小分子诱导二聚化结构域,可定量检测细胞内蛋白质的相互作用,成为广泛适用于活细胞的细胞质中分子相互作用研究的方法[91]。

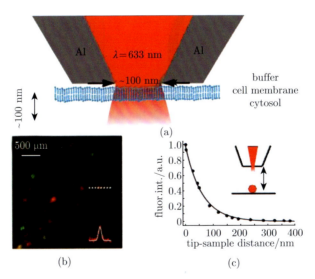

图 7.11 (a) NSOM-FCS 实验的示意图;(b) 嵌入在聚合物膜中的单个分子的图像(探针孔径 120nm), (红、绿)正交偏振检测,高斯拟合线所示的半高全宽为(125±9)nm;(c) 探针用 100nm 彩珠的荧光强度为基准进行测试(探针孔径 120nm)[90]

5)核酸研究

检测限达到单分子级的荧光相关光谱在疾病诊断领域具有重要应用前景。该方法可以检测出疾病(特别是传染病)初期阶段的微量致病物质。依赖核酸序列的扩增技术(NASBA，一种不同于 PCR 的等温核酸扩增技术)已被证明是一种血浆中即使在原发 HIV 感染期也可以灵敏诊断 HIV-1 的方法。该技术结合 FCS 可放大 HIV-1 的 RNA 分子信号，实现在线检测。将微量荧光标记的 DNA 探针混合进 NASBA 反应液中，杂合并扩增 RNA 分子。FCS 在线检测过程中，由于 DNA 探针的特异性杂交和扩增，延长了扩散时间，有利于检测的实现。这种联合检测的方法检测域为 0.1~1nM，能够对 HIV-1 的 RNA 初期扩增进行检测，及早发现病情，并能别阳性、假阳性样品。同时，该方法也可作为评估抗 HIV 药物疗效的手段[92]。

Strohmeier 等推出了"LabDisk"离心微流控芯片，实现了芯片的完全集成和从不同的样本自动化提取 DNA 和 RNA。芯片可低成本从全血中提取核酸、革兰氏阳性芽孢杆菌，革兰氏阴性大肠杆菌，裂谷热 RNA 病毒。检测原理基于单元操作磁珠的"气相切换磁泳"，优势包括：在核酸纯化前结合化学裂解；可处理的样品量高达 200μL，试剂量高达 500μL；成功提取不同的检测样本[93](图 7.12)。

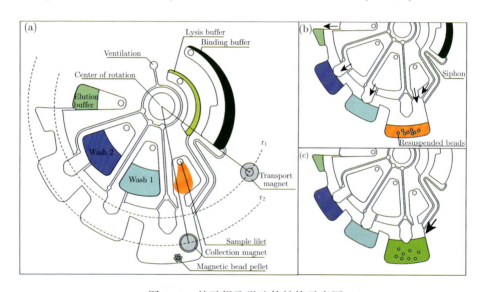

图 7.12　核酸提取微流体结构示意图

放射形磁传输半径 R_1=42mm，磁收集区半径 R_2=52.5mm，两个磁体的方位角间距为 42°，样品液和核酸提取试剂从入口注入(a)，磁盘旋转时把液体向外径转出(b)；按一定频率阻断毛细管虹吸，重新转动圆盘后，结合缓冲液与溶解的样品形成混合液(c)[93]

6）高通量筛选

在生物体内，研究蛋白质聚集有重要意义，特别是某些退化性疾病。蛋白质的聚集，常阻碍结构生物学分析，如溶液的核磁共振研究。因此，精确地检测和表征蛋白质的聚集，对于众多研究领域都有着至关重要的意义。Sugiki 等使用 FCS 技术的单分子荧光检测系统，在高浓度的蛋白质溶液中检测出原本不可见的蛋白质聚集现象。该方法利用极微量的蛋白质样品，在短时间内完成检测，非常适用于结构生物学实验。利用 FCS 技术可以建立蛋白质聚集的高通量筛选方法，得到结构生物学实验的最优条件[94]。结合了高通量(HT)技术的 FCS，在活细胞蛋白质组学研究中发挥了极大的作用，补充了体外蛋白质组学技术，能在自然环境和活细胞中系统地表征蛋白质和蛋白质复合物，并表现出高空间分辨率和时间分辨率。该方法将成像为基础的高通量筛选与生化和质谱为基础的蛋白质组学成功联系在一起，为基础生物学和药物分析等领域提供了更广阔的研究空间[83](图 7.13)。

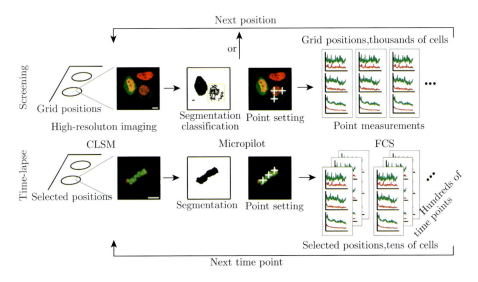

图 7.13　HT-FCS 流程图[83]

HT-FCS 流程分为"筛选"和"延时成像"两步，采用自动共焦成像控制 FCS 检测大量蛋白质聚集或少量蛋白质的时间分辨分析。筛选模式指将孔板放在共聚焦激光扫描显微镜(CLSM)下观察影像。利用 Micropilot 软件，自动逐个识别能表达荧光蛋白的细胞，并确定细胞核和细胞质的位置。延时成像是指对被识别出的细胞使用三维成像技术，提取出细胞周期内单个细胞的 FCS 数据

7）与电泳技术联用

微流控芯片电泳是传统毛细管电泳(CE)的拓展。该技术继承了毛细管电泳分离效率高、试剂消耗小等优点，同时还具有分析速度快、便于微型、更易集成等特点，属于研究最深入的微流控分析技术之一，非常适合多组分快速分析。通常用于电泳的芯片微通道结构有"T"字形、双"T"形和"十"字形[95](图 7.14)。

FCS 与 CE 结合可大大拓宽其在单分子检测中的应用，目前被广泛用于 DNA、氨基酸、蛋白质、生物标记物检测等研究领域。Orden 和 Keller 实现了该技术的应用，他们在极微小的检测区(1.1fL)内成功地检测了罗丹明 6G 和罗丹明 6G 标记的 dUTP，分析时间仅 10 s，检测的分子数小于 2 个/次[96]。

Iliescu 等制备了一种三维正方体柱状电极细胞分离微流控芯片(图 7.15),此电极截面为正方形。通过数值仿真得出正方形的 4 个顶点处于电场梯度最高值。因此在介电电泳作用下,细胞吸附能力很强,分离活、死酵母细胞准确率高于 95%[97]。

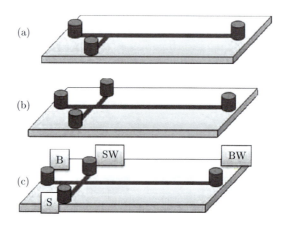

图 7.14　常用于微流控芯片电泳的通道结构示意图
(a)"T"字形;(b)双"T"形;(c)"十"字形。(S:样品,B:缓冲液,SW:样品废液,BW:缓冲液废液)[95]

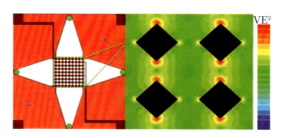

图 7.15　三维电极正方体柱状电极、电场仿真图[97]

7.3.3　床旁快速诊断

临床诊断技术的发展要求(如血气分析、免疫测定、分子生物诊断)以及不断成熟的精密加工技术[98]使得制造微米级别的微流体通道成为可能。各种材料(如硅、聚二甲基硅氧烷(PDMS)、聚甲基丙烯酸甲酯(PMMA)等)的不断发展促使微流控诊断技术在 20 年前开始得到空前的发展。微型化的化学实验室具有非常明显的优点:可以提供微量样本及试剂的分析;降低测试成本;由于比宏观实验室测试具有更小的反应扩散距离,测试时间上呈指数形式减少;复用技术——同一个样本可以进行多种类型的测试;在同一个平台上实现集成和自动化流程的所有步骤;可制作各种各样的不同测试点的床旁快速诊断(POCT)设备(图 7.16)。

POCT 原指在患者的所在地进行检验，是一种不需要将患者的标本集中到实验室，就地实时检测样本的分析技术。它能在床旁、护理部、病房或其他任何主实验室之外的地方进行，如 bedside testing (床旁测试)，near patient testing (靠近患者的测试), decentralized testing(分散化检验), alternative site testing (另处检验), ancillary testing (辅助性测试)等。总之，如果测试不在主实验室进行，并且它是一个移动的系统，就可以称为 POCT。

在许多情况下，如急救护理中、手术中或受到传染病的威胁时，我们必须立刻实施 POCT。在其他情况下，可以通过 POCT 微流控诊断在医生的办公室完成所有的检测，而不是需要将患者的样本送往中央实验室进行分析处理，然后当患者再次拜访医生时才能得到测试结果。这使得 POCT 诊断技术成为诊断医学发展的新热点，它必将掀起未来医学的彻底革新，同时也为降低医疗成本提供新思路。

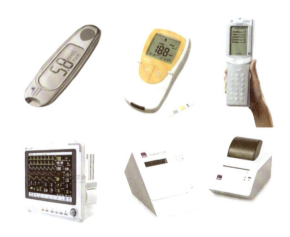

图 7.16 床旁检测设备

POCT 诊断仪具有体积小、携带方便、操作简便、检测迅速、结果准确等优点。传统的临床检测需花费数小时甚至几天，而 POCT 通常在 20min 内即可完成测试。其主要测试项目包括血气/pH 分析、化学分析、凝固分析、电解质分析、血液学分析、尿分析等。以罗氏 Accutrend® Plus 血脂仪为例，从进样到显示结果，全过程仅需 180s(图 7.17)。

POCT 诊断技术具有如下优点：①大幅度降低了整体医疗成本(减少了去医院看病的患者整体数量)；②提高了患者的生活质量(避免了患者由于对自己身体状况的不确定以及等待诊断结果而造成的心理压力)；③可以尽早地展开治疗，这在某些情况下可以影响到治疗效果；④与大型测试实验室相比，减少了患者众多造成的相关测试报告混乱的问题。这似乎告诉了我们一个未来的趋势，那就是由于医疗成本的降低，医疗保险公司和政府保险项目(如美国国家老年人医疗保险制度)将会给予POCT诊断技术大力支持。最终，这些所节约的成本将会以降低保险费的形式传递给消费者。

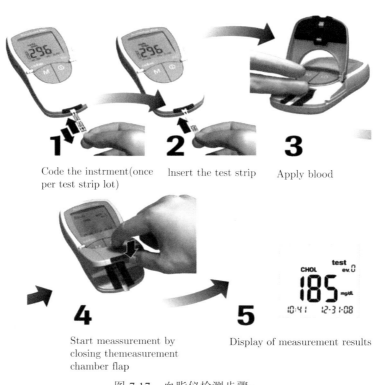

图 7.17　血脂仪检测步骤：
1.校正仪器；2.插入检测芯片；3.在芯片进样口加入血样；
4.运行检测程序；5.经 3min 检测后读取结果

7.3.4　微流控芯片在 POCT 中的应用

POCT 诊断平台是一个独立的芯片上的实验室(LOC)诊断平台[99]，是将微全分析系统[100]、流体卡夹或是侧向层析技术条[101]整合在一起，由经过培训的人使用专用读出系统通过寻找从芯片到台式系统的足迹进行诊断操作。它可以设计成小型的设备，可以放在医生的办公室、医院或者是移动中的汽车。换句话说，POCT 诊断技术将会要求最低限度的操作技术(除了样本收集)，由于许多复杂的临床测试步骤是无法在实验室外进行的，所以它将会包含所有必要的测试试剂，且具有合适的自动化的流程步骤(包括样本的制备和预处理)并集成在一个系统中。我们相信，通过研究发展 POCT 检测技术并借助于它所带来的优势，就能够使这些可能变为现实。

为使医疗工作更好地为人民健康服务,要求医院对患者尽快地做出正确的诊断,进行及时的治疗。由于检验技术的进步,医师的诊断越来越多地依靠检验指标的辅助和配合。如何更快地获得检验结果提供给临床就成为十分重要的课题。POCT检验的兴起使过去检验结果要等几天或几周变成了现在的"立等可取",POCT在临床中得到了越来越广泛的应用。

1) POCT在儿科疾病中的应用

儿童特别是新生儿患各种疾病时,患者难以用语言表达自己的不适之处。所以,尽早采用适合儿童的灵敏的检验手段,可使检测行为更加简易、快速、轻便。检测过程力求样本采集量小,样本无需预处理,快速得出结论,辅助临床诊断。此外,POCT让更多的家长参与到随时了解孩子病情的诊治过程中,有利于与医护人员的交流,增强治愈疾病的信心。

低血糖症是新生儿死亡的主要原因,并可能造成严重的后遗症。然而,新生儿低血糖的临床症状是非特异性的,甚至是不存在的。因此,使用精准的血糖评估方法非常重要。新生儿血糖测量存在一定的特殊性,如极低的血糖浓度(与常规检测限相比),很高的红细胞压积值等。Matthias等在一年间对三个不同POCT系统进行比较,指出Elite™ XL、Ascensia™ Contour™和ABL 735的优缺点,指出了成人血糖仪用于儿童检测时存在的问题,对儿童POCT临床评估的准确性提出了更高的要求[101]。

2) POCT在心血管疾病中的应用

心血管疾病是造成世界范围内致残和过早死亡的主要原因,我国心血管疾病的总发病率和死亡率也呈逐年上升趋势。急性心血管疾病如急性心肌梗死、急性心力衰竭又是大多数心血管疾病的最主要死亡病因,临床快速诊断对于降低死亡率、控制病情发展十分重要。如果能够准确及时地检测胸痛患者是否存在心肌坏死,降低检测损耗,就能更好地评估心肌梗死患者的死亡危险。针对心血管疾病患者而言,如治疗的时间延后2 h,治疗效果则会大打折扣。如果检测时间控制在30~60min内,治疗效果会显著提高。与传统化验室进行的单个检验指标相比,POCT能更快地检测多项指标,从而更快地发现高危患者并进行治疗。临床上POCT方法诊断心脏疾病主要有以下几个方面:B型钠尿肽(BNp)、肌钙蛋白 T/I(cTnI)、肌红蛋白(Myo)、CK-MB。罗氏生产的心血管疾病POCT诊断产品中,cTnT指标检测尤为出色,该产品的最低检测限可达到0.003ng/mL,能判断微小心肌损伤。

以荧光夹心法为例,介绍POCT荧光检测机理:量子点的光稳定性强、发射光谱可控、荧光寿命长,适用于高灵敏度的荧光定量检测,如血液中的保护性抗原(PA)、致死因子(LF)等。因此,实验采用量子点(QD)为荧光标记物。基于生物素-亲和素的化学方法检测,首先要通过自组装技术把生物素连接的PA抗体和捕获抗体 LF 固定在检测界面上。QD565 可作为内标，标记链霉亲和素。将含 PA 和 LF 抗原的样品加入到检测环境中(anti-PA-QD605，anti-LF-QD655)。最终利用荧光检测器，检测出激发波长在 535nm 时，QD 形成的不同波长的发射波[102]（图 7.18）。

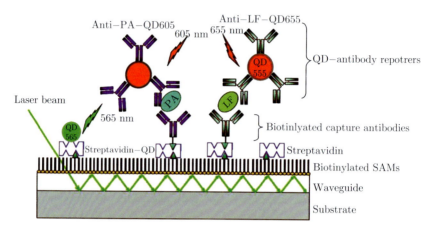

图 7.18　POCT 荧光检测机理，以荧光夹心法为例的示意图[102]

3）血液相关疾病

近年来，由于血栓性疾病与出血性疾病发病率的增长，以及手术过程中对凝血功能监测要求的提高，快速、准确监测患者凝血功能的诊断技术具有越来越重要的作用。POCT 的发展使活化凝血时间(ACT)、活化部分凝血活酶时间(APTT)、凝血酶原时间(PT)以及 D-二聚体的测定可以在床边进行，方便了临床和病患。Frense 等设计并制得了用适配体作为受体的阻抗型生物传感器，用于凝血酶浓度的检测。该传感器线性范围为 1~100nM，将为 POCT 的发展起一定的推动作用[103]（图 7.19）。

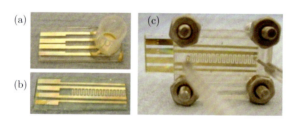

图 7.19　凝血酶传感器与凝血酶 POCT 设计示意图
(a) 注胶检测腔模型；(b) 叉指电极模型；(c)具备 PDMS 通道的模塑[103]

血样中的糖化血红蛋白(HbA1c)浓度能反映出血糖在未来 2~3 个月内的趋势。因此需要对其进行筛选、诊断和病历整理归档。POCT 的微量快速处理能力，恰巧能够满足以上要求。Chuang 等提出了一种基于阻抗检测的糖化血红蛋白(HbA1c)传感器。该传感器将一组平行的电极与微流控芯片集成。电极通过收集阻抗变化的信号，检测 HbA1c 的浓度。该方法适用于 10~100ng/L 的 HbA1c 样品，将有望实现临床的微量精确诊断。设计思路如下。

为防止参比电极上的非特异性吸附，微通道设计了两个进样口。PBS 从一个进样口注入，并与参比电极、工作电极接触，用于阻抗检测。HbA1c 从另一个进样口注入，只与工作电极接触(图 7.20(a))。阻抗测量装置包括一个 PDMS 通道和一个玻璃基板的 T3BA 修饰电极。首先，在顶部基板进、出口处钻孔，使流体互通。在衬底旋涂厚 11μm 的 PDMS 层，并刻出宽 1600μm，深 11μm 的微通道。然后在电极上修饰 T3BA。最后，粘合上下对齐的两块板(图 7.20(b))[104]。

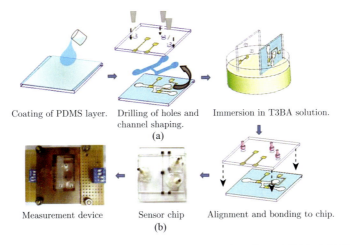

图 7.20　以糖化血红蛋白浓度检测为目标的微流控芯片设计示意图[104]

Chang 等结合了荧光反应和适配体检测等技术，在 25min 内完成了真实血样中 0.65~1.86g/dL 的 HbA1c 浓度检测[105] (图 7.21)。在血样中加入表面连接有 Hb/HbA1c 适配体的磁性微珠，经过一定时间的混合反应，适配体捕捉到 Hb/HbA1c。随后加入标记有吖啶酯(化学发光标记物)的二抗，用以和磁性微珠上被固定的 Hb/HbA1c 反应。最后加入混有 H_2O_2 和 NaOH 的底液，根据荧光强弱检测 Hb/HbA1c 浓度。

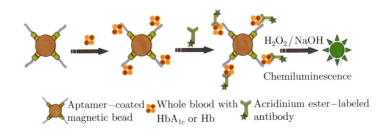

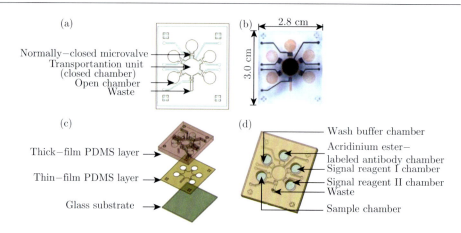

图 7.21 检测 Hb/HbA1c 浓度原理图及微流控芯片工艺示意图[105]

近年来对急性心肌梗死(AMI)疾病的诊断主要依据患者临床表现、病史、心肌的生化指标以及心电图改变等。大量临床实践发现，约 25%的 AMI 患者在发病早期没有典型的临床表现，只有约 50%的 AMI 患者出现特征性的心电图改变。因此，这类操作较为繁琐、利用率不高，不适用于急诊操作。

血清肌红蛋白(myoglobin，Mb)已被公认为协助早期诊断急性心肌梗死最早的生化标志物之一。用 POCT 分析，可在 20min 内获得全血样品中的 Mb 浓度，有利于早期诊断，降低死亡率。此外，心肌肌钙蛋白Ⅰ(cTnI)、超敏 C 反应蛋白(hs-CRP)也被用作 AMI 早期诊断的指标，在床旁定性分析中发挥着巨大的作用。

Mb-ELISA 联用是目前检测 Mb 的有效方法之一。被固定在微通道表面的 Mb 抗体能够在全血样品中特异性结合 Mb。当修饰有抗 HRP 肌红蛋白的二抗与被捕获的 Mb 也发生连接时，二抗的过氧化物酶催化底液中的荧光染料，可以通过结合荧光技术，进一步提高检测的灵敏度[106](图 7.22)。此方法下的 Mb 浓度线性为 20~230ng/mL (R =0.991，n=3)，检出限为 16 ng/mL，远低于正常患者肌红蛋白临床临界值。

POCT 诊断试纸和仪器随着免疫层析技术的快速发展，已成功应用于细菌和病毒的检测，其敏感性和特异性均远远优于传统的培养法和染色法。POCT 在诊断微生物方面比传统的培养法或染色法快速和灵敏得多，这可以让那些私人诊所或不具备条件的社区医疗机构也能快速明确地得到诊断结论，帮助医生们确定病情，避免了诸多的不便和长时间的等待。

霍华德休斯医学研究所(HHMI) 的研究人员开发了一项新的技术，使人们有可能通过一滴血来检测目前和曾经任何已知人类病毒的感染情况。这个方法称为 VirScan，是一种有效的测试病毒感染的替代诊断方法。VirScan 工作原理是筛查血液中存在的针对任何 206 种已知感染人类的病毒的抗体。将病毒编码蛋白的 DNA

短片段插入细菌感染病毒-噬菌体中。每个噬菌体生产相应的蛋白质肽单位，并会将肽表露在其表面外壳上。这些噬菌体将 1000 多种人类病毒中发现的所有蛋白质序列都表露了出来。血液中的抗体通过识别嵌在病毒表面的抗原决定簇，找到病毒目标(图 7.23)。准确度保持在 95%~100%[107] (图 7.23)。

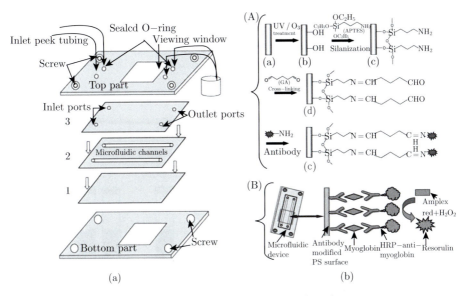

图 7.22　检测 Mb 浓度的微通道制备示意图

（a）1. 在 PS 底板上修饰氨基；2. 聚酯薄膜通道层的两侧用黏合剂黏合；3. 用 PMMA 作为微通道盖片，上下层用螺丝固定。检测原理图（b）在微通道表面修饰抗体 Mb。当血液中 Mb 流经通道并被捕获后，可催化荧光剂的 Mb 二抗结合到 Mb 另一位点，同时激活检测底液中的荧光染料，发生荧光反应[106]

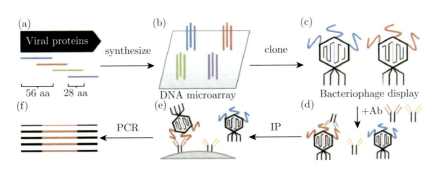

图 7.23　VirScan 工作原理示意图[107]

　　Alere 公司使用胶体金免疫层析技术，开发的 HIV 诊断试纸准确率可达到 99.72%，已广泛应用于大规模的艾滋病患者筛选工作。检测试纸条使用方便，全血进样时，在进样位置滴加 50μL 指尖血或静脉血并在血液流入样品垫后，加入适量缓冲液冲洗；血清样品可直接滴加 50μL，无需缓冲液。静置反应 15min，根据检查线上显示的图案，判断结果。近期，英国上市了世界上第一个自检艾滋病家庭检测试剂盒。受检者只需自己的一滴血液就能在 15min 内获得最终检测报告。而该试剂盒检测感染三个月后的 HIV 携带者准确率达到了 99.7%。另外，乙型肝炎病毒、梅毒、流感病毒、结核杆菌及一些细菌性肺炎等都可通过 POCT 方法迅速得到检测(图 7.24)。

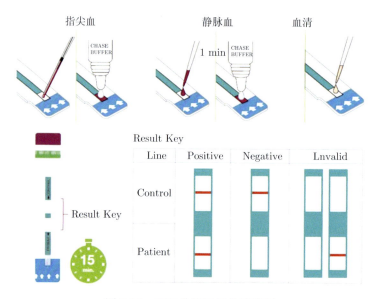

图 7.24　HIV 检测试纸条流程图

由于内分泌腺及组织发生病理改变所致的内分泌疾病越来越多地困扰人们的健康。这些疾病常用的检测依据是：临床表现，化验资料，腺体功能试验和影像学检查。由于检测程序繁琐，耗时长，专业性要求高，因此很难走进日常生活。POCT 的发展，使得糖尿病分析可以实现家庭自我检测。与大型生化分析仪相比，血糖仪耗材成本低、需要样本量微小(一滴血)、获取结果快、便携易操作。以强生 LifeSCan 推出的 SureStepPluS 稳步倍加型血糖监测仪为例，30s 就能检测出一滴血中的血糖浓度。目前苹果公司的 Apple Watch 已推出能够监测糖尿病患者血糖的应用软件，该软件需要与监测设备配合使用。DexCom 的监测器可将头发直径宽度的传感器置于皮肤之下，每 5min 监测一次血糖。DexCom 的应用软件会将 Apple Watch 和 DexCom 传感器收集的数据转化为直观的血糖水平图，以便用户随时了解自己的血糖是否处于安全范围内。

此外，POCT 在血液生物化学分析的应用也相当广泛，包括干化学分析、电解质和血气分析、定量金标检测法检测高敏感 CRP、胆固醇检测和肿瘤标记物检测等。

干化学分析：包括简单显色和多层涂膜两类，临床检验中普遍采用，可检测全血、血清、血浆、尿液等。前者可肉眼观察颜色变化,判断检测结果(半定量),后者需要与检测仪器联用,准确定量检测。基于干化学分析在检测过程中易操作且检测结果准确的特点,其适合用于临床疾病的检测,特别是急性门诊的各类化验项目。

血气、电解质检测:血气(电解质)分析是一项抢救、监护患者的重要检测项目,需要动态监测数值的变化,广泛用于临床各科,在重症监护、急症、婴幼儿监护方面的作用尤为重要。作为一种临床检测设备,血气(电解质)分析仪能够测定动脉中血钾、血钠、血氯的相关性,反映出人体内维持细胞的渗透压、pH 以及血氧饱和度等内环境。由于血气分析在临床检测中所占的重要地位,血气分析仪在检测过程中不仅要求快速、精准,而且必须能够为医务或科研人员提供长期稳定、准确的检测数据,以保证监控病患身体状况的可靠性。

血气分析仪是指利用电极在较短时间内对动脉中的 pH、二氧化碳分压和氧分压等相关指标进行测定的仪器。美国雅培公司的 i-STAT 手持式床旁血液监护仪采用生物传感技术,将复杂的检测原理整合在微芯片上,实现了对血液中血气、电解质、血凝、生化及心肌标志物等的监测,真正实现了便携、易操作、免维护。成为急诊、急诊 ICU、外科 ICU、儿科 ICU、手术室、心外 ICU、救护、游轮、军队等临床医生贴身的诊断工具(图 7.25)。

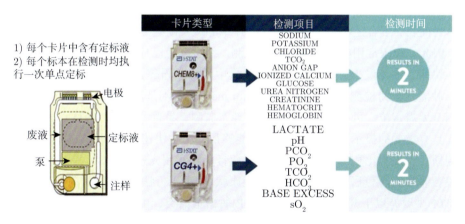

图 7.25 i-STAT 手持式床旁血液监护仪的微芯片设计示意图及功能表

定量金标检测法检测超敏 CRP(hs-CRP):当生物体受到炎症性刺激时,肝脏会合成急性期的蛋白,这种蛋白被称作超敏 C-反应蛋白(hs-CRP)。作为心血管疾病的独立危险因素,hs-CRP 的浓度检测在临床上具有非常重要的意义。一步法测 hs-CRP 是在毛细管驱动力的作用下,利用显微镜观察荧光双抗夹心反应时的荧光强度变化,读取检测结果。微通道设计和反应过程如图 7.26 所示。PDMS 底板上的微通道经过抗体和荧光材料的修饰,最终在 3min 内测得的 CRP 最低检测限为

10ng/mL[108](图 7.26)。

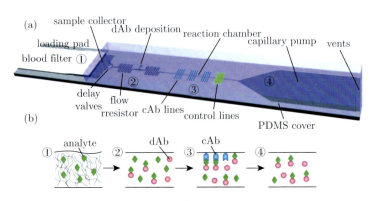

图 7.26　反应蛋白 C 的 POCT 检测装置及原理示意图[108]

胆固醇检测：尽管目前动脉粥样硬化的发病机理尚不明确，但研究表明，血管壁内的脂质斑块沉积量对于加速心肌梗死的形成和动脉粥样硬化的发生，有着重要的影响。因此，对血脂的主要成分胆固醇浓度的准确测量，有利于正确评价心脏病的患病风险。已报道的胆固醇的测定方法大致可分为酶法和非酶法。

大型生化仪器采用非酶法检测胆固醇，通常要将血样沉淀和分离，样品用量大，分析时间长，不合适小型医院、社区医疗中心以及缺乏专业操作水平的家庭床旁检测。因此，临床常用酶法实现胆固醇检测。结合颜色反应研发的荧光芯片，操作简单、快速，取样量少，可以用来测定血清中的总胆固醇含量。

肿瘤标记物检测：肿瘤标志物(tumor marker，TM)是反映肿瘤存在的化学物质，它们有无需定位、可以定量、无创、能动态监测、易普及和推广等优点，对肿瘤的存在具有重要的提示意义。POCT 不仅能够帮助医生快速读取病患血样中的钾、钠、葡萄糖、红细胞比积等常规生化信息，而且能够利用先进的 DNA 检测技术鉴别小片段肿瘤 DNA 信息，实时监测患者的健康状况。由于方法学限制，目前能进行 POCT 的 TM 主要有以下几种：甲胎蛋白(AFP)属糖蛋白类，由卵黄囊及胚肝产生，是原发性肝癌最灵敏、最特异的指标，生殖细胞肿瘤时 AFP 亦升高。癌胚抗原(CEA)属糖蛋白类，是结肠癌及胚胎结肠黏膜上皮细胞的一种糖蛋白，主要是消化道肿瘤和呼吸系统肿瘤的标志物之一。卵巢癌相关抗原(CA125)，乳腺癌相关抗原(CA15-3)，前列腺特异性抗原(PSA)是前列腺癌的特异性标志物，人绒毛膜促性腺激素(HCG)主要用于妇科肿瘤和非精原性睾丸癌的诊断，还有一些分子标志物如癌基因、抑癌基因、突变基因等[109]。

2015 年，产前筛查胎儿疾病，特别是胎儿的无创检测不仅能加快检测速度，而且有效降低了孕妇的痛苦。孕妇的血液中含有微量胎儿的游离 DNA，因此，仅检测孕妇的血样就能够得到包括胎儿患病在内的各种有效信息。美国的 Sequenom 公司推出了一款用于检测孕期癌症及胎儿患癌风险的产品，MaterniT21。该检测基于肿瘤细胞与普通细胞具有类似的能将自身 DNA 释放到血液中的原理，通过抽取孕妇血样，对比孕妇与胎儿的 DNA，检测胎儿 DNA 变异与否，提前预测胎儿的异常情况(图 7.27)。

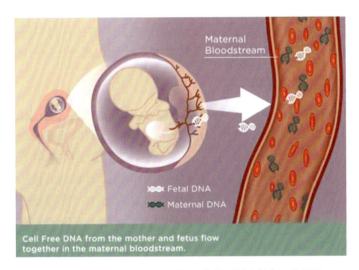

图 7.27　MaterniT21 对孕妇患癌情况检测原理示意图

尿液检查：尿液检查包括尿常规分析、尿液中有形成分检测(如尿红细胞、白细胞等)、蛋白成分定量测定、尿酶测定等。目前常规尿液试纸条检查项目有 pH、蛋白、隐血、比重、葡萄糖、酮体、尿胆原、硝酸盐、白细胞，有的试纸条还整合有胆红素和维生素 C 等，对临床诊断、判断疗效和预后有着十分重要的价值。

临床常见的危重病症之一肾损伤，在早期的临床表现不明显，容易被忽视，从而错过治疗的最佳时间。糖尿病患者由于慢性微血管病变导致的肾损伤，在早期可能仅表现为尿混浊，因此很难通过生化检查而被发现。尿微量清蛋白是糖尿病患者肾脏和心血管病发的风险因子。因此，尿微量清蛋白的 POCT 使糖尿病肾病的早期诊断变为可能，目前已应用于临床。

麻省理工学院教授 Sangeeta Bhatia 培养出了能找到肿瘤而后借助癌生成的酶分散成小片的纳米粒子。散开的颗粒非常小，能被肾收集汇聚，之后被排出。通过培养能掺入酸奶引入体内并与癌症相互作用以产生生物标记指示的合成分子，利用这些分子在进入尿液时能被轻易探知。基于此技术，Bhatia 教授发明了通过一张尿液试纸检测癌症的 POCT。

hCG 是由受孕妇女体内胎盘产生的一种糖蛋白类激素，在孕妇的尿液中大量存在，而在非妊娠妇女尿液中几乎不含有 hCG。早孕试纸 POCT 采用免疫层析双抗原、双抗体夹心一步法技术，以胶体金为指示标记，检测尿液中的 hCG 浓度。当尿液样品进入检测区，5min 内即可获知结果。该技术成为确诊妇女是否受孕并协助临床判定妊娠的可靠指标。

POCT 芯片在疾病分析，特别是免疫分析方面的贡献，极大地提高了常规生化检测的效率，扩大了常规检测的范围，是有发展前景的检验技术。随着光电子技术的迅速发展，越来越多导电性能与发光/储能性能并存的优良材料将逐步应用于微流控芯片检测区，以进一步提高 POCT 结果的准确性、缩短反应时间。

7.3.5 微流控芯片技术展望

POCT 不需要操作者干预，不需要技巧或专门知识，无需电子或机械设备保养，所得结果不需要操作者校准、解释和计算。体外诊断试剂以其精准性、便易性和高效性在整个医疗过程中占据越来越重要的位置，在现代医疗体系中不仅能大大降低医生的工作量，同时也极大地提高了诊断的准确性以及对疾病的预防性，因此，体外诊断又有着"医生的眼镜"之美誉。POCT 在医疗卫生，特别是疾病检测方面的作用，受到社会越来越广泛的关注，也逐步得到了认同，成为未来医疗检测技术发展的新方向。

光电化学方法下，激发信号(光)和检测信号(电流)不会产生相互干扰，理论上具有很高的灵敏度。在各类性能良好的光电子材料中，半导体纳米颗粒材料修饰的电极因其优越的性能，受到了关注，被用于灵敏度要求极高的 DNA 传感器中。目前研发的 DNA 芯片、蛋白质芯片、病毒芯片等，只是微流量为零的点阵列型杂交芯片，功能非常有限。因此，结合了光电子材料的生物检测在不远的未来，将伴随着光电子传感器的不断创新而飞速发展，成为系统生物学尤其系统遗传学的极为重要的技术基础。

参 考 文 献

[1] International Consortium Completes Human Genome Project. Pharmacogenomics, 2003, 4:241.

[2] Reyes D R, Iossifidis D, Auroux P A, et al. Micro total analysis systems. 1. Introduction, theory, and technology. Anal Chem, 2002, 74: 2623.

[3] Auroux P A, Iossifidis D, Reyes D R, et al. Micro total analysis systems. 2. Analytical standard operations and applications. Anal Chem, 2002, 74: 2637.

[4] Vilkner T, Janasek D, Manz A. Micro total analysis systems. Recent developments. Anal Chem, 2004, 76: 3373.

[5] Terry C S. A gas chromatography system fabricated on a silicon wafer using integrated circuit technology. Stanford: Stanford University, 1975.

[6] Hoffmann P, Eschner M, Fritzsche S, et al. Spray performance of microfluidic glass devices with integrated pulled nanoelectrospray emitters. Analytical Chemistry, 2009, 81: 7256.

[7] Sayah A, Thivolle P A, Parashar V K, et al. Fabrication of microfluidic mixers with varying topography in glass using the powder-blasting process. Journal of Micromechanics and Micro-engineering, 2009, 19: 085024.

[8] Qu B Y, Wu Z Y, Fang F, et al. A glass microfluidic chip for continuous blood cell sorting by a magnetic gradient without labeling. Analytical and Bioanalytical Chemistry, 2008, 392: 1317.

[9] Mellors J S, Gorbounov V, Ramsey R S, et al. Fully integrated glass microfluidic device for performing high-efficiency capillary electrophoresis and electrospray ionization mass spectrometry. Analytical Chemistry, 2008, 80: 6881.

[10] Ou J, Glawdel T, Ren C L, et al. Fabrication of a hybrid PDMS/SU-8/ quartz microfluidic chip for enhancing UV absorption whole-channel imaging detection sensitivity and application for isoelectric focusing of proteins. Lab Chip, 2009, 9:1926.

[11] Zhuang G, Jin Q, Liu J, et al. A low temperature bonding of quartz microfluidic chip for serum lipoproteins analysis. Bio-medical Microdevices, 2006, 8: 255.

[12] 于建群. 集成毛细管电泳芯片的结构设计与制作工艺研究. 大连理工大学博士后研究工作报告, 2002.

[13] 罗怡, 王晓东, 刘冲, 等. 微流控芯片制作及电特性研究. 高技术通讯, 2005, 15:31.

[14] 周小棉, 戴忠鹏, 罗勇, 等. 注塑型聚甲基丙烯酸甲酯多通道微流控芯片的研制及其性能考察. 高等学校化学学报, 2005, 26:52.

[15] 祁恒, 姚李英, 王桐, 等. PMMA 基 PCR 微流控生物芯片准分子激光加工. 微细加工技术, 2006, 1: 16.

[16] 林炳承, 秦建华. 微流控芯片实验室. 北京: 科学出版社, 2006.

[17] Lim T W, Park S H, Yang D Y, et al. Fabrication of three-dimensional SiC-based ceramic micropatterns using a sequential micromolding-and-pyrolysis process. Microelectronic Engineering, 2006, 83: 2475.

[18] Qin D, Xia Y, Whitesides G M. Soft lithography for micro-and nanoscale patterning. Nature Protocols, 2010, 5: 491.

[19] Roberts M A, Rossier J S, Bercier P, et al. UV laser machined po-lymer substrates for the development of microdiagnostic system. Analytical Chemistry, 1997, 69: 2035.

[20] Goldenberg B G, Goryachkovskaya T N, Eliseev V S, et al. Fabrication of LIGA masks for microfluidic analytical systems. Journal of Surface Investigation-X-ray Synchrotron and Neutron Techniques, 2008, 2: 637.

[21] Husny J, Jin H, Harvey E C, et al. The creation of drops in T-shaped microfluidic devices with the modified laser-LIGA technique: I. Fabrication. Smart Materials&Structures, 2006, 15: S117.

[22] Chen X, Chang F, Wei X, et al. Chemiluminescence detection for Co (II) based on luminol-hydrogen peroxide reaction on a microfluidic chip. J Food Sci Technol, 2015, 52:601.

[23] 叶嘉明，李明佳，周勇亮. 热压法快速制作微流控芯片模具. 中国机械工程，2007, 18: 2379.
[24] Pemg B, Wu C, Shen Y K, et al. Microfluidic chip fabrication using hot embossing and thermal bonding of COP. Polym Adv Technol, 2010, 21: 457.
[25] Becker E W, Ehrfeld W, Münchmeyer D, et al. Production of separation nozzle systems for uranium enrichment by a combination of X-ray lithography and galvanoplastics. Naturwissenschaften, 1982, 69: 520.
[26] Li D. Encyclopedia of Microfluidics and Nanofluidics, Springer US, 2008.
[27] Li Y, Wu P, Luo Z, et al. Rapid fabrication of microfluidic chips based on the simplest LED lithography. J Micromech Microeng, 2015, 25: 055020.
[28] Mehare R S, Devarapalli R R, Yenchalwar S G, et al. Microfluidic spatial growth of vertically aligned ZnO nanostructures by soft lithography for antireflective patterning. Microfluid Nanofluid, 2013, 15:1.
[29] Li S S, Liu X Q, Chau A, et al. A simple magnetic force-based cell patterning method using soft lithography. Sci China Life Sci, 2015, 58: 400.
[30] Wang H Y, Foote R S, Jacobson S C, et al. Low temperature bonding for microfabrication of chemical analysis devices. Sensors and Actuators B: Chemical, 1997, 45: 199.
[31] Ziaie B, Baldi A, Lei M, et al. Hard and soft micromachining for BioMEMS: review of techniques and examples of applications in microfluidics and drug delivery. Adv Drug Delivery Rev, 2004, 56: 145.
[32] Jaszewski R W, Schifta H, Gobrecht J, et al. Hot embossing in polymers as a direct way to pattern resist. Microelectronic Engineering, 1998, 41/42: 575.
[33] 于建群，刘军山，王立鼎，等. 塑料电泳芯片热键合的试验研究. 机械工程学报，2005, 41:18.
[34] Unger M A, Chou H P, Thorsen T, et al. Monolithic microfabricated valves and pumps by multilayer soft lithography. Science, 2000, 288: 113.
[35] Effenhauser C S, Bruin G J M, Paulus A, et al. Integrated capillary electrophoresis on flexible silicone microdevices: analysis of DNA restriction fragrments and detection of single DNA molecules on microchips. Anal Chem, 1997, 69:3451.
[36] 叶美英，方群，殷学锋，等. 聚二甲基硅氧烷基质微流控芯片封接技术的研究. 高等学校化学学报，2002, 23: 2243.
[37] Wu H, Huang B, Zare R N. Construction of microfluidic chips using polydimethylsiloxane for adhesive bonding. Lab Chip, 2005, 5: 1393.
[38] Larry J K, Fortina P, Nicholas J P, et al. Fabrication of plastic microchips by hot embossing. Lab Chip, 2002, 2: 1.
[39] Laurie B, Koerner T, Horton J H, et al. Fabrication and characterization of poly(methylmethacrylate) microfluidic devices bonded using surface modifications and solvents. Lab Chip, 2006, 6: 66.
[40] McCreedy T. Fabrication techniques and materials commonly used for the production of microreactors and micro total analytical systems. Trends in Analytical Chemistry, 2000, 19: 396.

[41] Shah J J, Geist J, Locascio L E, et al. Capillarity induced solvent-actuated bonding of polymeric microfluidic devices. Anal Chem, 2006, 78: 3348.

[42] Wu Z, Xanthopoulos N, Reymond F, et al. Polymer microchips bonded by O_2-plasma activation. Electrophoresis, 2002, 23: 782.

[43] 孟斐, 陈恒武, 方群, 等. 聚二甲基硅氧烷微流控芯片的紫外光照射表面处理研究. 高等学校化学学报, 2002, 7: 1264.

[44] Berre M L, Crozatiera C, Casquillasa G V, et al. Reversible assembling of microfluidic devices by aspiration. Microelectronic Engineering, 2006, 83: 1284.

[45] Squires T M, Quake S R. Micro fluidics:fluid physics at the nanoliter scale. Rev Mod Phys, 2005, 79: 977.

[46] Nghe P, Terriac E, Schneider M, et al. Microfluidics and complex fluids. Lab Chip, 2011, 11: 788.

[47] Laser D J, Santiago J G. A review of micropumps. J Micromech Microeng, 2004, 14: R35.

[48] Nisar A A N, Mahaisavariya B, Tuantranont A. MEMS-based micropumps in drug delivery and biomedical applications. Sensor Actuat B Chem, 2008, 130: 917.

[49] West J, Becker M, Tombrink S, et al. Micro total analysis systems: latest achievements. Anal Chem, 2008, 80: 4403.

[50] Mansur E A, Ye M, Wang Y, et al. A state-of-the-art review of mixing in microfluidic mixers. Chin J Chem Eng, 2008, 16: 503.

[51] Nam-Trung N, Wu Z. Micromixers-a review. J Micromech Microeng, 2005, 15: R1.

[52] Tekin H S V, Ciftlik A, Sayah A, et al. Chaotic mixing using source-sink micro fluidic flows in a PDMS chip. Micro Fluid Nano Fluid, 2011, 10: 749.

[53] Solvas X C, Lambert K, Rangel R H, et al. Au/PPy actuators for active micromixing and mass transport enhancement. Micro Nanosyst, 2009, 1: 2.

[54] Stroock A D, Dertinger S, Ajdari A, et al. Chaotic mixer for microchannels. Science, 2002, 295: 647.

[55] Andersson H, Berg A. Microfluidic devices for cellomics: a review. Sensor Actuat B Chem, 2003, 92: 315.

[56] Yi C, Li C W, Ji S, et al. Microfluidics technology for manipulation and analysis of biological cells. Anal Chim Acta, 2006, 560: 1.

[57] Thorsen T, Maerk S, Quake S R. Microfluidic large-scale integration. Science, 2002, 298: 580.

[58] Madou M, Zoval J, Jia G, et al. Lab on a CD. Annu Rev Biomed Eng, 2006, 8: 601.

[59] Abi-Samra K, Hanson R, Madou M, et al. Infrared controlled waxes for liquid handling and storage on a CD-microfluidic platform. Lab Chip, 2011, 11: 723.

[60] Gorkin R, Park J, Siegrist J, et al. Centrifugal micro fluidics for biomedical applications. Lab Chip, 2010, 10: 1758.

[61] Ducrée J, Haeberle S, Lutz S, et al. The centrifugal microfluidic bio-disk platform. J Micromech Microeng, 2007, 17: S103.

[62] Gaudioso J, Craighead H G. Characterizing electroosmotic flow in microfluidic devices. J Chromatogr, 2002, 971: 249.

[63] Dolnik V, Liu S. Applications of capillary electrophoresis on microchip. J Sep Sci, 2005, 28: 1994.
[64] Bousse L, Cohen C, Nikiforov T, et al. Electrokinetically controlled microfluidic analysis systems. Annu Rev Biophys Biomol Struct, 2000, 29: 155.
[65] Hunt T P, Issadore D, Westervelt R M. Integrated circuit/microfluidic chip to programmably trap and move cells and droplets with dielectrophoresis. Lab Chip, 2008, 8: 81.
[66] Lee J, Moon H, Fowler J, et al. Electrowetting and electrowetting- on-dielectric for microscale liquid handling. Sensor Actuat A Phys, 2002, 95: 259.
[67] Ali B, Nguyen N. Programmable two-dimensional actuation of ferrofluid droplet using planar microcoils. J Micromech Microeng, 2010, 20: 015018.
[68] Yeo L Y, Friend J. Ultrafast microfluidics using surface acoustic waves. Biomicro Fluidics, 2009, 3: 012002.
[69] Wixforth A. Acoustically driven programmable microfluidics for biological and chemical applications. J Assoc Lab Auto, 2006, 11: 399.
[70] Xu Q, Hshimoto M, Dang T T, et al. Preparation of monodisperse biodegradable polymer microparticles using a microfluidic flow-focusing device for controlled drug delivery. Small, 2009, 5: 1575.
[71] Shum H C, Bandyopadhyay A, Bose S, et al. Double emulsion droplets as microreactors for synthesis of mesoporous hydroxyapatite. Chem Mater, 2009, 21: 5548.
[72] Abdelgawad M, Wheeler A R. The digital revolution: a new paradigm for microfluidics. Adv Mater, 2009, 21: 920.
[73] Teh S Y, Lin R, Hung L H, et al. Droplet microfluidics. Lab Chip, 2008, 8: 198.
[74] Solvas C X, deMello A. Droplet microfluidics: recent developments and future applications. Chem Commun, 2011, 47: 1936.
[75] Maxam A M, Gilbert W P. A new method for sequencing DNA. Natl Acad Sci U S A, 1977, 74(2): 560.
[76] Branton D, Deamer D W, Marziali A, et al. The potential and challenges of nanopore sequencing. Nat Biotechnol, 2008, 26:1146.
[77] Bayley H. Sequencing single molecules of DNA. Curr Opin Chem Biol, 2006, 10:628.
[78] Woolley A T, Mathies R A. Ultra-high-speed DNA sequencing using capillary electrophoresis chips. Anal Chem, 1995, 67: 3676.
[79] Wang J, Ibanez A, Chatrathi M P, et al. Electrochemical enzyme immunoassays on microchip platforms. Anal Chem, 2001, 73: 5323.
[80] Abad-Villar E M, Tanyanyiwa J, Fernandez-Abedul M T, et al. Detection of human immunoglobulin in microchip and conventional capillary electrophoresis with contact less conductivity measurements. Anal Chem, 2004, 76: 1282.
[81] Han S W, Jang E, Koh W G. Microfluidic-based multiplex immunoassay system integrated withan array of QD-encoded microbeads. Sensor Actuat B-chem, 2015, 209:242.
[82] Weiss M, Hashimoto H, Nilsson T. Anomalous protein diffusion in living cells as seen by fluorescence correlation spectroscopy. Biophys J, 2003, 84: 4043.

[83] Wachsmuth M, Conrad C, Bulkescher J, et al. High-throughput fluorescence correlation spectroscopy enables analysis of proteome dynamics in living cells. Nat Biotechnol, 2015, 33: 384.

[84] Stevens A, Hlady V, Dull R O. Fluorescence correlation spectroscopy reveals biophysical structure of lung endothelial glycocalyx: the canopy model. Am J Physiol Lung Cell Mol Physiol, 2007, 293: L328.

[85] Pernuš A, Langowski J. Imaging fos-jun transcription factor mobility and interaction in live cells by single plane illumination-fluorescence cross correlation spectroscopy. Plos One, 2015, 10: e0123070.

[86] Tuson H H, Liao Y, Simmons L A, et al. Single-molecule fluorescence imaging of reco localization and dynamics in bacillus subtilis. Biophys J, 2014, 104: 397a.

[87] Neuweiler H, Löllmann M, Doose S, et al. Dynamics of unfolded polypeptide chains in crowded environment studied by fluorescence correlation spectroscopy. J Mol Biol, 2007, 365: 856.

[88] Samiee K T, Foquet M, Guo L, et al. Lambda-repressor oligomerization kinetics at high concentrations using fluorescence correlation spectroscopy in zero-mode waveguides. Biophys J, 2005, 88: 2145.

[89] Schubert F, Zettl H, Häfner W, et al. Comparative thermodynamic analysis of DNA-Protein interactions using surface plasmon resonance and fluorescence correlation spectroscopy. Biochem, 2003, 42: 10288.

[90] Manzo C, Zanten T S, Garcia-Parajo M F. Nanoscale fluorescence correlation spectroscopy on intact living cell membranes with NSOM probes. Biophys J, 2011, 100: L08.

[91] Guan Y, Meurer M, Raghavan S, et al. Live-cell multiphoton fluorescence correlation spectroscopy with an improved large Stokes shift fluorescent protein. Mol Biol Cell, 2015, 26: 2054.

[92] Oehlenschläger F, Schwille P, Eigen M. Detection of HIV-1 RNA by nucleic acid sequence-based amplification combined with fluorescence correlation spectroscopy. Proc Natl Acad Sci, 1996, 93: 12811.

[93] Strohmeier O, Keil S, Kanat B, et al. Automated nucleic acid extraction from whole blood, B. subtilis, E. coli, and Rift Valley fever virus on a centrifugal microfluidic LabDisk. RSC Adv, 2015, 5: 32144.

[94] Sugiki T, Yoshiur C, Kofuku Y, et al. High-throughput screening of optimal solution conditions for structural biological studies by fluorescence correlation spectroscopy. Protein Sci, 2009, 18: 1115.

[95] 吴晶, 黄伶慧, 王远航, 等. 微流控芯片电泳在食品安全与环境污染检测中的应用. 分析测试学报, 2015, 34: 283.

[96] Orden A V, Keller R A. Fluorescence correlation spectroscopy for rapid multicomponent analysis in a capillary electrophoresis system. Anal Chem, 1998, 70: 4463.

[97] Iliescu C, Xu G, Loe F C, et al. A 3-D dielectrophoretic filter chip. Electrophoresis, 2007, 28: 1107.

[98] Lieberman K R, Cherf G M, Doody M J, et al. Processive replication of single DNA molecules in a nanopore catalyzed by phi29 DNA polymerase. J Am Chem Soc, 2010, 132:17961.

[99] Mark D, Haeberle S, Roth G, et al. Microfluidic lab-on-a-chip platforms: requirements, characteristics and applications. Chem Soc, 2010, 39: 1153.

[100] Tudos A J, Besselink G, Schasfoort R B. Trends in miniaturized total analysis systems for point-of-care testing in clinical chemistry. Lab Chip, 2001, 1: 83.

[101] Posthuma-Trumpie G A, Korf J, van Amerongen A. Lateral flow (immuno) assay: its strengths, weaknesses, opportunities and threats. A literature survey. Anal Bioanal Chem, 2009, 393: 569.

[102] Mukundan H, Xie H, Price D, et al. Quantitative multiplex detection of pathogen biomarkers on multichannel waveguides. Anal. Chem. 2010, 82: 136

[103] Frense D, Kang S, Schieke K, et al. Label-free impedimetric biosensor for thrombin using the thrombin-binding aptamer as receptor. J Phys. Conf. Ser, 2013, 434: 012091

[104] Chuang Y C, Lan K C, Hsieh K M, et al. Detection of glycated hemoglobin (HbA1c) based on impedance measurement with parallel electrodes integrated into a microfluidic device. Sensor Actuat B-Chem, 2012, 171-172: 1222.

[105] Chang K W, Li J, Yang C-H, et al. An integrated microfluidic system for measurement of glycated hemoglobin levels by using anaptamer-antibody assay on magnetic beads. Biosens Bioelectron, 2015, 58: 397.

[106] Darain F, Yager P, Gan K L, et al. On-chip detection of myoglobin based on fluorescence. Biosens Bioelectron, 2009, 24: 1744.

[107] Xu G J, Kula T, Xu Q, et al. Comprehensive serological profiling of human populations using a synthetic human virome. Science, 2015, 348: 6239.

[108] Gervais L, Delamarche Emmanuel. Toward one-step point-of-care immunodiagnostics using capillary-driven microfluidics and PDMS substrates. Lab Chip, 2009, 9: 3330.

[109] 张腊红, 刘玉华, 陈兆军. 在肿瘤标志物检测领域的应用与发展. 中华检验医学杂志, 2014, 37: 808.

第8章 生物信息存储与传递

8.1 生物信息概述

生物信息是指生物体中包含的全部信息,如生物体中的遗传物质、激素,生物体产生的神经电冲动,生物发出的气味、声音和生物的行为本身等,对生物的个体和群体的生存和繁殖起着重要的作用,与生物的进化密不可分。生物信息一般可分为遗传信息、神经和感觉信息及化学信息等。其中遗传信息最为重要,是控制生物遗传性状、保持种族延续的重要手段。遗传信息一般为特定的碱基对排列顺序(或指 DNA 分子的脱氧核苷酸的排列顺序),是生物为了保持自身的性状,将自身的信息由亲代传递给子代,或通过细胞分裂由细胞传递给细胞。遗传信息以密码形式存储在 DNA 分子上,通过 DNA 的复制,以亲代的 DNA 分子作为模板,指导子代 DNA 的合成,保证遗传信息的准确传递。在子代的生长发育过程中,遗传信息由 DNA 转录到 RNA 上,然后被翻译成特异的蛋白质,以执行各种生命功能。

DNA 作为主要的遗传信息,包含了生物体几乎全部的遗传信息。1944 年,两位加拿大学者 Avery 和 Macleod 以及另一美国学者 McCarty 在《实验医学》杂志上发表了 20 世纪最重要的实验结果,通过肺炎双球菌 DNA 的转换实验证明脱氧核糖核酸是遗传的物质基础。1952 年,美国的遗传学家 Hershey 和 Chase 也证明噬菌体 DNA 可传递遗传性状。随后的实验进一步证明了生物体的遗传信息即基因主要由 DNA 储存及传递。1953 年,在剑桥大学卡文迪许实验室工作的 Watson 和 Crick 提出了 DNA 双螺旋结构模型,为分子生物学的研究奠定了检测的基础。20 世纪 70 年代,DNA 重组技术的兴起又极大地推动了 DNA 和 RNA 的研究。1991~2003 年,人类基因组计划则开辟了生命科学新纪元。随着 DNA 测序与合成技术的日趋成熟,基因的切、连、转、检以及扩增技术的发展,生命密码的秘密逐渐为人类所认知。伴随着量子论的蓬勃发展和显微技术的不断进步,DNA 不但能作为生物遗传信息的载体,而且能作为构造纳米结构和信息存储的工具。

20 世纪 50 年代后,人们逐渐认识到 RNA 是 DNA 的转录产物。在细胞内以 DNA 的一条链为模板,合成与其碱基互补的 mRNA,这个过程称为转录。通过 mRNA 携带密码子到核糖体中可以实现蛋白质的合成,故 mRNA 中的遗传密码决定了蛋白质中的氨基酸排列顺序,这一过程称为翻译。通过转录和翻译,在细胞内合成了具有各种生物功能的蛋白质，这就是基因表达。一般来说，DNA 储存遗传信息，RNA 与蛋白质是基因表达过程中不同阶段的产物；其中 mRNA 是 DNA 上的基因与蛋白质之间传递信息的桥梁。因此，DNA 双螺旋结构发现人之一 Crick 将生物体中遗传信息由 DNA→RNA→蛋白质的传递规律，总结为遗传信息传递的中心法则。随着人类对生物体的不断认识，1970 年，Temin 和 Baltimore 在研究 RNA 病毒时发现 RNA 病毒遗传信息的传递过程是以 RNA 作为模板指导 DNA 的合成，再以 DNA 分子为模板合成新的病毒 RNA，称为逆转录。逆转录现象的发现是对中心法则的修正和补充(图 8.1)，也进一步说明了 RNA 有更广泛的功能。

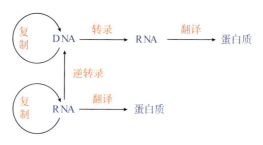

图 8.1 遗传信息传递的中心法则

8.1.1 DNA 和 RNA 的组成与结构

核酸是重要的生物大分子，是遗传信息的最主要载体，在生物体生命活动的全过程中都起着极其重要的作用。生物界的核酸可分为脱氧核糖核酸(DNA)和核糖核酸(RNA)两大类。DNA 是多个脱氧核苷酸的聚合物，由脱氧核糖(戊糖)、磷酸和含氮碱基组成。DNA 中含有四种碱基，分别为腺嘌呤(A)、鸟嘌呤(G) 胞嘧啶(C)和胸腺嘧啶(T)。RNA 与 DNA 不同之处在于， 尿嘧啶(U)替代了胸腺嘧啶(T)，并且 RNA 中的核糖是五碳糖。DNA 与 RNA 的微观结构如图 8.2 所示。DNA 和 RNA 在碱基组成上遵照 Chargaff 规则：①腺嘌呤和胸腺嘧啶(或尿嘧啶)的物质的量相等，即 A=T(U)；②鸟嘌呤和胞嘧啶的物质的量相等，即 G=C；③嘌呤的总数等于嘧啶的总数，即 A+G=T(U)+C。DNA 和 RNA 的结构都可分为一级、二级和三级。DNA 或 RNA 的一级结构是指 DNA 或 RNA 分子中核苷酸的排列顺序；二级结构是指两条 DNA 或 RNA 单链形成的双螺旋结构；三级结构是指双链 DNA 或 RNA 进一步扭曲盘旋形成的超螺旋结构。在 DNA 一级结构中，核苷酸之间靠磷酸二酯键连接，形成长链。每条链都由 A、T、G、C 以多种多样的排列方式组合而成。除 RNA 病毒外，DNA 分子上存储了大多数生物的遗传信息。当 DNA 上的核苷酸排列顺序变化时，意味着其遗传信息和生物学意义发生改变。

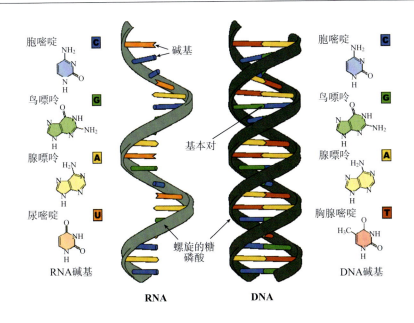

图 8.2　DNA 和 RNA 的微观结构

DNA 二级结构是两条脱氧多核苷酸链通过碱基互补配对原则，在同一平面上反向平行盘绕所形成的双螺旋结构，一条方向是 5′→3′，另一条是 3′→5′。由于碱基间的氢键数目固定和 DNA 双链之间的距离要保持不变,因此两条链之间 A 与 T 配对(含 2 个氢键)、G 与 C 配对(含 3 个氢键)，这就是碱基配对的原则。双螺旋结构上有 2 条沟，较浅的称为小沟，较深的称为大沟，对蛋白质和 DNA 的相互识别起重要作用。双螺旋的直径为 2 nm，碱基对彼此间距离为 0.34 nm；每一螺旋含 10 个碱基对，故旋距为 3.4 nm，旋角为 36º。多数 DNA 分子的二级结构是右手螺旋的，如 A-DNA、B-DNA、C-DNA、D-DNA 等;但自然界中还天然存在左手螺旋 DNA 结构，如 Z-DNA。除了双链结构以外，DNA 还拥有更为多样的结构类型。1957 年，Felesnfeld 和 Davis 首先发现了三链 DNA；1962 年，人们在蜘蛛体内发现了鸟嘌呤的正方形四聚体及其片状结晶；20 世纪 80 年代，人们又发现了在真核生物染色体的端粒区存在着由鸟嘌呤四聚体片层堆叠而成的四链 DNA 结构(G-quadruplex)，与其对应的富含胞嘧啶区可形成 i-motif 四链结构也随后被揭示出来。

8.1.2　蛋白质的组成与结构

蛋白质在相当一段时间内一直被认为只是 DNA 或 RNA 等遗传物质的表达形式，其单独不具有储存和传递生物信息的功能。随着近年来朊病毒(prion)生物学的出现和研究的逐步深入，人们已经认识到蛋白质本身就具有储存和传递生物信息的功能，从这个意义上讲，蛋白质也是一类遗传物质。

蛋白质几乎在所有生命过程中都担负着关键作用，目前已知的蛋白质的生物功能包括：生物催化、机械支撑、运输和储存、协调运动、免疫保护、生长和分化调控、神经信号的产生和传递、细胞信号信息转导、物质跨膜运输、电子传递等方面。蛋白质是一类化学结构复杂，由氨基酸通过肽键形成的肽链经过盘曲折叠形成具有一定空间结构的有机大分子。氨基酸是组成蛋白质的基本单位。各种氨基酸分子按一定的顺序呈线性排列，由相邻氨基酸残基(-R)的羧基和氨基通过脱水缩合形成多肽链。每条多肽链含有氨基酸残基数目不等，从十几到数千个。蛋白质是由一条或多条多肽链组成的，其氨基酸残基数目大多在 100 个以上。蛋白质中的 20 种基本氨基酸序列是由 RNA 分子中对应基因编码而成。除此之外，蛋白质中的某些氨基酸残基被翻译修饰后而发生化学结构的变化，从而对蛋白质进行激活或调控。

蛋白质分子上氨基酸的序列、种类、数目和排列顺序与肽链空间结构的不同构成了蛋白质结构的多样性，决定了蛋白质功能的多样性。蛋白质分子结构可分为一级、二级、三级和四级。

一级结构：蛋白质多肽链中氨基酸的排列顺序，是由基因上遗传密码的排列顺序所决定的。

二级结构：蛋白质多肽链主链原子的局部空间排布，多肽链沿一定方向盘绕和折叠的方式。

三级结构：蛋白质的多肽链在各种二级结构的基础上借助各种次级键进一步盘曲或折叠形成具有一定规律的三维空间结构。

四级结构：由两条或多条独立三级结构的多肽链组成的蛋白质，其多肽链间相互组合形成的空间结构。

8.1.3 遗传信息传递

各种生物基因组中，绝大部分基于储存的遗传信息都是蛋白质的一级结构信息，部分基因储存的是转移 RNA(tRNA)、核糖体 RNA(rRNA)等 RNA 分子的一级结构信息。大部分生物(包括逆转录病毒)的遗传信息都是从 DNA 分子中输出的，而少数 RNA 病毒可直接从 RNA 输出遗传信息。遗传信息的表达，就是将储存于 DNA 中的遗传信息通过转录传递到 RNA 分子或经过翻译形成具体蛋白质分子，使生物体表现出各种各样的生理功能及千差万别的生物性状。从根本上说，遗传信息的复制就是指以原来的 DNA 分子为模板合成出与其一模一样分子的过程。基因组核酸的复制有很多种形式，主要是 DNA 复制、DNA 以 RNA 为中间体进行复制、RNA 复制及 RNA 利用 DNA 作为中间体进行复制。

DNA 复制过程中，在酶的作用下亲代 DNA 分子在含有复制子的特定区域内打开双链，然后以每条链为模板，以碱基互补配对的原则合成两个子代双链 DNA 分子。DNA 在复制时由于其自身结构特点，采取一种特殊的方式，DNA 双链中的互补碱基之间的氢键断裂并解旋、分开形成两条单链，而后各以一条单链为模板，按碱基互补原则各自合成新的互补链，新合成的两个 DNA 分子和亲代 DNA 分子完全一样。通过这种半保留复制，遗传信息忠实地从亲代传给子代(图 8.3)。DNA 复制过程十分复杂，但基本上都包括：①DNA 双链间氢键断裂，双链解旋；②RNA 引物的合成；③DNA 链的延长；④切除引物，填补缺口，连接相邻 DNA 片段；⑤切除和修复错配碱基。

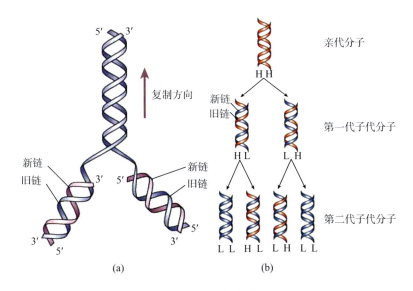

图 8.3 DNA 复制模型
(a) DNA 双螺旋复制模型; (b) DNA 的半保留复制

细胞核内 DNA 遗传信息的载体，是生物遗传性状得以延续的根本，是一张宝贵的"绝密图纸"，千万不能遗失。DNA 中的遗传信息指导着具体蛋白质合成。首先，DNA 双链会解开，并以其中一条链为模板，遵循碱基互补配对原则，合成新的 mRNA。然后，转录生成的 mRNA 带有合成蛋白质的全部信息，然后离开细胞核，与细胞质中的核糖体结合在一起，完成蛋白质的合成。由于从遗传信息到蛋白质的合成，中间需要很多生物酶参与其中，而细胞核空间狭小，合成工程不宜在此进行，因此细胞里的蛋白质都是在核糖体这个"车间"里合成的。要把 mRNA 上的遗传信息翻译成蛋白质，还需要 tRNA 这个"译员"来识别 mRNA 上的遗传密码，并转运蛋白质合成所需的氨基酸。蛋白质的生物合成过程大致上可分为三个阶段：

氨基酸的活化及其与专一 tRNA 的连接、肽链的合成(包含起始、延伸和终止)以及新生肽链加工成蛋白质。如蛋白质合成路线所示，生物体内蛋白质合成的速度，在转录以及翻译过程中进行了调节控制。

$$DNA \xrightarrow{转录} RNA \xrightarrow{翻译} 蛋白质$$

1957 年，弗朗西斯·克里克(F.H.C. Crick)最早提出了遗传学中的"中心法则"。生物的遗传信息从 DNA 通过转录传递给 RNA，再从 RNA 通过翻译传递给蛋白质；也可以通过 DNA 的复制，传递给 DNA(图 8.4)。Crick 认为遗传信息是沿 DNA→RNA→蛋白质的方向流动的，绝不可能从蛋白质流动到 DNA。随着生物学的发展，科学家们在某些逆转录病毒中发现遗传信息是可以从 RNA 流动到 DNA 的，如与艾滋病相关的人类免疫缺陷病毒(HIV)。逆转录病毒的遗传物质是一条单链 RNA。在宿主细胞中，这些病毒首先以自己的 RNA 为基础，反转录生成 DNA 单链，然后再以此单链 DNA 为模版生成双链 DNA。此时，病毒基因同宿主细胞的基因是同一种形式，这使宿主细胞将病毒基因连同自身基因一起传递给子细胞，完成遗传信息的传递。这一发现揭示了生物体中的遗传信息可以在 DNA 与 RNA 之间相互流动，进一步发展和完善了"中心法则"。

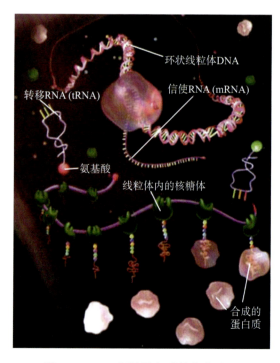

图 8.4 DNA 指导蛋白质的合成过程

8.1.4 DNA 的损伤与修复

DNA 损伤(DNA damage)是复制过程中发生的 DNA 核苷酸序列发生改变(碱基顺序或数目的改变),并导致遗传特征改变的现象。遗传信息的缺失或改变,将会影响细胞的功能或生存,甚至会引起物种的变异。因此,维护 DNA 分子的完整性对生物体的生存和繁衍来说至关重要。细胞中的 DNA 分子易受到外界因素和生物体内部因素(如代谢活动)的影响而导致其损伤或改变,引起基因突变。由于 DNA 分子是遗传信息的载体,它只存在于细胞核中,不能大量在细胞内合成。一般来说,一个原核细胞中只有一份 DNA。如果 DNA 的损伤或遗传信息的改变不能更正,生物遗传的稳定性就遭到破坏,因此细胞修复 DNA 损伤的能力对其基因组的完整性和细胞甚至机体的正常功能都具有极其重要的作用。DNA 分子的突变一方面会导致细胞运作不正常或死亡,对生物体造成不利的影响;另一方面也推动了物种的变异、进化,淘汰不理想的突变,保留和延续有利的突变,使得物种更好地适应生存环境的变化。因此突变是生物进化与遗传相对立统一普遍存在的现象。

细胞内正常的代谢活动和外界的环境因素每天都能造成 DNA 损伤成千上百次。造成 DNA 损伤的原因基本上可分为两大类:内源性损伤,如 DNA 分子的自发性损伤;外源性损伤,如物理和化学因素对 DNA 造成的损伤等。

1. DNA 分子的自发性损伤

某些 DNA 损伤是自发性的,是由 DNA 内在的化学活性以及细胞中存在的正常活性化分子所导致的,如 DNA 复制过程中碱基配对时所产生的误差以及正常代谢的副产物活性氧分子自由基攻击导致的损伤。

1) DNA 复制中的错误

为了保证物种性状的高效遗传,DNA 复制过程的精确度极高,从而保证 DNA 复制的高保真性。因此 DNA 合成时,是以亲代的 DNA 为模板按碱基互补配对原则进行 DNA 复制合成子代 DNA。DNA 复制酶、DNA 聚合酶等生物酶的选择和校正作用,能有效降低 DNA 复制过程中碱基错误配对频率。即使这样,碱基错配率仍在 10^{-10} 左右,即每复制 10^{10} 个核苷酸大概会有一个碱基的错误。这些错误会导致基因突变,促使物种不断变异进化。

2) DNA 的自发性化学变化

引发生物体内 DNA 分子变化的因素的类型有:①碱基的异构互变;②碱基的氧化;③碱基的脱氨基作用;④碱基的脱嘌呤与脱嘧啶; ⑤碱基的链断裂;⑥碱基的甲基化。这些损伤都有可能导致基因突变。

2. 物理因素引起的 DNA 损伤

1) 紫外线引起的 DNA 损伤

太阳中的紫外线(波长 200~300 nm)容易使细胞中的 DNA 分子受到损伤。紫外线能使相同 DNA 链上相邻的嘧啶分子间或相反链上的嘧啶分子间以共价键形式连成二聚体，如 TT、CC、CT 和 TC 二聚体，其中 TT 二聚体是最容易形成的。不仅如此，紫外线还会引起 DNA 链断裂等损伤。这些损伤会引起 DNA 双螺旋构型的局部变化，阻碍了 DNA 双链的分开和下一步的复制、转录，进而影响蛋白质的合成。对某些微生物来说，这些变化就会影响其生存和繁衍。

2) 电离辐射引起的 DNA 损伤

电离辐射可使 DNA 发生碱基氧化修饰、脱氧核糖结构的改变、DNA 链断裂以及 DNA 交联等，使 DNA 复制无法进行碱基配对，也无法进行转录。电离辐射损伤 DNA 有直接效应和间接效应两种途径。其中直接效应是辐射直接在 DNA 上面沉积能量，造成 DNA 的损伤；而间接效应是指 DNA 周围环境的其他成分(主要是水分子)吸收射线能量后，产生不稳定的具有高反应活性的自由基，进而引起 DNA 的损伤。

3. 化学因素引起的 DNA 损伤

早期对化学武器杀伤力的研究，让人们逐渐认识到化学因素能引起 DNA 损伤。目前肿瘤化疗药物的设计就是基于 DNA 损伤机理，通过阻断 DNA 复制或 RNA 转录，进而抑制肿瘤细胞增殖。引起 DNA 损伤的化学因素很多，包括：①烷化剂对 DNA 的损伤。烷化剂是一类亲电子的化合物，对 DNA 具有强烈烷化作用。它容易与 DNA 中的氨基、羟基和磷酸基等发生作用，引起 DNA 碱基脱落、形成碱基二聚体或 DNA 链断裂与交联，造成 DNA 损伤，如硫芥、二乙基亚硝胺等。②碱基类似物、修饰剂对 DNA 的损伤。碱基类似物是一类人工合成的化合物，它的结构与 DNA 正常碱基类似。它可取代正常碱基掺入 DNA 链中，并与对应的正常碱基配对，从而引发碱基对的置换，干扰 DNA 复合合成。一些碱基类似物可作为促突变剂或抗癌药物用于恶性肿瘤的治疗，如 5-溴尿嘧啶(5-BU)、5-氟尿嘧啶(5-FU)、2-氨基腺嘌呤(2-AP)等。碱基修饰剂是通过修饰 DNA 链上的某些碱基，改变被修饰碱基的配对性质，从而影响 DNA 复制合成。例如，亚硝酸盐能使 C 脱氨变成 U，不能与原来的 G 配对，经过复制就可使 DNA 上的 G-C 变成 A-T，从而改变了碱基序列。③插入剂对 DNA 的损伤。一些具有平面结构的化学分子，它能插入到 DNA 碱基对中，导致碱基对间的距离增大，造成 DNA 双链的错位，引发 DNA 复制过程中核苷酸的缺失、移码等，如溴化乙锭、吖啶橙等。

4. DNA 损伤修复

DNA 损伤修复是细胞对 DNA 受损伤后的一种反应，它使基因组恢复原样，避免受损伤和突变，因此对细胞的生存和繁衍是很重要的。DNA 损伤往往会造成 DNA 分子结构的破坏或碱基排序上的改变，极大改变基因编码信息和细胞阅读信息的方式，并可能引发生物体中的潜在有害突变，进而影响生物体的存活。因此，生物体为保证自身遗传信息能够有效地传递下去，DNA 修复必须经常运作，以便快速地改正 DNA 结构上的任何错误之处。DNA 损伤修复是在多种酶的作用下，纠正 DNA 双链间错配的碱基、清除 DNA 链上受损的碱基、恢复 DNA 的正常结构，降低突变率，保持 DNA 分子结构的相对稳定性和完整性。

(1) 光修复(light repair)又称光逆转，是最早发现的 DNA 修复方式。在暗处，光复活酶能特异性地识别因紫外线照射而造成的核酸链上相邻嘧啶共价结合的二聚体，并与其结合，但不能解开二聚体。在可见光(波长 300~600 nm)照射下，光复活酶被激活，将二聚体解聚为原来的单体核苷酸形式，完成修复过程。光修复是低等生物的 DNA 损伤修复的主要方式，在高等生物中也有发现。

(2) 切除修复(excision repair)又称切补修复，是生物界最普遍的一种 DNA 修复方式。它是一个多步骤修复过程，在一系列复杂生物酶的协助下，首先由一个生物酶识别 DNA 损伤部位，并在损伤两侧切开 DNA 链，再在外切酶的作用下切除损伤的核苷酸序列，此后在 DNA 聚合酶的作用下，以另一条链为模板合成新的 DNA 单链片段，填补切除后的缺损区；最后在连接酶的作用下，形成新的 DNA 双链，完成 DNA 损伤修补。

(3) 重组修复(recombination repair)是指当 DNA 分子的损伤面较大，无法成为复制模板来合成互补的 DNA 链，产生缺口。于是将另一段未受损伤的 DNA 相应部位切出移到损伤部位，通过细胞间期 DNA 合成期来修复损伤。通过重组修复后，DNA 损伤仍可能保持下来，随着 DNA 复制的继续，若干代以后，损伤链所占比例越来越少，最后不影响细胞的正常功能，损伤得到修复。重组修复与切除修复的最大区别在于前者不须立即从亲代的 DNA 分子中去除受损伤的部分，采用在后续的 DNA 复制过程中逐渐"稀释"DNA 损伤的办法保证 DNA 复制继续进行。重组修复是啮齿动物主要的修复方式。

(4) SOS 修复又称为错误倾向修复(error-prone repair)，是指 DNA 受到严重损伤时诱导产生的的一种 DNA 应激性修复方式。这种修复是为了提高细胞的生成率，不能保证基因组的修补是否正确，因此留下的错误较多，使细胞有较高的突变率。

除了上述修复方式外，还有适应性修复、链断裂修复、链交联修复等。DNA 损伤修复的研究有助于了解基因突变机制、某些遗传疾病的发病机理、细胞衰老、免疫和癌变的原因。因此，对于 DNA 损伤修复的研究还在不断深入。

8.2 生 物 存 储

8.2.1 信息存储

"针尖上能有多少个天使跳舞？"这个问题在西方神学史上流传已久，通常被用来形容一个课题的陈腐。如今站在信息存储的角度上来看，它可以看作是一个存储问题，即如何在单位体积中存储尽可能多的信息。半个世纪以前，美国物理学家费曼(R. Feynman)在一次题为"There's Plenty of Room at the Bottom"的演讲中就提出了一个有关信息存储的问题：能否在一个针尖上存储整套《大英百科全书》？对于这个问题的探索，预示着信息存储技术的明天。

人类文明的发展是人类对信息传播和存储方式的发展。从某种意义上讲，人类对信息传播、记录及存储的发展史就是一部人类文明的进步史。历史上，人类曾经创造过很多信息存储的方法，如结绳记事，将文字记录在骨骼、金属和纸张上等。如今，随着计算机技术的日益普及，人类能将文字、声音、图形等转变为数字化的信息进行存储，这已成为当前最热门的存储方式，甚至连图书馆的藏书，也有数字化的趋势。

信息存储的发展史，也是人类文明的发展史。从1952年第一台0.5 in (1 in = 0.0254 m)磁带机在IBM公司问世以来，磁盘、光盘、闪存(flash memory)、硬盘、网盘等各种存储器，各种各样的存储介质技术、存储管理软件、存储材料、传输技术的发展使存储产品多样化，信息存储的容量不断增大，存储效率不断提高，庞大存储系统的管理也更加自动化。以目前广泛应用的闪存为例，它出现于20世纪80年代初，是一种断电不丢失信息的半导体存储芯片。它具有体积小、存取快、能耗低和不易受物理破坏等特点，已成为便携式电子产品理想的存储器件，如MP3播放器、电子书阅读器、手机、数码相机、掌上电脑和全球卫星定位仪等。与硬盘相比，闪存作为存储介质具有众多的优势，如闪存结构不怕震、更抗摔；闪存的存储不依赖高速转动，而硬盘受到转速的限制；闪存的写入是采用电压，数据不会因为时间而消除，比硬盘的靠磁性写入更安全；闪存可在一些极端条件下(用洗衣机洗、吉普车压、酸液腐蚀、干冰冷冻等)保持数据不丢失。有人不禁会问：闪存能全面取代硬盘吗？从目前的发展看，答案还是否定的。目前闪存的最大容量与硬盘仍有一个数量级的差距，而且由于制备材料原因，闪存的价格比同等容量的硬盘贵得多。除了容量和性价比方面的原因外，闪存的读写速度相对较慢、无法提供任意的随机改写、具有抹写循环次数的限制等，极大地制约了闪存的进一步商业应用。随着存储技术的不断发展、存储材料的不断更新，闪存无论是在外观上，还是在性能上都有极大提升，以闪存为存储介质制作的微型U盘可作为饰品挂在钥匙扣上，甚至可以制成特色戒指戴在手指上。

8.2.2 生物存储器

1965年，时任仙童半导体公司研究开发实验室主任的摩尔应邀为《电子学》期刊35周年专刊写了一篇观察评论报告，题目是《让集成电路填满更多的元件》。在摩尔开始绘制数据时，提出了著名的摩尔定律，其内容为：当价格不变时，集成电路上可容纳的晶体管数目,每隔18~24个月便会增加一倍,性能也将提升一倍。随着科学的发展,信息时代的来临,更新、更快、更大的信息存储器已成为当前的发展趋势。

随着全球信息化进程的加快,世界上的数字信息每天以惊人的数量增加。截至2013年,仅全球互联网1天产生的数据量可以刻满1.88亿兆的光盘。不断增加的数字信息对数据的存储和档案提出了挑战。对于生命科学领域来说,如何高效、永久地保存记录大量DNA序列的科学数据,也成为一个日益凸显的问题。当前光盘容量较小、闪存价格昂贵、硬盘信息安全性较低且需要动力支持,因此急需容量更大、价格低廉、简单便携的存储介质和新的存储技术来满足日益增长的存储需求。传统上,信息存储技术主要包括磁存储、光存储、半导体存储以及各种新型存储器及其相应的存储设备。随着摩尔定律的升级,目前的存储介质和存储技术的急速发展不断挑战存储极限,于是人们不断从周边环境中寻找解决问题的灵感。2007年,日本科学家利用趋磁细菌,率先制造出能代替计算机磁盘存储数据的细菌存储器。2012年,德国和中国台湾的联合科研团队宣称制造出基于DNA的存储器。该存储器以三文鱼的DNA为基础,能实现单次写入多次读取。遗憾的是,该DNA存储装置没有利用DNA的结构特征进行编码,而且存储的数据信息只能维持30 h。受这些工作的启发,人们逐渐认识到DNA封闭的双螺旋立体结构是绝佳的存储方式,相比于磁片、光盘甚至是磁盘的平面存储方式而言,能存储更多的数据量。据推算,存储上千亿个千兆字节的信息,只需要一克DNA。

1. 蛋白存储

蛋白质作为一类遗传物质,已开始逐渐应用于信息存储上。2006年,波士顿哈佛医学院的Renugopalakrishnan教授声称已经研究出了利用基因改造微生物蛋白质制作的涂层。这种光敏蛋白质来自Halobacterium沼泽内一种嗜盐微生物体内的隔膜,又被称为"噬菌调理素"(bR),可捕获、存储阳光并转换为化学能,其间会产生一系列具有独特颜色和形状的中介分子,并随后返回到基态。这种中介分子通常只会存在数小时到数天,但Renugopalakrishnan教授和他的同事通过基因改造使其得以延长到数年,也提高了高温下存储数据的稳定性。这一成果可将信息存储在只有几纳米大小的蛋白质分子中,属于一种生物设备。而且利用这种蛋白质构成的涂层也有望让DVD达到50 TB的存储容量,为生物分子存储二进制数据铺平了道路。如果在存储装置当中集成数千个这种蛋白质,将会进一步提升存储容量[1]。

时隔一年,美国康涅狄格大学的Jeffrey Stuart研究小组通过重新处理视紫红质菌(噬菌调理素),构建了全息存储系统。通过使用激光在微生物蛋白上刻蚀数据,用蓝光照射就可以擦除蛋白质上存储的所有数据,制造了一种可重复擦写1000万次以上的全息存储器。该全息储存器将数据存储在一个三维的空间，相对于传统的二维空间存储，具有更大的存储容量，并且数据存取速度要比传统的快几百倍。噬菌调理素是一种类似于视紫红质的紫色燃料，它能将阳光直接转变成化学能。当蛋白质处于周期中的某些状态时，可以吸收光线形成全息图。只是这些状态在天然环境中维持时间很短，通常只有 10~20 ms。研究发现，在特定阶段用红色光照射该蛋白质，能迫使其产生可用的"Q 态"。经外界刺激后产生的可用"Q 态"能持续数年之久。在前人研究基础上，分子生物学家罗伯特团队采用基因方式处理嗜盐杆菌，使之产生一种能产生"Q 态"的蛋白质。将这种蛋白质悬浮于聚丙烯酰胺凝胶中，构建存储器件。首先用绿色激光束调制凝胶，将干涉图样印记在蛋白质上来存储数据，并对数据进行编码。读取数据时，系统用低功率的红色激光束回溯干涉图样，蓝色激光束来擦除数据。

目前，生物全息存储系统在存储量、数据读取速度和稳定性上还有待提升，而且它还不能像光盘那样可以实时擦写。但生物全息存储器独特的优势，已受到科学家们广泛关注，正如美国 Starzent 公司的 CEO 蒂姆哈维(Tim Harvey)所预测的那样，基于蛋白质的全息媒体存储技术有望大幅度降低数据存储成本。随着生物技术的发展，有望找到一种适当的遗传性变型蛋白质，用于批量生产蛋白质全息存储器[2]。

2008 年，日本发布了利用蛋白质制造高性能存储器的技术，该项技术由松下公司、日本东北大学、东京工业大学和大阪大学联合开发。目前半导体器件主要靠先进的光刻技术提高集成度。受技术条件限制，传统的半导体工艺很难加工几纳米线宽的半导体器件，目前光刻技术的极限约为 45 nm。在器件价格不断降低的市场大环境下，为降低成本、提高产品竞争力，半导体厂商纷纷开发相对于传统光刻技术成本更低的新型半导体制造技术。因此，利用蛋白质制造器件的技术渐渐进入了人们的视野。日本科技人员开发的此项新技术，利用了蛋白质所具有的特殊的"自组织"现象，使内部有空洞的球状蛋白质在适当的条件下将极小的金属微粒规则排列。该技术是在传统技术基础上开发的，具有通用性强、成本低、存储量大等优点，标志着生物产业进入半导体器件制造领域新时代的来临。使用该项技术，可在一张邮票大小的存储器上存储 1 TB(10^{12}bit)的数据，是当前传统存储器容量的 30 倍。目前利用新技术制作的存储器已成功地实现了数据存储，日本科技人员预计 5 年后可批量生产实用的器件。

2. DNA 存储

除了蛋白质能被用作存储器外，DNA 也广泛应用于构建生物存储器。理论上，DNA 的每个核苷酸可以编码两个比特，每克单链 DNA 可存储大约相当于 1000 亿张 DVD 光盘(每张光盘容量为 8.5 GB)的信息，其存储密度几乎是闪存等现有数字媒体的五六百倍，因此 DNA 被公认为已知密度最高的存储介质。和其他生物存储介质相比，DNA 存储更稳定，即使在室温下也是稳定的，而且人们不需要借用任何能量来保存它，只要将它放置于干燥、黑暗、冷僻的地方即可，这样它就能保存很长一段时间。我们甚至可以从几万年前的猛犸象骨头中提取到 DNA，这更加证明了 DNA 是一种可靠、稳定的存储信息介质。读取 DNA 存储器上的数据信息需要一个 DNA 测序仪和一台计算机。DNA 中的四种碱基与二进制中的 0 和 1 相对应，通过建立 DNA 短链来确定这些编码的顺序和位置，因此利用数字"条形码"的形式记录原始文件在 DNA 片段中的位置，而且每个片段都被复制数千次了，通过对比识别和校正运行中的任何一个小错误。当所有的片段重新组装后，就可以转换成数字格式，被计算机读取出来。目前，DNA 存储设备还存在诸多问题，如成本高、访问速度慢、存储和读取时间长、无法覆盖和重写数据等。随着 DNA 测序技术的日益成熟、编码和测序的成本逐年下降，将推动 DNA 存储器的研究快速走向商业化。通常科学家们采用人工合成的短链 DNA 片段来编码数据，并非采用活细胞的基因组。因为向活体 DNA 里写入数据有诸多困难，首先，活细胞中的存储数据会随细胞死亡而丢失；其次，细胞中的存储数据会随着细胞分裂、复制产生的变异而改变；此外，合成长序列 DNA 片段成本很高，而且利用 DNA 长序列读取和写入数据还存在一定难度，因此利用 DNA 进行大规模数据存储目前还不太现实。

莎士比亚的 154 首 14 行诗，曾直抵那些失恋之人的心脏。现如今，这些浪漫诗歌却可以以一种让人意想不到的方式，被编写进生命的编码中。2013 年 1 月，剑桥大学欧洲生物信息研究所的尼克·高德曼和伊万·伯尔尼用 DNA 的形式将莎士比亚的诗歌存储了起来，充分展示了 DNA 储存的巨大潜力。两位科学家在德国汉堡的一家酒吧提出了这个想法，他们当时的设想是，什么东西可以替代人们正在使用的昂贵硬盘和磁带，来储存人们日益增长的数据？在他们看来，DNA 是一种让人难以置信、高效且紧凑的信息储存方式。由此，他们致力于设计一种能将分子转换成数字记忆的方式。他们发明了用四个分子字母 G、T、C、A 来编码储存信息。与用 0 和 1 两个数码来表示所不同的是，高德曼二人的编码是将数字代码中的每 8 个数字变成 DNA 中的 5 个字母。例如，字母 T 的 8 位二进制代码，在 DNA 中就变成 TAGAT。如果要存储文字，科学家就会将 5 个 DNA 字母组合起来。所以，莎士比亚某首十四行诗诗句"Thou art more lovely and more temperate."中的首个字母"Thou"，就变成了 TAGATGTGTACAGACTACGC(图 8.5)。他们估算，0.3 亿万分之一克的 DNA 就可存储一首莎士比亚 14 行诗[3]。

哈佛大学的研究团队将一本遗传学课本 (*Regenesis: How Synthetic Biology Will Reinvent Nature and Ourselves*)的全部内容，共计 527 万比特的数据存储到约 1 pg (10^{-12} g)的 DNA 序列(图 8.6)，其中包括 53400 个单词、11 张图片和一个 Java 程序。科学家们先用喷墨打印机将这种 DNA 短片段嵌入到微阵列芯片表面。接着，他们

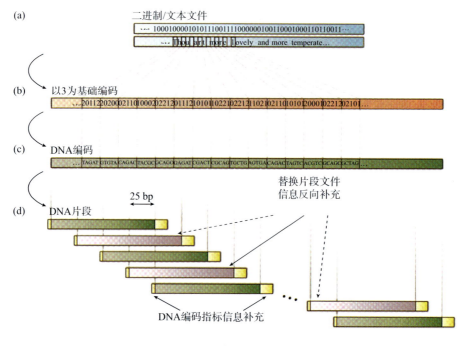

图 8.5　数字信息编码在 DNA

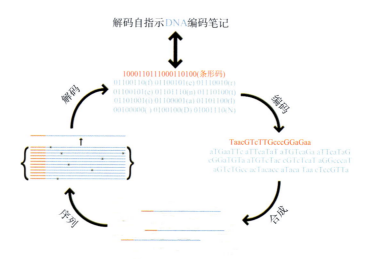

图 8.6　DNA 信息存储示意图

把计划写入的信息(图片、文字和程序)划分成微小的数据块,并将这些信息用二进制数据 0 和 1 进行编译;这些二进制数据可转为 DNA 链中的四种碱基,例如,把 0 转为 A 或 C,把 1 转为 G 或 T。通过测序将所有 DNA 片断中的编码按照标记顺序进行排列,再还原成二进制格式的数据,完成存储数据的读取。每个 DNA 片段可轻松被复制数千次,通过相互比对校正,这个存储系统的读取错误率为每百万比特只有两个错误,可与 DVD 比肩,远优于磁性硬盘驱动器,而且该存储系统的存储密度远高于 DVD、硬盘等介质[4]。不过,DNA 存储系统还不能进行可擦写数据存储,只适用于长期归档存储,主要是由于数据编码在 DNA 合成过程中就完成了,无法随意更改。到目前为止,DNA 的合成成本依然很高。高德曼的团队估计,目前在 DNA 中编码每 MB 的数据成本需要 1.24 万美元,读取则需要 220 美元。如果价格能降两个数量级,那么在接下来的 10 年 DNA 存储器的价格将很快低于磁带。

3. 细菌存储

10 多年前,有科学家提出利用细菌进行资料存储,并发现不同细菌在资料存储上有不同优势。理论上,细菌的生物存储系统可在非常小的空间支持海量的数据;而且有些细菌即使在某些极端情况下,也能可持续复制,从而保证数据能可靠地存储长达数千年之久。例如,当遇到毁灭性的核灾难时,细菌(如耐辐射球菌)能很好地存活下来,而人类和一些信息存储设施(光盘、硬盘)都会因核灾难而毁灭。如果将关键的援救信息提前植入到这些细菌里面,人类就有可能会获得拯救。

日本恐怖小说《午夜凶铃》的女主角贞子就是这样把自己的信息放在类天花病毒(RING 病毒)中,通过不断让人感染而生存下去的。这个故事听起来有些像天方夜谭,但日本的分子生物学家已成功地把 "$E = mc^2$ 1905!"(爱因斯坦于 1905 年阐明他的相对论)编码到土壤中常见的枯草杆菌里面。2007 年,日本庆应义塾大学研究人员利用活细菌替代磁盘和光盘等存储媒介,开发出一种可长期保存数据的新技术。众所周知,生物 DNA 序列会随着世代更替而发生改变,从而使插入的记录有数据信息的人造序列也随之发生改变,造成存储信息的缺损。为了解决细菌存储系统中的这一难题,他们把人工合成的 DNA 复制数份,分别插入枯草菌 DNA 序列的不同位置,这样即使部分数据因人工合成 DNA 序列改变而被破坏,也能依靠其他正确的副本来修复(图 8.7)。而且即使细菌死亡,只要能提取出 DNA,就能读出数据。

同时,信息存储的安全性问题即 DNA 分子的稳定性问题也受到该研究小组的关注。在一些不利环境条件下(极端温度和脱水),DNA 分子的结构容易遭到破坏,如 DNA 双链断裂等。所以存储载体一定是在各种环境中都可以存活而不发生变异的细菌。为此,该小组的生物学家特意选择了强壮的枯草杆菌作为实验对象,因为它能产生具有抵抗力的孢子来适应各种不利环境,如紫外线、脱水、供氧、营养物不足和有机溶剂等。日本科学家通过计算机演示得知,存储在细菌体内的数据能稳定地随着细胞的遗传相传千年[5]。

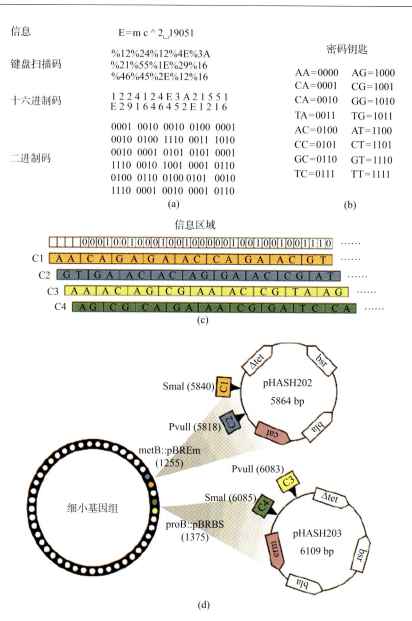

图 8.7　枯草芽孢杆菌基因组中的信息加密

时隔四年，香港中文大学研究人员也成功地将近 1290 个英文单词储存在了 18 个大肠杆菌细胞的 DNA 中，并实现了数据加密。他们使用的技术(将细菌细胞中的 DNA 取出，用酶操纵它们并使之返回到一个新的细胞)类似于制造转基因食品的技术。与改变有机体的组成部分不同，香港的研究团队在检查对主数据库的更改后，将额外的信息搭载在细胞的 DNA 上，以确保其不产生意外的毒性作用。他们将庞大资料数据分成小份，再运用他们特设的崭新系统为各个小份排序，以确保在存入资料的过程中，信息能保持完好无缺，继而将各小份输入细菌的基因细胞里。在资料加密方面，他们设计了一套三重保密系统为资料编码、加密及核对总和；用者须提供足够的资料才可提取档案，保障资讯安全。通过此技术，1 g 细菌可储存多达 90 万 GB 数据，相当于 450 个现有容量 2 TB 的硬盘。此崭新的生物加密系统亦具广泛的应用前景，如将附加信息编码输入生物体(如转基因作物)，制造基因改造食物及生物条码，用以识别或帮助追踪特定转基因作物的源头。

8.2.3 生物存储的未来

随着信息全球化的发展、社交网络的快速流行、移动设备的大力普及、监控设施的全面覆盖，各种照片、视频信息成倍增长。如何能随心所欲地存放自己想要保存的信息？新的、大容量的信息存储技术已成为现代人的迫切生活需要。现阶段的信息存储技术还难以满足人类可以在每一寸土地上安装摄像头，将每一处每一分每一秒发生的事情都记录下来而不需要删除以前的信息记录。一旦 DNA 存储技术成熟，我们可以把所有的图书、资料、视频等信息通通存储起来，几百千克的 DNA 就能够胜任这个"全人类"的工作，而不必担心家里没有地方放硬盘。

利用 DNA 的优势可以存储更加密集的信息，而且另一个主要优势在于 DNA 是一个生物分子，并且它总是能够在生物学上被读取同时也不需要诸如 CD 或 DVD 的特殊设备。目前，将 DNA 作为一种通用的数据存储介质还不切实际，主要受到操作成本较高、运行速度慢和测序仪器还不能满足日常测试需求等因素的制约。但随着基因芯片技术的发展和个体化医疗的兴起，DNA 合成和测序已逐渐商业化和大众化。现在利用第四代的基因芯片技术不到一天就可以解码一个人类基因，而以前则需要几年。未来 5~10 年内有望开发出比传统数字存储设备更快、更小、更便宜的 DNA 存储设备。随着 DNA 技术的商业化和制备成本的降低，未来的 DNA 硬盘或许会取代今天的硬盘、光盘，成为通用的存储介质。

8.3　DNA 计算机

在过去的 30 多年中，半导体工业的发展基本上遵循着摩尔定律，大约每 18 个月就会把指甲大小硅片中的晶体管数量增加一倍。从 2005 年开始，微电子行业采用的是 0.09 μm，已突破之前预测到 2010 年才达到的 0.1 μm。据国际权威机构预测，到 2016 年，微电子工艺可突破 0.02 μm。随着微电子技术的不断突破，未来晶体管的组件可能会小到只有几个分子那么大。在如此小的距离内，起作用的将是量子领域的隧道效应而不是传统的计算机理论。此时电子会越过导线和绝缘层从一个地方跳到另外一个地方，从而产生致命的短路。因此，寻找替代硅的电子器件已成为现代计算机领域的一项重要研究。

早在 1948 年，现代计算机之父冯·诺依曼就提出"自动复制机器"的设想：一个能够自我繁殖、能自我复制并将自身的描述传递给下一代的系统，周而复始，永不停息。随着生物学的发展和生命奥秘、遗传奥妙的发现，人们发现生物体遗传性状是通过 DNA 自我复制传递给子代，DNA 也许就是冯·诺依曼描述的自动复制机器。1994 年，国际著名杂志 *Science* 上报道了南加利福尼亚大学莱昂那多·阿德莱曼(Leonard Adleman)教授首创的 DNA 计算机概念。他第一个在试管中通过 DNA 分子反应解决了数学上的 Hamilton 路径问题，这也是 DNA 分子计算机最早的模型实验。它突破了传统计算机在理论和工艺上的诸多限制，拥有其他计算机无法比拟的优势。一位科学家预言："未来 DNA 计算机的芯片也许就是一滴溶液。"[6]

DNA 计算机是一种生物形式的计算机，它最大的优点在于其惊人的存储容量和运算速度。$1 m^3$ 的 DNA 溶液，可存储 1 万亿亿的二进制数据，十几小时的 DNA 计算，相当于所有计算机问世以来的总运算量，而 DNA 计算机消耗的能量却非常小，只有普通计算机的十亿分之一。DNA 计算机最吸引人之处在于：作为生物计算机，它在"人机合一"方面的发展前景将是令人难以想象的。展望 21 世纪，DNA 计算机将是传统计算机理想的终结者。

8.3.1 DNA 分子计算机的基本原理

完整的计算包括数据输入、运算及输出过程。如图 8.8 所示，DNA 计算机的工作原理主要是通过特定 DNA 片段之间的相互作用来进行运算的。具体是以脱氧核苷酸上大量存在的遗传密码为输入信息，通过化学酶对 DNA 进行修饰、切割和连接这些运算过程，将某一基因代码变成另一种基因代码，完成类似于传统计算机从输入数据到输出运算结果的过程。DNA 分子是由两条含有众多 4 种脱氧核糖核苷酸并按照一定次序排列的单链 DNA 互补缠绕形成的，具有独特的双螺旋结构。4 种脱氧核糖核苷酸主要的区别在于含有不同的碱基，如腺嘌呤(A)、鸟嘌呤(G)、胸腺嘧啶(T)和胞嘧啶(C)。含四种碱基的核苷酸遵循碱基互补配对原则，即含有 A 的脱氧核糖核苷酸与含有 T 的互补配对，含 G 的与含 C 的互补配对，这也是 DNA 双螺旋结构和生物体遗传的物质基础。如上所述，DNA 计算机是通过特定 DNA 片段之间的相互作用来得出运算结果，它主要是建立在碱基间特异性的配对原理上的。事实上，DNA 分子可以看成四种不同符号 A、G、C、T 组成的串，可以将字母组

合 Σ={A, G, C, T}按照碱基互补配对原则进行编码。

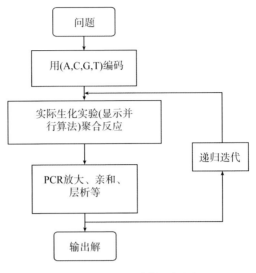

图 8.8 DNA 计算机框图

DNA 序列上一些简单的操作通常需要生物酶的辅助，并且这些生物酶都具有各自的生物专一性。在 DNA 计算机中起作用的主要有四种酶：第一种叫限制性内切酶，它可将特定识别的 DNA 双链从识别位点处切开；第二种酶是 DNA 连接酶，它的主要作用是将两个 DNA 片断连接起来；第三种酶是 DNA 聚合酶，它的主要作用是进行 DNA 的复制；第四种酶就是 DNA 外切酶，它可以有选择地破坏双链或单链 DNA 分子。DNA 计算就是通过对 DNA 序列的生物操作，如合成、混合、退火、分离、溶解、抽取、复制、切割、替换、标记、破坏、连接、检测和阅读来实现的。目前，可以选择物理或生化的方法实现对 DNA 分子的操作，如温度、酸碱度的物理操作和各种生物酶的生化操作等。下面介绍一些 DNA 计算中的重要操作。

1) DNA 变性和复性

DNA 变性是指 DNA 分子在某些理化因素的作用下，维持双螺旋稳定性的氢键和疏水键发生断裂，使 DNA 双螺旋结构松解变为 DNA 单链的现象。能引发 DNA 变性的因素很多，常见的有加热、极端的 pH、尿素和甲酰胺等。变性后，DNA 从双链变为单链，其在 260 nm 处的吸收会大大增加。DNA 复性是指变性的两条互补 DNA 单链在适当条件下，全部或部分恢复到天然双螺旋结构的现象，它是变性的一种逆转过程。对于经过热处理变性的 DNA，一般经缓慢冷却后即可复性，此过程称为"退火"。

2) DNA 杂交

DNA 杂交是指来源不同的 DNA 片段，按碱基互补原则结合形成杂交双链分子

(heteroduplex)。DNA 杂交可发生在 DNA-DNA、RNA-DNA 和 PNA-DNA 链之间。DNA 杂交是 DNA 复性在一定条件下的实际应用，也是 DNA 计算研究中一项最基本的实验技术。

3) DNA 探针

DNA 探针一般是人工合成的带有特定标记物的已知单链 DNA 片段，可与靶序列互补形成杂交双链，结合适当的检测技术实现靶序列的检测。DNA 计算机在运算时，需要 DNA 探针特异性的识别和检测来操作 DNA 链，从而判断 DNA 计算的结果是否正确。

4) DNA 扩增

DNA 扩增就是将特定的 DNA 片段的拷贝数选择性地大大增加的过程。其中，聚合酶链反应(PCR)是当前较普遍的一种扩增技术，能在较短时间周期内产生数百万个所要求的 DNA 分子的拷贝。该技术已广泛应用于生物分子学、微生物学、医学及遗传学等诸多领域。为了提高 DNA 计算机在极微量条件下检测和读出的准确性，DNA 扩增技术已成功运用于 DNA 计算。

5) 凝胶电泳

凝胶电泳(gel electrophoresis)是用琼脂糖或聚丙烯酰胺为支持介质，利用电场作用将样品分离提纯的一种电泳方法。由于 DNA 分子是带有磷酸骨架的两性电解质，在常规凝胶电泳中(pH≈8.5)，DNA 分子带负电荷，因此向正电极方向移动。一般而言，短片段的 DNA 在凝胶电泳中比长片段的 DNA 分子具有更快的移动速度。在一定时间范围内，长度不同的 DNA 分子移动的距离是不同的，从而达到分离的目的。在 DNA 计算中，一般也采用凝胶电泳的方法分离、提纯不同长度的 DNA 链。DNA 分子长度可用碱基对的方式来表示，如果一个 DNA 分子由 12 个核苷酸组成，则写成 12 bp。

6) 生物酶操作

生物酶是由活细胞产生的具有生物催化功能的生物大分子，大部分为蛋白质，也有极少部分为 RNA。相比于化学催化剂，生物酶具有反应条件温和、高的催化活性和强的催化专一性等优点，已广泛应用于生物工程等领域。目前，生物酶已成功应用于 DNA 计算，其主要功能如下：

(1) DNA 延长：以已存在的 DNA 分子为模板、核苷酸为底物，根据碱基互补配对原则，利用 DNA 聚合酶使核苷酸沿 3′ 端方向逐步加载到 DNA 模板上，实现 DNA 分子的延长。需要注意的是，聚合酶只能沿 5′→3′方向伸展。

(2) DNA 削减：核酸酶是一种降解 DNA 的酶，它能水解核苷酸之间的磷酸二酯键，使核苷酸从 DNA 链上脱落下来。根据核酸酶作用位置的不同，可分为核酸外切酶(exonuclease)和核酸内切酶(endonuclease)。其中核酸内切酶能有效限制外源

DNA 在细胞内的表达,而核酸外切酶能有效纠正 DNA 在复制过程中的错误。根据不同的需要,核酸酶能有效地完成一条已知 DNA 链的削减。核酸外切酶可以沿 5′→3′和 3′→5′两个方向同时进行。

(3) DNA 连接:DNA 连接就是通过 DNA 连接酶将不同的 DNA 分子粘合在一起。在 DNA 计算过程中,除了需要 DNA 削减外,还需要 DNA 连接。通常是将生物酶处理得到的具有相同黏性末端的不同 DNA 分子,按照 DNA 杂交的方式形成磷酸二酯键,完成 DNA 序列的重组形成新的 DNA 片段,满足所求解问题的限定条件。

DNA 计算机之所以可行是因为一定长度的 DNA 链可以完全满足数据存储的要求。首先,DNA 链中的四种单核苷酸可以胜任数据编码,而且现代化学技术可人工合成能存储或代表所有数据的 DNA 链[7]。其次,DNA 链在不同生物酶的作用下,通过控制反应条件,使 DNA 链变复性、延长、削减和连接[8],实现信息的有趣数学组合[9],而且 DNA 分子能同时进行大量的生化反应,从而保证了信息处理的高度并行性。高度发展的现代生物技术,如特定的限制性酶切技术、PCR 技术、自动化的 DNA 测序技术等能有效地人工控制 DNA 反应、放大 DNA 信号和检测目标 DNA,完成整个运算过程[10]。综上所述,DNA 分子独特的生化性质以及分子生物学的快速发展,为 DNA 计算机逐步取代传统计算机解决数学问题提供了无限可能性。

8.3.2 DNA 计算机的优势与不足

作为新型的生物计算机,DNA 计算机具有突出的优势。

第一,DNA 计算机运算快。相比于传统的电子计算机,DNA 计算机运行速度快且具有高度的平行性。传统的电子计算机只能逐个分析所有可能解决的方案,而 DNA 计算机是同一时间分析所有可能的答案。当数以亿计的 DNA 分子同时进行同一生化操作时,相当于 DNA 计算机工作一次进行了亿次的运算,极大地提高了工作效率,是目前拥有多处理器的超级计算机也无法比拟的[11]。如果我们把两条含有 4×10^{14} 个核苷酸的 DNA 链的连接看成是一个简单操作,并且假定一半的核苷酸在第一步中参加连接反应,那么第一步就有 10^{14} 个操作,此时 DNA 计算机每秒的操作量是目前超级计算机(每秒可处理 10^{12} 条指令)的上千倍[12]。对于 DNA 计算机,这一步的操作数很容易扩大到 10^{20} 个或更多(例如,改变 DNA 浓度或 DNA 链上的核苷酸数目)。

第二,DNA 计算机耗能低。DNA 分子连接反应中,一分子腺苷三磷酸水解反应的吉布斯(Gibbs)自由能约为-8 kcal/mol (1cal=4.186 J)。因此 1 J 的能量大约能满足 2×10^{14} 个这样的反应发生。同样 1 J 能量,现有的超级计算机仅能完成 10^9 次操作,这主要归结于复杂的集成电路在运行过程中能量消耗大。DNA 计算机在运算过程中其他能量消耗，如核苷酸的合成和PCR扩增，比起超级计算机来说也是微不足道的。

第三，DNA计算机体积小、存储量大。如前所述，DNA被公认为当前存储密度最高的存储介质，因此DNA计算机的存储信息的空间仅为普通计算机的几兆分之一。换句话来说，我们可以在一个试管中容纳1万亿个DNA计算机。

第四，DNA计算机抗电磁干扰能力强。DNA计算机的元件是由核苷酸组成的DNA片段，它们受生化反应控制，所以不受电磁干扰的影响。

第五，DNA资源丰富。DNA人工合成技术的快速发展和天然提取DNA技术的日趋成熟，为设计和开发DNA计算机提供了有力的资源支持。

目前DNA计算的研究已取得一些不错的进展，但还有许多实际问题和理论挑战尚待解决。

第一，成本问题。复杂问题编码需要长的DNA链或大量DNA链，造成DNA计算机成本大幅增加，是DNA计算推广应用的极大障碍。

第二，运行障碍。DNA在处理大规模操作和复制过程中难免会出现误差。首先，DNA本身在复制、转录过程中产生误差；另外，DNA计算过程中的PCR扩增过程带来误差，PCR操作的可靠性只有95%。由于DNA计算时同时有巨量的DNA序列进行反应，不可避免会出现一些错误配对的情况，这些错误如果不断地被累积和放大，最终可能会导致错误的结果出现。

第三，普适性及有效性问题。虽然DNA计算机具有运行速度快、并行性高、生物兼容性好等优势，但DNA计算机在实际应用中并不能完全替代电子计算机。另外，DNA计算机的很多操作是在生物酶的作用下完成的，生物酶的活性问题也严重制约着DNA计算机的效率。

8.3.3 DNA计算机的发展简史

1994年，Adleman博士用试管中的DNA计算机，只用7天就推算了著名的数学"推销员问题"：一个推销员从 n 个城市中的任一城市出发，用最短的路线走遍所有城市，再回到他出发的城市。这个运算速度比当时最快的半导体计算机快了100多倍，令人叹为观止，从而引发了DNA计算机研究的新浪潮。从此以后，许多研究者致力于DNA计算机的设计与开发，并逐渐将其应用拓展到信息、生物、化学和医学等领域。2001年，第一台全自动运行的DNA计算机在以色列Weizmann科学研究所问世，它能完成大部分普通计算机的功能，更神奇的是它完全可以在生物体内储存和处理信息代码。这标志着DNA计算机的研制向着实用化阶段迈进。时隔一年，日本发布了全球第一台能够应用于基金诊断的商业化DNA计算机。第一本DNA计算机领域的权威专著 *Theoretical and Experimental DNA Computation* 于2005年出版了。作者Martyn Amos在这本专著中全面介绍了DNA计算机的历史和发展,并对当前所有DNA计算机的理论模型和实验结果进行了详细论述。2006年,我国科学家成功研制的新型"DNA逻辑门"使DNA计算机系统的稳定性大大增强。同一年,美国开发的DNA计算机能够更快速、更准确地检测各种病毒以及其他疾病,如西尼罗河病毒和禽流感病毒等。2007年,美国科学家利用DNA计算机关闭编译某种荧光蛋白的目标基因,采用的手段是将源于其他物种的单siRNA分子导入细胞。2009年,美国研制出可解决复杂数学问题的以大肠杆菌为基础的细菌计算机,该计算机的运行速度远快于任何硅基的计算机。随着DNA分子技术日趋成熟,DNA计算机步入快速发展阶段。2011年7月,以色列科学家研制出可同时自动探测多种不同类型的分子的新型生物计算机。不仅如此,该计算机还可用于疾病诊断、药物控制释放,实现诊断治疗一体化。9月,美国科学家开发了可触发癌细胞毁灭的生物计算机。10月,英国开发出模块化的"生物电路",为未来建立更复杂的生物处理器铺平了道路。2012年,我国科学家将不同DNA和纳米材料有机结合,构建模块化的生物逻辑门,实现了对多种生物蛋白的选择性识别与检测。

8.3.4 DNA计算机的应用

近年来,DNA计算机领域飞速的发展让人们逐渐认识到DNA计算机不仅仅是传统电子计算机的竞争者或者替代物,更可能是电子计算机的互补者。由于DNA计算机本身的特点(包括优点和缺点),其今后的发展可能是致力于解决一些电子计算机难以完成的任务。事实上,DNA计算机本身还存在一定的瓶颈问题,如可靠性、灵活性、可操作性等,我们很难预期其在不久的将来可以实现诸如文字处理、网络等常规功能,但是DNA计算机在特定的复杂问题领域显示出极大的潜力,已经成为科学家关注的热点。

1. DNA计算机在求解NP完全问题的应用

DNA计算可用于解决经典的、非常复杂的计算问题,特别是NP完全问题。计算复杂性理论中的NP完全性通常用来衡量某些问题的固有复杂度。在算法设计和分析过程中,一旦确定该问题具有NP完全性时,这就意味着要找出一个在计算机上可行的算法是十分困难的,甚至可能根本找不到(因为很可能有NP≠P)。而且NP完全问题的计算时间是随着问题的变量、顶点的线性增加呈指数增加的,这对于现有计算机,计算难度和时间难以估计。而DNA计算机具有高度并行性,所以DNA计算所需的时间只是线性增长的,这将极大缩短计算时间并且降低计算难度。由于NP完全问题的研究在实践中具有重要的指导作用,因此每一类NP完全问题的解决都会极大地促进相关实际应用方面的发展。基于此,研究人员利用DNA计算独特的优势提出了众多针对不同类NP完全问题的计算模型。

1) 有向 Hamilton 路径问题的 DNA 计算模型

Adleman 于 1994 就在试管中用 DNA 计算机快速推算了著名的"推销员问题",也就是有向 Hamilton 路径问题。Adleman 借鉴了有向 Hamilton 路径问题的解法:①产生经历有向图节点所有的路;②找出所有始于起点、结于终点的有向路;③寻找经过每个图节点仅一次的有向 Hamilton 路径。其对应的生物实验步骤如下:首先用不同的寡聚核苷酸片段编码图的顶点和边,然后利用连接酶将试管中的 DNA 片段连接在一起,产生对应于所有有向路径的不同 DNA 链,最后利用 PCR 扩增、DNA 探针、电泳分离等生物学手段来寻找对应于有向 Hamilton 路径的 DNA 链。

2) 可满足性问题的 DNA 计算模型

所谓可满足性问题(SAT 问题)是计算科学里的理论问题,指是否存在一组或多组变元的取值,使一个给定含有 n 个变元的合取范式(析取范式)等于 1(1 为真值)。其中,范式中的合取和析取是可以相互转换的,每个变元取值为 0 或者 1。

2000 年,日本东京大学的 Sakamoto 等[13]将逻辑运算的约束条件编码于 DNA 分子中,利用 DNA 分子自组织形成"发夹"结构的过程解决了一个 3-SAT 问题。同年,Wisconsin 大学的 Liu 等[8]也成功提出了一种基于 DNA 计算机的 SAT 问题的解法。他们的基本思路是先合成编码有解空间的 DNA 分子,将其固定到经过化学处理的载体表面上,然后放入满足第一个字句的互补 DNA 序列与之杂交。编码的解空间的 DNA 序列为 5′-HS-C_6-T_{15}-GCTTvvvvvvvvTTCG-3′,序列中的 8 个 v 代表信息位,两边大写的碱基用作标识。杂交后,核酸外切酶能够特异性地识别、水解未反应 DNA 单链分子,完成表面计算过程。在此基础上,用碱性溶液处理表面,使表面的 DNA 双链分子变性,清洗掉解链的单链 DNA 分子。继续加入与剩下的 3 个字句分别互补的 DNA 序列,重复进行上述步骤,最后表面上剩下的 DNA 分子即为问题的解。最终利用 PCR 扩增技术放大信号读出结果。

3) 最大团与最大独立集问题的 DNA 计算模型

最大团问题又称最大独立集问题,是图论上一个经典的组合优化问题,也是重要的 NP 完全问题,具有重要理论价值和现实意义。最大团问题指的是一个无向图 G 中顶点数最多的一个团。假设 $G=<V, E>$,其中 V 是顶点集,E 是 V 边集。对属于 U 中任意两个定点 $u, v \in V$,且 $(u, v) \in E$,则称 U 是 G 的团。1997 年,Ouyang 等[14]利用 DNA 计算给出了这样一种 NP 问题的解法。他们首先用一个 N 位二进制数来表示拥有 N 个顶点的无向图中每一个可能的团(若顶点在所求的团中,则取值为 1,反之为 0),其中所有可能的 N 位二进制数的集合被称为数据池,它是图中所有可能的团的集合映射。然后利用图中团在其补图中对应的是空图这一结论,从数据池筛选出图中没有被边连接的点对;最后,将数据池剩余二进制信息进行分类,找出顶点数最多的团,即含数字 1 最多的数据,此时顶点的个数就是这个最大团的大小。2004 年,北京大学的李源等[15]将分子进化的思想引入 DNA 计算机的算法,通过对编码 DNA 片段进行删除和变异操作,克隆或 PCR 扩增不断扩大样本中的集团,克服了 DNA 计算机中穷举法对存储空间的巨大要求。2000 年,Head 等[16]提出一种新的求解图的最大独立集问题的生物计算机。他们利用连接酶连接质粒体的方法,找出的最短的链即为最大独立集。

2. DNA 计算机在生物化学和医学方面的应用

DNA 计算机的发展与 DNA 分子技术的进步是息息相关、相辅相成的,DNA 分子技术的日趋成熟,为 DNA 计算机的研发提供了材料基础和技术支持,而 DNA 计算机的不断更新,也推动着 DNA 生物技术的革新。目前,DNA 计算机在生物化学、医学等领域展示了良好的应用前景。

2002 年,日本奥林巴斯、东京大学和 NovusGene 公司共同发布了世界上首台商业化的 DNA 计算机,可用于基因疾病分析并从 2003 年开始提供对外分析服务。由于他们开发的 DNA 计算机由分子计算组件和电子计算机部件两部分组成,因此人们认为这并非是真正意义上的 DNA 计算机,但这是最早报道具有实用性的 DNA 计算机雏形[17]。

2007 年,哈佛大学的 Benenson 研究组根据生物体普遍存在的 RNA 干扰机制,提出了一种体内 DNA 计算机的新思路。当不同的信号(DNA 分子)输入时,该 DNA 计算机依据 RNA 干扰机制对这些 DNA 分子进行编码和逻辑判断,最后以检测一种蛋白质的荧光来实现信号收集。该研究小组初步在人肾细胞中实现了这一计算过程,表明该 DNA 计算机有望能成为真正的"分子医生",在细胞内探测和监控基因突变等活动。

2012 年,中国科学院上海应用物理研究所的樊春海研究员和黄庆研究员[18]开创性地将三维 DNA 纳米结构和 DNA 计算机有机结合在一起,设计了一系列新型的"DNA 逻辑门"。研究表明这种由 DNA 序列自组装的三维 DNA 纳米结构呈规整的四面体结构,具有良好的机械稳定性、无细胞毒性和高的细胞穿透性[19]。如果在 DNA 四面体结构中整合进 i-motif、核酸适配体等具有特殊功能的 DNA 识别序列,当 H^+、ATP、Hg^{2+} 等分子和离子输入时会与这些特定序列结合,造成 DNA 四面体结构的构型发生变化并产生输出信号,实现了"YES"、"NO"等逻辑判断。在前期工作的基础上,他们还构建了基于三维 DNA 纳米结构的基本逻辑门(INH,XOR,AND,OR),并在此基础上,将这些逻辑门集成在一起,实现更为复杂的分子运算(如半加法器)。该研究小组还成功地将这种 DNA 逻辑门应用于活细胞中 ATP 的检测和分子成像(图 8.9),该 DNA 纳米结构的逻辑门为智能载药系统提供了新的参考依据[20]。

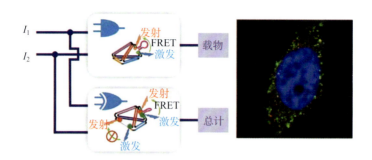

图 8.9 利用 DNA 逻辑开关可以实现细胞内生物分子成像

3. DNA 计算机在防伪技术和密码学方面的应用

DNA 分子是天然的具有高存储密度的存储介质。DNA 计算机利用 DNA 序列中四种碱基进行编码，一段含有 20 碱基的 DNA 序列的排列组合方式可高达一万亿（4^{20}）种。如果 DNA 序列中的碱基数继续增多到一定数目后，其组合方式几乎达到无穷无尽了。DNA 防伪就是基于不同的 DNA 具有不同编码结构的原理，将某个确定的并能长久保存的 DNA 附加到产品中。将此项技术引入到商品防伪中，将极大减少假冒伪劣产品的数量和增加仿造者的生产成本。商品仿造者除了仿造商品之外，还必须仿造与密码标志 DNA 相同的 DNA。由于密码 DNA 的碱基排序存在成千上万种可能，在不知道具体排序的情况下仿造密码标志 DNA 基本上是不可能的。因此，如果在产品中能检测到特定的密码 DNA，则说明产品是真的，反之为假冒伪劣产品。另外，DNA 是无毒无害的生物大分子，而用作密码标志的 DNA 化学量不超过 pg 级(10^{-12} g)，因而用于商品防伪不至于改变商品的物理或化学特性，甚至可以在商品的生产工艺流程中直接加至特定的商品之中，这是迄今绝大多数防伪技术所无法企及的。如饮料、化妆品、药品生产中掺入 DNA 标志等，这种隐蔽性是仿冒者难以察觉的。而且，DNA 密码标志也可以制成特定标志(如类似于激光防伪标志)粘贴于商品之外。综上所述，DNA 防伪认证技术拥有众多无法比拟的优势，备受商业界的青睐。Bancroft 等[21]成立的 DNA Technologies 公司成功地将他们研发的基于"隐写术"DNA 防伪技术运用到 2000 年悉尼奥运会的特许商品标记上，极大地降低了假冒特许商品造成的损失。他们将防伪密码转换成特定的 DNA 密码并隐藏在 DNA 分子中，利用 PCR 和测序技术完成防伪密码的读取。

金邦科技率先将 DNA 生物防伪技术应用于金邦内存产品的防伪中，制备了具有金邦特色标识的 DNA 防伪标签。值得一提的是，每一支金邦内存上的 DNA 防伪标签都有一个可作为法庭鉴定依据的"出身证明"，因为金邦内存 DNA 防伪标签所采用的特定、唯一的 DNA 样本会交送到国家安全部的相关部门备份。如图 8.10

所示的"金邦内存 DNA 防伪条码辨识方法图",我们可以轻松地通过防伪条码上颜色的改变来判断所购买的金邦内存是否为正品行货内存产品。

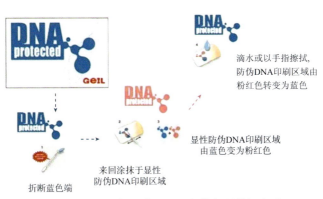

图 8.10　金邦内存 DNA 防伪条码辨识方法

DNA 计算在密码破译方面也已经展示了巨大的应用潜力。1995 年,Boneh 提出了一种基于 lipton DNA 计算模型攻击 DES 密码系统(data encryption standard system)的方法,利用 DNA 计算机强大的序列编码能力和并行运行能力,能在 4 个月内就可破译当今最难的 DES 密码。DES 采用 256 种密钥进行加密,现有电子计算机的运算能力几乎不能破译该密码[22]。然而 Boneh 用两条 30 个碱基长寡聚核苷酸链编码每一比特,其中一条 DNA 链编码该比特所在的位置,另一条 DNA 链编码该比特的值,通过提前、添加等操作将每次运算的结果添加在编码密匙的 DNA 分子后面。他利用 PCR 等生物仪器能同时并行多个样品的功能,一次同时并行进行 32 个提取操作,只需 916 步就有可能破译 DES。Boneh 宣称该方法具有通用性,任何小于 64 位的密匙都能用这种方法破译。

4. 计算机游戏

随着生物技术的快速发展以及 DNA 分子能高度自组装成其他的纳米结构,研究人员开始关注可产生运动的 DNA 分子机器。

2003 年,美国哥伦比亚大学 Stojanovic 和新墨西哥大学 Stefanovic 共同研制了世界第一台可运行游戏程序的 DNA 计算机。该系统以生化酶为计算基础,是第一个互动式 DNA 计算处理系统。这台名为 MAYA 的 DNA 计算机能完成井字游戏(tic-tac-toe)的计算处理,而且可以与人进行游戏互动。有趣的是,Stojanovic 在游戏中已经输给 MAYA 100 多次,这主要归结于 MAYA 设定的完美策略。MAYA 的问世及良好的自我运行能力备受科学界的关注，但它还仅限于井字游戏，尚需时间拓展到更广阔的领域。而且 DNA 计算机在与人的互动方面还不能达到现有计算机的水平，急需提升。但基于 DNA 分子复杂反应的互动式计算机仍然是 DNA 计算处理技术上的一个里程碑。[23]

时隔三年，美国哥伦比亚大学的 Macdonald 博士及其合作者研发了一款命名为 MAYA-Ⅱ 的"计算机"。MAYA-Ⅱ 由 100 个 DNA 回路组成了一个分子阵列，每个节点都可表示 1 或者 0。MAYA-Ⅱ 计算机已经可以与人进行 tic-tac-toe 的对玩，并保持全胜。虽然这台 DNA 计算机每走一步棋还要花 30 min，但项目负责人 Macdonald 博士仍对它的前景非常乐观。他认为这样的生物计算机非常适合医学上的应用，如植入人体内，自动诊断并杀死癌细胞，或者侦测血糖含量自动释放胰岛素[24]。

2008 年，Macdonald、Stojanovic 和 Stefanovic 在《环球科学》上发表《会玩游戏的 DNA 计算机》一文，系统阐述了 DNA 计算机在逻辑运算等方面的进展。文章指出，DNA 计算机与人类玩家哈里对弈三子棋过程中，DNA 计算机展示了强大的计算能力，在 19 盘棋局中，它取得了 18 胜 1 平的极好战绩。2010 年，Stojanovic 等在前期工作基础上，开发了命名为 MAYA-Ⅲ 的 DNA 计算机。如图 8.11 所示，通过一系列的训练，MAYA-Ⅲ 可成为以眼还眼游戏(tit-for-tat)的操作员[25]。

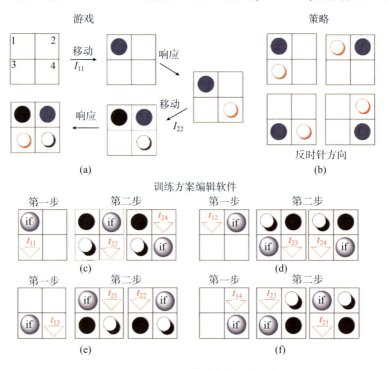

图 8.11 DNA 计算机游戏规则

8.3.5 DNA 计算机的未来

目前，DNA 计算机刚处于起步阶段，但已显出非常大的潜力，在生物、化学和医学中有许多潜在的应用。DNA 分子技术和分子生物学的日趋成熟促使 DNA 计算机领域发展日新月异。DNA 计算机具有并行性高、运行速度快、生物相容性好、体积小等优势，与现有的电子计算机相比，可广泛应用于逻辑运算、基因编程、生物防伪、密码破译、生物标志物检测与监控以及航空航天等领域。结合当前热门的生物成像、生物载药和生物诊疗等技术手段，DNA 计算机在疾病监控、治疗等方面具有更广阔的应用空间。众所周知，人的大脑本身是一台自然、高速运转和更复杂的计算机，它掌控着人体各项机能的正常运转。我们可以预期，当 DNA 计算技术全面成熟时，就会实现真正意义上的"人机合一"。正如科幻小说和电影中描述的那样，只需要向大脑植入以 DNA 为基础的人造智能芯片，就可以实现人体的完美控制。无疑，DNA 计算机的出现将推动生命科技的快速发展，给人类文明的进步带来一个质的飞跃。

8.4 DNA 纳米技术

纳米技术是研究尺寸在 1~100 nm 物质的制备、组成、性质和应用的科学技术。自著名物理学家费曼于 1959 年首次提出"纳米科学"这个概念以来，随着测量与表征技术的显著提高，经过 50 多年的发展，纳米科学技术已经成为一个学科高度交叉和综合的新兴研究领域，涉及物理学、化学、材料学、机械学、微电子学、生物学和医学等多个不同的学科。进入 21 世纪，世界各国纷纷意识到纳米科技对社会的经济发展、科学技术进步、人类生活等方面产生了巨大影响，加大了对纳米科学技术的研究力度，将其列为 21 世纪最重要的科学技术。美国、欧盟、日本纷纷将纳米科学技术的研究和发展列为国家科学技术发展的重要组成部分，我国也于 2003 年成立国家纳米科学研究中心，并于 2006 年将纳米科学与技术研究列为《国家中长期科学技术发展规划纲要》的四大重点学科之一。

8.4.1 DNA 纳米技术

DNA 作为一种天然的生物大分子，不仅是遗传信息的载体，也是当前公认存储密度最高的存储介质。随着分子生物学的发展，人们逐渐意识到 DNA 也可应用于构建纳米尺度上有序的功能结构。第一，DNA 链之间的杂交严格遵循 Watson-Crick 碱基配对原则，其结构单元具有很好的预见性；第二，复杂的 DNA 纳米结构都是由简单的重复单元堆积而成，如 B 型 DNA 双螺旋结构的直径和螺旋重复单位分别为大约 2 nm 和 3.4 nm(大约 10.5 个碱基对)；第三，刚性的双链 DNA 与相对柔性的单链 DNA 相互连接，可得到特定设计的几何结构，并且不影响其稳定性；第四，DNA 人工合成技术和天然提取技术的有机结合，使我们可以合成任意长度和序列的 DNA 并加以修饰；第五，DNA 具有良好的生物相容性，能与其他生物材料一起构建多组分纳米结构[26]。以 DNA 为核心的研究已成为纳米科学与技术领域中极为重要的一个分支。DNA 分子用于纳米技术主要有两大领域，一是与纳米材料的有机结合，即将纳米材料结合到 DNA 模板上或以 DNA 为模板制备贵重金属纳米颗粒及团簇。胶体金纳米粒子与 DNA 的组装和结合是这一领域的典型范例，结合各项检测策略，已成功应用于生物检测、疾病诊疗和生物成像等。另一领域就是 DNA 分子自身的纳米技术，即预先设计具有互补区段的寡核苷酸，利用 DNA 分子之间的碱基互补配对原则，在 DNA 分子杂交过程中自组装形成特定设计的几何形状和结构，如 DNA 镊子、DNA 地图或 DNA 笑脸等。

纳德里安·西曼(Nadrian Seeman)在 20 世纪 80 年代率先提出 DNA 纳米技术这个概念。他认为不可动的核酸节点可以通过正确的碱基序列设计消除组合分子的对称性来制造，那样这些不可动节点在原则上可以组合成稳固的晶格。1982 年，Seeman 在 *J. Theor. Biol.* 上发表文章 *Nucleic acid junctions and lattices*，首次阐明了该理论体系[27]。他用 4 个带有黏性末端，两两互补杂交的 DNA 短链(X 和 X′互补，Y 和 Y′互补)构建二维 DNA 纳米结构的基本构筑单元(DNA tile)。在此基础上，带有黏性末端的基本构筑单元继续杂交组装形成具有周期性的二维 DNA 平面结构，如图 8.12 所示。后续的研究证明，Seeman 开创性的想法为结构 DNA 纳米技术的发展奠定了坚实的基础。

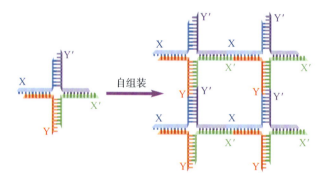

图 8.12　DNA 自组装的原理

分支状 DNA 纳米结构通过黏性末端杂交形成二维阵列

自 Seeman 等于 1993 年首次用 DNA 双交叉(DNA double-crossover)结构自组装形成一系列二维阵列后，4 个螺旋、8 个螺旋和 12 个螺旋的平面结构也相继被报道。

2006年，国际著名杂志 Nature 报道了美国科学家 Rothemund 最新的研究成果，利用"DNA折纸术"获得形状任意、大小为 100 nm 的二维结构，如星形、正方形、三角形和笑脸等。他用 200 多条短的 DNA 作为辅助链，通过反复折叠 M13mp18 基因组 DNA，构建了这些精美的二维结构图谱，为结构 DNA 纳米技术带来了一次激动人心的进展(图 8.13)[28]。

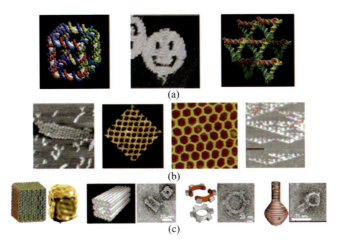

图 8.13 不同的 DNA 纳米结构

当前，科学家们几乎能构建所有能够想象到的二维结构，并开始努力构建三维结构，更真实地模仿自然界中复杂的自组装系统。由于 DNA 自组装概念在构建二维结构和三维结构中是通用的，因此二维结构自组装中运用的原理同样适用于三维结构的自组装。在 DNA 三维结构的构建中，Seeman 同样引领了该研究领域的发展，首次合成了立方体和去角的八面体等具有类似于拓扑结构的 DNA 纳米结构。2004 年，英国的 Turberfield 小组利用 4 条单链 DNA 相互杂交得到了一系列产率极高的 DNA 四面体结构(DNA 浓度为 50 nM 时大于 95%)，并考察了这些 DNA 四面体在药物控释方面的应用前景[29]。

最近几年，三维 DNA 纳米结构的研究不断取得新突破，大量有趣的三维 DNA 结构被成功构建。2012 年 11 月 29 日，美国哈佛大学维斯生物工程研究院的科学家用"DNA-砖块自组装"技术搭建出 100 多种三维纳米结构(图 8.14)。这些 DNA 短链"砖块"可以像乐高(LEGO)玩具砖块那样搭扣拼装，并结合 DNA 强大的编程能力，利用 DNA 碱基对互补配对原理，自行组装得到设计好的晶体结构。与他们年初在国际著名杂志 Nature 上发表的研究成果相比(42 碱基)，新方法用的 DNA 砖块更小(长度为 32 个碱基)，其中每 8 个碱基对(约 2.5 nm)构成一个最小结构单位——"三维像素"。柯永刚(第一作者)等将这些由 1000 个三维像素构成的模块制成 DNA 分子三维晶体结构的"原料块"。他们用这些"原料块"制作了字母、符号、汉字等 102 种复杂、精巧的三维结构,而且这些结构还有着复杂的内部洞穴和孔道,可负载一些生物小分子或药物等。鉴于这些 DNA 纳米结构具有精确的自组装性能、强大的编程能力和大的空腔,该方法所用 DNA 纳米技术可用于构建智能载药系统或制造下一代计算机线路等[30]。

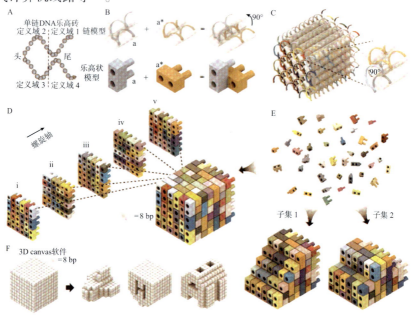

图 8.14 类似于乐高砖结构的 DNA 砖结构搭建 DNA 三维结构

8.4.2 DNA 纳米技术的应用

1. DNA 纳米技术用于材料合成

尽管目前这些开拓性的研究费时、低效,但随着 DNA 纳米技术的发展,DNA 不仅可以作为支架来构建三维结构,还可应用于多个研究领域。如 DNA 折纸术 (DNA origami)是一种独特的自下而上的自组装 DNA 纳米技术,可用来制备尺寸和形貌可控的二维和三维纳米结构。不仅如此,DNA 折纸术还可作为模板,指导纳米材料的精确组装。这为当今科学家最富有挑战性的前沿课题提供了一条解决之道,即如何在纳米尺度上实现纳米材料有序、精确的自组装以及在纳米尺度上研究特殊光电性能。自 DNA 折纸术被用来精确引导纳米粒子自组装以来,美国亚利桑那州立大学的颜颢研究小组和美国布鲁克海文国家实验室的 Oleg Gang 研究团队设计了一系列可用于纳米颗粒组装的 DNA 二维或三维结构,并进行了相关的性能测试。2011 年年底,国家纳米科学中心丁宝全课题组在《美国化学会志》上发表了他们在制备纳米复合材料方面的最新研究成果。他们用 DNA 折纸结构为模板,并在模板上的特定位点处延伸出可捕获纳米颗粒的 DNA 链,通过 DNA 链的互补杂交,将 DNA 互补链功能化的金纳米颗粒有序、精确组装到 DNA 纳米结构上,形成平行的金纳米链。如果进一步折叠此长方形 DNA 折纸结构,会形成 DNA 管状结构,同时也会促使二维线状排布的金纳米粒子构成三维螺旋结构。长度、螺距、直径等结构参数经原子力显微镜(AFM)和透射电子显微镜(TEM)等大型仪器的表征,证明符合预先设计要求,表明这种金属三维纳米结构已成功组装(图 8.15)。更重要的是,该金纳米粒子螺旋组装体具有显著的圆二色信号,说明了这种金纳米粒子具有等离子体共振的手性效应。DNA 折纸术准确、完美地构建具有单一手性的三维金属纳米粒子结构,这为制备具有独特电学、光学和磁学性质的纳米自组装结构打开了方便之门[31]。

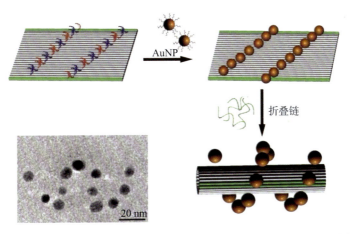

图 8.15　利用长方形 DNA 折纸结构组装螺旋形金纳米粒子组装结构

2013 年 4 月,美国麻省理工学院和哈佛大学的科学家利用 DNA 纳米技术在石墨烯片上构造出 100 多种复杂的纳米级别的图案。第一步,在溶液中形成不同折叠形状的 DNA 纳米结构;第二步,利用氨基吡啉将这些 DNA 纳米结构固定到只有一个碳原子厚度的石墨烯表面;第三步,将银涂到 DNA 纳米结构表面,再通过沉积方法将纳米金沉积到银表面,完成 DNA 纳米结构表面金属化;第四步,利用等离子体刻蚀技术,以 DNA 纳米结构为模板,去除未被覆盖区域的石墨烯,形成具有 DNA 原始形状的石墨烯结构;最后,用氰化钠去除金属化的 DNA 模板,得到具有特定 DNA 形状的石墨烯结构(图 8.16)。该方法利用 DNA 为模板,可简单、准确地得到任意形状的石墨烯结构,这为构建基于石墨烯的电子电路提供了新的思路。美国加利福尼亚大学的罗伯特·哈登教授也认为这种新方法展现了 DNA 纳米技术在制备石墨烯电子电路方面的潜力，必将促进石墨烯纳米电子设备的研究与开发[32]。

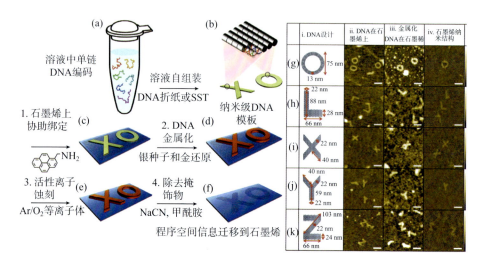

图 8.16　通过金属化的 DNA 结构，编码和传输空间信息的石墨烯纳米图案

2. DNA 纳米技术用于电子电路

DNA 纳米技术正朝着潜在的实际应用迈步。核酸组列安置其他分子的能力暗示了其在分子电子学上的应用前景。核酸结构可以被用作分子电子单位(如分子导线(molecular wire))组合的模板，提供对安置进行控制的方法，类似于一个电路实验板。

全球著名的电子计算机制造商英特尔和 AMD 长期以来致力于发展多核处理芯片来提升电子计算机的并行运算速度。由于现有的半导体加工技术的瓶颈和芯片的功耗问题，将尽可能多的晶体管集成到一个芯片成为当前电子电路领域的难点和热点。更小、性能更强大的芯片意味着更昂贵的设备和更多的资金投入，为了改进芯片工艺和降低制造成本，众多的计算机厂商正努力地开发新的技术，如 IBM 曾经用硅锗氦过度冷却晶体管并开发过深紫外激光光刻技术，惠普则发明了"忆阻器"(memristor)电阻存储技术。

DNA 纳米技术展示了强大的编程能力和自组装特性，越来越多的科学家希望将 DNA 纳米结构和纳米技术以及电子电路等联系起来，制备更强大的混合材料，如 DNA 与碳纳米管的复合材料(图 8.17)。2008 年 2 月，IBM 公司也一度致力于链接 DNA 与纳米技术。IBM 宣称其科学家将 DNA 与纳米技术有机地结合在仪器中，找到了一条制造处理器的新途径。与此同时，欧洲科学家们已经利用 DNA 具有的坚固性及可塑性，制造出包括齿轮、曲管和直径为 50 nm 的沙滩球线框在内的微型机械零件。越来越多的研究证明我们有能力利用 DNA 进行自由编程设计。德国慕尼黑理工大学的亨德里克·迪茨(Hendrik Dietz) 曾公开表示 DNA 基本上是人类最熟悉的生物分子，也是我们唯一可以在纳米尺度上进行编程设计的材料。

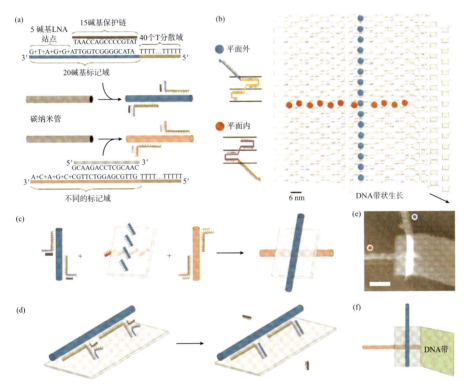

图 8.17　DNA 和碳纳米管组装示意图

新一代的芯片应具有强大的功能，如更快的速度、更加节能、成本更低、易于大规模制造等。IBM 公司的研究人员将 DNA 折纸术和纳米技术相结合，期望开发新一代的高能效的计算机芯片。他们先将 DNA 纳米结构设计成类似计算机及其他电子设备中的芯片所采用的晶格结构，然后将此纳米结构插入纳米管制成芯片。与当今最先进技术制备的芯片相比，该芯片尺寸更小，只有常规芯片的几分之一，但运行速度更快。值得一提的是，利用 DNA 纳米技术制备的芯片间距只有 6 nm，几乎是当前最先进技术制备的芯片的四分之一(22 nm)。IBM 的研究部经理 Spike Narayan 称，"新的设计思路和技术将有效突破当前芯片工艺的限制，极大地改善芯片性能，同时能平衡芯片的性价比，促使芯片发展跟上摩尔定律，并推动整个半导体产业的发展。"这主要是因为 DNA 分离技术以及加热等相关设备总计只需要不到一百万美元，这和制造商们动则几百万甚至上千万美元的复杂设备相比，成本要低得多。一旦 DNA 折纸技术发展到了可批量生产的水平，那么将会带来更多的利润，这也是推动电子芯片厂商加入其中的动力源泉[33]。

逻辑门电路是构成数字电路的基本单元，确保计算机在正确的时间做出正确的行动。传统计算机中的逻辑门电路都是用导线将二极管和三极管等电子晶体管连在一起形成电路。2014 年 6 月，美国加州理工学院生物工程系博士后钱璐璐和同事埃瑞克·温弗利教授在试管中用 DNA 制造了迄今最复杂的生化电路。与传统的电子电路的信号模式不同，由 DNA 制成的逻辑门是以接收和发出分子作为信号。由于该逻辑门存在于装满盐水的试管中，这些分子信号可以从一个逻辑门轻松地漫游到另一个逻辑门，完成生化电路的集成(图 8.18)。

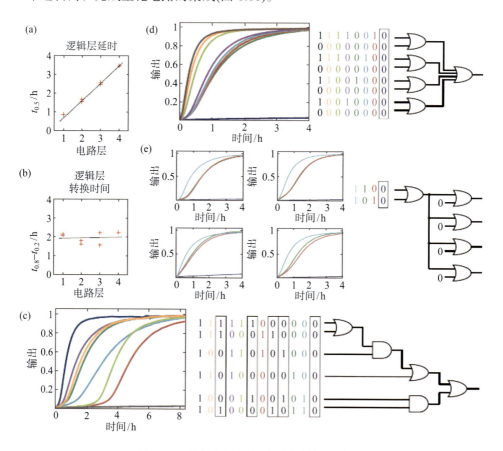

图 8.18 复杂生化电路原理图及其运行结果

生化电路自身也存在很大的局限性。一般而言，生化电路越大，结构越复杂，调试难度也随之增加，其工作的稳定性和可预测性会随之下降，这主要是因为不同的电路需要不同的 DNA 分子结构来实现其功能，在前期工作基础上，他们用新方法制造出一个包含 74 个不同的 DNA 分子的生化电路,通过监控输出分子的浓度,可以计算出 15 以下整数的平方根。遗憾的是,整个计算过程耗时长达 10 h,运算速度远远低于现有电子计算机,因此它还无法很快取代笔记本电脑。但是,生化电路具有一些独特的新特性。首先,所有逻辑门的结构一致,DNA 序列不同,逻辑门功能不同。其次,调整某些 DNA 分子的浓度,也可改变逻辑门的功能。在溶液中,这些 DNA 逻辑门即插即用,因此可以轻松组装任何的电路[34]。他们表示,设计这种生化电路的初衷是让科学家更好地对生化过程进行逻辑控制,让分子设备根据具体环境做出行动,取代计算机是长远目标。

3. DNA 纳米技术用于生物载药

DNA 纳米技术在纳米机械方面也有潜在的应用。如利用其生物相容性进行载药,使之能够靶向给药(targeted drug delivery)。系统外面用了一个中空的 DNA 盒子,里面包着可以引发细胞凋亡或死亡的蛋白质,只有靠近癌细胞时,盒子才会打开,释放出蛋白质。人们对人工结构在细胞中表达怀着极大兴趣,虽然仍不清楚这些合成结构是否能有效地折叠或聚集在细胞质中,但最可能的方式还是使用转录 RNA 进行组装。

2013 年,《美国科学院院报》报道了湖南大学谭蔚泓教授课题组在 DNA 纳米技术治疗肿瘤方面的最新研究进展。他们利用 DNA 自组装技术和核酸适体特异性的靶向功能,研发了一种核酸适配体为"火车头",DNA 结构为"车厢"的 DNA "纳米火车",并能输送大量抗癌药物到肿瘤细胞,实现靶向治疗。传统给药系统的载药量低,一次往往只能携带一个药物分子,不足以一次性杀死癌细胞,治疗周期长,费用高,属于"一个萝卜一个坑"。而新型 DNA "纳米火车"的"车厢"数目和大小可根据实际需要通过改变 DNA 序列进行有效调节,可一次性携带 300~1000 个药物分子,足以一次性杀死癌细胞,治疗周期短,费用低,可以实现"多个萝卜一个坑"(图 8.19)。该 DNA 车厢不仅可以携带药物分子或生化试剂,还可以装载荧光成像试剂,对整个过程进行实时监测。"火车头"部分的核酸适配体可精确地与特定癌细胞的膜蛋白结合,从而避免对正常细胞的"误伤",其精准性大大高于传统的化学抗癌药物。更重要的是,由于整列 DNA "纳米火车"全由生物分子组成,不存在传统的无机或高分子材料在生物体内难降解的问题,有效减少了对人体潜在的毒副作用[35]。

DNA 纳米技术不仅能装载药物到生物体内,还能有助于新型疫苗的开发。疫苗在有效提高公共健康水平方面发挥了极大的作用,疫苗研发主要是通过基因工程将免疫系统刺激蛋白装配成类病毒颗粒 VLP,来模拟天然病毒的结构同时减少致病的病毒遗传物质。为了寻找更安全有效的疫苗,亚利桑那州立大学的科学家利用 DNA 纳米技术开发了一类全新的合成疫苗,并能够通过自组装的三维 DNA 纳米结构进行安全有效的运输。

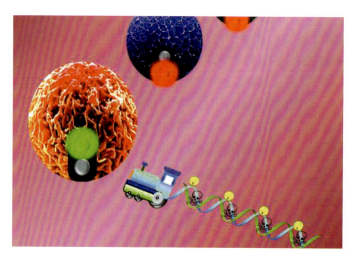

图 8.19　DNA"纳米火车"靶向输送抗癌药物

　　为了验证这一技术，研究人员分别在金字塔形和分支形 DNA 结构上连接免疫刺激蛋白链霉亲和素 STV 以及促免疫应答成分(佐剂 CpG oligo-deoxynucletides)来合成疫苗复合体。首先，研究人员在这一纳米结构上连接了一个发光分子，发现疫苗复合体在细胞内相应部分能稳定存在几小时，这么长的时间足以调动免疫系统的级联效应。随后研究人员尝试将该疫苗运送到小鼠中能有效免疫应答的第一批响应细胞——抗原递呈细胞(包括巨噬细胞、树突状细胞和 B 细胞)。疫苗进入这些细胞后，会被处理并在细胞表面"呈现"给触发保护性免疫应答的核心白细胞——T 细胞。T 细胞辅助 B 细胞针对目标抗原生产抗体。研究人员分别给小鼠注射了：①完整的疫苗复合体；②STV(抗原)；③混有 STV 的 CpG(佐剂)。在注射 70 天后，研究人员发现，接种完整疫苗复合体小鼠的免疫应答比注射混有 STV 的 CpG 佐剂的小鼠强 9 倍。其中金字塔形纳米结构引发的免疫应答最强。疫苗复合体引起的免疫应答不仅特异性强，也很安全有效，研究显示单独注射 DNA 运输平台没有触发免疫应答。研究人员表示，虽然在技术层面上还有待进一步优化，但这一平台还可用于如多重成分的疫苗研发，具有广阔的应用前景[36]。

4. DNA 纳米技术用于纳米机器人

　　纳米机器人的研制是当今科技的前沿热点，它根据分子水平的生物学原理设计制造可对纳米空间进行操作的功能分子器件。随着纳米技术和纳米生物学的发展，纳米机器人已广泛应用于医疗、能源、环境和军事等各个领域，其中医疗用途尤其备受关注。正如 1987 年美国科幻电影《惊异大奇航》中描述的那样，科学家可将几纳米大小的机器人注射到人体血管和器官中,"实地"监控人体组织的运行情况和健康情况。科学家们预测,未来纳米机器人会引发一场医学革命,推动医疗水平的快速发展。未来纳米机器人可注入人体血管或器官内,进行健康检查、疾病治疗、祛除入侵病毒(图 8.20)、器官修复、人工授精、激活细胞能量以及基因剔除或插入等。纳米机器人的发展历程可分为三个阶段:第一代纳米机器人是生物系统和机械系统的有机结合体;第二代纳米机器人是直接从原子或分子装配成具有特定功能的纳米尺度的分子装置;第三代纳米机器人包含纳米计算机,是一种可以进行人机对话的装置,也是机器人研制的最高目标[37]。DNA 纳米技术可实现纳米尺度上的有序、精确的结构调控,推动着纳米机器人的研发。

2010 年 5 月,美国哥伦比亚大学、加州理工学院和亚利桑那州立大学等的科学家联合研制出一款 4 nm 大小,由 DNA 分子构成的"纳米蜘蛛"微型机器人。该"纳米蜘蛛"机器人是在前期"蜘蛛分子"机器人基础上的改进和升级,功能更强大,它能够遵循 DNA 杂交原则完成行走、移动、转向以及停止等动作,而且它们还可以在二维物体的表面行走。该"纳米蜘蛛"机器人的行走是靠它三条腿上的单链 DNA 酶,按照一定的 DNA 序列进行结合与解离,不断向指定目标前进。据报道,这款机器人能能行走 100 nm 的距离,相当于行走 50 步,相比之前行走不超过 3 步的 DNA 分子机器人来说,已经是巨大的突破。美中不足的是,当前这种机器人只能向前走,不能向后走。科学家们并不满足现有的研究成果,他们希望能在折纸中编排更复杂的动作,使"纳米蜘蛛"机器人能行走更长的距离。在此基础上,设计出能协同工作的蜘蛛群体,并能识别特定的疾病标志物,达到诊疗的目的[38]。

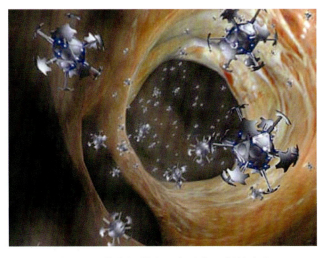

图 8.20　纳米机器人正在寻找入侵的病毒

同年,*Nature* 杂志报道了另外一种不仅能走路,而且能拿起"货物"的新型 DNA

蜘蛛。这种"长"有四条腿、三个臂的蜘蛛由中美科学家共同研制，能够沿着折纸轨道从站台上拾起金纳米粒子。纽约大学的奈德·塞曼和南京大学的肖守军教授首先利用 DNA 折纸技术，在几百个 DNA 短链"图钉"的协助下，将一个很长的天然 DNA 链折成纳米蜘蛛需要的装配线框架和轨道；然后再嵌入三个含有不同数目和大小金纳米颗粒的站台。如图 8.21 所示，，研究人员不断向溶液中添加短的 DNA 单链，诱使这种蜘蛛不断前行。当行至站台时，纳米蜘蛛臂上的 DNA 链与站台上的金纳米粒子表面的 DNA 单链互补，形成复合结合，将金纳米粒子从纳米折纸上扯下来并带走。经过下一站的时候，会重复上述步骤，纳米蜘蛛会携带更多的货物前行直到终点。需要注意的是，经过 2 次以上的停站后，蜘蛛可以拿到不同的纳米粒子数目组合，可能有三个金纳米粒子，也可能只有一个或两个，这是因为站台可能被设计为放弃或保留货物。蜘蛛拿取金纳米粒子的情况，可用原子力显微镜和透射电子显微镜来验证，就像机场安检的 X 射线机，很容易就看到行李内的货物[39]。塞曼还设想组装更长的轨道和更多的站台，这样就能组装更复杂的物件。也许某些在自然情况下不能很好反应的分子，也可以通过这种方式很好地拼接在一起，形成所需要的化合物。

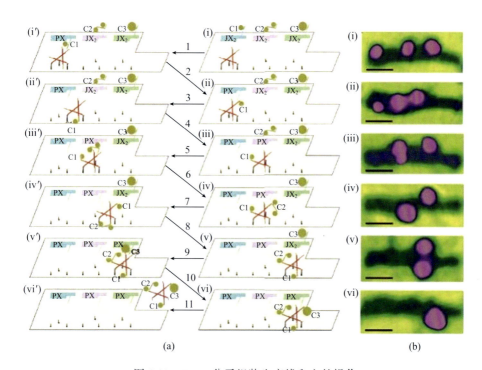

图 8.21　DNA 分子组装生产线和它的操作

基于 DNA 纳米技术的纳米机器人的研发还处于起步阶段，也许在不久的将来，我们可以用 DNA 纳米蜘蛛，监控人体器官的正常代谢情况，搜索人体的潜在病源和抵抗外来病毒的入侵，并通过分工协作、定点切除、消灭和修复受感染部位或细胞，完成当前人们正在大力发展的诊疗一体化。此外，我们还可以通过折纸生产线工厂的"工人"——多臂 DNA 纳米蜘蛛，精确装配各种分子或粒子，构建更复杂或更实用的复合材料。也许纳米蜘蛛还会组建出纳米尺寸的计算机芯片，推动计算机产业的变革。种种猜想，都是基于现有技术的发展，它需要更多的科学家投入更大的精力来实现。

5. DNA 纳米技术用于生物检测

生物传感器是一类特殊的传感器件，它结合各类物理、化学的换能器，实现各种生命、化学物质的分析和检测，已广泛应用于临床检测、药物筛选、遗传分析、环境监测、食品安全、生物反恐和国家安全防御等研究领域。生物传感器领域亟待解决的问题是如何在保持生物分子活性的同时，进行识别单元的有效固定及提高检测灵敏度和特异性。随着纳米科学的快速发展，各种以纳米材料为界面的生物传感器如雨后春笋般层出不穷。纳米生物传感器的检测灵敏度得到了极大提升，但是其检测重复性总是不尽如人意，这主要归结于纳米材料的可控制备这一大难题。相比于传统的纳米材料，DNA 这种新兴的纳米材料也逐渐被引入到构建传感界面。常用一维(单链 DNA)或二维(如发夹结构)的 DNA 结构作为传感界面，其均一性在实际操作中难以得到有效控制，从而影响了传感器检测的稳定性和重复性。目前发展的三维 DNA 探针具有高的结构稳定性和刚性，能有效解决 DNA 探针在表面排列的均一性问题，而且还能精确调控 DNA 探针之间的距离，具有很好的应用前景。

2010 年，中国科学院上海应用物理研究所物理生物学实验室和美国亚利桑那州立大学的研究人员合作发展了一种基于 DNA 纳米技术的三维 DNA 纳米结构探针，并在此基础上构建了一类新型的生物传感平台(图 8.22)，实现了对基因和蛋白质的高性能检测。传统的 DNA 探针常用一维(单链 DNA)或二维结构(如发夹结构)DNA 作为识别元件，其传感界面的均一性在制备过程中难以得到有效控制，从而影响了实际应用中检测的稳定性和重复性。而三维 DNA 探针具有高结构稳定性和刚性，可以有效提高 DNA 探针在表面分布排列的均一性，并精确调控探针之间的距离，从而显著提高了生物检测的灵敏度和特异性。

这一研究结果展示了 DNA 纳米技术作为一种新型生物传感平台的巨大潜力。DNA 纳米技术是近年来新兴的前沿交叉领域，充分利用了 DNA 分子卓越的自组装和识别能力实现精确的从底向上的纳米构筑。目前，研究者已可以将 DNA 自组装成千姿百态的 DNA 纳米结构，而这些 DNA 纳米结构的潜在用途也受到各个领域的广泛关注。中国科学院上海应用物理研究所博士生裴昊等在樊春海研究员和亚利桑那州立大学颜颢教授的合作指导下，将一种衍生的 DNA 四面体纳米结构固定在金基底上，而四面体结构顶点上延伸出来的一段 DNA 序列可以通过特定设计作为 DNA 分子、核酸适配体和抗体识别单元的基础。在高度刚性的四面体结构的支撑下，DNA 识别序列呈高度一致的取向，并提高了表面识别的自由度。研究者进一步证明，此新型生物分子识别界面适用于电化学、表面等离子体共振、石英晶体微天平、微悬臂梁等一系列传感技术。这一平台技术可能会为生物传感领域提供一个新的研究契机[40]。

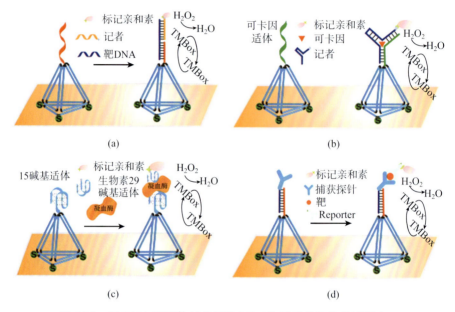

图8.22 以 DNA 四面体结构探针(TSP)为基础的生物传感平台

在前期工作基础上，他们开发了一种基于 DNA 纳米结构修饰界面的电化学生物传感器，用于 microRNA 肿瘤靶标的超灵敏检测。与传统的 PCR 等均相检测方法相比，基于表面反应的电化学生物传感器对疾病相关的 microRNA 检测具有更加廉价、更容易实现现场检测的优点。然而，电化学生物传感器的灵敏度常受到界面传质过程和拥挤效应的限制。为了解决这些问题，樊春海研究员及其团队之前已发展了利用三维 DNA 纳米结构修饰金电极表面的新方法，可以显著增强表面分子的结合能力和提高检测灵敏度。研究表明，这种新型的生物传感器可以检测到 $aM(10^{-18}\ mol/L)$ 水平(<1000 个分子)的 microRNA，具有良好的单碱基区分能力，且能与前体 RNA 很好地区分。利用这种新型生物传感器灵敏度高、重复性好、无需标记和无需 PCR 扩增的优点，研究者对于一系列食管鳞状细胞癌患者样本中的 miRNA 表达水平进行了分析，并实现了对癌组织和癌旁组织的良好区分[41]。

8.4.3 DNA 纳米技术的挑战与展望

经过近 30 年的发展，DNA 纳米技术已取得一系列令人瞩目的重要进展，DNA 纳米结构也实现了从基元的设计到一维、二维以及三维结构的构筑。随着该领域的快速发展及与其他学科的进一步交叉与融合，DNA 纳米技术面临着新的机遇与挑战。

DNA 纳米技术已经成功建了一系列复杂的 DNA 纳米结构，并能对其几何形状、周期性、手性、拓扑学等性质进行精确控制，但仍有许多问题亟待解决。如 DNA 自组装的机制到底是什么？如何有效预测及控制给定 DNA 链的自组装结果？如何有效地将 DNA 自组装"自下而上"与平版印刷等"自上而下"有机结合起来，为纳米制造带来创新？

目前 DNA 技术在结构构筑、生物传感及生物载药及治疗方面的应用引人注目，但是将 DNA 纳米结构真正在医学上付诸使用，还有相当长的路要走。生物体内的医用材料，要求结构耐久，安全无毒性，生化性质稳定，但 DNA 纳米结构在生理环境下能否长时间保持正确的构象还有待进一步研究。可以预见，在不久的将来，DNA 纳米技术将继续快速发展，其在诸多方面的应用将进一步深入，也会促进与其他学科进一步交叉形成更多的研究新热点、新方向。

参 考 文 献

[1] Renugopalakrishnan V, Khizroev S, Lindvold L, et al. International Conference on Nanoscience and Nanotechndogy, IEEE, 2006.
[2] Rangarajan R, Galan J F, Whited G, et al. Biochemistry, 2007, 46: 12679.
[3] Goldman N, Bertone P, Chen S, et al. Nature, 2013, 494 : 77.
[4] Church G M, Gao Y, Kosuri S. Science, 2012, 337 : 1628.
[5] Yachie N, Sekiyama K, Sugahara J, et al. Biotechnol Progr, 2007, 23 : 501.
[6] Adleman L M. Science, 1994, 266 : 1021.
[7] Roman-Roldan R, Bernaola-Galvan P, Oliver J. Pattern Recogn, 1996, 29: 1187.
[8] Liu Q, Wang L, Frutos A G, et al. Nature, 2000, 403: 175.
[9] Wasiewicz P, Malinowski A, Nowak R, et al. Future Gener Comp Sy, 2001, 17 : 361.
[10] 解增言，林俊华，谭军，等．生物技术通报, 2010, 8: 64.
[11] Smith L M, Corn R M, Condon A E, et al. J Comput biol, 1998, 5 : 255.
[12] Wang L, Liu Q, Frutos A G, et al. Biosystems, 1999, 52 : 189.
[13] Sakamoto K, Gouzu H, Komiya K, et al. Science, 2000, 288: 1223.
[14] Ouyang Q, Kaplan P D, Liu S, et al. Science, 1997, 278: 446.
[15] 李源，方辰，欧阳颀．科学通报, 2004, 49: 439.
[16] Head T, Rozenberg G, Bladergroen R S, et al. BioSystems, 2000, 57:87.
[17] 俞洋，缪淮扣，宋世平，等．科学通报, 2008, 53: 487.
[18] Rinaudo K, Bleris L, Maddamsetti R, et al. Nat Biotechnol, 2007, 25 :795.
[19] Li J, Pei H, Zhu B, et al. ACS Nano, 2011, 5 : 8783.
[20] Pei H, Liang L, Yao G, et al. Angew Chem Int Ed, 2012, 124 : 9154.

[21] Bancroft C, Bowler T, Bloom B, et al. Science, 2001, 293:1763.
[22] Adleman L M, Rothemund P W, Roweis S, et al. J Comput Biol, 1999, 6: 53.
[23] Stojanovic M N, Stefanovic D. Nat Biotechnol, 2003, 21:1069.
[24] Macdonald J, Li Y, Sutovic M, et al. Nano Lett, 2006, 6: 2598.
[25] Pei R, Matamoros E, Liu M, et al. Nat Nanotechnol, 2010, 5:773.
[26] 蔡苗, 王强斌. 化学进展, 2010, 22: 975.
[27] Seeman N C. J Theor Biol, 1982, 99:237.
[28] Rothemund P W K. Nature, 2006, 440:297.
[29] Goodman R P, Berry R M, Turberfield A J. Chem Commun, 2004, 1372.
[30] Ke Y, Ong L L, Shih W M, et al. Science, 2012, 338:1177.
[31] Shen X, Song C, Wang J, et al. J Am Chem Soc, 2011, 134: 146.
[32] Jin Z, Sun W, Ke Y, et al. Nat Commun, 2013, 4: 1663.
[33] Maune H T, Han S P, Barish R D, et al. Nat Nanotechnol, 2009, 5: 61.
[34] Qian L, Winfree E. Science, 2011, 332:1196.
[35] Zhu G, Zheng J, Song E, et al. Proc Natl Acad Sci USA, 2013, 110: 7998.
[36] Liu X, Xu Y, Yu T, et al. Nano Lett, 2012, 12: 4254.
[37] 袁寿财, 朱长纯. 半导体技术, 1999, 1: 6.
[38] Lund K, Manzo A J, Dabby N, et al. Nature, 2010, 465: 206.
[39] Gu H, Chao J, Xiao S J, et al. Nature, 2010, 465: 202.
[40] Pei H, Zuo X L, Pan D, et al. NPG Asia Materials, 2013, 5: e51.
[41] Wen Y, Pei H, Shen Y, et al. Sci Rep, 2012, 2: 867.

第 9 章 生物成像与诊断

9.1 生物成像与诊断概述

生命科学是当今世界科技发展的热点之一。同时，信息技术飞速发展，成像作为一种研究发现新事物的方法为基础生命科学、生物医学以及临床研究的发展提供了一个有利的工具。生物成像技术的发展是医疗保健专业人士最为关注的研究领域之一。在这一领域，光、电显微技术的发展使得生物探索研究得到了极大的改观，使生物机体内生化动态过程和生化机制变化的研究从纳米级别到了毫米级别，从皮秒水平到了天数水平。

显微镜是人类社会的伟大发明物之一。早在公元前 1 世纪，人们就发现通过球形透明玻璃去观察微小物体时，可以观察到放大成像的物体。通过这一现象，人们逐渐对球形玻璃表面能使物体放大成像的规律有了认识。正是在有了这样的认识基础上，科学家发明了显微镜。借助这一最早的生物成像方法，一个全新的世界展现在人们眼前。第一台显微镜是 16 世纪末期在荷兰制造出来的。发明者是一对叫詹森的父子，是当地的眼镜商，他们把两块凸透镜同轴放置，发现放大倍率比单片成倍增加，但他们并没有拿这台简易显微镜做过任何重要的观察。1610 年，意大利科学家伽利略也制成了一架显微镜，他利用显微镜观察了一种昆虫，并对昆虫的复眼进行了描述。真正的显微镜学理论是 17 世纪下半叶才确立的，1665 年英国的罗伯特·胡克发表了《显微图志》一书，并在 1679 年发表了他的显微术理论。与此同时，荷兰的亚麻制品商人安东尼·凡·列文虎克专心研究镜头的磨制技术，成功地制造了一台高放大倍率的玻璃透镜，使他成为首位发现原生动物和细菌存在的人。1932 年，德国的库诺尔及路斯卡通过研制电子显微镜，使生物学领域发生了一场革命。如今，电子显微镜种类繁多，如扫描电子显微镜(SEM)、扫描隧道效应电子显微镜(STM)等，它们的放大倍率可达 20 万~40 万倍。电子显微镜的发明者恩斯特·路斯卡因此获得了 1986 年的诺贝尔物理学奖。

X 射线显微镜是显微镜家族中异军突起的一类。这要得益于 1895 年德国物理学家威廉·康拉德·伦琴发现了 X 射线，为人类利用 X 射线诊断和治疗疾病提供了新的途径，并由此开创了生物医学影像技术的先河。X 射线显微镜可以使人们看到活体细胞的内部结构。为了使医生可以更清楚地对人体内的疾病病灶和症状进行观察,以便更准确地对症下药,尽快解除患者的痛苦,医学研究工作者不断地努力对医疗影像技术进行改进。20世纪70年代中期,电子计算机的应用为医学影像技术的发展带来了革命性的改变。以X射线为放射源,并结合计算机建立断层图像的仪器——CT扫描仪的诞生成为20世纪医学诊断领域所取得的最大创新成果之一。CT作为医学影像学检查方法之一,自从1972年应用于临床以来,在临床上有着不可替代的作用,随着微电子工业和计算机技术的飞速发展,CT机产品日新月异。除X射线CT外,还有超声波CT(ultrasonic-CT)、电阻抗CT(EICT)、正电子发射CT(PETCT)、单光子发射CT(SPECT)。这些新技术的发现和发展为医疗诊断技术的完善做出了重要的贡献。

核磁共振(NMR)是一种物理现象,早在1946年就被两位美国科学家布洛赫和珀塞尔发现。人们在发现核磁共振现象之后很快就将其用于实际用途,化学家利用分子结构对氢原子周围磁场产生的影响,发展出了核磁共振谱。1953年,美国Varian公司成功研制了世界上第一台商品化NMR谱仪(EM-300型,质子工作频率30 MHz,磁场强度0.7 T)。1964年后,NMR谱仪经历了两次重大的技术革命,其一是磁场超导化,其二是脉冲傅里叶变换技术(PFT)的采用,从根本上提高了NMR的灵敏度,NMR谱仪的结构也有了很大的变化。从20世纪70年代后期起,随着计算机和NMR在理论和技术上的完善,NMR无论在广度还是深度上都获得了长足的发展。核磁共振技术已成为物理、化学、生物、医学和地学研究中必不可少的实验手段。核磁共振电子计算机断层扫描术(简称MRI)是利用核磁共振成像技术进行医学诊断的一种新颖的医学影像技术,由于其对人体无害、软组织分辨率高等突出的优点,在临床上得到广泛应用。直到1971年,美国人达曼迪恩才提出,将核磁共振用于医学的诊断,当时未能被科学界所接受。然而,到1981年,就取得了人体全身核磁共振的图像。MRI通过在不同方向上施加磁场梯度对物体进行空间编码,利用不同组织之间质子密度、弛豫特性不同,将物体的解剖结构无损地显示出来。使人们长期以来设想用无损伤的方法,既能取得活体器官和组织的详细诊断图像,又能监测活体器官和组织中的化学成分和反应的梦想终于得以实现。核磁共振所获得的图像具有清晰精细、分辨率高、对比度好、信息量大和对软组织层次显示得好等性质,使医生如同直接看到了人体内部组织那样清晰、明了,大大提高了诊断效率。它的出现已受到影像工作者和临床医生的欢迎,目前已普遍应用于临床,对一些疾病的诊断成为必不可少的检查手段。现代MRI已发展到3.0以上,立体三维MRI也已经出现,极大地提高了诊断水平。

超声在医学诊断领域广泛而深入的应用,以及微电子技术、计算机技术、图像处理技术和探头技术等工程技术的进步，促进了超声诊断技术的不断发展。超声显像是20世纪50年代后期发展起来的一种新型非创伤性诊断临床医学新技术。超声成像以其使用安全、成像速度快、价格便宜和使用方便等优势在临床诊断中被大量使用，是临床诊断的重要工具之一。20世纪70年代，脉冲多普勒与二维超声结合成双功能超声显像，能选择性获得取样部位的血流频谱。20世纪80年代以来，超声诊断技术不断发展，应用数字扫描转换成像技术，图像的清晰度和分辨率进一步提高。新兴起的彩色多普勒技术，能实时地获取异常血流的直观图像，不仅在诊断心脏瓣膜疾病与先天性心脏疾病方面显示了独特的优越性，而且可以用于检测大血管、周围血管与脏器血管的病理改变，在临床上具有重要的意义。20世纪90年代提出的多普勒组织成像技术被广泛应用于临床分析心肌活动的功能，为临床心脏疾病的诊断与治疗提供了一种安全简便、无创的检测手段。20世纪90年代成熟起来的三维超声被逐步用于临床，在很多应用领域表现出了优于传统二维超声的特性。近年来，超声诊断技术的发展速度令人惊叹。很多新技术，如造影成像、谐波成像、心内超声成像等技术都在临床上得到了应用。

近年来，一个以光子学与生命科学相互融合和促进的新分支——光学生物成像技术随着激光技术、光谱技术、显微技术以及光纤技术的发展而飞速发展起来，成为21世纪的研究热点。光子学技术在生物技术与医学中的应用即定义为生物医学光子学。近年来，光学生物成像技术在以下八个领域发展迅速：光动力学医疗、激光和组织的相互作用、无透镜显微术、血液化学分析、癌症的光学显示、利用激光检测DNA、伤害最小的光子设备、一体化的激光和成像系统。光学生物成像领域不管是模型还是应用范围都非常丰富，每天都有新的方法、新的改进、更微型的器件和新的应用出现。未来十年，光学生物成像技术在探寻疾病的发病机理、临床表现、基因病变，了解相应的生理学和病理学信息，疾病诊断和新的医疗手段的开发等方面将具有重要的实践意义和应用前景。

微波成像是指以微波作为信息载体的一种成像手段，其原理是用微波照射被测物体，然后通过物体外部散射场的测量值来重构物体的形状或(复)介电常数分布。微波成像属于非侵入式成像方法，易于实现，与X射线等传统医学成像手段相比，它对患者和医生更加安全。微波成像技术已发展多年，由于它的技术难度比较大，多年来研究工作虽然取得了很大的进展，但离临床实用化还有一段较长的距离。近几年，一种新型的成像技术——微波激励热声正在兴起。该技术是一种微波和超声混合成像的方法，使得超声和微波在功能和技术上优势互补，在成像质量上可以弥补纯超声成像和纯微波成像的不足，在技术上降低了纯微波成像的难度，具有研究前景和应用优势。

生物组织电阻抗成像(BEII)是近年来发展起来的一种新型算法电阻抗成像技术，其基本原理是根据人体内部各器官和组织在不同的生理、病理状态下具有不同的电阻抗，通过各种方法对人体施加小的安全驱动电流(电压)，在体外测量响应电压(电流)以获得人体内部电阻率分布或其变化的图像。在所有 BEII 研究中，电阻抗断层成像技术(EIT)是相对成熟的，近年来已经开始临床应用基础研究，向临床应用过渡。EIT 也引起了各个国家的广泛关注，欧洲和北美等地区有许多研究小组在进行这方面的工作。欧洲已建立了欧洲 EIT 统一行动组织(CAIT)来组织和协调研究工作。与核素或 X 射线成像相比，该方法具有对人体无害、成本低廉、使用方便和具有功能成像等优点，在临床监护等领域具有广泛的应用价值。EIT 在肿瘤诊断和筛查、消化系统及循环系统中疾病诊断与监护、脑部功能变化研究等方面均取得了较大进步，正逐步向临床试验过渡。近年来，三维 EIT 技术、围线圈激励的感应 EIT 以及多频激励测量进行复阻抗成像的多频 EIT 等研究都得到了初步的实验结果。

医学图像融合技术是将从多信道获取到的关于同一目标的医学图像数据融合为一幅图像以改善图像质量的影像处理技术。医学图像融合技术研究起步晚，但发展较快。该技术的兴起和发展，使医学成像技术更加综合化，能为研究者提供更准确和更独特的信息，以利于对图像作进一步的分析、理解及获取决策。目前医学图像融合技术研究的对象主要集中在核医学图像处理领域，超声等成本较低的图像融合技术研究较少，且研究主要集中于大脑、肿瘤成像等。图像小波变换融合技术是目前医学图像融合中研究得比较多，也比较成熟的技术。在医学影像设备的发展中，功能图像和解剖图像的结合是一个发展趋势，在肿瘤的精确定位、癌症的早期检测和诊断中发挥重要的作用。随着功能成像设备和解剖成像设备联用技术的出现，图像融合将得到进一步的发展，势必给临床诊断带来一场新的变革。

在人类健康诊断和疾病治疗方面，生物医学成像已经成为最可靠的方法之一。集中在组织或器官层面上的医学成像技术的发展使人类的健康质量有了革命性的改进。借助于光、电、磁标记的分子探针使用，分子影像技术得以迅速发展，并将生物成像延伸到了细胞和分子生物学水平。分子影像技术通过图像直接显示细胞或分子水平的生理和病理过程。在临床诊断领域，分子影像学通过发展新的工具、试剂及方法，探查疾病过程中细胞和分子水平的异常，在尚无解剖改变的疾病前检出异常，为探索疾病的发生、发展和转归，评价药物的疗效，以及疾病的治疗开启了一片崭新的天地。当今医学影像技术进入了全新影像时代，医学影像技术的发展反映和引导着临床医学在诊治方面的进步。从 1895 年德国物理学家伦琴发现 X 射线并由此拍出世界上第一张伦琴夫人手部的 X 射线透视照片以来，医学影像技术从无到有，从不完善到功能齐全、分类精细，经历了 100 多年的发展过程。医学影像技术的发展，极大地推动了医学的发展。展望 21 世纪，医学影像技术必将得到更快、更好及更全面的发展,并对人类的健康做出更大的贡献。

9.2 X射线成像方法及进展

伦琴1895年发现X射线,在医学界以及物理学界引起了巨大的反响。1896年,《纽约太阳报》头版报道"在科学发展史上从来没有哪一项伟大发现会得到人们如此快速的响应并被积极地付诸实用行动"。伦琴教授公布其X射线照片后的三个星期内,欧洲的一些外科医生已经成功地利用X射线对人的手、臂、腿内射入子弹等异物以及对人体各部位的骨骼疾病进行诊断。X射线的发现具有划时代的意义,因此,1901年伦琴获得第一届诺贝尔物理学奖。

X射线成像基本原理

1. X射线的产生

X射线是高速运动的粒子与某种物质相撞击后猝然减速,且与该物质中的内层电子相互作用产生的。X射线管是产生X射线的主要设备,是由X射线管通过阴极发射高速电子流轰击阳极来实现的,如图9.1所示。目前有旋转阳极X射线管、细聚焦X射线管和闪光X射线管。给阴极灯丝加一个低电压,灯丝通电加热后释放出热辐射电子。再给X射线管的阳极和阴极间加上高压,自由电子群就会在电场的作用下向阳极端靶面高速撞击。此时加在两极之间的加速电压称为管电压,这种加速后的电子束流称为管电流。当高速运动的电子突然受阻时,其中的一部分能量转换成了X射线。在这个能量转换的过程中,高速电子转换成X射线的效率只有1%,其余99%都作为热而散发了。所以靶材料要导热性能好,常用黄铜或紫铜制作,还需要循环水冷却。因此X射线管的功率有限,大功率需要用旋转阳极。如图9.2所示是一个旋转阳极X射线管的示意图,阳极不断旋转,电子束轰击部位不断改变,故提高功率也不会烧熔靶面。常用X射线管的功率为500~3000 W,目前有100 kW的旋转阳极,其功率比普通X射线管大数十倍。

X射线的转换效率η是指电子流能量中用于产生X射线的百分数,主要由两个因素决定:阳极材料的原子序数Z和自由电子本身的能量。后者与X射线管电压有关。转换效率η的一般表达式是

$$\eta = \frac{连续X射线总强度}{X射线管功率} = \frac{KiZV^2}{iV} = KZV \tag{9.1}$$

式中,Z为阳极材料的原子序数;V为X射线管电压。目前,大多数X射线管选用钨丝为阳极材料,这是因为钨不但原子序数高($Z=74$),而且熔点达到3300 ℃,温度升高后的蒸发率也比较低,能够承受高速电子的连续轰击。随着原子序数Z的

增加，X 射线管的效率提高，但即使用原子序数大的钨靶，在管压高达 100 kV 的情况下，X 射线管的效率也仅有 1%左右，99%的能量都转变为热能。

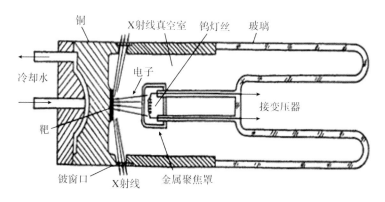

图 9.1　X 射线管结构示意图

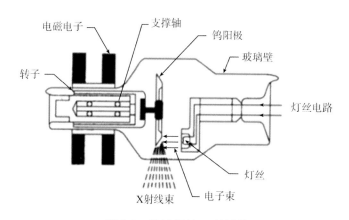

图 9.2　旋转阳极 X 射线管

通常施加在 X 射线管的阴极和阳极间的高压是由交流电检波后得到的交变电压，习惯上用它的峰值电压来表征。这个峰值电压被称为"加速电压"。X 射线管电流也是 X 射线管工作时的重要参数，管电流的变化范围可从几毫安到几百安。对任一给定的灯丝电流，在管电流没有达到饱和状态的情况下，如果增大峰值电压，管电流一般也会相应增大。当管电压升高到被称为饱和电压的某一值时，管电流达到其最大值。X 射线管的输出功率等于管电流和管电压的乘积，其也是 X 射线管的一个重要技术指标。在临床应用中，较大的输出功率可以减少患者对 X 射线曝光的时间，从而减少由于脏器运动产生的伪像。

灯丝发射的电子聚焦加速后，撞击在阳极靶上的面积被称为实际焦点。大多数 X 射线的焦点呈矩形，其直线尺寸一般为 0.2~2 mm。X 射线管的实际焦点于垂直于

X射线管轴线方向上投影形成的面积,称为有效焦点(effective focal spot)。两个焦点及其关系如图 9.3 所示。从图中可以看出,旋转阳极的边缘设计成斜角状,称为倾斜角 θ。倾斜角的定义为靶的表面相对 X 射线输出方向的夹角。设计倾斜角的目的是形成较小的有效焦点尺寸。有效焦点尺寸 f 与实际的焦点尺寸 F 之间的关系为

$$f = F \sin\theta \tag{9.2}$$

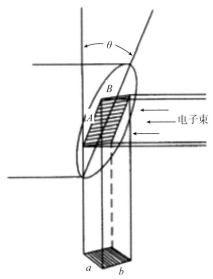

图 9.3　X 射线的实际焦点与有效焦点

实际焦点的长度为 A,宽度为 B。经投影后,有效焦点的宽度 b 等于实际焦点的宽度,有效焦点的长度 a 则变成了 $A\sin\theta$,短于实际焦点的长度。可见倾斜角越小,则有效焦点的长度越小,有效焦点的面积也越小。实际焦点的大小会直接影响 X 射线管的散热以及影像的清晰度。焦点面积小的管子可产生比较清晰的图像;焦点面积大的管子散热性能好,但容易造成图像模糊。为了获得较小的焦斑,要求阴极灯丝发射紧密且均匀分布的电子束。X-CT 系统中的 X 射线管就是利用在阴极灯丝的周围配置一个带负电的聚焦罩来避免电子束的发散。聚焦罩上的负电压越高,则发射的电子束越细。聚焦罩上如果产生足够高的负电压(~2 kV),电子流可能被完全切断。设计这种脉冲式电子流发射模式可使 X 射线管在"开"或"关"的状态下工作。在实际应用中,大多数 X 射线管装有两个不同尺寸的阴极灯丝,可以在不同的应用场合产生不同大小的焦点。一般的应用中,有效焦点尺寸在 0.6~1.2 mm,专门用于乳房 X 射线检查的 X 射线管中有效焦点的尺寸一般为 0.3 mm。

倾斜角 θ 同时对 X 射线束覆盖范围有影响,从图 9.3 中可以看出,X 射线束覆

盖范围大约是辐射源到检测目标的距离与 $\tan\theta$ 乘积的 2 倍。大的倾斜角虽然能够覆盖较大面积的成像范围，但同时也意味着辐射 X 射线的功率密度会降低。根据几何投影知识可知，X 射线管的焦点尺寸越小，投影图成的像也越清晰，而功率越高成像时间越短。功率和焦点尺寸之间存在一定的相关性，通常对于微焦点射线管，它们之间的相互关系由下式确定：

$$P_{\max} \approx 1.4(X_{\mathrm{f}}, \mathrm{FWHM})^{0.88} \tag{9.3}$$

其中，FWHM 为半峰宽。实际上，从 X 射线管中产生的是一束波长不一的混合射线。其中波长小的光子能量大，称为硬射线，穿透能力强；而波长大的光子能量小，称为软射线，易被其他物质吸收。当高速电子与靶材料撞击时会有两种辐射 X 射线的机制，一种是韧致辐射，一种是特征辐射。韧致辐射产生的 X 射线称为连续放射线，而特征辐射产生 X 射线称为特征放射线。X 射线强度与波长的关系曲线，称为 X 射线谱。管压很低时，小于 20 kV 的曲线是连续变化的，故称为连续 X 射线谱，即连续线谱。钼靶 X 射线管，当管电压等于或高于 20 kV 时，除连续 X 射线谱外，在一定波长处还叠加有少数强谱线，它们即特征 X 射线谱。管电压超过一定值时，特征谱就会出现，该临界电压称为激发电压。连续谱和特征谱的强度会随着管电压的增加而增强，而特征谱对应的波长保持不变[1,2]。

2. X 射线与生物物质的相互作用

X 射线穿过生物组织时会出现衰减，这是被散射和吸收的结果，而吸收是造成强度衰减的主要原因。在这个过程中会涉及干涉、衍射、光电效应、瑞利散射、电子对效应、康普顿散射以及汤姆孙散射等。干涉、衍射在 X 射线波长较短时对成像影响不大，电子对效应在生物医学成像领域不会出现，而汤姆孙散射由于 X 射线的光子能量较大导致其发生的概率比较小。所以下文中将逐一讨论光电效应、瑞利散射以及康普顿散射。

光电效应能为 X 射线成像提供良好的对比度，X 射线光子能量大于物质内层电子的结合能时，则入射的 X 射线光子将会从物质原子核的内部壳层打出一个自由电子，并且将能量转移给此电子。而生物组织中内层电子的结合能通常会很低，因而一个电子一次吸收一个 X 射线光子的几乎全部能量。同时造成原子核内部壳层产生电子空穴，而此空穴要由外层的电子来填充。处于高能态的外层电子在进入低能态时会带来一次 X 射线特征辐射，由此释放出一个新的光子。如果此光子的能量足够高，能够使内部壳层的电子再次被击出，则此被击出的电子就被称为俄歇电子。被 X 射线击出壳层的电子即光电子，它带有壳层的特征能量，所以可用来进行成分分析(XPS)。而俄歇电子是由高能级的电子回跳，多余能量将同能级的另一个电子送出去产生的。这个被送出去的俄歇电子带有壳层的特征能量(AES)。同时，高能级的电子回跳释放出能量，多余能量以 X 射线形式发出，可能产生荧光 X 射线，这个二次 X 射线就是二次荧光，也称荧光辐射，同样带有壳层的特征能量(AES)。在 X 射线诊断中，人体中的主要元素，如钙、碘和氧等的荧光放射光子的能量通常都很低，在几毫米之内就被吸收了，这就是光电效应或光电吸收。由于 X 射线的吸收系数与 X 射线光子能量的三次方成反比，而与吸收物质的原子序数的四次方成正比，因此光电吸收对那些原子序数高的生物组织来说就比较重要。并且原子序数差别不大的组织对 X 射线的吸收系数相差也会较大。图 9.4 为 X 射线与物质相互作用示意图。

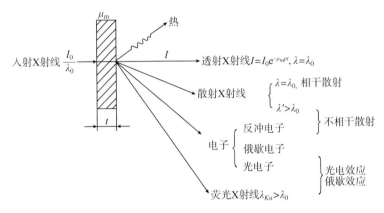

图 9.4　X 射线与物质的相互作用

康普顿散射是诊断 X 射线放射学在生物组织中应用的主要作用机制。1923 年，美国物理学家康普顿发现 X 射线通过介质散射后，散射光中除了有原波 λ_0 的 X 射线外，还产生了波长 $\lambda > \lambda_0$ 的 X 射线，该光子的方向发生了偏离并且其波长的增量随散射角的不同而变化。他将这种现象解释为光子与散射体原子中外层电子发生碰撞的结果，后来人们把这种现象称为康普顿效应(Compton effect)。X 射线光子与自由电子在弹性碰撞时，光子的一些能量会转移给电子，碰撞过程中能量守恒，动量也守恒，所以光子的能量减小，即波长变长。康普顿散射唯有在入射光的波长与电子的康普顿波长相比拟时，散射才会显著，这就是选用 X 射线观察康普顿效应的原因。而光电效应中，入射光是可见光或紫外线，因此康普顿效应不明显。如图 9.5 所示，根据计算结果，得到的散射光子波长的改变量只取决于散射角度 θ，而与入射光子的能量无关，即

$$\Delta\lambda = \lambda - \lambda_0 = [2h/(mc)]\sin^2(\theta/2) \tag{9.4}$$

其中，$\Delta\lambda$ 为入射波长 λ_0 与散射波长 λ 之差；c 为光速；m 为电子的静止质量；θ 为散射角；h 为普朗克常量。

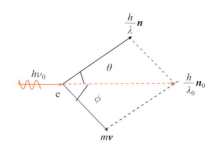

图 9.5 康普顿散射示意图

实验表明，康普顿散射的效果与被探测物质的原子序数无关，与入射 X 射线的能量关系也不大。这就意味着对于能量较高的 X 射线，康普顿散射在不同组织中的衰减系数差别不大，不能提高图像对比度。相反，在光电吸收较明显的低能量部分，不同组织中的质量衰减系数有明显的差异，这也将使得不同组织在 X 射线图像中出现明显的反差，对比度加大。利用不同能量下人体组织衰减系数间的差异可以设计双能量 X 射线减影成像设备来获取不同组织的清晰图像。也就是说，在光子能量较低时，光电效应起主导作用；光子能量较高时，起主要作用的是康普顿效应。而光电效应和康普顿散射是相对独立的，所以总的衰减系数是这两项衰减系数的总和[3]。

瑞利散射又叫相干散射，瑞利散射在散射粒子尺寸小于入射光子的波长时会发生，即一个低能量的 X 射线光子撞击原子轨道上的电子后，虽然被击电子未脱落，但光子自身被吸收了。与此同时，被击原子立即又可放出与入射光子能量相同但传播方向不同的光子。类似于入射光子能量被原子吸收后又被全部释放出来，只是发射光子与原入射光子方向不同。瑞利散射主要是前向的，因此发射出的光子比原来入射的 X 射线光子的光束略微展宽了。同样，可把瑞利散射视为 X 射线束的一种折射，正是由于被折射的光子在原来的传播方向上发生了改变，造成发射光子射线束的衰减。相关研究表明，由于 X 射线成像中都是检测 X 射线的吸收，而瑞利散射只发生 X 射线光子方向的改变，并且在诊断放射学中所用 X 射线的能量较高，发生瑞利散射的概率较低，由瑞利散射引起的衰减相对来说不太重要，所以瑞利散射在实际应用中对 X 射线成像的影响较小[4]。

3. 普通 X 射线投影技术

由于人体各组织、器官在密度、厚度等方面存在差异，因此对投射到其上的 X 射线的吸收不同，对 X 射线的衰减也不一样，从而造成透射 X 射线强度差异，通过一定的电子技术手段把衰减分布变成图像中的灰度分布，由此得到 X 射线投影图像。传统的 X 射线成像有两种方式：透视和摄影。X 射线透视是指 X 射线透过人体组织器官在荧光屏上显现图像，医生根据荧光屏上的动态图像来分析组织器官的形态和功能。X 射线摄影技术是用摄影胶片代替透视的荧光屏，将透过人体组织的

X射线投射到胶片上,然后经过显影、定影处理将影像固定到胶片上。时至今日,尽管已经有了高级的 X 射线计算机断层成像技术,但由于传统 X 射线成像设备操作简单,费用低廉,目前仍在临床上广泛应用。

传统的 X 射线透视成像系统利用影像增强管和电视摄像机使 X 射线透视检查具有较高的成像速度,图像质量达到临床应用的要求。而传统的 X 射线摄影由于考虑到患者的检查结果需要备案,以便对患者的发病史和治疗过程进行跟踪,利用荧光增强屏和涂上感光乳剂的胶片组成的屏–胶片系统可以获得较高成像品质的 X 射线摄影胶片,胶片所记录的 X 射线图像可以长期保留和备案。一般的 X 射线摄影对于不同组织、密度差异较大的对象成像效果较好,但是人体中有许多重要组织或器官由软组织组成,周围也由软组织围绕,它们之间的物质密度基本相同,则它们的 X 射线影像空间分辨率不够高。临床上,常采用造影剂来提高图像的对比度,这就是我们常说的 X 射线造影检查。

传统 X 射线成像技术运用 X 射线的穿透性、荧光作用及感光效应,通过 X 射线胶片感光成像,图像上点与点之间的灰度值是连续变化的,中间没有间隔,能产生比较清晰的模拟图像。但这种模式经过了近百年的临床应用与实践也暴露出了一些缺点。例如,X 射线能量的利用率不高,密度分辨率低,图像动态范围小,以及最重要的一点是胶片存储困难,数据查询和检索不便。这就催生了数字 X 射线成像技术以及现在临床应用广泛的 X-CT 技术[5]。

虽然 X 胶片的使用已经有了很长的历史,但大量胶片的保存以及数据检索等一直是困扰人们的一个问题。解决这些问题的一个根本出路在于数字化。一种办法是将胶片通过激光扫描数字化变成数字图像,另一种办法是发展数字放射摄影。随着技术的发展,数字图像的存储和显示技术已日趋完善。以此为基础,开发各种数字化成像系统已成为当今 X 射线成像技术发展的主流。医学影像的数字化是指医学影像以数字信号的方式输出,借用计算机强大的高速运算处理能力,对图像快速地进行存储、处理、传输和显示。数字化 X 射线成像不仅可以实现快速的检索和异地传输,而且还可以对存储的图像作各种各样的后处理,包括计算机辅助诊断等以满足临床应用的要求。数字化 X 射线成像技术目前有两种成像系统在临床应用比较广泛,包括计算机放射摄影(CR)和数字放射摄影(DR)[6]。

1) 计算机放射摄影技术

计算机放射摄影实际上是用一块加入了钡卤化物晶体荧光成像板(IP)来取代传统的 X 射线成像用的屏–胶片系统。荧光成像板在 X 射线照射下,荧光物质吸收了入射的 X 射线并将其能量储存起来,形成了"潜影"。然后用激光扫描曝光后的成像板,板上存储的信息由此转换成光信号释放出来,经过光电倍增管放大后的光信号由模/数(A/D)转换器转换成数字信号存入计算机,得到数字图像。与传统屏–胶片系统相比，CR 技术避免了图像质量易受增感屏类型及曝光条件影响的缺点，并且具备灵敏度高、动态范围宽(10000:1)、图像矩阵为 2500×2000、图像可擦除、可反复使用以及无须冲洗胶片等优点。形成的数字影像便于计算机处理和医学图像存档以及与通信系统(PACS)连接。CR 最基本的组成部分是成像板、读出/擦除器(又称激光扫描器)及控制工作站。值得一提的是，成像板上存储的信号可以用强光照射来进行擦除，以便下一次使用。而最新推出的 IP 双面读取技术可增加荧光体涂层总厚度，提高 X 射线光子向荧光转换的效率。临床上数字化 CR 从应用钨靶 X 射线进行四肢摄影到钼靶 X 射线进行乳腺摄影，已涵盖全部 X 射线摄影体位。CR 在临床摄影和急诊时，应用较为灵活，而且将旧 X 射线成像设备改造成数字化成像板时，CR 也是一种重要的过渡手段[7~9]。

2) 数字放射摄影技术

数字放射摄影技术是指一种基于大面积的平板检测器(FPD)的直接数字化 X 射线成像系统。FPD 由在玻璃基底上生成的薄膜硅晶体管(TFT)阵列组成，每一个探测器像素由一个光电二极管和相连的薄膜硅晶体管组成，可以直接将 X 射线转换成电信号。根据检测器对 X 射线光子转换的方式不同，DR 系统可以分为两类：直接转换系统和间接转换系统。第一代非直接转换系统采用的是增感屏加光学镜头耦合的 CCD 来获取数字化 X 射线图像。第二代直接转换系统是使用光电导器件，如非晶硒将 X 射线光子直接转换为电荷储存起来。无论是使用直接还是间接转换探测器，X 射线曝光后的电子图像将被传送到电子读出装置，再经过 A/D 转换产生数字图像[7,8]。

图 9.6 所示为飞利浦公司的 DR 成像系统，是采用 FPD 将透过人体投射过来的 X 射线衰减信号直接转换成数字电信号或者可见光信号，再通过半导体探测器转换成数字电信号，信号被输入计算机进行处理、显示、存储和传输[10]。

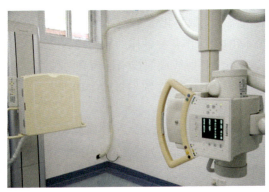

图 9.6　DR 成像系统

相比于 CR 系统，DR 系统的主要优点如下：

(1) 改善了图像显示质量,具有较高的密度分辨率(灰度分辨率);
(2) 减少对患者的照射剂量,保护了受检者和放射医务工作者;
(3) 图像后处理功能强大,现代数字图像处理技术可以对所获得的数字图像进行各种有效的处理,以改善图像质量;
(4) 成像环节减少,提高了系统响应速度,成像速度快。

DR 和 CR 系统各有优缺点,临床应用中要根据受检者实际需要、成本以及性价比来决定,因此现在医院里两种设备都在发挥作用。

数字 X 射线摄影之所以成为一个研究与开发的热点,与目前计算机、网络以及通信技术的发展紧密相关。计算机中使用的海量存储器有可能用来保存大量数字化的图像。计算机联网技术的发展,使得不同医院的医疗设备以及医学检测数据能够资源共享,节省了资源的同时也方便了医务人员的工作。随着 X 射线数字摄影技术的发展,还出现了很多专用设备,如数字化钼靶乳房专用 X 射线机、数字减影血管造影机、数字胃肠 X 射线机等,为 X 射线数字化成像技术的发展和应用开拓了更新和更广的领域[11, 12]。

9.3 X 射线计算机断层成像方法及进展

X-CT 是 X 射线计算机断层成像的简称,是 X 射线、计算机和现代科技应用于生物医学的产物。早在 1917 年,波希米亚数学家 Radon 提出了图像重建的数学方法 Radon 变换和 Radon 逆变换公式,但此时的 Radon 公式只是在数学上具有重要意义,而并没有应用到影像学上。20 世纪 50 年代初期,美国神经外科医生 Oldendorf 克服了普通 X 射线成像组织结构重叠伪影的问题,并发表了第一篇 CT 论文,此即真正意义上的计算机断层扫描技术。1963 年,美国物理学家 Cormark 为了精确估计 X 射线在组织间的衰减率,提出用 X 射线投影数据重建图像的数学方法。1971 年 10 月,英国工程师 Hounsfield 为了区别大脑的灰质和白质,设计成功第一台商用 CT 机并用于颅脑检测。1974 年,美国工程师 Ledley 设计出全身 CT 机。Hounsfield 和 Cormark 获得了 1979 年度诺贝尔生理学或医学奖。在影像学界,现在也设立了 Hounsfield 奖以纪念其在影像学领域做出的突出贡献。

9.3.1 成像原理

1. 概述

X-CT 成像技术与普通 X 射线透视和摄影成像技术的主要不同之处就在于对 X 射线检测和图像重建等方面。图 9.7 为 X-CT 工作原理的示意图。如图所示,一般 CT 成像装置主要由 X 射线管、准直器、探测器阵列、滤过器、测量电路、A/D 及

D/A 转换器、显示器、计算机系统、图像存储与记录系统等部分组成。从图中可以看出，X 射线管和探测器阵列分别位于被检者两侧。X 射线管每发射一次，探测器阵列就能检测到穿过人体后的射线强度(称为投影数据或投影函数)。在整个数据采集的过程中，X 射线管和探测器将同步绕受试者旋转一周。当高度准直的 X 射线束对人体某个部位按一定厚度进行扫描后，穿过人体的 X 射线由探测器接收，经放大变为电子流，A/D 转换后输入计算机进行图像重建。计算机系统按照设计好的图像重建方法，对数字信号进行一系列的计算和处理，得到人体层面上组织器官密度分布的情况。经 D/A 转换后用不同的灰度等级在显示器上显示即获得该部位的横断面或冠状面的 CT 图像。可见，X-CT 的实质是基于投影数据来重建人体内的断层图像。

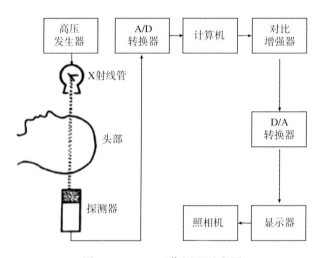

图 9.7　X-CT 工作原理示意图

2. 成像原理

根据物理学知识可知，X 射线具有一定的能量和穿透能力，当 X 射线束遇到物体时会产生衰减作用，即物体对 X 射线的吸收和散射。物体对 X 射线的吸收和散射的强度与物体密度、原子序数和 X 射线能量等密切相关。X-CT 成像是以测定 X 射线在人体内的衰减系数为基础，经计算机处理，根据数学公式求解出衰减系数值在人体某剖面上的二维分布矩阵，转变为图像画面上的灰度分布，从而实现重新建立断面图像的现代医学成像技术。另外，CT 成像中主要涉及的是物体对 X 射线的吸收，所以我们下面仅限于讨论物体对 X 射线的吸收作用，而忽略对 X 射线的散射作用。

物理实验证明，在一个均匀物体中，物质对 X 射线的吸收服从一定的规律。图 9.8 表示，X 射线束沿 x 轴穿透厚度为 l 的一个均匀物体，设入射的 X 射线强度

为 I_0，经物体吸收后射出的 X 射线强度为 I，则

$$I = I_0 e^{-\mu l} \tag{9.5}$$

式(9.5)是 Lambert-Beer 吸收定律在 X 射线应用中的表达式。由式(9.5)可知，l 或 μ 值越大，射出的 X 射线强度值 I 越小，即物体对 X 射线的吸收越大。

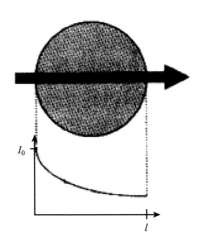

图 9.8 均匀物体，单频辐射

在 X 射线束通过非均匀物质如人体组织器官时，各点对 X 射线的吸收系数是不同的。为了便于分析，将沿着 X 射线束通过的物体分成按矩阵排列的若干个小单元体(体素)。体素体积为长×宽×高，一般体素的长和宽为 1~2 mm，高即体层厚为 3~10 mm。令每个体素的厚度为 l，假设 l 足够小，使得每个体素为单质均匀密度体，每个体素的吸收系数为常值(图 9.9)。

图 9.9 单质均匀密度体的吸收系数为常值

当入射第一个体素的 X 射线强度为 I_0 时，透过第一个体素的 X 射线强度 I_1 为

$$I_1 = I_0 e^{-\mu_1 l} \tag{9.6}$$

其中，μ_1 是第一个体素的吸收系数。对于第二个体素，I_1 就是入射的 X 射线强度。设第二个体素的吸收系数为 μ_2，X 射线经第二个体素透射出来的强度 I_2 为

$$I_2 = I_1 e^{-\mu_2 l} \tag{9.7}$$

将 I_1 的表达式代入式(9.7)，得到

$$I_2 = (I_0 e^{-\mu_1 l}) e^{-\mu_2 l} = I_0 e^{-(\mu_1+\mu_2)l} \tag{9.8}$$

最后，第 n 个体素透射出的 X 射线强度 I_n 为

$$I = I_n = I_0 e^{-(\mu_1+\mu_2+\cdots+\mu_n)l} \tag{9.9}$$

将上式中的吸收系数经过对数变换，并移至等式的左边得到

$$\mu_1 + \mu_2 + \cdots + \mu_n = \frac{1}{l}\ln\frac{I_1}{I} \tag{9.10}$$

从上式中可以看出，在 X 射线的入射强度 I_0、透射强度 I 以及物体体素的厚度 l 均已知的情况下，可以将沿着 X 射线通过路径上的吸收系数之和 $(\mu_1+\mu_2+\cdots+\mu_n)$ 计算出来。

要建立 CT 图像，必须先求出每个体素的吸收系数 μ_1、μ_2、μ_3、$\cdots$、μ_n。从数学角度上讲，为求出 n 个吸收系数，需要建立如上式所示的独立方程。因此，CT 成像装置需要从不同的方向上进行多次扫描，以此来获取足够的数据建立求解吸收系数 μ 的方程。CT 每扫描一次，即可得到一个方程，经过若干次扫描，即得到一联立方程。运用傅里叶变换、反投影法等算法进行计算机运算可以解出这一联立方程并求出每个体素的 X 射线吸收系数或衰减系数。将其排列成数字矩阵(digital matrix)，数字矩阵经过 D/A 转换器把其中的每个数字转变为由黑到白不同灰度的小方块，即所谓像素(pixel)，也按矩阵排列，便构成了 CT 图像。

3. CT 值与灰度

1) CT 值

吸收系数 μ 是一个物理量，是具有物理意义的量值。医学上用 CT 测量并计算获得 μ 值，以 μ 为依据，根据一定数目体素的 μ 值重建图像。CT 值被用来作为表达人体组织密度的量值。国际上对 CT 值的定义：X 射线线性平均衰减量的大小用 CT 影像中每个像素所对应的物质来表示的值。实际中，CT 值被表示为，以水的吸收或衰减系数($\mu_w=1$)为标准，各组织对 X 射线的吸收系数 μ 与水的吸收系数 μ_w 的相对比值。用公式表达为

$$\text{CT 值} = \frac{\mu - \mu_w}{\mu_w} \cdot a \tag{9.11}$$

CT 值的单位为 HU(Hounsfield unit)。其中，μ 和 μ_w 分别为受检物和水的吸收系数(规定 μ_w 为能量是 73 keV 的 X 射线在水中的线性衰减系数，$\mu_w=1.0\ \text{m}^{-1}$)；a 为分度因数，常取为 1000。

一般将人体组织的 CT 值划分为 2000 个单位(HU)，可通过测量不同部位的吸收系数来计算获得。如选用 X 射线能量为 73 keV 时，水的吸收系数为 1.0，骨皮质吸收系数为 2.0，空气吸收系数为 0。按公式计算，可获得水的 CT 值为 0 HU，最

上界的致密骨 CT 值为+1000 HU，最下界为空气–1000 HU。CT 值不是绝对不变的，与 X 射线管电压、CT 设备、扫描层厚等物理因素有关。CT 值的获取有助于大致判断组织类型，从而有助于疾病的诊断。

2) 灰度

灰度指黑白或明暗的程度，其为在图像面上表现出的各像素黑白或明暗程度的值。CT 图像是以不同灰度分布的形式显示出来的。从全黑到全白可有无数个不同的灰度值，因此可以把 CT 图像完整地显示出来。

如上所述，CT 图像是根据一定数目体素的衰减系数 μ 值重建的图像，通过计算机，利用一定的算法处理 CT 多次扫描获得的投影值，可将每个体素的 X 射线衰减系数求解出来，即 μ 值。获得的 μ 值即以衰减系数矩阵的形式呈现出来的二维分布。再按照上述公式，把各个体素的 μ 值转换成对应体素的 CT 值，从而得到 CT 值的二维分布矩阵。最后，根据图像面上各像素的 CT 值二维分布矩阵转换得到灰度分布，此灰度分布即 CT 影像，即一个 CT 值对应着一个灰度，图 9.10 显示了人体组织 CT 值与灰度对应的关系。

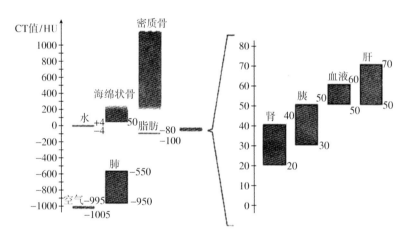

图 9.10 人体组织 CT 值与灰度对应的关系

假定 CT 机选用的 CT 值按 2000 HU(实际可达 4000 HU)计算，则灰度值在理论上也是 2000 个，即从对应的 CT 值为–1000 HU 的全黑到 CT 值为+1000 HU 的全白有 2000 个不同的黑白或明暗层次。由于这 2000 个 CT 值可转变为图像面上的 2000 个灰度，所以 CT 图像是一个灰度值不同且变化不连续的图像[2,6]。

9.3.2 投影重建图像的原理

X-CT 图像重建就是运用一定的物理技术，从投影数据中解算出成像平面上各体素的衰减系数 μ，并采用一定的数学方法，用计算机算出 μ 值在人体剖面上的二维分布矩阵。运用公式把各个体素的 μ 值转换成对应体素的 CT 值，由此得到 CT 值的二维分布矩阵。根据 CT 值的二维分布矩阵再得到图像画面上的灰度分布，从而达到重建体层图像的目的。图像重建的数学算法有很多种，如反投影重建算法、傅里叶变换重建算法以及迭代重建算法等。在介绍这些算法之前，有必要先介绍投影重建图像的理论依据，即所谓的中心切片定理。

中心切片定理，又叫傅里叶切片定理，是解析方法的理论基础。图 9.11 表示了从密度函数获得数据的过程。图中于 (x, y) 坐标系中给出一个密度函数 $f(x, y)$，沿着某一个投影方向，对每一条投影线计算其密度函数 $f(x, y)$ 的线积分，得到该射线上的投影值。计算出该投影方向上的所有投影值，就能得出该投影方向上的投影函数 $p_\theta(x_r)$。其中，θ 是投影函数的坐标轴 x_r 与 x 轴之间的夹角，它反映出投影的方向；投影函数的坐标轴 x_r 是一维变量，该变量的坐标原点是 (x, y) 坐标系中原点在该方向上投影的垂足。

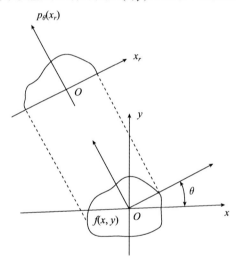

图 9.11　中心切片定理示意图

如果对投影函数 $p_\theta(x_r)$ 进行一维傅里叶变换，就能得到其在频域里对应的一维变换函数 $p_\theta(\rho)$（下标 θ 表示 $p_\theta(\rho)$ 随 θ 角的变化而不同）。同时，如果对图 9.11 中的密度函数 $f(x, y)$ 进行二维傅里叶变换，就能得到其在频域中对应的二维变换函数 $F(u,v)$，这个频域函数也可以用极坐标的形式表示为 $F(\rho, \theta)$。换言之，中心切片定理把 $F(\rho, \theta)$ 与 $p_\theta(\rho)$ 联系在一起，它表示了密度函数 $f(x, y)$ 在某一个方向上的投影函数 $p_\theta(x_r)$ 的一维傅里叶变换函数 $p_\theta(\rho)$，就是密度函数 $f(x, y)$ 的二维傅里叶变换 $F(\rho, \theta)$ 在 (ρ, θ) 平面上沿着同一个方向且过原点的直线上的值。图 9.12 中给出了该定理的一个说明示意图。从图中能够看出，投影函数 $p_\theta(x_r)$ 一维傅里叶变换的函数值就是在二维频域中经过原点与 ω_1 轴夹角为 θ 的直线上的值 $F(\rho, \theta)$。

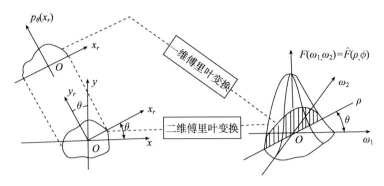

图 9.12　中心切片定理示意图

实际上，中心切片定理告诉我们，怎样通过投影数据重建出原始图像。由于每个方向上的投影图的一维傅里叶变换都对应原始图像的二维傅里叶变换空间内过原点的一条切片，因此，假如我们在不同的角度下得到足够多的投影函数数据，并对它们进行傅里叶变换，根据中心切片定理，可以将此变换结果看成是在二维频域中同样角度下经过原点的直线上的值，经变换后得到的数据将填充满整个 (u,v) 空间。当频域函数 $F(u,v)$ 或 $F(\rho,\beta)$ 的全部值都得出，将其进行直接傅里叶逆变换，就能够得到原始函数 $f(x,y)$，由此便可重建出原始图像。然而，在实际应用中，通过傅里叶变换重建原始图像存在一系列的问题。例如，利用上述的傅里叶变换方法重建图像时，投影函数的一维傅里叶变换在频域中以极坐标的形式呈现，把极坐标形式的数据经过插补运算转换成直角坐标形式的数据时，其计算工作量比较大。此外，在极坐标系中的频域数据里，距离原点较远、频率较高的那部分数据比较稀疏，把这部分数据转换成直角坐标形式的数据时，需要经过插补，但这样做的同时也会引入一定量的误差。通过一些插值的方式来缩小误差可以降低这种误差的影响，然而，由于傅里叶域内的误差与空间域内是不同的，空间域内的误差只是在局部某一区域内，而傅里叶域内的误差则会影响到整个图像，由此重建的图像同样会存在较大的失真。也就是说，在重建的图像中，高频分量可能会有较大的失真[2,6]。

9.3.3　投影重建图像的算法

X-CT 的理论核心就是投影重建，重建算法自然也是 CT 技术的核心，这些算法包括前面在中心切片定理章节讲到的直接傅里叶变换法以及本节要讲到的反投影法和代数(迭代)算法。

反投影法又叫总和法，这个方法是利用投影数值近似地描述出吸收系数的二维分布。反投影法的图像重建算法又可分为直接反投影法和滤波卷积反投影法。它的基本原理是把所测得的投影值按照其原路径平均地分配到每一点上，把各个方向上投影值反投影后,在影像处进行叠加,进而推断出原图像。

我们考察一矩形被测物体的两个方向上的投影(图 9.13),如图 9.13(a)所示,先给出被测物体在 x、y 轴上的投影。根据反投影法原理,从 x、y 轴方向上分别按原路径平均分配投影值,结果如图 9.13(b)所示,在影像处是两个方向上反投影值的叠加,即加重影像部位的显像值。最后经过处理或调整基本显像灰度值,更能突出投影重叠部分,使影像更接近原图像。

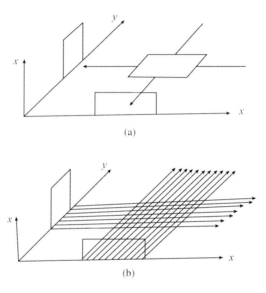

图 9.13　投影(a)和反投影(b)

根据反投影法的原理,反投影法中反投影叠加会引起物体每个点的扩散效应相互作用(或称卷积),导致得到的重建图像是模糊的。虽然这种模糊的图像可以经过修正后再现原始的函数,但是修正的过程很费时,这就是这种先反投影、后修正的重建方法所存在的问题。如果是通过运用适当的滤波函数对每一个扫描断层进行预校正,然后再运用反投影的方法重建图像,这种方法称为滤波卷积反投影法。这种滤波卷积反投影重建方法经过先修正、再反投影,同样可以得到原始的函数。由于这种滤波卷积反投影算法能够重建出质量足够好的图像,同时其耗费的时间也在可以接受的范围内,因此现代 CT 中运用的重建算法几乎都是滤波卷积反投影算法。

上述的反投影重建算法是解析的、近似的,它的优点就是重建速度更快,并且占有的内存资源较少,因而,在实际应用中成为 X-CT 系统中的主流算法。但是精确、高效的重建算法仍是一个待解决的、具有挑战性的问题。迭代法又称为级数展开法,是解矩阵方程的常用方法。迭代重建法的过程是把近似重建所得到的影像的投影和实际上测量所得到的投影进行比较,然后再把比较得到的差值反向投影到影像上,每次反射之后又得到一幅新的近似图像。将所有的投影都根据这个过程处理一遍，这样就完成了一次迭代过程。在进行下一次迭代的过程时，需要把前一次迭代的结果当作初始参考值。在进行了多次迭代过程让结果足够精确以后就可以认为图像的重建过程结束了。第一台 X-CT 扫描机用的就是迭代重建法，后来由于计算机发展的局限性，滤波反投影法由于其固有的优势逐渐被大多数研究者所接受，成为了 CT 重建的金标准(gold standard)。但是，随着计算机运算能力的提高和速度的加快，统计迭代重建又成功地引入到放射断层成像中来。其在研究噪声消除、伪影抑制以及双能与能敏成像方面都独具优势，近年来已成为 CT 技术的研究热点。随着计算机技术的进一步发展和对图像质量要求的进一步提高，这种方法有望得到更多的应用[13, 14]。

9.3.4　X 射线 CT 的研究热点方向

自 1972 年世界上第一台 X-CT 扫描机投入临床应用以来，人们一直致力于 CT 技术的发展和设备的改进，尤其是螺旋 CT 出现以后，人们提出了"CT 绿色革命"的概念，总体思路是致力于让 CT 向更低的辐射剂量、更快的采集和重建速度以及更便捷的重建处理的设计方向发展。

1. 螺旋 CT

螺旋 CT 突破了传统 CT 的设计，其技术特点是在患者平移的过程中连续采集数据，并由此重建断层和三维图像。传统的 CT 采用的是步进–扫描的工作方式，也就是数据采集和患者位移不同步，在数据采集阶段，患者保持不动，让 X 射线管和探测器围绕着患者旋转采集整个成像平面的数据。然后让患者向前平移一小段距离，再次进行数据采集。而商品化的螺旋 CT 运用滑环技术，把电源电缆与一些信号线和固定机架内不同金属环相连，运动着的 X 射线管和探测器滑动电刷与金属环导联。球管与探测器不受电缆长度限制，沿着人体长轴连续匀速地旋转，扫描床也同步匀速递进，扫描轨迹呈螺旋状前进，能够快速且不间断地完成容积扫描。采用传统的步进–扫描工作方式，其工作时间的占空比大约为 50%，效率较低。而螺旋 CT 改进了步进–扫描的工作方式，数据采集过程中没有间歇的时间，工作时间的占空比几乎达到 100%。因此，体积覆盖速度性能也得到明显提高。图 9.14 显示了 64 层螺旋 CT 的薄层最大密度投影(MIP)重建图像[14~17]。

2. CT 能谱成像

在传统的 CT 成像中，带有多种能量成分的 X 射线尽管经过了严格的滤过，当 X 射线束穿过人体组织时，低能量 X 射线或称软射线首先被吸收掉，但是随着穿过人体组织路径的延长，剩余的较高能量的 X 射线的平均能量会不断增加，这种现象称为硬化效应。硬化效应会导致检测组织 CT 值的漂移，这种漂移造成其 CT 值仅代表一个相对的值,只能给出形态学的信息,而无法给出组织病理学的信息。CT能谱成像技术能够根据 X 射线在人体组织中的衰减系数转变为相应的图像,这有利于特异性的组织鉴别。单能量 X 射线得到的图像称为单能图像,同时随着能量的变化,会出现不同性质的图像,高低能量的图像会为临床诊断带来不同信息。能谱成像技术通过高低两种能量的高速切换,能够测量出组织的 X 射线衰减系数,进一步将这种衰减系数转化为会产生同样衰减的两种物质的密度,这样的过程称为物质成分分析及物质的分离。图 9.15 为 CT 能谱结肠癌图像[18~20]。

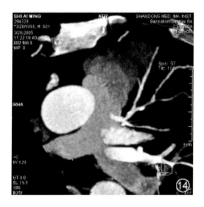

图 9.14　64 层螺旋 CT 的薄层 MIP 重建图像

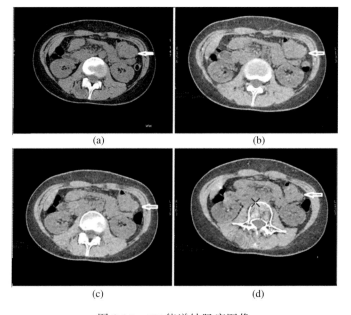

图 9.15　CT 能谱结肠癌图像

3. 基于新型高效探测器的 CT

虽然临床使用的 X 射线系统习惯上只用投影胶片，但探测器的引入使 X-CT 系统发生了突飞猛进的变化。探测器的性能直接影响到原始数据的质量和采集速度，同时也影响到患者受到的射线剂量，因此，探测器在 CT 成像设备中至关重要。最近研制出来的 256 列的超宽探测器能实现大规模的容积性信息采集。这种超宽探测器的应用使得多层面螺旋 CT 从以往的 4 层突破到目前的 64 层采集模式。最新研制的平板探测器，促进 CT 成像系统可以实现三维重建。通过初步临床实验，结果显示其功能相当诱人，可提供高分辨率成像和各种高级重建功能的容积信息。时下常用的平板探测器的像素尺寸在 50 μm×50 μm~200 μm×200 μm，有效作用面积达到 43 μm×43 μm[21]。

4. 纳米 CT

纳米 CT 是指使用纳米量级的 X 射线源，通过高放大倍率实现纳米级分辨率，又叫高分辨率 CT，这种技术较常见。现有的高分辨率 CT 包括纳米 CT 和微米 CT。在纳米分辨率下就能对材料中成分的分布、孔洞和裂痕实现三维可视化。而由 Xradia 公司开发成功的一台 nanoXCT 可在 Zernike 相衬模式下大幅度提高图像对比度，利用专用的容器和物镜，可实现 50 nm 的分辨率。纳米 CT 不仅能用于检测常规材料、复合材料、陶瓷材料和烧结，还能分析地质样本和生物样本，可为材料开发、半导体分析、药物筛选以及干细胞研究等提供无损研究手段。图 9.16 为 Xradia 公司研发的一台 nanoXCT 拍下的单独的石墨粒子三维图片[22~24]。

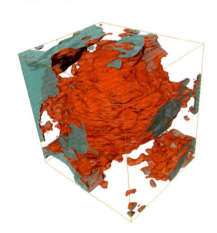

图 9.16　Xradia 公司研发的一台 nanoXCT 拍下的单独的石墨粒子三维图片

5. 多模式融合

若将显示清晰解剖结构信息的 CT 图像与显示功能和代谢信息的 PET 或 SPECT 图像进行融合，获取一种显示综合信息的图像，使有诊断意义的信息和发生病变的部位进行更准确的融合,将方便人们用更短的时间和更直观的方法获取更准确的诊断信息。现代生物医学成像技术的一个重要发展趋势是多模式融合,即将两个或两个以上的成像系统协同整合,以获得更优越和更全面的性能。一个重要的例子是 PET/CT 成像系统,在这个系统中,PET 具有的高分辨性能为 CT 提供重要的生物组织功能信息,而 CT 为 PET 提供了高分辨率的结构定位。尤其是 CT 能够提供高空间分辨的 X 射线衰减系数分布,能用于核素成像中修正γ射线的组织衰减,改善 PET 成像方法的精确性。图 9.17 显示的是用 F-18 FDG-PET/CT 成像技术拍摄的非小细胞性肺癌的图片[25~27]。

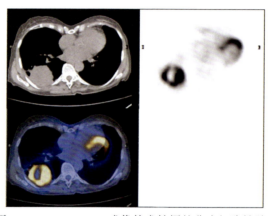

图 9.17 用 F-18 FDG-PET/CT 成像技术拍摄的非小细胞性肺癌的图片

9.4 核磁共振成像技术及进展

9.4.1 磁共振成像概述

磁共振成像(MRI)是根据生物体磁性氢核在磁场中的表现特性而成像的高新技术,其物理基础是核磁共振(NMR)理论。磁共振(MR)是指在磁场作用下,一些具有磁性的原子可以产生不同的能级,假如外加一个能量(即射频磁场),并且这个能量恰能等于相邻的 2 个能级能量差,那么原子吸收能量产生跃迁(即产生共振),从低能级跃迁至高能级,能级跃迁能量的数量级是射频磁场的范围。核磁共振可以简单地理解成低能电磁波即射频波与既有角动量又有磁矩的氢核系统在外磁场中相互作用表现出的特性。其本质是能级跃迁,利用这一现象可以研究物质的微观结构。把这种技术用于人体内部结构的成像,因而出现了一种革命性的医学诊断工具。应用快速变化的梯度磁场,大大提高了核磁共振成像的速度,实现了该技术在临床诊断、科学研究的应用,极大地推动了医学、神经生理学和认知神经科学的迅速发展。

核磁共振现象是由美国人布洛赫和珀塞尔在 1946 年分别在两地同时发现的，因此两人同时获得了 1952 年的诺贝尔物理学奖。核磁共振是指原子核在进动中，吸收了与原子核进动频率相同的射频脉冲，即外加的交变磁场的频率与拉莫尔频率相等，原子核就发生共振吸收，将射频脉冲去掉之后，原子核磁矩又会把所吸收的能量中的一部分通过电磁波的形式发射出来，即共振发射。共振吸收与共振发射的过程称作核磁共振。20 世纪 50 年代，核磁共振已成为研究物质分子结构的一项重要分析技术。20 世纪 60 年代开始用于生物组织成分分析，检测生物体内的氢、磷和氮的核磁共振信号以进行化学分析。20 世纪 70 年代以后人们将核磁共振技术与医学诊断联系起来，利用核磁共振可检测疾病、重建图像。进入 20 世纪 80 年代以后核磁共振成像技术被用于临床，为了区别放射性核素成像技术而将核磁共振成像改称为磁共振成像。

9.4.2 磁共振成像物理基础

原子是由原子核和位于其周围轨道中的电子所构成的，电子带负电荷。中子和质子构成原子核，中子不带电荷，质子带正电荷。所有的原子核都有一个特性，那就是总以一定的频率围绕着自己的轴进行高速旋转，我们将原子核的这一特性称为自旋(spin)。由于原子核带正电荷，原子核的自旋就会形成电流环路，从而产生具有一定方向和大小的磁化矢量。我们将这种由带正电荷的原子核自旋而产生的磁场称为核磁。并非所有原子核的自旋运动都能产生核磁，根据原子核内中子和质子数目的不同，不同的原子核会产生不同的核磁效应。假如原子核内的质子数和中子数都是偶数，则这种原子核的自旋并不会产生核磁，我们把这种原子核称为非磁性原子核。反之，称自旋运动会产生核磁的原子核为磁性原子核。磁性原子核要符合以下条件：①中子和质子都是奇数；②中子是奇数，质子是偶数；③中子是偶数，质子是奇数。

氢核是人体成像首选核种，因为人体各种组织中含有大量水和碳氢化合物，所以氢核核磁共振灵活度高，且氢核磁旋比大，信号强，这就是人们把氢核作为人体成像元素首选的原因。人体的质子不计其数，但这种数以亿计的质子的角动量方向随机，相互抵消，总的角动量为零(图 9.18(a))。因此，人体在自然状态下并无磁性，也就没有宏观磁化矢量产生。MRI 仪只能探测到宏观磁化矢量的变化，而不能区分每个质子微观磁化矢量的变化。但若把人体置于强大的磁场内，人体内部的磁性核受到静磁场的作用，其运动状态发生改变。

图 9.18 所示是进入主磁场前后人体内的质子核磁状态的变化。人体内质子产生的小磁场不再是杂乱无章的，而是有规律排列(图 9.18(b))。从图中能够看出，进入主磁场后，人体内质子自旋所产生的小磁场与主磁场 B_0 平行排列，多数质子自旋产生的小磁场受主磁场的束缚，其磁化矢量的方向与 B_0 平行同向，这部分质子处于低能

级。少数平行反向的质子位于高能级不稳定状态，因此可以对抗主磁场的作用，其磁化矢量虽然与主磁场平行但方向相反。因为位于低能级的质子略多于位于高能级的质子，所以进入主磁场后，人体内会产生一个与主磁场方向一致的宏观纵向磁化矢量(图9.18(b))。需要说明的是，无论是位于高能级还是位于低能级的质子，其磁化矢量并不是完全与主磁场方向平行，而总是会与主磁场有一定的角度。原子核与外磁场相互作用导致了核绕 B_0 的旋进，即在主磁场中的质子除了自旋运动外，还围绕着主磁场轴进行旋转摆动，我们将质子的这种旋转摆动称为进动(precession)(图9.19)。同时，进动还产生了核的附加能量，造成了原子核能级的劈裂。

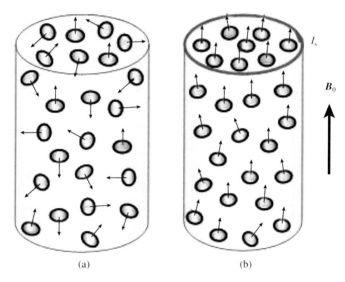

图9.18 进入主磁场前后人体内质子的核磁状态变化

如果在与外磁场垂直的方向上给人体组织一个射频脉冲，且这个射频脉冲的能量刚好与原子核劈裂能级的间隔相等，射频脉冲的能量将传递给位于低能级的质子，位于低能级的质子获得能量后将跃迁至高能级，这就是磁共振现象，又称为共振吸收。在宏观角度上，磁共振现象的结果是使宏观纵向磁化矢量产生偏转，偏转的角度与射频脉冲的能量有关，能量越大偏转角度就越大。射频脉冲能量的大小与脉冲强度和持续时间有关，当宏观的磁化矢量偏转角度确定时，射频脉冲强度越大，则持续的时间越短。当射频脉冲的能量恰好能够使宏观的纵向磁化矢量偏转 90°，也就是完全偏转到 x、y 平面，我们把这种脉冲称为90°脉冲。如果射频脉冲使宏观磁化矢量偏转角度小于 90°，我们把这种脉冲称为小角度脉冲。如果射频脉冲能量足够大，使宏观磁化矢量偏转 180°，就会产生一个与主磁场的方向相反的宏观纵向磁化矢量，我们将这种射频脉冲称为180°脉冲。

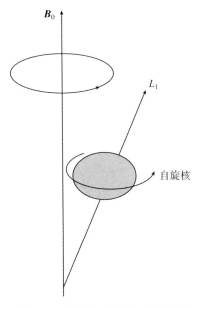

图 9.19　质子自旋及进动示意图

关闭 90°脉冲后人体组织中的质子的核磁状态又会发生什么变化？关闭 90°脉冲后，组织的宏观磁化矢量将逐渐回到平衡状态，射频脉冲停止作用后，横向磁化分量 M^{xy} 很快衰减到零，被称作横向弛豫；因为这个过程是同种核相互交换能量的过程，所以又称作自旋-自旋弛豫过程。图 9.20(a)是 90°脉冲使质子聚相位，产生宏观横向磁化矢量(水平空箭头)；图 9.20(b)和(c)是关闭 90°脉冲后，质子逐渐失相位，宏观横向磁化矢量逐渐衰减(水平空箭头)。

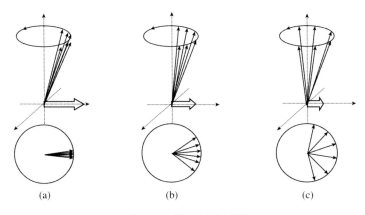

图 9.20　横向弛豫过程

从图 9.21 看出，由于主磁场不均匀和横向弛豫的双重影响，横向磁化分量将很快衰减,称为自由感应衰减(free inducion decay, FID)(圆点虚曲线);除了主磁场不均匀造成的质子失相位,得出的横向磁化矢量衰减是真正的 T_2 弛豫(实曲线)。由图可以看出,同一组织的 T_2 弛豫要远远慢于 FID。以该组织的 T_2 弛豫曲线为准,把 90°脉冲后横向磁化矢量达到最大值(100%)的时间点记为 t_0,把横向磁化矢量衰减到最大值的 37%的时间点记为 t',t_0 与 t' 的时间间隔即为该组织的 T_2 值。

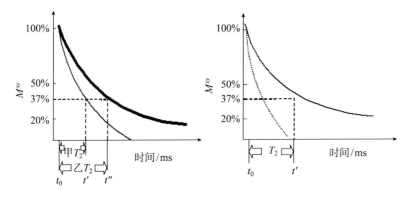

图 9.21　组织自由感应衰减(FID)和 T_2 弛豫的差别

纵坐标为横向磁化矢量(M^{xy})的大小(以%表示),横坐标为时间(以 ms 表示)

由于受上述两个方面磁场不均匀的影响,90°脉冲关闭后,质子的相干性逐渐消失,相干性和宏观横向磁化分量 M^{xy} 的损失将导致辐射信号振幅的下降。在接收弛豫过程中,线圈中接收的感生电动势的振幅值也逐渐衰减,由于这一信号是在自由旋进过程中产生的,我们把宏观横向磁化分量的这种衰减称为自由感应衰减(FID),也称 T_2 弛豫(图 9.21)。由于 FID 信号所包含的生物组织信息比在射频磁场作用下检测的 MR 信号中所含的信息要多,故 FID 信号通常指的就是 MR 信号。

而当关闭 90°射频脉冲后,在主磁场的作用下,纵向磁化矢量将会从零开始逐渐恢复到与主磁场同向的最大值(即平衡状态),我们将这一过程称为纵向弛豫,如图 9.22 所示。以关闭 90°脉冲后某组织的宏观纵向磁化矢量为零,以此作为起点,以磁化分量在 z 轴方向恢复到最大值的 63%作为终点,起点与终点的时间间隔称为纵向弛豫时间 T_1。周围分子自由运动的频率明显高于或低于质子的进动频率,那么这种能量释放很慢,组织纵向弛豫所需的时间就很长。磁共振物理学中,常将质子周围的分子称为晶格,因此纵向弛豫也称为自旋-晶格弛豫[27~29]。

9.4.3　磁共振成像原理

前面几节我们已经知道,不同组织的质子密度不一样,T_1 值和 T_2 值也存在着差别,这些是常规 MRI 能显示正常解剖结构和病变的物理基础。然而要根据线圈中接收到的磁共振信号重建组织结构图像,还有许多技术问题要解决,如成像参数的选择、空间位置编码、激发方式等，下面将重点阐述这方面的内容。

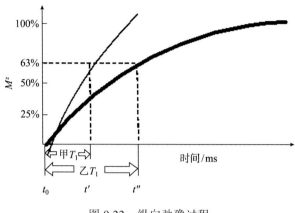

图 9.22　纵向弛豫过程

自旋回波(spin echo，SE)序列是由 90°、180°脉冲组成的脉冲序列(图 9.23)。SE 序列为 MR 成像的经典序列，其他序列的结构和特点都需要与 SE 序列进行比较。所以在介绍其他序列与成像技术之前有必要先重点介绍 SE 序列。其特点是先发射一个 90°脉冲，间隔几毫秒至几十毫秒，再发射一个 180°复相脉冲，180°复相脉冲过后 10~100 ms，测得的回波信号为 SE 信号。利用 SE 信号可以剔除主磁场不均匀造成的横向磁化矢量衰减。在 SE 序列中，用 90°脉冲得到一个最大的宏观横向磁化矢量，再用 180°复相脉冲得到一个 SE，将 90°脉冲中点到回波中点的时间间隔定义成回波时间(echo time，TE)，而将两次相邻 90°脉冲中点的时间间隔定义成序列重复时间(repetition time，TR)。

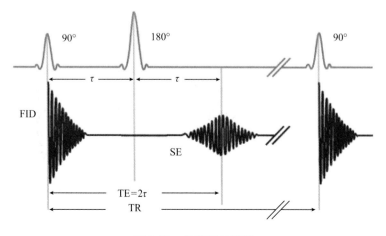

图 9.23　自旋回波序列

应用 SE 序列，通过调节 TE 和 TR 的长短，可以分别获得反映组织各方面特性的不同参数如自旋核密度 ρ、T_1 值和 T_2 值的 MR 图像，断面图像主要由一个成像参数决定，这就是加权图像(WI)的含义。加权即"突出重点"的意思，也就是重点突出某方面特性。加权就是通过调整成像参数，使图像主要反映组织某一方面的特性，而尽量减少组织其他特性对 MR 信号的影响。图像加权可以分为以下三种：T_1 加权成像(T1WI)，此成像方法重点突出组织的纵向弛豫差别，而尽可能减少组织其他特性(如横向弛豫等)对图像的影响；T_2 加权成像(T2WI)，着重突出组织的横向弛豫差别，而尽可能减少组织其他特性对图像的影响；质子密度加权成像(PDWI)，成像主要反映出组织的质子含量的差别。SE 序列中，组织的纵向弛豫特性(即 T_1 值)决定了其在图像中的 T_1 成分主要由重复的时间(TR)决定；而组织的横向弛豫特性(即 T_2 值)在图像中所充当的角色决定了图像中 T_2 成分主要由回波时间(TE)决定。通过调整 SE 序列的 TR 和 TE，我们能够获知图像中所含有的 T_1 和 T_2 成分，得到不同的加权图像。

在二维 MR 成像中，接收线圈采集的 MR 信号包含全层的信息，但我们必须得到人体特定层面内的 MR 信号，因此要对 MR 信号进行空间定位编码，使采集到的 MR 信号带有空间定位信息，利用数学转换解码，便可以把 MR 信号分配到各个像素中。空间定位是依靠三套梯度线圈产生的梯度磁场来完成的。根据人体的解剖轴向定义的三个梯度磁场分别为：横轴位 Gz，矢状位 Gx 和冠状位 Gy。各部位被检测自旋核的进动频率会随着梯度磁场强度的不同而存在区别，由此可以对被检测体某一部位进行 MR 成像，所以说梯度磁场主要用来实现空间定位。

MR 信号的三维空间定位中包括层面、层厚的选择，频率编码以及相位编码。MR 图像层面和层厚的选择可以通过控制层面选择梯度场与射频脉冲来完成。随后把采集到的 MR 信号分配到层面内不同的空间位置上来显示出层面内的不同结构。因此，选择好层面后我们还必须对层面内的空间定位编码，这里分为频率编码和相位编码。频率编码是利用傅里叶变换来区分出不同频率的 MR 信号。首先要保证来自不同位置的 MR 信号中包含不同的频率，把采集到的包含不同频率的 MR 信号进行傅里叶变换解码出不同频率的 MR 信号，这些不同的频率代表着不同的位置。与频率编码一样，相位编码也使用梯度场，带有相位编码信息采集到的 MR 信号，通过傅里叶转换可区分出代表左右方向上不同位置的不同相位的 MR 信号。

三维 MRI 的空间定位与二维 MRI 有一定区别，这是因为三维 MRI 的激发和采集不是针对层面的，而是针对整个成像容积进行的。由于脉冲的激发和采集范围是针对整个容积，为了获得薄层的图像，就必须在层面方向上进行空间定位编码。层面方向上的空间定位编码还是利用相位编码，要把一个容积分为几层，就必须相应地进行几个步级的相位编码。

在计算机中分别以相位和频率为坐标组成一种虚拟的空间位置排列,称为 K 空间,K 空间又叫傅里叶空间,是带有空间定位编码信息的 MR 信号原始数据的填充空间。K 空间中排列着 MRI 的原始数据,整合了相位、频率和强度的信息。把 K 空间里的数据作傅里叶变换,就可以对原始数据中的空间定位编码的信息进行解码,从而得到 MR 的图像数据。也即把不同信号强度的 MR 信息分配到相应的空间位置上或者说分配到各自的像素中,由此可重建出 MR 图像。

MRI 技术有着其他成像技术手段无法比拟的优点:①无损伤、无侵入成像;②多参数成像;③多核成像;④可进行心脏结构和血管结构的清晰成像;⑤可进行介入 MRI 治疗;⑥可提供代谢、功能方面的信息。尤其是近年来推出的稳态进动快速成像序列,由于采用了超短 TR 和超短 TE,可对流动速度较快的动脉血流成像。MRI 图像异常清晰、精细、分辨率高、对比度好、信息量大、特别是对软组织成像效果好,能对人体内部软组织清晰成像,大大提高了诊断效率。避免了一些探查诊断性手术,使患者避免了不必要的手术痛苦以及诊断性手术所带来的副损伤及并发症。所以它一出现就受到医务影像工作者的欢迎,目前已普遍地应用于临床,且极大地推动了医学、神经生理学和认知神经科学的迅猛发展[2, 28, 29]。

9.4.4 磁共振成像的研究进展

随着 MRI 相关技术和手段的不断更新和发展,上文提到的 MRI 成像技术的优点得到进一步发展和体现。例如,无创伤性和多参数成像已经成为医学和生命科学研究和实践中的常规方法和手段。全球每年有超过 6000 万的的病例利用 MRI 技术进行检查,随着快速扫描技术的深入研究与应用,经典 MRI 成像方法中对患者进行扫描的时间将从几分钟、十几分钟缩短到几毫秒,因此可以忽略器官运动对图像造成的影响;近年来推出的稳态进动快速成像序列使 MRI 血流成像成为可能。这种技术利用流空效应在 MRI 图像上鲜明地呈现出血管的形态,使测量血管中血液的流向与流速成为可能;而 MRI 波谱分析是利用高磁场来实现人体局部组织的波谱分析技术,增加了帮助诊断的信息;尤其是 20 世纪 90 年代初开始发展起来的功能磁共振成像(fMRI)技术,才使得临床磁共振诊断从单一形态学研究,朝向形态与功能相结合的系统研究迈进了一大步。利用 fMRI 技术进行的脑功能成像就利用高磁场共振成像来对脑的功能及其发生机制进行研究,是脑科学中最重要的课题。由于目前人们所掌握的唯一无创伤、无侵入、可精确定位人脑高级功能的研究手段就是 fMRI,因此,fMRI 技术一出现就受到了神经学、心理学和认识学等研究领域工作者极大的关注。图 9.24 显示了用 fMRI 技术研究脑连接体的功能[30]。

fMRI 的方法很多,其中主要有注射造影剂、弥散加权、灌注加权及血氧水平依赖(blood oxygenation level dependent, BOLD)法,目前应用最广泛的方法是 BOLD 法。它利用生物体静脉血中顺磁性的去氧血红蛋白作为天然造影剂,使用快速的脉冲序列(EPI)而成像,是一种无损的活体检测手段。它的成像原理为:当神经元处于活动状态时,其邻近血管床的血流量和血流容积增大时,神经元活动区局部氧合血红蛋白含量也会随着增加。因为增加的氧合血红蛋白量比神经元代谢所需的氧合血红蛋白量多,所以处于神经元活动区的静脉血与毛细血管床中氧合血红蛋白量比非活动区多。也就是说,由于神经元活动区静脉血与毛细血管床中作为顺磁性物质的去氧血红蛋白含量比非活动区少,因此在 T2WI 上神经元活动区的信号强度会高于非活动区的信号强度。虽然这一信号差别非常微小,但是通过适当的后期处理能够提取出这种代表神经元兴奋活动的微弱信号,将明确可靠的信号变化显示出来。

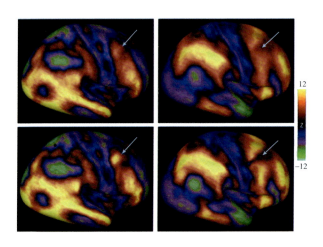

图 9.24 用 fMRI 技术研究脑连接体的功能

fMRI 在脑部病变诊断中的应用十分广泛,涉及脑部许多疾病,包括癫痫、阿尔茨海默病、多发性硬化、精神分裂症等。目前研究者正在积极进行有关认知神经领域的研究工作,将认知神经心理学和 fMRI 技术相结合,对轻度认知功能障碍及轻、中、重度阿尔茨海默病患者的脑部功能与正常人的进行比较,探索轻度认知功能障碍者的认知能力变化及其 fMRI 的特点,从而作为进行阿尔茨海默病早期诊断的依据之一。

随着 fMRI 的无创性及其技术的迅猛发展,这个领域已经从 20 世纪 90 年代初单纯研究大脑皮层定位,发展至目前研究脑内不同的功能区之间的相互影响;从早期研究感觉和运动等低级脑功能,发展至研究高级思维和心理活动等高级脑功能。此外,由于磁共振图像可以显示出人脑的健康组织取代了退化脑组织的功能的程度,从而使中风患者得到新的康复疗法[31,32]。

临床上若要最大限度地切除肿瘤又能保留脑功能皮层一直是个极大的挑战,而通过 fMRI 可在术前无创地得到人脑重要区域的功能映射图，这可以提供重要信息来帮助外科医生制定最优手术方案。目前，利用 fMRI 进行神经外科术前功能定位在国外医院已相当普及。fMRI 功能定位与术中实际所见比较，二者的相符率可达 82%~100%，平均误差仅 2 mm[33]。

磁共振成像技术的不断发展开辟了新的应用领域。例如，人体肠内的"虚拟内窥镜"可以检测很小的息肉，及时去除这些息肉能够大大降低肠癌发生的概率[34]。磁共振成像的另外一个应用领域就是诊断特殊肿瘤，例如，早期胸部肿瘤 X 射线透视的磁共振导向活组织检查以及前列腺病变检查中的肿瘤分期观察[35~37]。针对于超高场强磁共振的应用，西门子推出了两种场强 3 T 的扫描设备，分别为 Magnetom-Trio[37~39]系统和 MagnetomAllegra[40]系统，前者可对患者从头到脚进行全身检查，而后者专用于人脑检查。这进一步突出了磁共振成像技术的优势，在外科手术成像领域尤其突出。例如，手术过程中，磁共振成像可以对脑部肿瘤进行精确描绘和定位。因而，手术过程中医生就能把肿瘤完全切除且不触及旁边的正常组织。心脏病诊疗应用中，磁共振成像开辟了新的途径，即通过自动门控心血管磁共振(CMR)技术，在图像数据中提取出周期性信号来取代心电图信号，使得图像数据与心脏活动实现同步，而不需要在患者身体上布设电缆和电极[41, 42]。此外，将磁共振成像技术与其他成像技术结合也是当前的研究热点，如 9.5 节将要讲的正电子发射型计算机断层成像(PET)与 MRI 成像技术结合正是未来医学临床多模式成像的发展趋势。图 9.25 显示了 fMRI 用于直肠癌环切术后纤维生成成像监测[43]。

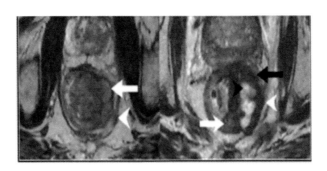

图 9.25　fMRI 用于直肠癌环切术后纤维生成成像监测

9.5　放射性核素成像方法及进展

9.5.1　放射性核素成像方法概述

放射性核素成像(RNI)又称为核医学成像系统，它是利用放射性核素示踪的方法通过间接检测定性、定量、定位的生物体内物质动态变化的规律，来获取人体内部结构信息。放射性核素成像主要是功能性显像，可以进行功能性的量化测量。人体不同组织和器官对某些特定化合物的吸收存在差异。将放射性核素标记这些特定化合物后制成放射性制剂，注入体内，人体各组织和器官的吸收差异使放射性制剂的分布不同。放射性核素在其衰变过程中会发出射线，体外用探测器进行追踪，就能够间接获取被研究物质在生物体内动态变化图像。放射性核素成像系统所检测的信号是摄入体内的放射性制剂所放出的射线，通过核素显像仪在体外显示放射性制剂在脏器、组织的分布和量变规律，达到诊断疾病的目的。

RNI 的生物学原理是脏器内、外或脏器内各组织之间以及正常组织与病变组织之间的放射性制剂分布存在浓度差异，使该脏器内、外或正常组织与病变组织之间的放射性浓度差达到一定程度，通过核素显像仪检测放射性核素的浓度分布，显示的是形态学信息和功能信息，达到诊断疾病的目的。核医学成像与其他医学成像技术存在本质的区别，其影像取决于生物体细胞功能和数量、组织的血流、代谢活性等状态，而不是组织的密度变化，因此它主要显示的是功能性影像而不是结构影像。决定其影像清晰度的主要是脏器或组织的功能状态，正是由于生物组织都会先有功能代谢的改变再发生形态学改变的病变，因此核医学成像才被认为是最有价值的早期诊断检查手段之一。

9.5.2 放射性核素成像的物理基础

1911 年，卢瑟福通过 α 粒子散射实验，提出了原子核结构模型。原子是由位于原子中心的原子核及按一定轨道围绕原子核运行的核外电子构成。而原子核又是由质子和中子组成，质子和中子统称为核子。中子不带电，质子带电，其电量与电子电量相等。虽然原子核的体积只有原子体积的 $1/10^{15}$，但却集中了原子的全部正电荷和几乎全部的质量。原子核带正电荷，数量是氢核即质子所带正电荷的整数倍。不同元素的原子核中的质子数与中子数不同。一个元素原子核中的质子数称为原子序数，用 Z 表示。而核素是具有一定原子序数、质子数和中子数相同且处于相同能量状态的一类原子核。具有相同原子序数即质子数相同，但中子数不同的核素称为同位素。根据原子核的稳定性，可以把核素分为放射性核素和稳定性核素。原子核在没有任何外来因素的作用而自发地放出射线转变为另一种核素，这类核素被称为放射性核素。自然界中大概有 280 多种是稳定核素，而有 60 多种是不稳定的放射性核素。放射性核素会自发地放出某种射线而成为另一种核素，这一现象称作原子核的放射性衰变，也叫核衰变。用人工合成的办法也可以合成放射性核素，到目前为止，大概合成了 1600 多种人工核素。

根据放射性核素衰变时放出射线的不同，又可以将核衰变分为三种类型：α 衰变、β衰变和γ衰变。核衰变是原子核自发产生的变化,虽然对某一放射性核素的衰变时间无法预先知道,但对于由大量核素组成的放射性物质,其衰变还是存在如式(9.12)所示的统计规律。

$$N = N_0 e^{-\lambda t} \tag{9.12}$$

其中,N 为 t 时刻衰变核的剩余数目;N_0 为 $t = 0$ 时刻的衰变核数目;λ 为衰变常数。这就是核衰变服从的指数规律,称为衰变规律,它只给出了原子核发生衰变的概率。放射性原子核的数目衰变为原来的一半时所需要的时间称为半衰期。用 T 表示,也叫物理半衰期,相应地,衰变常数 λ 也称为物理衰变常数。当 $t = T$ 时,半衰期 T 与衰变常数 λ 的关系如下:

$$N = \frac{N_0}{2} = N_0 e^{-\lambda T_{1/2}} \tag{9.13}$$

即

$$T_{1/2} = \frac{\ln 2}{\lambda} = \frac{0.693}{\lambda} \tag{9.14}$$

T 和 λ 一样,是放射性核素的特征常量,可表征原子核衰变的快慢,其值与外界因素无关,只决定于放射性核素自身的性质。但在核医学中,进入人体的放射性核素除了存在上述自发产生的衰变导致数目减少的情况,还会由于机体的代谢排出导致生物机体内的放射性核素的数目减少得比自发的核衰变要快。在这里,我们将放射性核素由于人体代谢而使原子核数目减少一半的时间称为生物半衰期,而将生物机体内的放射性原子核实际数目减少为一半所需的时间称为有效半衰期。采用放射性物质作为生物机体示踪剂时,有效半衰期是一个很重要的参数。

9.5.3 放射性核素成像的设备

要进行放射性核素成像,对短半衰期放射性核素的需求越来越多,这就需要一台设备来专门生产这种短半衰期的放射性核素,这种仪器就称为放射性核素发生器。从长半衰期的母体核素中分离出短半衰期的子体核素的装置称为放射性核素发生器。根据其工作原理,每隔一段时间就能够分离出可供使用的子体核素,用于放射性核素成像。放射性核素发生器使用方便,因此在医学上得到广泛应用。放射性核素发生器的工作原理遵守放射性核素的递次衰变规律。根据所要求的子体核素性质,如射线类型、半衰期、能量及其他相关要求选定母体核素。母体核素不仅能衰变生成合适的子体核素,而且化学性质上有利于子体核素的分离以及应该具有适当长的半衰期。构造放射性核素发生器,根据母体和子体核素分离方法的不同而有所不同。选择分离方法主要根据是否有利于母体和子体核素的分离和对子体核素纯度等的要求。放射性核素发生器能够多次地、安全方便地提供无载体、高纯度、高放射性浓度和高比活度的短半衰期核素,所以非常适用于放射性核素成像设备。利用放射性核素发生器中得到的短半衰期核素，可以直接制成多种多样核素标记化合物，作为示踪剂来应用。

准直器是 γ 照相机中最重要的部件之一。由于体内脏器引入放射性制剂后放射 γ 射线一般是各向同性的，记录 γ 射线的闪烁计数器会接收每一个小辐射源放出的 γ 射线，闪烁计数器中的每一点又能够接收到来自整个辐射源的射线，这样所得到的核素显像必将模糊而混乱，不可能形成反映放射性核素数量在人体内分布的图像。准直器的作用就是实现空间定位，使放射性核素与图像有空间对应关系，必须使局限在某一空间单元的射线进入闪烁计数器，而其他区域的射线不得进入。因此，准直器就是起排除对成像起干扰作用的射线的作用。在 γ 照相机中使用的准直器是一块开了许多小孔的有一定厚度的铅板。准直器可以做成平行多孔型、发射型、会聚型和针孔型，这又起了限制探测器视野的作用，即起到一个放大和缩小图像的作用。

射向准直器的 γ 射线只有一部分可通过准直器，其余部分被准直器所吸收。射线通过准直器的效率即为准直器的灵敏度。使用平行多孔型准直器的 γ 照相机的灵敏度不会因为探查距离的远近而发生明显的变化，而使用发射型准直器的 γ 照相机的灵敏度会随着放射源与照相机之间距离的增大而变小。将张角型的准直器翻转过来就成了一个会聚型的准直器。使用会聚型的准直器将得到放大的图像，正是因为会聚型准直器可以得到放大的图像并且灵敏度高，所以常被用于小器官的成像，如甲状腺、肾和心脏等。针孔型准直器与另外三种准直器不同，针孔型准直器只开一个小孔，因此它的灵敏度要小于一般的多孔准直器。放射源和准直器的距离越大，灵敏度就会越低。加大小孔的尺寸能够增加系统灵敏度，但同时也会使图像模糊。

闪烁计数器是 γ 照相机的基本部件，它由闪烁体、光学收集系统和光电倍增管(PMT)组成。其工作过程是这样的，射线在晶体内产生荧光，光导和反射器组成的光收集器把光子投射到光电倍增管的光阴极上。光电倍增管倍增、加速光阴极击出的光电子，在阳极上形成电流脉冲输出。形成的电流脉冲的高度与射线的能量成正比，脉冲个数与辐射源入射晶体的光子数目成正比，也就是与辐射源的活度成正比。闪烁计数器既可以测量光子也可以探测带电粒子，特别是对射线有很高的探测效率。经光电倍增管输出的电流脉冲有较强的抗干扰能力，特别适合在复杂环境中工作。

γ 照相机是将人体内放射性核素分布进行快速、一次性显像的设备。γ 照相机又称为闪烁照相机，它不仅可以对脏器内的放射性核素分布进行一次性成像，即提供静态图像，亦可以进行动态观测；既可提供局部组织脏器的图像，也可以提供人体的照片。图像中功能信息丰富，是诊断肿瘤及循环系统疾病的重要装置。γ 照相机主要由准直器、闪烁计数器、电子线路、显示记录装置以及一些附加设备四部分组成。而准直器和闪烁计数器构成 γ 照相机的闪烁探头。电子线路包括放大器(前置放大器和主放大器)、单脉冲幅度高度分析器、对信号进行存放和分批输入下一步电路的"取样保持线路"等。显示装置主要由示波器、照相机和实体放大器等组成。γ照相机的探测器(探头)固定不动，γ照相机在整个视野上对体内发出的 γ 射线都是敏感的，所以是一次性成像。探测器所得数据要输入计算机，γ照相机可以对图像作后处理，能把形态学和功能性信息显示结合起来。其基本工作原理是将放射性核素制剂注入人体内，被脏器和组织浓集放射性制剂后发射出 γ 射线，发射出的 γ 射线首先经过准直器准直，然后打到闪烁体上，闪烁体激发出可见光子，可见光射入六方形排列的光电倍增管阵列中。每一次闪烁都会在所有的 PMT 中产生不同的响应，响应的强弱由 PMT 距闪烁点的位置决定，将所有光电倍增管的输出信号进行加权处理和位置计算，经计算产生出的能量信号确定哪些闪烁事件应该记录，而位置信号又能确定闪烁事件发生的位置。经过一段时间的大量测量并统计精确位置和闪烁事件后，得到在闪烁发光体平面上每个坐标元内的发光次数，在显示器上形成的众多闪烁点就可以构成一幅二维图像[2,6,28]。

9.5.4 主要方法基本原理

以闪烁体为探测器的 γ 照相机在刚发明时，目的是探测人体的结构信息，但其作为结构成像的工具无法与 X 射线成像的分辨率和对比度相比，所以一直没有得到很好的发展。直到人们发现它作为核医学成像可以用来观测人体内的药物分布，而功能和代谢信息正好体现了这一点。

发射型计算机体层成像(ECT)是继 γ 照相机之后，又一重要的核素脏器影像设备，是在体外从不同角度采集体内特定脏器放射性分布的二维影像，经过计算机数据处理重建后显示出三维图像。该三维图像包含清晰的脏器的水平切面、冠状切面及矢状切面或任一角度的剖面图像。通过 ECT 技术获得的影像信息使组织脏器定位准确，图像质量高，利用相关数据还可进行定量分析。虽然 ECT 的图像比较粗糙，空间分辨率低，但其自身属于发射型体层的特点决定了 ECT 的影像不是反映组织密度的差异而是显示脏器组织或正常组织与病变组织功能的变化和差异。这主要是因为 ECT 成像依赖于脏器组织对注入体内的放射性制剂吸收浓聚的量及其发射 γ 光子的量构成影像。ECT 成像的主要特点是：①进行体层成像，定位准确；②可用于分析脏器组织的生理、代谢变化，进行脏器的功能检查。

ECT 根据所用的放射性核素放出射线类型的不同分为两类：一类是利用能放射 γ 光子的核素成像的单光子发射型计算机断层成像(SPECT)；一类是利用 β^+ 衰变核素成像的正电子发射型计算机断层成像(PET)。ECT 是计算机辅助体层技术应用于核医学影像诊断中最成功的技术之一，尤其是 PET 在肿瘤、心血管疾病、神经系统疾病的诊断中占有重要地位。

目前，临床医学诊断学中一个很重要的技术就是 SPECT-CT 技术，该技术由可变角双探头 SPECT 和 16 排诊断 CT 融合而成。通过对人体的一次扫描，既可得出功能代谢显像，又可得出解剖学显像，对于疾病诊断、病灶定位极具优势，可帮助医生降低误诊率，使医疗机构整体诊疗水平得到很大的提高。

1. 正电子发射断层成像

正电子发射断层成像(PET)是一种非侵入性的造影方法，能无创、实时、定量地监测人体内各种器官的代谢水平、生化反应以及功能活动。其系统是利用正电子同位素衰变产生的正电子和人体内负电子产生湮没效应这一现象，把带有正电子放射性核素标记的化合物注射到人体内，采用体外探测器示踪的方法，探测到由湮没效应所产生的 γ 光子，获得人体内同位素的分布信息，再通过计算机进行组合数学运算重建获得人体内标记化合物分布的三维断层图像。

通常正电子放射性核素是富含质子的核素，其衰变时会发射正电子。正电子放射性核素发射的正电子，在组织中很快与负电子($β^-$)相互碰撞而发生湮没辐射，产生两个方向相反、能量相同(511 keV)的 γ 光子。由于正电子在组织中只能瞬态存在，故探测不到，只能利用测量湮没辐射的 γ 光子探测正电子的存在。根据人体不同部位对正电子放射性核素标记的化合物的吸收能力的不同，放射性核素在人体内各部位的浓聚程度不同，湮没反应产生光子的强度也不同，测量两个 γ 光子就可以确定电子对湮没的位置、时间和能量信息。正电子放射性核素一般是短半衰期或超短半衰期的核素，主要由加速器生产，如 ^{18}F、^{11}C、^{13}N、^{15}O 等，也可以由正电子核素发生器来提供，如 ^{68}Ge-^{68}Ga 发生器和 ^{82}Sr-^{82}Rb 发生器。

PET 由数据采集系统、电子计算机系统和图像显示系统等组成。PET 的组成结构与 SPECT、X-CT 的结构相似，探头由两个 γ 照相机相对排列组成，组成结构有环形结构型和多环多晶体型。PET 扫描的最终目的是获得示踪剂在体内的空间分布，示踪剂通过发射湮没光子对来显示自己所在的位置。在进行 PET 数据采集之前，需要使用回旋加速器产生的短寿命核素如 ^{18}F、^{11}C、^{13}N、^{15}O 等来标记与特定代谢有关的不同化学药品。通过注射或口服的方式将标记有发射正电子的放射性核素的示踪化合物引入体内，经过人体组织的生理生化或病理反应后，示踪化合物在组织内将形成时间和空间的分布。由放射性核素衰变会产生正电子，正电子在体内运行很短距离(<1 mm)后会与人体组织发生湮没作用，每次湮没将会产生一对运动方向相反的 511 keV 的γ光子。利用 PET 探测器对正电子湮没过程中辐射的一对 511 keV 的 γ 射线的"符合事件"进行探测，并识别 γ 辐射的进行方向。PET 探测器探测到一个 γ 光子事件就会产生一个定时脉冲，把这些脉冲与符合电路结合考察，如果脉冲落在一个很短的时间窗口之中就认为产生一个符合事件，给每个符合事件赋予

一个连接两个相关探头的响应线(LOR)。利用这种方式可从探测的射线中获得位置信息而无需物理准直器,通常称之为电子准直。正是由于PET是用符合计数法探测湮没光子,可以省去机械准直器,而采用电子准直的办法。由于没有机械准直器,引入人体内的放射性制剂的数量大为减少,安全性也更好。而符合电路能够确认进入同一时间窗口中的符合事件都来自一次湮没。这些符合事件按照各个规定投影面储存,由断层重建技术重建的图像显示示踪剂在人体内的分布[44~46]。

2. 单光子发射断层成像

单光子发射型计算机断层成像(SPECT)的过程类似于前面介绍的X-CT成像技术。和γ照相机相比,SPECT增加了探头围绕患者旋转的功能,数据采集可以在这种旋转的几何结构下完成。SPECT不只使用单探头,双探头和多探头的SPECT系统也在使用,多探头系统可以把探头的位置固定从而减少探头的旋转。目前已经设计出了一种更为方便的系统,就是将多探头之间的相互位置以及和患者之间的相对位置都设计成可以改变的,根据采集患者数据的部位设计成理想的采集结构。同时,为了让系统采集数据时探头更贴近人体表面,增加探测系统的灵敏度和空间分辨率,人们将SPECT探测器的扫描模式即运动轨迹根据患者的线条设计成波浪型的,而不是直线型的。

根据探头的数目和支架的结构以及准直器的几何结构的不同,数据采集方式也有所不同。按照采集时探头的移动方式,可将SPECT的数据采集分为连续采集和步进采集。根据图像重建的要求,采集不同部位的数据采用的角度范围也有所不同,例如,头部成像是围绕患者进行360°的数据采集。而大多数情况下并不一定需要在360°的范围进行数据采集。

目前临床上使用的SPECT成像大多采用64×64或128×128的投影采样矩阵。如果采用64×64矩阵和步进采集的方式,就可同时采集64个层面,其典型的厚度可达12~24 mm。而采用128×128的采集矩阵,便可采集128个层面。它的每一行是采集一个层面的投影。对于采用64×64矩阵的采集方式,观察角的采样间隔一般定为3°~6°,即旋转180°可获得30~60个视角下的投影数据。

SPECT图像重建的方法很多,如迭代法、直接反投影法、傅里叶变换法以及滤波反投影法等。而迭代法和滤波反投影法是SPECT技术中用得最多的图像重建方法。滤波反投影法常被用于消除星形伪影,滤波反投影法的过程是这样的,先将投影值进行傅里叶变换,将变换后的投影值乘以线性斜坡函数后再将滤波后的投影值进行傅里叶逆变换;最后将逆变换后的投影值进行反投影。滤波反投影法具有速度快、精确等优点,所以临床上多数SPECT都是采用这种方法进行图像的重建。

在γ照相机的实际应用中,为了获得高质量的图像,需要对上述影像图像质量的诸多因素进行全面的考虑,例如,在选择放射性核素材料时,应考虑其辐射光子的能量。从衰减的角度考虑，由于核素成像是想得到放射性核素在体内的分布浓度的图像，因此，只有选用的放射性核素在衰变中能放射出高能量的 γ 射线，才能保证射线在体内传播时不会有明显的衰减。而从成像分辨率的角度考虑，具有较高能量的射线相应地也会具有较强的穿透能力。为了提高检测器对入射的 γ 射线的俘获效率，以使受检患者受到的辐射尽量减小，需要在检测器中选用较厚的闪烁晶体，但这样又会造成图像分辨率的降低。也就是说，核素的选择要兼顾衰减与图像分辨率两方面的因素。

γ 射线在传播过程中的衰减是影响 SPECT 性能的另一个因素。这使得体内辐射源强度的绝对值大小很难被系统确定。核医学检测的 γ 射线能量在 80~500 keV 范围。辐射源处在人体内部，这个能量的 γ 射线在人体组织中传播时其衰减很明显。如果在图像重建过程中忽略了射线在人体内衰减的因素，就会导致得到的图像失去定量的意义或是产生伪像。因此，SPECT 必须在图像重建之前设法消除由于射线在到达检测器之前的衰减引起的误差。这一点是 SPECT 与 X-CT 的显著不同点之一，因为 X-CT 成像使用的基本信息就是人体对 X 射线的衰减，而 SPECT 成像中要求辐射源处在人体内部并且要求未经衰减后获得体内辐射源的强度分布。人体衰减引起的伪像在校正时最好是在同一台机器上进行，具体做法是在同一台 SPECT 上同时获得"透射"和"发射"两种图像。透射图像可以给我们提供被探测部位的三维衰减系数分布图，然后借助衰减系数的分布信息来校正 SPECT 的图像。这样的补偿虽然存在一定的局限性，但效果还比较理想。

SPECT 成像中由于要保证大部分光子被拒绝进入检测器，只能让少量光子被检测到，所以必须使用准直器，以使得检测器能够准确地获得沿某一投影线上来的 γ 光子。但这样用有限的信息来成像势必会造成 SPECT 的灵敏度较低。

SPECT 还存在另一个固有缺陷就是空间分辨率比较低。这是由于常规的 γ 照相机在进行旋转扫描的过程中很难确保始终紧贴被检测的患者，这就造成探头的旋转半径比较大，在这样的旋转半径下所能获得空间分辨率远比探头紧贴人体时差。尽管现在也有椭圆形旋转轨道被用于 SPECT 中，但空间分辨率也只能达到 15 mm 左右。一般来说，旋转半径越大，空间分辨率越低。衡量 SPECT 质量的主要技术指标包括非线性、非均匀性、空间分辨率和死时间。在探头的视野中，这些指标都要达到一定的标准。

SPECT 的突出优点是：并未比普通 γ 照相机增加许多设备成本，但却得到了真正的人体断面图像，不是像 γ 照相机那样在二维平面的投影得到三维信息；它还可以作多层面的三维成像，这将有助于肿瘤及其他一些疾病的诊断；同时，还可以对图像作平滑滤波处理以减小图像中的背景噪声，即通常说的统计噪声[45~47]。

由于 SPECT 设备简单，与 γ 照相机相比没有增加很多硬件设备，价格便宜，和 PET 相比其不一定要有回旋加速器配套，因此在临床上被广泛应用。

3. 正电子发射断层与计算机断层成像

正电子发射断层与计算机断层成像(PET/CT)是将 PET 和 CT 两种影像技术融为一体。它可以使 PET 和 CT 两种设备的原有优势得到发挥，即根据 CT 给出病灶的精确解剖定位，而根据 PET 给出病灶详尽的功能和代谢等分子信息。同时，PET/CT 还可以使各自不足之处得到克服。优点有灵敏度高、准确、特异及定位精确等。一次显像可得到全身各方位的断层图像，可清晰地了解机体包括结构和功能方面的整体信息，实现早期发现病灶和诊断疾病。PET 和 CT 两种不同成像设备的同机组合，不是简单地将功能相加，而是在此基础上把图像融合。PET/CT 的出现是医学影像学的又一次革命，引起了医学界的公认和广泛关注。

PET/CT 根据物理结构分为 CT 系统和 PET 系统两部分，系统在总体功能上也是由数据采集系统、数据处理系统和图像显示存储系统组成。数据采集系统和数据处理系统被固定在一体化扫描机架上，共同完成扫描数据的采集和处理。

PET/CT 的 CT 系统与单独使用的 CT 设备基本相同。CT 设备的基本原理是图像重建，由于人体各种组织(包括正常和病变组织)对 X 射线的吸收不同，把人体某一待测层面划分成许多立方体小块(也叫体素)，X 射线穿过体素后，把所测得的密度或灰度值称为像素。X 射线发生源和探测器围绕人体做圆弧或圆周相对运动时，X 射线束穿过选定层面，沿 X 射线束方向排列的各体素吸收 X 射线后衰减值的总和被探测器接收到，是已知值。但形成该已知值的各体素 X 射线衰减值是未知值，用迭代方法计算出每一体素的 X 射线衰减值，然后进行图像重建，获得该层面不同密度组织的黑白图像。CT 系统的数据采集系统构成了 PET/CT 的数据采集系统，由扫描机架、大容量 X 射线管和二维矩阵探测器组成。PET/CT 透射扫描数据有两方面的作用：一是用于 PET/CT 发射数据的衰减校正；二是用于扫描后 PET/CT 图像融合的精确定位。CT 系统一般使用多个微处理器进行数据计算和图像重建。CT 图像提供的是解剖学信息，在 X 射线穿过物体投影后发生的能量衰减服从指数规律，射线通过不同厚度和密度的组织会有不同的衰减，通过三维矩阵在 z 轴方向上得到投影方程。

而 PET/CT 系统中构成 PET 系统的主要结构是探测器环，由多个晶体环组成。探测系统所采用的块状探测结构有助于消除散射、提高计数率。多个块结构组成一个环，再把数十个环构成整个探测器。单独一个块结构大约由 36 个锗酸铋(BGO)小晶体组成，晶体后又带有 2 对(4 个)光电倍增管(PMT)。BGO 晶体把高能光子转换为可见光。数据采集同样有二维和三维扫描模式，采集的 PET 数据经过各种校正后使用图像重建方法重建图像[47]。

融合是 PET/CT 的核心，图像融合是指把相同或不同成像方式的图像进行一定的变换处理，使它们的空间位置与空间坐标相匹配，图像融合处理系统根据各自成像方式的特点将两种图像进行空间结合与配准，把影像数据注册后合成一个单一的影像。任何两幅不同类型的影像叠加或混合都可称为图像融合。PET/CT 运用的是同机融合的方式。同机融合(又称硬件融合、非影像对位)具有同样的定位坐标系统，患者扫描时不需改变位置，就可进行 PET/CT 同机采集，避免了因为患者移位所带来的误差。采集两种图像后不必进行对位、转换和配准，就可通过计算机图像融合软件方便地进行二维、三维的精确融合，融合获得的单一图像同时显示出了人体解剖结构和器官的代谢功能信息，大大降低了整个图像融合过程中的技术难度，避免了复杂的标记方法与采集后的大量运算，并且在一定程度上解决了时间、空间的配准问题，大大提高了图像信息准确性[48]。

图像融合也称为不同图像之间的空间配准和叠加。很多医学影像之间都可以进行图像融合，如 CT/MR、SPECT/CT、SPECT/PET、PET/CT、PET/MR 等。将两种非同时采集非同类型的医学影像进行图像融合时，成像设备的标尺不同或者采集数据时患者的姿势不同，会造成图像或信号不匹配。即使同一个成像设备在相同条件下对同一人体测量数据，由于被成像人体在数据采集过程中发生不由自主的相对位置的改变都会引起影像之间的移位。PET/CT 系统中的图像融合由于采用了同机融合，对位容易。而将其他成像设备的图像与 PET/CT 的图像进行融合则需要复杂的专用软件。把待融合的图像经过必要的处理，使它们的空间位置相匹配，图像叠加后得到互补信息，增加信息量，为临床诊断和治疗提供更加丰富、准确的信息。

PET 在成像过程中受康普顿效应、偶然符合事件、散射、死时间等衰减因素的影响，采集的数据与实际情况并不完全相符，易使图像质量失真，必须采用有效措施进行校正，才能获得更真实的医学影像。同位素校正获得的穿透图像系统分辨率一般为 12 mm，而 X-CT 获得的穿透图像系统分辨率为 1 mm 左右，图像信息量远大于同位素方法。利用 CT 图像对 PET 进行衰减校正可以使 PET 图像的清晰度大为提高，图像质量明显比同位素穿透源校正的效果好。把校正后的 PET 图像与 CT 图像进行融合，通过信息互补后获得更多的解剖结构与生理功能关系的信息，对肿瘤患者手术和放射治疗定位有极其重要的临床意义。

9.5.5 PET/CT 成像方法的新进展

PET/CT 是将 PET 和 CT 有机地组合起来，通过硬件设备的连接和软件的共处理获得的三位一体的复合影像系统，也是目前最先进的功能分子影像设备。PET/CT 提供的诊断信息远多于单独的 PET 和 CT，它超越了单独 PET 与单独 CT 的现有功能，既能够完成超高档 CT 的所有功能，又能够实现 PET 的功能。例如，在 20 min 内完成全身 CT 扫描，相对于单纯 PET 的效率提高了 60%以上，还能够提供比 CT

更加准确、快速的心肌与脑血流灌注功能图像。PET/CT 融合图像能够很好地描述疾病过程中生物化学的变化,鉴别生理和病理性摄取,能够在得到疾病解剖证据前检测到早期发病的征兆,甚至还能探测到小于 2 mm 的亚临床型的肿瘤,给临床确定放疗的计划靶区(生物靶区与临床靶区相结合)、检测治疗过程中药物治疗效果提供了最佳的参考方案和筛选出最有效的治疗药物。解剖定位加功能显像为病变部位的定位和病变程度的确定提供了准确的证据。下面将介绍近年来 PET/CT 中应用的主要正电子成像新技术。

1. 新型闪烁晶体

构成探测器的主要有闪烁晶体、光电倍增管、信号放大和定位处理电路,探测器的重要作用是把 511 keV γ 光子转换为电信号,是 PET 的关键部件。其中闪烁晶体对这种光电转换作用至关重要。闪烁晶体是一类在高能粒子(X 射线或 γ 射线)的照射下发出紫外线或可见光,具有闪烁效应的晶体粒子。闪烁晶体有很多种类,如碘化钠晶体(NaI(TL))、硅酸镥晶体(LSO)、氟化钡晶体(BaF_2)、硅酸钆晶体(GSO)、钙钛镥铝矿石晶体(LuAP)、锗酸铋晶体(BGO)等。各种晶体的闪烁性能和物理特性不同,最早在 PET 中采用的是 NaI 晶体,目前 NaI(TL)依然广泛用于 SPECT 成像,而 LSO、GSO、BGO 三种晶体成为了 PET/CT 探测器的主流。表 9.1 是三种晶体的主要性能参数。目前常用的 LSO、GSO、BGO 三种晶体之中,BGO 晶体的密度和光阻截系数均较高,能够有助于提高 PET 显像的空间分辨率,早期的 PET、PET/CT 中大多使用这种晶体,但 BGO 晶体也存在光输出性能差及衰减时间长导致的时间分辨率低和系统死时间长的缺点。GSO 晶体综合性能比 BGO 好,其衰减时间较短,约为 60 ns,有良好的时间分辨率,但存在约 600 ns 的二级余辉效应是其固有缺陷,其光输出性能也仅相当于 NaI(TL) 晶体的 1/4。目前 LSO 晶体是公认的综合性能较好的快速晶体,其密度和光阻截系数均较高,且衰减时间仅 40 ns(无二级余辉)。其仅 40 ns 的余辉时间,不仅有助于快速扫描,而且可以使系统整体符合探测的时间缩短到 4.5ns,极其有利于减少随机符合和散射符合、提高符合探测准确性。LSO 晶体是目前最适合 PET 应用的闪烁晶体之一,最近,GE 医疗和飞利浦医疗推出的新款 PET/CT 中,运用了 LYSO 晶体(硅酸镥钇),LYSO 是一款晶体综合性能几乎

表 9.1 LSO、GSO、BGO 三种常用晶体的主要性能参数

	晶体密度/(g/cm³)	光阻截系数 μ/cm^{-1}	相对光输出/%	余辉时间/ns	能量分辨率/%
NaI(TL)	3.7	0.35	100	230	8
LSO	7.4	0.86	75	40	10
GSO	6.7	0.70	25	60	9
BGO	7.1	0.95	15	300	12

与 LSO 完全相同的闪烁晶体。随着研究的不断进展，新型晶体材料如 $LaBr_3$、$LaCl_3$ 等层出不穷，有望在 PET 等核医学成像仪中得到更广泛的应用[49,50]。

2. 探测器结构

早期的 PET 探测器多采用闪烁晶体与光电倍增管单耦合的设计方式。这种结构设计极大地限制了系统的空间分辨率和探测灵敏度。目前，PET/CT 探测器结构一般运用晶体阵列与 PMT 耦合(Block)型设计。把一块连续晶体根据某种阵列方式进行深浅不一的切割，获得的小晶体条组成晶体阵列，构成一个模块，利用耦合剂与若干个(一般为 4 个)光电倍增管连接。该技术采用光共享方式来确定γ光子与闪烁晶体发生反应的位置。即 γ 光子入射到闪烁晶体上，它们相互作用产生荧光，光电倍增管接收到这些光信号并把其转换为相应的电信号输出，通过该电信号，可以计算出γ光子的入射位置坐标，根据这一位置坐标信息可以确定γ光子是从哪个晶体条入射的。然而，由于 PET 探测器由多个 Block 排列成环，由正电子湮没辐射的 γ 光子对以一定的角度切入晶体，由于晶体有一定的厚度，相邻的晶体块接收到 γ 光子的深度不同，但却根据晶体表面的地址进行定位，导致产生"深度效应"(DOI)，造成的切向定位误差将会降低 PET 的空间分辨率。由飞利浦公司新推出的一款 GEMINI TF 型 PET/CT 运用了一种 Pixelar 探测器设计技术。Pixelar 探测器相比于 Block 探测器在晶体技术、PMT 数量上都不一样，Pixelar 探测器是用 638 个小块均匀排列成晶体阵列，其后接 20 个光电倍增管(图 9.26)。与 Block 技术相比，Pixelar 探测器的编码比例(即晶体数目/光电倍增管数目)较高，光输出量大，且光子在 Pixelar 探测器中通行时间较短，因而不同位置光子通行时间的均匀性好；这种 Pixelar 设计能够提供更好的能量分辨率且边缘效应低，极大地提高了空间分辨率[51~53]。

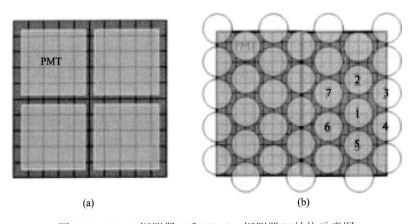

图 9.26　Block 探测器(a)和 Pixelar 探测器(b)结构示意图

3. PET 采集技术

1) 3D 采集技术

目前，PET 很多都采用了 3D(三维)采集方式。3D 采集与 2D(二维)采集并无本质上的区别，其实 3D 就是扩大了的 2D。但 3D 采集由于无需使用铅制隔栅，大大提高了探测效率，因而可提高采集速度，缩短成像时间，增加检测量，但与此同时也增加了随机符合和散射符合，且使死时间导致的计数丢失增加。为了尽量降低这些因素的影响，就必须使符合时间窗缩短，但这样做就要求晶体的衰减时间尽量短，或者具有更好的能量分辨率。由于 BGO 晶体衰减时间很长，其符合时间大于 10 ns，作用有限。而 LSO、LYSO 晶体的衰减时间短，可以将符合时间窗缩短至 4 ns，很大程度上提高了等噪声计数率，降低死时间影响，因而在 3D 采集技术中具有明显的优势。目前，GE、西门子、飞利浦等几大厂商的 PET/CT 均已采用 3D 采集技术，只有很少一部分厂商还保留有 2D 采集[54,55]。

2) 门控采集技术

PET/CT 利用图像融合技术将 PET 图像与 CT 图像配准、融合，对 PET 图像上模糊的病理和生理状态下的组织结构进行精确定位，并通过 CT 图像的组织密度分布数据对 PET 图像衰减校正。但是，由于 CT 扫描速度快，患者屏气就可以完成，而 PET 扫描速度慢，数据的采集时间比较长，受呼吸运动、心脏跳动的影响较大，这些器官部位图像配准融合效果差，衰减校正结果失真，将导致局部分辨率下降以及定量分析 SUV 值(标准化摄取值)的准确性降低，甚至产生伪影。由 GE 公司推出的 Motion Free 技术通过门控技术采集心脏、呼吸系统 PET/CT 数据，再重建图像的不同时相，分别将 PET 图像和 CT 图像配准、融合，利用平均 CT 值进行衰减校正，可以极大地消除组织器官运动对 PET/CT 图像的影响。应用 Motion Free 技术，可提高图像融合的精度、衰减校正的准确性以及胸部组织和病灶 SUV 值测量的准确性，对提高肺部病灶放疗靶区的准确性确定和肺部小病灶检出率有重要意义。改善心脏 PET 和 CT 图像融合效果，对精确测量心肌代谢率有利，并有望与心脏冠脉 CT 成像(CTA)融合，对提高存活心肌评估和心脏缺血性疾病诊断准确性起积极作用。Motion Free 技术的应用需要 PET/CT 系统配备包括门控装置、高灵敏度的探测系统、高速数据传输、高性能计算机、复杂图像处理系统和并行处理技术等，配置要求也较高[56]。

4. PET 图像重建技术

在 PET 临床应用发展过程中主要经历了 3 次重大突破：从局部显像至全身显像，从二维采集至三维采集，以及飞行时间(time of light, TOF)技术的临床应用。传统的PET成像重建算法是利用组织器官的三维放射性投影，进行数学运算来间接确定放射性示踪剂的分布，滤波反投影法(FBP)和迭代法是主要运用的算法，滤波反投影法属于解析算法。高清(HD)重建是根据不同重建算法对 PET 图像进行深度效应(DOI)校正，更准确地定位到远离视野中心发生的正电子湮没事件的响应线，更好地观察到视野边缘的病变。目前，TOF采集和HD技术是提高正电子发射断层显像(PET)性能的最新技术。

1) TOF 技术

传统的 PET 图像重建技术由于探测由同一个湮没事件产生的两个γ光子到达探测器的时间差的不确定性，只能够定位探测到的有效湮没事件在其 LOR 上，而不能确定其准确位置，因而，图像重建时须把信号平均地分配到 LOR (机架孔径范围内)参与数据重组和图像重建，这样做会造成 PET 图像的信噪比下降。好的符合时间分辨率可以帮助 PET 系统设定符合时间窗来提高符合事件的判断能力，还能帮助系统将探测到的湮没事件更加准确地定位在响应线上的位置，这就是 TOF 技术。TOF 技术的使用可以设定更窄的符合时间窗，降低随机事件的发生率；利用 TOF 时间重建技术可减少噪声的方差。把 LYSO 晶体和 Pixelar 探测器的应用相结合，TOF 技术可将湮没事件定位于其 LOR 上 9~10 cm 范围内，有效提高了湮没辐射探测的定位准确性，提高了图像重建精度，显著提高了图像分辨率和信噪比。目前，GE 公司、西门子公司、飞利浦公司均已在其高端 PET/CT 机型中运用 TOF 技术[57]。

2) HD 技术

因为受探测器晶体深度效应(DOI)的影响，从切向射入的 γ 光子对在晶体表面上的定位误差会导致响应线(LOR)与湮没事件发生的真实位置偏离，影响 PET 重建图像空间分辨率。HD 技术在改进超高速电子电路基础上，运用点扩散函数(PSF)确定了γ光子对在晶体表面的定位，使得 LOR 与它们的真实几何位置准确对位，降低了晶体深度效应导致的响应线偏离对 PET 图像重建产生的影响。

9.6 超声成像方法和进展

9.6.1 超声波概述

物体产生波的源泉是机械振动，物体的振动频率决定波的频率。频率范围在 $2\times10^4 \sim 10^8$ Hz 的波称为超声波。超声波是超过正常人耳能听到的声波，简称超声。超声波在介质中的传播特点是具有明确指向性的束状传播，这样的声波能够成束地发射并且用于定向扫查人体组织。超声检查是利用超声的物理特性和人体器官组织声学性质上的差异，用波形、曲线或图像的形式显示和记录，来进行疾病诊断的检查方法。

我们按质点振动方向和波传播方向的关系对超声波进行分类,当质点的振动方向和波的传播方向相同时,这种波称为纵波。当质点的振动方向和波的传播方向垂直时,这种波称为横波。这也是所有声波的分类方法。超声波在人体传播主要有以下的物理特性:束向性或指向性、反射、折射、散射和绕射、吸收与衰减、多普勒效应。纵波在弹性介质内传播时,介质质点的压强随时间而变化,介质质点的密度时密时疏,造成平衡区的压力时强时弱,结果导致有波动时压强与无波动时压强之间有一定额压强差,这一压强差称为声压。表示声波客观强弱的物理量称为声强,用每秒通过垂直于声波传播方向的 1 cm^2 面积的能量来衡量,单位是焦耳。

9.6.2 超声成像的物理基础

超声成像主要是依据超声波在介质中传播的物理特性来确定其基本原理和过程的,其中最为重要的有下面三个方面:声阻抗特性、声衰减特性以及多普勒特性。

声阻抗是描述弹性介质传播声波的一个重要物理量。声场中某一位置上的声压幅值 P_m 与该处质点振动速度 v_m 之比定义为介质的声特性阻抗,称为声阻抗率 Z_s。声特性阻抗 Z_s 等于介质的密度 P_m 与声速 v_m 的乘积。声阻抗是决定超声波的传播以及反射的一个重要因素。

$$Z_s = P_m v_m \tag{9.15}$$

实际中,声压与质点振速不一定同相位,所以声阻抗率是两个同频率但不同相位的余弦量的比值,而不是一个恒量。

超声波在弹性介质中传播时,其传播方向上的能量如声强和振幅等会随着传播距离的增大而逐渐减小,将这种现象称为超声波的衰减。超声波的衰减就像物体在运动中的摩擦损耗一样,一直存在。对于平面波超声的衰减,当超声通过介质被吸收时,其声强和声压随距离的增大而减小,并且符合指数函数的变化规律:

$$I = I_0 e^{-\mu l} \tag{9.16}$$

$$p = p_0 e^{-\mu l} \tag{9.17}$$

式中,l 表示声波在介质中的传播距离或介质厚度;I 表示该处的声强;p 表示该处的声压;I_0 表示声源处声强($l=0$ 时);p_0 表示声源处声压($l=0$ 时);μ 表示衰减系数,单位 cm^{-1}。声波的衰减一共有三种形式:第一,声波在空间传输中由于能量分布的改变而造成的衰减,如反射、折射以及波面的扩大造成单位截面积通过的波的能量减少,这种称为扩散衰减;第二,声波的散射使沿原方向传播的声波的强度减弱,也可以看成声波与众多的散射中心多次相互作用造成部分声能转化为热能散失掉,这种称为散射衰减;第三,由于介质的黏滞性等原因,超声波的能量随传播距离增加而逐渐转化为其他形式的能量,包括热能及其他形式的机械能等,叫做介质对超声波的吸收，这种称为吸收衰减。

当声发射源、声接收器和反射介质之间有相对运动时，由接收器接收到的声波频率与发射频率之间会出现差异，将这一现象称为多普勒效应，两者之间的频差称为多普勒频移。多普勒效应并不是超声波所特有的，所有的波动过程都可能产生多普勒效应。

多普勒频移公式：

$$f_R = \left(1 \pm \frac{v_R \cos\theta}{c}\right) f_0 \tag{9.18}$$

其中，f_0 表示声源频率；f_R 表示多普勒频移；v_R 表示运动目标速度；c 表示超声波在介质中的传播速度；θ 表示声源与目标运动方向之间的夹角。

超声多普勒成像法就是应用了超声波的多普勒效应，从体外获得人体运动脏器的信息，进行处理和显示。如今已普遍应用于血流、产科和心脏等方面的成像诊断，尤其是多普勒技术测量血流在临床已经应用非常广泛。超声多普勒法分为连续多普勒和脉冲多普勒。连续多普勒没有距离分辨能力，即射线方向上的所有多普勒信号都会重叠在一起；脉冲多普勒有距离分辨能力，能够探测到某深度的多普勒信息，可以用于清洁箱内部和大血管血流信号的检测。但是，脉冲波成像会受重复频率产生的重叠幻像的影响，使得测量深部高速血流存在一定困难。目前在临床上一般将超声多普勒成像设备与 B 超技术相融合，在 B 超上一边设立多普勒取样装置，一边检出血流信息。

产生超声波的具体方法很多，在医学超声诊断中大多采用压电晶片的超声换能方法来产生超声波。医用的高频超声波是由超声诊断仪上的压电换能器产生的，这种换能器又称为探头，能把电能转换为超声能，发射超声波，同时，它也能接收到返回的超声波并把其转换成电信号。

法国物理学家居里兄弟早在 1880 年就发现，有些晶体受到某固定方向外力的作用时，晶体内部就产生电极化现象导致晶体两侧出现符号相反的异名电荷，这种现象称为正压电效应。当外力撤去后，晶体又恢复至不带电的状态；而当外力作用方向改变时，电荷的极性也会随之改变；晶体受力产生的电荷量与外力的大小成正比。1881 年，居里兄弟又发现了压电效应的可逆性，即当晶体的两端施加一交变电场时，可发现晶体厚度有所改变，即晶体沿着电轴方向出现压缩或拉伸的机械变形的现象，这种物理现象也叫逆压电效应。将这两种机械能与电能相互转换的物理现象称为压电效应，具有压电效应的晶体称为压电晶体。其受力变形有厚度变形型、厚度切变型、平面切变型、长度变形型、体积变形型五种基本形式。压电晶体是各向异性的，并不是所有晶体都能在这五种状态下产生压电效应。如石英晶体就没有体积变形压电效应，但是具有良好的厚度变形与长度变形压电效应。图 9.27 显示晶体的压电效应原理图。

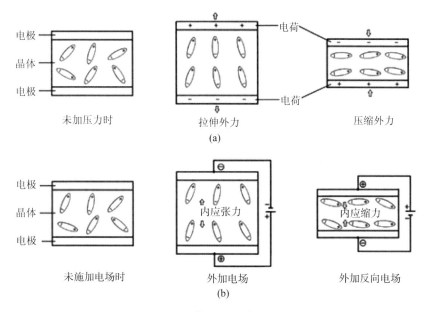

图 9.27　晶体的压电效应原理图
(a)正压电效应——外力使晶体产生电荷；(b)逆压电效应——外加电场使晶体产生形变

在医学超声诊断仪器中，产生超声波的方法很多，最常用的是压电式的超声波发生器。而医学超声诊断中应用最为广泛的是压电陶瓷。压电陶瓷是铁电体，烧制方便、易于成型、机械强度高，并且耐温、耐湿、价格便宜。利用压电陶瓷获得同样大的声压时，施加在其上的电压仅为石英的几十分之一。所以压电陶瓷在医学超声诊断中应用最为广泛。在医学超声诊断中，利用逆压电效应可以将高频脉冲发生器产生的周期性变化的电场加到压电晶体两侧，压电晶体在电场的作用下就能在介质中产生超声波。而利用压电效应可以接收超声波，当超声波周期性地在晶体上施加变化的作用力时，压电晶体产生与之同频率的电压，电压大小随着超声波声压的大小变化而变化。利用示波器可以检测晶体上产生的电压并显示出来。如图 9.28 所示为超声波发生器的原理图。

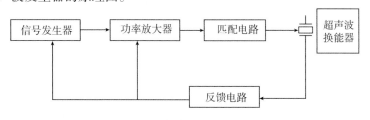

图 9.28　超声波发生器的原理图

在医学超声中,能实现电能与声能相互转换的装置称为换能器,又称超声探头。超声探头的作用是产生和接收超声。临床使用最为普遍的就是压电式超声换能器,它利用逆压电效应将电能转换为晶体振动的机械能,使晶体振动产生超声波,发射入待检测人体组织中。超声探头接收超声波时,利用正压电效应将人体组织返回的超声转化为电信号,由接收电路进行信息处理。在实际工作中,由于一般采用的都是间歇脉冲工作模式,所以同一个超声探头可完成超声波的发生和接收工作。超声探头由压电晶体构成,有单晶片、多晶片、旋转探头和多普勒探头。超声探头的结构、形式和分类方法有近十种之多,但它们的基本原理类似。其中单晶片是最基本的超声探头结构,主要由主体和壳体两部分组成。其他都是由多个单晶片组合而成。探头主体是发射和接收超声的功能部分,由压电晶片、面材以及背材组成。超声探头压电晶片的薄厚决定着超声频率的高低,晶片越薄,频率越高。目前应用的探头晶片当频率分布在 1~10 MHz 范围内时,单晶片圆形探头压电体的直径在 8~12 mm 范围内,两面涂有银薄层,焊接导线作为电极。探头是超声诊断仪中重要的部件,超声仪探测的灵敏度高低、分辨率优劣都与探头直接相关。

由于不同的超声振源、不同的传播条件将形成不同的超声能量分布,我们将超声源能量作用的弹性介质空间称为超声场,用以描述波动状态。对于单的振子,当它的尺寸极小时,可以将它看成一个点声源。

9.6.3 超声成像的原理

超声诊断成像的基本原理把下面几条物理假定作为前提条件:声束在介质中以直线传播;各种介质中声速均匀一致;各种介质中介质对声束的吸收系数均匀一致。目前的超声诊断仪有使用连续波的,也有使用脉冲波的。由于脉冲波消除了很强的发射信号对反射信号的影响,具有较高的灵敏度。所以目前临床上应用除了普通的多普勒诊断仪外,其他超声诊断仪都是采用脉冲波。由于人体组织和脏器有不同的声速和声阻抗,因此在组织界面上会反射超声波(也叫回波)。但是这些界面两侧介质的声学性质差异并不是很大,因而大部分超声将穿过界面继续向前传播;当遇到第二个界面时,又将产生回波,但同时还将有很大一部分超声能量穿过第二界面继续前进。这样将会得到第三个、第四个回波等。随着超声波在组织中的传播并逐渐衰减,超声传播得到的回波个数也是有限的。为了分清回波的个数和发射的先后次序,超声波束使用脉冲波束,即每发射一个超声脉冲就暂停一下,直到收到这个脉冲产生的所有回波,这种成像方法称为脉冲回波法。脉冲回波法是利用超声脉冲回波的快慢来测量产生回波的界面深度。根据脉冲发出、到达界面并返回到探头所经过的往返路程及时间,可得声源至界面的距离 L 为

$$L = ct/2 \tag{9.19}$$

其中,L 为声源至界面的距离;c 为声波在介质中的传播速度;t 为从发出超声脉冲

到接收界面反射回波时经历的一段时间(又称为渡越时间)。根据不同界面回波返回的渡越时间 t，可求出各个界面与探头之间的距离，利用这个原理可进行脉冲回波测距。同时，还可以运用这个理论基础把换能器的扫描运动与显示器上光点的扫描运动配合起来，并将回波信号作为光点的亮度调节信号，也就是用亮点来显示反射回波的界面。利用这个原理能够构成不同的扫查与显示形式，从而制成相应各种形式的医用超声成像诊断仪，如 A 超、B 超以及 M 超等。

脉冲回波成像的相关参数很多，总的来说可以分为三类：声系统参数、图像特性参数和电气特性参数。在众多参数中，这里只讨论其中几个主要的参数。首先是超声频率，超声频率是指超声成像系统的工作频率。在实际工作中，对频率的选择要考虑两个方面：其一，考虑到分辨力的因素，提高超声频率可以改善分辨力，即频率越高，波长越短，则波束的指向性越好(近场距离大，而发射角小)，横向和纵向分辨力都能提高；其二，考虑到穿透深度的因素，则频率越高，衰减相应越多，由此造成探测深度减小，若要得到较大的穿透深度，则必须选用较低的工作频率。所以，为了综合考虑探测深度和清晰度的要求，探测距离较大的不宜采用较高的频率。如临床用超声检测肝脏、妊娠子宫等器官时一般选用 2~3.5 MHz 的频率。对深度要求不高的，如眼球、乳腺等组织可采用较高的超声频率以提高分辨力，一般可用到 7~10 MHz。另外，对于半衰距非常小或者超声穿过的界面较多的组织，如颅脑、肺等，也须采用较低的超声频率，一般使用 1~2 MHz。

脉冲重复频率 F_p 就是每秒超声脉冲发射的次数，它决定于电激励的频率，即

$$F_p = \frac{1}{T} \tag{9.20}$$

式中，T 表示脉冲间隔时间，即脉冲发射周期，也就是声波往返所花的最大时间。

在超声脉冲回波诊断中，仪器的最大探测距离决定于 F_p 的值。考虑到显示器的逆程时间，则最大探测距离为

$$D_{\max} < \frac{1}{2}cT \tag{9.21}$$

在超声回波检测技术中，每一次超声发射和接收都在一个周期内完成，每秒有多少个周期发射和接收就重复多少次。F_p 的值通常由下限频率和上限频率两个因素所决定。F_p 的上限与所探测的最大深度有关，必须确保该深度的回波与其发射波在同一周期内。下限值取决于采样速率，即对动态波形进行处理时，要保证其采样速率等于或大于被测目标运动速度的两倍，若是采样速率低于这个频率就可能会造成对不同频率成分采得同样的结果，不能区分两种频率的成分。根据式(9.20)，如果探测深度是 20 cm，超声在组织中的声速为 1540 m/s，可以计算出回波往返时间为 260 μs，则 F_p 为 3846 Hz。但在实际中，这个理论值比较大，不能采用。这是由于人体组织存在多重界面，介质不均匀，造成超声脉冲在各个界面传播时将发生多次

反射，从而缩短了超声传播的距离，使一个周期内接收的回波信号提前返回被探头接收，接收回波出现在前一个周期，由此出现在一个周期内有几个回波的情况，造成图像的混乱和模糊。为了避免上述伪信号的产生，实际采用的 F_p 值会比理论值小一些，即

$$\frac{c}{2D_{\max}} \geqslant F_p \geqslant 2f_{\max} \tag{9.22}$$

超声的穿透深度也叫作用距离，指的是超声诊断仪发射的超声波束可穿透并显示回声图像的被测介质的深度。穿透深度须满足处于一定深度的各种组织器官的成像需要，如用于眼球成像的穿透深度需要达到 10 cm，而用于腹部成像则必须有 20 cm 的穿透深度。脉冲信号在传播途中的衰减是影响穿透深度的主要因素。可通过三种方式提高超声诊断仪的穿透深度：第一是提高接收机的灵敏度和扩大动态范围，使接收机能远距离接收信号，但接收机的信噪比极限值会限制超声的最大穿透深度，理论上最大穿透深度限制在 300 个波长左右；第二是降低工作频率，但同时会造成分辨力下降，所以要权衡；第三是加大发射功率，但要考虑辐射危害的问题。因此，为兼顾到各方面的要求，要综合考虑合理选择穿透深度。

脉冲宽度 τ 是指超声脉冲的持续时间。超声探头既能发射超声又能接收超声，但发射和接收不能同时进行，须在探头发射超声脉冲结束处于静止期时才能接收超声。探头发射超声脉冲进入被检测组织，超声经反射再被探头接收，这段时间须大于脉冲宽度，这样才能将发射脉冲与反射脉冲区分开。如果这个时间小于发射脉冲的脉冲宽度，发射波将会与反射波相重合，探头无法接收反射波，造成漏测。由公式可知，超声脉冲在被测组织中行进的路程等于脉冲宽度 τ 与声速 c 的乘积，即

$$D_{\min} = \frac{1}{2}c\tau \tag{9.23}$$

其中，$D_{\min}$ 表示最小探测深度。在实际中，$D_{\min}$ 要比上述理论计算值大数倍。如果病变组织深度处于 $D_{\min}$ 以内，则反射信号在脉冲尚未发射完毕就返回探头，由于无法接收而漏测，所以 $D_{\min}$ 以内的距离被称为"盲区"。为了缩短盲区的距离，必须使脉冲宽度 τ 缩短，但那样又会使发射的超声能量减少，影响灵敏度。合理的做法是适当缩短 τ 的同时，提高超声频率，这样做可以缩短盲区但又不至于减少能量造成灵敏度下降[2,6,28]。

9.6.4 医学超声成像设备

超声波诊断仪的种类繁多，分类复杂。不同的分类方法存在相互交叉的情况，目前还没有完全统一的分类方法。根据超声波来源进行分类，可分为穿透型和回波型。由于穿透型难以达到实用的程度，目前临床上较普遍使用的是回波型超声波诊

断仪。回波型超声波诊断仪又可以根据其利用超声波的物理参数不同,分为回波幅度和多普勒型。而回波幅度型超声诊断仪根据超声波空间分布方式的不同又可分为一维、二维和三维。空间一维的有 A 型和 M 型超声波诊断仪;空间二维的有 B 型、C 型和 F 型超声波诊断仪;空间三维的,即 3D 型。

1. A 型超声诊断仪

A 型超声诊断仪(简称 A 超)因其回声显示采用幅度调制而得名。A 型超声诊断仪是最基本的一种超声诊断模式,即将探头产生的回波电压信号放大处理后加于示波管的垂直偏转板上,在水平偏转板上加随时间线性变化的锯齿波扫描。随后在阴极射线管荧光屏上将探头发出的始波和接收到的各界面的回波信号以脉冲的形式按时间顺序显示出来,故称为幅度调制型。以横坐标代表被测组织的深度,纵坐标代表回波脉冲的幅度,故由探头定点发射获得回波所在的位置可测得人体脏器的厚度、病灶在人体组织中的位置以及病灶的大小。根据回波幅度的大小可以区别组织器官的种类,还可在一定程度上对病灶进行定性分析。A 超给出的是一维图像,不能显示三维信息。A 型超声诊断仪可用于临床各科的检查,从脑部疾病诊断直至体内脏器检查,尤其适合于对肝、胆、脾、肾、子宫的检查。对眼科的一些疾病,尤其是对眼内异物的排查,用 A 型超声诊断仪比 X 射线透视检查更为方便准确。A 型超声诊断仪在妇产科检查方面,如妇女妊娠的检查以及子宫肿块的检查,都比较方便和准确,因此应用得非常普遍。

由于 A 型显示的回波图只能反映局部组织的回波信息,不能获得解剖图像,且诊断的准确性与操作医师的识图经验关系很大,因此其在临床诊断上的应用价值已渐见低落,不管国内还是国外,A 型超声诊断仪也很少生产和使用了。

2. M 型超声成像诊断仪

M 型超声成像诊断仪是在 A 型基础上发展起来的,适用于对运动脏器,如心脏的探查。M 型超声诊断仪发射和接收工作原理与 A 型有些相似,尤其是探头、发射和接收通道与 A 超完全相同。但显示方式不同,由幅度显示改为亮度显示。例如,对于运动脏器,由于各界面反射回波的位置及信号大小是随时间而变化的,如果使用 A 超的幅度调制的显示方式进行显示,显示出来的波形会随时间而改变,得不到稳定的波形图。而采用 M 型辉度调制的方法,使深度方向所有界面反射回波,在显示器垂直扫描线上用亮点形式显示出来,随着脏器的运动,垂直扫描线上的各点将发生位置上的变动,对这些回波定时地采样并使之按时间先后逐行在屏上显示出来。图 9.29 为 M 型超声诊断仪的原理图[58]。

M 型超声诊断仪对人体心脏、胎儿胎心、动脉血管等运动脏器功能的检查方面独具优势,并可进行多种心功能参数的测量,如心脏瓣膜的运动速度和加速度等。但 M 型诊断仪仍不能获得解剖图像,它不适用于静态脏器的检查。

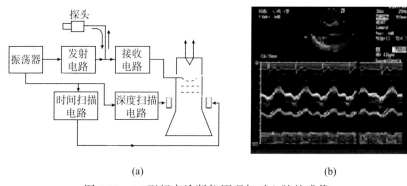

图 9.29 M 型超声诊断仪原理与对心脏的成像
(a) M 型超声诊断仪原理方框图；(b) 心搏的 M 型超声影像

3. B 型超声成像诊断仪

为了获得人体组织和器官的解剖结构图，继 A 型超声诊断仪应用于临床之后，B 型超声诊断仪由于实现了对人体组织器官和病变组织的断层显示而获得广泛应用，B 型超声诊断仪也叫超声断层扫描诊断仪。虽然 B 型超声成像诊断仪因其成像方式采用辉度调制而得名，但其能得到人体组织或脏器的二维超声断层图，并且能够对运动器官实现实时动态显示，所以 B 型超声成像仪与 A 型、M 型超声诊断仪在结构原理上都有较大的不同。

B 型超声成像仪采用辉度调制方式显示深度方向所有界面反射回波。即脉冲回声信号经放大处理后加于示波管的控制栅极，利用脉冲回波信号改变阴极与栅极之间的电位差，通过控制回波光点的亮度，将灰度的图像显示在荧屏上。深度扫描产生的时基电压加于垂直偏转板上，明暗不同的光点代表回声信号的强弱，自上而下按时间先后显示在荧光屏上。

B 型超声诊断仪一共有三种扫描方式，即机械扫描、电子线性扫描和电子扇形扫描。探头发射的超声波束在水平方向上以快速电子扫描的方法，逐次获得不同位置的深度方向所有界面的反射回波，一帧扫描结束便可得到一幅决定于超声声束扫描方向的垂直平面二维超声断层图像，称为线性扫描断层图像。或者通过机械的或电子的方法改变探头的角度，使超声波束指向方位快速变化，即每隔一定小角度，不同探测方向在深度上所有界面的反射回波，都以亮点的形式显示在对应的扫描线上，由此形成一幅决定于探头摆动方向的垂直扇面二维超声断层图像，称为扇形扫描断层图像。采取电子线性扫描方式的 B 型断层超声诊断仪适用于对腹部脏器如肝、胆、脾、肾、子宫的检查，而电子扇形扫描 B 型断层超声诊断仪适用于对心脏的检查。现代 B 型超声波诊断仪通过配用不同的超声探头，方便地进行转换，因此同时具备以上两种检查功能。图 9.30 显示 B 型超声诊断仪的原理图。

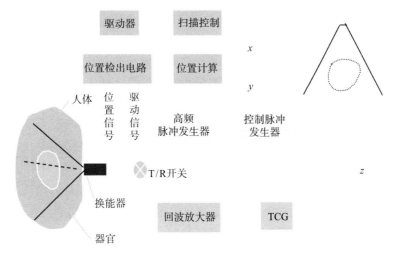

图 9.30 B 型超声诊断仪的原理图

B 型超声显示影像真实、直观,而且可以实现实时动态成像,在临床上具有很高的诊断价值,受到影像学界的高度重视和临床医生的普遍接受,因此,虽然 B 型超声波成像诊断仪临床应用历史不长,发展却非常迅速,目前在各级医院应用非常广泛。

4. D 型超声成像诊断仪

D 型超声成像诊断仪是超声多普勒诊断仪的简称,它利用超声多普勒成像原理,收集人体中运动脏器或血液产生的反射回波的多普勒频移信号,并将其转换成声音、波形、色彩和辉度等信号,从而显示出人体内部器官的运动状态。超声多普勒诊断仪主要有连续式超声多普勒成像诊断仪、脉冲式超声多普勒成像诊断仪和实时二维彩色超声多普勒血流成像诊断仪三种类型。连续式超声多普勒成像仪是由探头中的一个换能器发射出某一频率的连续超声波,当超声波与人体内运动器官接触后,反射回来变化了频率的超声波信号。探头内另一个换能器将其接收并转成电信号后输入主机,经高频放大后与原发射频率电信号进行混频、解调,根据处理和显示方式的不同可将得到的差频信号转换成声音、波形或血流图用作诊断依据。连续式超声多普勒成像仪由于难以测定距离,不能确定器官组织的位置,在应用诊断方面使用不便。

脉冲式超声多普勒成像仪是间断发射和接收超声波的一种多普勒诊断系统。该系统由门控制电路来控制发射信号的产生和回声信号的选择接收与放大。由于该系统采用脉冲超声波,其可以采用同一个换能器按一定周期发射窄带脉冲波并接收超声波。借助截取回声信号的时间段来选择测定距离,鉴别器官组织的位置。该脉冲式超声波系统简化了探头机械结构，避免收、发信号之间的不良耦合，提高了影像质量。

实时二维彩色超声多普勒血流成像诊断仪也叫彩色多普勒血流显像仪。该技术是 20 世纪 80 年代后期心血管超声多普勒诊断领域中的最新科技成果。脉冲多普勒技术与二维(B 型)实时超声成像和 M 型超声心动图融合在一起，在直观的二维断面实时影像上，同时显示血流方向和速度大小，为临床医生提供心血管系统在时间和空间上的诊断信息。它利用多道选通技术在同一时间内获得多个采样容积上的回波信号，结合相控阵扫描对此断层上采样容积的回波信号进行频谱或自相关处理，对获得的血流时间和空间信息滤低频信号，再将提取的信号转变为红色、绿色和蓝色的色彩显示。利用计算机的数字化技术与影像技术处理后，其在影像诊断仪器的构架上就兼具了生理监测的功能，提供诸如血流速度、加速度、流量、容积、血管径、动脉指数等极具价值的信息；这也就是俗称的"彩超"或"彩色多普勒"。

随着脉冲多普勒技术、方向性探测、频谱处理和计算机编码技术的发展及完善，超声多普勒诊断仪被用于对人体组织器官或病灶进行距离探测，还可以判定血流的方向和速度，以多种形式为临床医生提供诊断信息，使其由定性测量迈向定量测量的水平[59,60]。

9.6.5 超声成像的新进展

尽管超声成像理论久已成熟，但受限于材料科学、加工技术、计算机运算速度和存储容量等方面的制约，一些超声成像的其他方法以及在新领域的开拓，目前仍在不断的探索之中。近年来超声成像技术的发展不仅表现在对已有成像方式性能上的不断改进，还表现在推出了许多新的成像方式。各技术领域都取得了重大的技术突破和发展。这些技术的发展使得超声成像技术的应用和临床诊断的价值得到进一步的加强和提高。以下介绍的是部分已经成熟并且投放市场或者尚在研究的新技术。

1. 组织谐波成像

近年来，把谐波成像技术也就是非线性声学技术运用于超声诊断中的研究取得了突破性的进展，已经发展成为一项卓有成效的新技术。而传统的超声影像设备是接收与发射频率相同的回波信号成像，称作基频波成像。谐波是基频波在传播过程中不断积累产生的。实际上，回波信号经过人体组织的非线性调制后会产生基波的二次、三次等高次谐波，由于三次谐波以上的成分已经非常微弱，只有二次谐波幅值最强。因此，人们通过人体回声的二次等高次谐波构成人体器官的图像，可以提高图像清晰度和分辨率。把这种用回波的二次等高次谐波成像的方法称作谐波成像，当前应用较广的有组织谐波成像和造影剂谐波成像。下面简述一下组织谐波成像的原理与应用，造影剂谐波成像后面再讲。

组织谐波成像是与使用超声造影剂成像有所区别的一种自然谐波成像方法。近年，组织结构谐波成像发展得很快并成为了结构成像的另一种标准模式。由于波形的畸变是在超声波传播的过程中产生并积累起来的效应，因此，在靠近换能器的区域并不能发现明显的二次谐波现象，即组织谐波在皮肤层的强度几乎为零，随着组织深度增加，二次谐波的成分逐渐增强，其幅度正比于声压的二次方。但由于超声波的基波成分会在传播过程中逐渐衰减，随着组织深度进一步增加，基波到达一定深度后其声压明显减弱，二次谐波成分会再度下降直到转为零。不过，在所有深度，组织谐波强度总低于基波强度。

组织谐波成像技术可以使用较低频的波束，因为生成用以成像的谐波的波长很短。由于声束中心区声压最强，所以使用自动聚焦成像时，影像中心区的谐波信号较强。而造成图像信噪比较差的是体壁，由于其含有一定厚度的脂肪和皮层等含水成分层，这是造成声束失真和散射的主要原因。另外，波束与层厚的侧向旁瓣波产生的混响等也是造成图像不清的原因之一。但是，造成失真和散射的能量远低于信号发射的能量，因此其产生的谐波干扰还是较弱的。总的来说，组织谐波成像较基波成像所含有的干扰小得多，因此，组织谐波成像技术对病灶具有较高的检测灵敏度。

为了有效地从回波信号中恢复出二次谐波成分，可以采用谐波频段滤波的方法与发射脉冲相位反转的方法。

在采用谐波频段滤波的方法时，如果把发射的基波信号频带控制得比较窄，那么产生的二次谐波成分和基波成分便可分布在各自的频段上。由此可以设计一个高通滤波器来滤除基波成分从而分出二次谐波成分。而如果发射频带比较宽的基波信号，则产生的二次谐波成分就可能与基波频段发生重叠，这样便会影响二次谐波成分的检测效果。也就是说，发射脉冲的持续时间越短，则相应的频带越宽，而如果延长发射脉冲的持续时间以获得较窄的频带，又会造成轴向分辨率的减弱。所以两者之间需要协调考虑。

采用发射脉冲相位反转的方法来获取二次谐波成分时，需要在一条扫描线上连续发射两次，并将两次收集到的回波信号相加后形成一条扫描信号。两次发射的信号频率一致但相位相差180°。若在超声波传播过程中不出现非线性畸变，则两次回波信号相加的幅度几乎为零。而实际传播过程中必会出现非线性畸变，导致两次回波的信号波形不一致。如果将两次回波信号相加便会在基波成分相互抵消的同时保留明显的谐波成分。在得到我们需要的谐波成分时可以看到相加后得到的波形频率比发射信号的频率提高了一倍。

相比于使用谐波频段滤波的方法，相位反转方法可以避免滤波的环节，因此对发射脉冲带宽的要求不高。即使用相位反转的方法可以在不产生较宽频带所带来的问题同时发射持续时间更短的窄脉冲以提高轴向的空间分辨率。不过，相位反转的方法也有它的缺点，即由于每条扫描线都需要发射两次，数据采集的时间较长，容易造成运动带来的伪像。图 9.31 显示了用传统超声成像、组织谐波成像以及相位反转组织谐波成像方法对囊泡进行成像的效果比较[61,62]。

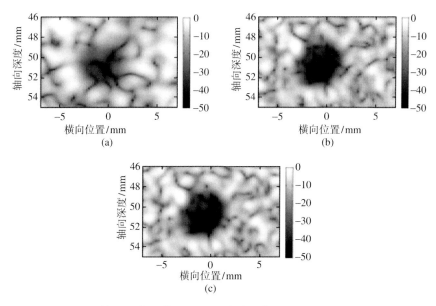

图 9.31　传统超声成像(a)、组织谐波成像(b)以及相位反转组织谐波成像(c)方法对囊泡成像的效果比较

2. 造影剂谐波成像

超声造影剂谐波成像是医学超声成像中一项重大的技术进步。造影剂谐波成像是利用改变所在组织的散射子、衰减或声速等声学特性来改善图像的质量。其基本原理是通过超声脉冲与造影剂微泡作用产生较强的谐波成分，这一应用得到了广泛的发展。最早的造影剂谐波成像法一般是利用对组织反射特性的提升来增加图像的对比度。超声造影剂的种类很多，有胶状的悬浮微粒、水溶液、乳状液体、胶囊式充气微泡以及无气微泡。随着技术的发展，在临床上造影剂谐波成像已经成为重要的组织或生理功能评价方法。其中，血管造影在临床上的使用最为广泛。其过程是这样的，造影剂通过静脉注入血管后，直径很小的造影微粒可以通过肺循环进入左右心室，并随着血流分布到全身的血管。一方面，悬浮在血液中的大量造影剂微粒大大增强了背向散射信号，使血液产生的回波信号显著增强。另一方面，正是造影剂微粒受超声波声压的作用产生反复的膨胀−压缩过程，使非线性背向散射中产生了大量二次谐波成分。研究表明，造影剂产生的二次谐波比人体自然形成的组织谐波的幅度强 1000~4000 倍，极大地改善了深部成像的效果。

总的来说，谐波成像由于具备以下优势而在临床上应用广泛：①能获取人体较深部位的图像；②避免了基波成分在发射与传播过程中产生的各种伪像；③增强了二次谐波图像中的对比分辨率，图像边缘形态更突出；④具有较高的空间分辨率。近来谐波成像还发展了另外一些新技术，以增强对比显示，例如，超谐波技术，运用射频滤波器滤除了组织谐波信号。减少了二次谐波和三次谐波中不需要的组织信号。这意味着要使用超宽频换能器来接收高于二次谐波频率的信号。其目的是减少运动干扰且提高侧向和轴向分辨率。另一技术为分频谐波技术，其主要原理是利用造影剂微泡产生更多的次级谐波来进行成像。图 9.32 显示用新型长循环微泡造影剂 BR38 和 BR55 对乳腺肿瘤进行靶向功能造影超声成像[63~65]。

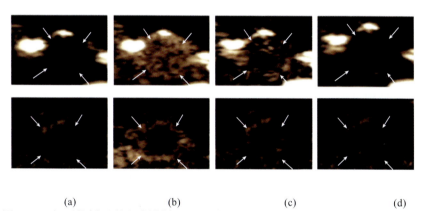

(a)   (b)   (c)   (d)

图 9.32   新型长循环微泡造影剂 BR38 和 BR55 对乳腺肿瘤进行靶向功能造影超声成像
(a)注射前；(b)最大增强；(c)衰减后；(d)造影结束

3. 超声三维成像进展

目前，常规的超声成像都是从不同角度扫描取得体内结构的各种切面，而如果能为医生提供立体(三维)的影像来观察体内组织的结构和病变情况，将为临床诊断提供极大的帮助。若要获得三维图像，首先要得到足够的三维数据。目前，在 X-CT 与 MRI 的三维成像中都是运用多层平行切片技术，得到一组二维数据后通过插补获得三维数据。但是由于肋骨和肺叶的组织结构特殊，超声的心脏三维成像中不能使用这一方法，而必须用探头通过适当的"窗口"来采集所需三维数据。

图像的采集通常都是通过徒手扫描完成的，在这个过程中需要一个分离的定位传感器对超声探头的空间位置进行编码。目前用得比较多的是利用磁场进行定位，即把一个小传感器安装在超声探头中；然而，这一磁场系统容易受金属物质的干扰，造成局部电磁场失真，影响测量精度。获取三维数据的徒手扫描过程中，在进行定位测量的同时也需要应用基于超声图像数据的综合三维定位测量技术来辅助完成。

还有一种三维扫描方式是使用机械驱动装置和定位传感系统组合在一起的专用超声探头来完成，这种探头可完成楔入、直线和旋转扫描。这样，每个扫描片段的相对角度都被精确地测量，合成的扫描结果失真较少。最新的技术发展是利用具有并行采集和处理功能的多维探头或镶嵌阵列探头操纵声束进行体积扫描获得实时三维数据。尽管这一技术看起来非常有潜力，但庞大的数据处理和存储量需要非常复杂的技术来处理，这也使得该技术的发展受到限制。取得三维数据以后，接下来便要进行三维重建和三维立体显示。

超声三维图像的重建技术类似于其他成像仪器的三维图像重建技术，主要是利用计算机进行数据处理完成立体图像的重建。目前已有多种三维图像重建方法，随着计算机软件的不断升级和硬件性能的不断提高，超声三维图像的重建速度和质量也在不断改善。在超声三维成像的回声信息采集中，最简单的办法就是采用坐标位移法。要想实现立体显示，还应对影像数据进行处理。影像数据方式有实时影像平滑处理、灰阶影像处理、实时边界探测和实时内边界消除等方法。经过这些复杂的计算机数据预处理过程之后，再进行储存、叠加和显示。除了沿轴向移动获取多平面重建三维图像的方法外，还可以利用沿轴旋转角度获取多平面数据进行三维重建，如沿心脏长轴每转 30°取一切面，1 周共取 6 幅切面，便可重建心脏的三维图像。也可以采集长轴影像和短轴影像重建三维图像。这些方法都要让计算机采集到物体的切面图像及它们之间的位置与角度信息，由计算机作相应的组合和处理后，才能在荧光屏上显示该器官的三维图像。物体的三维图像可以显示成用网格线来表示物体形状的外形框架影像形式，也可以用灰阶来表示物体表面形状的立体阴影图像。用减法处理获得的旋转式透明三维灰阶图像显示出来的是器官立体的透明图像，有利于观察器官内部的结构。超声三维成像系统大致由探头、影像处理、数字扫描转换和显示器等单元构成。目前能获取的超声三维图像大多是由静态或动态的三维超声成像功能实现的，除了在静态的影像质量和动态的帧频数目上仍需进一步提高外，最主要的不足是目前还没有实现实时获取三维影像的功能，因而会产生"时–空非同步"的失真。

目前，通过快速刷新连续的三维图像获得实时四维成像，是最近发展的新技术。根据所使用的探头类型和扫描视野的范围，其最快采集数据的速度可以达到每秒 4~16 帧体积。这项技术在灰阶成像和能量多普勒彩色成像中同样适用。使用该技术可以清楚地观察胎动，检测血管内血流的动态情况以及透视颈动脉及颈动脉权，该技术还可以更好地引导活检针向标靶的穿刺[66~68]。图 9.33 显示了用三维超声成像进行产前胎儿畸形筛查。

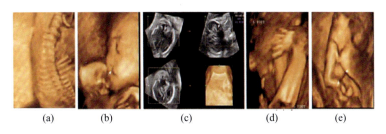

图 9.33 胎儿畸形三维超声成像图
(a)脊柱侧弯; (b)不完全唇裂; (c)小脑下蚓部发育不全; (d)足内翻; (e)脐膨出

4. 多普勒组织成像

20 世纪 90 年代中，超声成像技术最重要的发展之一就是组织多普勒超声显像。组织多普勒成像(TDI)是目前比较新的超声心动检测技术，它是使用多普勒原理来测量心肌运动的速度。超声心动图的关键特征是持续不断的创新和技术更新。组织多普勒技术发展迅速，已作为标准的超声心动图显像技术被用于超声心动图所能涉及的各个方面，尤其在心脏收缩功能和舒张功能的评估、心肌缺血和存活心肌的判定以及对先天性心脏病的评价等方面应用最为广泛。组织多普勒成像过程中关闭彩色多普勒系统中的高通滤波器，来除去高频低幅值的血流信号；同时，为了把低频高幅值的室壁心肌信号选择进入自相关器和速度计算单元，还需降低系统总增益，最后得到的反映室壁心肌的低速度运动信息的信号经彩色编码加以显示。从而客观、准确地对正常心电现象作出评估及为其异常改变提供一种崭新的无创性检测手段。

组织多普勒成像提供组织运动的图像，它主要依据的原理和多普勒血流测量的原理一样，是通过测量心室壁的运动速度来定量评价心功能。和多普勒血流测量技术的区别在于血流的速度较大，而组织的运动速度较小。因此，对于多普勒血流测量仪，需要设计一个高通滤波器将血管壁或组织中低速运动引起的低频(幅值往往较大)信号滤除，保留相对高频的血流信号，这些高频的血流信号幅值一般偏低。对于多普勒组织成像仪，情况正好相反，因为要测量室壁运动引起的多普勒信号，需要保留高幅值的低频信号，而把高频低幅值的血流多普勒信号去除，正如前面所述。

多普勒组织成像技术最初是被用来评价心绞痛、心肌梗死、缺血性心脏病等，其主要目的是客观、精确地识别导致心功能减低的缺血心肌的部位及范围。多普勒组织成像技术可用于提取组织运动速度，根据组织运动的速度又可以求出加速度，并且还能获取反射能量的信息。由于这些信息反映了心肌收缩功能和血流灌注情况，因此，多普勒组织成像技术有望作为评价心肌存活的工具。图 9.34 显示了多普勒组织超声成像技术用于静脉曲张成像检测[69~71]。

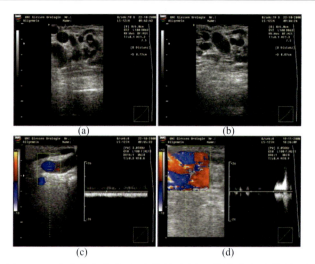

图 9.34 多普勒组织超声成像技术用于静脉曲张成像检测

除以上介绍的进展外，超声成像在其他领域具有一些有前景的技术进步，特别是超声局部治疗(热效应、空化效应)、脉冲波的直接应用、动脉壁弹性分析等。其有可能开拓新的医学诊断和治疗领域，也有可能在逐渐完善后替代有放射性和高成本的影像检查技术。

9.7 光学生物成像方法及进展

9.7.1 激光扫描共聚焦显微术

激光扫描共聚焦显微镜(laser confocal scanning miroscope，LCSM)是 20 世纪 80 年代才发展起来的细胞生物学分析仪器，是随着激光、高性能计算机和数字图像处理技术的发展而诞生的新一代显微镜。它以激光作为激发光源，运用光源针孔与检测针孔共轭聚焦技术，断层扫描样本，以获得高分辨率的光学切片。它较传统显微镜有着不可比拟的优势，如高空间分辨率、非介入无损伤实时光学切片、三维图像等用于细胞形态定位、立体结构重组、生化功能动态变化过程研究等。

1. 激光扫描共聚焦显微镜的工作原理及特点

对普通宽视野显微镜，厚样品产生的图像是聚焦区域的各个清晰细节的积分，但来自焦点以外的其他区域的荧光会对结构产生较大的干扰，尤其是标本的厚度大于 2 μm 时，其影响更为明显。对一个有 3~5 μm 厚度的标本，成像的发射光大部分来自非焦点平面的区域，这些区域的光会降低焦点区域所成图像的清晰度。激光共聚焦显微镜克服了传统光学显微镜利用场光源和平面成像模糊的缺点，把激光束作为光源，激光束经照明针孔，由分光镜反射至物镜，并聚焦在样品上，对标本焦平面上每一点进行扫描。激发标本上的物质产生发射光，经原来入射光路直接反向回到分光镜，成像于探测针孔处，由探测针孔后的光电倍增管(PMT)或者冷电耦器件(cCCD)逐点或逐线接收，并把信号输送到计算机，处理后在计算机上显示出采集到的图像。在这个光路系统中，照明针孔与探测针孔相对于物镜焦平面共轭，焦平面上的点同时聚焦于照明针孔和探测针孔，因而只有在焦平面的光才能够穿过探测针孔到达光电倍增管。在焦平面外的点发射的光都被针孔挡住了，对焦点图像的影响很小，焦点以外的背景主要呈黑色，反差增加，成像更清晰。图9.35是共聚焦显微镜的成像原理图。如果逐步调节样品 z 轴位置，可对样品在 z 轴方向进行横断面的扫描，产生多幅断层图像，这些断层图像显示的是样品的各个横截面的清晰图像，实现细胞"CT"功能，通过三维重建技术，将这些图像叠加可得到样品的三维立体图像。

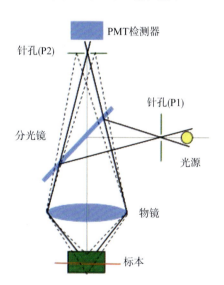

图 9.35　激光扫描共聚焦显微镜光路图

在技术原理上，激光共聚焦显微镜是一种现代化的且作了很大的技术改进的光学显微镜，相对于普通光镜，它有如下几个特点：

第一，用激光做光源。激光所具有的单色性、方向性以及优异的光束形状等特征，从根本上消除了色差，满足共聚焦光学系统中对样品进行点照明、探测均采用点感光器受光的要求。普通光学显微镜选用场光源照明，对全视野进行照明，在标本上任何一点的图像都将受到邻近点的衍射光和散射光的影响，偏离焦点部分的反射光会发生干扰，它与焦点成像部分发生重叠，降低了图像的反差和分辨率。

第二，共聚焦光学系统中，照明光源前面和探测器前面都附设有一个小孔光阑

(pinhole),光源针孔和检测针孔相对于物镜焦平面是共轭的。焦点以外的散乱光以及物镜内部的散乱光几乎完全被小孔光阑去掉,使激光光源成为点光源,将焦平面以外的杂散光挡住,消除了球差,因而可以获得对比度非常高的图像。

第三,激光光源以激光扫描束的形式采用点扫描技术把样品分解成二维或三维空间上的无数点,对样品进行逐点逐行扫描成像,通过扫描移动装置使得样品光源照射点始终位于焦平面处,其产生的光信号经检测针孔后的光电倍增管逐点接收后,变换为电信号传输至计算机,再通过计算机组合为一个整体的平面或立体的图像。而传统的光镜在场光源下一次成像,标本上每一点的图像都将受到相邻点的衍射光和散射光的干扰,其成像效果和激光共聚焦成的图像是无法比拟的。

第四,激光扫描共聚焦显微镜还具有薄层光学切片功能,通过这种特殊的光学层析成像方法,可以获得真正意义上的三维数据,它不同于一般计算机层析成像方法。它用计算机控制对样品进行分断层、逐行、逐点完成三维扫描,得到的数据经过计算机图像处理及三维重建软件,沿着 x、y 和 z 轴或其他任意角度观察样本的外形及剖面,根据需要由计算机图像系统显示任选的二维断层图像或三维透视图。

第五,激光扫描共聚焦显微镜用计算机采集与处理光信号,并利用光电倍增管放大信号图。激光共聚焦显微镜中,用计算机代替人眼或照相机进行观察、摄像,获得的图像是数字化的,数据可以在计算机中再次处理,提高图像的清晰度。系统通过光电倍增管采集信号,能将很微弱的信号放大,灵敏度大大提高。因为结合了以上技术,所以激光扫描共聚焦显微镜成为了显微镜制作技术、计算机技术、光电技术的完美结合物,是现代技术发展的必然产物。

激光扫描共聚焦显微镜虽然与普通光学显微镜相比有极大的优势,但也存在一定的局限性:①虽然共聚焦显微镜能获取比普通显微镜更清晰的图片,但共聚焦显微镜的分辨率理论极限大约是 0.15 μm,轴向分辨率是 0.5 μm;②观测厚度(60 倍)是 50~100 μm;③共聚焦显微镜的一大限制是成像速度较慢,这限制了其用来研究生物领域中的一些快事件[72~74]。

2. 激光扫描共聚焦显微镜的结构及组成

1)激光光源

激光又称镭射,英文叫"laser",是"light amplification by stimulated emission of radiation"的缩写,其意思是"受激发射的辐射光放大",激光的英文全名已完全表达了制造激光的主要过程。激光束里处于相同状态的光子是相干的,偏振的,并沿同一方向传播的。由于激光的特殊发光机制与激光器的特殊结构,激光光源具有如下特征:①单色性好。$\Delta\lambda=10^{-8}$nm。②方向性好。激光基本沿直线传播。③亮度高。激光方向性好,且在空间上的能量分布高度集中。④相干和偏振性好。激光光子在频率和振动方向上相同且偏振状态相同。激光扫描共聚焦显微镜中常用激光器及相应波长如表 9.2 所示。

表 9.2 激光扫描共聚焦显微镜中常用激光器及相应波长

波长/nm	功率/mW	激光器类型
325	10~30	氦镉(He-Cd)激光
351	300	带紫外的水冷式氩离子激光
364	>20	风冷氩离子激光
442	11	氦镉(He-Cd)激光
457~514.1	25	小型氩离子激光
543.5	1.25	绿氦氖(He-Ne)激光
630	33	外谐振器半导体激光
630	3	碰撞脉冲染料激光
632.8	3.5	氦氖(He-Ne)激光
700~1100	2000	蓝宝石激光

2) 扫描系统装置

目前在激光扫描共聚焦显微镜中应用的扫描系统装置包括探测器针孔、分光镜、发射荧光分色镜以及探测器。探测器针孔是 LSCM 的一个重要组成部分，它是放在检测器及激光光源前面的一个小孔，可以最大限度地限制非聚焦平面散射光与聚焦平面上非焦点斑以外的散射光，保证探测器针孔所接收到的荧光信号全都来自于样品光斑焦点位置，因而样品上衍射聚集光斑与探测器针孔成像光斑包含的信息相同(两点共轭)。分光镜的作用是按照波长来改变光线的传播方向。而发射荧光分色镜是用来选择出一定的波长范围的光进行检测，不同型号的仪器采用的分色器的部件有所不同。目前用于分色器的部件主要有滤光片、棱镜和光栅三种类型。LSCM 的一个极其重要的部件是探测器，它的作用是将通过针孔的光信号转变为电信号传输至计算机，然后在屏幕上呈现清晰的整幅焦平面的图。目前一般采用高灵敏度的光电倍增管，其探测的范围和灵敏度可根据强度进行连续调节。

3) 荧光显微镜系统

与常规荧光显微镜大体相同，但又有其特点：侧面有扫描器接口；装有微量步进马达、防振动装置、光路转换装置以及高数值孔径的物镜。

4) 计算机控制及图形处理系统

使用共聚焦显微镜观察样品得到图像及相应的数据后，要得到理想的图像和数据，需要对其进行加工和处理，改善图像质量。前期过程包括对光源照射的方向、强度、时间、扫描的方式、探测器增益等。后期过程包括调整检测信号放大、采集、转换、处理直至成像、图像和数据的输出等一系列复杂的工作。各个共聚焦显微镜生产厂家都有配套的图像加工和数据处理软件，原理大致相同，特色和用法各不一样。除这些专用处理系统外，还有一些通用的图像加工和处理软件，也是常用于激光共聚焦显微镜的图像和数据加工处理。

3. 激光共聚焦显微镜的功能

(1) 同时检测多色荧光，采集多荧光探针标记的高清晰度、采集高分辨率的样品图像。

(2) 采集无损伤连续光学切片图像。

(3) 三维图像重建，可实现立体重建和断面轮廓分析等。

(4) 时间序列扫描：xt、xyt、和 $xyzt$ 扫描。通常指使用共聚焦显微镜系统对活体细胞和活体组织内被标记物变化沿着时间轴的动态跟踪，如测细胞内 Ca^{2+}、K^+、Na^+等离子浓度的变化。

(5) 对于感兴趣的区域，可进行点、线、曲线、剪切区域的扫描。

(6) 图像分析及定量处理功能。可进行图像的数学和逻辑运算以及 DIC 背景校正运算；特定区域荧光强度、周长的测量，以及延时观察分析等；可实现二维图像的直方图表示、定位分析等统计处理功能；利用滤镜进行均值(average)，低通(low-pass)，高通(high-pass)，中值(median)等功能处理图片；通过光谱仪来进行光谱的拆分和分析等。

4. 激光扫描共聚焦显微镜的生物学应用

激光扫描共聚焦显微镜自从问世以来，已大量应用于细胞生物学、病理学、生理学、解剖学、免疫学、胚胎学和神经生物学等领域，对生物样品进行定量、定时、定性和定位研究具有显著的优越性，为这些领域新一代强有力的研究工具，下面将从生物学的几个方面对这些研究工作进行简要介绍。

1) 细胞形态学研究

激光共聚焦显微镜最广泛的用途之一是细胞形态测量，这些测试技术的难点在于如何获取样品，如何选择荧光探针标记，样品的处理方法及染色方法。例如，"肾小管上皮细胞对成纤维细胞表达的黏附因子的影响"。

2) 原位测定组织或细胞中的定量荧光

激光扫描共聚焦显微镜可以对固定过的或活的单标记或多标记的荧光染色组织或细胞样品以单波长、双波长或多波长模式采集图像或数据，采集共聚焦荧光信号可进行定量分析，采集得到多个光学切片，同时还可以沿 z 轴对标本进行纵轴扫描，获取细胞或组织中荧光标记结构的三维图像，以显示荧光在形态结构上的精确定位。通过原位测定细胞或组织中的定量荧光，鉴定细胞或组织内生物大分子，激光扫描共聚焦观察细胞及亚细胞形态结构，以及用于细胞中细胞器、核酸、蛋白质、酶及其他分子的检测。其常用于原位分子杂交、单个活细胞水平的 DNA 损伤、肿瘤细胞凋亡观察及修复等定性或定量分析。

3) 活细胞或组织内钙离子和 pH 动态分析

测量若干种离子浓度并显示其分布的有效工具是激光扫描共聚焦显微镜技术，对焦点信息的有效辨别使得在亚细胞水平显示离子分布成为了可能。钙荧光指示剂法是较好的，也是目前应用最广泛的测定胞内 Ca^{2+} 浓度的方法。这种荧光指示剂对 Ca^{2+} 有高亲和力和高度选择性，能够检测低浓度的 Ca^{2+}，并且应答迅速。采用荧光探针，激光扫描共聚焦显微镜还可以测量和记录细胞内 pH 和多种其他离子(K^+、Na^+、Mg^{2+})的浓度及变化。早前应用的电生理记录装置加摄像技术用于检测细胞中离子浓度变化的速度相对较快，但是其图像本身价值较低，而激光扫描共聚焦显微镜可以测得更好的亚细胞结构中钙离子浓度动态变化的图像，这对于研究 Ca^{2+} 等离子细胞内动力学有重要意义。

4) 细胞间通讯的研究

动物细胞中缝隙连接介导的胞间通讯在细胞分化和增殖中起着重要作用。激光扫描共聚焦显微镜可通过测量植物或动物细胞缝隙连接的分子转移，研究相邻细胞间的通讯。其通过观察细胞缝隙连接分子的转移来测量传递细胞调控信息的一些小分子物质、离子。此项研究可用于研究肿瘤启动因子和生长因子对缝隙连接介导的胞内 Ca^{2+}、pH 和 cAMP 水平对缝隙连接的调节作用以及胞间通讯的抑制作用，监测环境毒素和药物在细胞分化和增殖中所起的作用。

5) 荧光漂白恢复技术

该技术用于测定活细胞的动力学系数。此方法的原理是一个细胞内的荧光分子被激光淬灭或漂白，失去发光能力，而邻近未被漂白细胞中的荧光分子会通过缝隙连接扩散到已被漂白的细胞中，荧光可逐渐恢复。此时通过观察已发生荧光漂白细胞的荧光恢复过程的变化量来分析细胞骨架构成、核膜结构、大分子组装和跨膜大分子迁移率。还可以观察受体(acceptor)在细胞膜上的流动、细胞内蛋白质运输等细胞生物学过程及相关机制。

6) 长时程观察细胞动态变化、药物进入细胞的动态过程、定位分布及定量

活细胞观察通常需要一定的灌注室及加热装置，以保持 CO_2 浓度的恒定及培养液的适宜温度。目前的激光扫描共聚焦显微镜，其光子产生效率已大大提高，与更小光毒性的染料和更亮的物镜结合后可以减小每次扫描时激光束对细胞的损伤，用于数小时的长时程定时扫描，记录细胞迁移和生长等细胞生物学现象。

在检测药物分子、病毒或细菌等外界物质对细胞(或组织)的作用时，需要利用这些物质特异性的自发荧光或对其进行荧光标记来跟踪这些物质在细胞中的定位。这些具有荧光的物质与细胞(或组织)充分作用后，如果与细胞(或组织)结合，则细

胞(或组织)中特定部位会有特征荧光出现,利用激光共聚焦显微镜检测细胞(或组织)内该荧光出现的位置和含量,还可以跟踪该物质跨膜进入细胞的动态过程。

7) 荧光共振能量转移(FRET)

FRET 是指在两个不同的荧光发色基团中,如果其中一个荧光发色基团(供体(donor)分子)的发射光谱与另外一个基团(受体分子)的吸收光谱有一定的重叠,当这两个荧光发色基团间的距离合适时,就可观察到荧光能量向相邻的受体分子转移的现象,即以前一个基团的激发波长激发时,可观察到后一个基团发射的荧光,即发生共振能量转移。理解共振能量转移机制的一个重要概念是:在整个能量转移过程中,不涉及供体分子的光子发射和受体分子对光子的重新吸收,即共振能量转移并不涉及中间光子的传递。简单地说,就是当供体基团在激发状态下由一对偶极子介导的能量从供体向受体转移的过程,该过程没有光子的参与,因此是非辐射的。通过 FRET 实验可以获得有关两个生物分子之间相互作用的空间信息。通过 FRET 实验可以进行蛋白分子的共定位、蛋白分子聚合体、转录机制、分子运动、蛋白折叠等生物研究[75,76]。

5. 小结及发展趋势

激光扫描共聚焦显微镜是近三十年来发展起来并得到广泛应用的新技术,它是集激光、计算机和显微镜于一体的现代高科技细胞分子生物学显微观察系统,在医学及生物等领域的应用越来越广泛,已经成为了生物医学实验研究不可缺少的工具。目前,一台配置齐全的激光扫描共聚焦显微镜的功能已经完全包含了以往任何一种光学显微镜的功能,它相当于多种制作精良的常用光学显微镜,如倒置光学显微镜、荧光显微镜、暗视野显微镜、相差显微镜(PH)、微分干涉差显微镜(DIC)等的组合体,因此可称为万能显微镜,通过它得到的显微镜图像使得其他显微镜图像相对逊色。随着更多先进的科技手段应用到 LSCM 上,其技术的发展与进步越来越迅速,下面几点展示了它的几个发展趋势。

1) 超分辨率

共焦显微镜比一般的光学成像能获得更高的分辨率,而在生命科学领域,人们常常需要在细胞中精确定位特定的蛋白质以研究其位置与功能的关系。共聚焦荧光显微镜的分辨率受限于光的阿贝/瑞利极限,不能分辨出 200 nm 以下的结构,因此需要一种可以对 200~750 nm 大小范围内的物体进行观察并且拥有较高的空间分辨率(20 nm 以下)的显微镜。近年来,随着新的成像理论的出现,研究者开发了多种超出普通共聚焦显微镜分辨率的三维超分辨率成像方法。近来已有报道在 xy 平面上和在 z 轴上提高分辨率的超分辨率成像技术,包括单分子荧光成像技术、饱和结构照明显微(SSIM)技术、光激活定位显微(PALM)技术、随机光学重构显微(STORM)

技术和受激发射损耗显微(STED)技术等。由于生命现象是不停歇活动的非静止的本质，超分辨率成像可应用到活细胞成像领域，可应用于活细胞上的超分辨率成像技术，包括前面提到的 PALM 技术、SSIM 技术和 STED 技术等。但是，在活细胞上快速成像的分辨率远远低于固定样本成像，而且其时间分辨率也较低。因此，目前的研究热点集中在通过改进成像模式和荧光探针来进一步提高活细胞上超分辨率成像的时空分辨率。应用并进一步完善超分辨率显微镜成像技术，将使得科学家实时动态观察生物有机体内的生化反应过程成为可能，为更深刻地认识复杂生命现象的本质打开了黑箱之窗[77]。

2) 近场光学显微技术

扫描近场光学显微镜在光学显微镜中具有独特的性能，其突破衍射光限制，具有单分子探测灵敏度，且在研究时不损伤生物样品。远场成像技术由夫琅禾费衍射限制，而近场扫描光学显微镜是由细小探针顶部的小孔来收集光成像的，探针在近场区，与样品表面的距离小于一个波长。近场光学显微术可以实现小于 100 nm 的分辨力，远小于衍射极限。此种设备所基于的原理和普通的光学显微镜完全不同。此种设备不需透镜进行成像，并且具有很高的分辨率，目前在可见光区域可达到 20 nm。扫描近场光学显微镜是用于纳米材料表征唯一可获得优于光波长分辨率的手段。通常扫描近场光学显微镜与原子力显微镜(AFM)结合使用，所以扫描近场光学显微镜可以获得材料光学与形貌有关的信息[78]。

3) 4π共焦显微镜

4π成像是另一种新兴的高分辨力生物成像技术。4π是空间立体角的数值，通过瑞利数据可知，加大物镜的接收角(等效于加大物镜的数值孔径(NA))，可以减小 PSF 的尺度从而提高分辨率。4π工具扫描显微镜采用这一概念，通过样品前后的双物镜可以使总的接收角接近 4π，进而提高 NA 值。在 4π共聚焦显微镜中，两个反向大数值孔径的物镜分别用来照明和检测荧光样品的同一点。在这种利用相干光源的装置里，两束光相干产生驻波，它们轮流限制了样品的发射容积。4π基于共聚焦显微镜平台或宽场，采用两个相对的相同物镜，将轴向分辨率从 500 nm 提高到 110 nm，为固定样品或活细胞的亚细胞结构、病毒和细胞内寄生虫等的观察提供无与伦比的 3D 效果[79,80]。

4) 多光子显微术

早期的普通共聚焦显微镜多是用到单光子荧光显微技术，就是荧光分子吸收一个光子，由基态跃迁至激发态，经过能量弛豫后，发射一个长波光子返回基态。在这个过程中需要消耗一定的能量，所以能量高的短波长光子能够激发产生能量相对低的长波长荧光分子。而要想让长波长光子激发荧光剂产生短波长荧光，则需要用到多光子显微技术。在多光子显微术里，荧光剂是通过多光子吸收被激发的，即通过在很短的时间里让荧光分子吸收两个或多个低能量光子,每次吸收会产生等于被吸收光子能量的分子激发,分子经过能量弛豫后发出荧光。然而,因三光子吸收需要极高能量的脉冲,现在只有双光子成为了生物成像的有力工具。双光子激发显微术(TPLSM)能利用红光或者近红外波长短脉冲(皮秒或飞秒)激光作为激发光源,产生可见光波段的荧光。目前,双光子显微技术在生命科学领域已经得到了广泛的应用[81,82]。

目前激光扫描共聚焦显微镜在生命科学研究领域应用最广泛,同时是图像分辨率最高的实验仪器之一,随着其技术本身的不断提高,激光扫描共聚焦显微镜将会变得更加灵活、小型化和实用。LSCM 具有共焦成像分辨率高、能层析扫描和能得到样品的三维图像等优点,在生物、医学研究领域有着广阔的应用前景。

9.7.2 非线性显微成像

随着超短脉冲技术应用的日趋广泛,人们利用飞秒激光脉冲作为光源进行了一系列的生物显微成像研究。在生物成像中得到比较广泛应用的包括双光子激发荧光显微成像(TPEF),三光子显微成像(3PEF),二次或三次谐波成像(SHG 或 THG)和相干反斯托克斯拉曼散射成像(CARS)。这些成像技术的共同点是成像过程中涉及非线性效应,即探测的信号光强度对入射样品的激发光强度存在非线性依赖关系。非线性显微成像技术作为一大类生物显微成像技术具有一个明显的优势,那就是空间分辨增益的增高可以增强对比。尽管非线性效应的理论及其实验验证提出较早,但其应用于生物显微成像并得到较好发展的时间始于 20 世纪 90 年代。目前,许多非线性光学效应被用来进行生物成像,非线性光学显微成像已成为生物成像中不可或缺的重要技术。本节将主要介绍目前应用比较广泛的双光子激光显微成像(TPEF)和二次谐波成像(SHG)的基本原理、特点及其生物应用。

1. 双光子激光显微成像

双光子激光显微成像(TPEF)原理是指荧光分子在极短的时间内几乎可以说是同时吸收两个来自短脉冲光源的光子,以产生所需要波长的荧光。同时,双光子吸收的转化概率与即时光强的平方成正比,因此它必须使用强激光激发。而为了把激光对细胞或生物组织的热损伤降到最低,需要激光的平均功率尽量降低,因此双光子激发最好采用超短脉冲激光(从锁模激光器发出的飞秒或皮秒脉冲激光)。图 9.36 显示了双光子激发示意图。

从图 9.36 中看出,双光子激发过程中,两个光子的能量为单光子激发过程中的激发光子能量的一半左右,即双光子激发使用的激发光波长为单光子激发波长的两倍左右(但这并不绝对,实际上,双光子激发谱的峰值并不正好是单光子激发谱的两倍，激发谱形状也不相同)。双光子激光显微成像能利用红光或者近红外光区域的短脉冲激光作为激发光源，产生位于可见光区域的荧光。

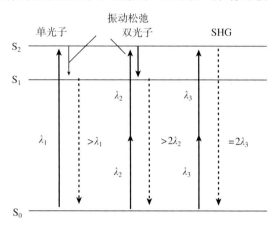

图 9.36 双光子激发示意图

双光子激发过程是一种非线性过程，具体表现为荧光激发概率与激光强度的平方成正比。也就是说 TPEF 利用激光束的聚焦激发样品，样品的离焦区域几乎都不会被激发，这就大大消除离焦区域的荧光，即 TPEF 能够提供与生俱来的光学切片功能，而不需要另加共聚焦针孔。这便是双光子荧光显微成像的第一个优势，即天然的三维层析能力。将焦点在样品内部三维方向移动，并记录各焦点位置的荧光强度即可以得到荧光样品的三维图像。同时，只有焦点区域内的荧光分子才会被激发，所以双光子激发能大大降低了光致样品荧光漂白的程度。TPEF 的第二个优势来源于双光子激发光的长波长特点。相比于紫外−可见光范围内的短波长激发光，近红外线的长波长激发光因散射和吸收更少，从而能穿透组织的更深处，提高了生物组织的成像深度。同时，避免了紫外线激发对组织和细胞的损伤，提高了细胞的生存能力。除了前面提到的天然的三维层析成像能力、降低了离焦区域的荧光漂白以及更大的成像深度几个优势之外，双光子显微技术比以往的荧光技术具有更高的灵敏度。基于双光子显微技术，利用入射光发生全内反射(TIR)时所产生的隐失波来激发样品中的荧光分子，实现了宽场、非扫描全内反射双光子成像，能够提高成像的灵敏度，即分辨力是 TPEF 的另一个有潜力的优势。总的来说，TPEF 的优势不在于提高分辨力，而在于前面提到的其他几个优势。

从设备装置方面看，TPEF 与普通单光子共聚焦显微成像有非常多的相似之处，把普通的单光子共聚焦显微镜改造成双光子激光扫描共聚焦显微镜是很容易的，因为 TPEF 系统可以使用与普通共聚焦显微镜相同的光路结构。两个系统的配置区别体现在激发装置和探测装置上。从激发方面来看，由于双光子荧光激发的发生概率显著低于单光子荧光激发,因而双光子荧光激发一般要求使用高重复频率的超短脉冲激光器作为激发光源以产生高的光子学密度。通过超短脉冲输出,达到很高的峰值功率,从而实现足够高的激发光强度。目前,一种输出波长可调的钛蓝宝石激光被广泛应用于 TPEF 中,它产生脉冲宽度在 100 fm 左右、波长在 800 nm 左右的激光。其峰功率可达到 50 kW,输出的平均功率的最高值在 2 W 以上。但是这种飞秒激光器体积庞大、结构复杂,尤其是价格昂贵,这在一定程度上限制了双光子显微成像的推广。从探测方面看,由于双光子激发荧光是通过激光束的聚焦激发样品,而样品的离焦区域几乎不会被激发,因此可以认为荧光只来自于焦点位置,不需要使用共焦针孔阻挡焦点外的荧光。所以双光子显微成像需要使用全场探测方式,尽可能多地收集全部荧光信号。利用双光子显微术专用的非扫描检测器(NDD),可以对非常厚的标本进行深部快速成像。NDD 可以安装在最靠近物镜出光口的位置,从而可以接收到更多的被厚标本散射的荧光信号,大幅度提高灵敏度。以上提到的飞秒激光器和 NDD 是双光子激光显微成像和普通单光子激光共聚焦显微成像的两个最主要的区别。

随着非线性光学显微成像技术的发展以及飞秒激光器的发展,双光子显微成像成为了生命科学研究领域的有力工具。适合于进行在体深部或离体厚标本的显微成像,因此既可以进行结构观察也可以结合功能性荧光标记技术,对生物体功能活动过程进行长时间的在体动态观察。双光子荧光显微镜的主要应用包括神经生物学、胚胎发育、免疫学以及肿瘤研究。随着光纤内窥技术的发展,将两者结合进行生物体内部深层组织成像必将给生物医学科研和临床工作者带来极大的便利,可以预见,双光子显微成像技术的发展,必将给生物技术和生命科学带来一场强有力的革命[83,84]。

2. 二次谐波成像技术

随着双光子共聚焦显微镜广泛应用于生物医学领域,它已经成为了研究组织与细胞内分子和特定结构动态变化的强有力工具。研究者在此基础上将双光子共聚焦显微镜略作改装得到了二次谐波显微成像系统。该成像系统除了具备双光子共聚焦显微镜的特点之外,其本身还具有一系列独特的成像优势,因此在近几年发展迅速。二次谐波现象于 1961 年由 Franken 发现,1971 年 Fine 和 Hansen 在几乎透明的生物组织中观察到了二次谐波的成像现象。1986 年,Feund 以小鼠尾键胶原纤维为研究对象,首次利用二次谐波成像的方法实现了对生物样品的成像。

二次谐波显微术和双光子显微成像同属非线性成像技术,虽然二者的装置基本相同,但是在成像原理上却有着本质的不同。二次谐波成像是二阶非线性效应,而双光子成像是三阶非线性效应。二次谐波成像不涉及双光子的吸收,而是通过激光的作用使介质内部分子产生取向极化,即产生非线性的二阶极化强度,从而辐射出倍频的相干光,因此,二次谐波信号相干性很好,其成像属于两次相干过程。而双光子荧光完全没有相干性，其成像属于非相干成像过程。图9.37表示了二次谐波成像和双光子成像的能级示意图[85,86]。

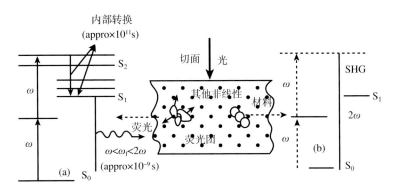

图9.37 二次谐波成像和双光子成像的能级示意图

相比于双光子成像，二次谐波成像具有下列优势：二次谐波显微成像是生物组织的原发性信号，二次谐波产生过程并不存在真正意义上的光子能量吸收，而是一个非线性散射过程，这与荧光成像不同，并不会产生激发分子，所以具有更低的光致漂白与热损伤的发生，能够更长时间地跟踪活细胞和组织的生理活动过程且不破坏细胞的正常功能和发育；二次谐波生成呈现一种对称性的选择，只有在非对称介质中才发生，如界面或者电场诱导非中心对称环境。因此，二次谐波显微成像在类似于探测细胞膜的结构和功能以及细胞膜势能诱发膜内偶极分子的队列等的研究中更有优势，因为双光子显微成像不能够探测非对称性；二次谐波显微成像信号背景比荧光成像好，成像较荧光清晰，图像信噪比很高，能进行三维成像；二次谐波显微术可以被用在非荧光样品和组织中，这样可消除染料致毒的影响，而成为一种真正非侵入性的成像方法；二次谐波显微成像信号收集突破了前向发射性质的限制，即也可背向收集信号，因此很容易与TPLSM、OCT(光学相干层析成像)等联合运用，进行成像比较，实现信号互补；正是因为二次谐波成像显微镜的这些特点和优势，它成为继双光子荧光显微镜后又一成功应用于生物医学成像技术上的重大突破。二次谐波的缺点是它不如双光子显微术那么通用，因为它的信号只在非对称介质中产生。

二次谐波成像是近年才发展起来的一种三维光学成像方法，拥有非线性光学成像所特有的高成像深度与高空间分辨率，可以避免双光子荧光成像中的荧光漂白和光致毒效应。此外二次谐波成像信号对组织的结构对称性变化具有高度敏感性，因此，二次谐波成像对于诊断某些早期疾病或监测术后治疗具有很好的生物医学应用价值[87,88]。

9.7.3 时间分辨荧光寿命成像

荧光寿命是指在分子受到光脉冲激发后返回到基态之前，在激发态平均停留的时间，在激发态的荧光分子退激发返回到基态的过程中发射荧光释放能量，用数学式单指数函数表示激发态荧光团荧光强度的衰减。荧光寿命成像可以区分荧光物质浓度和淬灭效应的影响。这使得荧光寿命成像显微学成为一个进行细胞内的定量环境和分子动力学分析的有力工具。

1. 时间分辨荧光寿命成像的原理及测量方法分类

荧光发射后以指数规律衰减。荧光寿命通常指的是荧光强度降至其最大值的 1/e 时所需的时间，常用 S 表示。由于荧光分子所处环境的不同，荧光发射可分为多组分和单组分两类，最简单的情况即单组分下，荧光信号的衰减可表示为

$$I = I_0 \exp(-t/\tau) \tag{9.24}$$

式中，I 为 t 时刻荧光强度；τ 为荧光寿命；I_0 为最大荧光强度。如果有大量处在相似环境里的荧光分子被激发，那么发射荧光遵循单指数规律衰减，即单组分。典型的荧光信号通常都是多组分，即多指数规律衰减。

荧光寿命成像的测量方法主要包括时域和频域两大类方法。时域法也称作脉冲法，它是用超短光脉冲激发样品，记录的是信号强度与时间的函数关系。其中时间相关单光子计数(TCSPC)、门控探测(time-gated detection)和扫描相机成像(streak-FLIM)是三种主要的时域实现方法。一种简单的情况可以使用单组分荧光寿命的测量，这时只需在样品受到脉冲光激发后在两个不同时刻分别测量荧光强度的衰减，然后使用式(9.24)计算样品的荧光寿命：

$$\tau = (t_2 - t_1)/\ln(I_1/I_2) \tag{9.25}$$

其中，I_1 和 I_2 分别是样品在受到光脉冲激发后，在 t_1 和 t_2 时刻分别测量得到的荧光强度。图 9.38 描述了时域法荧光寿命成像的原理。

频域法是采用强度按正弦规律调制的激光激发样品，荧光强度按正弦调制，而且两者调制频率相同，荧光寿命值可以通过测量荧光相对于激发光的相位差及解调系数来计算。不同的样品可选择不同的调制频率(一般为荧光寿命的倒数)，从而可扩大荧光寿命的测量范围。根据差频的不同，频域测量又分为零差法和外差法。

图 9.39 描述了频域法荧光寿命成像原理。假设荧光相对于激发光的相移为 Φ，其调制系数为 M，那么计算荧光寿命的公式为

$$\tau_\Phi = (1/\omega)\tan\Phi \tag{9.26}$$

$$\tau_M = (1/\omega)\sqrt{(1/M^2) - 1} \tag{9.27}$$

其中，ω 为调制频率；单组分指数衰减中，$\tau_\Phi = \tau_M$。当在频域方式工作时，我们必须首先利用那些寿命已知的样品或散射光来标定系统。

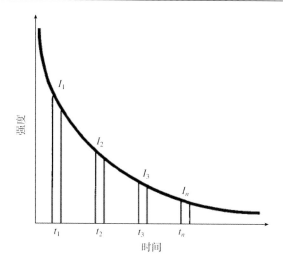

图 9.38 时域法荧光寿命测量原理图

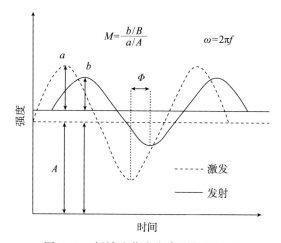

图 9.39 频域法荧光寿命测量原理图

随着生物医学测量的需要，可以进行纳秒、皮秒甚至飞秒量级的荧光寿命成像的实时时域荧光寿命成像显微技术(FLIM)技术兴起，它相对于频域调制法具有时间分辨率高、成像速度快等优点。TCSPC 是一种经典的光子测量技术，目前广泛应用于时域 FLIM 中，技术也很成熟。该技术仪器成本较高，测量步骤较复杂，但寿命测量精度较高[89~91]。

2. 时间相关单光子计数法的原理和应用

样品受到脉冲光激发后，样品分子吸收能量从基态跃迁到激发态，在回到基态过程中以辐射跃迁的形式发出荧光，在这个过程中，当荧光强度降低到激发时最大强度的 1/e 所需要的时间被称为荧光寿命，即分子在激发态的平均停留时间。实际上，荧光的发射为一个统计过程，很少有荧光分子刚好在 τ(荧光寿命)时刻发射出荧光，荧光寿命仅反映荧光强度衰减至其起始值 1/e 所需的时间。因为某一段时间内检测到荧光光子的概率正比于此时段内的荧光强度，所以通过探测荧光强度的衰减就可实现荧光寿命的探测。时间相关单光子计数法是通过大量测量(10^5 次左右)样品在受到脉冲光激发后其荧光光子到达探测器的时间，来得到荧光强度的衰减规律从而测量出荧光寿命。如图 9.40 所示，把一个激光脉冲作为一个测量周期，每个周期最多能记录一个荧光发射光子到达探测器的时间，并可在坐标上记录频次；经过大量的累计，就可构建出荧光发射光子随时间分布的概率曲线图，即荧光衰减曲线。

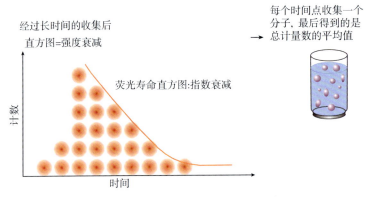

图 9.40　荧光衰减曲线示意图

由于每个周期只记录一个光子，因而成像速度较慢，这是 TCSPC 无法回避的最大缺点。但是 TCSPC 的时间分辨率很高，通常只会受探测器(如光电倍增管(PMT)与雪崩二极管(APD))的渡越时间限制。TCSPC 成像系统通常包括：超短脉冲激光器、激光扫描共聚焦显微成像系统、时间相关单光子计数模块(TCSPC)。

激光器(PDL800D，PicoQuant，Germany)提供的激光(波长范围：375~530 nm，635~850 nm，脉冲宽度<100 ps，脉冲频率：31.25 kHz~80 MHz)经过扩束、准直，从激光扫描共聚焦显微镜(FV1000，Olympus，Japan)的激光入口导入到成像系统的扫描头，最后通过显微镜的物镜激发到标本上。荧光信号由同一个物镜收集，返回到 FV1000 的扫描头，通过内置的探测器光路耦合到多模光纤，导入荧光寿命成像系统的单光子计数探测器 PMT 或 SPAD(PDL800D，PicoQuant，Germany)，并由 TCSPC(PDL800D，PicoQuant，Germany)模块收集并分析荧光数据，该系统的实物图如图 9.41 所示。

荧光寿命显微成像技术由于其显著的优点在生物医学研究领域得到了很多应用。当前，该技术已成功地应用在细胞生物学、临床诊断和分析化学等领域，用以确定样品生理参数的分布。结合荧光共振能量转移(FRET)技术来监测细胞中蛋白质–蛋白质的相互作用,这是目前荧光寿命成像最重要的应用。当激发供体和受体在空间上的距离达到 1~10 nm 时,产生的荧光能量恰好被受体吸收,使得供体发射的荧光强度减弱,受体荧光分子的荧光强度增强,这就是发生了 FRET。FRET 是探测分子间相互作用、结合和接近程度的有效方法。由于供体的荧光寿命在 FRET 过程中将会缩短,因此通过测量供体单独存在时以及发生 FRET 时供体的荧光寿命,就可检测供体和受体之间是否发生 FRET 过程。FLIM-FRET 方法具有很高的时间和空间分辨率,通过双光子或单光子激发荧光寿命显微图像,结合 FRET 方法,可很好地应用于表皮生长因子受体的磷酸化作用、低聚反应和内化、相关的信号转导、活细胞内蛋白酶的激活性、受体激活效应在细胞膜上的横向扩散以及细胞核内 DNA 的拓扑结构等细胞生物学的研究。基于荧光寿命成像的 FRET 技术(FLIM-FRET)已经成为分子生物学中一个非常重要的研究蛋白质–蛋白质分子相互作用的手段[92~94]。

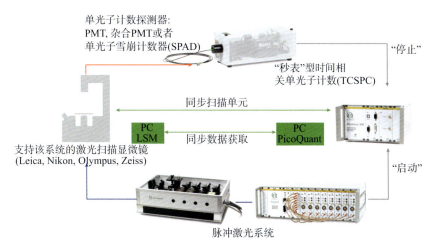

图 9.41 德国 PicoQuant 公司开发的一套基于 TCSPC 成像原理的荧光寿命成像系统

9.7.4 荧光共振能量转移

蛋白质相互作用是当前生命科学研究的重大课题,而 FRET 技术是目前研究蛋白质间相互作用比较成熟且已被广泛应用的几种方法之一,是一种新兴的生物医学成像的有力工具。目前的应用研究非常广泛,包括细胞外基质、生物膜功能、核蛋白机制、信号转导、生物材料、细胞凋亡、细胞骨架等多个研究领域,FRET 技术无疑已成为细胞分子机制研究的重要工具。

1. FRET 基本原理

它的原理是指两个荧光基团间能量通过偶极-偶极耦合作用以非辐射方式从供体传递给受体的现象。在 FRET 过程中,振动能级间的能量差相互适应的一对荧光物质能够构成一个能量供体和能量受体,当供体分子被激发后,供体分子和受体分子在空间上相互接近到合适距离(1~10 nm)时,处于激发态的供体将会把一部分或全部能量转移给受体,使得受体被激发。其机制最早由 Förster 阐明,Förster 推导出此过程的效率依赖于供体和受体间距离六次幂的倒数,即 $E=1/[1+(r/R_0)^6]$,其中,R_0 为 Förster 半径,是指当能量传递效率为 50%时,供体与受体之间的距离,依赖于供体和受体染料的光谱特性与它们的相对方向,对于特定的体系和能量供受体对,可以把 R_0 看成恒量;r 是供体与受体之间的距离。根据 Förster 理论,FRET 过程与近场传输类似,即反应的作用距离远比激发光的波长小。激发态的供体生色团发射虚拟光子,受体发色团旋即吸收光子。这些光子是无法探测的,它们的存在违反了能量和动量守恒,所以 FRET 过程被认为是非辐射过程。在整个能量转移过程中,不涉及光子的发射和重新吸收。 图 9.42 显示了 FRET 的原理。

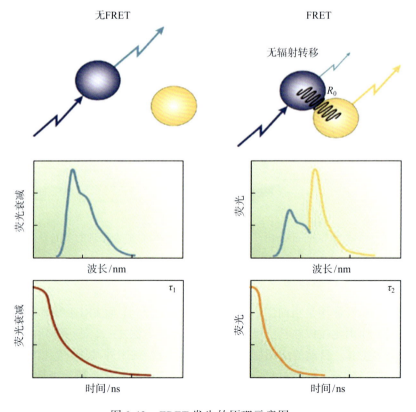

图 9.42 FRET 发生的原理示意图

因此，通过对两种细胞组分分别用激发供体和激发受体荧光团标记，可以定量地研究细胞组分之间的相互作用。因为 FRET 效率与供体受体间的距离成六次幂的关系，所以 FRET 效率对供体受体对之间的方位和距离非常敏感，两者距离超出合适范围，则其能量转移效率就会迅速下降。当供体被有效激发，随后其发射淬灭伴随着受体荧光发生增强，表明受体和供体标记的细胞组分之间发生了有效的 FRET 过程。此时，分别测量受体增加和供体减少的荧光强度，再计算受体和供体之间的 FRET 效率，就可以精确地反映两个细胞组分之间的距离[95,96]。

2. FRET 探针应用及显微成像方法

如前所述，要发生荧光共振能量转移必须满足三个条件：①供体发射的荧光必须与受体发色团分子的吸收光谱有足够多的重叠；②两个探针的距离在 10 nm 之内；③供体与受体偶极具有一定的相对取向。满足以上三个条件一般认为这两个蛋白质分子之间存在直接相互作用。FRET 探针即共振能量转移的供受体对，主要有以下几类：有机荧光染料，荧光蛋白，镧系染料和量子点。染料类的荧光对主要有：FITC-Rhodamine、Alexa488-Cy3 以及 Cy3-Cy5。目前，应用比较多的荧光蛋白类的供体–受体对有 GFP/DsRed2、GFP/BFP、CFP/DsRed2、CFP/YFP 等。其中，GFP 的应用和改造与 FRET 技术在生物学研究中的广泛应用是密不可分的。野生型 GFP 吸收紫外线和蓝光，发射绿光。近年来发展了不少 GFP 的突变体，通过更换 GFP 生色团氨基酸、插入内含子、改变碱基组成等基因工程手段来实现对 GFP 的改造，得到很多 GFP 的突变体。其目的就是要增强 GFP 的荧光强度和热稳定性，促进生色团的折叠，改善荧光特性，这些突变体使 GFP 被成功地应用于 FRET 研究。

新探针的发现可以深化或拓宽 FRET 的应用范围，一些新的测试分析方法则为提高 FRET 技术的分辨率和灵敏度起到重要推动作用。时间分辨 FRET(TR-FRET)的原理是：一些分子(如镧系元素)的荧光寿命长，激发后荧光发射时间会长于普通生物样品自发荧光，选取普通生物样品自发荧光已淬灭而长寿命荧光分子团还在发射的时间段检测，就可以大大降低背景噪声并且提高信噪比。对于检测荧光分子流动性、高通量检测、提高灵敏度和降低假阳性率都起到显著作用。而单分子 FRET 是将 FRET 技术与单分子荧光检测相互结合的方法。所谓单分子荧光检测指的是对单个分子的荧光特性进行检测。一般的分子生物学实验结果都是测量一定时间内大量分子的平均行为，然而生物体系一般来说都是不均匀体系，尤其对于生物大分子，所以监测单个生物大分子的行为具有非常重要的意义。单分子 FRET 是用两种荧光染料标记生物体内存在相互作用的特定蛋白质，进行单分子 FRET 检测，通过 FRET 效率将显示出蛋白质构象在多种不同状态间的变化。荧光共振能量转移–荧光寿命成像(FRET-FLIM)技术在上面的荧光寿命成像章节中已经介绍过，在此就不再赘述了[97~99]。

3. FRET 的应用

理论上,在分子水平上研究任何生物学机制都能采用 FRET 技术,关键在于要找到合适的荧光探针和检测设备。事实上 FRET 方法的应用领域非常广泛。近两年来的文献中,在蛋白分子的共定位、蛋白分子聚合体、转录机制、转换途径、分子运动、蛋白折叠等生物学问题都可以找到 FRET 技术的应用案例。FRET 技术无疑已成为细胞分子机制研究的重要工具。GFP 及其突变体的发展为 FRET 技术在生物学中的应用创造了有利条件。早在 1991 年,Adams 等就利用 GFP 和 BFP 能量荧光对检测了第二信使 cAMP 与蛋白激酶 K(PKA)的反应。利用 CFP 和 YFP 可以检测分子的折叠与构象变化。而在 1997 年,Miyawaki 等就利用 YFP 和 CFP 荧光对细胞内钙离子的浓度进行了实时测量。由于 YFP 和 CFP 的发射光谱有很大程度的重叠,因而会增加串色导致假阳性的可能性[100]。Mizuno 等和 Bevis 等的研究表明,DsRED 的变种 DsRED2 和 GFP 的变种 GFP2 可提供一对较好的供受体[101,102]。

除了在信号转导中的应用,FRET 也是活体检测蛋白质相互作用的最主要光学技术之一,通过 FRET 技术可检测蛋白之间的发生位点及其相互作用。对蛋白酶的活性研究也是 FRET 的一个非常重要的应用领域。Hsu 等利用 DsRED2 和 GFP2 作 FRET 探针建立了肠道病毒蛋白酶作用的检测方法。随着 FRET 与 FLIM、FCS 和近场光学等光学技术的结合,其应用范围将会得到进一步的扩展[103]。

9.7.5 光学相干层析成像

光学相干层析成像(OCT)是在 20 世纪 90 年代迅速发展起来的一种崭新的生物成像方法。该技术结合了光外差探测、共焦扫描及扫描层析成像等技术的优点,具有实时、在体、无创、辐射小、分辨力高等优点。它通过测量生物组织的相位和背散射光强度获取内部的显微结构信息进行层析成像,在医学和生物学领域占据着重要的作用。OCT 成像分辨率可以达到 1~15 μm,比传统的超声成像要高出 1~2 个数量级,而且可以实现实时在体检测。OCT 系统的体积、制造成本都远低于磁共振成像(MRI)技术,这使得该项技术在实验研究和临床应用方面都大有可为。

1. OCT 的原理

OCT 是一种反射成像技术,它的图像信号的来源是生物组织某部分的后向散射光,光在生物组织传播过程中,当遇到折射率不同介质的交界面时就会产生后向散射,因此 OCT 实际上记录的是光传输介质的折射率变化信息,从而反映出了光传输介质内部的层面信息。散射光的灵敏性与对特殊后向散射位置的选择性,是通过参考光和后向散射光的相干来实现的。所以,OCT 成像特别适合于高散射组织,如硬的生物组织。常见的光学相干层析成像仪有两种,一种为采用透射光相干的马赫-曾德尔(Mach-Zeheder)干涉仪;另一种为采用后向反射光相干的光纤迈克耳孙

(Michelson)干涉仪系统。光学相干层析系统可认为是由共焦扫描系统和低相干干涉仪组成的,Michelson干涉仪的原理如图9.43所示,装置的核心是一个光纤Michelson干涉仪,光源为低相干宽带光源,干涉仪的一臂称为参考臂,包含参考反射镜;另一臂称为样品臂,主要包含了待测样品和共焦扫描系统。光源发出的光使用单模光纤传输,经过 2×2 的光纤耦合器,被均匀地分成了两束光,一束作为参考臂由一根单模光纤导出被参考镜反射回来,另外一束放有被测样品的称为样品臂,这束光聚焦到样品上,并接收从样品后向散射回的信号光。在参考镜某个特定位置,只有给定深度范围(视相干长度而定)的后向散射光才会干涉。信号光包含组织光学参数的信息,探测器把干涉后的光转换成电信号经过信息采集和数据处理系统,在计算机上进行分析。因此,通过扫描参考镜,我们能够实现对样品的深度层析鉴别。OCT低相干干涉仪所使用的光源不是窄线宽光源(如激光),而是宽带光源,通常采用脉冲激光器或超发光二极管,其相干长度按照 $\Delta L = \lambda_0^2 / \Delta\lambda$ (其中,λ_0 为光源中心波长,$\Delta\lambda$ 为光源宽度)计算。在这种情况下,参考光和后向散射的信号光之间的相干图像只有在他们之间的光程差小于相干长度时才将出现,光程差超过 ΔL 时,干涉条纹消失。相干图像保存了样品的折射率变化的信息,从而形成了光学图像。图 9.43 显示了 OCT 系统的基本结构。

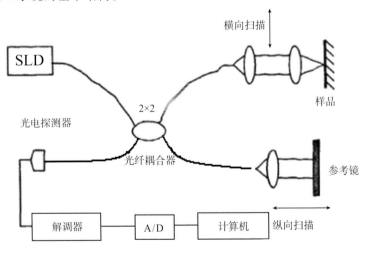

图 9.43 OCT 系统的基本结构

为了提高检测灵敏度,通常采用外差探测技术,即由光纤或压电陶瓷驱动参考镜来对参考臂长度进行小振幅调制。调制后得到的光信号会产生多普勒频移,即外差信号,该外差信号经光电转换,然后再被低通滤波检出。用这种方法探测背散射光,可以得到 100 dB 以上的信噪比。由此可以预见,OCT 技术特别适合用于滤除散射光,在用于生物组织内部微结构的观察与分析方面特别有前景。OCT 的分辨本领由其纵向分辨率和横向分辨率来衡量。其纵向分辨率取决于 OCT 系统低相干光源的相干长度。OCT 的横向分辨率取决于光束通过焦距为 f 的透镜聚焦到样品上的光斑直径。因此，OCT 的最大优点是可以获得比 X 射线 CT、超声成像、磁共振成像等传统医学成像技术高 1~2 个数量级的分辨率。表 9.3 显示了 OCT 与几个传统医学成像技术的分辨率比较[104~106]。

表 9.3　OCT 与几个传统医学成像技术的分辨率比较

成像术种类	分辨率
X 射线 CT	300 μm~1 mm
超声成像	500 μm~1 mm
磁共振成像	100~500 μm
OCT 成像	1~50 μm

2. OCT 在生物学研究方面的应用及发展展望

经过近 20 年的发展，世界大多数生物医学成像研究实验室及相关的光电实验室都参与了 OCT 的研究，因此其发展迅速。1996 年，Carl Zeiss 制造了第一台商用 OCT，用于眼科诊断。此 OCT 可用于诊断诸如糖尿病水肿、青光眼等需要定量测量视网膜变化的疾病。实验结果证明，OCT 诊断各种视网膜疾病非常有用，可以探测到从有斑点产生，到形成青光眼，再到视网膜脱离。尤其在描绘眼睛结构方面，其分辨力是其他成像仪器所不能比拟的。为了使 OCT 技术能够成为生物医学真正实用和好用的技术，研究者做了许多工作以对其进行改进。例如，研究者将 OCT 成像结合多普勒技术，形成一种新的检测仪器——光学多普勒层析仪(ODT)。该系统可用来检测埋藏在高散射介质下流体的流速。与传统的超声多普勒血流仪相比，ODT 具有更高的分辨率[107,108]。目前研究用于牙科、骨骼、肌肉及皮肤烧伤程度鉴别等诊断的偏振敏感 OCT 技术(PS-OCT)，利用样品对背散射光双折射的大小成像。因为牙齿表面的釉质具有强烈的双折射效应，在釉质受损后这一效应随之减弱，所以 PS-OCT 特别适合于龋齿的检测[109]。

OCT 进一步可以对组织进行正常态和热损伤的区别鉴定。近年，人们研究出一种 OCT 导管式内窥镜，该技术以环形方式扫描光束并对内窥镜所能探测到的区域进行截面成像，拓展了 OCT 的成像范围，使其能够用于对心血管系统、呼吸道、泌尿系统及胃肠道组织等管状生物组织的高分辨率成像[110]。目前，研究者正在试图将 OCT 成像光源改成带宽更宽、功率更高的光源，以进行更好的探测。对图像采集系统的改进使得 OCT 成像可以做到实时成像，并有望实现视频成像。越来越多的使用方便的配套软件的开发使得 OCT 技术在生物医学领域有着广泛的应用前景。

9.7.6 扩散光学层析成像

扩散光学层析成像(DOT)，俗称光 CT。其作为一种无创光学检测技术是生物医学光子学成像技术的一种。利用组织体在近红外光区域具有低吸收、高散射的特性，实现器官水平(5~10 cm)的临床诊断。因其能提供丰富的基于生物体重要生化成分的功能性信息而越来越受到人们的关注。由于 OCT 可以实现浅层(1 mm)高分辨率(10 μm)的显微结构层析，而 DOT 可以实现器官级的层析成像，因此 DOT 和 OCT 一起构成了目前生物医学光子学中最具挑战性和前景的研究课题，并将成为下一代医学成像模式的研究热点。DOT 与现有成像技术相比具备如下优势：①完全的无创检测，安全无损伤；②数据采集速度快；③高时间分辨率与合理的空间分辨率；④能够同时直接或间接地提供生物体结构与生化功能信息；⑤性能稳定、价格便宜。

1. 扩散光学层析成像原理

光和生物组织体相互作用的形式包括发光、光化学、光声、吸收、反射、折射、散射等现象。光与生物组织体相互作用的最基本的形式是吸收，其过程是光在组织体传播距离不断增加而其光强不断减小，未被吸收的光经组织体边界出射，就获得了透射光。而组织体的宏观或微观的不均匀性可以导致光传播方向的改变，这一作用产生了反射、折射和散射现象，这三种光都可以称为散射光。虽然光和生物组织体相互作用的形式很多，但是影响光在组织体中传播的三个基本物理过程是吸收、反射(折射)和散射。而生物组织吸收近红外线，主要取决于水、血红蛋白和含氧血红蛋白等主要吸收体的含量。图 9.44 给出了这三种吸收体在近红外波段的吸收系数。从图中可以看出，在 700~900 nm 范围内水和血红蛋白对光的吸收都很少。因为生物组织对近红外波段的低吸收特性，所以在光线进入组织后，与组织发生多次作用(碰撞)，最后被完全吸收的少，扩散出生物组织的较多。将扩散出组织体的光称为扩射光或漫射光。该扩散光携带了生物组织的吸收和散射信息，可以通过测量

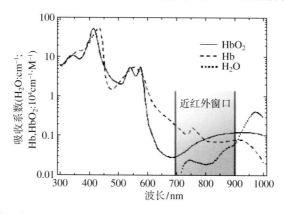

图 9.44　组织中含氧血红蛋白(HbO_2)、无氧血红蛋白(Hb)、水(H_2O)等物质吸收谱图

扩散光来获得这些信息,进而求得组织内吸收体的浓度。例如,检测散射光来获得含氧血红蛋白和血红蛋白的浓度,含氧血红蛋白和血红蛋白浓度与组织的氧化状态,即生物体的健康状况密切相关。研究还表明,散射系数在一定程度上也反映生物组织结构的变化。因此,DOT技术通过利用扩散光在组织中的相对穿透深度,实现了器官级的临床诊断,为以组织体重要生化成分为基础的无创功能检测提供了新的模式[111]。

在DOT领域中,动态DOT技术的应用前景甚为广泛。利用动态DOT技术可实现无创或微创检测生物组织体光学特性或者物理参数,从参数发生的变化中可获得生理和病理信息。一个典型的例子是测量在脑功能成像中血氧动力学效应。相对于静态成像方法,动态成像技术是围绕着某个基线(由系统本身决定)的变化,这种测量方法可以免于静态测量误差的干扰。从前面的内容可知,近红外线穿过组织体后,在从组织体扩散出来的光信号中携带了组织体内部的光学参数信息。根据测量得到的光信息,可利用光的传输模型反演得到被测组织体的光学参数信息乃至组织体生理状态的信息,从而实现了光学诊断。由于光子通过组织体时同时会发生吸收和散射,透过组织体的光强度被大大衰减,但其动态范围极大。如何实现测量大范围的微弱光信号是DOT系统中的一个重要研究课题。光功率达到10^{-17}~10^{-16} W或更低时,常规的测量方法已无能为力,可采用下面三种方式处理:①传统放大器,适用于光强较强场合,该方法结构简单,但动态范围小,噪声极大;②锁相放大器(lock-in amplifier),以相干检测原理为基础,通过相关与互相关运算达到滤除噪声的效果,主要用于脑功能检测,其速度快、精度高,但价格昂贵;③光子计数法,放大由微弱光照射光电倍增管输出的离散电流脉冲,并对其中大于一定电压的脉冲(该电压以下视为噪声)进行计数,该方法是目前信噪比最高、动态范围最大的技术,虽然会受积分时间的影响,不能监测短时生理变化,但是在检测慢生理信号方面有极大优势。在测量组织体的光电系统中,光是信息的载波,而载波可以是恒定不变的也可以是交变的,在交变的载波中又可以分为连续调制载波和脉冲载波。根据所用光源的不同,将DOT技术分为:①利用连续光(CW)的稳态测量技术;②利用光强调制的频域(FD)测量技术;③利用脉冲光源的时域(TD)测量技术。后两种方法的精度较高,通过分离吸收系数μ_a与约化散射系数μ_s',可以计算出[HbO$_2$]、[Hb]以及[SO$_2$]的绝对值,但是由于系统复杂,通常只用在研究领域中来提供金标准。而CW方法虽然只能提供μ_a和μ_s'的联合信息,但是乳房相对均匀,μ_s'可视为常数(≈1),这样就能以扩散方程模型的图像重建算法为基础反推出μ_a的空间分布并进行图像重建。同时,CW方法结构简单,有着巨大的临床推广潜力,是目前应用领域的主流技术。

DOT的基本原理类似于X-CT,需要形成不同方向的通过待测组织的投影,利用一定数量投影的漫射光测量的数据重建获得组织体光学参数。然而，漫射光在组织体中的投影路径不再是直线，因而 DOT 中的光学参数重建不能采用 X-CT 技术中成熟的图像重建技术，而要利用描述光在介质中传输模式的正向模型来测得漫射光的有关参数，再通过逆问题算法进行图像重建。由正向传输模型可将图像重构算法大体上分为两类：①蒙特卡罗法，利用随机统计的方法记录每个光子在组织中的传播，最后根据测量得到的出射光再沿光的散射路径逆向追溯，重建出散射介质结构图像。采用这种方法，图像重建的精度高，但计算复杂，花费时间长。②以光的传输方程为基础，采用优化算法，根据测试漫射光的信号进行图像重建，但其有一定的局限性，不适用于厚度小于几个自由传输程的薄壁组织成像[112,113]。

目前，DOT 的应用研究主要集中在下面几个方面：①光学乳腺成像技术，诊断早期乳腺肿瘤；②观测新生儿大脑发育过程中的供氧状况及血氧动力学；③脑功能成像；④获取光动力疗法反应信息。DOT 研究已在光电探测采集漫射(扩散) 光以及图像重建一般理论方面获得突破性进展，在某些领域已经获得很好的应用。但 DOT 的进一步发展仍然存在很多挑战：实验人员需要不断研究改进描述生物体中的光子运动规律的方法，图像重建的方法也需要进一步的研究和改善；人体各个器官的光学特性有待进一步确定，为将 DOT 技术应用于临床提供光学参数；需要设计更完善的 DOT 系统并研究如何应用于临床。我们有理由相信，DOT 技术将作为现有医学成像技术的一个有力补充而在医学影像诊断中获得广泛应用[114]。

9.7.7　光声层析成像

荧光成像通过对组织中的特征分子所发荧光进行成像，目前应用非常广泛。但要获得较高灵敏度的荧光图像则受到靠近皮肤表面的组织成像的限制，不适合对体内具有一定深度的组织器官进行成像。因为来自深层组织的荧光会被组织吸收和散射从而快速衰减，更重要的是，随着光穿透组织深度的不断增加，光的散射将会使荧光成像的空间分辨率迅速降低。在位于 600~1300 nm 的近红外"光学窗"范围内，生物组织对近红外波段的吸收少，生物组织的透光性能好，而且近红外技术可以实现真正意义上的无损检测，因此，近红外成像技术目前在生物无损检测方面的研究迅速发展，其应用领域主要包括近红外光谱法在线检测人体血糖、血氧含量，OCT，以及 DOT 等。但这些技术受光散射的影响较大，造成其空间分辨率大大降低。与光的强散射现象相比，超声在生物组织中的散射要弱得多，所以纯超声成像能够提供较好的分辨率。但是，由于超声成像是基于探测生物组织的力学特性，其成像的对比度较低，同时，传统超声成像依赖于生物组织的声阻抗变化，只可以做到界面反射成像，不能层析成像。因此，寻找一种更有效的、具有高分辨率和高对比度的无损医学成像方法，是目前临床医学领域亟待解决的问题。光声层析成像是一种近期快速发展起来的、基于生物组织内部光学吸收差异、以超声作为媒介的无损生物医学成像方法,它同时具备了纯光学成像的高对比度特性和纯超声成像的高穿透深度特性,可以提供高分辨率和高穿透深度的组织成像。光声层析成像中用超声探测器探测光声波替代光学成像中的光子检测,从而避免了光学散射的影响,可以提供高分辨率和高对比度的组织影像,为研究生物组织的结构形态、代谢功能、生理特征、病理特征等提供了重要手段,为生物医学临床诊断以及在体组织功能和结构成像提供了一种极具应用前景的新的成像方法。

1. 光声层析成像技术的原理

生物组织的光声成像中,是按照"光吸收—诱导光声信号—超声波检测—图像重建"的过程实现成像。把一束短脉冲(~10 ns)激光使用光学元件扩束后,均匀照射到生物样品上,组织内光的吸收体快速吸收激光能量后会受热膨胀,从而产生压力波(光声波),这种现象称为光声效应。光声波会继续穿透组织向外传播光声信号,被放置在样品周围的超声换能器接收(图 9.45)。再采用合适的算法进行图像重建,就可以获得生物组织的光声波吸收分布图像。利用多元阵列探测器或采用旋转扫描方式,可以得到在激光照射下组织内不同区域的光声波吸收分布图。光声波吸收的强度同组织对激光能量的吸收程度直接相关,光吸收越强,则此处的光声信号强度越高。利用检测到的光声波分布数据,经过滤波反投影进行图像重建,就可以获得组织的光吸收分布图像。

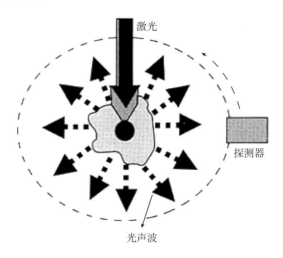

图 9.45　光声成像原理图

在光声成像中用宽带超声换能器检测超声波,替代光学成像中检测散射光子,它从原理上避免了光散射的影响,光声的振幅由吸收的光能量、局部能流密度以及作用目标的光吸收系数共同决定,与光散射引起的光子传播路径无关,所以,其空间分辨率不受光散射影响。同时,组织对超声的衰减和散射远低于组织对光的衰减和散射,用超声换能器检测超声波替代光学成像中检测散射光子,这将使光声成像技术得到高对比度、高分辨率的组织影像。相比于传统的超声成像技术,光声成像可以区分出声学参数相同而光学参数不同的检测样品,得到高分辨率和高对比度的图像。由于生物组织内70%是水,而超声在水中具有良好的穿透性,所以光声信号在生物组织内传输特性非常好。生物组织内部产生的光声信号携带有组织的光吸收信息,通过测量光声信号就能重建出组织中的光吸收分布曲线。不同生理状态下的生物组织对光的吸收不同,而生物组织对光吸收的差异可以反映出组织的结构特征,同时还能够反映出组织的代谢状态、病理特征,甚至神经活动。因此,通过对生物组织进行光声成像,可以为研究生物组织内部特征提供重要手段,被认为是一种很有前途的生物组织在体成像方法,在生物组织的无损检测以及生物医学临床诊断领域具有广泛的应用前景[115,116]。

2. 光声层析成像研究方法及进展

光声成像的研究起步早,成像方法也较多。可用超声成像的技术和有关原理探测光声信号,常用的超声探测方法有探测器旋转扫描、样品旋转扫描等。在光声成像中,常将样品和探测器置于水中(图 9.46),经扩束的激光束从上方照射样品,探测器(如水声器或多元线性阵列探测器等)接收到样品产生的光声波,然后经放大器对信号进行放大,再通过示波器或数据采集卡采集到计算机,计算机同时控制着激光脉冲的发射和探测器或样品的同步旋转扫描,获得样品的光声波强度分布数据。最后对采集到的光声数据进行数学处理,采用合适的图像软件进行图像重建,得到样品的光吸收分布图像。

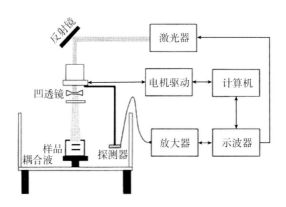

图 9.46 光声成像实验装置示意图

Wang 等采用单元超声换能器旋转扫描探测成像方法成功得到了大鼠脑部血管的光声重建图像,重建得到的图像与解剖后的实物十分吻合[117,118]。Hoelen 等采用一种具有很高的时间分辨率的高频聚偏二氟乙烯(PVDF)小型压电盘片超声传感器,它的有效直径为 200 μm,利用相控聚焦的方法,对隐藏在高散射介质深处的血管进行成像,其三维成像的纵向分辨率达 10 μm,但其方向性差[119]。相比于盘片超声传感器(一种新型的压电双环形光声传感器)具有超窄的孔径角和很好的方向指向性的优点,可以运用类似于 B 超的方法扫描样品表面上方,从 z 轴方向截断面扫描血管或组织结构,实现在体光声成像和测量,其成像的空间分辨率可得到显著改善。Kolkman 等研制出了方向性很强的双环探测器,采用与 B 超成像相似的扫描模式,对组织进行断层成像[120]。该研究小组利用这个系统得到了人造血管和兔子耳朵血管的光声图像,测出了血管的直径、血氧含量,为诊断临床上病变血管提供了有效的手段。在此基础上,该研究小组成功地重建了手腕浅层血管的光声断层像,还实现了在不同时期获取监控大鼠肿瘤组织的生长情况的光声断层图像,奠定了光声成像成为临床诊断手段的坚实基础。在上面介绍的光声成像方法中,一般利用单元探测器探测光声信号,它的信噪比较低,数据需要经过多次平均,信号的采集时间长[121~123]。

为了缩短光声信号的采集时间,Kruger 等将多元线性阵列探测器作为圆弧扫描探测光声信号,获得某个平面内光声压的分布,再进行数学运算,反推得出三维空间的光吸收分布图像,成功地对裸鼠脑部进行了光声成像。为了进一步缩短光声信号的采集时间和改善信号的信噪比,Kruger 等人运用多元线性阵列探测器与多元相控聚焦技术相结合,实现了高灵敏度的快速光声层析成像,其成像时间在 5 s 以内,成像的横向分辨率达到 0.3 mm[124]。该研究小组还让多元相控聚焦电路同时接收光声和超声回波,直线投影后同时得到光吸收和声阻抗分布的图像,通过这种方法可得到组织光吸收和声阻抗两方面的信息,为光声成像方法在临床上的应用提供了一种快速检测和诊断的新方法。另外,该小组通过研究还发现,以多元相控聚焦和小角度反投影算法为基础的快速光声成像,可使横向分辨率提高到 0.15 mm,可真实地反映多元线性阵列探测器对光声信号的检测。为了使光声成像技术进一步迈向实用,该研究小组建立了一体化快速的光声成像系统,该系统将激光传输、光声激发和光声信号探测集成在一起,方便快速地实现了对手腕血管的成像[125~127]。

在光声检测中,通常将检测器置于激光照射方向相对的前向或侧向,但在类似于皮肤癌的诊断等某些实际应用中,需要将探测器和激光光源放在待测组织的同一侧以方便操作,将这种探测模式称为背向模式。Paltauf 等利用一种光学压力传感器来采集光声压力分布信号,这种传感器的原理是以光在折射率系数失配的分界面上产生反射为基础从而精确地探测到激发点的瞬态声压,用来重建探测目标的光吸收结构图像。这种探测方法中,强的激光散射效应导致激发光斑扩展,将影响成像的横向分辨率,因而,光斑宽度尽可能窄的激光束更为适用[128]。Liao等提出了合成孔径聚焦技术与相干加权方法相结合,通过将不同位置接收到的延迟信号相干加权求和,获得等效的大孔径探测,聚焦性能得以改善,横向分辨率得以改善[129]。

3. 光声层析成像的图像算法

图像重建中成像算法是必不可少的组成部分,根据探测到的光声数据,选用合适的算法进行图像重建,能够确定组织的光吸收特性。目前,国内外提出的成像算法主要有:Kruger 等提出的光声远场近似,采用圆形扫描采集信号,通过逆三维拉曼变换进行图像重建,这是一种在 B 超和 CT 中广泛应用的比较成熟的图像重建方法;Wang 等利用以样品及点源光声信号逆卷积为基础的光声成像算法,减少了由探测系统的频带带来响应的影响,较好地还原出了原始的光声信号,进一步改进了 Kruger 等的成像算法,并成功实现对大鼠脑部血管分布、脑功能以及脑损伤的光声成像[117,118];Köstli 等利用采集到的声压数据,通过对信号进行傅里叶变换,实现光声图像重建[130]。

因为滤波反投影重建算法要求全方位扫描成像区域以获取完全投影数据,所以需要较长时间来采集大量数据,使其在医学上的应用受到限制,Yang 等在光声图像重建算法中,研究了在有限角度下通过小角度滤波反投影算法,也称代数迭代算法进行光声成像,消除了由多元线性阵列相控聚焦探测系统的方向角所带来的不利影响。仿真和实验结果表明了该方法适用于"非完备投影数据"的光声层析成像,相比于滤波反投影算法,该成像算法提高了重建图像的分辨率与对比度[131];Hoelen 等通过权重延迟求和算法成像,即采用时域延迟求和聚焦技术定位得到样品中的光声源的位置[132];Yuan 等采用基于频域光声波动方程的有限元方法,成功得到了不同样品的光吸收特性的空间分布[133]。

通常使用的滤波反投影重建算法要求完备的投影数据,投影应均匀分布于 180°或 360°范围。因此一般要求采集整个圆周上的光声信号,然而,在某些实际情况下无法采集到整个圆周上的信号,而只能采集一定范围内的数据。对这种情况滤波反投影算法无能为力,只能采用代数重建算法(ART)进行有限角度的光声图像重建。代数重建算法从一开始就将连续图像离散化,每个像素内部为一个常数。数据表明,代数重建算法在有限角度下的非完备数据采集能提高图像的分辨率和对比度。无论采集的是整个圆周的信号数据还是不完整角度的信号数据,代数重建算法的图像重建效果都比滤波反投影效果好。然而,代数重建算法也存在图像重建速度比滤波反投影算法慢的缺点。

影响光声成像质量的因素不仅有成像算法的不同、成像方法差异,还有其他一些因素,如滤波函数的选择,常用滤波函数有 SL 滤波器、RL 滤波器、Kwoh-Reed

滤波器以及改进的 SL 滤波器(Modi-SL)，不同的滤波器对光声成像的影响不同，RL、SL 以及 Modi-SL 滤波器的带宽较宽，峰值偏向高频成分，对高频噪声抑制较差，高频段的 SL 滤波器能够提高重建图像的分辨率，但是它会增加高频噪声。而处于低频段的 Kwoh-Reed 滤波器可以显著抑制高频噪声，因此在信号背景噪声较大时，采用 Kwoh-Reed 滤波器可以显著降低背景噪声，提高光声成像重建图像对比度[134,135]。

4. 光声层析成像的生物应用

基于光声效应的时域光声谱技术将声学和光学有机地结合起来，由于超声具有良好的穿透性，因而光声成像技术部分地消除了光在组织中传输时组织强散射效应的影响，与传统的光谱技术相比具有更好的生物组织穿透性。同时还具有分辨率高和无副作用等优点，正在逐步成为生物组织无损检测技术领域的研究热点。它在生物无损检测领域内主要的应用方向有人体组织成分检测与组织层析成像。

光声成像能够有效地进行生物组织结构和功能成像，为研究生物组织的形态结构、功能代谢以及生理病理特征等提供重要的手段，特别适合于癌症的治疗监控和早期检测。光声成像目前可用于心血管研究、药物代谢研究、肿瘤研究、基因表达分析、干细胞及免疫研究、细菌与病毒研究以及疾病早期诊断。其他应用领域包括分子光学和脑科学研究等。目前的光声成像技术多用于科研，光声成像已经成为一个迅速发展的研究领域，虽然目前绝大多数工作还处于实验室阶段，距离临床还有相当的一段距离，但光声技术正由实验室研究阶段逐步走向临床实践阶段。对新生儿脑部成像和前列腺癌的血氧饱和度检测有望成为光声层析成像最早的临床应用实例[136,137]。

总之，光声层析成像技术结合了光学成像和超声成像各自的优势，在成像深度和成像分辨率方面具有其他成像技术所不具备的优势，并且在一定范围内可调；利用内源信号的反差，实现功能成像；利用外源性造影剂，可实现分子成像，甚至能进行基因表达分析；利用声信号的多普勒效应还可测出血流速度；无创伤无辐射，对人体无害，非常安全，可应用于临床。近年来光声成像技术发展迅速，前期的成果已经让人们看到此技术的应用前景。随着图像处理技术的改进和硬件(光源和声探测器)性能的提高，光声成像技术一定会在生物医学领域发挥出很高的应用价值，产生巨大的社会和经济效益。

9.7.8 全内反射荧光显微术

全内反射荧光显微术(TIRFM)是最近几年发展起来的一种全新的光学成像技术，它利用全内反射(TIR)产生的隐失波来照明样品，从而使得样品表面数百纳米厚的光学薄层内的荧光团受到激发，荧光成像的信噪比大大改善。可以看到样品表面单分子的活动情况。Hirsch Field 在 1965 年首次完成了全内反射荧光(TIRF)实验，这也是人们第一次尝试利用全内反射荧光法检测液体中单个分子的荧光。将全内反射技术和生物荧光成像技术相结合的 TIRFM 技术是一种全新的技术突破。虽然它的应用研究虽然它的应用研究时间不长，但是它在单分子探测领域已显示出巨大的应用潜力。在 1995 年，Yanagida 小组用 TIRFM 技术第一次在液体溶液中成功实现了荧光标记的单个蛋白质分子的成像。在 1996 年，Moerner 小组利用这项技术得到了限制在丙烯酰胺凝胶的纳米孔中的单分子的三维成像。目前，全内反射荧光成像在理论上与应用研究上的发展均已取得了较大进展，与其他相关技术相结合后出现了多种全内反射荧光法，如全内反射荧光相关光谱、时间分辨全内反射荧光和多重内反射荧光等方法。全内反射荧光配合偏振技术与时间分辨技术在研究近表面分子或表面分子的取向、旋转和荧光寿命方面已取得很多好的效果。至今该项技术已经应用到许多单分子的研究中，如肌球蛋白酶活性测量、肌收缩力的产生、荧光标记驱动蛋白动态研究，另外还有蛋白的构象的动态变化、人工膜中膜蛋白的研究等。

1. TIRFM 成像原理

全内反射现象在生活中是一种常见的光学现象，如光纤的光线传播和钻石的色彩斑斓等。TIRFM 依靠在离固体基底 100 nm 这个细小区域内的电磁波能量以隐失波的形式激发荧光，这就要求固体基底的折射率比细胞环境的折射率高。为了理解全内反射的概念，我们可以假设一束平面光波从折射率为 n_1 的棱镜进入到折射率为 n_2 的细胞环境中。在分界面上，当入射光的入射角比较小时，会发生折射。当入射角增大到临界角 θ_c 时，透射角为 90°，当入射角大于或者等于临界角时，光不再透射进溶液，而是发生全反射，如图 9.47 所示。根据 Shell 定律，临界角 θ_c 由如下公式给定：

$$\theta_2 = 90°, \quad \theta_c = \arcsin(n_2/n_1) \tag{9.28}$$

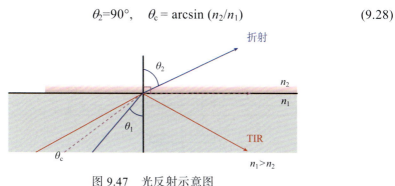

图 9.47 光反射示意图

由式(9.28)可知，当 n_1 大于 n_2 时，就可能发生全反射。如果棱镜的折射率取 1.52，细胞溶液的折射率取 1.38(生物细胞的折射率范围是 1.33~1.38)，那么棱镜/细胞溶液界面处的临界角为61.74°。

在几何光学中,当光发生全反射时,光会在棱镜界面上完全反射而不会进入细胞液体溶液中。实际上,由于波动效应,即使在全内反射的条件下,仍有部分光波能量透过棱镜表面进入紧贴棱镜表面的细胞环境中,是一种非均匀波,其沿着入射面上的介质边界传播,振幅随离界面的距离 z 作指数衰减。由此可知,透射电磁场的振幅随进入样品的深度 z 减小得非常快,此种电磁场只存在于界面附近一薄层内,因此,我们把这种非均匀波称为隐失波或者隐失场。隐失波的电场振幅迅速衰减,其传播常数 k 为虚数。因此,它的电场振幅 E_z 随着进入低折射率 n_z 细胞环境的距离 z 作指数衰减:

$$E_z = E_0 \exp(-z/d_p) \tag{9.29}$$

其中,E_0 是(高折射率的固体基底)棱镜表面的电场;参数 d_p 称为穿透深度,是电场衰减到 E_0 的 1/e 时的距离。d_p 项也可以被给出为

$$d_p = \lambda / \{2\pi n_1 [\sin^2\theta - (n_2/n_1)^2]^{1/2}\} \tag{9.30}$$

一般对可见光波长,穿透深度 d_p 为 50~100 nm。隐失波的能量被荧光团吸收,发出的荧光可用来对所标记的生物目标成像。然而,因为隐失波迅速衰减的特性,只有在棱镜表面的标记了荧光团的生物样品才能产生荧光并以此成像。在细胞介质中,远处的荧光团不会被激发,这个特性可以使位于表面的标记了荧光团的生物样品呈现高质量的图像。

目前,研究人员已经发现了多种全内反射荧光显微成像系统。其中应用较为普遍的两种类型是基于棱镜和基于物镜的全内反射荧光显微装置。图 9.48 显示的是利用倒置显微镜、基于棱镜的全内反射荧光显微镜。图 9.49 是物镜型全内反射荧光显微镜示意图。棱镜型成像系统的隐失波是通过入射光经棱镜发生全反射产生的。棱镜被用来获得全内反射,最大的入射角通过引入水平方向的激光束来获得。而物镜

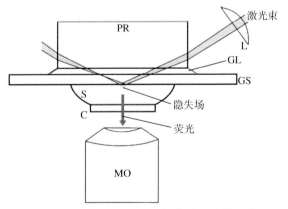

图 9.48 棱镜型全内反射荧光显微镜示意图

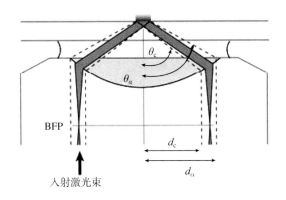

图 9.49 物镜型全内反射荧光显微镜示意图

型的是由入射光经物镜本身全反射产生。生物样品的荧光分子被隐失波激发，荧光分子发射出荧光，经过物镜成像到照相机或者 CCD 上实现对生物样品的记录。

两种形式的显微镜各有其优缺点，对于棱镜型，实现起来比较简单，但是它的缺点也很明显：因为要达到较高的光学分辨率，要求接收荧光的物镜工作距离较短，生物样品和物镜之间的空间较小，所以要在此仪器上安装一些诸如近场光学显微镜、原子力显微镜等其他仪器非常困难。并且因为荧光的接收必须经过被观察样品的上部，所以荧光必然会有散射、衰减以及受到其他光信号的干扰，使观察的效果有所下降。对于物镜型，则可以克服以上缺点。物镜型显微镜的物镜不仅作为收集样品荧光信号的接收器，同时还作为发生全反射的光学器件。如图 9.49 所示，激光聚焦于物镜后焦面并经过物镜边缘入射，物镜出射的平行光斜入射到盖玻片上，通过调节激光入射位置和角度，即可以达到全内反射要求，实现隐失波照明。物镜接收隐失波所激发的荧光，通过双色镜滤掉除荧光以外的其他波长的光，在物镜后方的照相机或 CCD 上成像，实现对生物样品的荧光成像。因为样品上方能空出很大的空间，并且样品没有干扰收集到的荧光，所以目前物镜型全内反射荧光显微镜在大多数生物实验室被优先采用[138,139]。

2. TIRFM 的生物应用

细胞内的许多至关重要的生物化学活动过程如信号转导、蛋白质转运、病原体侵入均涉及细胞表面的过程，因此，如果能够直接观测这些发生在细胞表面的过程，而不受到来自细胞内深层区域信号的干扰，这对于细胞生物学研究具有重大的意义。TIRFM 正是凭借其在生化活动中细胞表面过程研究方面独具优势，其荧光激发深度只在~200 nm 的薄层范围内，因而成为研究细胞表面科学最有前途的光学成像技术。其应用包括以下几个方面。

(1) 细胞表面的单分子荧光探测。如通过荧光标记的分子共同定位，运用全内反射荧光显微镜对分子间相互作用可以直接观察，荧光共聚焦能量转移也能够检测到，从而进行蛋白分子相互作用研究。

(2) 生物大分子动态构象变化观察。单分子动力学研究的内容包括把单个的生物大分子的荧光分子特征和动态构象变化用棱镜型的全内反射荧光显微镜进行记录。如用环境敏感荧光基团标记的肌球蛋白，然后用分光镜检测。

(3) 离子通道研究。将荧光标记的离子通道蛋白包埋在平面脂质双层中，然后用物镜型全内反射荧光显微镜观察。研究表明，利用 TIRFM 结合荧光共振能量转移可以观察到离子通道与其配基或者调节子之间的相互作用，同时可以在体内跟踪构象变化与离子电流[140~143]。

TIRFM 作为细胞表面单分子成像的一种新兴的技术，在未来的发展中与其他显微成像技术，如原子力显微术(AFM)、荧光寿命成像技术(FLIM)以及荧光相关光谱技术(FCS)相结合，将获得更多的突破性应用进展[144,145]。Yamada 等用 AFM 和 TIRFM 结合观察到高灵敏度的蛋白分子，Nishida 等纳米操作单细胞等[146,147]。另一个发展趋势是可以发展双色或多色 TIRFM，将细胞用多种染料进行共染来观察活体细胞。研究者用单波长光激发的双色荧光观察活细胞。这两个方面在近年都有了很大发展，随着光电探测设备探测速度和探测效率的提高以及单分子染色技术的发展，我们坚信，TIRFM 将会呈现更加清晰的活体细胞膜表面单分子活动影像[148~150]。

9.8 展　　望

在过去的几十年中，各种各样的成像新技术得到了迅速的发展，成像条件日臻完善，成像技术日新月异。随着数字图像处理技术、计算机技术及其他相关技术的发展，生物成像技术及成像系统还会有更大的发展。生物成像已形成了主要以 X 射线、磁共振、超声和核素为代表的综合性生物医学成像技术。而以光学、微波和电阻抗物理为基础的生物成像新技术正在逐步完善中。分子影像技术是生物成像事业的未来；医学图像融合技术使生物医学成像技术更加全面化；概括起来，可以用"一大二小"来形容，即随着采样检测数量的增加，图像尺寸及维数增多，图像的空间分辨率增大。可以预期，在图像质量不断改善的同时，图像数据量也会随着急剧攀升。在图像数据量不断增大的同时，成像的对象却变得越来越小，由器官到组织，由组织到细胞，由细胞再到分子；另外，成像设备的尺寸越来越小，便于携带，可靠性提高的同时，成本却越来越低。总的来说，生物成像方法的发展趋势可以体现为以下几个方面。

1. 高分辨率成像

为了更好地理解生命过程与疾病发生机理，生物学研究要观察从分子、细胞水平到器官、整体水平，实现多层次的精确定位和分布，阐述蛋白等生物大分子是如何组成细胞的基本结构，重要的活性因子是如何调节细胞的主要生命活动等。发展新的技术和方法以提高生物医学成像装置的灵敏度、空间分辨率和时间分辨率是未来生物成像技术发展的趋向。

2. 多维成像

早期应用于临床比较成熟的生物医学成像方法如 X-CT、B 超、核医学或者磁共振断层成像技术。由于生物体结构是呈三维分布的，二维图像有一定的局限性，不能满足临床对医学图像要求深入观察和充分理解的实际需求，所以三维成像方法的研究应运而生。随着图像处理技术和计算机技术的发展，三维生物成像技术在近 10 年中得到了长足的发展，在临床发挥着越来越重要的作用。

3. 多参数成像

早期的 X 射线成像、B 超和核磁共振成像等生物成像方法检测得到生物体解剖结构图，20 世纪 70 年代以后，以反映脏器功能为特点的功能成像技术，如 SPECT、PET 和光学成像技术的诞生和发展能实时获取机体的功能信息。解剖图像以较高的分辨率给出了脏器的解剖形态信息(功能图像无法给出脏器或病灶的解剖细节)，但却无法反映脏器的功能情况。功能图像给出的脏器功能代谢信息是解剖图像无法替代的，但功能图像的分辨率较差。在医学影像设备的发展中，将功能图像和解剖图像相结合是一个发展趋势，在精确定位肿瘤、癌症的早期检测和诊断中发挥重要的作用。

参 考 文 献

[1] 徐向东, 付绍军, 张允武. 物理, 1999, 28: 181-186.
[2] 王学民, 沈克涵. 医学成像系统. 北京: 清华大学出版社, 2006.
[3] 李志海, 周上祺, 刘守平, 等. 重庆大学学报: 自然科学版, 2006, 28: 31-35.
[4] 黎亚平, 吴丽萍, 谢万, 等. 四川大学学报: 自然科学版, 2005, 42: 343-346.
[5] 苟量, 王绪本. 成都理工学院学报, 2002, 29: 227-231.
[6] 高上凯. 医学成像系统. 北京: 清华大学出版社, 2000.
[7] 杨凯. 中国临床医学影像杂志, 2004, 14: 219-220.
[8] 负明凯, 刘力. CT 理论与应用研究, 2005, 4: 13-17.
[9] Qi Y, Wang L, Fu Z. Journal of Computational Infor, 2013, 9: 4813-4820.
[10] 郭青. 飞利浦医疗系统公司 DR 业务在中国的竞争战略研究. 济南：山东大学, 2009.
[11] Le J, Jin S, Li X, et al. BMEI'09. 2nd International Conference on Biomedical Engineering and Informatics, IEEE, 2009: 1-4.
[12] Yang M, Zhang J, Meng F, et al. Particuology, 2013, 11: 695-702.
[13] 姚富光. 医用 X-CT 图像三维重建技术研究. 重庆：重庆大学, 2004.
[14] Taguchi K, Aradate H. Med Phys, 1998, 25: 550-561.
[15] Wang G, Lin T H, Cheng P C, et al. Scanning cone-beam reconstruction algorithms for

X-ray microtomography// International Society for Optics and Photonics, San Diego, 1992: 99-112.
[16] Mori S, Endo M, Tsunoo T, et al. Med Phys, 2004, 31: 1348-1356.
[17] Wang G, Crawford C R, Kalender W A. IEEE Trans Med Imaging, 2000, 19:817-821.
[18] 田士峰, 刘爱连, 汪禾青, 等. CT 能谱成像虚拟平扫替代常规平扫评估结肠癌的可行性研究. 中华临床医师杂志(电子版) ISTIC, 2013, 19: 8597-8601.
[19] Lv P, Lin X Z, Li J, et al. Radiology, 2011, 259: 720-729.
[20] Zhao L Q, He W, Li J Y, et al. Eur J Radiol, 2012, 81: 1677-1681.
[21] 裴作升. 中国医学研究与临床, 2005, 2: 74.
[22] 刘少轩, 洪友丽, 高云龙, 等. 高等学校化学学报, 2013, 34: 269-271.
[23] Shearing P R, Eastwood D S, Bradley R S, et al. Microsc Microanal, 2013, 27: 19-22.
[24] Sonnaert M, Papantoniou I, Geris L, et al. Contrast enhanced nanoCT for 3D quantitative and spatial analysis of in vitro manufactured extracellular matrix in metallic tissue engineering scaffolds//Abstract Book User Meeting Bruker MicroCT, 2013, 2013: 36-41.
[25] Tan M, Fakhry C, Fan K, et al. Otolaryngology, 2013, 3: 2.
[26] Drzezga A, Souvatzoglou M, Eiber M, et al. J Nucl Med, 2012, 53: 845-855.
[27] Yousefi-Koma A, Panah-Moghaddam M, Kalff V. TANAFFOS, 2013, 12: 16-25.
[28] 李月卿, 李萌. 医学影像成像原理. 北京: 人民卫生出版社, 2009.
[29] Lehmann-Horn J, Walbrecker J. IEEE Transactions on Magnetics, 2013, 49: 5430-5437.
[30] Smith S M, Vidaurre D, Beckmann C F, et al. Trends in Cogn Sci, 2013, 17: 666-682.
[31] Dosenbach N U F, Nardos B, Cohen A L, et al. Science, 2010, 329: 1358-1361.
[32] Smith S M, Miller K L, Salimi-Khorshidi G, et al. Neuroimage, 2011, 54: 875-891.
[33] Li R, Hettinger P C, Liu X, et al. Neurorehab Neural Re, 2014: 1545968314521002.
[34] Patel U B, Brown G. Current Colorectal Cancer Reports, 2013, 9: 136-145.
[35] Lee C H, Dershaw D D, Kopans D, et al. J Am Coll Radiol, 2010, 7: 18-27.
[36] Moon W K, Shen Y W, Huang C S, et al. Med phys, 2010, 38: 382-389.
[37] Turnbull L, Brown S, Harvey I, et al. Lancet, 2010, 375: 563-571.
[38] Zelinski A C, Setsompop K, Alagappan V, et al. Proceedings of the 15th Scientific Meeting of ISMRM, 2007: 1698.
[39] Finsterbusch J, Frahm J. Proc Intl Soc Mag Reson Med, 2004, 11: 2099.
[40] Sireteanu R, Oertel V, Mohr H, et al. J Vision, 2008, 8: 68.
[41] Kim J S, Ko Y G, Yoon S J, et al. Circ J, 2008, 72: 1621.
[42] Muellerleile K, Barmeyer A, Groth M, et al. Minerva Cardioangiol, 2008, 56: 237-249.
[43] Pichler B J, Kolb A, Nägele T, et al. J Nucl Med, 2010, 51: 333-336.
[44] 张斌, 赵书俊. 原子核物理评论, 2012, 29: 259-265.
[45] Wadas T J, Wong E H, Weisman G R, et al. Chem Rev, 2010, 110: 2858-2902.
[46] Jan S, Santin G, Strul D, et al. Phys Med Biol, 2004, 491: 4543.
[47] DePuey E G, Bommireddipalli S, Clark J, et al. J Nucl Cardiol, 2011, 18: 273-280.
[48] Boellaard R, O'Doherty M J, Weber W A, et al. Eur J Nucl Med MolL I, 2010, 37: 181-200.
[49] Karp J S. Eur J Nucl Med MolL I, 2002, 29: 1525-1528.
[50] Humm J L, Rosenfield A, Del Guerra A. Eur J Nucl Med MolL I, 2003, 30: 1574-1597.

[51] Nassalski A, Kapusta M, Batsch T, et al. Nuclear Science Symposium Conference Record, 2005, 5: 2823-2829.
[52] Surti S, Kuhn A, Werner M E, et al. J Nucl Med, 2007, 48: 471-480.
[53] Tsuda T, Murayama H, Kitamura K, et al. IEEE T NUCL SCI, 2004, 51: 2537-2542.
[54] Kinahan P E, Townsend D W, Beyer T, et al. Med Phys, 1998, 25: 2046-2053.
[55] Defrise M, Kinahan P. Data acquisition and image reconstruction for 3D PET//The Theory and Practice of 3D PET. Berlin: Springer Netherlands, 1998: 11-53.
[56] Qiao F, Pan T, Clark Jr J W, et al. Phys Med Biol, 2006, 51: 3769.
[57] Aykac M, Bauer F, Williams C W, et al. IEEE T NUCL SCI, 2006, 53: 1084-1089.
[58] 赵强. 医学影像设备. 上海: 第二军医大学, 2000.
[59] 陈基明, 季家红, 李国栋. 医疗设备信息, 2006, 12: 28-30.
[60] 林书玉, 杨月花. 陕西师范大学继续教育学报, 2003, 20: 99-102.
[61] Shin J, Yen J T. IEEE T Ultrason Ferr, 2013, 60: 643-649.
[62] Lencioni R, Cioni D, Bartolozzi C. Eur Radiol, 2002, 12: 151-165.
[63] Bzyl J, Lederle W, Rix A, et al. Eur Radiol, 2011, 21: 1988-1995.
[64] Hauwel M, Bettinger T, Allémann E. Use of microbubbles as ultrasound contrast agents for molecular imaging//Ultrasound Contrast Agents. Berlin: Springer Milan, 2010: 13-23.
[65] Anderson C R, Hu X, Tlaxca J, et al. Invest Radiol, 2011, 46: 215.
[66] 薛玉, 吕小利, 许建萍, 等. 江苏大学学报 (医学版), 2011, 21: 431-434.
[67] Fenster A, Parraga G, Chin B, et al. Handbook of 3D Machine Vision: Optical Metrology and Imaging. Boca Raton: CRC, 2013, 16: 285.
[68] Oliveri G, Massa A. IEEE T Ultrason Ferr, 2010, 57: 1568-1582.
[69] Sorensen M D, Harper J D, Hsi R S, et al. J Endourology, 2013, 27: 149-153.
[70] Pilatz A, Altinkilic B, Köhler E, et al. World J Urol, 2011, 29: 645-650.
[71] 刘艳萍, 谢潇, 张凌, 等. 中国介入影像与治疗学, 2010, 7: 15-18.
[72] White J G, Amos W B. Nature(London), 1987, 328: 183, 184.
[73] Brakenhoff G J, Voort H T M, Spronsen E A, et al. J Microsc, 1989, 153: 151-159.
[74] 韩卓, 陈晓燕, 马道荣, 等. 科技信息, 2009, 19: 27, 28.
[75] Shroff H, Galbraith C G, Galbraith J A, et al. Nat Methods, 2008, 5: 417-423.
[76] Kner P, Chhun B B, Griffis E R, et al. Nat Methods, 2009, 6: 339-342.
[77] Pawley J. Handbook of Biological Confocal Microscopy. Berlin: Springer, 2010.
[78] 张鹤. 科协论坛, 2012, 9: 66, 67.
[79] Maschek D, Goodell B, Jellison J, et al. Am J Bot, 2013, 100: 1751-1756.
[80] Schmidt R, Engelhardt J, Lang M. 4Pi Microscopy//Nanoimaging. Humana Press, 2013: 27-41.
[81] Dallari W, Scotto M, Allione M, et al. Microelectron Eng, 2011, 88: 3466-3469.
[82] Chen A, Dogdas B, Mehta S, et al. Quantification of Cy-5 siRNA signal in the intra-vital multi-photon microscopy images//Engineering in Medicine and Biology Society (EMBC), 2012 Annual International Conference of the IEEE. IEEE, 2012: 3712-3715.
[83] 夏伟强, 周源, 石明. 中国医疗器械杂志, 综合评述, 2011, 35.
[84] Li M J, Sun S F, Dong F M, et al. Advanced Engineering Forum, 2012, 6: 327-332.
[85] Liu H, Shao Y, Qin W, et al. Cardiovasc Res, 2013, 97: 262-270.

[86] Liu H, Qin W, Shao Y, et al. Proceedings of SPIE, 2012, 8225: 822524.
[87] 庄正飞, 郭周义, 刘汉平, 等. 激光生物学报, 2008, 17: 126-132.
[88] Lau T Y, Toussaint K C. Quantitative metrics for SHG imaging of collagen-based biological structures//Novel Techniques in Microscopy. Optical Society of America, 2013, NT1B. 4.
[89] Becker W. J Microsc, 2012, 247: 119-136.
[90] 刘立新, 屈军乐, 林子扬, 等. 深圳大学学报理工版, 2005, 22: 4.
[91] Gratton E, Breusegem S, Sutin, J, et al. J Biomed Opt, 2003, 8: 381-390.
[92] Hinde E, Digman M A, Hahn K M, et al. P Natl Acad Sci USA, 2013, 110: 135-140.
[93] Engel S, Scolari S, Thaa B, et al. Biochem J, 2010, 425: 567-573.
[94] Liu Q, Leber B, Andrews D W. Cell Cycle, 2012, 11: 3536-3542.
[95] Förster T. Ann Phys, 1948, 2: 55.
[96] Lam A J, St-Pierre F, Gong Y, et al. Nat Methods, 2012, 9: 1005-1012.
[97] 王桂英, 王琛. 激光生物学报, 2003, 12: 174-178.
[98] Díaz S A, Giordano L, Jovin T M, et al. Nano Lett, 2012, 12: 3537-3544.
[99] Kraft L J, Kenworthy A K. J Biomed Opt, 2012, 17: 0110081-01100812.
[100] Miyawaki A, Llopis J, Heim R, et al. Nature, 1997, 388: 882-887.
[101] Mizuno H, Sawano A, Eli P, et al. Biochemistry, 2001, 40: 2502-2510.
[102] Bevis B J, Glick B S. Nat Biotechnol, 2002, 20: 83-87.
[103] Hsu Y Y, Liu Y N, Wang W, et al. Biochem Bioph Res Co, 2007, 353: 939-945.
[104] Masters B R. J Biomed Opt, 1999, 4:236-247.
[105] Huang D, Swanson E A, Lin C P, et al. Science, 1991, 254: 1178-1181.
[106] 刘思敏, 许京军, 郭儒. 相干光学原理及应用. 天津:南开大学出版社, 2001.
[107] Yang V X D, Tang S, Gordon M L, et al. Gastrointest Endosc, 2005, 61: 879-890.
[108] Chen X F, Ding Z H, Chen Y H. Acta Optica Sinica, 2006, 26: 1717-1720.
[109] Giattina S D, Courtney B K, Herz P R, et al. Int J Cardiol, 2006, 107: 400-409.
[110] 佟成国. 基于 PZT 的内窥式 OCT 光纤扫描探头设计及其驱动方法实现. 哈尔滨:哈尔滨工程大学, 2011.
[111] Mobley J, Vo-Dinh T. Optical properties of tissues//Biomedical Photonics Handbook. Chap.2. Boca Raton: CRC Press, 2003.
[112] Pogue B. Diffuse Optical Tomography//Frontiers in Optics. Optical Society of America, 2008: FTuD1.
[113] Boas D A, Brooks D H, Miller E L, et al. IEEE Signal Proc Mag, 2001, 18: 57-75.
[114] Schweiger M, Dorn O, Zacharopoulos A D, et al. Opt Express, 2010,18: 150-164.
[115] Wang L V. Nat photonics, 2009, 3: 503-509.
[116] Wang L V. Med Phys, 2008, 35: 5758-5767.
[117] Wang X, Pang Y, Ku G, et al. Nat Biotechnol, 2003, 21: 803-806.
[118] Wang X D, Pang Y J, et al. Opt Lett, 2003, 28: 1739-1741.
[119] Hoelen C G A, de Mul F F M. Appl Optics, 2000, 39: 5872-5883.
[120] Kolkman R G M, Hondebrink E, Steenbergen W, et al. IEEE J Sel Top Quant, 2003, 9: 343-346.
[121] Kolkman R G M, John H G M K, Erwin H, et al. Phys Med Biol, 2004, 49: 4745-4756.

[122] Kolkman R G M, Hondebrink E, Steenbergen W, et al. J Biomed Opt, 2004, 9: 1327-1335.
[123] Siphanto R I, Thumma K K, Kolkman R G M, et al. Opt Express, 2005, 13: 89-95.
[124] Kruger R A, Kiser Jr W L, Reinecke D R, et al. Med Phys, 2003, 30: 856-860.
[125] Kruger R A. Med Phys, 1994, 21: 127-131.
[126] Kruger R A, Liu P, Appledorn C R. Med Phys, 1995, 22: 1605-1609.
[127] Kruger R A, Liu P. Med Phys, 1994, 21: 1179-1184.
[128] Paltauf G, Nuster R, Haltmeier M, et al. Appl Optics, 2007, 46: 3352-3358.
[129] Liao C K, Huang S W, Wei C W, et al. J Biomed Opt, 2007, 12: 064006-064006-9.
[130] Köstli K P, Beard P C. Appl Optics, 2003, 42: 1899-1908.
[131] Yang D, Xing D, Gu H, et al. Appl Phys Lett, 2005, 87: 194101.
[132] Hoelen C G A, de Mul F F M. Appl Optics, 2000, 39: 5872-5883.
[133] Yuan Z, Wang Q, Jiang H. Opt Express, 2007, 15: 18076-18081.
[134] 何军锋, 谭毅. 激光技术, 2007, 31: 530-533.
[135] Tan Y, Xing D, Yang D. Influence of [ω]-filter on photoacoustic imaging//Fourth International Conference on Photonics and Imaging in Biology and Medicine. International Society for Optics and Photonics, 2006: 60470G-60470G-8.
[136] Beard P. Interface Focus, 2011, 1: 602-631.
[137] Xu M, Wang L V. Rev Sci Instrum, 2006, 77: 041101.
[138] Axelrod D, Burghardt T P, Thompson N L. Ann Rev Biophys Bioeng, 1984, 13: 247-268.
[139] Trache A, Meininger G A. Curr Protoc Microbiol, 2008: 2A. 2.1-2A. 2.22.
[140] Yudowski G A, von Zastrow M. Investigating G protein-coupled receptor endocytosis and trafficking by TIR-FM//Signal Transduction Protocols. Humana Press, 2011: 325-332.
[141] Schwarzer S, Mashanov G I, Molloy J E, et al. Using Total Internal Reflection Fluorescence Microscopy to Observe Ion Channel Trafficking and Assembly//Ion Channels. Humana Press, 2013: 201-208.
[142] Johnson D S, Jaiswal J K, Simon S. Current Protocols in Cytometry, 2012: 12.29. 1-12.29. 19.
[143] Hategan A, Gersh K C, Safer D, et al. Blood, 2013, 121: 1455-1458.
[144] Nishida S, Funabashi Y, Ikai A. Ultramicroscopy, 2002, 91:269-274.
[145] Hassler K, Leutenegger M, Rigler P, et al. Opt Express, 2005, 13: 7415-7423.
[146] Yamada T, Afrin R, Arakawa H, et al. FEBS Lett, 2004, 569: 59-64.
[147] Blandin P, Lévêque-Fort S, Lécart S, et al. Development of a TIRF-FLIM microscope for biomedical applications//European Conference on Biomedical Optics. Optical Society of America, 2007: 6630_10.
[148] Thirumurugan K, Sakamoto T, Hammer J A, et al. Nature, 2006, 442: 212-215.
[149] Xu P, Lu J, Li Z, et al. Biochem Bioph Res Co, 2006, 350: 969-976.
[150] Gerisch G, Bretschneider T, Müller-Taubenberger A, et al. Biophys J, 2004, 87: 3493-3503.

索 引

半导体　3, 17, 19
表面增强拉曼散射　174
场效应晶体管　68, 77
超声　2, 185, 354
超声成像　355, 398, 399
等离子激元　203, 219, 220
电化学生物传感器　27–31
放射性核素成像　377, 385, 386
光电子　1, 12
光学生物成像　355, 414
核磁　117, 160, 354
核磁共振成像　354, 376, 377
极化　17, 92, 175
计算机　3, 10, 13
快速检测　95, 109, 166
拉曼光谱　2, 174–178
量子点　3, 12, 114
纳米材料　1, 2, 6
纳米技术　2, 3, 12
耦合效应　181, 229, 248

偏振　114, 130, 131
生物存储　317, 318, 320
生物材料　4, 5, 7
生物成像　3, 136, 140
生物传感　11, 12, 23
生物大分子　3–6, 12
生物电分析化学　26, 27, 45
生物电化学　12, 16–18
生物电子　12, 68
生物分子　1–5
生物燃料电池　12, 21, 55
生物芯片　2, 10, 92
时间分辨　4, 43, 121
微流控　86, 97, 98
荧光共振能量转移　7, 115, 124
荧光染料　9, 118, 124
针尖增强拉曼光谱　202, 203, 207
DNA 纳米技术　337–342
X 射线　34, 117
X 射线成像　356, 357, 360

《半导体科学与技术丛书》已出版书目

(按出版时间排序)

1.	窄禁带半导体物理学	褚君浩	2005 年 4 月
2.	微系统封装技术概论	金玉丰 等	2006 年 3 月
3.	半导体异质结物理	虞丽生	2006 年 5 月
4.	高速 CMOS 数据转换器	杨银堂 等	2006 年 9 月
5.	光电子器件微波封装和测试	祝宁华	2007 年 7 月
6.	半导体科学与技术	何杰，夏建白	2007 年 9 月
7.	半导体的检测与分析（第二版）	许振嘉	2007 年 8 月
8.	微纳米 MOS 器件可靠性与失效机理	郝跃，刘红侠	2008 年 4 月
9.	半导体自旋电子学	夏建白，葛惟昆，常凯	2008 年 10 月
10.	金属有机化合物气相外延基础及应用	陆大成，段树坤	2009 年 5 月
11.	共振隧穿器件及其应用	郭维廉	2009 年 6 月
12.	太阳能电池基础与应用	朱美芳，熊绍珍 等	2009 年 10 月
13.	半导体材料测试与分析	杨德仁 等	2010 年 4 月
14.	半导体中的自旋物理学	M. I. 迪阿科诺夫 主编 (M. I. Dyakanov) 姬扬 译	2010 年 7 月
15.	有机电子学	黄维，密保秀，高志强	2011 年 1 月
16.	硅光子学	余金中	2011 年 3 月
17.	超高频激光器与线性光纤系统	〔美〕刘锦贤 著 谢世钟 等译	2011 年 5 月
18.	光纤光学前沿	祝宁华，闫连山，刘建国	2011 年 10 月
19.	光电子器件微波封装和测试(第二版)	祝宁华	2011 年 12 月
20.	半导体太赫兹源、探测器与应用	曹俊诚	2012 年 2 月
21.	半导体光放大器及其应用	黄德修，张新亮，黄黎蓉	2012 年 3 月
22.	低维量子器件物理	彭英才，赵新为，傅广生	2012 年 4 月
23.	半导体物理学	黄昆，谢希德	2012 年 6 月
24.	氮化物宽禁带半导体材料与电子器件	郝跃，张金风，张进成	2013 年 1 月
25.	纳米生物医学光电子学前沿	祝宁华 等	2013 年 3 月
26.	半导体光谱分析与拟合计算	陆卫，傅英	2014 年 3 月

27. 太阳电池基础与应用（第二版）（上册）	朱美芳，熊绍珍	2014 年 3 月
28. 太阳电池基础与应用（第二版）（下册）	朱美芳，熊绍珍	2014 年 3 月
29. 透明氧化物半导体	马洪磊，马瑾	2014 年 10 月
30. 新型纤维状电子材料与器件	彭慧胜	2016 年 1 月
31. 半导体光谱测试方法与技术	张永刚，顾溢，马英杰	2016 年 1 月
32. III族氮化物发光二极管技术及其应用	李晋闽，王军喜，刘喆	2016 年 3 月
33. 集成电路制造工艺技术体系	严利人，周卫	2016 年 9 月
34. 胶体半导体量子点	张宇，于伟泳	2016 年 9 月
35. 微电子机械微波通讯信号检测集成系统	廖小平，张志强等	2016 年 11 月
36. 半导体科学与技术(第二版)	何杰，夏建白	2017 年 6 月
37. 生物光电子学	**黄维，董晓臣，汪联辉**	**2018 年 1 月**